Angewandte Leistungselektronik

Herbert Bernstein

Angewandte Leistungs-elektronik

Drehstrom: Elektromotor und Antriebs-technik in der Praxis

2. Auflage

Herbert Bernstein
München, Deutschland

ISBN 978-3-658-29613-1   ISBN 978-3-658-29614-8   (eBook)
https://doi.org/10.1007/978-3-658-29614-8

Die Deutsche Nationalbibliothek verzeichnet diese Publikation in der Deutschen Nationalbibliografie;
detaillierte bibliografische Daten sind im Internet über http://dnb.d-nb.de abrufbar.

Planung/Lektorat: Reinhard Dapper
Springer Vieweg ist ein Imprint der eingetragenen Gesellschaft Springer Fachmedien Wiesbaden GmbH und ist
ein Teil von Springer Nature.
Die Anschrift der Gesellschaft ist: Abraham-Lincoln-Str. 46, 65189 Wiesbaden, Germany

Vorwort

Leistungselektronik hat sich in den letzten 30 Jahren zu einem wichtigen Gebiet der elektrischen Energietechnik und in der gesamten Antriebstechnik entwickelt. Die Bedeutung wächst ständig mit zunehmenden Ansprüchen an Steuer- bzw. Regelbarkeit und Umformung elektrischer Energie. Die Fortschritte bei der Entwicklung von elektronischen Leistungsbauelementen wie Siliziumdioden, Brückenschaltungen, Thyristoren und IGBTs haben ihren Durchbruch entscheidend gefördert und beschleunigt. In diesem Zusammenhang muss man auch die Weiterentwicklung der analogen und digitalen Elektronik, Mikrocontroller und Peripheriebausteine beachten. Dies gilt auch für die elektrische Antriebstechnik für große Elektromotoren und für die elektronische Ansteuerung von Gleichstromminiatur- und Schrittmotoren.

Die Struktur dieses Buches ist klar gegliedert. Grundlage der Leistungselektronik und Antriebstechnik ist der Wechsel- und Drehstrom mit seinen zahlreichen Möglichkeiten der Energiezuleitungen, symmetrischen bzw. unsymmetrischen Stern- und Dreieckschaltungen. Einen breiten Raum beinhaltet auch die Messtechnik in der Leistungselektronik. Der zweite Teil behandelt die Dioden in der Leistungselektronik. Hierzu gehören auch die zahlreichen Schaltungsvarianten. Das dritte Kapitel erörtert neben den Grundlagen auch die praktischen Anwendungen von Thyristor, TRIAC und IGBT. Um eine hohe Betriebssicherheit zu erreichen, müssen die elektronischen Bauelemente mit entsprechenden Schutzmaßnahmen abgesichert sein, und daher wird diese Problematik ausführlich behandelt. Dies gilt auch für die Ansteuerung der Leistungsbauteile, den EMV-Vorschriften und der Installationstechnik.

Die Zielstellungen verändern sich mit den ingenieurtechnischen Entscheidungen zur Optimierung der Gesamtlösung. Letztere bestimmen die Qualität, je nachdem, ob im Vordergrund die exakte Einhaltung der Kriterien für den Bewegungsablauf, die verlustarme Energieumformung oder die Minimierung des Gesamtaufwands stehen. Ein gutes Ergebnis ist nur durch ein determiniertes Vorgehen, ausgehend von der Analyse der Bewegungsvorgänge, der darauf aufbauenden Festlegung der Struktur des Antriebssystems und der fundierten Auswahl der Bauglieder und ihrer exakten Dimensionierung zu erzielen. Diesem projektierungsgemäßen Ablauf folgt die Gliederung des Buches.

Der Praktiker, der sich kaum mit den theoretischen Grundlagen beschäftigt, erhält bei der Durcharbeitung des vierten Kapitels alle wichtigen Informationen über Elektromotoren und deren Antriebstechnik. Dies gilt für Gleich-, Wechsel- und Drehstrommotoren, wobei gleichzeitig auch deren Möglichkeiten für eine optimale Ansteuerung gezeigt wird. Auch die Risikoabschätzung für die Sicherheitstechnik an Maschinen und Anlagen wird ausführlich erklärt.

Das Buch entstand durch Zusammenfassung meiner Manuskripte aus dem Unterricht an einer Technikerschule in München, der Meisterausbildung (Elektrotechnik) an der IHK-München und aus meiner Tätigkeit als Schulungsreferent im Haus metallischer Handwerke, bei Siemens, Telekom, Verband Deutscher Eisenbahnerfachschulen und ELOP. Das Ziel dieses Buchs liegt in der beruflichen Aus- und Weiterbildung oder dem Bezug zur Praxis während des Studiums, damit man seine Aufgabenstellung später schneller und effektiver lösen kann. Gleichzeitig soll dieses Buch dem Praktiker auch als Nachschlagewerk dienen.

Ich bedanke mich bei meinen Studenten für die vielen Fragen, die zu einer besonders eingehenden Darstellung wichtiger und schwieriger Fragen beigetragen haben. Weiterhin nehme ich gerne Anregungen entgegen.

Meiner Frau Brigitte danke ich für die Erstellung der Zeichnungen und für die Korrektur des Manuskripts.

Wenn Fragen auftreten: Bernstein-Herbert@t-online.de

Herbert Bernstein

Inhaltsverzeichnis

Steuerungs- und Regelungstechnik für Antriebstechnik, Maschinenbau und Verfahrenstechnik

Die Wörter Steuerung und Regelung werden oftmals nach Belieben verwendet. Die Entwicklung in der Automatisierungs- und Antriebstechnik der Industrie 4.0 macht es erforderlich, die Bedeutung der beiden Ausdrücke klar zu unterscheiden.

1.1 Grundbegriffe

Im Zeitalter der Automatisierung und Industrie 4.0 kommt der selbsttätigen Regelung eine steigende Bedeutung zu. Sie sorgt im Ablauf der Fertigungsprozesse dafür, dass bestimmte Größen wie Temperaturen, Drücke, Drehzahlen, Spannungen bestimmte, als günstig erkannte, konstante Werte annehmen oder in bestimmten Abhängigkeiten von anderen Größen gehalten werden, d. h. Aufgabe der Regelungstechnik ist es, die genannten Größen auf vorgeschriebene Werte (Sollwerte) zu bringen und diese entgegen allen Störeinwirkungen konstant zu halten. Diese, so einfach aussehende Aufgabe, beinhaltet aber in sich eine Fülle von Problemen, wie man sie auf den ersten Blick nicht vermuten würde.

Die heutige Regelungstechnik hat Verknüpfungspunkte mit fast jedem technischen Gebiet. Das Anwendungsspektrum reicht von der Elektrotechnik über die Antriebstechnik, den Maschinenbau bis hin zur Verfahrenstechnik. Will man nun die Regelungstechnik anhand von fachlichen Regeln dieser einzelnen Gebiete erklären, so müsste man von einem Regelungsfachmann verlangen, jedes Fachgebiet, indem er Regelungen vornehmen will, fundiert zu beherrschen. Dies ist aber bei dem heutigen Stand der Technik nicht mehr möglich.

Es zeigt sich jedoch, dass hinter den fachlichen Aufgaben gemeinsame Grundgedanken vorhanden sind. Man erkennt bald, dass bei der Regelung einer Antriebsaufgabe und einer Druck- oder Temperaturregelung Gemeinsamkeiten auftauchen, die

© Springer Fachmedien Wiesbaden GmbH, ein Teil von Springer Nature 2021
H. Bernstein, *Angewandte Leistungselektronik*,
https://doi.org/10.1007/978-3-658-29614-8_1

man mit einer einheitlichen Vorgehensweise beschreiben kann. Die Grundgesetze der Regelungstechnik gelten in gleicher Weise für alle Regelkreise, ganz unabhängig davon, wie verschieden sie im Einzelnen auch apparativ aufgebaut sein mögen.

Der Praktiker, der etwas gründlicher in die Regelungstechnik eindringen möchte, gewinnt beim Durchblättern von Büchern über dieses Thema leicht den Eindruck, dass ein Eindringen in die Regelungstechnik ohne umfangreiche mathematische Kenntnisse ausgeschlossen ist. Dieser Eindruck ist aber falsch. Es zeigt sich immer wieder, wenn man sich hinreichend um die Form der Darstellung bemüht, ist es möglich, auch Zusammenhänge, die scheinbar nur aufgrund umfangreicher mathematischer Kenntnisse zu begreifen sind, verständlich darzustellen.

Worauf es bei der Lösung von Regelungsaufgaben eigentlich ankommt, ist nicht die Kenntnis vieler Formeln und Rechenverfahren, sondern das Erfassen der wirkungsmäßigen Zusammenhänge innerhalb des Regelkreises.

Abb. 1.1 zeigt die Übersicht für die Anwendungsbereiche für die Regelungstechnik. Den Kern bildet die Messtechnik mit der Sensorik und der Aktorik. Die elektrische, elektronische, pneumatische und hydraulische Messtechnik wird besonders interessant und abwechslungsreich dadurch, dass die verschiedenen physikalischen Effekte zur Messung nicht elektrischer Effekte herangezogen werden. Dabei steuert oder erzeugt die nicht elektrische Größe das elektrische Signal des jeweiligen Aufnehmers, Gebers, Fühlers, Detektors oder Sensors.

Tab. 1.1 zeigt eine Auswahl der unterschiedlichen Effekte für die Automatisierungstechnik. Der Aufbau eines Sensors darf nicht darüber hinwegtäuschen, dass bei ein und

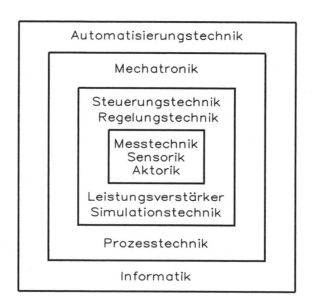

Abb. 1.1 Anwendungsbereiche für die Regelungstechnik

Tab. 1.1 Effekte, die zur elektrischen Messung nicht elektrischer Größen benutzt werden

Mechanische Größen:	Induktionsgesetz
	Piezoelektrischer Effekt
	Reziproker piezoelektrischer Effekt
	Abhängigkeit des elektrischen Widerstands von geometrischen Größen
	Änderung des spezifischen Widerstands unter mechanischer Spannung
	Kopplung zweier Spulen über einen Eisenkern
	Abhängigkeit der Induktivität einer Spule vom magnetischen Widerstand
	Abhängigkeit der Kapazität eines Kondensators von geometrischen Größen
	Änderung der relativen Permeabilitätszahl unter mechanischer Spannung
	Abhängigkeit der Eigenfrequenz von mechanischen Spannungen
	Wirkdruckverfahren
	Erhaltung des Impulses (Coriolis-Durchflussmesser)
	Wirbelbildung hinter einem Störkörper
	Durchflussmessung über die Bestimmung der Wärmeabfuhr
	Abhängigkeit der Schallgeschwindigkeit von der Geschwindigkeit des Mediums
Thermische Größen:	Thermoelektrischer Effekt, pyroelektrischer Effekt
	Abhängigkeit des elektrischen Widerstands von der Temperatur
	Abhängigkeit der Eigenleitfähigkeit von der Temperatur
	Ferroelektrizität
	Abhängigkeit der Quarz-Resonanzfrequenz von der Temperatur
Optische oder radio-aktive Größen:	Äußerer Fotoeffekt innerer lichtelektrischer Effekt, Sperrschicht-Fotoeffekt, Compton-Effekt und Paarbildung
	Anregung zur Lumineszenz
Chemische Größen	Bildung elektrochemischer Potentiale an Grenzschichten
	Änderung der Austrittsarbeit an Phasengrenzen
	Temperaturabhängigkeit des Paramagnetismus von Sauerstoff
	Gasanalyse über die Bestimmung der Wärmeleitfähigkeit
	Gasanalyse über die Bestimmung der Wärmetönung
	Sauerstoff-Ionenleitfähigkeit von Festkörper-Elektrolyten
	Prinzip des Flammen-Ionisationsdetektors
	Hygroskopische Eigenschaften des LiCl
	Abhängigkeit der Kapazität vom Dielektrikum

demselben Aufnehmer bzw. Sensor jeweils verschiedene Einflussgrößen wirksam sind. Der elektrische Widerstand eines Leiters z. B. ist sowohl von der Temperatur als auch von mechanischen Spannungen abhängig. Soll beispielsweise die Temperatur gemessen werden, sind mechanische Spannungen zu vermeiden. Umgekehrt müssen bei der Dehnungsmessung die Temperatureinflüsse korrigiert werden. Die Sensoren sind so zu entwerfen und zu konstruieren, dass sie mindestens reproduzierbar und nach Möglichkeit auch selektiv auf die zu messende Größe reagieren. Störgrößen müssen, falls sie nicht vermieden werden können, korrigierbar sein.

Der Aufnehmer wird charakterisiert durch seine Kennlinie, die den Zusammenhang zwischen der gemessenen nicht elektrischen Größe und dem abgegebenen elektrischen Signal beschreibt. Sie kann in Form einer Gleichung, einer Tabelle oder einer gezeichneten Kurve definiert werden.

Die nicht elektrischen Größen können passiv oder aktiv in die elektrischen umgeformt werden. Die passiven Aufnehmer sind auf eine elektrische Energieversorgung angewiesen. Die nicht elektrische Größe beeinflusst den Vorgang, der zu dem Ausgangssignal führt. Die aktiven Aufnehmer hingegen kommen ohne elektrische Hilfsenergie aus. Sie wandeln mechanische, thermische oder chemische Energien in elektrische Spannungen und Ströme oder elektronische Signale um.

Aktor oder Stellglied dient dazu, die Regelgröße zu beeinflussen. Es hat in erster Linie die Aufgabe einen Massen- oder Energiestrom zu dosieren. Die Massenströme können z. B. gasförmige oder flüssige Beschaffenheit aufweisen wie Erdgas, Dampf, Heizöl usw. Bei den Energieströmen handelt es sich meist um elektrische Energie. Hier kann das Zuführen der Energie unstetig über Kontakte, Relais bzw. Schütze erfolgen oder stetig über Stelltransformatoren, Stellwiderstände oder Thyristor-Leistungssteller.

Der Aktor oder das Stellglied wird oft durch Stellantriebe betätigt, und zwar dann, wenn der Regler nicht in der Lage ist, das Stellglied selbst zu betätigen, weil er zu wenig Stellenergie abgeben kann, oder weil die vom Regler gelieferte Energieform zum Verändern der Stellgröße nicht geeignet ist. Dann steuert der Regler zweckmäßigerweise einen mechanisch-pneumatischen oder mit elektrischer Energie gespeisten Stellantrieb. Ein Beispiel hierfür ist, dass die in µP-Regelgeräten integrierten Relais bei schaltenden Reglern meist nur Ströme bis max. 5 A schalten können. Um nun die im Prozess geforderten hohen Leistungen steuern zu können, werden externe Leistungsschütze oder auch Halbleiterrelais verwendet.

1.1.1 Begriffe und Bezeichnungen

Auf dem Gebiet der Regelungstechnik stehen heute dank der Normung feste Begriffe und Bezeichnungen zur Verfügung. Diese sind in dem bekannten Normblatt DIN 19226 (Regelungstechnik und Steuerungstechnik, Grundlagen, Begriffe und Benennungen) niedergelegt. Die hier verwendeten Begriffe sind in Deutschland üblich. Die internationale Harmonisierung der Bezeichnungsextreme führte dann zum Normblatt DIN 19221 (Formelzeichen der Regelungs- und Steuerungstechnik). Diese Norm lässt die meisten der in der vorausgegangenen Normen festgelegten Bezeichnungen zu, sodass sich dieses Fachbuch weitgehend an die in DIN 19226 niedergelegten Bezeichnungen und Begriffe hält. Abb. 1.2 zeigt die Funktionseinheiten der Steuerungstechnik.

Abb. 1.3 zeigt die Funktionseinheiten der Regelungstechnik.

Die physikalischen Einheiten sind recht unterschiedlich: Regelgröße, Führungsgröße, Störgröße und Regeldifferenz verwenden meist die gleiche physikalische Einheit wie °C, bar, Volt, Umdrehungen/Minute, Füllhöhe in Metern usw. Die Stellgröße kann einem

Abb. 1.2 Das Steuern ist der Vorgang in einem System, bei dem eine oder mehrere Größen als Eingangsgröße andere Größen als Ausgangsgröße aufgrund der dem System eigentümlichen Gesetzmäßigkeiten beeinflussen. Kennzeichen für das Steuern ist der offene Wirkungsablauf über das einzelne Übertragungsglied oder die Steuerkette

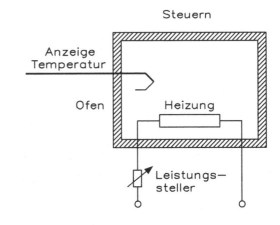

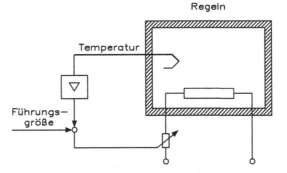

Abb. 1.3 Das Regeln ist ein Vorgang, bei der einen Größe, die Regelgröße. fortlaufend erfasst, mit einer anderen Größe, der Führungsgröße, verglichen und abhängig vom Ergebnis dieses Vergleichs im Sinne einer Angleichung an die Führungsgröße beeinflusst wird. Der sich dabei ergebende Wirkungsablauf findet in einem geschlossenen Kreis, dem Regelkreis, statt

Heizstrom in Ampere oder Gasstrom in m³/min. proportional sein, vielfach ist es auch ein Druck, der in bar angegeben wird. Der Stellbereich ist die maximale Stellgröße und hat demzufolge die gleiche Einheit.

Tab. 1.2 zeigt die Begriffe der Regelungstechnik.

1.1.2 Steuern und Regeln

In vielen Prozessen soll ein physikalischer Wert, wie eine Temperatur, ein Druck oder eine Spannung, einen festgelegten Wert annehmen und möglichst genau einhalten. Ein einfaches Beispiel dafür ist ein Ofen, dessen Temperatur konstant gehalten werden soll. Ist die Energiezufuhr z. B. elektrische Energie variierbar, so lassen sich dadurch verschiedene Ofentemperaturen realisieren. Nimmt man an, dass sich die äußeren

Tab. 1.2 Begriffe der Regelungstechnik

Begriff	Zeichen	Definition
Ausgangsgröße	x_a	Physikalische Größe, die entsprechend festgelegten Regeln beeinflusst werden soll
Analogregler		Verarbeitet wertkontinuierliche, zeitkontinuierliche und/oder wertkontinuierliche, zeitdiskrete Signale
Digitalregler		Verarbeitet wertdiskrete, zeitkontinuierliche und/oder wertdiskrete, zeitdiskrete Signale; Abtastregler
Dreipunktregler		Regeleinrichtung mit drei Schaltstellungen
Führungsgröße	w	Eine den Regeleinrichtungen von außen zugeführte und von der Regelung unbeeinflusste Größe, der die Regelgröße in einer vorgegebenen Abhängigkeit folgen soll
Führungsbereich	W_h	Bereich, innerhalb dessen die Führungsgröße liegen kann
Nicht selbsttätige Regelung		Einrichtung, bei der ein Mensch die Funktion der Regeleinrichtung übernimmt (Handregelung)
Regeleinrichtung		Diese Einrichtung wird auch als Regler definiert. Die gesamte Einrichtung, die über das Stellglied aufgabengemäß (meist Konstanthaltung der Regelgröße) auf die Strecke einwirkt
Regelkreis		Alle Glieder des geschlossenen Wirkungsablaufs der Regelung bilden den Regelkreis (Zusammenhaltung von Regelstrecke und Regeleinrichtung)
Regelstrecke		Wird auch als Strecke definiert. Der gesamte Teil der Anlage, in dem die Regelgröße aufgabengemäß (meist Konstanthaltung) beeinflusst wird
Regelgröße	x	Größe, die in der Regelstrecke konstant gehalten oder nach einem vorgegebenen Programm beeinflusst werden soll
Regelbereich	X_h	Bereich, innerhalb dessen die Regelgröße unter Berücksichtigung der zulässigen Grenzen der Störgrößen eingestellt werden kann, ohne die Funktionsfähigkeit der Regelung zu beeinträchtigen
Istwert der Regelgröße	x_i	Der tatsächliche Wert der Regelgröße im betrachteten Zeitpunkt
Regelabweichung	x_w	Die Differenz zwischen Regelgröße und Führungsgröße $x_w = x - w$. Die negative Regelabweichung wird als Regeldifferenz bezeichnet $x_d = w - x = -x_w$
Selbsttätige Regelung		Die Regeldifferenz wird in DIN 19221:1993–5 anstelle der Regelabweichung verwendet. Es handelt sich um eine Regeleinrichtung, die die Regeldifferenz zur Stellgröße selbstständig so verarbeitet, dass das Stellglied in geeigneter Weise verstellt wird
Stellgröße	y	Sie überträgt die steuernde Wirkung der Regeleinrichtung auf die Regelstrecke
Stellbereich	Y_h	Bereich, innerhalb dessen die Stellgröße einstellbar ist

(Fortsetzung)

Tab. 1.2 (Fortsetzung)

Begriff	Zeichen	Definition
Stellglied		Am Eingang der Strecke liegendes Glied, das dort den Masse- oder Energiestrom entsprechend der Stellgröße beeinflusst
Störgröße	z	Von außen auf den Regelkreis einwirkende Störungen, die die Regelgröße ungewollt beeinträchtigen
Störbereich	Z_h	Bereich, innerhalb dessen die Störgröße liegen darf, ohne dass die Funktionsfähigkeit der Regelung beeinträchtigt wird
Übergangsfunktion		Funktion, die das Verhalten einer Regeleinrichtung bei einem Signalsprung am Eingang beschreibt (Sprungantwort)
Zwei(Drei)punkt-regler		Regeleinrichtung mit zwei (drei) Schaltstellungen

Bedingungen nicht ändern, wird sich zu jedem Grad der Energiezufuhr eine bestimmte Temperatur einstellen. Durch eine derartige Steuerung der Energiezufuhr lassen sich also bestimmte Ofentemperaturen erreichen.

Ändern sich jedoch die äußeren Bedingungen, wird sich ein anderer Wert als erwartet einstellen. Solche Störungen bzw. Änderungen können sehr unterschiedlicher Natur sein und an unterschiedlichen Orten in den Prozess eingreifen. Sie können in Schwankungen der Außentemperatur oder des Heizstromes bzw. einer geöffneten Ofentür begründet sein. Da bei der erwähnten Steuerung der tatsächliche Temperaturwert des Ofens unbeachtet bleibt, wird ein falscher Wert vom Bediener eventuell nicht bemerkt.

Soll die Ofentemperatur ihren Wert auch dann beibehalten, wenn sich die äußeren Bedingungen ändern und die Störgrößen nicht konstant und in ihrer Wirkung nicht vorhersehbar sind, so ist eine Regelung erforderlich. Dies kann im einfachsten Fall durch ein Thermometer geschehen mit dem der Temperatur-Ist-Wert des Ofens erfasst wird. Der Bediener kann nun die Ofentemperatur erkennen und bei einer Abweichung die Energiezufuhr entsprechend ändern.

Die Energiezufuhr wird nun nicht mehr starr vorgegeben, sondern ist mit der Temperatur des Ofens verknüpft. Durch diese Maßnahme ist aus der Steuerung eine Regelung geworden, wobei der Bediener als Regler arbeitet.

Zum Zweck der Regelung wird der Istwert mit dem Sollwert verglichen. Eine eventuelle Abweichung vom Sollwert nimmt dann eine Änderung der Energiezufuhr vor. Sie ist daher nicht – wie im Fall einer Steuerung – fest eingestellt, sondern vom tatsächlichen Istwert abhängig. Man spricht von einem geschlossenen Regelkreis.

Wird die Leitung des Temperaturfühlers unterbrochen, ist der Regelkreis offen. Wegen der nun fehlenden Rückmeldung des Istwertes, liegt bei einem offenen Regelkreis nur noch eine Steuerung vor.

Regeln bedeutet, dass von dem Prozess ein Istwertsignal zurückgemeldet wird, welches analog der aktuellen Drehzahl ist. Entsteht eine Differenz zu der geforderten

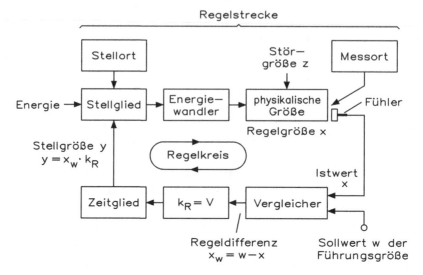

Abb. 1.4 Geschlossener Regelkreis

Sollwertvorgabe, wird das System automatisch nachgeregelt bis die gewünschte Drehzahl vorliegt. Abb. 1.4 zeigt einen geschlossenen Regelkreis.

Der Regelkreis hat folgende regelungstechnische Größen, mit den nach DIN 19226 verwendeten Abkürzungen:

- Regelgröße (Istwert) x: Die Regelgröße ist die Größe in der Regelstrecke die zum Zweck des Regeln erfasst und dem Regler zugeführt wird. Sie soll durch das Regeln dauernd gleich der Führungsgröße gemacht werden (Beispiel der Ofentemperatur).
- Führungsgröße (Sollwert) w: Vorgegebener Wert, auf dem die Regelgröße durch die Regelung gehalten werden soll (geforderte Ofentemperatur oder konstante Umdrehungszahl). Sie ist eine von der Regelung nicht beeinflusste Größe und wird von außen zugeführt.
- Regeldifferenz (Regelabweichung) e: Unterschied zwischen Führungs- und Regelgröße $e = w - x$ (Beispiel: Unterschied zwischen Ofensollwert und Ofenistwert).
- Störgröße z: Größe, deren Änderung die Regelgröße in unerwünschter Weise beeinflusst (Beeinflussung der Regelgröße durch äußere Einflüsse).
- Reglerausgangsgröße v_R: Sie ist die Eingangsgröße der Stelleinrichtung.
- Stellgröße y: Größe, durch welche die Regelgröße in gewünschter Weise beeinflusst werden kann (z. B. Heizleistung des Ofens). Sie ist eine Ausgangsgröße der Regeleinrichtung und zugleich Eingangsgröße der Strecke.
- Stellbereich Y_h: Der Bereich, innerhalb dessen die Stellgröße einstellbar ist.
- Regelkreis: Verbindung des Ausganges der Regelstrecke mit dem Eingang des Reglers und des Reglerausganges mit dem Regelstrecken-Eingang, sodass ein in sich geschlossener Kreis entsteht. Er besteht aus Regler, Stelleinrichtung und Strecke.

Die physikalischen Einheiten sind recht unterschiedlich: Regelgröße, Führungsgröße, Störgröße und Regeldifferenz haben meist die gleiche physikalische Einheit wie °C, bar, Volt, Umdrehungen/Minute, Füllhöhe in Metern usw. Die Stellgröße kann einem Heizstrom in Ampere oder Gasstrom in m^3/min. proportional sein, vielfach ist es auch ein Druck, der in bar angegeben wird. Der Stellbereich ist die max. Stellgröße und hat demzufolge die gleiche Einheit.

1.1.3 Reglereingriff

Der Regler hat grundsätzlich die Aufgabe, die Regelgröße zu erfassen und aufzubereiten, mit der Führungsgröße zu vergleichen und hieraus eine entsprechende Stellgröße zu bilden. Der Regler muss diesen Ablauf so steuern, dass die dynamischen Eigenschaften des zu regelnden Prozesses gut ausgeglichen werden, d. h., der Istwert sollte den Sollwert möglichst rasch erreichen und dann möglichst wenig um ihn schwanken. Der Eingriff des Reglers in den Regelkreis wird durch folgende Größen charakterisiert:

- Überschwingweite: X_m
- die Anregelzeit: t_{an}, die vergeht, bis der Istwert zum erstenmal den neuen Sollwert erreicht hat
- die Ausregelzeit: t_a
- sowie eine vereinbarte Toleranzgrenze $\pm\Delta x$, wie Abb. 1.5 zeigt.

Der Regler hat „ausgeregelt", wenn der Prozess mit einem konstanten Stellgrad gefahren wird, und die Regelgröße sich innerhalb der vereinbarten Toleranzgrenze $\pm\Delta x$ bewegt.

Idealerweise ist die Überschwingweite Null. Dies lässt sich jedoch meist nicht mit einer kurzen Ausregelzeit vereinbaren. Bei einigen Prozessen, wie z. B. Drehzahlregelungen, ist aber eine kurze Ausregelzeit wichtig und ein leichtes Überschwingen über den Sollwert kann hingenommen werden. Andere Prozesse dagegen, wie kunststoffverarbeitende Maschinen, sind empfindlich gegenüber Temperaturüberschreitungen, da diese leicht das Werkzeug oder das Gut zerstören.

1.1.4 Bauformen von Regelgeräten

Die Wahl eines geeigneten Regelgerätes hängt in erster Linie vom Anwendungsfall ab. Dies betrifft sowohl die mechanischen als auch die elektrischen Eigenschaften. Aus dem vielfältigen Spektrum unterschiedlicher Bauweisen und Ausführungsformen seien hier nur einige aufgeführt. Es handelt sich um elektronische Regler und um keine mechanischen oder pneumatischen Regeleinrichtungen. Dem Anwender, der vor der Wahl eines Reglers für seine spezielle Aufgabenstellung steht, soll zunächst aufgezeigt werden, welche unterschiedlichen Bauformen existieren. Einen Anspruch auf Vollständigkeit hat diese Aufzählung nicht.

Für die mechanische Unterscheidung:

- Kompaktregler (Prozessregler) enthalten alle erforderlichen Komponenten (z. B. Anzeige, Tastatur, Eingabe für die Führungsgröße, usw.) und besitzen ein Gehäuse mit einem Netzteil. Die Gehäusemaße sind meist genormt und weisen eine Standardabmessungen von 48 · 48 mm, 48 · 96 mm, 96 · 96 mm oder 72 · 144 mm auf.
- Regler im Aufbaugehäuse werden meist im Inneren von Schaltschränken eingesetzt und auf C-Schienen und dergleichen befestigt. Hier fehlen meist die Anzeigeelemente, wie Istwertanzeige oder Schaltmelder über Dioden, da sie dem Bediener normalerweise nicht zugänglich sind.
- Einbauregler sind für den Einbau in Baugruppenträgern, sogenannten 19"-Racks, vorgesehen. Sie besitzen daher nur eine Frontplatte und kein vollständiges Gehäuse.
- Platinenregler bestehen z. B. aus einem Mikroprozessor oder Mikrocontroller mit entsprechender Peripherie und werden in unterschiedlichen Gehäuseformaten eingesetzt. Man findet sie öfters in Großanlagen in Verbindung mit Prozessleitsystemen und speicherprogrammierbaren Steuerungen (SPS). Diesen Geräten fehlen ebenfalls Bedien- und Anzeigeelemente, da sie ihre Prozessdaten über Schnittstelle von der zentralen Leitwarte über Softwareprogramme bekommen.

Funktionelle Unterscheidung: Die hier angesprochenen Begriffe werden in den folgenden Kapiteln eingehend behandelt und erklärt, wie Abb. 1.6 zeigt.

- Stetige Regler: Regler, bei welchem bei einem stetigen Eingangssignal das Reglerausgangssignal ebenfalls stetig ist. Das Stellsignal kann innerhalb des Stellbereiches jedes Signal annehmen. Sie liefern meist Ausgangssignale im Bereich von 0…20 mA (Stromausgang), 4…20 mA (Stromausgang, wobei unter 4 mA ein Drahtbruch vorhanden ist und über 20 mA ein Überlastungsfall z. B. Kurzschluss auftritt) oder 0…10 V (Spannungsausgang). Mit ihnen werden z. B. Stellantriebe oder Thyristorsteller angesteuert.

Abb. 1.5 Kriterien für den Reglereingriff

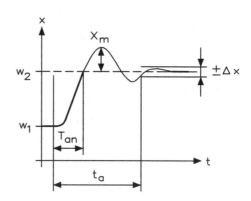

Abb. 1.6 Funktionelle
Unterscheidung bei Reglern

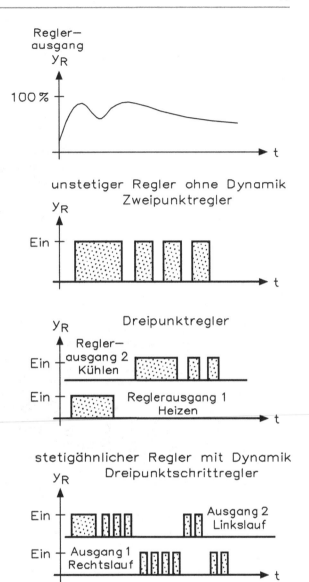

- Unstetige Regler ohne Dynamik (Rückführung): Zweipunktregler mit einem schaltenden Ausgang sind Regler, bei denen bei einem stetigen Eingangssignal der Reglerausgang unstetig ist. Sie können die Stellgröße nur ein- und ausschalten und finden ihren Einsatz z. B. bei Temperaturregelungen, wo die Heizung oder Kühlung lediglich ein- bzw. ausgeschaltet wird.

Abb. 1.7 zeigt ein Steuergerät und Abb. 1.8 eine Platine für ein μP-Regelgerät.

Abb. 1.7 Universelles
Steuergerät zum Schalten,
Steuern und Visualisieren

Abb. 1.8 Platine für ein µP-Regelgerät

Dreipunktregler mit zwei schaltenden Reglerausgängen entsprechen den Zweipunktreglern, besitzen jedoch zwei Stellgrößenausgänge. Sie ermöglichen Regelungen wie
Heizen/Kühlen oder Be-/Entfeuchten usw.

• Stetig sich verändernder Regler mit Dynamik: Zweipunktregler mit Dynamik
  und einem schaltenden Reglerausgang sind Regler, bei denen durch Hinzu-
  fügen einer passenden Dynamik (PD, PI, PID) ein stetig sich veränderndes Verhalten erreicht wird. Der über ein gewähltes Zeitintervall gebildete Mittelwert der
  Reglerausgangsgröße zeigt angenähert denselben zeitlichen Verlauf wie bei einem
  stetigen Regler. Einsatzgebiete sind z. B. Temperaturregelungen (Heizen oder
  Kühlen) mit höheren Anforderungen an die Regelgüte.

Dreipunktregler mit Dynamik können, je nach Stellglied, zwei schaltende oder stetige Ausgänge bzw. eine Kombination aus beidem besitzen. Sie entsprechen den Zweipunktreglern mit Dynamik, besitzen jedoch zwei Stellgrößenausgänge.

Dreipunktschrittregler besitzen zwei schaltende Reglerausgänge und sind speziell für motorgetriebene Stellantriebe konzipiert, mit dem z. B. eine Stellklappe „Auf" und „Zu" gefahren werden kann.

Stellungsregler werden ebenfalls für motorgetriebene Stellantriebe verwendet und besitzen zwei schaltende Reglerausgänge. Im Unterschied zum Dreipunktschrittregler muss hier dem Regler die Stellgradrückmeldung als Information vorliegen.

Alle genannten Reglertypen (ausgenommen der unstetige Regler ohne Dynamik) sind mit unterschiedlichem dynamischem Verhalten realisierbar. In diesem Zusammenhang wird auch oft von einer Reglerstruktur gesprochen. Hier findet man Begriffe wie P-, PI-, PD- oder PID-Regler, wie Abb. 1.9 zeigt.

- Unterschiedliche Sollwertvorgabe: Die Sollwertvorgabe kann manuell am Regler durch ein Potentiometer oder über Tasten durch Eingabe von Zahlenwerten erfolgen. Angezeigt wird der Sollwert analog (Zeigerstellung eines Sollwertstellers) oder digital als Ziffernwert.

Abb. 1.9 Charakteristische Sprungantworten

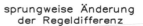

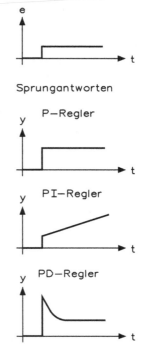

Eine weitere Möglichkeit ist die externe Sollwertvorgabe. Hier wird der Sollwert als externes elektrisches Signal (z. B. 0…20 mA) von anderer Stelle vorgegeben. Neben diesen analogen Signalen können auch digitale Signale zur Sollwertvorgabe dienen. Sie werden dann dem Regler über eine digitale Schnittstelle zugeführt und können von einem anderen digital arbeitenden Gerät oder einem angeschlossenen Rechner stammen. Läuft die externe Sollwertvorgabe nach einem festen zeitlichen Ablauf (Programm) ab, so spricht man auch von einer Zeitplanregelung.

- Erfassen des Istwertes: Der Istwert muss als elektrisches Signal für den µP-Regler vorliegen. Die Form hängt vom verwendeten Sensor und der Aufbereitung dieses Signals ab. Eine Möglichkeit besteht darin, dass das Signal des Messwertgebers (Sensor, Fühler) direkt auf den Reglereingang gegeben wird. Dieser muss dann in der Lage sein, dieses Signal zu verarbeiten, d. h. da bei vielen Temperaturfühlern das Ausgangssignal nicht linear zur Temperatur ist, muss der Regler z. B. eine entsprechende Linearisierung besitzen, Die andere Möglichkeit besteht in der Verwendung eines Messumformers. Der Messumformer wandelt das Signal des Sensors in ein Einheitssignal um (0…20 mA, 0…10 V) und führt meistens auch die Linearisierung des Signals durch. In diesem Fall braucht der verwendete Regler nur einen Eingang für Einheitssignale zu besitzen.

Der Istwert wird am Regler meistens angezeigt. Dies kann über eine digitale Anzeige (Ziffernanzeige) erfolgen, deren Vorteil ein gutes Ablesen auch auf größere Entfernungen ist. Der Vorteil einer analogen Anzeige (Zeigeranzeige) ist, dass sich gut Tendenzen wie Steigen oder Fallen im Istwert-Verlauf und die Position im Regelbereich erkennen lassen. Abb. 1.10 zeigt ein Beispiel für externe Anschlüsse eines µP-Reglers mit seinen Ein- und Ausgängen.

Vielfach wird der Istwert noch weiterverarbeitet, z. B. von einem Schreiber registriert oder an anderer Stelle angezeigt. Hierzu lassen sich einige Regler dann mit einem Istwert-Ausgang ausstatten, an dem der Istwert als Einheitssignal anliegt.

Eine Soll-/Istwertabweichung (Regeldifferenz) kann auf unterschiedliche Arten dargestellt werden, meist verwendet man verschiedenfarbige Leuchtdioden.

Abb. 1.10 Beispiel für externe Anschlüsse eines µP-Reglers

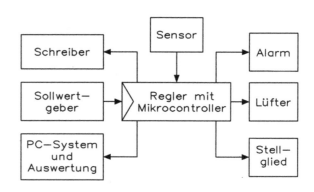

Um Über- oder Unterschreitungen bestimmter Werte zu vermeiden, besitzen die µP-Regelgeräte, sogenannte Limitkomparatoren (Grenzwert- oder Alarmkontakte), die ein Signal liefern, wenn der Istwert eingestellte Grenzen überschreitet. Dieses Signal kann dann Alarmeinrichtungen oder dergleichen auslösen.

1.1.5 Signalarten von analogen und digitalen Reglern

Technische Systeme lassen sich durch die Art der an ihren Ein- und Ausgängen auftretenden Signale klassifizieren. Die Signale unterscheiden sich in ihrer technischen Natur. In Regeleinrichtungen treten häufig die Temperatur, der Druck, der Strom oder die Spannung als Signalträger auf, die zugleich die Dimensionen bestimmen. Die Signale lassen sich aufgrund ihres Wertevorrates und ihrem zeitlichen Verhalten in verschiedene Arten einteilen, wie Abb. 1.11 zeigt.

- Analoge Signale: Die Signalform mit der größten Anzahl möglicher Signalpegel ist das analoge Signal. Die Regelgröße, beispielsweise eine Temperatur, wird von der Messeinrichtung in ein dieser Temperatur entsprechendes Signal umgewandelt. Jedem Wert der Temperatur entspricht ein Wert des elektrischen Signals. Ändert sich die Temperatur nun kontinuierlich, so ändert sich auch die Signalgröße kontinuierlich. Man spricht daher auch von einem wertkontinuierlichen Signal.

  Das Wesentliche der Definition analoger Signale liegt darin, dass der Wertebereich kontinuierlich durchlaufen wird.

  Da auch der zeitliche Ablauf kontinuierlich ist, denn in jedem Augenblick entspricht der Wert des Signals der gerade herrschenden Temperatur, handelt es sich ebenfalls um ein zeitkontinuierliches Signal (Abb. 1.11a). Würde man nun die Messeinrichtung über einen Messstellenumschalter, bei dem der Abgriff gleichmäßig rotiert, betreiben, so wird das Messsignal nur zu ganz bestimmten diskreten Zeiten abgetastet. Man sagt nun, das Signal ist nicht mehr zeitkontinuierlich, sondern zeitdiskret (Abb. 1.11b). Andererseits sind die Messwerte jedoch noch wertkontinuierlich, da sich in jedem Abtastzeitpunkt das Messsignal eindeutig widerspiegelt.
- Digitale Signale: Digitale Signale gehören zu den diskreten Signalen. Bei ihnen werden die einzelnen Signalpegel durch Zahlwörter (Digits) dargestellt, d. h., diskrete Signale können nur eine begrenzte Menge von Werten annehmen. Der zeitliche Verlauf eines solchen diskreten Signals weist immer Stufen auf.

Ein einfaches Beispiel für ein System mit einem diskreten Signal ist die Regelanlage eines Fahrstuhls, der nur diskrete Höhenwerte annehmen kann. Solche Signale treten auf bei Regelungen mit digitalen Regelgeräten. Wesentlich in diesem Zusammenhang ist, dass die Umwandlung analoger Signale in digitale Signale nur durch Diskretisierung des Signalpegels möglich ist.

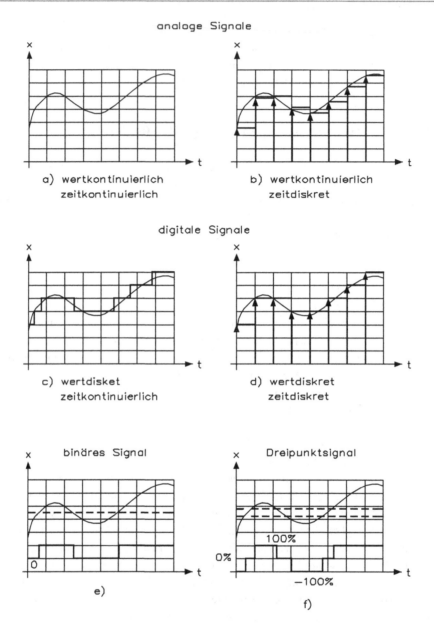

Abb. 1.11 Verschiedene Signalarten

Zwischenwerte sind nun nicht mehr möglich, unterstellt man jedoch, dass die Umwandlung beliebig schnell erfolgt, so ist ein zeitkontinuierliches Signal möglich (Abb. 1.11c). Mit denen in der Technik üblichen Verfahren kann die Umwandlung jedoch nur zeitwertdiskret erfolgen, d. h., die bei der digitalen Regelung verwendeten

Analog-Digital-Umsetzer führen den Umwandlungsprozess im Allgemeinen nur zu diskreten Zeitpunkten durch (Abtastzeit). Man erhält daher aus dem analogen Signal ein Ergebnis, das sowohl wertdiskret als auch zeitdiskret ist (Abb. 1.11d).

Man erkennt jedoch deutlich, dass bei der Umsetzung von analogen in digitale Werte Informationen über das Messsignal verlorengehen.

- Binäre Signale: Im einfachsten Fall können die Signale nur zwei Zustände einnehmen. Es handelt sich dann um binäre Signale. Solche Signale sind den Steuerungstechnikern bestens bekannt. Die beiden Zustände bezeichnet man normalerweise mit „0" und „1". Jeder Schalter, mit dem man eine Spannung ein- und ausschalten kann, liefert ein binäres Signal als Ausgangsgröße. Man bezeichnet diese Binärsignale auch als logische Signale und ordnet ihnen dann die Werte „wahr" und „falsch" zu. Praktisch alle Digitalschaltungen in der Elektrotechnik arbeiten mit diesen logischen Signalen. So sind auch Mikroprozessoren und Mikrocontroller mit solchen Elementen aufgebaut, die nur diese beiden Signalzustände kennen (Abb. 1.11e).
- Dreipunkt-Signale: Das Signal mit dem nächst höheren Informationswert nach den binären Signalen ist das Dreipunkt-Signal. Man findet sie häufig in Verbindung mit Motoren. Ein Motor kann grundsätzlich drei Betriebszustände haben. Der Motor kann stillstehen, er kann sich vorwärts oder rückwärts bewegen. Entsprechende Glieder mit einem Dreipunkt-Verhalten findet man sehr häufig in der Regelungstechnik und sind von großem Interesse. Jedes der drei Signalniveaus kann eine beliebige Größe haben, d. h., in speziellen Fällen kann jedes Signalniveau ein positives Signal sein, oder der Betrag des positiven und negativen Signals kann unterschiedlich sein (Abb. 1.11f).

1.1.6 Prinzipielle Unterschiede

Ein Regler stellt einen Bezug zwischen der Regelgröße und der Führungsgröße her und bildet daraus die Stellgröße. Diese Aufgabenstellung kann auf unterschiedlichste Art und Weise gelöst werden: mechanisch, pneumatisch, elektrisch oder mathematisch. Der mechanische Regler z. B. verändert ein Signal durch ein Hebelsystem oder ein elektronisches System mit einem Operationsverstärker. Mit der Einführung leistungsfähiger und preiswerter Mikroprozessoren und Mikrocontroller hat seit einigen Jahren eine weitere Form der elektrischen Regler den Markt erobert, die sogenannten Mikroprozessor- oder Mikrocontroller-Geräte (µP-Regler). Die Messsignale werden nicht mehr analog über Operationsverstärker verstärkt, sondern mittels eines Mikroprozessors errechnet. Die mathematische Beschreibung der unterschiedlichen Strukturen findet in diesen digitalen Reglern direkt Anwendung.

Die Bezeichnung „digital" kommt daher, dass die Eingangsgröße, der Istwert, zunächst digitalisiert, d. h. in einen Zahlenwert umgewandelt werden muss, sodass das Signal vom Mikroprozessor oder Mikrocontroller verarbeitet werden kann.

Man verwendet für das Umwandeln einen Analog-Digital-Wandler (ADW). Das errechnete Ausgangssignal (Stellgröße) muss wieder über einen Digital-Analog-Wandler (DAW) in ein analoges Signal umgewandelt werden, das zur Ansteuerung dient, oder kann einem digitalen Stellglied direkt zugeführt werden.

Eine digitale Ziffernanzeige allein ist noch kein hinreichendes Kriterium für die Bezeichnung als digitaler Regler, denn es existieren auch Regler, die analog aufgebaut sind und bei denen lediglich die Anzeige digital arbeitet. Sie haben jedoch intern keinen Prozessor zur Berechnung der Signale und werden daher weiter als analoge Regler bezeichnet.

Abb. 1.12 zeigt das Prinzip analoger und digitaler Regler. Der Ist- und der Sollwert liegen analog an dem Eingang des Vergleichers und dieser erstellt die Regeldifferenz. Die Regeldifferenz wird verstärkt und bildet die Stellgröße, die dann auf den Stellantrieb wirkt, der dann den Energiefluss steuert oder regelt.

Beim digitalen Regler befinden sich zwei Analog-Digital-Wandler für den Ist- und Sollwert. Der Ist- und Sollwert wird digital verglichen und liegt in dem Mikroprozessor oder Mikrocontroller an. Im Mikrocontroller befinden sich mehrere AD-Wandler und man benötigt keine externen ADWs. In dem Mikrocontroller findet die Verarbeitung nach einem bestimmten Algorithmus statt. Am Ausgang hat man einen Digital-Analog-Wandler, der über das Stellglied den Energiefluss steuert oder regelt.

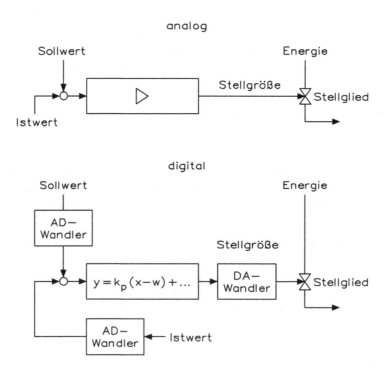

Abb. 1.12 Prinzip analoger und digitaler Regler

In Abb. 1.13 ist der Aufbau analoger und digitaler Regler gezeigt. Beim analogen Regler hat man in der Praxis fünf Operationsverstärker. Am Eingang befindet sich ein Operationsverstärker, der aus den beiden Eingangsspannungen (Ist- und Sollwert) das Vergleichersignal bildet. Der Ausgang des Vergleichs steuert parallel drei Operationsverstärker für den P-, I- und D-Regler an. Der rechte Operationsverstärker fasst die drei Ausgänge zusammen und bildet den gemeinsamen PID-Ausgang.

Der digitale Regler hat beispielsweise fünf Eingänge, wobei zwei Eingänge mit Tiefpassfilter TP ausgestattet sind. Diese Filter begrenzen die Frequenzen für das

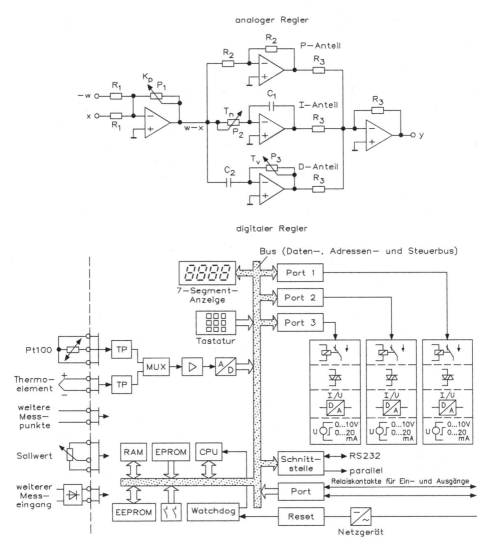

Abb. 1.13 Aufbau eines analogen und digitalen Reglers

Eingangssignal und dann folgt der Multiplexer MUX. An dem Ausgang des Multiplexers befinden sich ein Messverstärker und anschließend der AD-Wandler, der die analogen Eingangsspannungen in digitale Informationen umwandeln. Normalerweise arbeitet man bei einfachen Geräten mit einem 8-Bit-Datenbus, bei leistungsfähigen Geräten mit einem 16 Bit- oder 32 Bit-Bus. Oben befinden sich eine vierstellige Anzeige und darunter das Bedienerfeld mit einer Taste.

Mittelpunkt in der Anlage ist die CPU. Die CPU (Central Processing Unit) eines Computers führt die Maschinenbefehle aus und verarbeitet die Daten. Die CPU besteht aus einer Vielzahl von Funktionskomponenten wie z. B. der Arithmetik-Logik-Einheit, Registern (Indexregister, Adressregister, Befehlszähler u. a.), dem Unterbrechungs-kontrollsystem (Interrupt), Taktgeber, Treibern usw., sowie einem internen Bussystem für die Kommunikation mit den externen I/O-Einheiten. Eine MPU (Mikrocontroller) beinhaltet zahlreiche Funktionskomponenten für einen µP-Regler.

Das RAM (Random Access Memory) ist ein Speicher mit wahlfreiem Zugriff, aus dem Daten gelesen und in den neue Daten geschrieben werden können. Der Zugriff erfolgt über eindeutige Adressangaben und die Daten lassen sich in den Speicherzellen einschreiben oder zerstörungsfrei auslesen. Zwischen statischen Speichern (Flipflop) und dynamischen (kapazitive Aufladung) wird unterschieden. Bei Abschalten der Spannung gehen die Daten verloren. Der Arbeitsspeicher von Computern ist mit RAMs aufgebaut.

Das EPROM (Erasable Programmable Read Only Memory) ist ein Halbleiterspeicher. Diese programmierbaren Nur-Lesespeicher eignen sich für die Festwertspeicherung. Die Informationen sind mit UV-Licht löschbar und der Speicher kann anschließend neu programmiert werden.

Das EEROM (Electrically Erasable Read Only Memory) ist im Gegensatz zum ROM-Speicher, der nur lesbar, aber nicht mehr löschbar ist. Das EEROM lässt sich durch Anlegen eines Impulses löschen und anschließend wieder neu programmieren (beschreiben).

Mit I/O-Port bezeichnet man die seriellen und parallelen Anschlussstellen für Peripheriegeräte an das Bussystem (Daten-, Adressen- und Steuerung) des Computers oder an bestimmte Bausteine bzw. Einheiten. Über diese Anschlussstellen werden Signale und Daten in den Rechner eingegeben bzw. zu peripheren Geräten ausgegeben.

Vor- und Nachteile digitaler Regler: Analoge Regler sind aus Operationsver-stärkern aufgebaut. Sie werden seit längerer Zeit (ab 1955) gebaut und können preis-wert hergestellt werden. Die Regelparameter werden meist mit Potentiometern, Trimmern oder Lötbrücken eingestellt. Die Regelstruktur und -eigenschaften liegen konstruktionsbedingt weitgehend fest. Sie werden dort eingesetzt, wo keine höhere Regelgenauigkeit benötigt wird und die notwendigen Eigenschaften des Reglers – wie das Zeitverhalten – bereits bei der Planung bekannt sind. Bei extrem schnellen Regel-strecken besitzt ein analoger Regler bei der Reaktionsgeschwindigkeit geringe Vorteile.

Bei µP-Reglern wandelt ein Mikroprozessor oder Mikrocontroller mit seinen AD-Wandler alle analogen Eingangsgrößen in Ziffern um und berechnet hieraus die

Stellgrößen. Die Ausgabe erfolgt über einen DA-Wandler. µP-Regler bieten gegenüber der analogen Verarbeitung einige Vorteile:

- Je nach Messsignal und verwendeter Technologie (z. B. AD- bzw. DA-Wandler) eine höhere Regelgenauigkeit. Im Gegensatz zu Toleranz und driftbehafteten Bauteilen besitzen die verwendeten mathematischen Zusammenhänge eine konstante Genauigkeit und werden von Alterung, Exemplarstreuung und Temperaturabhängigkeiten nicht beeinflusst.
- Eine hohe Flexibilität hinsichtlich Reglerstruktur und -eigenschaften. Statt, wie bei analogen Reglern, Parameter zu verstellen und Bauteile umzulöten, kann bei einem digitalen Regler durch einfaches Programmieren die Linearisierung, Reglerstruktur usw. durch Eingabe neuer Zahlenwerte geändert werden.
- Die Möglichkeit des Datentransfers. Die Informationen über Prozesszustandsgrößen sollen häufig weiterverarbeitet, gespeichert oder zusätzlich anderweitig verwendet werden, was digital recht einfach ist. Die Ferneinstellung von Kennwerten durch Datensysteme, z. B. Prozessleitsysteme über digitale Schnittstelle, ist ebenfalls einfach möglich.
- Die Optimierung der Regelparameter kann unter bestimmten Voraussetzungen automatisch vorgenommen werden.

µP-Regler besitzen aber auch Nachteile gegenüber den analog arbeitenden Regelgeräten. Tendenzen im Istwertverlauf lassen sich bei digitalen Reglern durch die meist vorhandenen Ziffernanzeigen ungenügend erkennen. Sie sind empfindlicher gegenüber elektromagnetischen Störimpulsen. Da der Prozessor zur Berechnung der Parameter und anderer Aufgaben eine gewisse Zeit benötigt, lassen sich die Istwerte nur in bestimmten Zeitintervallen einlesen. Man bezeichnet diese Zeitspanne zwischen dem Einlesen zweier Istwerte als Abtastzeit T und verwendet auch häufig den Begriff Abtastregler. Typische Werte der Abtastzeit bei Kompaktreglern liegen zwischen 0,5…5 ms. Technisch lassen sich aber auch digitale Regler mit Abtastzeiten < 1 ms realisieren. Ist die Regelstrecke vergleichsweise langsam gegenüber der Abtastrate des Reglers, verhält sich ein digitaler Regler ähnlich eines analogen Reglers, da das abtastende Verhalten nicht mehr bemerkbar ist.

1.1.7 Stellglieder

Das Stellglied dient dazu, die Regelgröße beeinflussen zu können. Es hat in erster Linie die Aufgabe einen Massen- oder Energiestrom zu dosieren. Die Massenströme können z. B. gasförmige oder flüssige Beschaffenheit aufweisen, z. B. Erdgas, Dampf, Heizöl usw.

Bei den Energieströmen handelt es sich meist um elektrische Energie. Hier kann das Zuführen der Energie unstetig über Kontakte, Relais bzw. Schütze erfolgen oder stetig

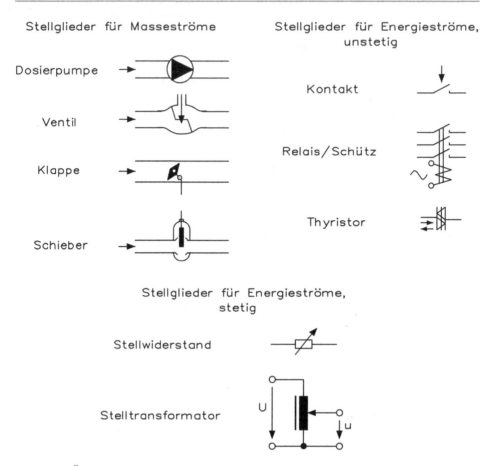

Abb. 1.14 Übersicht verschiedener Stellglieder

über Stelltransformatoren, Stellwiderstände oder Thyristorleistungsstellerg geregelt werden. Abb. 1.14 zeigt eine Übersicht für Stellglieder.

Das Stellglied wird oft durch Stellantriebe betätigt, und zwar dann, wenn der Regler nicht in der Lage ist, das Stellglied selbst zu betätigen, weil er zu wenig Stellenergie abgeben kann, oder weil die vom Regler gelieferte Energieform zum Verändern der Stellgröße nicht geeignet ist. Dann steuert der Regler zweckmäßigerweise einen mechanisch-pneumatischen oder mit elektrischer Energie gespeisten Stellantrieb. Ein Beispiel hierfür ist, dass die in Regelgeräten die integrierten Relais bei schaltenden Reglern meist nur Ströme bis max. 5 A schalten können. Um nun die im Prozess geforderten hohen Leistungen steuern zu können, werden externe Leistungsschütze oder auch Halbleiterrelais verwendet. Abb. 1.15 zeigt eine Übersicht für verschiedene Stellantriebe.

Tab. 1.3 zeigt verschiedene Reglerarten und Stellglieder/Stellantriebe.

Abb. 1.15 Übersicht
verschiedener Stellantriebe

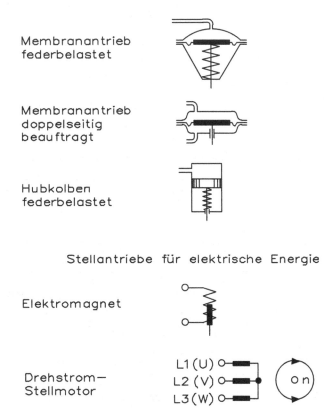

Stellantriebe für Druckluft/Drucköl

Membranantrieb
federbelastet

Membranantrieb
doppelseitig
beauftragt

Hubkolben
federbelastet

Stellantriebe für elektrische Energie

Elektromagnet

Drehstrom–
Stellmotor

Einphasen–
Wechselstrom–
Stellmotor

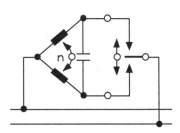

1.1.8 Verfahren zum Konstanthalten von physikalischen Größen

Die Regelung, d. h. Erfassen der Regelgröße, Vergleichen mit der Führungsgröße und
Bilden der Stellgröße, ist nicht die einzige Möglichkeit, um eine Größe konstant zu
halten. Es gibt noch eine Reihe anderer Methoden, um Prozessgrößen konstant zu halten,
die oftmals eine preiswerte Alternative zur Lösung über eine Regelung darstellen.

Tab. 1.3 Reglerarten und Stellglieder/Stellantriebe

Reglerart	Angesteuerte Stellglieder/Stellantriebe
Stetige Regler	Stellwiderstand
	Thyristor-Leistungssteller
	Ventile, Klappen, Schieber
	Drehzahlgeregelte Motoren
Zweipunktregler	Kontakt
	Relais, Schütz, Magnetventil
	Solid State Relais (Halbleiterrelais) für Heizungen, Kühlungen, usw.
Dreipunktregler (schaltend)	Heizungen, Kühlungen, Relais, usw.
Dreipunktschrittregler	Wechseistrom-Stellmotor, Gleichstrommotor Drehstrom-Stellmotor, usw.

Es gibt eine Reihe physikalischer Größen, die innerhalb eines weiten Bereiches selbst bei großen Änderungen der Einflussgrößen einen konstanten Wert behalten. Erwähnt sei hier z. B. der Haltepunkt von schmelzenden Körpern. Wie allgemein bekannt, bleibt die Temperatur beim Schmelzen von Eis konstant auf 0 °C. Solche physikalischen Gegebenheiten werden bei vielen Messungen, besonders in Labors, mit Erfolg ausgenutzt. Man kann also ohne größeren regelungstechnischen Aufwand eine Temperatur damit sehr genau konstant halten.

Auch durch konstruktive Maßnahmen kann man teilweise auf einfache Art und Weise physikalische Größen konstant halten. Will man z. B. das Flüssigkeitsniveau in einem Behälter oder einem Becken auf einem konstanten Wert halten auch bei unterschiedlichen Zulaufmengen, so kann das auf einfache Art und Weise durch einen Überlauf geschehen (Abb. 1.16a). Als weiteres Beispiel sei hier ein Schwimmbecken erwähnt, bei dem ebenfalls über einen Überlauf rund um das Becken das Niveau konstant gehalten werden kann.

Es wurde bereits darauf hingewiesen, dass man durch eine Steuerung eine Größe konstant halten kann. Als Beispiel diente hier das Konstanthalten einer Temperatur in einem Ofen. Geht man von einer konstanten Spannung, d. h. gleichmäßige Energiezufuhr eines elektrobeheizten Ofens aus, so lässt sich durch verschiedene Einstellungen am Leistungssteller feststellen, welche Temperatur sich im Ofen einstellt. Notiert man die Temperaturwerte, d. h., man erstellt eine Temperaturskala und bringt diese am Leistungssteller an, lässt sich im Nachhinein jede gewünschte Ofentemperatur einstellen. Da die Einstellung von Hand erfolgt, bezeichnet man dies als eine Handsteuerung. Die Eingangsgröße bei dieser Temperatursteuerung stellt die Stellung des Leistungsstellers dar, die Ausgangsgröße, die Ofentemperatur, die über ein entsprechendes Anzeigengerät visualisiert wird.

Das Verstellen einer Eingangsgröße bei einer Steuerung muss nicht von Hand erfolgen, sondern kann auch automatisiert werden, man spricht auch von einer selbsttätigen Steuerung, wie Abb. 1.16 zeigt. Als Beispiel soll hier eine Mischungssteuerung

a) Konstanthalten durch konstruktive Maßnahmen

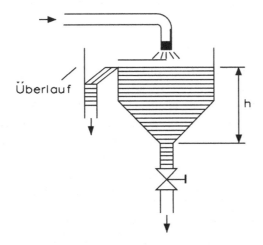

b) Konstanthalten durch Steuern

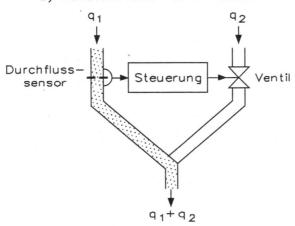

Abb. 1.16 Verfahren zum Konstanthalten durch Steuern

dienen. Die Aufgabe besteht darin, dass einem von außen vorgegebenen Durchfluss q_1 ein proportionaler Durchfluss q_2 zugeordnet werden soll, um ein bestimmtes Mischungsverhältnis zu erzielen (Abb. 1.16 b). Hierzu wird der Durchfluss q_1 als Eingangsgröße erfasst, auf ein Steuergerät gegeben, dieses betätigt als Ausgangsgröße ein Stellglied und verändert den Durchfluss q_2.

Man sieht hier, dass man eine Prozessgröße auch mithilfe einer Steuerung auf einem konstanten Wert halten kann. Es ist jedoch zu berücksichtigen, dass die Steuerung gegenüber einer Regelung auch wesentliche Nachteile hat. Treten z. B. Störgrößen im

Prozess auf oder ändern sich die Übertragungseigenschaften von Steuergliedern, so kann sich auch bei einem festeingestellten Übertragungsverhalten zwischen Eingangs- und Ausgangsgröße der Ausgang unerwünscht ändern.

1.2   Schwerpunkte der Regelungstechnik

Heutzutage wird die Regelungstechnik fast auf allen Gebieten technischer Anwendungen eingesetzt. Wie bereits erwähnt wurde, ergeben sich in den unterschiedlichen Anwendungsgebieten gewisse Gemeinsamkeiten, die man mit einer einheitlichen Vorgehensweise beschreiben kann. Es haben sich jedoch, bedingt durch die unterschiedlichen Regelgrößen, Ausregelgeschwindigkeiten, verschiedenen Maschinen- und Gerätetypen sowie Besonderheiten der Anwendungsgebiete gewisse Hauptanwendungen herauskristallisiert.

- Verfahrensregelung: Hierunter sind Regelungen von Temperatur, Druck, Durchfluss, Niveau usw. in den unterschiedlichsten industriellen Einsatzgebieten zu verstehen. Betrachtet man hier das Kriterium „Ausregelzeit", so sind es Größenordnungen im Millisekundenbereich, z. B. Druckregelung, bis hin in den Stundenbereich bei der Temperaturregelung größerer Anlagen (Industrieofen).
- Antriebsregelungen (Drehzahlregelung): Hierunter versteht man die Regelung der Drehzahl von Motoren in unterschiedlichen Maschinen und Anlagen z. B. zur Herstellung von Kunststoffen, Papiererzeugung oder Textilmaschinen. Die eingesetzten Regelgeräte sind für diese Anwendung meist speziell zugeschnitten, da hier z. B. Störgrößen, die im Zehntelsekunden-Bereich liegen, ausgeregelt werden müssen.
- Regelung elektrischer Größen: Hierunter versteht man das Ausregeln von elektrischen Größen, z. B. Spannung, Strom, Leistung oder auch Frequenz. Es handelt sich hierbei um Geräte, die zur Stromerzeugung dienen oder zur Konstanthaltung der Kennwerte von Versorgungsnetzen. Hier können ebenfalls Störgrößen von einigen Zehntelsekunden und kürzer auftreten.
- Lageregelung: Hierunter versteht man das Positionieren von z. B. Werkzeugen, Werkstücken oder kompletten Einheiten, in einer Ebene oder auch räumlich. Als Beispiel sei hier eine Fräsmaschine oder auch die Lageregelung von Geschützen bei Schiffen oder Panzern erwähnt. Auch hier muss das Ausregeln auf die Führungsgröße sehr schnell und sehr genau erfolgen.
- Kursregelung: Die Regelung des Kurses von Schiffen oder Flugzeugen. Besondere Anforderungen, die hier an das μP-Regelgerät gestellt werden, sind ebenfalls eine hohe Verarbeitungsgeschwindigkeit und Betriebssicherheit bzw. ein geringes Gewicht.

1.2.1   Aufgaben eines Regelungstechnikers

Nachdem einige Begriffe und Bezeichnungen zur Unterscheidung zwischen einer Steuerung und Regelung erklärt wurden, verschiedene Bauformen von Regelgeräten und Stellgliedern behandelt wurden, soll nun einmal zusammengefasst werden, mit welchen Aufgaben sich ein Regelungstechniker, -meister oder -ingenieur in der Praxis zu beschäftigen hat.

Die wichtigsten Aufgaben für einen Regelungsfachmann stellen sich wie folgt dar:

- Festlegung der Regelgröße
- Prüfen, ob eine Regelung nennenswerte Vorteile bringt
- Festlegung des Messortes
- Feststellung der Störgrößen
- Wahl des Stellgliedes
- Wahl eines geeigneten Regelgerätes
- Montage der Regelgeräte unter Beachtung der einschlägigen Vorschriften
- Inbetriebnahme, parametrieren, optimieren

Als Regelungstechniker wird hier nicht das Arbeiten von Ingenieur oder Techniker von Hochschulen oder Entwicklungsabteilungen bezeichnet werden, die sich im Labor mit der Entwicklung von Regelgeräten, Regelalgorithmen oder speziellen Regelschaltungen beschäftigt. Solche Spezialisten benötigen wesentlich tiefer gehende Kenntnisse. Die Frage richtet sich an den Personenkreis, die vor Ort in Firmen unbefriedigend arbeitende Regelkreise optimieren sollen, eine Steuerung von Hand auf eine Regelung umstellen oder diejenigen, die einen Regelkreis für eine Neuanlage dimensionieren und bearbeiten müssen. In den meisten Fällen kommt man bei diesen Aufgaben ohne höhere Mathematik aus, denn es genügen Grundkenntnisse, Überschlagsformeln und die Kenntnis einiger Erfahrungswerte.

Grundsätzlich sollte man bei der Dimensionierung einer Regelung immer beachten, dass mit wachsenden Anforderungen auch meist die Kosten erheblich ansteigen.

1.2.2   Aufbau von Regelstrecken

Die Regelstrecke ist der Anlagenteil, der je nach Aufgabenbereich beeinflusst werden muss. In der Praxis stellt die Regelstrecke, die zu regelnde Anlage oder den zu regelnden Prozess dar. Sie umfasst normalerweise eine Reihe von Gliedern innerhalb einer Anlage. Die Eingangsgröße ist die von der Regeleinrichtung kommende Stellgröße y. Die Ausgangsgröße stellt die Regelgröße x dar. Zu diesen beiden Größen kommen noch die Störgrößen z, die bedingt durch die äußeren Einflüsse oder prozessabhängige Veränderungen auf die Regelstrecke wirken.

Als Beispiel einer Regelstrecke sei hier ein elektrisch beheizter Ofen erwähnt, wie Abb. 1.17 zeigt. Zu der Regelstrecke gehören die Heizstäbe, das Isolationsmaterial in denen sie sich befinden, die Schamottierung des Ofens sowie die im Ofen befindliche Luft zusammen mit dem eingebrachten Gut. Demzufolge ist zu beachten, dass ein Ofen je nach Beschickung ein anderes dynamisches Verhalten besitzt.

Wichtig für den Aufbau eines Regelkreises ist es zu wissen, wie die Regelstrecke reagiert, wenn sich eine der genannten Einflussgrößen ändert. Zum einen ist es von Interesse, auf welchen neuen Wert sich bei solchen Änderungen die Regelgröße einstellt, wenn man abwartet bis sich der sogenannte Beharrungszustand eingestellt hat. Andererseits sollte man wissen, wie der zeitliche Verlauf des Überganges bis zum neuen Beharrungswert aussieht. Die Kenntnis der streckenbestimmten Eigenschaften ist sehr wichtig und kann spätere Schwierigkeiten schon bei der Konstruktion des Prozesses vermeiden helfen. In der Vielzahl ihres unterschiedlichen technischen Aufbaues kann man die Regelstrecken grob durch folgende Merkmale unterscheiden:

- mit und ohne Ausgleich
- mit und ohne Totzeit bzw. Zeitglieder
- linear oder nicht linear

In den meisten Fällen liegt jedoch eine Kombination der einzelnen Eigenschaften vor.

Eine Voraussetzung für die Auslegung von Regelungen und die korrekte Realisierung einer Regelaufgabe ist eine genaue Charakterisierung und Kenntnis der Regelstrecke. Ohne ein genaues Wissen um das Verhalten der Regelstrecke ist es nicht möglich geeignete Regler auszuwählen und diese zu parametrieren. Die Beschreibung des Zeitverhaltens ist wichtig, um das Ziel der Regelungstechnik zu erreichen, nämlich das

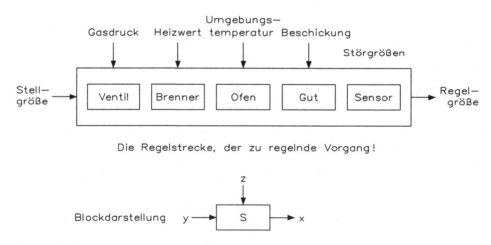

Abb. 1.17 Ein-/Ausgangsgrößen einer Regelstrecke mit elektrisch beheizbarem Ofen

Zeitverhalten technischer, dynamischer Systeme zu beherrschen und das technische System einen bestimmten Zeitverlauf aufzuprägen.

• Statische Kennlinie: Um das statische Verhalten eines technischen Systems zu beschreiben, betrachtet man das Ausgangssignal in Abhängigkeit des Eingangssignals, d. h., der Wert des Ausgangssignals wird bei verschiedenen Eingangssignalen ermittelt. Handelt es sich um ein elektrisches oder elektronisches System, so kann man z. B. eine Spannung über einen Spannungsgeber auf den Eingang schalten und die Ausgangsspannung ermitteln. Bei dem statischen Verhalten von Regelkreisgliedern interessiert man sich nicht dafür, wie das zu betrachtende Regelglied auf seinen Endzustand kommt. Man vergleicht hier nur die Höhe zwischen Ein- und Ausgangssignal nach der Einschwing- oder Einstellzeit.

Bei der Messung von statischen Kennlinien interessiert u. a. die Frage, ob das entsprechende Regelkreisglied ein lineares Verhalten zeigt, d. h. ob die Ausgangsgröße eines Regelkreisgliedes der Eingangssignalgröße proportional folgt. Ist dies nicht der Fall, versucht man den genauen Funktionsverlauf zu ermitteln. Viele, in der Praxis verwendete Regelkreisglieder, weisen in einem begrenzten Bereich ein lineares Verhalten auf. Speziell für die Regelstrecke bedeutet dies, der Istwert verdoppelt sich bei einer Verdoppelung des Stellgrades, er steigt bzw. sinkt gleichermaßen wie der Stellgrad.

Ein Beispiel ist ein Übertragungsglied mit linearer Kennlinie in einem RC-Netzwerk. Die Ausgangsspannung U_a folgt zwar der angelegten Spannung U_e mit einem gewissen Zeitverhalten, die einzelnen Endwerte sind jedoch proportional zur angelegten Spannung, wie Abb. 1.18 zeigt. Man sagt auch, die Streckenverstärkung einer linearen Strecke ist konstant, da eine Änderung der Eingangsgröße immer die gleiche Änderung der Ausgangsgröße zur Folge hat.

Betrachtet man jedoch einen elektrobeheizten Ofen, so handelt es sich hierbei um eine nicht lineare Strecke. Aus Abb. 1.18 wird bereits ersichtlich, dass eine Änderung der Heizleistung von 500 auf 1000 W eine größere Temperaturerhöhung zur Folge hat als beispielsweise eine Erhöhung von 2000 auf 2500 W. Die Temperatur des Ofens steigt nicht im gleichen Maße wie die zugeführte Leistung, ähnlich dem Verhalten eines RC-Netzwerkes, da die Temperaturabstrahlung bei höheren Temperaturen stärker wird. Man muss daher eine immer höhere Leistung aufwenden, um die Energieverluste aufzuheben. Der Übertragungsbeiwert bzw. die Streckenverstärkung bei solchen Systemen ist nicht konstant und nimmt mit höheren Istwerten immer weiter ab.

• Dynamische Kennlinie: Für die Charakterisierung des Regelkreises ist das Zeitverhalten der Strecke ausschlaggebend. Die dynamische Kennlinie beschreibt, wie sich das Ausgangssignal des Übertragungsgliedes (der Strecke) verhält, wenn sich das Eingangssignal zeitlich verändert. Grundsätzlich gibt es die Möglichkeit, dass sich die Ausgangsgröße sofort und in demselben Maße wie die Eingangsgröße verändert. Bei vielen Systemen reagiert das System jedoch mit einer gewissen Verzögerung. Abb. 1.19 zeigt die Sprungantwort einer Regelstrecke mit Ausgleich.

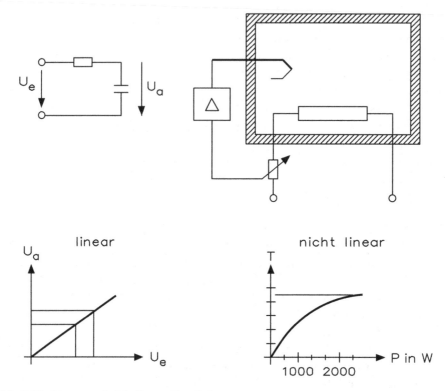

Abb. 1.18 Lineare und nicht lineare Kennlinie

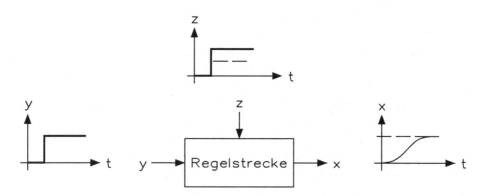

Abb. 1.19 Sprungantwort einer Regelstrecke mit Ausgleich

Die einfachste Art und Weise, das Ausgangssignalverhalten zu charakterisieren, ist die Aufnahme des Istwertverlaufes (Regelgröße) über der Zeit bei einer sprunghaften Änderung der Stellgröße. Bei einer sogenannten Sprungantwort oder Stell-Sprungantwort schaltet man auf den Stelleingang der Regelstrecke eine sprungförmige

Änderung auf und beobachtet die zeitliche Veränderung der Regelgröße. Es muss nicht immer ein Sprung von 0 auf 100 % sein, es können ebenfalls Änderungen in kleineren Bereichen, z. B. von 30 auf 50 %, durchgeführt werden. Durch eine solche Sprungantwort, wie noch gezeigt wird, lässt sich das Verhalten, z. B. von einer linearen Regelstrecke, eindeutig kennzeichnen.

1.2.3 Strecken mit Ausgleich

Strecken mit Ausgleich reagieren auf eine Änderung der Stellgröße oder eine Störung durch Ausbildung eines neuen, stabilen Istwertes. Ein solcher Prozess ist in der Lage, die zugeführte Energie wieder abzuführen bzw. einen Gleichgewichtszustand zu bilden.

Klassisches Beispiel ist ein Ofen, bei dem nach einer Erhöhung der Heizleistung die Temperatur solange steigt bis sich eine neue Gleichgewichtstemperatur einstellt, bei der die abgegebene Wärmemenge gleich der zugeführten Wärmemenge ist. Bei einem Ofen bildet sich der neue Gleichgewichtszustand jedoch zeitverzögert nach einem Stellgrößensprung aus. Bei sogenannten verzögerungsfreien Regelstrecken folgt die Regelgröße der Stellgröße unverzögert. Die Sprungantwort einer solchen Regelstrecke hat dann die in Abb. 1.20 gezeigte Form.

Bei solchen idealen Regelstrecken mit Ausgleich ist die Regelgröße proportional zur Stellgröße, d. h. sie steigt im gleichen Maße wie die Stellgröße. Solche Strecken werden auch als Proportional- oder kurz P-Strecken bezeichnet. Für den Zusammenhang zwischen Regelgröße x und Stellgröße y gilt im einfachsten Fall folgender Zusammenhang:

$$\Delta x = k_s \cdot \Delta y$$

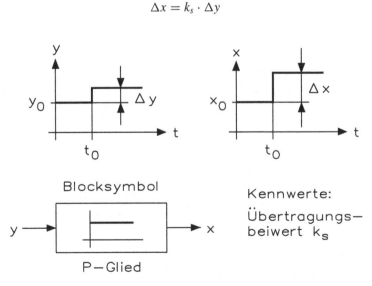

Abb. 1.20 Verzögerungsarme Regelstrecke; P-Strecke

Den Faktor k_S bezeichnet man als Streckenverstärkung (Übertragungsbeiwert). Auf die einzelnen Zusammenhänge wird noch näher eingegangen. Beispiele für proportionale Regelstrecken sind:

- mechanisches Getriebe ohne Schlupf
- mechanische Übertragung über Hebel
- Transistor (Kollektorstrom I_C folgt dem Basisstrom I_B praktisch unverzögert)

1.2.4   Strecken ohne Ausgleich

Eine Strecke ohne Ausgleich reagiert auf eine Änderung der Stellgröße oder eine Störung mit einer größer werdenden Änderung des Istwertes. Eine derartige Regelstrecke tritt z. B. bei der Kursregelung von Schiffen oder Flugzeugen auf. Hier vergrößert sich die Istwertabweichung (Kursabweichung) bei einer Stellgrößenänderung (Ruderstellung) proportional zur Zeit, d. h. sie wird mit zunehmender Zeit immer größer, wie Abb. 1.21 zeigt.

Wegen dieses integrierend wirkenden Verhaltens werden solche Strecken auch als Integral- oder I-Strecken bezeichnet. Bei einer solchen Strecke wächst bei einer sprunghaften Änderung der Stellgröße um Δy die Regelgröße x proportional mit der Zeit an. Wird die Änderung der Stellgröße verdoppelt, so ist der nach einer bestimmten Zeit t zurückgelegte Weg doppelt so groß.

Für $\Delta y =$ konstant gilt allgemein folgender Zusammenhang:

$$x = k_{is} \cdot \Delta y \cdot t$$

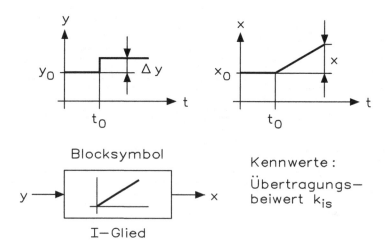

Abb. 1.21   Strecke ohne Ausgleich; I-Strecke

k_{is} wird als Übertragungsbeiwert der Regelstrecke ohne Ausgleich bezeichnet. Die Regelgröße wächst also nicht nur proportional mit der Stellgröße Δy, wie bei einer Strecke mit Ausgleich, sondern auch proportional zu der Zeit t.

Weitere Beispiele für Strecken ohne Ausgleich sind:

• Elektromotor, der eine Gewindespindel antreibt
• Flüssigkeitsstand in einem Behälter

Das bekannteste Beispiel einer Regelstrecke ohne Ausgleich dürfte ein Flüssigkeits-behälter sein, der über einen Zulauf und Ablauf verfügt, wie Abb. 1.22 zeigt. Das Aus-laufventil, welches die Störgröße darstellt, ist geschlossen. Wird nun das Zulaufventil geöffnet und in eine feste Position gebracht, steigt der Füllstand (h) im Behälter stetig und gleichmäßig im Lauf der Zeit an. Der Stand im Behälter steigt um so schneller je größer die Zulaufmenge ist. Das Steigen des Wasserstandes erfolgt z. B. solange bis der Behälter überläuft. Eine Selbststabilisierung ist hier nicht vorhanden. Auch nach einer Störung, z. B. Einbeziehung des Ablaufes, stellt sich kein neuer Gleichgewichtszustand, wie bei einer Regelstrecke mit Ausgleich ein (Ausnahme: Zulauf=Ablauf).

Regelstrecken ohne Ausgleich sind daher, weil diesen eine Stabilisierung fehlt, im Allgemeinen schwieriger zu regeln als Strecken mit Ausgleich. Begründet liegt dies auch darin, dass im Falle eines Überschwingens bei zu starker Stellgrößenänderung durch den Regler der zu hohe Istwert nicht durch einen Streckenausgleich abgebaut werden kann. Denkt man hier an einen zu starken Ruderausschlag bei einer Kurskorrektur, so kann dieser nur durch eine entgegengesetzte Stellgröße korrigiert werden. Hier kann eine zu große Stellgrößenänderung jedoch wieder das Unterschwingen unter den gewünschten Sollwert zur Folge haben, somit ist die Regelung einer solchen Strecke schwieriger.

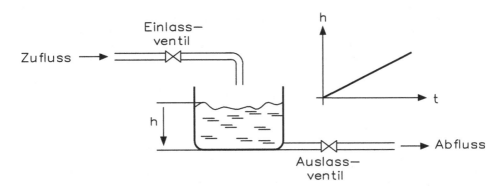

Abb. 1.22 Flüssigkeitsstand in einem Behälter; I-Strecke

1.2.5   Strecken mit Totzeit

Bei Strecken mit reiner Totzeit reagiert der Prozess erst nach Ablauf einer Zeitspanne der Totzeit (T_t). Ebenso reagiert der Istwert verspätet auf die Zurücknahme des Stellgrades, wie Abb. 1.23 zeigt.

Ein typisches Beispiel hierzu ist ein Förderband, bei dem es erst eine gewisse Zeit dauert bis die Änderung der Schüttgeschwindigkeit am Messort registriert wird. Derartige totzeitbehaftete Systeme werden auch als T_t-Strecken bezeichnet. Für den Zusammenhang zwischen Regelgröße x und Stellgröße y gilt folgender Zusammenhang:

$$\Delta x = k_s \cdot \Delta y$$

jedoch verzögert um die Totzeit T_t. Abb. 1.24 zeigt ein Beispiel einer Strecke mit Totzeit.

Ein weiteres Beispiel sind Druckregelungen mit langen Gasleitungen. Wegen der Kompressibilität des Gases wird eine gewisse Zeitspanne benötigt bis sich eine Druckänderung ausgebreitet hat. Flüssigkeitsgefüllte Rohrleitungen dagegen sind nahezu totzeitfrei, da sich hier eine Druckstörung mit Schallgeschwindigkeit ausbreitet. Auch die Schaltzeiten von Relais und die Laufzeit von Stellgliedern wirken sich als Verzögerung aus, sodass durch die Elemente des Regelkreises vielfach Totzeiten im Prozess entstehen.

Totzeiten sind ein großes Problem in der Regeltechnik, da die Wirkung einer Stellgradänderung immer erst nach Ablauf der Totzeit in der Regelgröße abgebildet wird. War die Stellgradänderung zu groß, kann dies erst nach dieser Zeitspanne bemerkt und mit einem verkleinerten Stellgrad reagiert werden. Ist dieser dann allerdings zu klein, muss er – wieder erst nach Ablauf der Totzeit – vergrößert werden usw., und totzeitbehaftete Systeme neigen daher immer zu Schwingungen. Auch lassen sich Totzeiten nur mit sehr komplexen Reglerentwürfen wirklich kompensieren. Es gilt daher schon

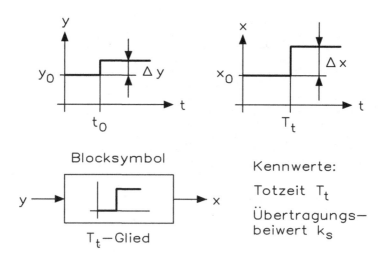

Abb. 1.23   Strecke mit Totzeit; Tt-Strecke

Abb. 1.24 Beispiel
einer Strecke mit Totzeit;
Förderband

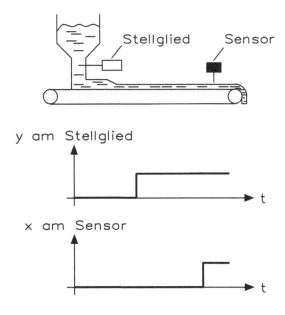

bei der Konzeption und Konstruktion der Regelstrecke Totzeiten möglichst zu vermeiden, was in vielen Fällen schon durch eine geschickte Anordnung des Sensors und der Stellgrößeneinspeisung erreicht werden kann. Wärme- und Strömungswiderstände sollten vermieden oder auf ein Minimum reduziert werden. Eine Sensoranordnung an einer Stelle im Prozess, an der eine Mittelwertbildung des Prozesszustandes stattfindet, unter Vermeidung von Toträumen, Wärmewiderständen, Reibung etc. ist immer anzustreben.

Totzeiten können sowohl bei Strecken mit oder ohne Ausgleich auftreten.

1.3   Regelstrecken mit Verzögerung

Auch ohne das Vorliegen einer Totzeit bereitet sich bei vielen Prozessen eine Störung zeitverzögert aus. Anders als im geschilderten Fall tritt sie jedoch nicht nach Ablauf einer Zeitspanne in voller Stärke auf, sondern ändert sich auch in einem sprunghaften Verlauf des Eingriffs kontinuierlich.

Am Beispiel eines Ofens soll die Temperaturausbreitung im Inneren betrachtet werden.

Bei einer plötzlichen Änderung der Heizleistung muss die Energie zunächst den Heizstab, das Ofenmaterial usw. erwärmen bis durch einen Fühler im Ofen eine Temperaturänderung festgestellt werden kann. Die Temperatur steigt also zunächst langsam an bis die Temperaturstörung sich ausgebreitet hat und ein konstanter Energiefluss stattfindet. Dann steigt sie kontinuierlich. Da sich aber mit der Zeit die Temperatur des Heizstabes und des Fühlers immer mehr annähern, wird der Temperaturzuwachs schließlich langsamer und strebt einem Endwert zu, wie Abb. 1.25 zeigt.

Eine Analogie hierzu sind zwei Druckbehälter, die über ein Drosselventil miteinander verbunden sind. Auch hier muss die Luft zunächst in den ersten Behälter strömen und einen Druck aufbauen, bis sie in den zweiten Behälter strömt. Schließlich erreicht der Druck im ersten Behälter den Speisedruck und es strömt keine Luft mehr hinein. Durch die sich langsam angleichenden Behälterdrücke erfolgt der Druckausgleich zwischen den Behältern immer langsamer, d. h., der Druck im zweiten Behälter steigt am Schluss immer langsamer. Der Istwert, in diesem Fall der Behälterdruck, wird daher bei einer sprunghaften Änderung des Stellgrades – hier der Druck in der Versorgungsleitung – folgenden Verlauf aufweisen: Anfangs ebenfalls ein sehr schwacher Anstieg bis sich im

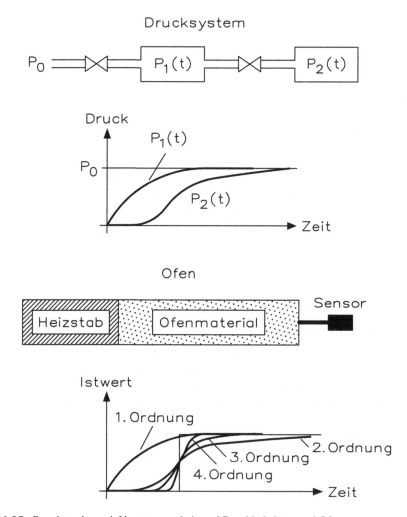

Abb. 1.25 Regelstrecken mit Verzögerung bei zwei Druckbehältern und Ofen

ersten Druckspeicher ein gewisser Druck aufgebaut hat. Es ergibt sich ein gleichmäßiger Anstieg und schließlich ein asymptotisches Annähern an den Endwert.

Die Übergangsfunktion derartiger Systeme wird durch die Anzahl der vorhandenen Energiespeicher bestimmt, die durch Widerstände voneinander getrennt sind. Man spricht auch von der Anzahl der Verzögerungen oder Zeitglieder, die ein Prozess besitzt. Mathematisch lassen sich derartige Strecken durch eine Gleichung (eine Potenzreihe) beschreiben, die für jeden Energiespeicher einen Therm (ein Exponentialglied) besitzen. Wegen dieses Zusammenhangs werden derartige Strecken als Strecken erster, zweiter, dritter usw. Ordnung bezeichnet.

Es handelt sich hierbei sowohl um Strecken mit oder ohne Ausgleich, die ebenfalls totzeit-behaftet sein.

1.3.1 Strecken mit einer Verzögerung (1. Ordnung)

Bei einer Regelstrecke mit einer Verzögerung, d. h. einem vorhandenem Energiespeicher, ändert sich die Regelgröße bei einer sprungweisen Stellgrößenänderung sofort ohne Verzögerung mit einer bestimmten Anfangsgeschwindigkeit und strebt dann immer langsamer dem Endwert zu, wie Abb. 1.26 zeigt.

Ein typisches Beispiel für eine Strecke 1. Ordnung ist das Laden oder Entladen eines Kondensators über einen Widerstand, wie Abb. 1.27 zeigt. Der Verlauf der Regelgröße (Spannung am Kondensator) folgt einer typischen Exponentialfunktion mit der Gleichung.

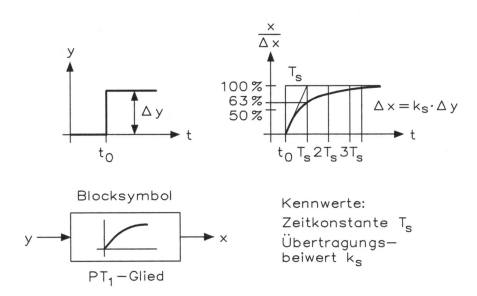

Abb. 1.26 Strecke 1. Ordnung; PT1-Strecke

Abb. 1.27 Aufbau eines
RC-Gliedes für eine Strecke
1. Ordnung

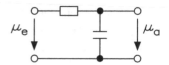

$$u_a = u_e \cdot \left(1 - e^{\frac{-t}{RC}}\right)$$

Für einen Sprung $y = \Delta y$ ergeben sich folgende Zusammenhänge:

$$x = k_s \cdot \Delta y \cdot \left(1 - e^{\frac{-t}{T_s}}\right)$$

Der Therm in der Klammer bewirkt, dass die Regelgröße bei einer sprunghaften Änderung der Stellgröße nicht sofort folgt, sondern sich in der typischen Weise langsam dem Endwert nähert. Mit fortlaufender Zeit (großer Wert von t/T_s) geht der Klammerausdruck gegen 1, sodass für den Endwert gilt $\Delta x = k_s \cdot \Delta y$.

Wie aus der Abb. 1.26 und 1.27 hervorgeht sind nach Ablauf der Zeit $t = T_s$ von 63 % des Endwertes erreicht. Erst nach $t = 5 \cdot T_s$ werden 99 % ($\approx 100 \%$) des Endwertes erreicht.

Derartige Strecken werden auch als T_1-Strecken bezeichnet. Handelt es sich um eine Strecke mit Ausgleich, bezeichnet man sie als PT_1-Strecke, bei Strecken ohne Ausgleich als T_1-Strecke. Regelstrecken mit einer Verzögerung (1. Ordnung) kommen in der Praxis sehr häufig vor. Als Beispiele sind hier zu nennen:

- Hochlaufen einer Wasserturbine, die einen elektrischen Generator antreibt
- Aufheizen und Abkühlung eines Warmwasserbehälters
- Füllen eines Behälters über ein Drosselventil oder eine enge Leitung mit Luft oder Gas

1.3.2   Strecken mit zwei Verzögerungen (2. Ordnung)

Bei einer Regelstrecke mit zwei Verzögerungen müssen zwei Möglichkeiten zur Speicherung vorliegen, die durch einen Widerstand miteinander verbunden sind. Gekennzeichnet wird eine solche Strecke durch die Angabe des Übertragungsbeiwertes k_s und durch zwei Zeitkonstanten T_1, T_2. Im Unterschied zu einer Regelstrecke 1. Ordnung verläuft hier die Regelgröße als Sprungantwort mit einer waagerechten Tangente am Startpunkt und besitzt einen Wendepunkt, wie Abb. 1.28 zeigt.

Der Verlauf der Sprungantwort kann hier nicht elementar aus T_1 und T_2 gezeichnet werden. Für einen Sprung Δy und T_1 ungleich T_2 ergibt sich folgender Zusammenhang:

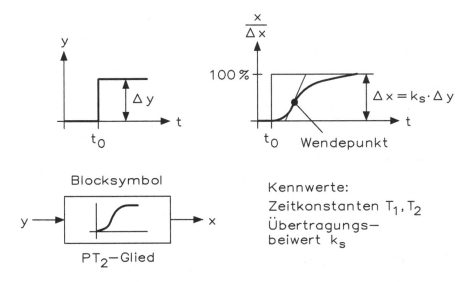

Abb. 1.28 Strecke 2. Ordnung; PT2-Strecke

$$x = k_s \cdot \Delta y \cdot \left(1 - \frac{T_1}{T_1 - T_2} \cdot e^{\frac{-t}{T_1}} + \frac{T_2}{T_1 - T_2} \cdot e^{\frac{-t}{T_2}} \right)$$

Bei einer solchen Strecke ist die Bezeichnung PT_2-Strecke üblich. Sie hat immer einen Wendepunkt, bei dem sich ihr Krümmungsradius von einer Links- in eine Rechtskurve ändert. Bei Strecken 1. Ordnung gibt es diesen Wendepunkt nicht.

Typische Beispiele für ein derartiges Verhalten sind:

- Füllen zweier hintereinander liegender Behälter über Drosselstellen mit Luft oder Gas
- Aufladen zweier hintereinander geschalteter RC-Glieder
- Temperaturanstieg in einem beheizten Warmwasserbehälter, bei dem das Thermometer sich in einer Schutzhülse befindet.

1.3.3 Strecken mit mehreren Verzögerungen (höherer Ordnung)

Wenn mehr als zwei Möglichkeiten zur Speicherung vorliegen, besitzt die Strecke eine entsprechend höhere Ordnung.

Interessanterweise ändert sich der Charakter der Übergangsfunktion bei höherer Ordnung gegenüber der Übergangsfunktion 2. Ordnung nicht. Allerdings wird der Kurvenanstieg immer steiler und immer verzögerter, bis sie sich schließlich beim Vorliegen von unendlich vielen Zeitgliedern einer reinen Totzeit nähert, wie Abb. 1.29 zeigt.

Die Streckenordnung ist eine wichtige Kenngröße für einen Prozess insbesondere bei seiner mathematischen Beschreibung. Tatsächlich besteht aber nahezu jeder Prozess aus einer Vielzahl sehr unterschiedlicher Energiespeicher, wie Schutzarmaturen und Füll-materialien für Temperaturfühler, Toträumen in Manometern usw., sodass eine exakte mathematische Beschreibung völlig unmöglich ist.

Der explizite Grad der Ordnung ist in der Praxis nicht von großer Bedeutung, wie es zunächst den Anschein hat. Entscheidend sind vielmehr die längsten Verzögerungszeiten, die den Charakter des Prozesses bestimmen.

Mit wachsender Ordnung ist eine Strecke immer schwieriger zu regeln, da sie sich immer mehr einem System mit Totzeit nähert. Auch ist eine Kombination mit einer reinen Totzeit möglich, was die Regelbarkeit noch weiter verschlechtert. Je unterschied-licher die Zeitkonstanten der einzelnen Streckenteile sind, desto günstiger ist dies für die Regelbarkeit. Der ungünstigste Fall tritt dann ein, wenn die Zeitkonstanten den gleichen Wert besitzen.

1.3.4 Aufnahme der Sprungantwort

Die Sprungantwort einer Regelstrecke, d. h. der Verlauf des Istwertes nach einer sprung-artigen Stellgrößenänderung, kann durch zwei Zeiten charakterisiert werden:

- die Verzugszeit T_u
- Ausgleichszeit T_g

Ihre Kenntnis lässt zum einen eine schnelle Einschätzung der Regelbarkeit der Strecke zu, zum anderen ermöglichen sie ein einfaches Ermitteln der Regelparameter, wie später noch erläutert wird. Die Ordnung der Regelstrecke geht in diese Betrachtungsweise nicht mehr ein. Hintergrund dieser Betrachtungsweise ist, dass jede Strecke als aus einer Tot-zeit T_u und einer Strecke erster Ordnung mit einer Zeitkonstante T_g zusammengesetzt angenommen wird.

Zur Ermittlung einer derartigen Übergangsfunktion und der daraus resultierenden Ver-zugs- und Ausgleichszeit schließt man an den Messwertgeber (Sensor) einen Schreiber an und ändert die Stellgröße (z. B. den Heizstrom) schlagartig. Die Änderung darf dabei

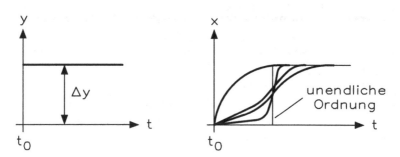

Abb. 1.29 Strecken mit mehreren Verzögerungen

natürlich nur so groß sein, dass der neue Sollwert ohne Zerstörung der Anlage auch erreicht werden kann. Der Verlauf des Istwertes wird aufgezeichnet, die Wendetangente an die Kurve angelegt und Totzeit T_u und Zeitkonstante T_g gemäß Abb. 1.30 ermittelt.

Das Verhältnis von Verzugs- und Ausgleichszeit gibt Auskunft über den Charakter und die Regelbarkeit der Strecke:

$T_g/T_u > 10$:   gut regelbar
$T_g/T_u = 10...3$:   noch regelbar
$T_g/T_u < 3$:   schwer regelbar

Je kleiner das Verhältnis der Ausgleichszeit T_g zur Verzugszeit T_u ist, desto später bekommt der Regler Mitteilung von der Wirkung einer Stellgrößenänderung, daher nimmt die Regelbarkeit immer mehr ab. Nach den bisherigen Erkenntnissen, entspricht ein kleines Verhältnis T_g zu T_u einem steilen Verlauf der Kurve, was einer Strecke höherer Ordnung entspricht, die wegen der Neigung zum Überschwingen, schwer regelbar ist.

Schnelle Regelstrecken mit $T_g/T_u < 3$ sind z. B. bei Öfen relativ selten, da die Ausbreitung einer Temperaturstörung durch das Ofenmaterial recht langsam vonstatten geht. Ausnahme bilden Öfen mit sehr direkt auf das Gut wirkenden Heizsystemen. Anders dagegen Druckregelungen: Das Öffnen einer Luftschleuse kann zu einem schlagartigen Druckabfall führen, auf die der Regler dann ebenso schnell mit einer Erhöhung des Speisedruckes reagieren muss. Der Druckausgleich im System erfolgt dann ebenso schnell, sodass der gesamte Regelvorgang binnen kurzer Zeit beendet ist. Auch chemische Prozesse (Reaktionen, Neutralisationen) verlaufen teilweise sehr schnell.

Abb. 1.30 Bestimmung von
Verzugs- und Ausgleichszeit

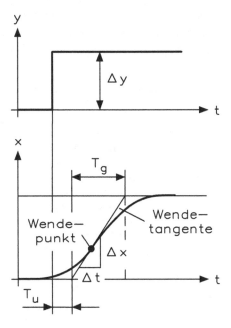

Bei der Ermittlung von Verzugs- und Ausgleichzeit lässt sich noch eine weitere wichtige Größe der Regelstrecke ermitteln, die maximale Anstiegsgeschwindigkeit V_{max}. Sie ergibt sich aus der Geradensteigung im Wendepunkt, wie Abb. 1.30 gezeigt wird.

$$V_{max} = \frac{\text{Regelgrößenänderung}}{\text{Zeiteinheit}} = \frac{\Delta x}{\Delta t}$$

Wie noch erklärt wird, verwendet man sie auch zur Einstellung der Regelparameter.

In DIN 19226 findet man anstatt dem Begriff Anstiegsgeschwindigkeit den Anlauf-wert A, der dem Kehrwert der größten Anstiegsgeschwindigkeit der Regelgröße bei einer sprunghaften Änderung der Stellgröße von 0 auf 100 % entspricht:

$$A = \frac{1}{V_{max}}$$

1.3.5 Kennwerte von Regelstrecken

Die Verzugs- und Ausgleichzeiten einiger typischer Prozesse sind in der Tab. 1.4 angegeben.

Die angegebenen Werte sind als Mittelwerte zu betrachten. Sie sollen nur zur groben Orientierung dienen. Im praktischen Anwendungsfall sollten die Werte, wie Verzugszeit oder Ausgleichzeit, durch eine Sprungantwort ermittelt werden.

1.3.6 Übertragungsbeiwert und Arbeitspunkt

In den vorausgegangenen Abschnitten wurde hauptsächlich die dynamische Strecken-kennlinie (Verlauf der Sprungantwort), d. h. ihr zeitliches Verhalten, betrachtet. Es wurde bereits die statische Kennlinie angesprochen, die die Endwerte zu verschiedenen

Tab. 1.4 Kennwerte wichtiger Regelstrecken

Regelgröße	Art der Regelstrecke	Verzugszeit T_u	Ausgleichzeit T_g
Temperatur	Kleiner, elektrisch beheizter Ofen	0,5 … 1 min	5 … 15 min
	Großer, elektrisch beheizter Glühofen	1 … 5 min	10 … 20 min
	Großer, gasbeheizter Glühofen	0,2 … 5 min	3 … 60 min
	Autoklaven	0,5 … 0,7 min	10 … 20 min
	Hochdruck-Autoklaven	12 … 15 min	200 … 300 min
	Spritzgießmaschine	0,5 … 3 min	3 … 30 min
	Extruder	0,5 … 3 min	5 … 60 min
	Verpackungsmaschinen	0,5 … 4 min	3 … 40 min
Druck	Trommelkessel mit Gas- oder Ölfeuerung	0 s	150 s
	Trommelkessel mit Feststoffheizung	0 … 2 min	2,5 … 5 min
Durchfluss	Rohrleitung mit Gas	0 … 5 s	0,2 … 5 min
	Rohrleitung mit Flüssigkeit	0 s	0 s

Stellgrößen beschreibt. Der zeitliche Verlauf der Regelgröße wird hierbei nicht berücksichtigt.

Der Übertragungsbeiwert ergibt sich aus dem Verhältnis von Ausgangs- zu Eingangsgröße, in diesem Fall aus dem Verhältnis einer Regelgrößenänderung zur Änderung der Stellgröße.

$$k_s = \frac{\text{Regelgrößenänderung}}{\text{Stellgrößenänderung}} = \frac{\Delta x}{\Delta y}$$

Man bezeichnet den Übertragungsbeiwert k_s auch als Streckenverstärkung.

Die Streckenverstärkung k_s ist in vielen Fällen nicht über den ganzen Istwertbereich konstant, wie folgender Fall verdeutlicht: Reicht bei einem Ofen im unteren Temperaturbereich eine geringe Erhöhung der Heizleistung aus, um einen großen Unterschied der Temperatur zu erreichen, sind am oberen Ende des Temperaturbereiches erheblich größere Änderungen des Energiestromes zum Erreichen des gleichen Effektes nötig, wie Abb. 1.31 zeigt.

Dies liegt daran, da es sich hier am Beispiel des Ofens um eine nicht lineare Strecke handelt. Hierzu zählen neben Temperaturstrecken auch Prozesse mit geschwindigkeitsproportionaler Reibung, Zusammenhänge zwischen Motorleistung und Drehzahl usw.

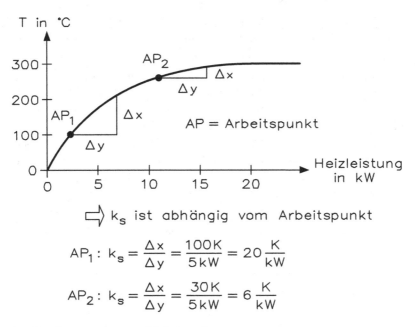

Abb. 1.31 Streckenverstärkung und Arbeitspunkt

Auch die Verzugs- und Ausgleichszeit sind bei nicht linearen Strecken vom Arbeitspunkt abhängig. Streckenverstärkung k_s, Verzugs- bzw. Ausgleichszeit und dergleichen beziehen sich daher auf einen Arbeitspunkt, d. h. dem Wertepaar aus Stellgröße und Regelgröße, bei dem sie ermittelt wurden. Für andere Arbeitspunkte gelten sie im Allgemeinen nicht und müssen, da sich aus den Streckenparametern die Einstellung des Reglers ergibt, bei nicht linearen Strecken neu ermittelt werden. Der Regler arbeitet bei diesen Strecken nur an dem Arbeitspunkt der Strecke optimal, bei dem die Werte bestimmt wurden. Wird dieser geändert, z. B. eine andere Prozesstemperatur gefordert, muss der Regler neu eingestellt werden, wenn ein optimales Regelverhalten erreicht werden soll.

Der Arbeitspunkt sollte allgemein im Bereich der Mitte bis zum oberen Drittel der Übergangsfunktion bei voller Leistung liegen. Ein Arbeitspunkt im unteren Drittel ist, wegen des hohen Leistungsüberschusses, ungünstig. Zwar wird hierdurch die Führungsgröße (Sollwert) schnell erreicht, die Regelbarkeit aber erschwert. Ein Arbeitspunkt am oberen Teil der Kennlinie ist, wegen der nicht mehr vorhandenen Leistungsreserve und der daraus resultierenden langsamen Ausregelung, ebenfalls ungünstig in Bezug auf Störungen.

1.4   Stetige Regler

Nach der behandelten Regelstrecke wendet man sich dem zweiten wichtigen Teil des Regelkreises zu, dem Regler. Der Regler wurde bereits als das Glied bezeichnet, welches den Vergleich zwischen Regelgröße und Führungsgröße durchführt und in Abhängigkeit von einer Regelabweichung eine Stellgröße bildet. Bei einem stetigen Regler liegt am Ausgang ein stetiges Signal an, also eine Spannung oder ein Strom, der kontinuierlich zwischen einem Anfangs- und einem Endwert alle Zwischenwerte annehmen kann.

Die andere Form ist der unstetige oder stetigveränderbarer Regler, bei dem die Stellgröße ein- oder ausgeschaltet werden kann.

Stetige Regler sind für gewisse Regelsysteme von Vorteil, da sich der Eingriff in den Prozess stetig den Anforderungen im Prozessgeschehen anpassen lässt. Übliche Ausgangssignale für stetige Regler sind: 0...10 V, 0...20 mA, 4...20 mA. Bei einem Regler mit 0...20 mA Ausgangssignal entsprechen 100 % Stellgröße demnach einem Ausgangsstrom von 2 mA, 80 % entsprechen 16 mA und 100 % gleich 20 mA.

Wie bereits erwähnt wurde, werden über stetige Regler entsprechende Stellglieder angesteuert, die ein stetiges Signal benötigen. Hierbei handelt es sich um Thyristor-Leistungssteller, Stellventile usw.

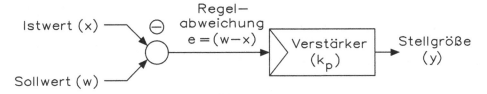

Abb. 1.32 Funktionsprinzip eines P-Reglers

1.4.1 P-Regler

In einem P-Regler wird durch die Differenzbildung des Istwertes und dem eingestellten Sollwert die Regelabweichung gebildet. Diese wird verstärkt und steuert als Stellgröße ein entsprechendes Stellglied an, wie Abb. 1.32 zeigt.

Das Signal der Regelabweichung muss verstärkt werden, da es vom Betrag her zu klein ist und als Stellgröße nicht direkt genutzt werden kann. Diese Verstärkung (k_p) eines P-Reglers muss einstellbar sein, um den Regler an die Regelstrecke anpassen zu können. Das stetige Ausgangssignal ist der Regelabweichung direkt proportional, hat somit den gleichen Verlauf wie die Regelabweichung und ist in dem gezeigten Beispiel lediglich um einen bestimmten Betrag verstärkt. Eine sprungförmige Änderung der Regelabweichung (durch eine plötzliche Sollwertänderung) hat somit eine sprungförmige Änderung der Stellgröße zur Folge von Abb. 1.33, d. h., bei einem P-Regler ändert sich die Regelgröße in gleichem Maße wie die Regelabweichung, allerdings um einen Faktor verstärkt.

Für eine mathematische Darstellung ergibt sich für den P-Regler folgende Reglergleichung:

$$y = k_p(w - x)$$

Abb. 1.33 Sprungantwort eines P-Reglers

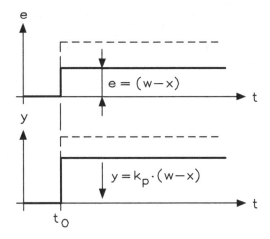

Der Faktor k_p wird Proportionalbeiwert oder Übertragungsbeiwert des P-Reglers bezeichnet und entspricht der Reglerverstärkung. Er ist nicht zu verwechseln mit der Streckenverstärkung der Regelstrecke k_s. Abb. 1.33 zeigt die Sprungantwort eines idealen P-Reglers, der unverzögert arbeitet, d. h., es ist hier kein zeitlicher Einschwingvorgang vorhanden.

Wiederum als Beispiel dient der elektrobeheizte Ofen. Der Istwert der Temperatur wird über ein Thermoelement erfasst und weicht vom Sollwert um 10 K ab. Diese Regelabweichung hat eine Änderung der Thermospannung um 0,5 mV zur Folge. Der Thyristor-Leistungssteller als Stellglied steuert die Energiezufuhr und hat einen Spannungseingang von 10 V. Um die entsprechende Heizleistung zu erreichen, benötigt der Steller ein Ansteuersignal von 6 V, d. h., der Regler müsste demnach eine Verstärkung von $k_p = 6$ V/10 K $= 0{,}6$ V/K aufweisen.

1.4.2 Proportionalbereich

Nach dem bisher geschilderten Zusammenhang hätte bei einem P-Regler eine beliebig große Sollwertabweichung eine entsprechend beliebig große Stellgröße zur Folge. Dies ist jedoch in der Praxis nicht möglich, da die Stellgröße technisch begrenzt ist, sodass die Proportionalität zwischen der Stellgröße und der Regelabweichung nur bis zu einer bestimmten Größe gegeben ist.

Bei einer Temperaturregelung eines elektrobeheizten Ofens soll auf eine Führungsgröße von $w = 150\,\%$ geregelt werden. Für den Ofen wäre folgender Zusammenhang denkbar, wie Abb. 1.34 zeigt.

Nur im Bereich von 10 bis 150 °C, d. h. bei einer Abweichung von 50 K vom gedachten Sollwert bei 150 °C, ist die Stellgröße der Regelabweichung proportional. Danach ist das Maximum bzw. Minimum der Stellgröße erreicht, und es wird der größte bzw. kleinste Wert der Heizleistung abgegeben. Auch eine größere Regelabweichung kann dies nicht mehr ändern.

Dieser Bereich wird als Proportionalbereich X_p bezeichnet. Nur innerhalb des Proportionalbereiches verhält sich die Stellgröße proportional zur Regelabweichung. Durch Veränderung des X_p-Bereiches lässt sich die Verstärkung des Reglers an die Strecke anpassen. Wird ein kleinerer X_p-Bereich gewählt, so reicht schon eine kleine Regelabweichung aus, um den gesamten Stellbereich Y_h zu durchfahren, d. h., die Verstärkung nimmt mit kleinerem X_p zu.

Der Proportionalbereich und die Verstärkung bzw. der Proportionalbeiwert des Reglers stehen somit in einem Zusammenhang:

$$X_p = \frac{1}{k_p} \cdot 100\,\%$$

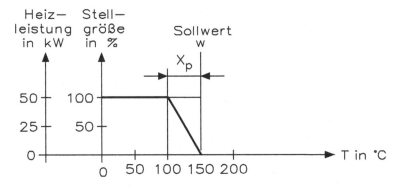

Unterschiedliche X$_p$−Bereiche bei einer
Regelstrecke mit einem Regelbereich von
max. 300 °C

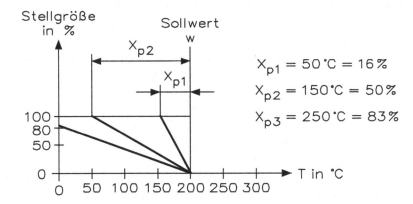

Abb. 1.34 Lage des Proportionalbereiches; X$_p$-Bereich

Hierbei ist zu beachten, dass der Proportionalbeiwert k$_p$ zum Ausgangssignal, d. h. der Regelgröße, anzugeben ist. Da innerhalb des Proportionalbereiches X$_p$, der volle Stellbereich Y$_h$ durchfahren wird, lässt sich k$_p$ folgendermaßen bestimmen:

$$k_p = \frac{Y_h}{X_p} = \frac{\text{max. Stellbereich}}{\text{Proportionalbereich}}$$

Der Proportionalbeiwert k$_p$ hat nun die Einheit der Stellgröße, dividiert durch die Einheit der Regelgröße.

Der Proportionalbereich (X$_p$) ist in der Praxis oft nützlicher als der Proportionalbeiwert (k$_p$) und wird meistens bei Regelgeräten anstelle von dem Proportionalbereich k$_p$ eingestellt. Er wird entweder in der gleichen Einheit wie die Regelgröße (k, V, bar usw.) oder in % des Regelbereiches eingestellt. In dem Beispiel der Ofenregelung beträgt der X$_p$-Bereich 50 K. Der Vorteil der Eingabe von X$_p$ besteht darin, dass man sofort erkennt, bei welcher Regelabweichung die Stellgröße 100 % erreicht hat. Speziell bei Temperaturregelgeräten ist es interessant zu wissen, bis zu welcher Temperatur mit 100 % Stellgröße gefahren wird. Ein Beispiel für unterschiedliche X_p-Bereiche zeigt Abb. 1.34.

Bei µP-Regelgeräten mit Mikroprozessor oder Mikrocontroller wird der Proportional-bereich X_p meist angepasst an die physikalische Einheit der Regelgröße in „Digit" ein-gestellt.

Ein Beispiel: Ein elektrischer Ofen soll über einen digitalen Regler mit einem Aus-gangssignal von 0...10 V und einem Regelbereich von –200 bis 800 °C geregelt werden. Gefordert wird ein Proportionalbereich von 5 %, die bei dem gegebenen Regelbereich von 1000 K gleich 50 K betragen. Dies entspricht, unter Berücksichtigung der Komma-stelle, beim digitalen Regler 50,0 Digits, d. h. es wird ein X_p-Wert von 50,0 K ein-gegeben.

Bisher wurde aus Gründen der Anschaulichkeit die Kennlinie des X_p-Bereiches beim P-Regler im Verlauf nur fallend (fallende Kennlinie) betrachtet, d. h., dass mit steigendem Istwert die Stellgröße bis zum Erreichen des Sollwertes sinkt. Zum anderen wurde die Lage des X_p-Bandes einseitig unterhalb der Führungsgröße (Sollwert) betrachtet. Für gewisse Regelprozesse werden jedoch Regler auch mit einer steigenden Kennlinie eingesetzt. Auch das X_p-Band kann symmetrisch oder oberhalb zum Sollwert liegen, wie Abb. 1.35 zeigt.

Auf die Vorteile von symmetrischen bzw. unsymmetrischen X_p-Bereichen um den Sollwert wird noch näher eingegangen. Regler mit sogenannter steigender Kennlinie finden z. B. Anwendung bei Kühlprozessen. Man verwendet die Bezeichnungen Regler mit fallender sowie steigender Kennlinie oder auch die Begriffe Heiz- bzw. Kühlregler. Bei einem Regler mit steigender Kennlinie für z. B. Kühlzwecke steigt die Stellgröße kontinuierlich mit dem größer werdenden Istwert an, bei Betrachtungsweise von der Führungsgröße w aus.

1.4.3 Bleibende Regelabweichung und Arbeitspunkt

Ein P-Regler gibt nur dann eine Stellgröße aus, wenn eine Regelabweichung vorliegt. Dies lässt sich bereits in der Reglergleichung erkennen, d. h. erreicht die Regelgröße die Führungsgröße, so wird die Stellgröße zu 0. Für gewisse Regelstrecken könnte dies durchaus sinnvoll sein (z. B. Niveau-Regelung). Für das Beispiel des Ofens bedeutet dies jedoch, dass eben keine Heizleistung mehr zugeführt wird. Die Folge hiervon ist, dass die Regelgröße von der Führungsgröße abweicht, da der Ofen abkühlt, wenn keine Heizleistung mehr zugeführt wird. Diese Regelabweichung ist am Anfang gering und kann vom Regler nicht ausgeglichen werden. Die geringe Regelabweichung hat jedoch nur eine geringe Stellgröße zur Folge, die nicht ausreicht, um die Regelabweichung aus-zuregeln. Die Abweichung zur Führungsgröße wird immer größer bis die Stellgröße schließlich ausreicht, um einen entsprechenden Wert zu halten.

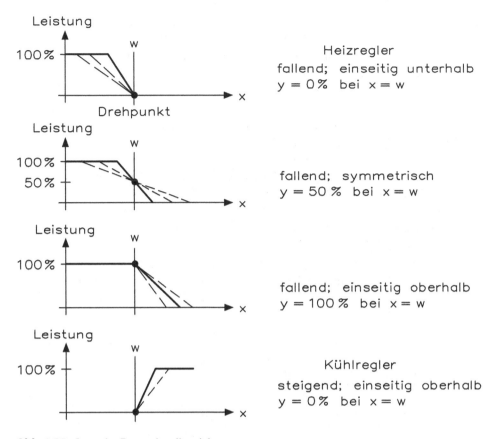

Abb. 1.35 Lage des Proportionalbereiches

Die Folge ist, dass ein P-Regler immer eine bleibende Regelabweichung hat.

Durch Verkleinern des Proportionalbereiches X_p lässt sich die verbleibende Regelabweichung verringern. Das scheint im ersten Moment die optimale Lösung zu sein, da der Regler dann schon auf kleine Regelabweichungen sehr stark reagiert. Allerdings bedeutet dies eine starke Änderung der Energiezufuhr des Prozesses, was in vielen Fällen ungünstig ist, da Schwingungen der Prozessgröße die Folge sein können.

Kennt man die statische Streckenkennlinie des Prozesses, so kann man die sich ergebende Regelabweichung direkt erkennen. Abb. 1.35 zeigt die Kennlinie eines P-Reglers mit einem X_p-Band von 100 K. Es soll ein Sollwert von 200 °C ausgeregelt werden. Die Streckenkennlinie des Ofens ergibt, dass für einen Sollwert von 200 °C eine Stellgröße von 50 % benötigt wird. Der Regler gibt jedoch bei 200 °C eine Stellgröße von 0 % aus. Die Temperatur sinkt, und mit zunehmender Regelabweichung wird der Regler entsprechend des X_p-Bandes eine höhere Stellgröße herausgeben. Es wird sich hierbei ein Istwert einstellen, bei dem der Regler genau die Stellgröße herausgibt, die ausreicht, um diesen Wert zu halten. Dieser Wert entspricht gerade dem Schnittpunkt beider Kennlinien in Abb. 1.36 und beträgt in dem Beispiel 40 %.

Man sieht, dass z. B. ein Ofen zum Erreichen und Halten einer bestimmten Führungsgröße eine gewisse Leistung abgeben muss. Es ist demnach unsinnig, die Stellgröße beim Fehlen einer Regelabweichung gleich Null zu setzen. Vielmehr wird die Stellgröße als Funktion des Arbeitspunktes auf einen gewissen Prozentwert der max. Stellgröße gelegt. Oft lässt sich die sogenannte Arbeitspunktkorrektur am Regler über einen bestimmten Bereich direkt einstellen, d. h., bei einer Korrektur von 50 % würde der Regler bei einer Regelabweichung von Null eine Stellgröße von 50 % herausgeben, welches in dem genannten Beispiel dazu führt, das die Führungsgröße $w = 200\ {}^{\circ}C$ erreicht und gehalten wird. Man sieht hier, dass das Proportionalband eine fallende Kennlinie darstellt, welche symmetrisch um den Sollwert liegt. Benötigt der Prozess wie in unserem Beispiel tatsächlich die im Arbeitspunkt eingestellte Stellgröße, so wird ohne Abweichung ausgeregelt.

Dies trifft jedoch nur für diesen einen Sollwert exakt zu und auch nur dann, wenn sich die äußeren Bedingungen nicht ändern. Der eingestellte Arbeitspunkt ist daher nur eine erste Näherung, und der Regler regelt den Prozess um diesen Arbeitspunkt.

Abb. 1.36 Bleibende Regelabweichung und Arbeitspunktkorrektur

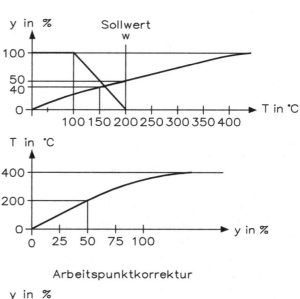

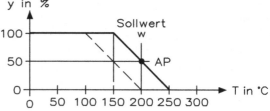

Zusammenfassend lässt sich über die Regelabweichung bei einem P-Regler folgendes festhalten (Regler mit fallender Kennlinie, bei einer Strecke mit Ausgleich):

Für den Arbeitspunkt AP in Abb. 1.36 gilt:

- Unterhalb des AP (hier 0…50 % Stellgröße): Regelgröße befindet sich oberhalb der Führungsgröße
- Beim AP (hier 50 % Stellgröße): Regelgröße = Führungsgröße
- Oberhalb des AP (hier 50…100 % Stellgröße): Regelgröße liegt unterhalb der Führungsgröße

Da bei einem P-Regler das Ausgangssignal den gleichen zeitlichen Verlauf wie die Regelabweichung hat, reagiert er auf Störungen sehr schnell. P-Regler werden daher bevorzugt bei schnellen Regelstrecken, wie Druckregelung, eingesetzt. Dieser eignet sich nicht für Strecken mit reiner Totzeit, da diese durch einen P-Regler zu schwingen beginnen. Bei Strecken mit Ausgleich gelingt es nicht die Führungsgröße exakt auszuregeln, es bleibt eine Regelabweichung, die sich durch Einführen eines Arbeitspunktes deutlich verringern lässt.

1.4.4 Regler mit Dynamik

Die unerwünschte bleibende Regeldifferenz des P-Reglers kommt von dem starren Zusammenhang zwischen Regelabweichung und Stellgröße.

Beim Auftreten einer großen Störung wird z. B. ein Maschinenführer automatisch zunächst mit einer großen Stellgröße reagieren und diese dann langsam, bis zum Erreichen der Führungsgröße, zurücknehmen, um die Störung möglichst schnell auszuregeln. Es wird also nicht nur die Größe, sondern auch die Dynamik der Regelabweichung berücksichtigt.

Der bisher beschriebene P-Regler besitzt keine Dynamik, d. h. die Stellgröße ist proportional zur Regelabweichung z. B. einer Störung. Bei der Behandlung der Regelstrecken wurde bereits ersichtlich, dass jeder Prozess ein bestimmtes Zeitverhalten (Dynamik) besitzt, mit dem er auf eine Eingangsgröße (oder Störung) reagiert. Diese Dynamik ist meist unerwünscht, wie beispielsweise ein langsames Annähern an die Führungsgröße. µP-Regelgeräte mit einer dynamischen Struktur können diese Dynamik einer Regelstrecke zum Teil kompensieren.

Dadurch wird bezweckt, dass die Führungsgröße gegenüber einer starren Steuerung schneller erreicht wird, in dem beispielsweise zunächst eine große Energiezufuhr erfolgt, die beim Erreichen des Sollwertes zurückgenommen wird. Die durch Verzugs- und Totzeiten entstehende verzögerte Reaktion einer Regelstrecke kann jedoch durch eine Regelung nicht beseitigt werden. Ferner kann ein Regler mit Dynamik Störgrößen schneller ausregeln und die bleibende Regelabweichung beseitigen.

Diesen Vorteilen eines Reglers mit Dynamik steht der Nachteil des höherem technischen Aufwandes gegenüber, was bei den moderneren elektronischen Reglern allerdings eine untergeordnete Rolle spielt. Da die genannten Vorteile überwiegen, werden daher reine P-Regler selten eingesetzt.

Neben dem P-Verhalten unterscheidet man I- und D-Verhalten oder auch Kombinationen (PI, PD, PID, usw.) bei den Regelgeräten. I-Regler reagieren auf die Dauer der Regelabweichung, D-Regler auf die Geschwindigkeit mit der die Regelabweichung zu- oder abnimmt.

Schaltungstechnisch wurde die Dynamik dadurch realisiert, dass man z. B. bei analog arbeitenden Reglern einen Teil der Stellgröße über zeitbestimmende Glieder auf den Eingang gegenkoppelt. Hierdurch wird das Eingangssignal, d. h. die real vorliegende Regelabweichung, verändert und dem Regler eine – um einen zeitabhängigen Faktor – veränderte Regelabweichung vorgetäuscht. Dadurch wirkt beispielsweise eine rasche Änderung des Istwertes durch einen D-Anteil im ersten Moment genauso, als ob eine erheblich größere Regelabweichung vorliegt. Wegen dieser Gegenkopplung, spricht man in diesem Zusammenhang auch oft von Rückführung. Bei den µP-Regelgeräten wird die Stellgröße nicht über eine Rückführung, sondern rechnerisch direkt aus Führungsgröße, Regelgröße und Regelabweichung gebildet. Deshalb werden stattdessen Begriffe wie Dynamik oder I-Verhalten bzw. I-Struktur verwendet.

1.4.5 I-Regler

Bisher wurde gezeigt, dass ein reiner P-Regler ein statischer Regler ist, da sein Verhalten nicht von der zeitlichen Entwicklung der Regelabweichung abhängt. Anders verhält sich dagegen ein I-Regler (integraler Regler). Er summiert die Regelabweichung über eine Zeit auf. Je länger eine Regelabweichung an einem Regler ansteht, desto größer wird die Stellgröße des I-Reglers, d. h., die Stellgeschwindigkeit beim I-Regler ist proportional zur Regelabweichung.

Die Stellgröße verändert sich, solange eine Regelabweichung ansteht. Somit können auch kleine Regelabweichungen im Laufe der Zeit die Stellgröße soweit verändern, bis sie dem geforderten Wert entspricht.

Der I-Regler kann nach hinreichend langer Zeit prinzipiell vollständig ausregeln, d. h. Führungsgröße = Regelgröße. Dann ist die Regelabweichung gleich Null und die Stellgröße erhöht sich nicht weiter.

Der I-Regler besitzt daher keine bleibende Regelabweichung wie der P-Regler.

Die Sprungantwort des I-Reglers zeigt den zeitlichen Verlauf der Stellgröße bei einer sprungweisen Veränderung der Regeldifferenz, wie Abb. 1.37 zeigt.

Für eine feste, konstante Regelabweichung Δe ergibt sich für den I-Regler folgende Gleichung:

$$y = k_I \cdot \Delta e \cdot t$$

Hierbei ist k_I, der Proportionalbeiwert des I-Reglers und t die Dauer der Regel-abweichung. Man erkennt, dass die Änderung der Stellgröße y nicht nur der Regelgrößenänderung (wie beim P-Regler), sondern auch der Zeit t proportional ist.

Es besteht folgender Zusammenhang:

$$T_I = \frac{1}{k_I} \qquad \mathrm{T}_I : \text{Integrierzeit}$$

Der Proportionalbeiwert des I-Reglers lässt sich ebenfalls aus der Sprungantwort ermitteln, wie Abb. 1.38 zeigt:

$$k_I = \frac{\Delta y}{\Delta e - \Delta t}$$

Zusammenfassend kann festgehalten werden, dass der ideale I-Regler gegenüber dem P-Regler den Vorteil besitzt, dass die Regelabweichungen völlig abgebaut werden.

Ein solcher Regler hat jedoch auch seine Nachteile. Er arbeitet zusammen mit einer Regelstrecke ohne Ausgleich nicht stabil und ist somit zum Regeln von Flüssigkeits-ständen ungeeignet. Bei Regelstrecken mit größeren Zeitkonstanten beseitigt der reine I-Regler die Regelabweichung meist viel zu langsam, neigt zu Schwingungen und ist daher für Temperaturregelstrecken mit ihren großen Zeitkonstanten nur wenig geeignet.

1.4.6 PI-Regler

Wie bei dem reinen I-Regler festgestellt wurde, dauert es relativ lange (hängt ab von T_I) bis der Regler seine Stellgröße aufgebaut hat. Es liegt daher nahe, einen P-Regler mit einem I-Regler zu kombinieren und man erhält somit einen PI-Regler. Durch eine solche Kombination können die Vorteile des P-Reglers, d. h. die schnelle Reaktion auf eine Regel-abweichung, mit dem Vorteil des I-Reglers, der exakten Ausregelung auf die Führungsgröße,

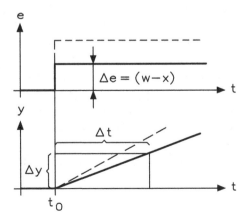

Abb. 1.37 Sprungantwort eines I-Reglers

Abb. 1.38 Sprungantwort des
PI-Reglers

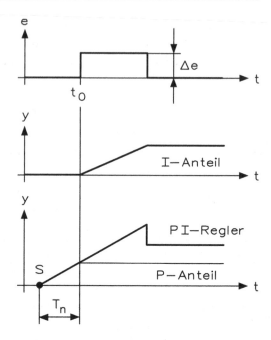

kombiniert werden. Die Sprungantwort eines PI-Reglers erhält man einfach durch Über-lagerung der Sprungantwort eines P- und eines I-Reglers wie in Abb. 1.38 gezeigt.

Wird die schräg ansteigende Gerade (PI-Verstellung) bis zu ihrem Schnittpunkt S mit der Zeitachse verlängert, so schneidet sie dort ein Zeitstück ab. Dieses wird mit der Nachstellzeit T_n bezeichnet.

Die Reglergleichung für einen PI-Regler ergibt sich aus der Summengleichung von P- und I-Anteil. Für eine Regelabweichung $e = \Delta e = konstant$ erhält man folgende Gleichung:

$$y = k_p \cdot \left(\Delta e + \frac{1}{T_n} \cdot \Delta e \cdot t \right) = k_p \cdot \Delta e \left(1 + \frac{1}{T_n} \right)$$

k_p ist die Verstärkung des P-Reglers, T_n, die sogenannte Nachstellzeit des I-Anteils.

Statt wie beim reinen I-Regler von einer Reglerverstärkung bzw. einem Proportional-beiwert zu sprechen, wird diese beim PI-Regler durch die Nachstellzeit charakterisiert. Die Nachstellzeit ist ein Maß dafür, wie stark die zeitliche Dauer der Regelabweichung in die Regelung eingeht. Eine große Nachstellzeit bedeutet einen geringen Einfluss des I-Anteils und umgekehrt. Die Nachstellzeit ist ein Regelparameter und wird unabhängig von der Größe der Regelabweichung am Regler eingestellt, da bei einem Vergrößern von Δe der P-Anteil und die Steilheit des I-Anteils im gleichen Maße zunehmen. Aus der Gleichung ist ersichtlich, dass die eigentliche Verstärkung des I-Anteils der Faktor k_p/T_n ist. Bei einem PI-Regler bewirkt somit die Änderung des Proportionalbereiches X_p und daher immer auch ein geändertes Zeitverhalten, d. h. P- und I-Verhalten ändern sich bei Variation von X_p, gleichermaßen.

Man kann T_n auch so interpretieren, dass es der Zeitraum ist, in dem eine Regelabweichung zur selben Stellgröße y führt wie dies durch den P-Anteil der Fall ist. Daher ergibt sich die Dimension einer Zeit. Die bisher genannte Formel gilt, wenn die Regelabweichung während des Zeitraumes konstant ist. Ist dies nicht der Fall, ergibt sich folgender Zusammenhang:

$$y = k_p \cdot e + \frac{k_p}{T_n} - \int e \cdot dt$$

Wie bereits erwähnt, kann ein PI-Regler durch die Parallelschaltung eines P-Reglers und I-Reglers aufgebaut werden, sodass sich die Stellgrößen addieren. Bei einer plötzlichen Regelabweichung wird die Stellgröße zunächst vom P-Anteil gebildet, wie Abb. 1.39 zeigt. Durch die geänderte Stellgröße nähert sich nun die Regelgröße der Führungsgröße, d. h., die Regelabweichung wird kleiner, somit auch die vom P-Regler verursachte Stellgröße. Nun sorgt die Stellgröße, die durch den I-Anteil gebildet wird für das exakte Ausregeln. Während der P-Anteil an der Stellgröße durch die Annäherung an die Führungsgröße immer zurückgeht, baut sich der I-Anteil immer weiter auf. Hier nimmt der Zuwachs, wegen der geringer werdenden Regelabweichung ebenfalls ab, bis schließlich die Führungsgröße erreicht ist und zu der aktuellen Stellgröße nichts mehr

Abb. 1.39 Bildung der Stellgröße bei einem PI-Regler

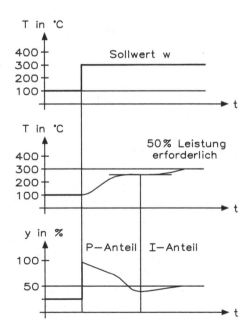

hinzugefügt wird. Im ausgeregelten Zustand wird nun die Stellgröße beim PI-Regler nur durch den I-Anteil gebildet.

Der durch den I-Anteil hervorgerufene Anteil an der Stellgröße kann nur abgebaut werden, wenn die Regelabweichung ihr Vorzeichen ändert, d. h. die Führungsgröße, je nach Vorzeichen des I-Anteils, über- oder unterschritten wurde.

Gerade in diesem Zusammenhang steckt ein gewisser Nachteil des PI-Reglers: Baut sich der I-Anteil zu schnell auf, ist das entstehende Stellsignal zu groß, und ein zu hoher Istwert wird erreicht. Nun liegt der Istwert über der Führungsgröße, und die Regelabweichung ändert ihr Vorzeichen, d. h., das Stellsignal nimmt wieder ab. Ist die Abnahme zu rasch, stellt sich ein zu niedriger Istwert ein usw. d. h., bei einem PI-Regler tritt daher oft eine Schwingung um den Sollwert auf. Dies ist insbesondere dann der Fall, wenn der I-Anteil zu stark, d. h. die Nachstellzeit T_n zu klein gewählt wurde. Ausgenommen hiervon wären Strecken 0-ter Ordnung, da hier, wegen der fehlenden Möglichkeit zur Energiespeicherung, die Regelgröße der Stellgradänderung sofort ohne Verzug folgt, dadurch bildet der Regelkreis kein schwingungsfähiges System.

Zusammenfassend lässt sich festhalten: Beim PI-Regler wächst die Stellgröße mit der Dauer der Regelabweichung an. Durch das ständige Aufaddieren auch kleinerer Regelabweichungen auf den I-Anteil, besitzt ein PI-Regler im Gegensatz zum P-Regler keine bleibende Regelabweichung.

Das Maß für den I-Anteil ist die Nachstellzeit T_n. Ein großer Wert für T_n entspricht einem kleinen I-Anteil. Für exakte Regelungen ist er daher dem reinen P-Regler überlegen, was die starke Verbreitung dieses Reglertyps erklärt. Allerdings ist der PI-Regler etwas langsamer als der P-Regler.

Strecken ohne Ausgleich werden durch einen I-Anteil instabil und dürfen nicht mit einem I- oder PI-Regler geregelt werden. Dies begründet sich darin, dass eine Strecke ohne Ausgleich selbst schon integrierend wirkt und die integrierende Wirkung des Reglers verstärkt. Dadurch schaukeln sich die beiden Anteile zu einer immer größer werdenden Schwingung auf.

1.4.7 PD-Regler

Tritt z. B. in einem Regelkreis, der von Hand geregelt wird, eine große Störung auf, d. h., die Regelgröße ändert sich rasch, so wird der Bediener versuchen, die Auswirkung dieser Störung dadurch abzufangen, dass er am Anfang das Stellglied besonders stark verstellt. Diese Verstellung wird dann rasch wieder zurückgenommen, um sich dann allmählich in den neuen Gleichgewichtszustand des Regelkreises durch langsames Verstellen des Stellgliedes heranzutasten.

Ein sogenannter PD-Regler besteht aus einem bekannten proportional arbeitenden P-Anteil und einem differenziell arbeitenden D-Anteil. Dieser reagiert nicht auf die Dauer der Regelabweichung, sondern auf die Geschwindigkeit der Regelgröße. Abb. 1.40 zeigt die Anstiegsantwort eines PD-Reglers.

Ein reiner D-Regler ist für eine Regelung ungeeignet, da er nicht in den Regelvorgang eingreift, wenn eine stabile Regelabweichung oder Regelgröße vorliegt.

In der Praxis bestehen die zwei Möglichkeiten, den D-Anteil eines Reglers entweder, wie hier gezeigt, auf die Regelabweichung e oder auch direkt auf die Regelgröße x zu beziehen. Bezieht man diesen auf die Regelabweichung, so werden auch Änderungen in der Führungsgröße sofort erfasst, was nicht unbedingt ein Vorteil auf die Regelgüte haben muss.

Beim PD-Regler wächst die Stellgröße aufgrund der Änderungsgeschwindigkeit der Regelabweichung bzw. Regelgröße viel schneller an, als dies bei einem reinen P-Regler der Fall ist. Man könnte sagen, ein P-Regler benötigt die Vorhaltezeit T_v länger, um die gleiche Stellgröße zu erreichen wie ein PD-Regler. Die Vorhaltezeit ergibt sich, wenn man die schräg ansteigende Gerade der PD-Verstellung bis zu ihrem Schnittpunkt S auf der Zeitachse verlängert. Dabei ist T_v eine Gerätekonstante des PD-Reglers und unabhängig davon wie schnell bzw. um welchen Betrag sich die Regelgröße bzw. Abweichung verändert.

Mathematisch ergibt sich die Änderungsgeschwindigkeit v aus der Änderung der Regelabweichung „de" pro Zeiteinheit „dt":

$$v = \frac{de}{dt}$$

Abb. 1.40 Anstiegsantwort eines PD-Reglers

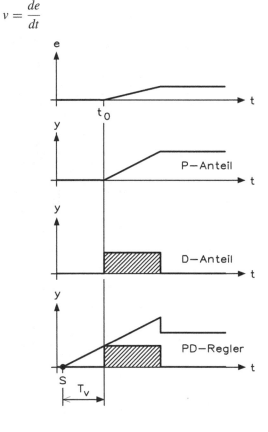

Für den PD-Regler ergibt sich folgende Reglergleichung:

$$y = k_p \cdot \left(e + T_v \cdot \frac{de}{dt} \right)$$

Grundsätzlich kann man jedoch auch die Sprungantwort eines PD-Reglers betrachten, so wie es vorher beim P- bzw. PI-Regler vorausgesetzt wurde. Nun ist aber die Änderungsgeschwindigkeit bei einem Sprung unendlich groß. Somit hätte das von einem Sprung abgeleitete D-Signal eine theoretisch unendlich hohe und unendlich schmale Nadelfunktion, wie Abb. 1.41, d. h. theoretisch müsste die Stellgröße für eine unendlich kleine Zeit einen unendlich großen Wert annehmen und dann sofort wieder auf den vom P-Anteil verursachten Anteil zurückgehen. Dies ist jedoch aus mechanischen als auch elektrischen Gründen nicht möglich. Man verhindert in der Praxis das sofortige Abklingen durch Einfügen einer Abklingzeit, z. B. T_1.

In der Praxis stellt sich also der charakteristische Verlauf wie dieser einer Sprungantwort mit einer Verzögerung dar. Sie ist durch ihre der Regelgrößen-Abweichungsänderung proportionale Amplitude ($k_p \cdot k_v \cdot \Delta e$) und durch die Zeitkonstante T_1 gekennzeichnet. Hierbei bedeutet k_v eine von der Reglerkonstruktion abhängige

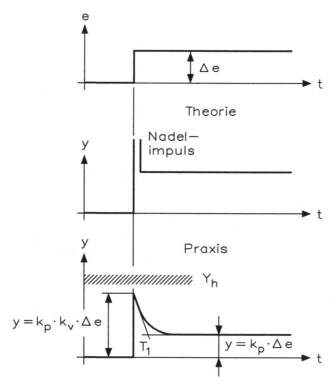

Abb. 1.41   Sprungantwort eines PD-Reglers

Konstante, während T_1 eine zusätzliche Zeitkonstante darstellt. Die Konstanten sind entweder am Gerät einstellbar oder als fester Wert voreingestellt.

Der D-Anteil kann auf das Signal der Regelabweichung oder der Regelgröße bezogen werden.

Im Prinzip hat der D-Anteil folgende Auswirkungen: Sobald sich eine Regelabweichung einstellt bzw. vergrößert, wird die Stellgröße zusätzlich zum P-Anteil kurzzeitig vergrößert. Aus diesem Grund greift der Regler beim Auftreten von Störgrößen stärker ein. Man könnte also sagen, dass der D-Anteil einem kurzfristigen erhöhten P-Anteil bzw. Proportionalbeiwert k_p gleichkommt. Nähert sich jedoch die Regelgröße der Führungsgröße, so nimmt die Regelabweichung $e = (w - x)$ ab, d. h., eine Differenzierung dieses Wertes gibt ein negatives Vorzeichen. Die Stellgröße wird somit verringert, und zwar um so stärker je schneller sich die Regelgröße der Führungsgröße nähert. Somit hat man gewissermaßen ein „vorausschauendes" Anfahren an die Führungsgröße mit rechtzeitiger Reduzierung der Stellgröße.

Zusammenfassend lässt sich festhalten: Ein reiner D-Regler ist in der Praxis ohne Bedeutung, da er das Ausmaß der Regelabweichung unberücksichtigt lässt und lediglich auf die Änderungsgeschwindigkeit der Regelabweichung reagiert. Der PD-Regler dagegen findet häufig Anwendung. Der D-Anteil lässt ihn schnell reagieren und man erreicht ein schnelles Anfahren an den Sollwert. Die Regelstrecke muss aber einen gewissen Ausgleich besitzen, damit die Regelung stabil ist. Ungeeignet sind daher Strecken mit pulsierenden Größen, wie Druck- oder Durchflussregelung.

Weil beim PD-Regler die Regelgröße im Gegensatz zu einem Regler mit I-Anteil nicht über die Führungsgröße schwingt, ist er besonders da ideal, wo Werkzeuge oder Gut empfindlich gegen Sollwertüberschreitungen sind. Dies gilt beispielsweise in starkem Maß für kunststoffverarbeitende Maschinen. Der PD-Regler besitzt allerdings, wie der P-Regler bei Strecken mit Ausgleich,eine bleibende Regelabweichung.

1.4.8 PID-Regler

Bisher wurde gezeigt, dass die Kombination eines D- oder I-Anteils mit einem P-Regler jeweils gewisse Vorteile bietet. Nun liegt es nahe, alle drei Strukturen miteinander zu verbinden und man erhält den PID-Regler.

Dieser Regler, der im ersten Augenblick als ideale Lösung erscheinen mag, ist nun allerdings durch die höhere Anzahl der einstellbaren Regelparameter (X_p, T_n, T_v) vergleichsweise komplizierter einzustellen. Die Sprungantwort eines PID-Reglers lässt die drei genannten Anteile erkennen, wie Abb. 1.42 zeigt.

Nach der DIN 19225 ergibt sich für einen solchen Regler folgende Gleichung:

$$y = k_p \cdot \left(e + \frac{1}{T_n} - \int e \cdot dt + T_v \cdot \frac{de}{dt} \right) \qquad \text{idealer PID-Regler}$$

Wie bereits in den vorausgegangenen Abschnitten erwähnt wurde, weisen die einzelnen Parameter (X_p, T_n, T_v) unterschiedliche Auswirkungen auf die einzelnen Anteile auf.

Größeres k_p (entspricht kleinerem X_p):   Daraus folgt größerer P-Anteil
Größeres T_v: Entspricht größerem D-Anteil
Größeres T_n: Entspricht kleinerem I-Anteil

Bei vielen µP-Reglern mit PID-Verhalten lassen sich T_v und T_n nicht getrennt einstellen. Es hat sich in der Praxis gezeigt, dass sich ein günstiges Verhalten bei einem Verhältnis $T_v = T_n/4$–5 ergibt. Dieses Verhältnis ist oft im µP-Regler fest eingestellt und nur über ein Parameter variierbar (meist T_n).

Zusammenfassend lässt sich feststellen, dass der PID-Regler die günstigen Eigenschaften des P-, I- und D-Reglers vereinigt. Der P-Anteil reagiert schon zu Beginn mit einer entsprechenden Stellgröße. Die bleibende Regelabweichung wird durch Hinzufügen eines I-Anteils beseitigt. Der D-Anteil verbessert das Anfahrverhalten, kann die Dynamik zu Beginn des Reglereingriffes erhöhen und den PID-Regler dadurch schneller reagieren lassen. Man setzt den PID-Regler dort ein, wo ein gutes Ausregeln auf die Führungsgröße bei einer hohen Regeldynamik gefordert ist. Daher ergeben sich Einsatzgebiete für Strecken mit größeren Verzögerungen (2. oder 3. Ordnung) mit diversen Energiespeichern, z. B. Temperaturregelung in Ofen usw. Für Strecken ohne Verzögerung (Verzugszeit) ist der PID-Regler nicht geeignet. Hier empfiehlt sich ein PI- oder I-Regler.

Abb. 1.42 Sprungantwort eines PID-Reglers

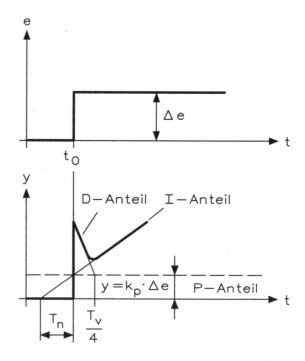

1.5   Regelkreise mit stetigen Reglern

Die vorherigen Abschnitte beschäftigten sich mit den einzelnen Teilen eines Regelkreises, d. h. der Regelstrecke sowie dem Regler. Nun soll das Zusammenspiel beider
Teile im geschlossenen Regelkreis erklärt werden.

Hierbei soll u. a. das stabile bzw. instabile Verhalten eines Regelkreises sowie das
Führungsverhalten bzw. Störverhalten untersucht werden. Im Abschnitt „Optimierung"
lernt man unterschiedliche Einstellkriterien für den Regler an der Strecke kennen. Unter
anderem spricht man bei Betrachtungen von Regelkreisen auch öfters von statischem
und dynamischem Verhalten des Regelkreises. Das statische Verhalten eines Regelkreises
kennzeichnet den Ruhezustand des Regelkreises nach Ablauf aller zeitabhängigen
Ausgleichsvorgänge, also den Zustand lange nach vorangegangenen Stör- oder
Führungsgrößenänderungen. Das dynamische Verhalten zeigt dagegen in erster Linie das
Verhalten des Regelkreises bei Änderungen, d. h. den Verlauf von einem Ruhezustand in
den anderen Ruhezustand.

Schließt man einen Regler an eine Strecke an, so erwartet man einen Verlauf wie in
Abb. 1.43 gezeigt wird.

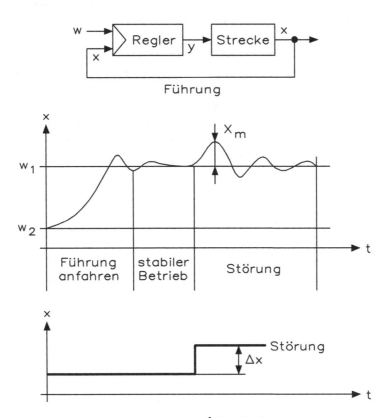

Abb. 1.43 Verlauf der Regelgröße im geschlossenen Regelkreis

- Nach dem Schließen des Regelkreises soll die Regelgröße (x) in möglichst kurzer Zeit ohne großes Überschwingen die vorgegebene Führungsgröße (w) erreichen und auch halten. Man spricht in diesem Zusammenhang beim Einlaufen auf einen neuen Wert der Führungsgröße auch vom Führungsverhalten.
- Nach dem Anfahrvorgang soll die Regelgröße einen konstanten Wert ohne größere Schwankungen einhalten, d. h., der Regler soll an der Regelstrecke stabil arbeiten.
- Tritt nun eine Störung an der Regelstrecke auf, so soll der Regler ebenfalls in der Lage sein, diese mit möglichst kleinem Überschwingen in einer relativ kurzen Ausregelzeit auszuregeln, d. h., der Regler soll ebenfalls ein gutes Störverhalten aufweisen.

1.5.1   Stabiles und instabiles Verhalten des Regelkreises

Nach Ablauf des Anfahrvorganges soll die Regelgröße den durch die Führungsgröße vorgegebenen konstanten Wert annehmen und in einen stabilen Betrieb übergehen. Es kann jedoch vorkommen, dass der Regelkreis instabil wird und die Regelgröße sowie Stellgröße periodische Schwingungen ausführen. Dies kann sogar dazu führen, dass die Amplitude dieser Schwingung u. U. nicht konstant bleibt, sondern laufend wächst bis sie periodisch zwischen einem oberen und unteren Maximalwert hin und her pendelt. In Abb. 1.44 werden die beiden Fälle eines instabilen Regelkreises aufgezeigt.

Man spricht hier häufig auch von der Selbsterregung des Regelkreises. Die Ursache eines solchen instabilen Verhaltens sind meist im Regelkreis vorhandene kleine Störamplituden, die eine gewisse Unruhe in den Kreis bringen. Die Selbsterregung ist im Wesentlichen vom Aufbau des Regelkreises, ob mechanisch, hydraulisch oder elektrisch, unabhängig und tritt dann auf, wenn die zurückkommende Schwingung eine gleiche oder größere Amplitude hat und die gleiche Phasenlage wie die hineingeschickte.

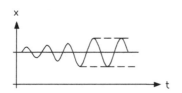

a) Konstante Schwingungsamplitude   b) Anwachsende Schwingungsamplitude

 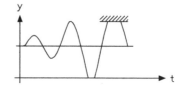

Abb. 1.44 Verhalten eines instabilen Regelkreises

Werden in einem stetigen Regelkreis, der stabil arbeitet, gewisse Betriebsbedingungen verändert (z. B. neue Reglereinstellung), so muss immer damit gerechnet werden, dass der Regelkreis instabil wird. Für die praktische Regelungstechnik ist die Stabilität des Regelkreises jedoch selbstverständlich. Pauschal kann man sagen, dass in der Praxis ein stabiles Verhalten dadurch erreicht wird, indem man die Verstärkung im Regelkreis hinreichend klein und die Regler Zeitkonstante hinreichend groß wählt.

1.5.2 Führungs- und Störverhalten des Regelkreises

Wie bereits erklärt wurde, gibt es im Wesentlichen zwei Fälle, die eine Veränderung der Regelgröße zur Folge hat. Je nach Ursache spricht man bei der Beschreibung des Streckenverhaltens im Regelkreis von Stör- oder Führungsverhalten:

- Führungsverhalten: Die Führungsgröße wurde verstellt und der Prozess hat nach einer gewissen Zeit ein neues Gleichgewicht erreicht.
- Störverhalten: Auf den Prozess wirkt von außen eine Störung und verschiebt das bisherige Gleichgewicht, bis sich wieder ein stabiler Istwert ausgebildet hat.

Das Führungsverhalten entspricht somit dem Verhalten des Regelkreises auf eine Führungsgrößenänderung. Das Störverhalten bestimmt die Reaktion auf äußere Änderungen, z. B. das Einbringen von kaltem Gut in einen Ofen. Stör- und Führungsverhalten in einem Regelkreis sind im Allgemeinen nicht gleich. Dies liegt u. a. daran, dass sie auf unterschiedliche Zeitglieder bzw. an verschiedenen Eingriffsorten im Regelkreis wirken.

Oftmals ist aber nur eines der beiden Verhaltensweisen der Strecke von Bedeutung: Bei einem Motor, an dessen Welle laufend wechselnde Belastungen auftreten und der dennoch eine konstante Drehzahl einhalten soll, ist sicher nur das Störverhalten von Bedeutung. Ein Ofen, bei dem das Gut nach einem gewissen Sollwertprofil über die Zeit auf unterschiedliche Temperaturen gebracht werden soll, ist dagegen hinsichtlich seines Führungsverhaltens interessanter.

Die Regelung dient dazu, das Streckenverhalten in gewünschter Weise zu beeinflussen, d. h. das Stör- oder Führungsverhalten zu verändern. Dabei ist es im Allgemeinen nicht möglich, beide Verhaltensweisen in gleicher Weise gut zu korrigieren. Hier muss man entscheiden, ob die Regelung auf Stör- oder Führungsverhalten der Strecke optimiert werden soll. Hierzu mehr im Abschnitt „Optimierung".

1.5.3 Führungsverhalten des Regelkreises

Bei einem Regelkreis mit gutem Führungsverhalten kommt es darauf an, dass bei Änderung der Führungsgröße die Regelgröße den neuen Wert der Führungsgröße möglichst schnell und mit einem kleinen Überschwingen erreichen soll. Man kann zwar ein Überschwingen durch eine andere Reglereinstellung verhindern, dies jedoch auf Kosten der Ausregelzeit. Nach dem Schließen des Regelkreises dauert es eine gewisse Zeit bis die Regelgröße den am Regler vorgegebenen Wert der Führungsgröße erreicht hat. Dieses Anfahren an die Führungsgröße kann dabei kriechend oder schwingend ausgeführt sein, wie Abb. 1.45 zeigt.

Auf welches Verhalten des Regelkreises man Wert legt, ist von Fall zu Fall verschieden und hängt von dem zu regelnden Prozess ab.

Ist der Anfahrvorgang beendet und der Regelkreis stabil, so hat der Regler nun die Aufgabe den Einfluss von Störgrößen weitestgehend zu unterdrücken. Tritt eine Störung auf, so hat dies immer eine vorübergehende Regelabweichung zur Folge, die erst nach einer gewissen Zeit ausgeregelt wird. Soll eine gute Regelgüte erreicht werden, so sollen die Überschwingweite, die bleibende Regelabweichung und die Ausregelzeit so klein wie möglich sein. Da die Größe von Störungen der Eigenschaften in einem Regelkreis meist als gegeben hingenommen werden muss, kann man die Regelgüte nur durch eine geeignete Wahl des Reglertyps und eine entsprechende Optimierung erreichen.

Die Störgrößen können an unterschiedlichen Stellen an der Regelstrecke angreifen. Je nach Angriffspunkt der Störgröße ist die Auswirkung auf den zeitlichen Verlauf der Regelgröße verschieden. Abb. 1.46 zeigt den Verlauf einer Störsprungantwort der Regelstrecke allein, wenn eine Störung am Anfang, in der Mitte und am Ende der Strecke angreift.

1.5.4   Welcher Regler passt zu welcher Regelstrecke?

Nachdem man einen geeigneten Regler nach Bauart, Abmessungen usw. ausgewählt hat, stellt sich meistens noch das Problem, welches Zeitverhalten zum Regeln eines bestimmten Prozesses eingesetzt wird. Mit neueren µP-Regelgeräten mit Mikroprozessor oder Mikrocontroller sind die Preisunterschiede zwischen P-, PI- und PID-Regler nicht

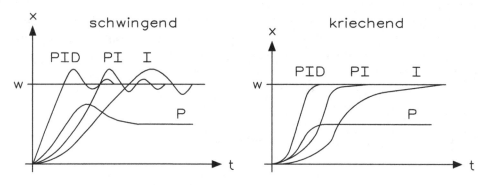

Abb. 1.45 Anfahren an die Führungsgröße

gravierend. Es ist daher heutzutage nicht mehr entscheidend, ob man eine Regelaufgabe gerade noch mit einem P-Regler lösen kann.

Zum Zeitverhalten lässt sich allgemein sagen: P-Regler besitzen eine bleibende Regelabweichung, die sich durch Einführung eines I-Anteils beseitigen lässt. Durch diesen I-Anteil erhöht sich aber die Neigung zum Überschwingen und die Regelung wird etwas träger. Verzögerungsbehaftete Strecken lassen sich mit einem P-Regler nur bei Vorhandensein eines I-Anteils stationär genau regeln. Bei einer Totzeit ist immer ein I-Anteil erforderlich, da ein P-Regler allein zu Schwingungen führt. Für Strecken ohne Ausgleich ist ein I-Regler ungeeignet.

Der D-Anteil lässt den Regler schnell reagieren. Bei stark pulsierenden Prozessgrößen, wie Druckregelung etc., führt dies jedoch zu Instabilitäten. Regler mit D-Anteil eignen sich dagegen gut für langsame Regelstrecken wie sie bei Temperatur-regelungen auftreten. Ist die bleibende Regelabweichung unerwünscht, verwendet man dann einen sogenannten PI- oder PID-Regler.

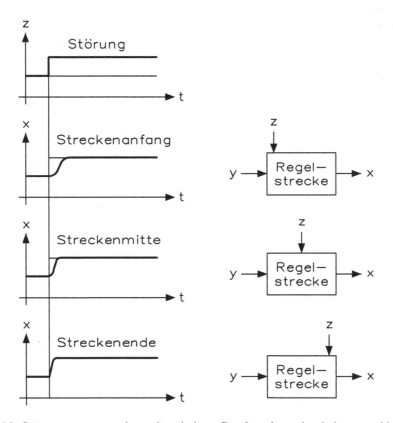

Abb. 1.46 Störsprungantwort einer thermischen Regelstrecke mit drei unterschiedlichen Störgrößen

Für den Zusammenhang zwischen Streckenordnung und Reglerstruktur gilt: Für Strecken ohne Ausgleich oder Totzeiten (0. Ordnung) ist ein P-Regler ausreichend. Aber auch bei scheinbar verzögerungsfreien Strecken kann die Verstärkung eines P-Reglers nicht beliebig hoch gewählt werden, da der Regelkreis ansonsten durch kleinste immer vorhandene Totzeiten instabil würde. Zum vollständigen Ausregeln ist daher immer ein I-Anteil erforderlich.

Für Strecken 1. Ordnung mit kleinen Totzeiten ist ein PI-Regler gut geeignet. Strecken 2. und höherer Ordnung (mit Verzugs- und Totzeiten) erfordern einen PID-Regler. Bei sehr hohen Ansprüchen sollte eine Kaskadenregelung, auf die noch näher eingegangen wird, eingesetzt werden. Strecken 3. und 4. Ordnung sind mitunter mit PID-Reglern, meist aber nur noch mit Kaskadenregelung, in den Griff zu bekommen.

Bei Regelstrecken ohne Ausgleich muss die Stellgröße nach dem Erreichen der Führungsgröße auf Null zurückgenommen werden. Sie können daher nicht durch Regler mit I-Anteil geregelt werden, da diese durch ein Überschwingen der Regelgröße abgebaut werden müsste. Für Strecken ohne Ausgleich und höherer Ordnung (mit Verzugs- und Totzeiten) ist daher ein PD-Regler geeignet.

Zusammenfassend ergeben sich aus den genannten Entscheidungskriterien die Tab. 1.5 und 1.6.

1.5.5 Optimierung von Prozess und Regelstrecke

Regleroptimierung bedeutet die Anpassung des Reglers an den gegebenen Prozess bzw. Regelstrecke. Die Regelparameter (k_p, X_p, T_n, T_v usw.) müssen so gewählt werden, dass bei den gegebenen Betriebsverhältnissen ein möglichst günstiges Verhalten des Regelkreises erzielt wird. Dieses günstige Verhalten kann jedoch unterschiedlich definiert sein,

Tab. 1.5 Auswahl der Reglertypen zum Regeln der wichtigsten Regelgrößen

	Bleibende Regelabweichung		Keine bleibende Regelabweichung	
	P	PD	PI	PID
Temperatur	Einfache Strecken für geringe Ansprüche		Geeignet	Sehr gut geeignet
Druck, Gas			Geeignet	
Wasser			Reiner I-Regler meist besser	
Durchfluss	Wenig geeignet, da erforderliche X_p-Bereich meist zu groß	Geeignet	Brauchbar, aber I-Regler oft allein besser	
Niveau	Bei kleiner Totzeit	Geeignet		
Förderung	Ungeeignet wegen Totzeit		Brauchbar, aber I-Regler oft allein besser	

z. B. ob man ein schnelles Erreichen der Führungsgröße bei kleinerem Überschwingen als günstig bezeichnet oder ein überschwingungsfreies Anfahren bei etwas längerer Ausregelzeit.

Neben den recht unscharfen Formulierungen, wie „möglichst schwingungsfreies Ausregeln", existieren natürlich in der Regelungstechnik exaktere Beschreibungen, wie u. a. die Betrachtung der von den Schwingungen eingeschlossenen Flächen und andere Kriterien. Solche Einstellkriterien sind jedoch eher geeignet, einzelne Regler und Einstellungen unter speziellen Bedingungen (Laborbedingungen) zu vergleichen. Für den Praktiker an der Anlage ist der Zeitaufwand und die Realisierbarkeit vor Ort von wichtiger Bedeutung.

Die angegebenen Formeln und Einstellwerte sind gewisse Erfahrungswerte aus den unterschiedlichsten Quellen. Sie beziehen sich auf bestimmte idealisierte Prozesse und sind für den Anwendungsfall nicht immer zutreffend. Bei Kenntnis der verschiedenen Einstellparameter, z. B. eines PID-Reglers, sollte es jedoch jedem möglich sein, das Regelverhalten an eine entsprechende Anforderung anzupassen.

Neben der mathematischen Erfassung der Streckenparameter und den daraus resultierenden Reglerdaten existieren verschiedene empirische Verfahren. Eine Methode besteht darin, die Führungsgröße periodisch zu ändern und zu untersuchen wie die Regelgröße diesen Änderungen folgt. Wird dies für verschiedene Schwingungsfrequenzen der Führungsgröße durchgeführt, kann aus der Amplitude und der Phasenverschiebung der folgenden Regelgrößenschwankung der Frequenzgang der Strecke ermittelt werden. Hieraus lassen sich die Regelparameter ableiten. Solche Verfahren sind sehr aufwendig, mit einem erhöhten mathematischen Aufwand verknüpft und für die Praxis unbrauchbar.

Andere Reglereinstellungen beruhen auf Erfahrungswerten, die teilweise in langwierigen Untersuchungen gefunden wurden. Auf solche Verfahren, besonders erwähnt seien die Einstellregeln von Ziegler und Nichols sowie Chien, Hrones und Reswick, wird noch näher eingegangen.

Tab. 1.6 Geeignete Reglertypen für die unterschiedlichen Regelstrecken

Strecke	Reglerstruktur			
	P	PD	PI	PID
Reine Totzeit			Gut geeignet oder reiner I-Regler	
1. Ordnung mit kleiner Totzeit			Gut geeignet	Geeignet
2. Ordnung mit kleiner Totzeit			Schlechter als PID	Gut geeignet
Höhere Ordnung			Schlechter als PID	Gut geeignet
Ohne Ausgleich mit Verzugszeit	Geeignet	Geeignet		

1.5.6   Maßstab für die Regelgüte

Normalerweise beziehen sich die Angaben für die Regleroptimierung meist auf sprungweise Änderungen von z. B. Stör- oder Führungsgröße. Hierbei werden Störgrößenänderungen meist am Anfang der Regelstrecke angenommen.

Wegen ihres häufigen Auftretens im Betrieb, der leichten Realisierbarkeit im Versuch und der übersichtlichen rechnerischen Behandlung kommt dieser Störung auch die größte Bedeutung zu. In Abb. 1.47 wird gezeigt, dass für eine sprungweise Störung sich ebenfalls als Gütemaßstäbe die Überschwingweite X_m und die Ausregelzeit T_a anbieten. Um die Ausregelzeit genauer zu definieren ist es erforderlich festzuhalten, wann der Regelvorgang als beendet anzusehen ist. Zweckmäßig wird das Ausregeln einer Störung als beendet angesehen, wenn die Regelgrößenänderungen unterhalb $\pm 1\,\%$ vom Sollwerteinstellbereich W_h bleiben, d. h. innerhalb der Messgenauigkeit zu liegen kommen, wobei zweckmäßig eine Störung von $10\,\%$ von Y_h gewählt wird.

Neben der Überschwingweite und der Ausregelzeit wird auch weiterhin für mathematische Untersuchungen als Gütemaßstäbe die Regelfehlerfläche herangezogen, wie Abb. 1.47 zeigt.

Lineare Regelfläche : $A = A_1 - A_2 + A_3 \ldots$

Quadratische Regelfläche : $A^2 = A_1^2 + A_2^2 + A_3^2 \ldots$

Zweifellos weist, ganz unabhängig von sonstigen Gesichtspunkten, eine Reglereinstellung gegenüber einer anderen eine höhere Regelgüte auf je kleiner Überschwingweite und Ausregelzeit ist. Weitere Versuche zeigen jedoch, dass es innerhalb bestimmter Grenzen möglich ist, entweder die Überschwingweite klein zu halten, dafür aber eine längere Ausregelzeit in Kauf zu nehmen oder umgekehrt. Für die angegebene Regelfehlerfläche gibt es eine eindeutige Reglereinstellung, bei welcher diese Flächen zu einem Minimum werden.

Wie bereits mehrfach erwähnt, werden den unterschiedlichen Gütemaßstäben unterschiedliche Gewichtungen beigemessen, je nach Art der Regelgröße und Zweck der Anlage.

1.5.7   Einstellung nach der Schwingungsmethode

Bei der Schwingungsmethode nach Ziegler und Nichols werden die Regelparameter so verstellt, dass die Stabilitätsgrenze erreicht ist und der aus Regler bzw. Strecke gebildete Regelkreis zu schwingen beginnt, d. h. die Regelgröße periodische Schwingungen um die Führungsgröße durchführt. Aus den so gefundenen Parametern lassen sich die Werte zur Reglereinstellung ermitteln. Dieses Verfahren ist nur auf Regelstrecken anwendbar, bei denen ein Überschwingen keine Gefahr birgt und die einen instabilen Zustand zulassen. Um Schwingungen der Regelgröße zu erhalten, wird die Reglerverstärkung

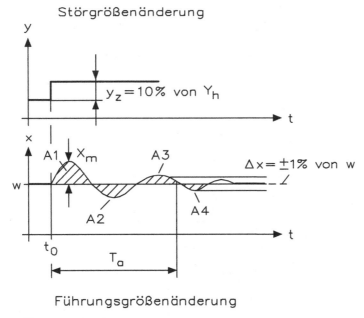

Störgrößenänderung

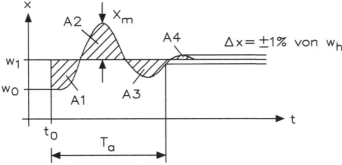

Führungsgrößenänderung

Abb. 1.47 Maßstab für die Regelgüte

zunächst minimiert, d. h. der Proportionalbereich auf den maximalen Wert gestellt. Der Regler muss als reiner P-Regler arbeiten, dafür werden der I-Anteil (T_n) sowie der D-Anteil (T_v) ausgeschaltet. Nun wird der Proportionalbereich X_p so lange verkleinert, bis die Regelgröße ungedämpfte Schwingungen mit konstanter Amplitude ausführt. Abb. 1.48 zeigt die Schwingungsmethode nach Ziegler/Nichols.

Hieraus ergeben sich:

- der kritische Proportionalbereich X_{pk} sowie
- die Schwingungsdauer T_k der Regelgröße

Zur Einstellung können die Werte von Tab. 1.7 verwendet werden.

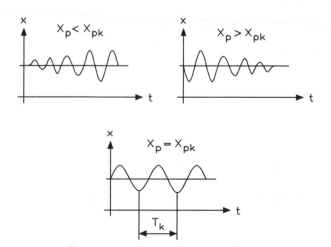

Abb. 1.48 Schwingungsmethode nach Ziegler/Nichols

Tab. 1.7 Formeln zur Einstellung nach der Schwingungsmethode	Reglerstruktur	
	P	$X_p \approx X_{pk}/0,5$
	PI	$X_p \approx X_{pk}/0,45$ $T_n \approx 0,85 \cdot T_k$
	PID	$X_p \approx X_{pk}/0,6$ $T_n \approx 0,5 \cdot T_k$ $T_v \approx 0,12 \cdot T_k$

Der Vorteil dieses Verfahrens liegt darin, dass die Untersuchung der Regelparameter sogar während des Betriebes stattfinden kann, sofern es gelingt, durch die beschriebenen Einstellungen Schwingungen um die Führungsgröße zu erreichen. Der Regelkreis muss nicht geöffnet werden. Die Auswertung eines Schreiberprotokolls ist problemlos, bei langsamen Prozessen können die Werte auch durch Beobachten der Regelgröße und mit einer Uhr ermittelt werden. Nachteilig an dem Verfahren ist, dass es nur auf solche Strecken angewendet werden kann, die, wie bereits erwähnt, instabil gemacht werden können.

Die Einstellregeln von Ziegler/Nichols gelten im Wesentlichen für Strecken mit kleinen Totzeiten und einem Verhältnis $T_g/T_u > 3$.

1.5.8 Einstellung nach der Übergangsfunktion bzw. Streckensprungantwort

Eine weitere Möglichkeit der Parameterbestimmung beruht auf der Aufnahme der streckentypischen Parameter, durch Aufzeichnung der Streckensprungantwort. Es eignet sich auch für Strecken, die nicht zum Schwingen gebracht werden können. Der Regelkreis muss allerdings geöffnet werden, z. B. indem man ein Regelgerät in den Handbetrieb umschaltet, um direkt auf die Stellgröße Einfluss zu nehmen. Der Stellgradsprung sollte nach Möglichkeit in der Nähe der Führungsgröße stattfinden.

Ein Verfahren, mit dessen Hilfe die Regelparameter berechnet werden können, wenn die Parameter der Strecke bekannt sind, wurde von Chien, Hrones und Reswick (CHR) entwickelt. Dieses Näherungsverfahren liefert günstige Regelparameter nicht nur für Änderung der Störgröße, sondern auch für Änderung der Führungsgröße und ist geeignet für Regelstrecken mit PTn-Verhalten mit (n $\geq$ 2.). Abb. 1.49 zeigt die Einstellung nach der Sprungantwort.

Aus der Sprungantwort werden die Verzugszeit T_u, die Ausgleichszeit T_g sowie der Übertragungsbeiwert der Strecke k_s ermittelt.

$$k_s = \frac{\text{Regelgrößenänderung}}{\text{Stellgrößenänderung}} = \frac{\Delta x}{\Delta y}$$

Aus den gefundenen Werten ergeben sich die Einstellregeln nach Tab. 1.8:

Abb. 1.49 Einstellung nach der Sprungantwort

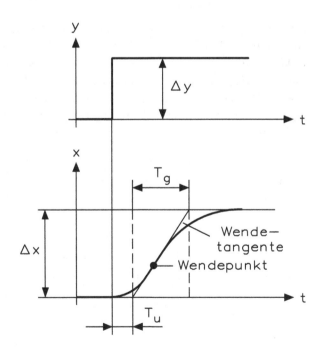

Beispiel: Die Werte T_n, T_v und X_p sollen bei einer Temperaturregelstrecke ermittelt werden. Der spätere Arbeitsbereich liegt bei 200 °C. Die Heizleistung kann mit einem Stelltransformator kontinuierlich gesteuert werden und beträgt max. 4 kW. Es sind die Parameter für Störverhalten bei einer PID-Struktur zu ermitteln.

Die Heizleistung wird zunächst so eingestellt, dass sich eine Temperatur in Nähe des späteren Arbeitspunktes einstellt, beispielsweise 180 °C bei 60 % Heizleistung. Nun wird die Heizleistung schlagartig auf 80 % erhöht und der Temperaturverlauf mit einem Schreiber aufgezeichnet. Durch Einzeichnen der Wendetangente werden T_u mit 1 min und T_g mit 10 min bestimmt. Sollte sich der Wendepunkt schwer bestimmen lassen, muss die Stellgrößenänderung erweitert werden, d. h. bei einer geringeren Führungsgröße begonnen und bei einer höheren die Messung beendet werden. Die Endtemperatur beträgt im hier geschilderten Fall 210 °C.

Dann ergibt sich:

$$k_s = \frac{\Delta x}{\Delta y} = \frac{210°C - 180°C}{80\% - 60\%} = \frac{30°K}{20\%} = 1,5 \frac{K}{\%}$$

Mit den ermittelten Werten für T_u und T_g ergeben sich folgende Parameter:

$$T_n \approx 2,4 \cdot T_u \approx 2,4 \cdot 1 \approx 2,4\,min \approx 144s$$

$$T_v \approx 0,42 \cdot T_u \approx 0,42 \cdot 1 \approx 0,42\,min \approx 25s$$

$$X_p \approx 1,05 \cdot k_s \cdot \frac{T_u}{T_g} \approx 1,05 \cdot 1,5 \frac{K}{\%} \cdot \frac{1\,min}{10\,min} \cdot 100\% \approx 1,575K$$

Ein gewisser Nachteil bei diesem Verfahren soll nicht verschwiegen werden. In der Praxis fällt die Kurve nur in den seltensten Fällen so aus, dass sich der Wendepunkt wirklich völlig eindeutig bestimmen lässt. So ergeben sich beim Einzeichnen der Wendetangente mehr oder weniger gravierende Fehler bei der Ermittlung von T_u und T_g. Das geschilderte Verfahren ist jedoch sehr hilfreich, um zunächst einen Eindruck über die ungefähre Reglereinstellung zu erhalten. Diese kann dann nach anderen Kriterien noch verfeinert werden.

Tab. 1.8 Formeln zur Einstellung nach der Sprungantwort

Reglerstruktur	Führung	Störung
P	$X_p \approx 3,3 \cdot k_s \cdot (T_u/T_g) \cdot 100\%$	$X_p \approx 3,3 \cdot k_s \cdot (T_u/T_g) \cdot 100\%$
PI	$X_p \approx 2,86 \cdot k_s \cdot (T_u/T_g) \cdot 100\%$ $T_n \approx 1,2 \cdot T_g$	$X_p \approx 1,66 \cdot k_s \cdot (T_u/T_g) \cdot 100\%$ $T_n \approx 4 \cdot T_u$
PID	$X_p \approx 1,66 \cdot k_s \cdot (T_u/T_g) \cdot 100\%$ $T_n \approx 1 \cdot T_g$ $T_v \approx 0,5 \cdot T_u$	$X_p \approx 1,05 \cdot k_s \cdot (T_u/T_g) \cdot 100\%$ $T_n \approx 2,4 \cdot T_g$ $T_v \approx 0,42 \cdot T_u$

1.5.9 Einstellung nach der Anstiegsgeschwindigkeit

Mitunter ergeben sich bei der geschilderten Methode allerdings Schwierigkeiten bei der Ermittlung der Ausgleichszeit T_g. In vielen Fällen kann nur zwischen 0 oder 100 % gewählt werden. Wird der Prozess aber mit 100 %iger Stellgröße betrieben, droht evtl. die Zerstörung der Anlage.

Man kann sich nun damit behelfen, dass man auf die Ermittlung von T_g verzichtet und dafür die Anstiegsgeschwindigkeit V_{max} bestimmt. Gibt man dem Regler eine hinreichend große Führungsgröße vor, greift dieser zunächst mit einer 100 %igen Stellgröße ein. Danach regelt er auf dem Sollwert. Mit dem Anstieg des Istwertes kann V_{max} berechnet werden, wie Abb. 1.50 zeigt.

Sofern der Regler einen Handbetrieb ermöglicht, kann auch ein Stellgrad von Hand vorgegeben werden, der rechtzeitig vor dem Erreichen einer kritischen Regelgröße wieder zurückgenommen wird. Hierbei ist zu beachten, dass insbesondere bei Strecken mit großer Verzugszeit, z. B. beim elektrobeheizten Ofen, die Regelgröße auch nach dem Abschalten der Heizung zunächst noch beträchtlich weiter steigen kann.

Der Stellgradsprung sollte nach Möglichkeit in Sollwertnähe stattfinden. Die Aufzeichnung der Streckensprungantwort kann beendet werden nach dem Erreichen des Wendepunktes, d. h. wenn die Steigung der Regelgröße wieder kleiner wird.

Abb. 1.50 Einstellung nach der Anstiegsgeschwindigkeit

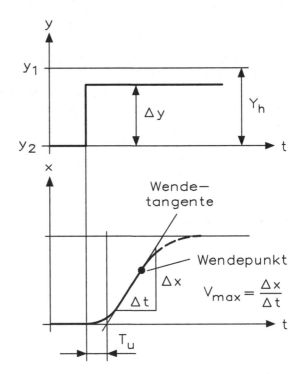

Durch Anlegen der Wendetangente lassen sich nun T_u und V_{max} bestimmen. Die Regelparameter X_p, T_n, bzw. T_v können nun auch ohne Kenntnis von T_g berechnet werden. Für die unterschiedlichen Reglerstrukturen ergibt sich folgender Zusammenhang:

Y_h (%): max. Stellbereich (Y1 – Y2), der ohne Stellgradbegrenzung zur Verfügung steht Δy (%): Stellgrößenänderung in % bezogen auf Y_h. Tab. 1.9 zeigt Formeln zur Einstellung nach der Anstiegsantwort, abgeleitet von Ziegler/Nichols.

Mitunter muss ein Regler an eine Strecke angepasst werden, ohne dass die Aufnahme einer Übergangsfunktion bzw. ein Auftrennen des Kreises möglich ist. Bei nicht allzu trägen Prozessen stellt man hierzu zunächst eine reine P-Struktur mit möglichst großem Proportionalbereich ein, um ein reines P-Verhalten zu erreichen. Bei µP-Regelgeräten ist für die Struktureinstellung eine Anwahl an einer P-Regelstruktur meist direkt möglich.

Eine Führungsgröße in der Nähe des späteren Betriebspunktes wird vorgegeben und die Istwertanzeige am Regler beobachtet. Nach einiger Zeit wird sich ein Istwert stabilisieren, der relativ weit von der Führungsgröße entfernt liegt. Dies liegt an der geringen Verstärkung durch den großen Proportionalbereich, der eingestellt wurde. X_p wird nun verkleinert und dadurch wird die Abweichung zur Führungsgröße immer kleiner. Bei weiterer Verkleinerung von X_p wird schließlich ein Punkt erreicht, bei dem der Istwert periodisch zu schwingen beginnt. Ein weiteres Verkleinern von X_p, würde die Amplitude der Schwingung nur vergrößern und ist somit sinnlos. Diese Schwingungen sind meist nicht symmetrisch um die Führungsgröße, sondern ihr Mittelwert liegt oberhalb oder unterhalb. Dies liegt an der immer noch vorhandenen Regelabweichung, die ein P-Regler erzeugt.

Nun wird der Proportionalbereich wieder so weit zurückgenommen bis der Istwert einen stabilen Wert annimmt.

Jetzt wird der I-Anteil hinzugenommen (PI-Struktur) und in Schritten die Nachstellzeit T_n verkleinert. Durch den I-Anteil geht der Istwert langsam an die Führungsgröße heran. Ein weiteres Verkleinern von T_n beschleunigt zwar das Annähern an die Führungsgröße, hat aber auch Schwingungen zur Folge. Auf den Prozess wird nun eine Störung gegeben, sei es durch eine Führungsgrößenänderung oder eine Störgröße. Es

Reglerstruktur	
P	$X_p \approx V_{max} \cdot T_u \cdot Y_h / \Delta y$
PI	$X_p \approx 1{,}2 \cdot V_{max} \cdot T_u \cdot Y_h / \Delta y$ $T_n \approx 3{,}3 \cdot T_u$
PID	$X_p \approx 0{,}83 \cdot V_{max} \cdot T_u \cdot Y_h / \Delta y$ $T_n \approx 2 \cdot T_u$ $T_v \approx 0{,}5 \cdot T_u$
PD	$X_p \approx 0{,}83 \cdot V_{max} \cdot T_u \cdot Y_h / \Delta y$ $T_v \approx 0{,}25 \cdot T_u$

Tab. 1.9 Formeln zur Einstellung nach der Anstiegsantwort, abgeleitet von Ziegler/Nichols

wird beobachtet, wie sich die neue Führungsgröße einstellt. Schwingt der Istwert über, muss T_n vergrößert werden. Nähert er sich nur sehr langsam an, kann eine noch kürzere Nachstellzeit eingestellt werden.

Nun kann je nach Bedarf noch ein D-Anteil (PID-Struktur) aktiviert werden, indem für T_v ein Wert von ca. $T_n/4{,}5$ eingegeben wird.

Dieses hier erwähnte Verfahren stellt eine gängige praktische Methode dar und eignet sich für einfache Regelstrecken.

1.5.10 Kontrolle der Reglereinstellung

Man kann nicht erwarten, dass der Regelkreis nach der ersten Parameter-Einstellung bereits optimal arbeitet. Besonders bei schwer regelbaren Strecken mit $T_g/T_g < 3$ muss meist nachjustiert werden. Die Sprungantwort der Regelgröße auf eine Führungsgrößenänderung zeigt Fehlanpassungen der Regelparameter recht deutlich. Aus den sich ergebenden Einschwingvorgängen können Rückschlüsse auf notwendige Korrekturen gezogen werden. Man kann jedoch auch eine Störgröße, z. B. das Öffnen einer Ofentür auf den Prozess geben und deren Auswirkungen analysieren. Mit einem Schreiber wird die Regelgröße protokolliert und die Reglereinstellung gegebenenfalls verändert, wie Abb. 1.51 zeigt.

Mit einer Vergrößerung des Proportionalbereiches X_p, – was der Verkleinerung der Reglerverstärkung entspricht – wird der Einschwingvorgang stabiler. Ohne I-Anteil ist eine bleibende Regelabweichung feststellbar. Beim Verkleinern von X_p, verringert sich die Regelabweichung, und ein weiteres Verkleinern des Proportionalbereiches führt schließlich zu ungedämpften Schwingungen. Eine Reglereinstellung knapp unter der Selbsterregung durch ein kleines X_p führt zwar zu einer geringen Regelabweichung, ist aber nicht optimal, da der Regelkreis in diesem Fall nur sehr wenig gedämpft ist. Als Folge davon, führen auch kleine Störungen zu Schwingungen in der Regelgröße.

Der I-Anteil baut die bleibende Regelabweichung entsprechend der Nachstellzeit T_n ab. Ist der I-Anteil zu gering (T_n zu groß), so ist die Auswirkung darin sichtbar, dass sich die Regelgröße nur kriechend der Führungsgröße nähert. Ein größerer I-Anteil (T_n klein) wirkt wie eine zu große Regelverstärkung und macht den Regelkreis instabil, was Schwingungen zur Folge hat.

Eine große Vorhaltezeit T_v wirkt anfangs stabilisierend, sie kann jedoch den Regelkreis auch instabil machen.

Die Abb. 1.51 zeigt Hinweise auf mögliche Fehleinstellungen. Als Beispiel ist hier das Führungsverhalten einer Regelstrecke 3. Ordnung für einen PID-Regler aufgezeichnet.

Die Streckendaten sind: $T_1 = 30$ s; $T_2 = 10$ s; $T_3 = 10$ s; $k_s = 1$

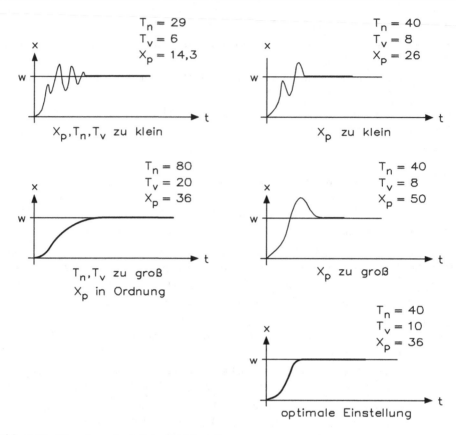

Abb. 1.51 Hinweise auf mögliche Fehleinstellungen

Bei der Regleroptimierung sollte immer nur ein Parameter verstellt und erst die Wirkung dieser Veränderung abgewartet werden, bis weitere Parameter verändert werden. Ferner ist immer zu berücksichtigen, dass der Regler auf Störungs- oder Führungsverhalten optimiert werden soll.

So zeigt sich z. B., dass eine „straffe" Reglereinstellung mit einer hohen Verstärkung des Reglers zwar ein schnelles Anfahren an die Führungsgröße bringt, der Regelkreis wegen der hohen Verstärkung jedoch schlecht gedämpft ist. Dies könnte bedeuten, dass bei einer kurzfristigen Störung eine Schwingung auftritt, d. h. eine geringere Reglerverstärkung bringt zwar ein etwas langsames Anfahren, macht aber den gesamten Regelkreis insgesamt stabiler.

1.6 Schaltende Regler

Die bisher behandelten stetigen Regler mit P-, I-, PI- und PID-Verhalten gestatteten jeden Wert der Stellgröße y zwischen den Grenzwerten y = 0 und y = Y$_h$ einzustellen. Dadurch ist es dem Regler möglich, die Regelgröße im ausgeregelten Zustand immer gleich der Führungsgröße w zu halten.

Unstetige Regler besitzen im Gegensatz zu den stetigen kein kontinuierliches Ausgangssignal, sondern die Stellgröße lässt sich nur in groben Stufen einstellen. Bei einem Zweipunktregler kann man den Wert nur auf die Werte y = 0 % und y = Y$_h$ (100 %) einstellen, d. h. die Stellgröße kann nur zwei Werte, entweder „Ein" oder „Aus", annehmen. Man spricht in diesem Zusammenhang auch von schaltenden bzw. diskontinuierlichen Reglern. Die Ausgänge solcher Regler sind vielfach als Relais ausgeführt, aber auch Spannungs- und Stromausgänge sind üblich. Anders als bei stetigen Reglern handelt es sich jedoch hier um Binärsignale, die nur die Werte 0 oder Maximal annehmen. Hierüber lassen sich z. B. Halbleiterrelais ansteuern.

Neben dem genannten Zweipunktregler unterscheidet man noch Dreipunktregler bzw. Mehrpunktregler. Hier kann die Stellgröße drei bzw. mehrere Werte annehmen. Ein Dreipunktregelverhalten verwendet man z. B. für Heizen und Kühlen bzw. Rechts- und Linkslauf von Motoren usw.

Man könnte annehmen, dass Regler mit einer so groben Stufung der Stellgröße nur ein unbefriedigendes Regelverhalten ergeben. Überraschenderweise lässt sich aber mit einem unstetigen Regler bei den meisten Regelstrecken ein für den vorgesehenen Zweck ausreichendes Ergebnis erzielen. Wegen des einfachen Aufbaus der Ausgangsstufe bzw. der erforderlichen Stellglieder, sind daher unstetige Regler, insbesondere auch mit Zeitverhalten, sehr stark verbreitet. Man findet sie besonders im Einsatz bei Temperaturregelungen, wo die Regelstrecken relativ langsam und mit schaltenden Stellgliedern gut zu beherrschen sind.

Bei den unstetigen Reglern muss ebenfalls zwischen Reglern mit und ohne Zeitverhalten (mit oder ohne Dynamik) unterschieden werden.

Ein unstetiger Regler ohne Dynamik stellt praktisch einen Grenzwertschalter dar welcher die Stellgröße beim Unter- bzw. Überschreiten eines fest vorgegebenen Sollwertes lediglich ein- oder ausschaltet. Als einfaches Beispiel lässt sich hier ein Zweipunkt-Bimetall-Temperaturregler in einem Bügeleisen oder ein Kühlschrankthermostat nennen.

Unstetige Regler mit Dynamik lassen sich z. B. dadurch aufbauen, indem man einen stetigen Regler am Ausgang um eine Schaltstufe erweitert. Hierbei wird das stetige Ausgangssignal in Schaltfolgen umgewandelt, und somit lassen sich ebenfalls P-, PI-, PD- und PID-Verhalten realisieren, wie Abb. 1.52 zeigt. Für diese Regler gelten weitestgehend die bisher getroffenen Aussagen beim stetigen Regler.

1.6.1   Leistungssteuerung mit einem unstetigen Regler

Auch mit einem schaltenden Ausgang lässt sich eine Energiezufuhr nahezu kontinuierlich, d. h. stufenlos, dosieren: Es bleibt letztlich gleich, ob ein Ofen mit 50 % des Heizstromes betrieben wird oder mit voller Leistung (100 %), diese aber nur die Hälfte der Zeit anliegt. Unstetige Regler ändern statt der Größe des Ausgangssignals das Einschaltverhältnis bzw. Tastverhältnis des Ausgangssignals. Ein Tastverhältnis von 1 entspricht 100 % der Stellgröße, 0,25 entsprechen 25 % der Stellgröße usw.

$$T = \frac{T_e}{T_e + T_a} \qquad T_e = \text{Einschaltzeit}$$

$$T_a = \text{Ausschaltzeit}$$

Durch Multiplikation mit 100 % erhält man die relative Einschaltdauer angegeben in

$$T(\%) = T \cdot 100\,\%$$

Bei einem unstetigen Regler übt die Charakteristik der Regelstrecke einen starken Einfluss auf den Verlauf der Regelgröße aus. Eine Regelstrecke, bei welcher die Ausbreitung einer Störung relativ lange dauert und die Energie speichern kann, wird auch bei längeren Pausen zwischen den Impulsen ausgleichend wirken. Die Regelgröße wird

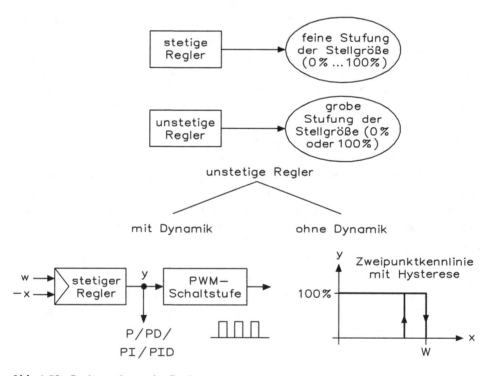

Abb. 1.52   Stetige und unstetige Regler

daher nur geringfügig um einen Mittelwert schwanken. Strecken mit Verzugszeiten und Ausgleichszeiten > 0 (besonders Temperaturstrecken), vergleichbar mit einem Tiefpass-filter höherer Ordnung, glätten die schaltende Stellgröße, sodass bei geringer Schalt-häufigkeit ein Ergebnis ähnlich einem stetigen Regler erzielt wird. Anders ist es bei einer sehr schnellen Regelstrecke, d. h. sie gibt den laufenden, wechselnden Energiefluss unverändert weiter, und entsprechend wird sich die Regelgröße ändern.

Daher werden unstetige (schaltende) Regler bevorzugt dort eingesetzt, wo es sich um vergleichsweise langsame Regelstrecken handelt, d. h. bevorzugt bei Temperaturregelungen.

Die Definition des Tastverhältnisses bzw. der relativen Einschaltdauer besagt, wie lange die Energiezufuhr bei einem Regler mit schaltendem Ausgang eingeschaltet ist, z. B. ein Tastverhältnis von 0,25 besagt, dass die Energiezufuhr 25 % einer Gesamtzeit eingeschaltet ist und 75 % ausgeschaltet. Es wird hierbei aber keine Aussage über die Dauer des Zeitraumes gemacht, d. h. ob sich dieser Vorgang innerhalb einer Minute, mehreren Minuten oder einer Stunde abspielt.

Daher definiert man die sogenannte Schaltperiodendauer (C_y), die diesen Zeitraum festlegt. Sie spiegelt den Zeitraum wieder, in dem einmal geschaltet wird, d. h., sie setzt sich aus der Summe von Ein- und Ausschaltzeit zusammen, wie Abb. 1.53 zeigt.

Die Schaltfrequenz ergibt sich aus dem Kehrwert der Schaltperiodendauer. Abb. 1.53 zeigt unter anderem ein gleiches Tastverhältnis (T = 0,25) bei unterschiedlicher Schalt-periodendauer.

Beträgt bei dem gegebenen Tastverhältnis von 0,25 · C_y = 20 s, so bedeutet dies, dass die Energiezufuhr für 5 s eingeschaltet und für 15 s ausgeschaltet ist.

Bei einer Periodendauer von 10 s ist die Energiezufuhr für 2,5 s eingeschaltet und 7,5 s ausgeschaltet. Bei beiden Fällen beträgt jedoch die zugeführte Leistung 25 %, sie wird jedoch bei C_y = 10 s feiner dosiert.

In der Theorie ergibt sich dann für die Einschaltzeit des Reglers folgender Zusammenhang:

$$\text{Einschaltzeit } (T_e) = \frac{\text{Stellgröße}y(\%) \cdot \text{Schaltperiodendauer } C_y(\%)}{100\,\%}$$

D. h., bei einer kleinen Periodendauer ($C_y = T_e + T_a$) wird die zugeführte Energie feiner dosiert. Demgegenüber steht jedoch ein häufiges Schalten des Stellgliedes (Relais oder Schütz). Aus der Periodendauer lässt sich die Schalthäufigkeit einfach ermitteln.

Beispiel: Die Periodendauer eines Reglers, eingesetzt für die Temperaturregelung, beträgt C_y = 20 s. Das verwendete Relais hat eine Kontaktlebensdauer von 1 Mio. Schaltungen. Bei dem gegebenen C_y ergeben sich drei Schaltspiele pro Minute, d. h. 180/h. Bei 1 Mio. Schaltungen ergibt sich eine Lebensdauer von 5555 Stunden = 231 Tage. Rechnet man eine Betriebsdauer von acht std/Tag, so ergeben sich ca. 690 Tage. Bei ca. 230 Arbeitstagen pro Jahr erhält man eine Lebensdauer von ca. drei Jahren.

Allgemein wird die Schaltperiodendauer so gewählt, dass der Regelprozess die stoßweise zugeführte Energie noch glätten kann, um eine möglichst gute Regelgüte zu erreichen. Dabei sollte man jedoch die Schaltspiele immer in Betracht ziehen. Die

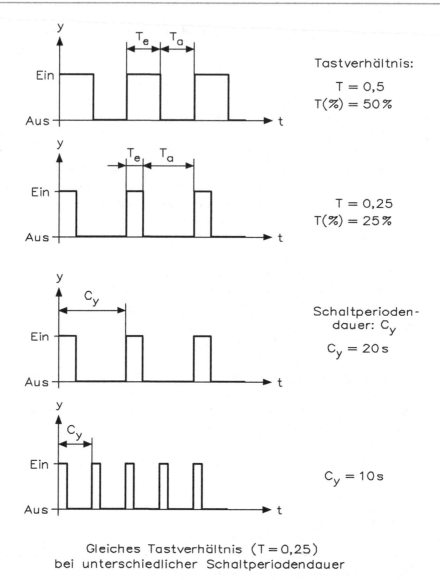

Abb. 1.53 Leistungssteuerung mit unterschiedlicher Schaltperiodendauer

Betrachtungen bezüglich der Schaltperiodendauer C_y sind theoretisch. Betrachtet man einen modernen Regler mit Mikroprozessor oder Mikrocontroller, so wird man feststellen, dass z. B. ein eingestellter Wert für die Schaltperiodendauer C_y nicht kontinuierlich vom Regler eingehalten wird. Falls die Möglichkeit besteht, einen schaltenden µP-Regler im Handbetrieb zu betreiben, kann man hier durch direkte Vorgabe einer

Stellgröße den Einfluss von C_y beobachten. Hier ist jedoch nicht immer gesagt, dass man ein lineares Verhalten bei einer Stellgrößenvorgabe von 0...100 % erhält.

Wenn Schaltperiodendauer C_y an das Zeitverhalten der Strecke angepasst ist, kann das Verhalten eines Zweipunktreglers durchaus mit dem eines stetigen Reglers verglichen werden. Man spricht dann auch von quasi-stetigem Verhalten bzw. von stetigähnlichen Reglern, da die unterschiedlichen Stellgrößen zwar durch eine Variation des Einschaltverhältnisses erreicht werden, man aber am Regelgrößenverlauf keinen Unterschied zum stetigen Regler erkennen kann.

1.6.2 Zweipunktregler ohne Dynamik

Der Zweipunktregler ohne Zeitverhalten besitzt nur zwei Schaltzustände, d. h., das Ausgangssignal wird bei Unter- bzw. Überschreiten einer Führungsgröße bzw. eines Grenzwertes ein- bzw. ausgeschaltet. Man setzt diese Geräte auch öfters als Grenzwertmelder ein, die beim Überschreiten eines Sollwertes eine Alarmmeldung absetzen. Man findet für diese Regler auch häufig die Bezeichnung Grenzwertregler oder auch On/Off-Regler.

Ein einfaches Beispiel für einen mechanischen Zweipunktregler ist der Bimetallschalter eines Bügeleisens, der die Heizwicklung beim Erreichen der eingestellten Temperatur aus- und beim Unterschreiten einer festen Schalthysterese einschaltet. Aber auch Beispiele auf dem Gebiet elektronischer Regler sind nicht selten. Beispielsweise ein Widerstandsthermometer (Pt100), das bei der Unterschreitung einer Temperatur von z. B. 5 °C eine Heizung einschaltet und als Frostschutz in einer Anlage dient. Es handelt sich hierbei um eine Regelung, da eine Stellgröße (hier die Heizung) einer Führungsgröße (die Raumtemperatur) nachgeführt wird. Wegen der für das Widerstandsthermometer ohnehin erforderlichen Auswertelektronik und einer möglicherweise gewünschten Anzeige, können in derartigen Fällen keine Bimetallschalter, sondern µP-Regler eingesetzt werden.

Das Anpassen an den mittleren Energiebedarf der Regelstrecke bei Zweipunktreglern erfolgt durch Verändern des Tastverhältnisses. Ein statisches Verhalten (Ruhezustand), wie es bei den stetigen Reglern bestimmbar war, ist hier nicht vorhanden. Zum Beschreiben des sich nach Schließen des Regelkreises einstellenden Bewegungszustandes werden hier die Kennlinie des Reglers und die Sprungantwort verwendet. Sie zeigen die eigentlich unerwünschten, jedoch mit der Arbeitsweise des Zweipunktreglers ohne Dynamik zwangsläufig verbundenen, dauernden Schwankungen der Regelgröße auf.

1.6.3 Verlauf der Regelgröße bei Strecken 1. Ordnung

Schaltet man einen Zweipunktregler, z. B. einen Stabtemperaturregler, an eine Regelstrecke mit 1. Ordnung (ein Temperierbad, bei dem das Wasser umgewälzt wird und über

Abb. 1.54 Zweipunktregler
ohne Dynamik an einer Strecke
1. Ordnung

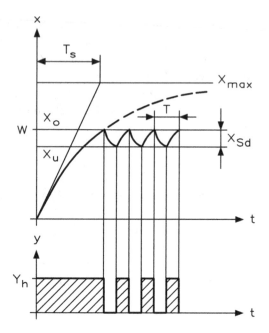

einen Tauchsieder erwärmt wird), so erhält man den in Abb. 1.54 wiedergegebenen zeitlichen Verlauf von Regel- und Stellgröße. Rein theoretisch würde der Regler die Energie beim Erreichen der Führungsgröße abschalten und sobald sie minimal unterschritten würde sofort wieder einschalten usw. Da eine Strecke 1. Ordnung idealisiert keine Verzugszeit hat, würde das Relais dauernd ein- und ausschalten und in kürzester Zeit zerstört sein.

Ein Zweipunktregler ohne Dynamik besitzt daher meist eine Schaltdifferenz X_{Sd} (Hysterese) um den Sollwert, innerhalb der sich der Schaltzustand nicht ändert. Bei theoretischen Betrachtungsweisen wird diese Schalthysterese meist symmetrisch um den Sollwert gelegt und gleichgesetzt mit dem oberen (X_o) und unteren (X_u) Wert der Regelgröße zwischen denen sie hin und her pendelt. Somit würde sich als Mittelwert der Sollwert w einstellen. In der Praxis ist es häufig so, dass die Schalthysterese einseitig um den Sollwert liegt, unterhalb oder oberhalb. Dies ist bei Reglern mit Mikroprozessor oder Mikrocontroller meist einstellbar.

In Abb. 1.54 ist ein Fall betrachtet, bei dem die Schalthysterese unterhalb des Sollwertes liegt. Der Ausschaltpunkt des Reglers liegt bei der Führungsgröße w. Da es sich in der Praxis meist nicht um ideale Regelstrecken handelt (Regelstrecke ist etwas mit Totzeit behaftet bzw. man hat einen Leistungsüberschuss durch eine überdimensionierte Heizung), wird sich der obere und untere Wert der Regelgröße nicht exakt mit den Schaltflanken der Hysterese (X_{Sd}) decken.

Jedoch gilt, der Regler schaltet durch die Schaltdifferenz erst, wenn die Regelgröße das hierdurch festgelegte Band verlassen hat. Die Regelgröße pendelt also dauernd zwischen dem Wert X_o und X_u hin und her. Die Schwankungsbreite der Regelgröße wird somit durch die Schaltdifferenz mitbestimmt.

Der Zweipunktregler kann also bei einer Regelstrecke mit einer Verzögerung die Regelgröße nur innerhalb X_o und X_u konstant halten. Das periodische Schalten kommt daher, dass die Stellgröße im eingeschalteten Zustand zu groß, im ausgeschalteten Zustand zu klein ist, um die Regelgröße konstant zu halten.

Bei sehr vielen Regelaufgaben, wo es nur auf ein ungefähres Konstanthalten der Regelgröße ankommt, stören solche periodischen Schwankungen nicht. Als Beispiel sei hier ein elektrisch beheizter Haushaltsbackofen betrachtet, bei dem es nicht stört, wenn bei einer Backtemperatur von 200 °C die tatsächliche Temperatur im Ofen zwischen 196 °C und 204 °C hin und her pendelt.

Stören die dauernden Schwankungen der Regelgröße, so lassen sich diese etwas minimieren, wenn man eine kleinere Schaltdifferenz X_{Sd} wählt. Damit erhält man jedoch automatisch mehr Schaltungen pro Zeiteinheit, d. h., die Schaltfrequenz wächst. Dies ist jedoch nicht immer erwünscht, weil es auf die Lebensdauer des Relais im Regler einwirkt.

Durch eine mathematische Herleitung, auf die hier nicht detailliert eingegangen wird, erhält man für die Schaltfrequenz (f_{sch}) über die Größen T_s, X_{max} und X_{Sd} folgende Beziehung:

$$f_{sch} = \frac{1}{T_{sch}} = \frac{1}{4} \cdot \frac{X_{max}}{X_{Sd}} \cdot \frac{1}{T_s} \text{ gültig für } X \approx \frac{X_{max}}{2}$$

f_{sch} :   Schaltfrequenz
T_{sch} :   Schwingungsdauer.
T_s :   Zeitkonstante der Strecke
X_{max} :   max. Istwert
X_{Sd} :   Schaltdifferenz

Man sieht aus dieser Beziehung weiterhin, je kleiner die Zeitkonstante T_s ist, um so größer wird ebenfalls die Schaltfrequenz. Bei einer verzögerungsarmen Regelstrecke wird sich also eine sehr hohe Schaltfrequenz einstellen, die ebenfalls zu einem schnellen Abnutzen des Reglers beitragen würde. Aus diesem Grund ist ein Zweipunktregler ohne Dynamik für diese Art Regelstrecken ebenfalls ungeeignet.

Zusammenfassend kann man sagen, dass der Zweipunktregler ohne Dynamik den Vorteil eines einfachen Aufbaus und wenigen Parametern zum Einstellen bietet. Der Nachteil ist das Schwanken der Regelgröße um die Führungsgröße. Diese Schwankungen können bei nicht linearen Strecken im unteren Betriebsbereich der Regelstrecke größer sein als im oberen, da hier die Strecke einen Leistungsüberschuss besitzt. Ein rasches Anfahren der Führungsgröße durch eine Streckenauslegung mit großem Leistungsüberschuss ist daher nicht möglich, da sonst die Schwankungen um die Führungsgröße zu groß werden.

Das Einsatzgebiet von solchen On/Off-Reglern ist auf Anwendungsfälle beschränkt, wo kein exaktes Ausregeln gefordert wird.

1.6.4   Verlauf der Regelgröße bei einer Strecke höherer Ordnung

Bei einer Regelstrecke mit einer Verzögerung hat man gesehen, dass idealisiert die Schwankungsbreite allein durch die Schaltdifferenz X_{Sd} des Reglers bestimmt ist. Ein Einfluss der Strecke ist hier nicht vorhanden. Bei einer Regelstrecke mit mehreren Verzögerungen, die durch Verzugszeit, Ausgleichszeit und Übertragungsbeiwert beschrieben werden kann, ist dies nicht mehr der Fall. Sobald Verzögerungen vorliegen, wird die Regelgröße auch nach Abschalten weiter steigen oder fallen und nach Erreichen eines Maximums erst zurückgehen. Bei Abb. 1.55 ist zu sehen, wie die Regelgröße beim Ein- und Ausschalten der Stellgröße über die Ansprechgrenze des Relais hinausschwingt.

Somit erhalten wir ein Überschwingen der Regelgröße, deren Grenzen durch die Werte X_o und X_u angegeben sind, d. h. Schwankungen der Regelgröße sind selbst dann vorhanden, wenn dies Schaltdifferenz des Reglers wäre. Dies liegt daran, dass die Strecke erst nach Verstreichen der Verzugszeit auf die Stellgrößenänderungen reagiert.

Als Beispiel dient wiederum der elektrobeheizte Ofen. Wird die Energiezufuhr bei Erreichen der Führungsgröße abgeschaltet, so erhöht sich die Temperatur dennoch weiter. Dies liegt daran, dass sich die Temperatur im Ofen nur langsam ausbreitet und der Heizstab bereits eine höhere Temperatur hat, als die vom Sensor beim Erreichen der Führungsgröße gemeldete. Daher heizen der Stab und das Ofenmaterial noch nach. Auch das Aufheizen beim Wiedereinschalten der Heizung erfolgt mit einer gewissen Trägheit und die Temperatur sinkt zunächst nach dem Einschalten noch etwas weiter. Je stärker die Heizung

Abb. 1.55 Zweipunktregler
ohne Dynamik an einer Strecke
höherer Ordnung

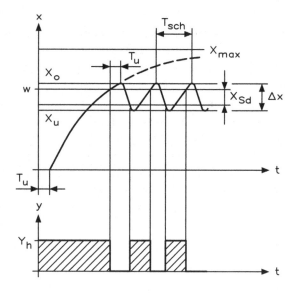

dimensioniert ist, um so stärker weichen, wegen der gleichbleibenden Verzögerung der Strecke, die Temperatur des Heizstabes und des Sensors beim Aufheizen voneinander ab, und um so mehr schwingt die Regelgröße beim Aufheizen um die Führungsgröße, d. h. die Schwingungsdauer ist folglich vom Leistungsüberschuss abhängig.

Nun soll die sich einstellende aber unerwünschte Schwankungsbreite Δx der Regelgröße für den Fall abgeschätzt werden, dass ein 100 %iger Leistungsüberschuss zur Verfügung steht. Es wird angenommen, das $X_{Sd} = 0$ ist.

$$\Delta x = x_{\max} \cdot \frac{T_u}{T_g} \text{ gültig für } X \approx \frac{x_{\max}}{2}$$

Wie man sieht, ist die Schwankungsbreite neben $X_{\max}$ von dem Verhältnis T_u/T_g abhängig, was man in der Schwierigkeit der Regelbarkeit einer Regelstrecke kennengelernt hat. Je kleiner die Verzugszeit im Vergleich zur Ausgleichszeit ist, desto kleiner ist die Schwankungsbreite. Andererseits ergeben jedoch wiederum eine sehr kleine Verzugszeit und eine kleine Schaltdifferenz wieder eine unerwünscht hohe Schaltfrequenz. Die genannte Formel für die Schwankungsbreite Δx gilt für $X_{Sd} = 0$. Ist eine Schaltdifferenz vorhanden, so addiert diese sich zur Schwankungsbreite hinzu. Damit ergibt sich:

$$\Delta x = x_{\max} \cdot \frac{T_u}{T_g} + X_{sd}$$

Für die Schwingungsdauer gilt:

$$f_{sch} = \frac{1}{4 \cdot T_u} \text{ gültig für } X_{sd} = 0$$

Wird eine Schaltdifferenz X_{Sd} eingestellt, ist die Schwingungsdauer geringfügig größer. Hieraus lässt sich direkt die maximale Schaltfrequenz angeben und mithilfe der Aussagen kann über die zu erwartende Kontaktlebensdauer getroffen werden:

$$f_{sch} = \frac{1}{4 \cdot T_u}$$

Zusammenfassend kann man festhalten, dass auch hier eine geringere Schwankungsbreite der Regelgröße immer mit einer höheren Schaltfrequenz verbunden ist. Zum anderen sind die hier in den Abbildungen gezeigten unstetigen Verläufe der Regelgröße nicht real. Die Übergänge sind meist mehr oder weniger stark abgerundet. Dies wird durch den allmählichen Übergang der Regelgröße aus dem Verzugszeitbereich in den Ausgleichszeitbereich hervorgerufen, d. h. die im vorausgegangenen abgeleiteten Formeln für die Schwankungsbreite liefern daher obere Grenzwerte. Die tatsächlichen Schwankungsbreiten in der Praxis sind etwas kleiner.

Abb. 1.56 Zweipunktregler ohne Dynamik an einer Strecke ohne Ausgleich

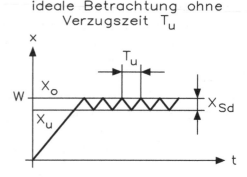

1.6.5   Verlauf der Regelgröße bei Strecken ohne Ausgleich

Ein Zweipunktregler mit einer Regelstrecke ohne Ausgleich, die z. B. durch eine integrierende Regelstrecke gegeben ist, hat ein ähnliches Verhalten wie an einer Strecke 1. Ordnung mit Ausgleich. Da die Sprungantworten an einer integrierenden Regelstrecke linear sind, ist das Verhalten eines Zweipunktreglers einfach zu beschreiben und zu berechnen. Die Regelgröße pendelt ebenfalls zwischen den durch die Grenzen X_o und X_u gegebenen Werten hin und her, wie Abb. 1.56 zeigt. Betrachtet man idealisiert eine Strecke ohne Verzögerungen, d. h., tritt keine Verzugszeit T_u auf, so sind die Grenzwerte gleichzusetzen mit der Schaltdifferenz X_{Sd}.

Für die Schaltfrequenz f_{sch} gilt dann:

$$f_{sch} = \frac{1}{T_{sch}} = \frac{k_{is} \cdot y_{max}}{2 \cdot X_{Sd}}$$

k_{is} : Proportionalbeiwert der Strecke

Y_{max} : Maximalwert der Stellgröße

Ein Beispiel für einen solchen Anwendungsfall ist ein Zweipunktregler, der als Grenzwertschalter bei einer Niveau-Regelung eines Wasserbehälters eingesetzt wird. Der Behälter dient als Vorratsbecken, von dem Wasser je nach Bedarf entnommen wird oder auch eine konstante Menge abfließt.

1.6.6   Technische Auslegung von Zweipunktreglern ohne Dynamik

Wie bereits erwähnt, stört eine gewisse Schwankungsbreite in vielen Anwendungsfällen nicht. Andererseits gibt es eine Reihe von Anwendungsfällen, wo man die Schwankungsbreite so klein wie möglich halten will. Es ist daher wichtig, zu wissen, welche Maßnahmen man ergreifen kann, um die Schwankungsbreite zu verkleinern. Abb. 1.57 zeigt eine Kennlinie eines Zweipunktreglers mit Hysterese.

An dem Regler selbst hat man meist nur eine Einstellmöglichkeit, und das ist die Schaltdifferenz X_{Sd}. Manche µP-Regler bieten noch die Möglichkeit, über einen Parameter zu wählen, wie die Schaltdifferenz um den Sollwert liegt. Entweder symmetrisch

Abb. 1.57 Kennlinie
eines Zweipunktreglers mit
Hysterese

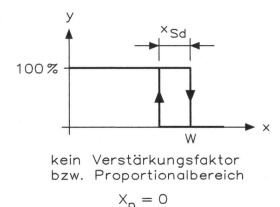

kein Verstärkungsfaktor
bzw. Proportionalbereich
$$X_p = 0$$

oder einseitig unterhalb oder oberhalb. Ein Verstärkungsfaktor oder ein Proportional-bereich für den man den Durchgriff des Reglers einstellt, existiert hier nicht. Der Zwei-punktregler hat immer eine „unendliche Verstärkung", da nach Über- oder Unterschreiten der Hysterese selbst bei kleinen Regelabweichungen sich die Stellgröße immer um den kompletten Bereich, z. B. 100 %, verändert. Es gibt hier also keinen Bereich, in dem sich das Ausgangssignal proportional zur Regelabweichung ändert ähnlich wie bei den stetigen Reglern, d. h., $X_p = 0$.

Zum Beeinflussen der Schwankungsbreite bestehen grundsätzlich folgende Möglich-keiten:

- Verkleinern der Schaltdifferenz X_{Sd}: Hierbei ist immer zu beachten, dass beim Ver-kleinern der Schaltdifferenz die Schaltfrequenz zunimmt und diese im Bezug auf die Lebensdauer des Stellgliedes beschränkt ist. Zum anderen ist bei Strecken mit vielen Verzögerungen der Anteil der Schaltdifferenz an der Schwankungsbreite doch sehr gering, sodass das Herabsetzen der Schaltdifferenz keine ausreichende Verbesserung bringt.
- Verkleinern der Verzugszeit und Totzeit: Bei Regelstrecken mit vielen Verzögerungen ist neben der Schaltdifferenz das Verhältnis von Verzugs- zur Ausgleichszeit für die Schwankungsbreite ebenfalls bestimmend. Die Zeiten sind jedoch durch den konstruktiven Aufbau der Regelstrecke meist fest vorgegeben. Man kann jedoch auch bei der Konstruktion und dem Aufbau dafür Sorge tragen, dass man auf das Entstehen unnötiger Verzugszeiten verzichtet. Denn alleine durch das ungünstige Platzieren z. B. eines Temperaturaufnehmers kann man unnötige Verzugszeiten in den Regelkreis ein-bauen.
- Vergrößerung der Ausgleichszeit: Hier gilt das ähnliche wie bei der Verzugszeit, dass die Ausgleichszeit der Regelstrecke meist durch den konstruktiven Aufbau bereits vorgegeben ist. Es ist aber z. B. möglich bei der Konstruktion einer Warmwasser-Auf-bereitung eines Trocknungsschrankes oder eines Ofens die Ausgleichszeit der Regel-

strecke zu erhöhen, indem man die Behälter- oder Schrankvolumen vergrößert. Die Ausgleichszeit nimmt etwa proportional mit dem Volumen zu.

- Herabsetzen des Leistungsüberschusses: Die Schwankungsbreite wächst auch mit größerem Leistungsüberschuss. Die Betrachtungen waren daher auf 100 %igen Leistungsüberschuss ausgerichtet. Mit Rücksicht auf die Schwankungsbreite wäre also ein kleiner Überschuss günstiger. Die Forderung nach einer kurzen Anregelzeit, kleinerbleibender Regelabweichung und dem Ausregeln von Störungen bedingen dagegen einen nicht zu kleinen Überschuss.

Ein einfacher Weg, diese widerstrebenden Forderungen zu erfüllen, ist der, nicht die volle benötigte Leistung durch den Regler schalten zu lassen, sondern einen bestimmten Bestandteil, „die Grundlast", dauernd eingeschaltet zu lassen. Zu- und abgeschaltet wird derjenige Energiebedarf, der so gewählt ist, dass man durch Zuschalten über den benötigten 100 % liegt.

1.6.7   Zweipunktregler mit Dynamik

Als Nachteil hat sich beim Zweipunktregler ohne Dynamik erwiesen, dass z. B. die Verzugszeit der Strecke die Schaltfrequenz bestimmt. Auch ein schnelles Anfahren an die Führungsgröße ist nicht möglich, da wegen des dazu erforderlichen Leistungsüberschusses die Schwankungen beim Halten der Führungsgröße zu groß werden.

Wie man sieht, wird die Energiezufuhr erst dann abgeschaltet, wenn der Messwertgeber das Erreichen meldet. Dies ist zu spät, da sich die Regelgröße nach dem Abschalten noch weiter erhöht. Man muss also vor dem Erreichen der Führungsgröße bereits abschalten.

Man kann dem entgegenwirken, wenn man z. B. einen Teil des Ausgangssignales auf den Eingang zurückkoppelt und mit der Regelabweichung verknüpft. In diesem

Abb. 1.58 Beispiel einer thermischen Rückführung

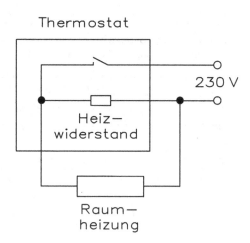

Zusammenhang spricht man dann vom Zweipunktregler mit Rückführung. Um über eine solche Rückführung verschiedene Zeitverhalten (PI, PD, PID) zu erhalten, kennt man unterschiedliche Rückführungen, z. B. einseitige, doppelseitige, verzögernde, nachgebende oder auch starre Rückführung.

Als Beispiel dient hier ein sehr einfach aufgebautes elektromechanisches Raumthermostat, wie Abb. 1.58 zeigt.

Eine bekannte Lösungsmöglichkeit dieses Problems ist die thermische Rückführung, eine sogenannte verzögerte Rückführung, die oft in Raumthermostaten zu finden ist und ein PD-Verhalten bewirkt, denn in der Nähe der Bimetallfeder des Thermostaten ist ein Heizwiderstand untergebracht. Er wird mit der Stellgröße angesteuert, erwärmt sich also immer dann, wenn der an der Bimetallfeder befindliche Kontakt aufgrund der gesunkenen Temperatur schließt und die Heizung aktiviert. Der Heizwiderstand erhöht die Temperatur im Inneren des Thermostaten und bewirkt so, dass der Kontakt schon öffnet, ehe die Raumtemperatur, die eingestellte Führungsgröße, erreicht hat. Durch das vorzeitige Zurücknehmen der Heizleistung schwingt dann die Temperatur nicht mehr so weit über die Führungsgröße.

Es soll nun jedoch nicht näher auf dieses Verfahren eingegangen werden, da bei den heutzutage sich immer stärker verbreitenden µP-Reglern mit Mikroprozessor oder Mikrocontroller das Zeitverhalten auf andere Weise realisiert wird und die Klassifizierung des Zeitverhaltens durch die Rückführstruktur immer mehr in den Hintergrund gerät. Man spricht hier von µP-Reglern mit Dynamik.

Eine Möglichkeit, zum Realisieren eines schaltenden Reglers, ist die Kombination eines stetigen Reglers mit einer Schaltstufe. Es handelt sich hierbei um eine Pulsbreitenmodulation, d. h., das Ausgangssignal des stetigen Reglers wird in eine entsprechende Impulslänge bei vorgegebener Periodendauer umgewandelt. Man kann somit jedes Zeitverhalten des stetigen Reglers als schaltenden Ausgang realisieren. Ein solches Konzept beschränkt sich jedoch auf spezielle Anwendungen.

Wie bereits erwähnt, werden schaltende Regler vielfach bei Temperaturregelungen eingesetzt. Als Zeitverhalten hat sich hierbei besonders das PID-Verhalten durchgesetzt. Für solche Anwendungen setzt man bei den schaltenden Reglern meist eine Schaltstufe am Ausgang ein, wo das Ausgangssignal des Komparators über ein Zeitglied wieder auf den Eingang des Komparators zurückgekoppelt wird, wie Abb. 1.59 zeigt.

Um die Wirkungsweise einer solchen aufgebauten Schaltstufe zu erläutern, betrachtet man dies anhand von festen Zahlenwerten: Der Komparator hat einen Schaltpunkt von 3 V bei einer Hysterese von $\Delta U = 1$ V. Somit liegt der Einschaltpunkt bei 3,5 V und der Ausschaltpunkt bei 2,5 V. Für das rückgeführte Zeitglied (PT1-Glied) stelle man sich der Einfachheit halber eine RC-Kombination vor.

Der vorgeschaltete Stetig-Regler gibt nun aufgrund einer Regelabweichung ein Stellsignal von 5 V aus. Der Komparator schaltet, und an seinem Ausgang liegt das volle Stellsignal, hier im Beispiel 10 V, an. Für das Zeitglied bedeutet dies, dass an seinem Eingang ebenfalls 10 V anliegen. Nach dem in Abb. 1.59 gezeigten Zeitverhalten wird sich das Ausgangssignal nun langsam erhöhen.

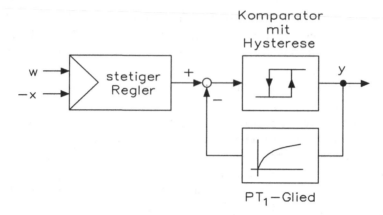

Abb. 1.59 Stetiger Regler mit nachfolgender Schaltstufe und Rückführung

Geht man von einer konstanten Regelabweichung aus, bleibt der Komparator geschlossen, da der Stetig-Regler immer noch das Signal von 5 V ausgibt. Diese 5 V werden nun durch das sich langsam aufbauende Ausgangssignal des Zeitgliedes vermindert. Sobald das daraus resultierende Signal 2,5 V unterschreitet, fällt der Komparator ab und das Ausgangssignal geht auf Null zurück. Nun bekommt der Eingang keine Spannung mehr, dadurch würde sich ein Kondensator langsam über den Widerstand entladen, und das am Schaltereingang liegende Signal würde sich wieder vergrößern. Nach einer gewissen Zeit hat diese Spannung 3,5 V erreicht, und es wird erneut eingeschaltet. Nun kann sich das Signal des Zeitgliedes wiederum vergrößern, bis der Schalter wieder abschaltet. Diesmal braucht es jedoch weniger Zeit, um das Eingangssignal auf 2,5 V zu vermindern und den Schalter abschalten zu lassen, da das rückgeführte Signal nun nicht wie beim ersten Mal bei Null, sondern an einem bestimmten Wert, auf den es sich mittlerweile entladen hat, beginnt. Der zweite Impuls ist daher kürzer als der erste. Danach wiederholt sich der Vorgang.

Die Folge sind die gewünschten Impulse, deren Länge nun gleichbleibend ist. Erhöht sich die Regelabweichung, werden die Impulse länger, da der Kondensator nun länger benötigt, um die entsprechende Gegenspannung zu bilden. Gleichzeitig sind die Pausen kürzer, da die Entladung des Kondensators um einen gewissen Betrag mit wachsender Spannung schneller vonstatten geht.

Die Schaltperiodendauer C_y, die bei schaltenden Reglern programmiert wird, wirkt bei einem solchen Aufbau meist über gewisse Faktoren behaftet auf das Zeitglied, wobei man dem Komparator eine feste Hysterese gibt. Ebenfalls zeigt das Beispiel, dass die Forderung nach einer festen Periodendauer, die eingestellt wurde, nur annähernd erreichbar ist.

Der erste Impuls ist bei der dargestellten Schaltstufe länger als die folgenden, d. h., die gemittelte Stellgröße ist im ersten Moment etwas größer, was auch so aufgefasst

Tab. 1.10 Änderung des Zeitverhaltens durch zusätzliche Schaltstufe

Stetiger Regler	Schaltender Regler
P	PD
PI	PID
PID	PD/PID
PD	PD
I	PI

werden kann, dass die Schaltstufe ein PD-Verhalten besitzt. Derartig aufgebaute Regler erhalten also durch eine solche Schaltstufe immer einen zusätzlichen D-Anteil, was für Temperaturregelung (dem Schwerpunkt solcher Regler) durchaus erwünscht ist.

Es ergibt sich daraus folgender Zusammenhang, der in Tab. 1.10 gezeigt ist.

Hat der stetige Regler eine PID-Struktur, besitzt der bestehende schaltende Regler einen I- und zwei D-Anteile. Ein derartiger PID/PD-Regler wird auch als PD/PID-Regler bezeichnet. Dies ist normalerweise nicht ganz korrekt, da der PD-Teil hinter dem PID-Teil angeordnet ist. Der sogenannte. "PD/PID-Regler" ist bei den schaltenden Temperaturreglern recht verbreitet, da er hierfür das beste Anfahrverhalten hat.

Wegen der Analogie zum stetigen Regler gelten alle dort getroffenen Aussagen hinsichtlich des unterschiedlichen Zeitverhaltens in gleicher Weise auch beim schaltenden Regler. Auch hier besitzt der PD-Regler z. B. eine bleibende Regelabweichung, die durch einen I-Anteil beseitigt werden kann usw. Die Einsatzgebiete und Vor- bzw. Nachteile des unterschiedlichen Zeitverhaltens sind ähnlich, wobei man bei einem schaltenden Regler immer die hier vorhandene Schaltfrequenz berücksichtigen muss.

Eine Kennlinie wie beim stetigen Regler wird bei einem schaltenden Regler mit Zeitverhalten nicht angegeben, obwohl man auch hier von einer steigenden bzw. fallenden Kennlinie spricht, um das Verhalten für einen Heiz- oder Kühlregler zu charakterisieren. Vielfach spricht man in diesem Zusammenhang auch von Maxima-Kontakt oder Minima-Kontakt.

Der X_p-Bereich bei einem schaltenden Regler mit Rückführung wird in der Analogie zum stetigen Regler ebenfalls als der Bereich der Regelgröße definiert, der zwischen der Stellgröße 0 % (Kontakt dauernd aus) und 100 % (Kontakt dauernd ein) liegt. Den dazwischen liegenden Stellgrößenbereich realisiert der Regler durch unterschiedliches Ein-/Ausschaltverhältnis. Wird der X_p-Bereich auf Null gesetzt, so ergibt sich „unendliche" Verstärkung, und man erhält einen Regler ohne Zeitverhalten, den sogenannten Grenzwertregler.

Tab. 1.11 Einstellparameter für das unterschiedliche Zeitverhalten

PD	PID	PD/PID	PDD	PI
X_p	X_p	X_p	X_p	X_p
C_y	C_y	C_y	C_y	C_y
–	T_n	T_n	–	T_n
–	–	T_v	T_v	–

Je nach Reglerstruktur ergeben sich für den Zweipunktregler unterschiedliche Einstellparameter nach Tab. 1.11.

1.6.8 Dreipunktregler mit und ohne Dynamik

Dreipunktregler kann man sich aus der Zusammenschaltung zweier untereinander verkoppelter Zweipunktregler denken. Mit ihnen kann beispielsweise bei der Unterschreitung der Führungsgröße geheizt und bei der Überschreitung gekühlt werden. Andere Anwendungen wären z. B. das Be- und Entfeuchten einer Klimakammer usw. Bewegt sich die Regelgröße in einem festgelegten Intervall um die Führungsgröße, dem Kontaktabstand X_{Sh}, ist kein Ausgang aktiv, wie Abb. 1.60 zeigt. Dieser Kontaktabstand ist erforderlich, damit beide Stellgrößen nicht gleichzeitig aktiv sind, z. B. Heizung und Kühlregister. Für den Kontaktabstand ist auch die Bezeichnung Totzone gebräuchlich.

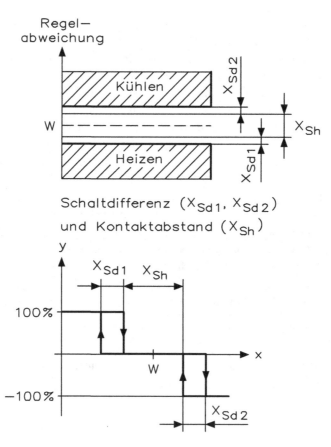

Abb. 1.60 Kennlinie eines Dreipunktreglers mit Hysterese

Auch bei Dreipunktreglern muss man zwischen Regler mit und ohne Dynamik unterscheiden. Dreipunktregler ohne Dynamik besitzen neben dem Kontaktabstand noch je eine Hysterese, für den Heiz- bzw. Kühlkontakt, welche meist mit „Schaltdifferenz" X_{Sd1} bzw. X_{Sd2} bezeichnet werden. Durch diese beiden Parameter vermeidet man das „Flattern" der Kontakte, wenn die Regelgröße aus dem Heiz- bzw. Kühlbereich in den Kontaktabstand kommt.

Hinsichtlich der Schaltdifferenz X_{Sd1} bzw. X_{Sd2} und der damit verbundenen Schalthäufigkeit bzw. Regelgüte im Zusammenhang mit den Streckeneigenschaften, gelten die gleichen Zusammenhänge wie bei einem Zweipunktregler. Ferner wird die erreichbare Regelgenauigkeit durch den Kontaktabstand X_{Sd} begrenzt.

Auch bei einem Dreipunktregler verbessert sich das Verhalten durch Einführen einer Dynamik. Hier entfallen wie bei einem Zweipunktregler die Schaltdifferenz X_{Sd1} bzw. X_{Sd2}, da sie durch die Schaltstufe am Ausgang gebildet werden. Der Kontaktabstand X_{Sh} bleibt aber weiterhin erforderlich. Bei Dreipunktreglern mit Dynamik werden zwei Proportionalbereiche X_{p1} für Heizen und X_{p2} für Kühlen eingestellt. Dies ist erforderlich, da die Streckenverstärkung im Allgemeinen für die zwei Stellgrößen unterschiedlich ist, da ein Heizregister wesentlich anders in den Prozess eingreift wie die Kühlung, z. B. über einen Lüfter. Auch die Verzugs- und Ausgleichzeit können für beide Stellgrößen unterschiedlich sein, müssen aber nicht, da sie im Wesentlichen von der Strecke selbst und weniger von den energieübertragenden Gliedern abhängen. So bieten manche Regelgeräte (Kompaktregler, usw.) ebenfalls die Möglichkeit hier getrennte Werte, d. h. T_{n1}, T_{n2} sowie T_{v1} und T_{v2}, einzustellen.

Die verschiedenen Einstellparameter des Dreipunktreglers ohne und mit Dynamik zeigt Tab. 1.12.

Auch hier gelten die allgemeinen Aussagen über die Auswirkung des unterschiedlichen Zeitverhaltens wie beim stetigen Regler. Ein I-Anteil eliminiert die Regelabweichung, ein D-Anteil erzeugt einen Vorhalt. Ein Dreipunktregler mit I-Anteil kann trotz des Kontaktabstandes X_{Sh} auf die Führungsgröße ausregeln, was auf den ersten Blick etwas überrascht. Der Kontaktabstand wirkt sich bei einem Regler mit PI-Struktur auf die Regeldynamik aus. Zum Beispiel beim Ändern der Führungsgröße oder beim Auftreten einer Störungsgröße kann die Regeldynamik verschlechtert werden, wenn man den Kontaktabstand zu groß wählt. Man sollte daher den Kontaktabstand auch bei einem Dreipunktregler mit PI-Struktur im Hinblick auf die Dynamik möglichst gering wählen.

Tab. 1.12 Einstellparameter eines Dreipunktreglers

ohne Dynamik	X_{d1}; X_{d2}; X_{Sh}				
mit Dynamik	PD	PID	PD/PID	PDD	PI
	X_{p1}; X_{p2}	X_{p1}, X_{p2}	X_{p1}, X_{p2}	X_{p1}, X_{p2}	-
	X_{Sh}	X_{Sh}	X_{Sh}	X_{Sh}	X_{Sh}
	C_{y1}, C_{y2}	C_{y1}, C_{y2}	C_{y1}, C_{y2}	C_{y1}, C_{y2}	C_{y1}, C_{y2}
	–	T_n	T_n	–	Z_n
	–	–	T_v	T_v	–

Dennoch darf er nicht zu klein gewählt werden, da sonst ein ständiges Umschalten von Heizen auf Kühlen erfolgen kann.

1.6.9   Dreipunktschrittregler

Auch Stellantriebe besitzen drei Schaltzustände: Öffnen, Halt, Schließen. Die Stellantriebe sind besonders für elektrische Antriebe geeignet, bei denen ein für Rechts- und Linkslauf ansteuerbarer Motor über ein Schneckengetriebe auf ein Ventil, eine Drosselklappe, einen Stelltransformator oder dergleichen wirkt. Eingesetzt werden Gleichstrom- und Drehstrommotoren, bei kleineren Stellantrieben auch Einphasen-Motoren, die über Schütze oder Relais geschaltet werden.

Eine Besonderheit unterscheidet diese Stellantriebe jedoch von den vorher genannten Anwendungsfällen für Regler. Anders als bei einem Ofen, wo das Einschalten der Heizung sofort auch ein Heizen mit voller Leistung und das Abschalten einen sofortigen Stopp bedeutet, benötigen Stellantriebe eine gewisse Zeit bis die maximale Stellgröße (Ventilöffnung usw.) erreicht wird. Außerdem verbleibt ein elektrischer Stellantrieb in der erreichten Stellung, wenn der Regler kein Signal abgibt. Es kann also beispielsweise zu 60 % geöffnet bleiben, d. h. stetige Werte annehmen, obwohl es von einem schaltenden Ausgang angesteuert wurde. Diesen Eigenschaften muss der Regler Rechnung tragen. Für derartige Stellantriebe werden Dreipunktschrittregler ein-

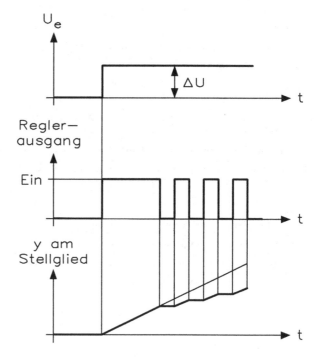

Abb. 1.61 Sprungantwort eines Dreipunktschrittreglers

gesetzt. Das Verhalten des Dreipunktschrittreglers mit Motorstellglied entspricht einer PI- bzw. PID-Struktur: Auf eine Regelabweichung wird zunächst mit einer gewissen Stellgröße (Impulslänge) reagiert, dessen Größe von der Verstärkung k_p (X_p) abhängt. Nun wird das Stellsignal langsam verändert bis die Regelabweichung aufgehoben ist. Die Geschwindigkeit (Impulslänge) dieser Änderung wird durch die Nachstellzeit T_n bestimmt, wie Abb. 1.61 zeigt.

Man muss bei einem Dreipunktschrittregler den Regler und das Stellglied immer als Einheit sehen. Zur Realisierung des Schrittverhaltens wird ein P- oder PD-Regler mit einer Schaltstufe verwendet. Zusammen mit dem I-Verhalten des Stellantriebes ergibt sich dann ein PI- oder PID-Verhalten. Ein Dreipunktschrittregler mit PI-Struktur ist demnach tatsächlich vom Aufbau her ein P-Regler. Da man Stellglied und Regler bei dieser Anwendung nicht trennen kann, findet man hier bei den Reglern meist nur das Zeitverhalten PI bzw. PID als Einstellmöglichkeiten. Der Anwender hat demzufolge bei einer PI-Struktur X_p, und T_n, bei einer PID-Struktur X_p, T_n und T_n am Regler einzustellen. Oft wird für T_v die Beziehung $T_v = T_n/4$ fest vorgegeben. Neben den bekannten Parametern, sowie T_n spielt hier ebenfalls der Kontaktabstand X_{Sh} sowie die Stellzeit T_v (auch Stellgliedlaufzeit „tt" bezeichnet) eine Rolle. Sie ist die Zeit, die das Stellglied benötigt, um den Bereich von 0... 100 % zu durchfahren. Sie ist eine Gerätekonstante des Antriebes bzw. Ventils.

Ändert man z. B. die Stellzeit, kommt dies einer Veränderung der Gesamtverstärkung der Einheit Regler/Stellglied gleich, da ein schnellerer Antrieb bei gleicher Impulsdauer einen größeren Stellbereich durchfährt. Er hat die gleiche Wirkung wie ein Vergrößern der Reglerverstärkung k_p bzw. Verkleinerung des Proportionalbereiches X_p. Eine halbierte Stellzeit entspricht somit einer Halbierung des Proportionalbereiches. Wird ein Dreipunktschrittregler an ein neues Stellglied mit veränderter Laufzeit angeschlossen, ergibt sich somit folgender Zusammenhang:

$$X_p(\text{neu}) = \frac{X_p(\text{alt}) \cdot \text{Laufzeit(alt)}}{\text{Laufzeit(neu)}}$$

Bei µP-Reglern mit Mikroprozessor oder Mikrocontroller ist die Stellzeit am Regler einzustellen, sodass die genannte Korrektur automatisch durch den Regler vorgenommen wird.

Beim Dreipunktschrittregler kann eine Mindestimpulsdauer T_{min} berücksichtigt werden. Dies kann erforderlich sein durch gewisse Mindesteinschaltzeiten von Stellantrieben (z. B. Getriebespiel) oder sie wird bei einem µP-Regler mit Mikroprozessor oder Mikrocontroller direkt durch die Abtastzeit bzw. Zykluszeit vorgegeben. Bei manchen Regelgeräten lässt sich die Mindestimpulsdauer oder auch Pause direkt einstellen.

Die Mindestimpulslänge hat einen direkten Einfluss auf die Positioniergenauigkeit des Stellgliedes und damit auf die zu erwartende Regelgenauigkeit.

Für lineare Regelstrecken gilt allgemein folgender Zusammenhang:

$$\Delta x = X_{max} \cdot \frac{T_{min}}{T_y}$$

Δx : Regelgenauigkeit.

X_{max} : maximaler Istwert

T_{min} : Mindestimpulslänge

T_y : Stellzeit

Lässt sich die Mindestimpulsdauer bei einem Regler nicht einstellen, so verschlechtert ein schneller Antrieb die Positioniergenauigkeit und damit die Regelgenauigkeit. Es wird jedoch die Regeldynamik verbessert.

Ferner ist es wichtig, den Kontaktabstand X_{Sh} bei einem Dreipunktschrittregler nicht kleiner einzustellen als die Regelgenauigkeit Δx, berechnet aus der Mindestimpulslänge. Wird der Kontaktabstand kleiner diesem Wert gewählt, so sind Dauerschwingungen der Regelgröße durch fortlaufendes Umschalten des Stellgliedes von Rechts- auf Linkslauf die Folge, die das Stellglied übermäßig beanspruchen. Die tatsächlich erreichte Regelabweichung wird jedoch günstiger wie der eingegebene Kontaktabstand liegen. Dies liegt daran, dass der letzte Impuls das Stellglied in die Totzone hineinfährt und dadurch die Regelabweichung verringert.

Wegen der gleichen Eigenschaften des Stellantriebes für Rechts- und Linkslauf, wird im Gegensatz zum Dreipunktregler hier jeweils nur ein Wert für X_p, T_n und T_v eingestellt.

Man erhält die Einstellparameter von Tab. 1.13.

Tab. 1.13 Einstellparameter beim Dreipunktschrittregler

Zeitverhalten	PI	PID
	X_p	X_p
	X_{Sh}	X_{Sh}
	$T_{y(tt)}$	$T_{y(tt)}$
	T_n	T_n
	–	T_v (oder fest vorgegeben)
		$T_n/4$

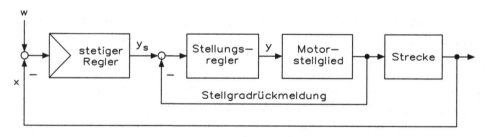

Abb. 1.62 Stetiger Regler mit integriertem Stellungsregler für Motorstellglieder

1.6.10 Stetiger Regler mit integriertem Stellungsregler für Motorstellglieder

Geeigneter zum Ansteuern von Motorstellgliedern als Dreipunktschrittregler, ist ein „Stetiger Regler mit integriertem Stellungsregler" kurz Stellungsregler. Er stellt eine Art Kaskadenstruktur, bestehend aus einem stetigen Regler mit einem unterlagerten Stellungsregler, dar, wie Abb. 1.62 zeigt.

Der Stellungsregler ist nach Eingabe der Motorlaufzeit (Stellgliedlaufzeit tt) am Regler optimiert. Der geschlossene Regelkreis bestehend aus Stellungsregler und Motorstellglied hat eine Verstärkung von 1. Der Stellungsregler steuert über zwei schaltende Ausgänge den Rechts- bzw. Linkslauf des Motorstellgliedes.

Die Position des Motorstellgliedes wird erfasst (Stellgradrückmeldung) und mit der Stellgröße (y_s) des stetigen Reglers verglichen. Für den stetigen Regler können die bekannten Reglerstrukturen P, PI, PD, PID eingestellt werden. Sollte ein Motor

Tab. 1.14 Einstellparameter beim Stellungsregler

Zeitverhalten	P	PD	PI	PID
	X_p	X_p	X_p	X_p
	X_{Sh}	X_{Sh}	X_{Sh}	X_{Sh}
	$T_{y(tt)}$	$T_{y(tt)}$	$T_{y(tt)}$	$T_{y(tt)}$
	–	–	T_n	T_n
	–	T_v	–	T_v

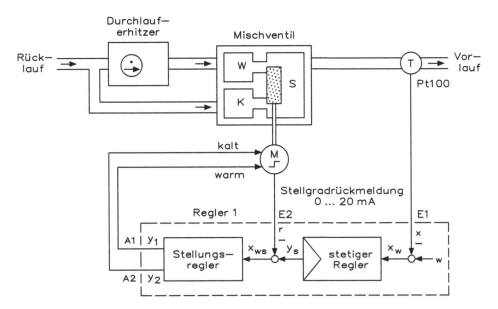

Abb. 1.63 Anwendungsbeispiel für einen Stellungsregler

mit größerem Nachlauf (schlechter Bremswirkung) betrieben werden, so kann durch Vergrößern des Kontaktabstandes (X_{Sh}) ein Rucken des Stellmotores vermieden werden.

Die Vorteile des Stellungsreglers: Im Gegensatz zum Dreipunktschrittregler bietet der Stellungsregler den Vorteil einer unterlagerten Reglerstruktur. Beim Auftreten einer Regelabweichung sorgt der Stellungsregler dafür, dass der Motor gezielt auf eine neue Position gefahren wird. Dies ist durch den Vergleich der Stellgliedposition mit der Stellgröße (y_s) des stetigen Reglers möglich. Ein Dreipunktschrittregler wird hier durch ständiges Takten den Stellmotor ansteuern, d. h., der Stellungsregler ist gegenüber dem Dreipunktschrittregler dynamischer im Ausregeln der Regelabweichung.

Der Stellungsregler bietet die Einstellparameter von Tab. 1.14.

Beispiel: Mithilfe des beschriebenen Reglers soll die Vorlauftemperatur einer Heizungsanlage geregelt werden, wie Abb. 1.63 zeigt. Das Herzstück bildet ein Mischventil, dessen Kammern „K" und „W" für kaltes und warmes Wasser über eine Rohrleitung mit dem Wasserrücklauf verbunden sind. Zur Beeinflussung der mit dem Pt100 gemessenen Mischtemperatur, wird die Position des Schiebers „S" durch einen Stellmotor verstellt. Eingangsgröße des Stellmotors sind die Schaltimpulse zum Auf- bzw. Zufahren der Ausströmöffnung. Eine charakteristische Größe des Stellmotors ist seine Laufzeit von einem Anschlag des Schiebers zum anderen (Stellgliedlaufzeit $T_{y(tt)}$).

Dioden in der Leistungselektronik

Die praktische Anwendung von Dioden beginnt bei der einfachen Gleichrichterschaltung für Netzgeräte, geht über den Einsatz als elektronischer Schalter oder als Entkopplungselement zwischen Signalstromkreisen in der digitalen Steuerungstechnik, bis hin zur Funkenlöschung oder als Begrenzungsschaltungen. Mittels der Z-Diode lassen sich ebenfalls zahlreiche Versuche durchführen.

Das Problem bei den Gleichrichterschaltungen sind die Werte von Wechselspannungen bzw. Wechselströmen. Hier unterscheidet man zwischen Folgenden Werten:

- Augenblickswert ist der Wert einer Wechselgröße zu einem bestimmten Zeitpunkt. Die Kennzeichnung erfolgt durch Kleinbuchstaben:
  u = Augenblickswert der Spannung
  i = Augenblickswert des Stroms
- Scheitelwert ist der größte Betrag des Augenblickswerts einer Wechselgröße. Die Kennzeichnung erzeugt durch ein Dach über dem Buchstaben oder mit dem Index „max".
  $\hat{u} = u_{max}$ = Scheitelwert der Spannung
  $\hat{i} = i_{max}$ = Scheitelwert des Stroms
- Effektivwert ist der zeitliche quadratische Mittelwert einer Wechselgröße. Die Kennzeichnung erfolgt durch Großbuchstaben oder mit dem Index „eff"
  $U = U_{eff}$ = Effektivwert der Spannung
  $I = I_{eff}$ = Effektivwert des Stroms
- Gleichrichtwert ist der arithmetische Mittelwert des Betrags einer Wechselgröße über eine Periode. Die Kennzeichnung erfolgt durch Betragsstriche und einen Balken.
  $|\bar{u}|$ = Gleichrichtwert der Spannung
  $|\bar{i}|$ = Gleichrichtwert des Stroms

© Springer Fachmedien Wiesbaden GmbH, ein Teil von Springer Nature 2021   99
H. Bernstein, *Angewandte Leistungselektronik,*
https://doi.org/10.1007/978-3-658-29614-8_2

- Scheitelfaktor S einer Wechselgröße ist das Verhältnis von Scheitelwert zu Effektivwert

$$S = \frac{\hat{u}}{U} = \frac{\hat{i}}{I}$$

- Formfaktor einer Wechselgröße ist das Verhältnis von Effektivwert zu Gleichrichtwert

$$F = \frac{U}{|\overline{u}|} = \frac{I}{|\overline{i}|} \quad F \leq 1$$

Es gilt für den Scheitelwert, Gleichrichtwert und Effektivwert die Tab. 2.1 mit den entsprechenden Umrechnungen.

Der Effektivwert ist derjenige Mittelwert eines Wechselstroms, der in einem Widerstand die gleiche Wärmemenge erzeugt wie ein gleich großer konstanter Gleichstrom. Der arithmetische Mittelwert über eine volle Periode einer sinusförmigen Wechselgröße ist Null. Über eine halbe Periode ergibt sich der Gleichrichtwert als Höhe eines Rechtecks, das den gleichen Flächeninhalt hat wie die Fläche unter der Halbwelle.

2.1   Aufbau von Dioden

Bei den Dioden muss man zwischen der Funktion als Halbleiterbauelement und der Bezeichnung einer Sperrschicht unterscheiden. Die Diode als Halbleiterbauelement ist eine Anordnung mit Sperrschicht, und deshalb beinhaltet eine Diode einen richtungsabhängigen Widerstand. In Durchlassrichtung ergibt sich ein relativ geringer Übergangswiderstand, während in Sperrrichtung ein sehr hoher Widerstandswert auftritt. Man verwendet Dioden als „normale" Dioden in Gleichrichterschaltungen, als Begrenzerelement für Spannungen oder als elektronischer Schalter, als Spannungsstabilisatoren (Referenzdioden) oder wegen eines Durchlassbereichs mit negativem Wert des differenziellen Widerstands (Tunneldiode, Esakidiode) oder wegen der von der Sperrspannung abhängigen Sperrschichtkapazität als steuerbare Kapazität (Kapazitäts-Variations-Dioden).

Eine Diode bezeichnet aber auch eine Sperrschicht, wie dies beim Transistor (Emitterdiode oder Kollektordiode) der Fall ist.

Tab. 2.1 Scheitelwert, Gleichrichtwert und Effektivwert

	Kupfer	Selen	Germanium	Silizium
Spezifische Strombelastung in A/cm^2	0,04	0,07	40	80
Sperrspannung (Effektivwert) in U	6	25	110	380
Maximale Betriebstemperatur in °C	50	85	75	200
Wirkungsgrad in %	78	92	98,5	99,6
Relativer Platzbedarf bei gleicher Leistung	30	15	3	1
Schleusenspannung U_S in V	0,2	0,6	0,5	0,7
Innenwiderstand in $\Omega \cdot$ cm^2	2	1,1	$4 \cdot 10^{-3}$	10^{-3}

2.1.1 Raumladung und Raumladeschicht

Innerhalb der Stufenbreite einer Sperrschicht in senkrechter Richtung zur Grenzfläche ist ein entsprechender Spannungsunterschied vorhanden. Anders ausgedrückt heißt das: Innerhalb der Stufenbreite ist an jeder Stelle (senkrecht zur Grenzfläche) ein Spannungsgefälle vorhanden. An einem Punkt, an dem ein elektrisches Spannungsgefälle herrscht, kann sich ein beweglicher Ladungsträger nicht halten. Er wird, je nach seiner Ladung, in die eine oder andere Richtung bewegt, d. h. die mit der Stufenbreite gegebene Schicht ist praktisch frei von beweglichen Ladungsträgern. Diese Schicht enthält somit im Ruhezustand weder bewegliche Defektelektronen noch freie Elektronen. Folglich sind innerhalb der Stufenbreite in der P-Zone die Ladungen der Akzeptorionen nicht durch die Defektelektronen und in der N-Zone die Ladungen der Donatorionen ebenfalls nicht durch freie Elektronen ausgeglichen. Innerhalb der Stufenbreite besteht somit

- in der P-Zone eine negative Raumladung, bedingt durch die Dotierung dieser Zone mit Akzeptoratomen, und
- in der N-Zone eine positive Raumladung, verursacht durch die Dotierung dieser Zone mit Donatoratomen

Beide Raumladedichten sind somit für homogene Dotierungen innerhalb der Stufenbreite konstant. Die Raumladedichten folgen aus den Dotierungsgraden. Die gesamte Raumladeschicht, die sich aus den in beiden Zonen auftretenden Raumladeschichten zusammensetzt, bezeichnet man als „Sperrschicht". Die Sperrschicht ist also gekennzeichnet durch die sich darin bildenden Raumladungen.

Betrachtet man sich beispielsweise die Raumladeschicht in einer gleichmäßig dotierten P-Zone, die sich im Anschluss an die Grenzfläche in der P-Zone ausbildet, erkennt man, dass die Raumladedichte innerhalb der Raumladeschicht der P-Zone konstant ist. Dies bedeutet durchweg gleiche, auf die Raumeinheit bezogene Ladung. Als Gegenpol zu den Einzelladungen wird bei dieser Betrachtung die Grenzfläche zwischen P- und N-Zone angenommen. So bildet sich zwischen dieser Fläche und jeder Einzelladung ein elektrisches Feld aus. Damit wird klar, dass die Felddichte von links nach rechts proportional zur Entfernung von der Grenze der Raumladeschicht zunimmt.

Bei konstanter Dielektrizitätskonstante gehört zu einer proportional zur Entfernung anwachsenden Felddichte ein ebenso anwachsendes Spannungsgefälle, wie Abb. 2.1 zeigt. Voraussetzung hierfür ist jedoch ein durchwegs konstanter Wert für die Dielektrizitätskonstante. Man darf aber nicht die äußere Grenze der Raumladeschicht mit der Grenzfläche zwischen der P- und der N-Zone verwechseln.

Für ein über eine Entfernung konstantes Spannungsgefälle würde die Spannung (als Produkt aus Spannungsgefälle und Entfernung) proportional zur Entfernung ansteigen. Ist dies aber, wie hier, bereits der Fall, vergrößert sich die Spannung proportional zum Quadrat der Entfernung, wie Abb. 2.2 zeigt.

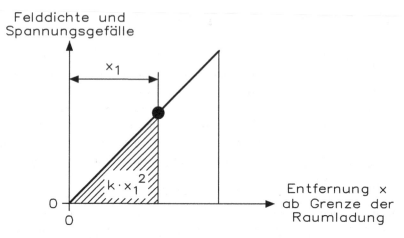

Abb. 2.1 Lineare Zunahme der Felddichte und des Spannungsgefälles mit zunehmender Entfernung zur äußeren Grenze der Raumladeschicht

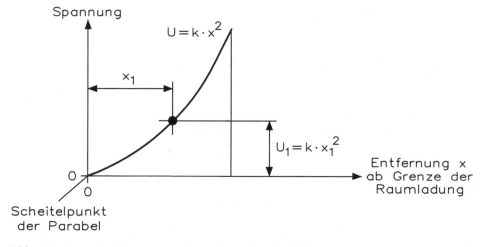

Abb. 2.2 Wenn das Spannungsgefälle mit wachsender Entfernung so zunimmt, nimmt die Spannung mit dem Quadrat der Entfernung von der äußeren Grenze der Raumladedichte zu

Damit wird aus den Abb. 2.1 und 2.2 klar: Im Bereich der konstanten Raumladedichte nimmt mit wachsender Entfernung der Grenze die Raumladeschicht zu:

- um den Betrag des Spannungsgefälles proportional zu dieser Entfernung,
- um den Betrag der Spannung gegen diese Grenze proportional zum Quadrat.

In Wirklichkeit ist die Raumladedichte aber nicht konstant. Die Abweichungen vom idealen Verlauf sind jedoch im Allgemeinen so gering, dass man sie vernachlässigen darf.

Abb. 2.3 zeigt den wirklichen Verlauf der Raumladedichte, abhängig von der Entfernung der Grenzfläche. Dadurch, dass es sich nicht um eine Grenzfläche, sondern um eine dünne Grenzschicht handelt, ergibt sich eine Abrundung an den Ecken der Raumladungslinie in der Nähe der Grenzfläche. Dadurch, dass die beweglichen Ladungsträger an den äußeren Grenzen der beiden Raumladeschichten nicht völlig entfernt sind, ergeben sich auch dort unterschiedliche Abrundungen. Alle diese Abrundungen kann man jedoch im Allgemeinen vernachlässigen.

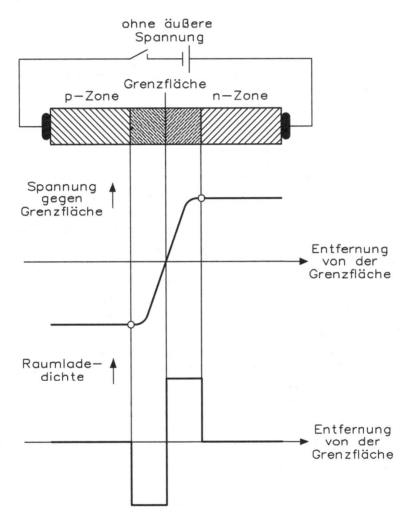

Abb. 2.3 PN-Übergang ohne Einwirkung einer äußeren Spannung. Damit ist es gleichgültig, ob die beiden Zonen des Halbleiters zusätzlich leitend verbunden sind oder nicht. Eine leitende Verbindung besteht ohnehin nur an der Grenzfläche

2.1.2   PN-Übergang unter verschiedenen äußeren Bedingungen

Im Folgenden werden die Verhältnisse an einer Diode unter drei verschiedenen Bedingungen betrachtet:

- Die beiden Zonen innerhalb eines Halbleitermaterials sind zusätzlich leitend miteinander.
- Die beiden Zonen sind an eine Gleichstromquelle angeschlossen, und die Polung entspricht der Sperrrichtung.
- Die beiden Zonen sind an die Gleichstromquelle angeschlossen und die Polung entspricht der Durchlassrichtung.

In allen drei Fällen handelt es sich um identisches Halbleitermaterial mit gleich hohen, homogenen Dotierungen in den beiden Zonen sowie um einen in der Grenzfläche abrupten Übergang von der einen Dotierung zur anderen.

Abb. 2.3 soll andeuten, dass es für die Spannungsstufe unbedeutend ist, ob die beiden Zonen elektrisch miteinander verbunden sind oder nicht. Dass die Spannungsstufe auftritt, wenn eine solche Verbindung fehlt, wurde bereits besprochen. Wird in Abb. 2.3 der Schalter geschlossen, diffundieren über die nun bestehende äußere Verbindung genau wie an der Grenze zwischen beiden Zonen die Defektelektronen aus der P-Zone in die N-Zone und Elektronen aus der N-Zone in die P-Zone. Die Verbindung bedeutet für diese Diffusion nichts anderes als eine zusätzliche Grenze zwischen beiden Zonen. Hier bildet sich also eine Gesamtspannungsstufe identischer Höhe aus wie an der Grenze im Halbleiterkristall. Man kann sich diesen Fall so vorstellen als sei das Halbleiterstück ein Ring, dessen zwei Hälften entgegengesetzt dotiert sind. Dieser Ring hat zwei PN-Übergänge, die für einen gegebenen Umlaufsinn einander entgegen geschaltet sind. Für sehr kleine Innendurchmesser der Ringe würde aus dem Ring eine Kreisscheibe mit nur einem PN-Übergang entstehen.

In dem durch den Schalter geschlossenen Stromkreis sind die Richtungen der genannten beiden Spannungen einander entgegengesetzt. Wegen der identischen Höhe beider Spannungen und ihrem für den Stromkreis entgegensetzten Sinn heben sie sich jedoch auf. Ein Ausgleichstrom kann daher nach dem Schließen des Schalters nicht fließen.

2.1.3   PN-Übergang in Sperrrichtung

Schließt man bei einem PN-Übergang die N-Zone an den Pluspol und die P-Zone an den Minuspol einer Betriebsstromquelle an, so werden dadurch die Defektelektronen aus der Sperrschicht in die P-Zone und die Elektronen aus der Sperrschicht in die N-Zone zurückgedrängt. Die Sperrschicht verarmt an Ladungsträgern, was den Strom durch diese Schicht für die Majoritätsträger verhindert. Wären in der N-Zone nur Elektronen und in der P-Zone nur Defektelektronen als Ladungsträger vorhanden, so wäre für diese Polung kein Stromfluss möglich. Doch gibt es in beiden Bereichen Minoritätsträger, deren Bewegung einen geringen „Sperrstrom" verursachen. Abb. 2.4 zeigt den Betrieb einer Diode in Sperrrichtung.

Die Sperrschicht-Dicke ist für eine gegebene Stufenspannung umso größer, je niedriger die Dotierung im Bereich der Sperrschichten ist. Im Übrigen nimmt sie im Falle einer homogenen Dotierung mit der Wurzel aus dem Wert der gesamten Stufenspannung zu.

Die äußere Spannung treibt auf dem Weg über die Stromquelle zusätzliche Elektronen aus der N-Schicht in die P-Zone und zusätzliche Defektelektronen aus der P-Schicht in die N-Zone. Folglich nehmen bei gleichbleibenden Raumladedichten die Raumladungen diesseits und jenseits der Grenzfläche zu, d. h. die gesamte Raumladezone wird breiter und die Spannungsstufe höher.

Auch ohne die äußere Spannung in Abb. 2.3 sind in den zwei Zonen unmittelbar zu beiden Seiten der Grenzfläche keine beweglichen Ladungsträger vorhanden, sodass damit eine weitere Diffusion verhindert wird. Die Höhe der Spannungsstufe war demgemäß zuvor schon das Hindernis für einen weiteren Austausch von Ladungsträgern. Die nun erhöhte Spannungsstufe verhindert einen solchen Austausch erst recht. Für die Polung der Gleichstromquelle gemäß Abb. 2.5 sperrt also, wie hiermit gezeigt, die Raumladeschicht an der Grenze zwischen der P-Zone und der N-Zone den Stromdurchgang. Daher auch die Bezeichnung „Sperrschicht".

Diese Bedingung gilt wohlgemerkt nur für die Majoritätsträger. Gegen den Minoritätsträgerstrom ist die Sperrschicht dagegen wirkungslos. Die Spannungsstufe, die für die Majoritätsträger sperrt, ermöglicht den Minoritätsträgern den Durchgang. Bei dieser Polung fließt also über die Sperrschicht der Minoritätsträgerstrom, den man als Sperrstrom bezeichnet. Wegen der geringen Minoritätsträgerdichten, die aufgrund der

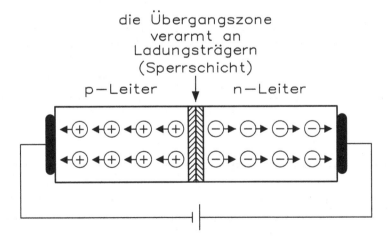

Abb. 2.4 PN-Übergang einer Diode, wenn diese in Sperrrichtung betrieben wird

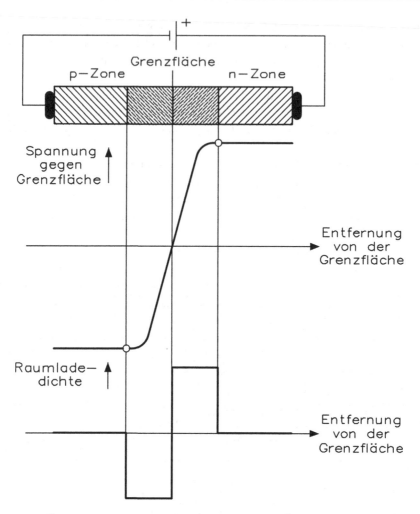

Abb. 2.5 PN-Übergang unter Einwirkung einer in Sperrrichtung angelegten äußeren Spannung. Die Spannungsstufe fällt hier höher aus als in Abb. 2.3, d. h. die Raumladeschichten sind entsprechend breiter

angenommenen, verhältnismäßig hohen Dotierungsgrade in beiden dotierten Zonen vorhanden sind, hat der Sperrstrom einen nur sehr geringen Wert.

2.1.4 PN-Übergang in Durchlassrichtung

Halbleiter können an verschiedenen Stellen gleichzeitig p- und n-leitend sein. Zwischen beiden Zonen besteht jetzt eine PN-Grenzschicht, die durch die Majoritätsträger in das jeweils andere Gebiet (Zone) diffundieren, bis sich ein Gleichgewichtszustand zwischen den Zonen eingestellt hat. Beiderseits der Grenzfläche entsteht also eine dünne Zone, die fast frei von beweglichen Ladungsträgern ist. Eine äußere Spannung verändert die Breite dieser Schicht. Legt man den Pluspol an die P-Zone und den Minuspol an die N-Zone, so gelangen sehr viele Majoritätsträger in die Grenzschicht, wo sie rekombinieren. Es fließt ein relativ großer Durchlassstrom. Abb. 2.6 zeigt den Vorgang.

Bei dieser Polung liefert die Gleichstromquelle in die N-Zone Elektronen, und diese ersetzen die nach der P-Zone diffundierenden Elektronen. Außerdem zieht die Gleichstromquelle je nach Potentialgröße aus der P-Zone entsprechend Elektronen ab, was dann der Bereitstellung von Defektelektronen an die P-Zone gleichkommt. Auf diese Weise baut die Gleichstromquelle die Spannungsstufe ab, die sonst den Übergang für die Majoritätsträger sperrt.

Mit der Polung von Abb. 2.7 ergibt sich folglich ein Majoritätsträgerstrom. Dessen Wert kann man durch die Amplitude der angelegten Spannung steuern. Der Strom fließt, wie man sagt, in Durchlassrichtung durch die Sperrschicht.

Die Werte der Raumladedichten sind auch hier ausschließlich durch die Dotierung gegeben. Diese stimmen nach der Annahme mit denen in den Abb. 2.3 und 2.5 veranschaulichten Fällen überein. Dabei ergeben sich im Fall der Polung in Durchlassrichtung nur geringe Breiten in den beiden Raumladeschichten. Bei gleicher Dotierung ändert sich die Raumladungsschichtbreite mit der Wurzel aus der Gesamtspannung.

Im Falle der Polung in Durchlassrichtung nimmt also die Breite der Raumladeschichten bei Anwachsen der angelegten Spannung immer weiter ab. Dabei bleiben die Raumladedichten zunächst erhalten. Die Ähnlichkeit mit der Rechteckform des bildlich dargestellten Verlaufs der Raumladedichte geht jedoch allmählich mehr und mehr verloren. Schließlich sinken auch die Höchstwerte der Raumladedichten unter die zuvor noch eingehaltenen, durch die Dotierungen gegebenen Werte ab. Es handelt sich dann um eine „Überschwemmung" mit Ladungsträgern. Dies ist in Abb. 2.7 mit dünnen Linien dargestellt.

Während in den Abb. 2.3, 2.5 und 2.6 für kontinuierliche Dotierungen in der P- und N-Zone gelten, gibt es in Verbindung mit Transistoren verschieden stark dotierte Zonen. Bei einem PNP-Transistor ist die Dotierung für die N-Zone schwächer gewählt als die für die P-Zone. In Wirklichkeit handelt es sich beim Transistor um Dotierungsgradverhältnisse von mehreren Zehnerpotenzen. Wichtig ist in jedem Fall, dass die beiden Raumladungszonen stets, auch bei ungleicher Dotierung einander entgegengesetzt gleich sein müssen.

Abb. 2.6 PN-Übergang einer Diode, wenn diese in Durchlassrichtung betrieben wird

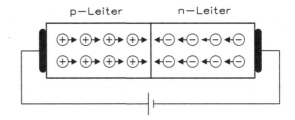

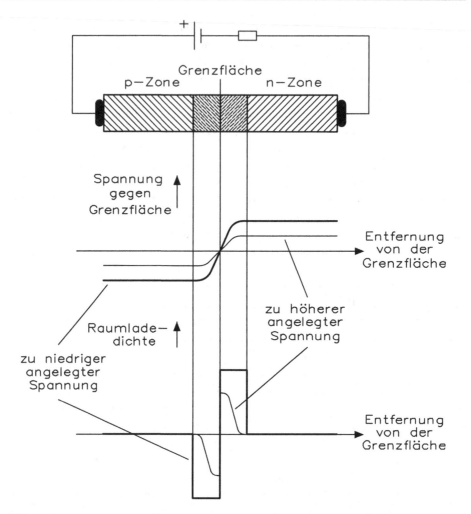

Abb. 2.7 Die Diode wird in Durchlassrichtung betrieben. Die Spannungsstufe fällt in diesem Fall geringer aus, und die Raumladeschicht wird dünner als in den Fällen von Abb. 2.3 und 2.5

Gelegentlich hat man auch einen NI-Übergang. Hierunter versteht man das Aneinandergrenzen einer N-Zone und einer I-Zone (Intrinsic). Die N-Zone enthält aufgrund der darin enthaltenen Donatoren viele freie Elektronen und eine geringe Anzahl von Defektelektronen. In der I-Zone ist die Zahl der freien Elektronen sehr viel geringer. Daraus ergibt sich, dass Elektronen aus dem N-leitenden Material in das i-leitende Material diffundieren. Demgemäß nimmt die I-Zone gegen die N-Zone eine negative Spannung ab. Die Löcherdichte ist in der I-Zone größer als in der N-Zone. Folglich diffundieren Defektelektronen aus der I-Zone in die N-Zone, und dies bedeutet negative Spannung der I-Zone gegen die N-Zone.

2.1.5 Kennlinien von Dioden

Dioden sind zweipolige Halbleiterbauelemente, deren Widerstandswert in erster Linie von der Polarität der angelegten Spannung abhängig ist. Dioden besitzen eine niederohmige Durchlassrichtung und eine hochohmige Sperrrichtung.

Die Strom/Spannungs-Kennlinie von Abb. 2.8 zeigt die unterschiedlichen Kennlinien von Dioden. Heute verwendet man fast nur Dioden aus Silizium. Tab. 2.2 stellt die Eigenschaften dieser vier Halbleiter gegenüber.

Abb. 2.8 lässt weder in der Nähe des Nullpunktes den genauen Kennlinienverlauf erkennen noch zeigt es den für die Sperrrichtung geltenden Zusammenhang. Um beides zu veranschaulichen, muss man für die Sperrrichtung einen anderen Maßstab wählen. Während der Durchlassbereich mit mA und V gekennzeichnet ist, hat man im Sperrbereich für den Strom μA und 100 V. Aus diesem Diagramm ist nicht erkennbar, dass auch in der Sperrrichtung ein Strom fließt.

Um einer Kennlinie Allgemeine Gültigkeit zu geben, muss die Spannung auf die Temperaturspannung und der Strom auf den Sperrsättigungsstrom bezogen werden.

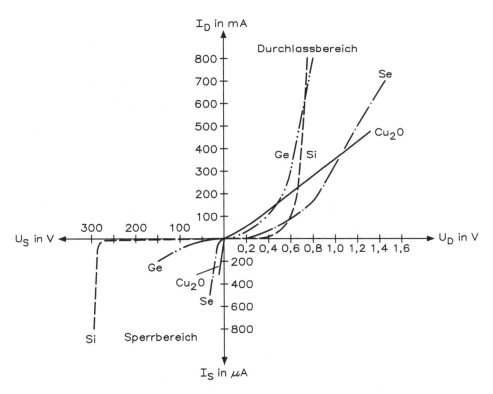

Abb. 2.8 Kennlinien von Dioden aus Silizium (Si), Germanium (Ge), Selen (Se) und Kupferoxydul (Cu$_2$O)

Tab. 2.2 Eigenschaften der vier Halbleiterdioden

	Kupfer	Selen	Germanium	Silizium
Spezifische Strombelastung in A/cm^2	0,04	0,07	40	80
Sperrspannung (Effektivwert) in U	6	25	110	380
Maximale Betriebstemperatur in °C	50	85	75	200
Wirkungsgrad in %	78	92	98,5	99,6
Relativer Platzbedarf bei gleicher Leistung	30	15	3	1
Schleusenspannung U_S in V	0,2	0,6	0,5	0,7
Innenwiderstand in $\Omega \cdot$ cm^2	2	1,1	$4 \cdot 10^{-3}$	10^{-3}

Abb. 2.9 Farbkombination nach JEDEC (1N4148) und Pro-Electron (BAY93)

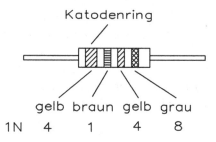

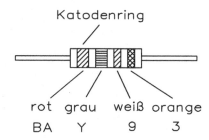

Für die Temperaturspannung mit dem Formelzeichen U_T ergibt sich, wenn man das Produkt aus der Boltzmann-Konstante k und der absoluten Temperatur % durch die Elementarladung q dividiert.

Mit k $= 1{,}38 \cdot 10^{-23}$ Ws/K

und q $= 1{,}6 \cdot 10^{-19}$ As

wird $\frac{k}{q} = 8{,}82 \cdot 10^{-5}$ As

und z. B. für $\vartheta_0 = 273$ °C $+ 25$ °C ≈ 300 K

$$U_T = \frac{k \cdot \vartheta_0}{q} \approx 26 \, \text{mV}$$

Für eine Umgebungstemperatur von 75 °C oder 350 K beträgt die Temperaturspannung statt 26 mV etwa 30 mV. Je höher die Temperaturspannung ist, desto höher muss im gleichen Verhältnis die angelegte Spannung sein, um den gleichen Einfluss auf den Diodenstrom auszuüben. Mit anderen Worten: Maßgebend für die Wirkung auf den Diodenstrom ist nicht die angelegte Spannung U selbst, sondern die auf die Temperaturspannung U_T bezogene Spannung U, also das Verhältnis U/U_T.

Der Sperrsättigungsstrom I_S ist der maximale Strom, der im Idealfall in Sperrrichtung zustande kommt. An ihm sind sämtliche verfügbaren Minoritätsträger beteiligt, aber ausschließlich nur diese. Die Minoritätsträgerdichte und mit ihr der Sperrsättigungsstrom verdoppeln sich für Germanium etwa je 10 °C Temperaturerhöhung und bei Silizium um etwa je 20 °C.

Der Diodenstrom kann, sowohl für Sperrrichtung als auch für Durchlassrichtung, auf den Sperrsättigungsstrom bezogen werden. Steigt der Sperrsättigungsstrom z. B. auf den doppelten Wert an, so folgt daraus auch eine Verdopplung des für ein bestimmtes Spannungsverhältnis U/U_T geltenden Stromflusses. Die Allgemeinen Zusammenhänge beziehen sich somit nicht einfach auf den Diodenstrom I, sondern auf das Verhältnis des Stroms I zum Sperrsättigungsstrom I_S, also auf I/I_S.

Diese Angaben sollen nun durch Formeln ausgedrückt werden. In diesen benutzt man folgende Formelzeichen:

I_S Sperrsättigungsstrom z. B. in µA
I   jeweiliger Strom im gleichen Maßstab wie der Sperrsättigungsstrom
U_T Temperaturspannung z. B. in mV
U   jeweilige Spannung mit Einheit wie U_T
e   Basis der natürlichen Logarithmen = 2,718.

Um den Verlauf der Diodenkennlinie zu erfassen, sollte man folgendes Gedankenexperiment durchführen: Man stelle sich zunächst einmal vor, die Sperrschicht wird, wenn keine äußere Spannung angelegt ist, und zwei gleich große Ströme sollen in entgegengesetzter Richtung diese Sperrschicht durchfließen, was im Prinzip dem Fehlen eines Gesamtstroms gleichkommt. Der in Sperrrichtung höchstmögliche Strom ist der durch die Gesamtzahl der Minoritätsträger festgelegte Sperrsättigungsstrom. Also kann man jedem der beiden sich gegenseitig aufhebenden Ströme den Betrag dieses Sperrsättigungsstroms zuordnen.

Legt man an die Diode eine wachsende Spannung mit der Polung in Sperrrichtung an, heben sich bei sehr geringen Werten dieser Spannung die beiden Ströme noch nahezu auf. Mit zunehmender Spannung wird der in Durchlassrichtung fließende Stromanteil mehr und mehr unterdrückt, sodass schließlich nur noch der volle Sperrsättigungsstrom als solcher zur Geltung kommt. Für die Sperrrichtung hat man die Gleichung.

$$-I = |U_S| \cdot \left(1 - e^{\frac{U}{U_T}}\right) \quad \text{oder} \quad \left|\frac{I}{I_S}\right| = \left(1 - e^{\frac{U}{U_T}}\right)$$

Mit dem Anwachsen einer Spannung in der für die Durchlassrichtung entsprechenden Polung fließt ein zunehmender Majoritätsträgerstrom I_{maj}. Für die Durchlassrichtung gilt:

$$I_{\text{Maj}} = |I_S| - e^{\frac{U}{U_T}} \quad \text{oder} \quad \left| \frac{I_{\text{Maj}}}{I_S} \right| = e^{\frac{U}{U_T}}$$

Diesem fließt der Sperrsättigungsstrom, d. h. der Minoritätsträgerstrom nach wie vor entgegen, sodass als Strom in der Durchlassrichtung nicht der Wert von I_{Maj} sondern $I = I_{\text{Maj}} - I_S$ in Betracht kommt. Folglich erhält man für den tatsächlich fließenden Strom.

$$I = |I_S| \cdot e^{\frac{U}{U_T}} - I_S = |I_S| \cdot \left(e^{\frac{U}{U_T}} \right) \quad \text{oder} \quad \left| \frac{I}{I_S} \right| = \left(e^{\frac{U}{U_T}} - 1 \right)$$

Für $U/U_T > 3$ kann man die Zahl 1 gegen $e^{\frac{U}{U_T}}$ vernachlässigen, womit

$$-I \approx I_S \quad \text{und} \quad I \approx I_S \cdot e^{\frac{U}{U_T}}$$

ist. Die Steilheit S der Diodenkennlinie wird damit:

$$S = \frac{dI}{dU} = \frac{I_S \cdot e^{\frac{U}{U_T}}}{U_T} = \frac{I}{U_T}$$

d. h. die Steilheit steigt proportional zum Diodenstrom I an, wobei der Proportionalfaktor gleich $1/U_T$ ist.

2.1.6 Farbkennzeichnung von Kleinsignaldioden nach JEDEC und Pro-Electron

Die JEDEC-Typenbezeichnung für Kleinsignaldioden besteht aus der Kombination von „1 N" und einer vierstelligen Zahl. Angegeben wird diese Zahl mit Hilfe von vier Farbringen, ähnlich wie dies auch bei den Widerständen der Fall ist. Der erste Farbring hat die doppelte Breite und kennzeichnet die Katodenseite der Diode. Die Zuordnung der Farben zu den Ziffern geschieht entsprechend den Folgenden Angaben von Tab. 2.3.

Hat eine Diode die Farbkombination „gelb-braun-gelb-grau", so handelt es sich um den Typ 1N4148.

Als Unterschied zur JEDEC-Farbringcodierung bei der nur der erste Farbring die doppelte Breite aufweist, sind bei der Pro-Electron-Farbringcodierung der erste und der zweite Farbring in doppelter Breite ausgeführt. Die breiten Ringe kennzeichnen die Katodenseite. Für Pro-Electron gelten die Definitionen von Tab. 2.4.

Hat eine Diode die Farbkombination „rot-grau-weiß-orange", handelt es sich um eine BAY93. Die Typenbezeichnung für Halbleiter als Einzelelement besteht aus zwei Buchstaben und einem laufenden Kennzeichen, wie das folgende Beispiel zeigt:

Tab. 2.3 Farbringe für Dioden 1 N nach der JEDEC-Bezeichnung

Farbe	Ziffer
Schwarz	0
Braun	1
Rot	2
Orange	3
Gelb	4
Grün	5
Blau	6
Violett	7
Grau	8
Weiß	9

Tab. 2.4 Farbringe für Kleinsignaldioden nach Pro-Electron

Breite Farbringe		Schmale Farbringe
1. und 2. Buchstabe 3. Buchstabe		
A A – braun	Z – weiß	0 – schwarz
B A – rot	Y – grau	1 – braun
	W – blau	2 – rot
	V – grün	3 – orange
	T – gelb	4 – gelb
	S – orange	5 – grün
		6 – blau
		7 – violett
		8 – grau
		9 – weiß

B A W24
Material Funktion Kennzeichen

Der erste Buchstabe gibt Auskunft über das Ausgangsmaterial:

A: Germanium (Bandabstand 0,6 – 1,0 eV)
B: Silizium (Bandabstand 1,0 – 1,3 eV)
C: Gallium-Arsenid (Bandabstand > 1,3 eV)
R: Verbindungshalbleiter (z. B. Cadmium-Sulfid)

Der zweite Buchstabe beschreibt die Hauptfunktion:

A: Diode für Gleichrichtung, Schalterzwecke, Mischer,

B: Diode mit veränderlicher Kapazität,

C: Transistor für kleine Leistungen im Tonfrequenzbereich,

D: Transistor für größere Leistung im Tonfrequenzbereich,

E: Tunneldiode,

F: Transistor für kleine Leistungen im Hochfrequenzbereich,

G: Diode für Oszillatoren und andere Aufgaben,

H: Dioden, die auf Magnetfelder ansprechen,

K: Hallgeneratoren in magnetisch offenen Kreisen,

L: Transistor für größere Leistungen im Hochfrequenzbereich,

M: Hallgenerator in magnetisch geschlossenen Kreisen,

N: Fotokopplungselemente,

P: Strahlungsempfindliche Elemente,

Q: Strahlungserzeugende Elemente,

R: Thyristor für kleine Leistungen,

S: Transistor für kleine Leistungen und Schalterzwecke,

T: Thyristor für große Leistungen,

U: Transistor als Leistungsschalttransistor,

X: Diode für Vervielfacherschaltungen,

Y: Diode für höhere Leistungen, Gleichrichter, Booster,

Z: Diode als Referenzdiode, Spannungsreglerdiode, Spannungsbegrenzerdiode.

Das laufende Kennzeichen der Bezeichnung besteht aus

- einer dreistelligen Zahl (100 bis 999) für Bauelemente zur Verwendung in Rundfunk- und Fernsehgeräten usw.
- einem Buchstaben und einer zweistelligen Zahl (Y10 bis A99) für Bauelemente in professionellen Geräten und Anwendungen.

Ein Zusatzbuchstabe kann verwendet werden, wenn das Element nur in einer Hinsicht (elektrisch oder mechanisch) vom Grundtyp abweicht. Die Buchstaben weisen keine feste Bedeutung auf, mit Ausnahme des Buchstabens R, der die entgegengesetzte Polarität zum Grundtyp definiert. Abb. 2.10 zeigt verschiedene Bauformen von Dioden.

2.1.7   Montage- und Lötvorschriften

Die Einbaulage der Halbleiterbauelemente ist grundsätzlich beliebig. Bei allen Bauelementen ist das Abbiegen der Anschlussdrähte in einem Abstand von mehr als 1,5 mm vom Gehäuse gestattet, wobei keine mechanischen Kräfte auf das Gehäuse einwirken

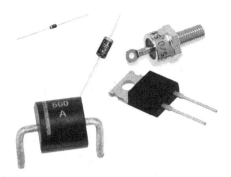

Abb. 2.10 Verschiedene Bauformen von Dioden

Tab. 2.5 Lötkolben- und Lötbadtemperaturen für die Verarbeitung von elektronischen Bauelementen

Lötkolbenlötung			
	Temperatur des Lötkolbens	Abstand der Lötstelle vom Gehäuse	Max. zul. Lötzeit
Glasgehäuse	≤245 °C	1,5...5 mm	5 s
	≤245 °C	>5 mm	10 s
	245...400 °C	>5 mm	5 s
Kunststoffgehäuse	≤245 °C	2...5 mm	3 s
	≤245 °C	>5 mm	5 s
	Temperatur des Lötbades	Abstand der Leiterplatte vom Gehäuse senkrecht waagrecht	Max. zul. Lötzeit
Glasgehäuse	≤245 °C	>1,5 mm >5 mm	5 s
Kunststoffgehäuse	≤245 °C	>1,5 mm >5 mm	3 s

dürfen. Der Einbau von Bauelementen in der Nähe von wärmeerzeugenden Bauelementen erfordert die Beachtung der erhöhten Umgebungstemperatur.

Die Bauelemente müssen beim Einlöten in die Schaltung gegen thermische Überlastung geschützt werden. Es empfiehlt sich, die Anschlussdrähte möglichst lang zu lassen und die Lötstellen an das Ende der Drähte zu legen. Gegebenenfalls muss man entsprechende Maßnahmen für eine ausreichende Wärmeableitung treffen. Die Sperrschichttemperatur der Bauelemente darf beim Löten die maximal zulässige Sperrschichttemperatur nur kurzzeitig (max. 1 min) überschreiten, und zwar bei Germaniumtypen bis 110 °C und bei Siliziumtypen bis 250 °C. Die in Tab. 2.5 angegebenen Lötkolben- bzw. Lötbadtemperaturen sind maximal zulässig.

2.1.8   Wärmeableitung

Die an der Sperrschicht von Halbleitern in Wärme umgesetzte Verlustleistung muss zur Erhaltung des thermischen Gleichgewichts an die Umgebung abgeführt werden.

Bei Bauelementen, die mit geringer Verlustleistung betrieben werden, reicht dazu im Allgemeinen die natürliche Wärmeableitung über das Gehäuse an die umgebende Luft aus.

Bei Bauelementen mit größerer Verlustleistung müssen zur Verbesserung der Wärmeableitung verschiedene Kühlfahnen oder Kühlsterne vorgesehen sein, damit die wärmeabgebende Oberfläche entsprechend vergrößert wird. Abb. 2.11 zeigt einen Kühlkörper mit Diagramm und Abmessungen.

Bei Leistungsbauelementen schließlich müssen Kühlbleche oder spezielle Kühlkörper verwendet werden, deren Kühlwirkung man noch durch besondere Kühlhilfsmittel (Ventilator oder Peltier-Element) oder Umlaufkühlung unterstützen sollte.

Die in der Sperrschicht erzeugte Wärme wird hauptsächlich durch Wärmeleitung zur Gehäuseoberfläche abgeführt. Ein Maß dafür ist immer der thermische Widerstand bzw. der thermische Widerstand R_{thJC} zwischen Sperrschicht (Junction) und Gehäuse (Case), dessen Wert durch die Konstruktion des Bauelements festgelegt ist. Die Wärmeabgabe vom Gehäuse zur Umgebungsluft erfolgt durch Wärmeabstrahlung, Konvektion und Wärmeleitung. Sie wird durch den äußeren bzw. dem thermischen Widerstand R_{thCA} zwischen Gehäuse (Case) und Umgebung (Ambient) ausgedrückt. Der gesamte thermische Widerstand zwischen Sperrschicht und Umgebungsluft ist.

$$R_{thJA} = R_{thJC} + R_{thCA}$$

Die maximal zulässige Gesamtverlustleistung P_{tot} oder $P_{max} = 0,9 \cdot P_{tot}$ eines Halbleiterbauelements lässt sich berechnen mit

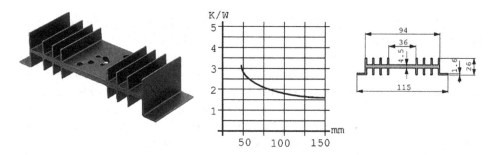

Abb. 2.11   Kühlkörper mit Diagramm und Abmessungen

$$P_{\text{tot}} = \frac{t_{j\text{max}} - t_{\text{amb}}}{R_{\text{thJA}}} = \frac{t_{j\text{max}} - t_{\text{amb}}}{R_{\text{thJA}} + R_{\text{thCA}}}$$

$t_{j\text{max}}$ Maximal zulässiger Wert der Sperrschichttemperatur.

t_{amb} Im Betrieb unter ungünstigen Bedingungen auftretender Maximalwert der Umgebungstemperatur.

R_{thJA} Thermischer Widerstand zwischen Sperrschicht und Umgebung. Bei Dioden mit axialen Anschlussdrähten ist R_{thJA} für den Fall definiert, dass die Anschlussdrähte in einem bestimmten Abstand vom Gehäuse auf Umgebungstemperatur t_{amb} gehalten werden.

R_{thJC} Thermischer Widerstand zwischen Sperrschicht und Gehäuse.

R_{thCA} Thermischer Widerstand zwischen Gehäuse und Umgebung, dessen Wert von den Kühlbedingungen abhängig ist. Bei Verwendung eines Kühlblechs oder eines Kühlkörpers wird R_{thCA} bestimmt von dem Wärmekontakt zwischen Gehäuse und Kühlkörper, von der Wärmeausbreitung im Kühlkörper und von der Wärmeabgabe des Kühlkörpers an die Umgebung.

Die maximal zulässige Gesamtverlustleistung lässt sich demnach für ein gegebenes Halbleiterbauelement nur durch Ändern von t_{amb} und R_{thCA} beeinflussen. Der thermische Widerstand R_{thCA} muss den Angaben der Kühlkörperhersteller entnommen oder durch Messungen bestimmt werden.

Bei Dioden mit höherer Leistung und ohne Kühlkörper wird ein wesentlicher Teil der Verlustwärme über die Anschlussdrähte und damit gegebenenfalls über die Leiterplatte abgeführt.

Abb. 2.12 zeigt eine Leistungsdiode mit der Montage im Kühlkörper. Die Ableitung der Verlustwärme beeinflusst die Belastbarkeit der Leistungsdiode.

Montiert man die Leistungsdiode, einen Leistungstransistor, den Spannungsregler auf einem Kühlkörper, so sind folgende Punkte zu beachten:

a) Besteht zwischen dem Kühlkörper und den anderen elektronischen Bauelementen eine elektrische Verbindung? Bei „nein" ergeben sich keine Probleme. Wenn ja, so ist zwischen der Leistungsdiode, dem Leistungstransistor oder Spannungsregler und dem Kühlkörper unbedingt eine Glimmerscheibe unterzulegen. Als Verbindungsschrauben muss man dann entweder Plastikschrauben (keine billigen, da diese bei Temperaturen über 100 °C schmelzen können) verwenden oder spezielle Isoliernippel mit Metallschrauben.

b) Man kann die Bauteile ohne Wärmeleitpaste mit oder ohne Glimmerscheibe auf dem Kühlblech montieren. Bei Verwendung von Wärmeleitpaste lässt sich der Wärmeübergangswiderstand um ca. 50 % reduzieren. Daher kann der Spannungsregler höher belastet werden, da der thermische Überlastungsschutz bei Spannungsreglern verzögert anspricht.

Abb. 2.12 Leistungsdiode mit Kühlkörper und Ableitung der Verlustwärme

c) Der Kühlkörper ist unbedingt so zu montieren, dass die Kühlrippen senkrecht
stehen. Es ergibt sich eine „Kaminwirkung", d. h. die kalte Luft erwärmt sich von
unten nach oben. Andernfalls entsteht ein Wärmestau in den Kühlrippen und der
Spannungsregler schaltet thermisch ab, ohne dass das Kühlblech eine Funktion hat.
Durch die senkrechte Montage erhalten wir bis zu 80 % mehr Kühlung!

Bei der Verwendung von Wärmeleitpaste, diese besteht normalerweise aus Silikon und
leitet nicht den Stromfluss, d. h. Silikon eignet sich kaum als elektrische Isolierung.
Wärmeleitpaste aus Graphit gibt es als organische Matrix und leitet den Strom nicht.
Eine gefährliche Wärmeleitpaste besteht aus 90 % Silikon und 10 % Silikate, d. h. der
Verkauf erfolgt nicht an Privatkunden und ist ausschließlich für militärische Geräte
bestimmt.

Bei Wärmeleitfolien handelt es sich um Zwischenplatten aus speziellem Silikon-
gummi, der sehr gut wärmeleitend ist und glasfaserverstärkt hergestellt wird. Der
thermische Widerstand liegt bei 0,75 °C/W. Abb. 2.13 zeigt selbstklebende Zwischenplatten aus glasfaserverstärktem Silikon.

Die Montage eines TO-3-Gehäuses auf einem Kühlblech ist in Abb. 2.14 gezeigt.
Zuerst ist der Kühlkörper mit vier Bohrungen zu versehen. Man beachte die
mechanischen Abmessungen des TO-3-Gehäuses, da Basis und Emitter nicht symmetrisch angeordnet sind.

Die beiden Bohrungen für Basis und Emitter sollen einen Durchmesser von ca. 5 mm
haben. Bei den beiden anderen Bohrungen muss man den Durchmesser der Isoliernippel
beachten. Dabei sollen die Isoliernippel nach Möglichkeit in den Kühlkörper leicht ein-
gepresst werden.

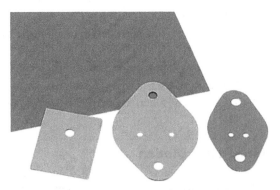

Abb. 2.13 Selbstklebende Zwischenplatten aus glasfaserverstärktem Silikon

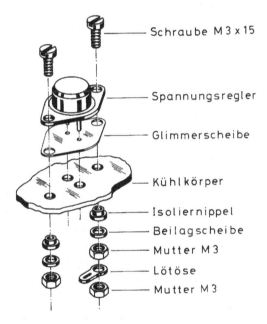

Abb. 2.14 Elektrisch isolierte Montage des TO-3-Gehäuses auf einem Kühlkörper (gilt für Spannungsregler und Transistoren)

Die Montage des TO-3-Gehäuses auf dem Kühlblech ist kein Problem, wenn man die einzelnen Bauelemente richtig behandelt. Die Glimmerscheibe kann durch mechanische Einwirkung leicht brechen, wenn z. B. die beiden Schrauben zu fest angezogen werden. Man streicht die Wärmeleitpaste auf und unter die Glimmerscheibe, damit der Wärme-übergangswiderstand möglichst gering ist.

Die Lötöse für den Kollektoranschluss oder für die Masse kann man entweder zwischen Beilagscheibe oder Mutter einlegen oder man montiert sie zwischen zwei Muttern.

Nach der Montage ist mit einem Ohmmeter der Isolationswiderstand zwischen Kühlkörper und dem TO-3-Gehäuse zu messen. Der Widerstandswert muss sehr hoch sein. Somit ist das TO-3-Gehäuse elektrisch isoliert auf dem Kühlkörper angebracht.

2.2   Untersuchungen von Dioden

Eine Halbleiterdiode, Kurzbezeichnung Diode, ist ein Halbleiterbauelement mit zwei Anschlüssen, das eine asymmetrische, nicht lineare Strom-Spannungs-Kennlinie besitzt. Wenn keine besonderen Angaben definiert sind, enthält die Diode einen PN-Übergang, der eine Kennlinie entsprechend von Abb. 2.8 aufweist. Je nach Halbleitermaterial und Dotierung entstehen die unterschiedlichen Diodenkennlinien.

2.2.1   Kennlinie einer Diode

Am anschaulichsten wird das Verhalten eines Bauelements anhand seiner Spannungs-Strom-Kennlinie und sie zeigt, wie schon besprochen, die Abhängigkeit der Stromstärke von der Höhe der angelegten Spannung. Um die grundsätzliche Wirkungsweise einer Diode kennenzulernen, genügt die folgende Messschaltung zur Kennlinienaufnahme einer Diode. Wegen der durch Spannungs- und Strommesser bedingten Fehler muss die Messschaltung für die Durchlass- bzw. Sperrrichtung geändert werden.

Wird die Diode in Durchlassrichtung (Vorwärtsrichtung) betrieben, wenn die Anode positiv gegenüber der Katode ist, nimmt der Durchlassstrom I_D oder I_F (Forward) mit zunehmender Durchlassspannung U_D oder U_F zu. Entsprechend nimmt der Wert des Durchlasswiderstands der Diode mit zunehmender Spannung ab.

Die Schaltung von Abb. 2.15 dient für die statische Aufnahme der Diodenkennlinie 1N4001 in Durchlassrichtung. Die Messung erfolgt nach Tab. 2.6.

Durch die Erhöhung der Spannungsquelle erhält man den jeweiligen Stromwert und hieraus lässt sich der Bahnwiderstand berechnen. Der Bahnwiderstand ist der Widerstand des Halbleiters zwischen der Sperrschicht und den beiden Diodenanschlüssen.

Die Schaltung von Abb. 2.16 dient für die statische Aufnahme der Diodenkennlinie einer 1N4001 in Sperrrichtung mit der Bezeichnung U_S oder U_R (Reverse Voltage). Die Messung erfolgt nach Tab. 2.7.

Bei der Diodenkennlinie ist grundsätzlich zwischen zwei Bereichen zu unterscheiden:

- Durchlassbereich: Solange die Spannung in Durchlassrichtung kleiner als die Schleusenspannung des PN-Übergangs ist, fließt ein kaum messbarer Strom. Die Kennlinie verläuft noch sehr flach, was gleichbedeutend mit einem hohen Widerstand

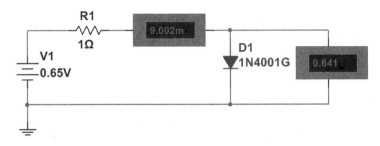

Abb. 2.15 Messschaltung zur statischen Aufnahme der Kennlinie des Diodentyps 1N4001 in Durchlassrichtung

Tab. 2.6 Tabelle für die Berechnung des Bahnwiderstands der Diode 1N4001 in Durchlassrichtung aus der Diodenspannung und dem Diodenstrom

Spannung in V	0,5	0,55	0,6	0,65	0,7	0,75	0,8	0,85	0,9
Diodenspannung in mV	500	549	590	641	686	711	736	756	772
Diodenstrom in mA	0,459	1,29	3,53	9	20	39	64	94	128
Bahnwiderstand in Ω	1090	425	167	71	34,3	18,2	12	8	6

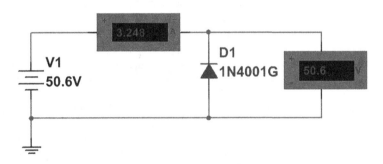

Abb. 2.16 Messschaltung zur statischen Aufnahme der Diodenkennlinie 1N4001 in Sperrrichtung

Tab. 2.7 Tabelle für die Berechnung des Sperrwiderstands der Diode 1N4001 aus der Diodensperrspannung und dem Diodensperrstrom. Über 50,7 V ist keine Simulation mehr möglich, denn der Strom hat bereits über 26 A

Diodensperrspannung in V	50	50,1	50,2	50,3	50,4	50,5	50,6
Diodensperrstrom in A	7 μ	14 μ	121 μ	5,4 m	190 m	1,37	3,24
Sperrwiderstand in Ω	7,1 M	3,6 M	414 k	9,3 k	265	36,8	15

ist. Wird die Schleusenspannung überschritten, so steigt der Strom stark an. Der Kennlinienverlauf wird steiler und dies lässt auf einen niedrigen Widerstandswert schließen.

- Sperrbereich: Legt man an eine Diode eine Spannung in Sperrrichtung, so fließt ein –
  wenn auch geringer – Strom. Er wird durch die Eigenleitung des Halbleiterstoffs bei
  Raumtemperatur ermöglicht und steigt – wie bereits durch Versuch nachgewiesen – mit
  zunehmender Erwärmung. Bis zur Höhe der Durchbruchspannung verläuft die Kennlinie sehr flach. Die Diode ist also in diesem Bereich sehr hochohmig. Beim Erreichen
  der Durchbruchspannung beginnt jedoch der Durchbruch von Ladungsträgern und
  der Strom steigt auch im Sperrbereich an. Hohe Spannung und zunehmender Strom
  ergeben aber eine zunehmende Leistung die man als Verlustleistung bezeichnet. Diese
  führt zu stärkerer Erwärmung und innerhalb kurzer Zeit zur Zerstörung der Diode. Da
  die Spannungs-Strom-Kennlinie einer Diode nicht linear verläuft, ist ihr Widerstand
  nicht konstant. Er hängt von der Größe und Richtung der angelegten Spannung ab.
  Diese Erkenntnis ist für viele Messungen an Dioden oder PN-Übergängen von großer
  Bedeutung für die richtige Beurteilung des Messergebnisses.

Der Verlauf einer Diodenkennlinie lässt auch erkennen, dass man für das Verhalten der
Diode keine mathematische Formel angeben kann. Eine genaue Beurteilung über das
Verhalten einer Diode in einer bestimmten Schaltung ist daher nur mithilfe ihrer Kenn-
linie möglich.

Für die Dioden 1N4001 bis 1N4007 gelten folgende Sperrspannungen:

1N4001	$U_S = 50\,V$
1N4002	$U_S = 100\,V$
1N4003	$U_S = 200\,V$
1N4004	$U_S = 400\,V$
1N4005	$U_S = 600\,V$
1N4006	$U_S = 800\,V$
1N4007	$U_S = 1000\,V$

Die Kennlinie von Abb. 2.17 zeigt das unterschiedliche Verhalten einer Diode im Durchlassbereich und im Sperrbereich. Im Durchlassbereich nimmt der Durchlassstrom I_D
mit zunehmender Durchlassspannung U_D zu. Betrachtet man sich den Sperrbereich,
hat der Sperrstrom I_S zunächst einen sehr geringen Wert, der sich auch nur wenig mit
zunehmender Sperrspannung U_S ändert. Entsprechend hochohmig ist daher auch der
Sperrwiderstand. Wenn die Sperrspannung jedoch die Durchbruchspannung überschreitet, erfolgt ein steiler Anstieg des Sperrstroms. Es kommt zum lawinenartigen
Durchbruch und häufig zur unweigerlichen Zerstörung der Diode.

Eine weitere Ursache von Durchbrüchen in Sperrrichtung sind Einschlüsse von Ver-
unreinigungen, z. B. von Schwermetallatomen, welche in großer Regelmäßigkeit das
Kristallgitter in der Sperrschicht um den PN-Übergang erheblich stören. Man spricht
von einem „weichen" Durchbruch oder von einem „Softfehler". Es entsteht eine

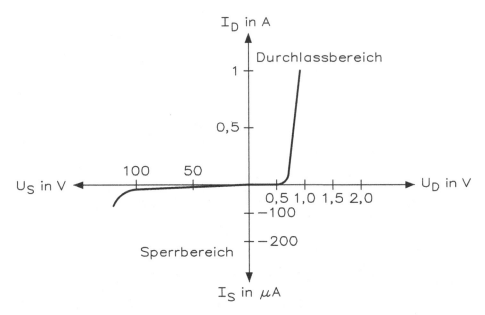

Abb. 2.17 Kennlinie der Diode 1N4002

„Degradierung" der Durchbruchspannung, jedoch ist dabei die Lage des Einschlusses entscheidend. Einschlüsse in der Raumladungszone um den PN-Übergang (ohne diesen zu durchdringen) verursachen „weiche" Durchbrüche, d. h. es fließt bereits ein beträchtlicher Leckstrom in Sperrrichtung, lange bevor die eigentliche Durchbruchspannung erreicht ist. Besonders Einschlüsse von Kupfer- oder Eisenatomen innerhalb der Raumladungszone führen zu weichen Durchbrüchen.

2.2.2 Statischer und dynamischer Innenwiderstand

Setzt man eine Diode in der Praxis ein, unterscheidet man zwischen dem statischen und dem dynamischen Innenwiderstand. Arbeitet man mit Gleichstrom, ergibt sich aus einer Spannungs- und Strommessung der statische Innenwiderstand R_I aus.

$$R_I = \frac{U}{I}$$

Aus der Kennlinie von Abb. 2.18 lässt sich aus den beiden Arbeitspunkten AP jeweils der statische Innenwiderstand für den Durchlassbereich und für den Sperrbetrieb errechnen:

$$R_I = \frac{U}{I} = \frac{0,77V}{0,5A} = 1,54\,\Omega \quad R_I = \frac{U}{I} = \frac{-100V}{-20\,\mu A} = 5\,M\Omega$$

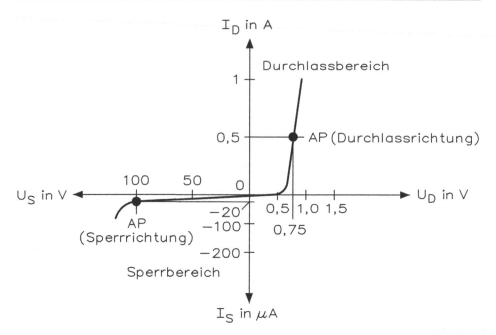

Abb. 2.18 Kennlinie der 1N4002 zur Bestimmung des statischen Innenwiderstands

Betreibt man eine Diode an Wechselspannung, die einer Gleichspannung überlagert ist, lässt sich der dynamische Innenwiderstand bzw. differenzielle Widerstand einer Diode bestimmen.

Aus der Kennlinie von Abb. 2.19 lässt sich der dynamische Innenwiderstand berechnen aus

$$r_i = \frac{\Delta U}{\Delta I} = \frac{0{,}81V - 0{,}74V}{0{,}75A - 0{,}25A} = \frac{0{,}07V}{0{,}5A} = 0{,}14\,\Omega$$

Der statische Innenwiderstand ergibt sich aus der Gleichspannung und dem Gleichstrom. Je nach dem, wo man den Arbeitspunkt auf der Kennlinie einträgt, ändert sich entsprechend der Innenwiderstand. Unter dem dynamischen Innenwiderstand versteht man den Widerstandswert, der sich aus der Spannungs- und Stromänderung ergibt. Dieser Wert stellt gewissermaßen den Wechselstromwiderstand des Bauelements dar.

2.2.3 Dynamische Aufnahme der Kennlinie

Für die dynamische Aufnahme einer Kennlinie benötigt man ein Oszilloskop. Ein Oszilloskop ist grundsätzlich ein spannungsempfindliches Messgerät und aus diesem Grunde kann man Ströme und Widerstände nicht direkt messen.

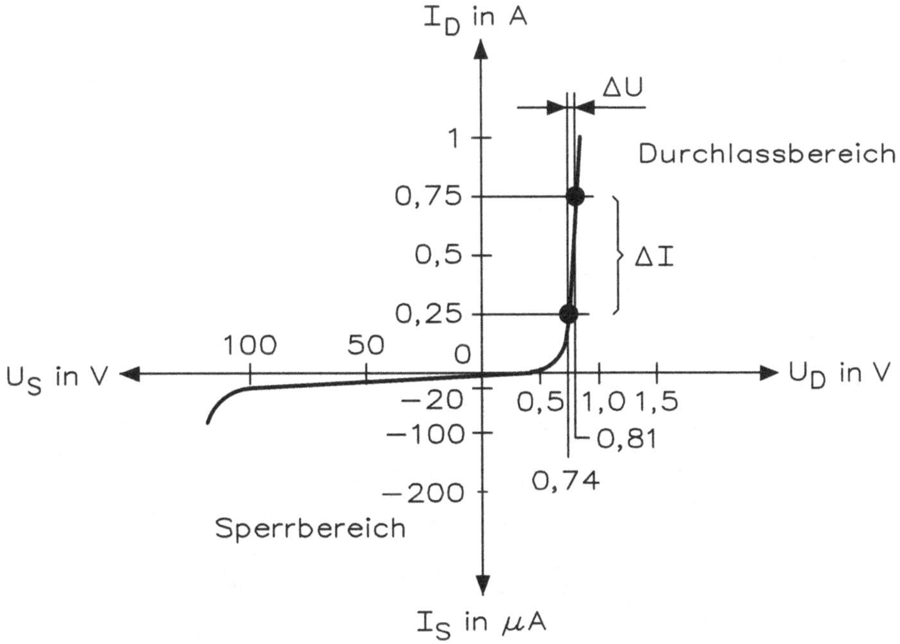

Abb. 2.19 Kennlinie der 1N4002 zur Bestimmung des dynamischen Innenwiderstands

Der Strom (Gleich- oder Wechselstrom) wird normalerweise an dem Spannungsfall gemessen, den er an einem bekannten, induktivitätsfreien Widerstand erzeugt, also durch praktische Anwendung des Ohmschen Gesetzes.

Widerstände lassen sich auf gleiche Weise messen. Zuerst wird der Strom durch ein Bauelement bestimmt und dann der Spannungsfall über den unbekannten Widerstand gemessen. Eine zweite Anwendung des Ohmschen Gesetzes ergibt dann den ohmschen Wert des Widerstands.

Die folgenden Überlegungen zeigen, auf welche Art das gleiche Prinzip angewendet werden kann, um ein Oszilloskop als einfachen Kennlinienschreiber einzusetzen. Das Einfügen eines Widerstands in einen Schaltkreis wird den in diesem Kreis fließenden Strom reduzieren, aber es handelt sich um den reduzierten Stromwert, der tatsächlich gemessen wird.

Ein zweiter Fehler liegt in der Ungenauigkeit beim Ablesen des Oszilloskops vor. Dieser Fehler ist umso größer, je kleiner die Ablenkung des Strahls auf dem Bildschirm ist. Der gewählte Wert des Vorwiderstands muss also niederohmig sein, um eine zu große Reduzierung des Stroms zu vermeiden, und gleichzeitig so hochohmig sein, um eine ausreichende Ablenkung auf dem Bildschirm erzeugen zu können. Es gilt: je niederohmiger der Gesamtwiderstand der Schaltung ist, umso schwieriger wird die Auswahl.

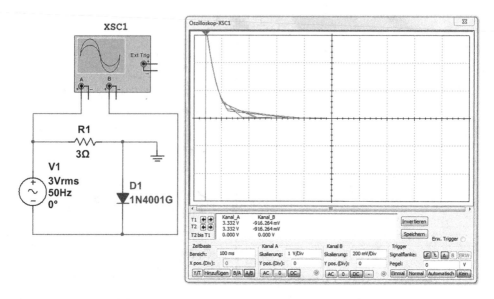

Abb. 2.20 Schaltung zur dynamischen Messung der Diodenkennlinie, wobei die Kennlinie gespiegelt dargestellt ist

In der Praxis hat sich gezeigt, dass das Verhältnis von Vorwiderstand zu Gesamtwiderstand von 1:100 für Gleichspannungsmessungen geeignet ist. Dieses Verhältnis ergibt eine Verfälschung des Stroms um 1 %. Ein solcher Fehler kann bei der Wechselspannungsmessung um den Faktor 10 verkleinert werden und zwar durch die Erhöhung des Verhältnisses auf 1:1000 und Wahl der 10-fachen Empfindlichkeit (AC x 10) des Oszilloskops.

Benutzt man das Oszilloskop, um auf der Y-Achse den Strom und auf der X-Achse die Spannung darzustellen, erhält man einen einfachen Kennlinienschreiber, wie Abb. 2.20 zeigt. Wenn die Darstellungen justiert sind, können die Werte des Stroms direkt abgelesen werden. Da dies aber in der Praxis kaum der Fall ist, muss eine Umrechnung erfolgen.

Die Y-Ablenkung, die durch den Spannungsfall über den 100-Ω-Widerstand erzeugt wird, ist proportional der fließende Strom, d. h.

$$Y - \text{Ablenkung} = \frac{2\,V/Div}{3\,\Omega} = 666\,mA/Div$$

Aus der Y-Ablenkung lässt sich aus der Messung der Innenwiderstand berechnen:

$$R_I = \frac{U}{I} = \frac{0{,}68\,V}{666\,mA} = 1{,}2\,\Omega$$

Im Arbeitspunkt hat die Diode einen Innenwiderstand von 1,7 Ω.

Statt dieser dynamischen Aufnahme der Kennlinie kann man mit einem Kennlinienschreiber arbeiten. Abb. 2.21 zeigt eine Kennlinie der Diode 1N4001 mit Aufnahme durch einen Kennlinienschreiber.

Ein Kennlinienschreiber ist relativ einfach aufgebaut und er enthält zwei Stromversorgungen zur Stimulierung des zu prüfenden Bauteils. Ein Spannungsgenerator simuliert den Steuerpin des Bauteils mit Gleichstrom oder – spannung. Zwei Verstärker überwachen den Strom durch das Bauteil und steuern die vertikale und horizontale Ablenkung des Bildschirms, um die verschiedenen Messwerte darzustellen.

Kennlinienschreiber ermöglichen eine rasche Charakterisierung von zwei- und dreipoligen Bauelementen wie Dioden, Transistoren und so weiter. Sie ermöglichen die Erstellung der charakteristischen Strom-Spannungs-Kurven (I-U) des Bauteils mit hohen Spannungen und Strömen. Sobald die Kurven aufgenommen wurden, lassen sich mithilfe des Bildschirmcursors die jeweiligen Bauteilparameter extrahieren. Hierzu gehören Parameter, wie z. B. die Durchbruchspannung in Sperrrichtung einer Diode, die Kennlinien von MOSFETs oder die Gleichstromverstärkung eines Transistors. Derartige Parameteranalysen sind bei jeder Stufe des Entwurfs, der Entwicklung und der Herstellung

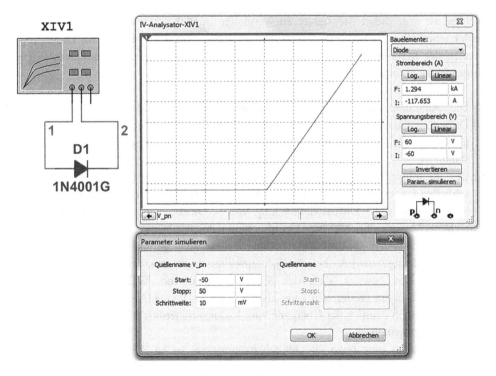

Abb. 2.21 Kennlinie der Diode 1N4001 mit Kennlinienschreiber

von Halbleiterbauelementen erforderlich. Primär werden Kennlinienschreiber für eine Charakterisierung auf Bauteilebene in der Entwicklung, in der Fehleranalyse und für die Wareneingangsprüfung verwendet.

2.2.4   Kennlinien verschiedener Dioden

Um einen grundsätzlichen Vergleich zwischen Dioden aus den verschiedenen Haibleiterstoffen zu ermöglichen, sollen die Kennlinien einer Germaniumdiode (AA118) und einer Siliziumdiode (BA147) aufgenommen und in einem Diagramm dargestellt werden. Da die Sperrspannung für Germanium- und vor allem Siliziumdioden schon verhältnismäßig hoch liegt, muss auf die versuchsmäßige Aufnahme (Praxisversuch mit realen Bauteilen) der Sperrkennlinien bis zum Durchbruch verzichtet werden. Die Sperr-kennlinien für die gemessenen Dioden wurden nach Herstellerangaben in das Kenn-linienfeld eingetragen. Für den Sperrbereich genügt eine Messung bis etwa 50 V. Zur Kennlinienaufnahme kann man sich der schon bekannten Messschaltungen bedienen.

Wegen des Übergangs von hochohmigem zu niederohmigem Verhalten im Durch-lassbereich ergeben sich genaugenommen Messfehler für den Bereich unterhalb der Diffusionsspannung. Da jedoch beide Dioden in der gleichen Messschaltung untersucht werden, ist trotz dieser Messfehler ein Vergleich möglich. Zudem machen sich Mess-fehler unterhalb der Diffusionsspannung wegen des größeren Maßstabs im Durchlass-bereich der Kennlinie praktisch nicht bemerkbar. Zeichnet man die Kennlinien, so ist folgendes zu erkennen:

a) Die Kennlinie der Siliziumdiode verläuft im Durchlassbereich oberhalb der Diffusionsspannung steiler als bei der Germaniumdiode. Die Siliziumdiode besitzt also im Vergleich zur Germaniumdiode den kleineren dynamischen Durchlasswider-stand.

b) Der Kennlinienknick im Durchlassbereich lässt auf die Diffusionsspannungen schließen (ca. 0,2 V für Germanium und ca. 0,6 V für Silizium). Für bestimmte Auf-gaben ist die hohe Diffusionsspannung von Si-Dioden ungünstig. Si-Dioden sind nicht als Messgleichrichter oder Hochfrequenz-Gleichrichter geeignet.

c) Im Sperrzustand fließt über die Dioden nur ein sehr geringer Sperrstrom in der Größenordnung von µA, bei der Siliziumdiode sogar nur in der Größenordnung von nA. Das beweist, dass der Sperrwiderstand von Si-Dioden um mehrere Größenordnungen größer sein kann als der von Ge-Dioden. An den Sperrkennlinien zeigt sich auch deutlich der Übergang zum Ladungsträgerdurchbruch in der Nähe der Durchbruchspannung.

d) Kommt es auf eine hohe Durchbruchspannung an, so ist die Siliziumdiode allen anderen Halbleiterdioden weit überlegen.

Da Selenzellen (wurden bis 1970 hergestellt) meistens nur aus Leistungsgleichrichtern verfügbar sind, ist ein unmittelbarer Vergleich in dem für Kleinleistungsdioden dargestellten Kennlinienfeld nicht möglich. Die wichtigsten Eigenschaften der drei Gleichrichterarten sind in Tab. 2.8 zusammengestellt.

2.2.5 Aufbau von Datenblättern

Der Aufbau der Datenblattangaben entspricht folgendem Schema:

- Kurzbeschreibung
- Abmessungen (mechanische Daten)
- absolute Grenzdaten
- thermische Kenngrößen, Wärmewiderstände
- elektrische Kenngrößen.

Falls es in der Praxis erforderlich ist, sind die Datenblätter mit entsprechenden Vermerken zu versehen, die zusätzliche Informationen über den betriebenen Typ vermitteln.

In der Kurzbeschreibung sind neben der Typenbezeichnung die verwendeten Halbleitermaterialien, die Zonenfolge, die Technologie, die Art des Bauelements und gegebenenfalls der Aufbau gezeigt. Stichwortartig werden die typischen Anwendungen und die besonderen Merkmale aufgeführt.

Für jeden Typ sind in einer Zeichnung die wichtigsten Abmessungen und die Reihenfolge der Anschlüsse dargestellt. Ein Schaltbild ergänzt diese Information. Bei den Gehäuseabbildungen werden die DIN-, JEDEC-, bzw. handelsübliche Bezeichnungen aufgeführt. Das Gewicht des Bauelements ergänzt diese Angaben.

Wenn keine Maßtoleranzen eingetragen sind, gilt folgendes: Die Werte für die Länge der Anschlüsse und für die Durchmesser der Befestigungslöcher sind Minimalwerte. Alle anderen Maße sind dagegen Maximalwerte.

Die genannten Grenzdaten sind absolute Werte und bestimmen die maximal zulässigen Betriebs- und Umgebungsbedingungen. Wird eine dieser Bedingungen überschritten, kann das zur Zerstörung des betreffenden Bauelements führen. Soweit nicht anders angegeben, gelten die Grenzdaten mit einer Umgebungstemperatur von 25 °C. Die meisten Grenzdaten sind statische Angaben und für den Impulsbetrieb werden die zugehörigen Bedingungen genannt.

Die Grenzdaten sind voneinander unabhängig, d. h. ein Gerät, das Halbleiterbauelemente enthält, muss so dimensioniert sein, dass die für die verwendeten Bauelemente festgelegten absoluten Grenzdaten auch unter ungünstigsten Betriebsbedingungen nicht überschritten werden. Diese können hervorgerufen werden durch Änderungen

- an der Betriebsspannung (intern durch einen defekten Spannungsregler, nicht richtig dimensionierter Ausgangsleistung oder durch externe Netzstörungen verursacht)

Tab. 2.8 Eigenschaften der drei Gleichrichterdioden

	Durchbruchspannung V	Diffusionsspannung V	Strombelastbarkeit $\frac{A}{cm^2}$	Zul. Grenz-Temperatur °C	Wirkungsgrad %	Verwendung als
Selenzelle	20...30	0,45	0,1	80	80	Netzgleichrichter, Gegenzelle, Gehörschutz
Germaniumdiode	20...120	0,20	80	75	90	HF-Gleichrichter, Begrenzer, Schalter, Messgleichrichter
Siliziumdiode	100...5000	0,65	200	150	99,6	Leistungsgleichrichter, Begrenzer, Schalter, Kapazitätsdiode

- den Eigenschaften der übrigen elektrischen bzw. elektronischen Bauelemente im Gerät
- den Einstellungen innerhalb des Geräts
- der Belastung am Ausgang oder durch Umwelteinflüsse (Wärme, Feuchtigkeit usw.)
- der Ansteuerung am Eingang und zusätzliche elektrische und mechanische Störungen auf das gesamte System
- den verschiedenen Umgebungsbedingungen
- der Eigenschaften der Bauelemente selbst (z. B. durch Alterung, Verschmutzung oder Verunreinigung durch unsachgemäßen Einbau oder Service, Feuchtigkeit, elektrische bzw. magnetische Einstrahlungen)

Einige thermische Größen, z. B. die Sperrschichttemperatur, der Lagerungstemperaturbereich und die Gesamtverlustleistung, begrenzen den Anwendungsbereich. Daher sind die Werte und Daten im Abschnitt „Absolute Grenzdaten" der Datenblätter aufgeführt. Für die Wärmewiderstände ist ein gesonderter Abschnitt in den Datenblättern vorgesehen. Die Temperaturkoeffizienten sind bei den zugehörigen Parametern unter „Kenngrößen" eingeordnet.

Die für den Betrieb und die Funktion des Bauelements wichtigsten elektrischen Parameter (Minimal-, typische und Maximal-Werte) werden in den Datenblättern mit den zugehörigen Messbedingungen und ergänzenden Kurven aufgeführt. Besonders wichtige Parameter sind mit AQL-Werten (Acceptable Quality Level) ergänzt.

Sind Datenblätter mit „vorläufigen technischen Daten" versehen, so wird mit dieser Angabe darauf hingewiesen, dass sich einige für den betreffenden Typ angegebene Daten noch geringfügig ändern können. Sind Datenblätter dagegen mit dem Hinweis „nicht für Neuentwicklungen" versehen, sind diese Bauelemente für die laufende Serie erhältlich. Neuentwicklungen sollten damit nicht vorgenommen werden.

2.2.6 Begriffserklärungen zu Dioden

Mittels der Begriffserklärungen zu den Dioden ergeben sich weitere Hinweise für den Einsatz in der Praxis. Die folgenden Werte lassen sich zum Teil in der Simulation einstellen.

- Bahnwiderstand r_b (bulk resistance): Widerstand des Halbleitermaterials zwischen der Sperrschicht und den Diodenanschlüssen.
- Dämpfungswiderstand r_p (parallel resistance): Bei HF-Gleichrichtung durch eine Diode bewirkt dieser Parallelwiderstand, dass mit dieser Gleichrichterschaltung ein vorgeschalteter Schwingkreis bedämpft wird.
- Differenzieller Widerstand r_d (differential resistance): Entspricht dem Durchlasswiderstand bzw. dem Sperrwiderstand.
- Diodenkapazität C_D (diode capacitance): Gesamte zwischen den Diodenanschlüssen wirksame Kapazität, die sich aus der Gehäusekapazität, der Sperrschichtkapazität und eventuell zusätzlichen parasitären Kapazitäten zusammensetzt.

- Durchbruchspannung U_{BR} (breakdown voltage): Spannung in Sperrrichtung und von dieser ab wird eine geringe Spannungserhöhung einen steilen Anstieg des Sperrstroms verursachen. Sie wird angegeben als Spannung bei einem bestimmten, in den Datenblättern vermerkten Wert des Sperrstroms.

- Durchlassspannung U_F (forward voltage): Spannung an den Anschlüssen der Diode, die so gepolt ist, dass ein Durchlassstrom fließt bzw. die im Durchlasszustand an den Anschlüssen der Diode auftretende Spannung.

- Durchlassstrom I_F (forward current): Der im Durchlasszustand durch die Diode fließende Strom.

- Durchlassverzögerungszeit: Siehe unter Vorwärtserholzeit.

- Durchlasswiderstand r_F (forward resistance): Quotient von Durchlassspannung und zugehörigem Durchlassstrom.

- Durchlasswiderstand, differenzieller Δr_F (forward resistance, differential): Widerstand für kleine Wechselspannungen bzw. Wechselströme in einem Punkt der Kennlinie in Durchlassrichtung.

- Gehäusekapazität C_{Case} (Case capacitance): Kapazität des Gehäuses ohne Halbleiterbauelement.

- Integrationszeit t_{av} (integration time): Die in den „Technischen Daten" unter „Absolute Grenzdaten" genannten Gleichwerte können mit Einschränkung kurzzeitig überschritten werden. Maßgebend ist der arithmetische Mittelwert von Strom bzw. Spannung, der über ein Zeitintervall mit der Dauer der Integrationszeit gebildet wird. Für jedes Zeitintervall dieser Dauer darf der arithmetische Mittelwert die absoluten Grenzwerte von Strom bzw. Spannung nicht überschreiten.

- Richtstrom I_{FAV} (average rectified output current): Arithmetischer Mittelwert des Durchlassstroms bei Verwendung einer Diode als einzelner Gleichrichter oder innerhalb einer Gleichrichterbrücke. Der maximal zulässige Richtstrom hängt von dem Scheitelwert der in den Stromstoßpausen anliegenden Sperrspannung ab. Unter „Absolute Grenzdaten" sind angegeben der maximal zulässige Richtstrom für Diodenspannung Null in der Stromflussphase oder der maximal zulässige Richtstrom für Belastung der Diode mit einem Scheitelwert U_{RRM} in der Stromflussphase. Bemerkung: I_{FAV} nimmt mit zunehmender Belastung in Sperrrichtung während der Stromflussphasen ab.

- Effektiver Durchlassstrom $I_v = I_{FRMS}$: Es ist in der Praxis üblich, den Quotienten des effektiven Durchlassstroms $I_v = I_{FRMS} =$ (Forward Root Mean Square = quadratischer Mittelwert = Effektivwert in Flussrichtung) zum arithmetischen Mittelwert I_v des Ausgangsstroms anzugeben.

- Richtwirkungsgrad, Spannungsrichtverhältnisse μ_r (rectification efficiency): Maß für den Wirkungsgrad bei der Gleichrichtung von HF-Wechselspannungen. Sie stellt das Verhältnis der Gleichspannung am Lastwiderstand (Richtspannung) zum Scheitelwert der sinusförmigen HF-Eingangswechselspannung dar.

Abb. 2.22 Zeitliche Angaben für den Sperrverzug bei Dioden, wenn der Strom sprungartig geändert wird

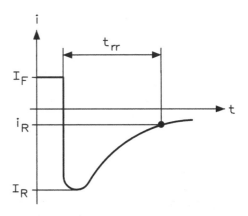

- Rückwärtserholzeit, Sperrverzögerungszeit, Sperrverzug t_{rr} (reverse recovery time): Wie Abb. 2.22 zeigt, gibt die Zeitspannung t_{rr} an, die der Strom benötigt, um einen bestimmten festgelegten Sperrstrom i_R zu erreichen, wenn sprungförmig von einem bestimmten Durchlassstrom I_F auf eine angegebene Sperrbedingung (z. B. I_R) umgeschaltet wird.
- Serienwiderstand r_S (series resistance): Der in der Ersatzschaltung angegebene Widerstand, der sich aus dem Bahnwiderstand, dem Kontaktwiderstand und dem Widerstand der Zuleitungen zusammensetzt.
- Sperrschichtkapazität C_J (Junction capacitance): Kapazität zwischen den beiden an die Sperrschicht der Diode angrenzenden Bereichen. Sie nimmt mit steigender Sperrspannung ab.
- Sperrspannung U_R (reverse voltage): Spannung an den Anschlüssen der Diode, die so gepolt ist, dass ein Sperrstrom fließt bzw. die im Sperrzustand an den Anschlüssen der Diode auftretende Spannung.
- Sperrstrom I_R (reverse current): Der im Sperrzustand durch die Diode fließende Strom.
- Sperrverzögerungszeit: Siehe Rückwärtserholzeit.
- Sperrverzug: Siehe Rückwärtserholzeit.
- Sperrwiderstand R_R (reverse resistance): Quotient von Sperrspannung und zugehörigem Sperrstrom.
- Sperrwiderstand, differenzieller Δr_r (reverse resistance, differential): Widerstand für kleine Wechselspannungen bzw. Wechselströme in einem Punkt der Kennlinie innerhalb der Sperrrichtung.
- Spitzendurchlassstrom I_{FRM} (peak forward current): Scheitelwert des Durchlassstroms bei sinusförmigem Betrieb für eine Betriebsfrequenz $f \geq 25$ Hz bzw. bei nicht sinusförmigem Betrieb für eine Impulsfolgefrequenz $f \geq 25$ Hz und für ein Tastverhältnis $t_p/T \leq 0,5$.

Abb. 2.23 Zeitliche Angaben
über die Vorwärtserholzeit, die
Durchlassverzögerungszeit
und den Durchlassverzug t_{fr} für
Dioden

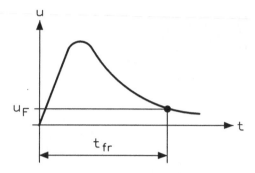

- Spitzensperrspannung U_{RRM} (peak reverse voltage): Scheitelwert der Sperrspannung
  für eine Betriebsfrequenz $f \geq 25$ Hz sowohl bei sinusförmiger als auch bei rechteck-
  förmiger Aussteuerung.
- Stoßdurchlassstrom I_{FSM} (peak surge forward current): Höchstzulässiger
  Überlastungsstromstoß in Durchlassrichtung mit einer maximalen Dauer von 1 s, falls
  nicht anders angegeben. Der Stoßdurchlassstrom ist kein definierter Betriebswert. Bei
  Wiederholungen können bleibende Änderungen zum Nachteil der Kennwerte und
  damit für das Bauteil auftreten.
- Stoßsperrspannung U_{RSM} (peak surge reverse voltage): Höchstzulässiger
  Überlastungsspannungsstoß in Sperrrichtung. Die Stoßsperrspannung ist kein Betriebs-
  wert. Bei Wiederholungen können bleibende Änderungen in den Kennwerten zum Nach-
  teil des Bauelements auftreten.
- Verlustleitung P_v (power dissipation): In Wärme umgesetzte elektrische Leistung.
  Falls nicht anders angegeben, ist der unter „Absolute Grenzdaten" aufgeführte Wert
  für den Fall definiert, dass die Diodenanschlüsse in einem definierten Abstand vom
  Gehäuse auf der Umgebungstemperatur $f_{am} = 25\,°C$ gehalten werden.
- Vorwärtserholzeit, Durchlassverzögerungszeit, Durchlassverzug t_{fr} (forward recovery
  time): Abb. 2.23 zeigt die Zeitspanne, die die Spannung benötigt, um einen bestimmten
  festgelegten Wert u_F zu erreichen, wenn sprungförmig von der Spannung Null oder
  von einer bestimmten Sperrspannung auf eine angegebene Durchlassbedingung
  umgeschaltet wird. Diese Verzögerungszeit wird besonders bemerkbar, wenn große
  Ströme in kurzer Zeit geschaltet werden. Die Ursache ist, dass der Durchlasswiderstand
  im Einschaltzeitpunkt wesentlich größer sein kann als der Durchlasswiderstand für
  Gleichstrom (induktives Verhalten). Dieses kann bei Stromsteuerung zu hohen Augenblickswerten der Verlustleistung und damit zur Zerstörung der Dioden führen.

2.3 Gleichrichterschaltungen mit Dioden

Wegen ihres ausgeprägten Durchlass- oder Sperrverhaltens wird die Diode zur Gleichrichtung von Wechselströmen eingesetzt. Schaltet man in einen Wechselstromkreis eine
Diode in Reihe zum Verbraucher, so kann der Strom immer nur in einer Richtung – nämlich

in Durchlassrichtung der Diode – fließen, denn für die entgegengesetzte Stromrichtung ist die Diode so hochohmig, dass praktisch ein kaum messbarer Strom fließt.

Die Berechnung der Verlustleistung einer Diode ist.

$$P_v = U_F \cdot I_F$$

P_v: Allgemeine Verlustleistung in W
U_F: Durchlassspannung in V
I_F: Durchlassstrom in A
P_{max}:   maximale Verlustleistung in W
P_{tot}:   Gesamtverlustleistung in W

Die Gesamtverlustleistung einer Diode beträgt $P_{tot} = 1$ W, d. h. die maximale oder zulässige Verlustleistung liegt dann bei

$$P_{max} = 0{,}9 \cdot P_{tot}$$

Beispiel: Die zulässige Verlustleistung ist zu berechnen mit den Daten für $U_F = 0{,}7$ V; $P_{tot} = 1$ W; $I_F = ?$

$$I_F = \frac{P_{max}}{U_F} = \frac{0{,}9 \cdot 1W}{0{,}7V} = 1{,}28A$$

Abb. 2.24 zeigt das Symbol und die Verlustleistung für eine Diode.

2.3.1 Einweggleichrichter

Die einfachste Form des Wechselstroms ist der sinusförmige Wechselstrom, d. h., das Spannungs- bzw. Strom-Zeit-Diagramm stellt eine Sinuskurve dar. Im Stromkreis mit eingeschalteter Diode kann aber von den beiden Halbwellen des Wechselstroms nur eine über den Verbraucher fließen und während der anderen Halbperiode ist die Diode

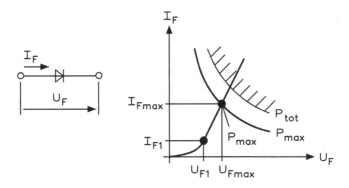

Abb. 2.24 Symbol und die Verlustleistung für eine Diode

gesperrt. Wenn aber kein Strom über den Verbraucherwiderstand fließt, dann tritt an ihm auch kein Spannungsfall auf. Man erkennt daraus, dass der Verbraucherwiderstand R_1 nur während einer Halbperiode Strom oder Spannung erhält. Wegen dieser Eigenschaft bezeichnet man die einfachste Gleichrichterschaltung als Einweggleichrichterschaltung oder kurz Einwegschaltung.

Abb. 2.25 zeigt die Einwegschaltung und diese hat die Kurzbezeichnung M1U oder Einpuls-Mittelpunktschaltung mit Diode. Das Oszilloskop zeigt den zeitlichen Verlauf des Gleichstroms, der durch eine Einweggleichrichterschaltung aus sinusförmigem Wechselstrom gewonnen wurde. Da der Strom am Widerstand R_1 einen Spannungsfall ohne Phasenverschiebung verursacht, hat die Spannung am Widerstand R den gleichen zeitlichen Verlauf. Man bezeichnet diese Stromart in der Stromversorgungstechnik als pulsierenden Gleichstrom. Zur Darstellung des zeitlichen Verlaufs bietet sich das Oszilloskop an.

Der Y_A-Eingang des Oszilloskops ist auf AC und Y_B auf DC zu schalten. Ist der Schalter geschlossen, so zeigt sich auf dem Bildschirm ein sinusförmiges Wechselstromdiagramm. Man erkennt deutlich die Übereinstimmung mit dem in Abb. 2.25 dargestellten Diagramm. Die Ausgangsspannung ist um $U_D = 0,7$ V geringer als die Eingangsspannung. Vom Gleichstrom spricht man noch nicht, sondern von einem pulsierenden Gleichstrom.

In erster Annäherung kann man die Frequenz der Welligkeit mit der Frequenz des gleichgerichteten Wechselstroms gleichsetzen; d. h., ein durch Einwegschaltung gleichgerichteter Wechselstrom mit $f = 50$ Hz erzeugt in einem Kopfhörer oder Lautsprecher einen tiefen Ton mit $f = 50$ Hz.

Der zeitliche Mittelwert der pulsierenden Gleichspannung ist bei Einweggleichrichtung verhältnismäßig gering und er beträgt nur 45 % vom Effektivwert der Wechselspannung, d. h. dass – abgesehen von den Spannungsverlusten an der Diode – ein Spannungsmesser vor der Diode eine Wechselspannung von 12 V zeigt, hinter der Diode dagegen nur eine Gleichspannung von 5 V anzeigen wird, und das ist in der Messschaltung mithilfe der beiden Spannungsmesser nachweisbar.

Mittels der simulierten Schaltung kann man folgende Schaltungskennwerte berechnen, wobei u_e mit U_e gleich ist $u_e = \frac{U_{max}}{\sqrt{2}}$

- Spitzenwert der Ausgangsspannung: $U_{gl max} = U_{max} = \sqrt{2} \cdot U_e$
- Arithmetischer Mittelwert der Gleichspannung: $U_- = 0,318 \cdot U_{max} = 0,45 \cdot U_e$
- Spitze-Spitze-Wert der Brummspannung: $U_{BrSS} = U_{max} = \sqrt{2} \cdot U_e$
- Frequenz der Brummspannung: $U_{Br} = f_e$, wobei f_e die Frequenz der Eingangsspannung u_e ist
- Spitzenwert des Ausgangsstroms: $I_{FM} = \frac{\sqrt{2} \cdot U_e}{R_1}$

- Arithmetischer Mittelwert des Gleichstroms:
  $I_- = 0,318 \cdot I_{FM} = 0,45 \cdot I_e = \frac{U_-}{R_1}$ mit $I_e = \frac{U_e}{R_1} = \frac{I_{FM}}{\sqrt{2}}$

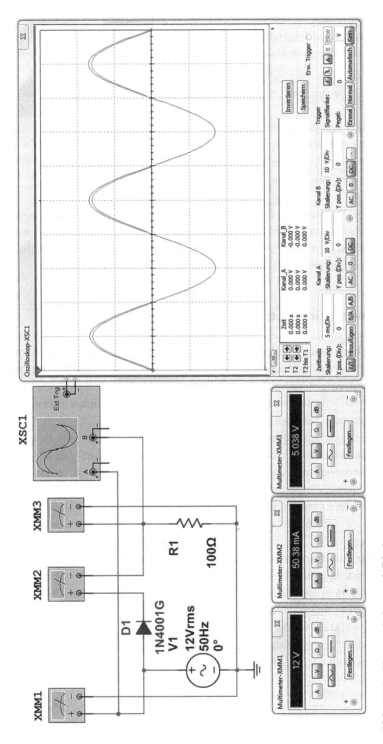

Abb. 2.25 Einwegschaltung mit Diode

- Bei allen Gleichrichterschaltungen ist darauf zu achten, dass die Dioden nicht über-
  lastet werden. Es sind folgende Werte zu beachten:
- Spitzenwert des Stroms in Durchlassrichtung: $I_{FM} = \frac{\sqrt{2} \cdot U_e}{R_1}$
- Spitzenwert des Spannung in Sperrrichtung: $U_{BM} = \sqrt{2} \cdot U_e$

Es ergibt sich für die simulierte Schaltung in Abb. 2.25:

- Spitzenwert der Ausgangsspannung: $U_{max} = \sqrt{2} \cdot U_e = 1{,}41 \cdot 12V = 17V$
- Arithmetischer Mittelwert der Gleichspannung: $U_- = 0{,}45 \cdot U_e = 1{,}41 \cdot 12\ V = 17\ V$
- Spitze-Spitze-Wert der Brummspannung: $U_{BrSS} = \sqrt{2} \cdot U_e = 1{,}41 \cdot 12V = 17V$
- Frequenz der Brummspannung: $f_e = 50\ Hz$

Ein wesentlicher Nachteil der Einwegschaltung ist, dass nur je eine Halbperiode des
Wechselstroms ausgenutzt wird. Um aus pulsierendem Gleichstrom reinen Gleich-
strom (gleichbleibende Größe) zu gewinnen, muss man hinter den Gleichrichter einen
Elektrolytkondensator und eine Siebkette schalten.

2.3.2 Zweiweggleichrichter

Die Zweiweggleichrichter-Schaltung wird auch als Zweiwegschaltung bezeichnet oder
man verwendet die Kurzbezeichnung M2U. Beide Halbwellen des Wechselstroms in
der M2U werden ausgenutzt, aber man benötigt für die Realisierung einen Netztrans-
formator mit zwei Sekundärwicklungen. Die Schaltung wurde früher überwiegend für
Netzgleichrichter mit Röhren angewandt.

Für die Zweiwegschaltung in Abb. 2.26 wird ein Transformator mit zwei in Reihe
geschalteten Sekundärwicklungen benötigt. Wegen dieses Aufwands hat die Zweiwegschaltung in Stromversorgungsanlagen keine Bedeutung mehr. Betrachtet man den
Zustand der Gleichrichterdioden, gilt für die positive Halbwelle, dass die obere Diode
leitend und die untere gesperrt ist. Dagegen ist für die negative Halbwelle nur die untere
Diode durchlässig und die obere gesperrt. Aufgrund der Schaltung werden aber jetzt
beide Halbwellen des Wechselstroms in gleicher Richtung über den Verbraucher geleitet.
Der Verbraucher erhält pulsierenden Gleichstrom, dessen zeitlicher Verlauf in Abb. 2.26
wiedergegeben ist. In erster Annäherung ergibt sich für die Welligkeit des pulsierenden
Gleichstroms die doppelte Frequenz gegenüber dem zugeführten Wechselstrom. Ein
nachgeschalteter Kopfhörer würde bei Gleichrichtung eines Wechselstroms mit $f = 50$ Hz
einen Ton mit $f = 100$ Hz wiedergeben (1 Oktave höher).

Mittels der simulierten Schaltung von Abb. 2.26 kann man folgende Schaltungskenn-
werte berechnen, wobei u_e mit U_e gleich ist.

$$u_e = \frac{U_{max}}{\sqrt{2}}$$

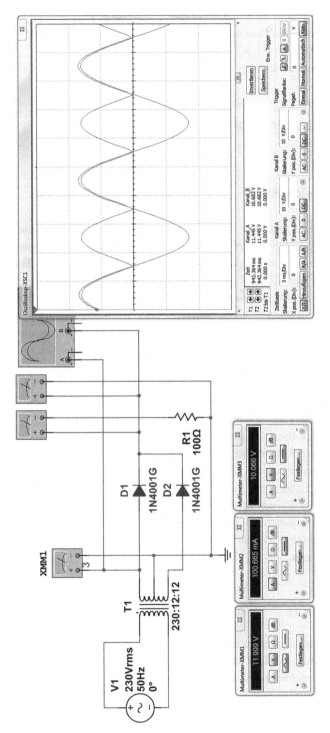

Abb. 2.26 Zweiweggleichrichter mit Transformator

- Spitzenwert der Ausgangsspannung: $U_{gl\max} = U_{\max} = \sqrt{2} \cdot U_e$
- Arithmetischer Mittelwert der Gleichspannung: $U_- = 0,636 \cdot U_{\max} = 0,45 \cdot U_e$
- Spitze-Spitze-Wert der Brummspannung: $U_{BrSS} = U_{\max} = \sqrt{2} \cdot U_e$
- Frequenz der Brummspannung: $U_{Br} = 2 \cdot f_e$, wobei f_e die Frequenz der Eingangs-spannung u_e ist
- Spitzenwert des Ausgangsstroms: $I_{FM} = \frac{\sqrt{2} \cdot U_e}{R_1}$

- Arithmetischer Mittelwert des Gleichstroms:
  $$I_- = 0,636 \cdot I_{FM} = 0,45 \cdot I_e = \frac{U_-}{R_1} \ mit \ I_e = \frac{U_e}{R_1} = \frac{I_{FM}}{\sqrt{2}}$$

2.3.3 Brückengleichrichter

Die in Abb. 2.27 wiedergegebene Brückenschaltung verbindet die Vorteile eines ein-fachen Aufbaus mit der Ausnutzung beider Halbwellen des Wechselstroms, denn hier ist kein teurer Transformator mit zwei Sekundärwicklungen erforderlich. Die Brücken-schaltung wird daher zur Wechselstrom-Gleichrichtung am häufigsten angewandt. Sie besteht aus vier zu einer Brücke zusammengeschalteten Dioden. Dieser Brückengleich-richter wird auch als Zweipuls-Brücken-Schaltung oder mit B2U gekennzeichnet.

Die Wirkungsweise lässt sich am einfachsten erklären, wenn man die Schaltung jeweils bei positiver und negativer Halbwelle des zugeführten Wechselstroms betrachtet. Man nimmt an, dass bei der positiven Halbwelle der Strom vom oberen Anschluss der Wechselstromquelle abfließt. Für diese Stromrichtung sind aber nur zwei Dioden durch-lässig, während die anderen zwei Dioden sperren. Den Nachweis für die Richtigkeit dieser Überlegungen lässt sich mit dem Oszilloskop überprüfen.

Auch hier zeigt sich die Übereinstimmung mit dem in Abb. 2.27 dargestellten Dia-gramm. Da bei der Brückengleichrichtung beide Halbwellen des zugeführten Wechsel-stroms ausgenutzt werden, ist der zeitliche Mittelwert der am Verbraucher R_1 liegenden pulsierenden Gleichspannung entsprechend doppelt so groß wie bei der Einweggleich-richtung. Er beträgt 90 % vom Effektivwert der angelegten Wechselspannung, was an den simulierten Spannungsmessern abzulesen ist.

Mittels der simulierten Schaltung von Abb. 2.27 kann man folgende Schaltungskenn-werte berechnen, wobei u_E mit U_E gleich ist.

$$u_e = \frac{U_{\max}}{\sqrt{2}}$$

- Spitzenwert der Ausgangsspannung: $U_{gl\max} = U_{\max} = \sqrt{2} \cdot U_e$
- Arithmetischer Mittelwert der Gleichspannung: $U_- = 0,636 \cdot U_{\max} = 0,45 \cdot U_e$
- Spitze-Spitze-Wert der Brummspannung: $U_{BrSS} = U_{\max} = \sqrt{2} \cdot U_e$
- Frequenz der Brummspannung: $U_{Br} = 2 \cdot f_e$, wobei f_E die Frequenz der Eingangs-spannung u_E ist

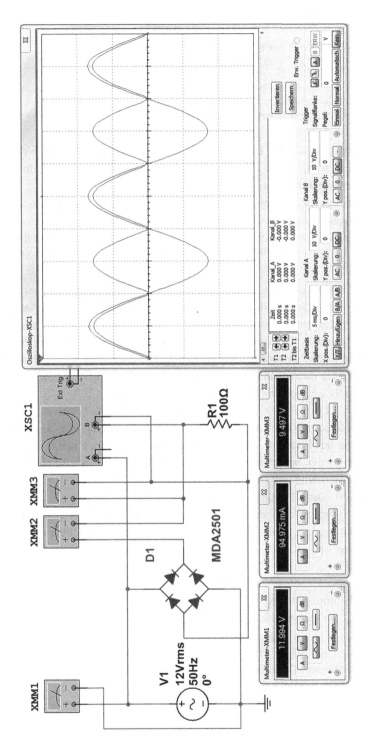

Abb. 2.27 Brückengleichrichter

- Spitzenwert des Ausgangsstroms: $I_{FM} = \frac{\sqrt{2} \cdot U_e}{R_1}$

- Arithmetischer Mittelwert des Gleichstroms:
  $I_- = 0,636 \cdot I_{FM} = 0,45 \cdot I_e = \frac{U_-}{R_1}$ mit $I_e = \frac{U_e}{R_1} = \frac{I_{FM}}{\sqrt{2}}$

2.3.4 Drehstrom-Mittelpunkt-Schaltung

Diese Schaltung besteht aus drei Dioden, die von den drei Strangspannungen des Drehstromnetzes gespeist werden. Die Anschlüsse L_1, L_2, L_3 und N werden deshalb an einen Drehstromerzeuger angeschlossen, wie Abb. 2.28 zeigt.

Drehstrom-Einweggleichrichter werden auch als Drehstrom-Mittelpunkt-Schaltung oder M3U bezeichnet.

Zwischen den einzelnen Leitern L_1, L_2 und L_3 und dem Nullleiter N liegen die einzelnen Strangspannungen U_{1N}, U_{2N} und U_{3N}, die untereinander eine gegenseitige Phasenverschiebung von 120° aufweisen.

Jede der drei Dioden ist immer dann in Durchlassrichtung geschaltet, wenn an der Anode ein positiveres Potential liegt als an der Katode. Während des Zeitraumes von $t = 0$ bis t_1 führt der Leiter L_3 die größte (positive) Spannung U_{3N}. Der durch diese Spannung über D_3 und R_1 fließende Strom ruft an dem Widerstand R_1 eine Spannung hervor, die – unter Vernachlässigung des Spannungsfalls an der Diode D_3 – dem Verlauf von u_{3N} entspricht. Da die Spannung u_{1N} während dieser Zeitspanne kleiner als u_{3N} ist und u_{2N} sogar negativ ist, werden die Dioden D_1 und D_2 gesperrt.

Im Zeitraum $t = 0$ bis t_1 folgt also die Ausgangsspannung u_{g1} der Strangspannung u_{3N} des Leiters L_3. Im Zeitraum t_1 bis t_2 ist u_{1N} die positivste Spannung, damit wird nun u_{g1} der Strangspannung des Leiters L_1 folgen. Ebenso in der Zeitspanne von t_2 nach t_3. Hier ist u_{2N} die größte positive Spannung und damit $u_{g1} = u_{2N}$. In dieser Weise ergibt sich die in der Abb. 2.28 dargestellte pulsierende Gleichspannung U_{g1}.

Der Spitzenwert der Ausgangsspannung wird mit $U_{Str} = U_{1N} = U_{2N} = U_{3N}$ der Effektivwert der Strangspannungen bezeichnet und so ergibt sich für den Spitzenwert der Ausgangsspannung U_{glmax} bei Vernachlässigung der Spannungsfälle an den Dioden folgende Beziehung:

$$U_{glmax} = \sqrt{2} \cdot U_{Str}$$

- Frequenz der Brummspannung: Ist f_e die Frequenz einer Strangspannung, so gilt für die Frequenz f_{Br} der ausgangsseitigen Brummspannung:

$$f_{Br} = 3 \cdot f_e$$

- Bemessung der Dioden: Der Spitzenstrom in Durchlassrichtung ist

$$I_{FM} = \frac{U_{glmax}}{R_1} = \frac{\sqrt{2} \cdot U_{Str}}{R_1}$$

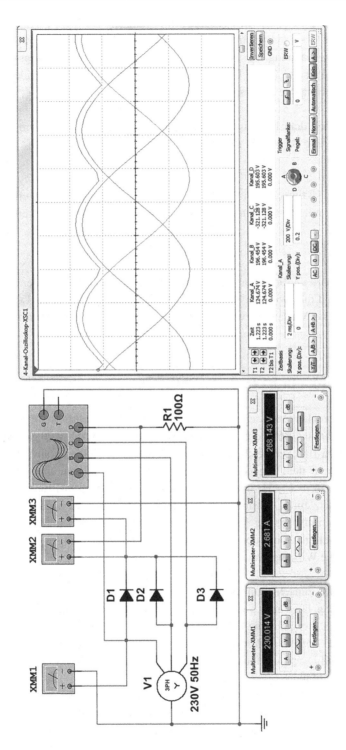

Abb. 2.28   Drehstrom-Einweggleichrichter

- Spitzenspannung in Sperrrichtung: Betrachtet man im Zeitraum zwischen $t=0$ und t_1 die Diode D_2, so stellt man anhand von Abb. 2.28 fest, dass an ihrer Katode die positive Strangspannung u_{3N} und an ihrer Anode die negative Strangspannung U_{2N} anliegt, d. h. über der Diode D_2 fällt die Spannung zwischen den beiden Leitern L_2 und L_3, die sogenannte Leiterspannung u_{23} ab.

Hinweis: Zwischen dem Effektivwert einer Strangspannung U_{str} und dem Effektivwert einer Leiterspannung U_L besteht folgender Zusammenhang:

$$U_L = \sqrt{3} \cdot U_{Str}$$

Um aus dem Effektivwert den Maximalwert der Leiterspannung zu erhalten, muss dieser Wert noch mit $\sqrt{2}$ multipliziert werden. Für die Spitzensperrspannung erhält man demzufolge:

$$U_{RM} = \sqrt{2} \cdot \sqrt{3} \cdot U_{Str}$$

Bei Drehstrom wird die Spannung zwischen einem Leiter und dem Nullleiter als Strangspannung U_{Str} und die zwischen zwei Leitern herrschende Spannung als Leiterspannung U_L bezeichnet. Das Verhältnis zwischen beiden ist der Verkettungsfaktor mit der Größe $\sqrt{3}$.

2.3.5 Drehstrom-Brückengleichrichter

Der Drehstrom-Brückengleichrichter wird auch als Drehstrom-Sechspuls-Brücken-Schaltung oder mit der Abkürzung B6U bezeichnet und die Schaltung ist in Abb. 2.29 gezeigt.

Der Drehstrom-Brückengleichrichter kann mit und ohne Nullleiter ausgeführt werden. Deshalb werden in den folgenden Ausführungen die Leiterspannungen (Spannungen zwischen den Leitern L_1, L_2 und L_3) betrachtet. Der Drehstrom-Brückengleichrichter nutzt im Gegensatz zum Drehstrom-Einweggleichrichter auch die negativen Halbwellen der Eingangswechselspannung aus. Mit dieser Schaltung erreicht man daher eine noch geringere Restwelligkeit bei der ausgangsseitigen Gleichspannung u_{gl}, die am Widerstand R_1 liegt. Die Wirkungsweise ist:

a) Betrachtet wird zunächst nur die Zeitspanne zwischen t_0 und t_1: Die größte positive Strangspannung liegt an L_3, die größte negative Strangspannung an L_2. Die daraus resultierende Leiterspannung u_{23} verursacht einen Stromfluss von L_3 ausgehend über D_3, R_1 und D_5 nach L_2. Vernachlässigt man die Spannungsfälle an den leitenden Dioden D_3 und D_5, so wird am Lastwiderstand R_1 in der Zeit von t_0 bis t_1 die Leiterspannung u_{23} abfallen.

Alle anderen Dioden sind gesperrt und das geht aus folgender Überlegung hervor: Die Anode der Diode D_5 weist ein negatives Potential auf, das sich aus dem Augenblickswert der Strangspannung u_{2N} ergibt abzüglich dem Spannungsfall an D_5 (z. B.

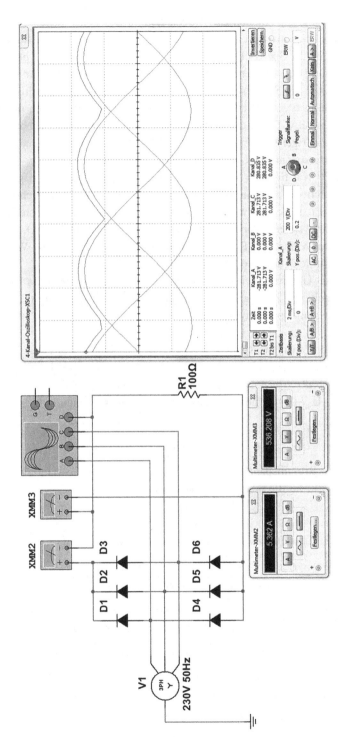

Abb. 2.29 Drehstrom-Brückengleichrichter

0,7 V). Dadurch sind die Anoden der Dioden D_4 und D_6 ebenso negativ. Die Katode von D_4 ist jedoch positiv durch die Strangspannung u_{1N} und an D_4 liegt also die Leiterspannung u_{12} in Sperrrichtung. Genauso ist die Katode von D_6 positiv durch die Strangspannung u_{3N}. Die Dioden D_4 und D_6 sind somit gesperrt. An der Katode von D_3 liegt das um die Schleusenspannung (z. B. 0,7 V) niedrigere positive Potential der Strangspannung u_{3N}, weil diese Diode leitend ist. Damit sind auch die Katoden von D_1 und D_2 positiv. Da in der betrachteten Zeitspanne die Anodenpotentiale der beiden Dioden niedriger sind, sperren diese. D_1 ist durch die Leiterspannung u_{31} und D_2 durch die Leiterspannung u_{23} in Sperrrichtung geschaltet.

b) Gemäß Abb. 2.29 war bis zum Zeitpunkt t_1 die Leiterspannung u_{23} am größten und bestimmte dadurch die Ausgangsspannung u_{gl}. Für die nun zu betrachtende Zeitspanne von t_1 bis t_2 ist jedoch u_{12} die größte Leiterspannung. Deshalb stellt sich nun ein anderer Stromweg ein: Von D_1 ausgehend fließt der Strom über D_1, R_1 und D_5 nach L_2. An dem Widerstand R_1 fällt jetzt die Leiterspannung u_{12} ab. Wie unter a) lässt sich nun ermitteln, dass die Dioden D_2 bis D_4 und D_6 gesperrt sind.

c) Führt man diese Überlegungen weiter fort, so ist festzustellen, dass in jeder in Abb. 2.29 angegebenen Zeitspanne jeweils die größte Leiterspannung (positive oder negative) zur Ausgangsspannung u_{gl} wird.

- Spitzenwert der Ausgangsspannung: Wird mit U_{Str} der Effektivwert der einzelnen Strangspannungen, mit U_L der Effektivwert der einzelnen Leiterspannungen und mit U_{Lmax} der Spitzenwert der Leiterspannungen bezeichnet, so ergibt sich, da $U_L = \sqrt{3} \cdot U_{Str}$ ist, für den Spitzenwert der Ausgangsspannung U_{glmax} folgende Beziehung:

$$U_{glmax} \approx U_{Lmax} = \sqrt{2} \cdot U_L = \sqrt{2} \cdot \sqrt{3} \cdot U_{Str}$$

- Frequenz der Brummspannung: Ist f_e die Frequenz einer Strang- bzw. Leiterspannung, so gilt für die Frequenz f_{Br} der Brummspannung

$$f_{Br} = 6 \cdot f_E$$

- Bemessung der Dioden: Der Spitzenstrom in Durchlassrichtung ist

$$I_{FM} = \frac{U_{glmax}}{R_1} = \frac{U_{Lmax}}{R_1} = \frac{\sqrt{2} \cdot U_L}{R_1} = \frac{\sqrt{2} \cdot \sqrt{3} \cdot U_{Str}}{R_1}$$

Aus der Beschreibung der Wirkungsweise geht hervor, dass an den jeweils gesperrten Dioden die Leiterspannung liegt. Damit gilt also für den Spitzenstrom in Sperrrichtung.

$$U_{RM} = U_{Lmax} = \sqrt{2} \cdot U_L = \sqrt{2} \cdot \sqrt{3} \cdot U_{Str}$$

Durch die weitverbreitete Drehstrom-Netzversorgung ist auch die Drehstromgleichrichtung in vielen Bereichen eingeführt worden. Das größte Anwendungsgebiet ist die Galvano- und Schweißtechnik, sowie die Netzanlagen der Nachrichtentechnik.

Auch in der Kraftfahrzeugtechnik findet heute die Drehstromgleichrichtung Anwendung, denn im Kraftfahrzeug werden vielfach Drehstromlichtmaschinen zur Stromerzeugung eingesetzt, wobei der Drehstrom durch eine Brückenschaltung gleichgerichtet wird.

2.3.6 Einphasengleichrichter mit Ladekondensator

Will man die Spannungs- und Stromverläufe am Ausgang von Gleichrichtern mit Ladekondensator richtig deuten, so muss man die Vorgänge, die sich in den Gleichrichterschaltungen ablaufen, etwas genauer betrachten als dies in den vorangegangenen Abschnitten der Fall war. Ausdrücklich vernachlässigt wurde dort jeweils der Spannungsfall an den Dioden und außerdem wurde auf den Innenwiderstand R_i der Wechselspannungsquelle nicht eingegangen.

Für den zu untersuchenden Einweggleichrichter von Abb. 2.30 werden zwei unterschiedliche Fälle angenommen:

a) Ausgang unbelastet ($R_1 = \infty$, Schalter offen): Während der positiven Halbwelle wird sich der Ladekondensator C_1 auf die Leerlaufspannung der Spannungsquelle abzüglich des Spannungsfalls U_D an der Diode aufladen. Sobald die Eingangsspannung unter die Ladespannung des Kondensators absinkt, sperrt die Diode und der Kondensator kann sich somit nicht mehr entladen. Ausgangsseitig ergibt sich demzufolge eine Gleichspannung mit dem folgenden Wert:

$$U_{gl} = U_{max} - U_D$$

Wenn U_D gegenüber U_{max} sehr klein ist – das kann in den meisten Fällen angenommen werden – ergibt sich näherungsweise

$$U_{gl} \approx U_{max}$$

b) Ausgang belastet ($R_1 = 100\ \Omega$, Schalter geschlossen): Während der Sperrzeiten der Diode entlädt sich der Kondensator C_1 über den Widerstand R_1. Die Größe der Entladung (Abnahme der Ausgangsspannung) hängt hierbei von der Zeitkonstanten dieses Entladestromkreises ab:

$$\tau = R_1 \cdot C_1$$

Je niederohmiger beispielsweise der Widerstand R_1 und je kleiner die Kapazität des Kondensators C_1 ist, umso mehr sinkt die Ausgangsspannung ab. Überschreitet die Eingangsspannung u_E den Wert der Ausgangsspannung U_{gl}, wird der Kondensator C_1 wieder aufgeladen. Welche Spannung U_{glmax} dabei erreicht wird, hängt vom Innenwiderstand R_i der Spannungsquelle und dem Spannungsfall an der Diode ab, da sich die Leerlaufspannung U_{max} entsprechend ändert. Man muss den Innenwiderstand der

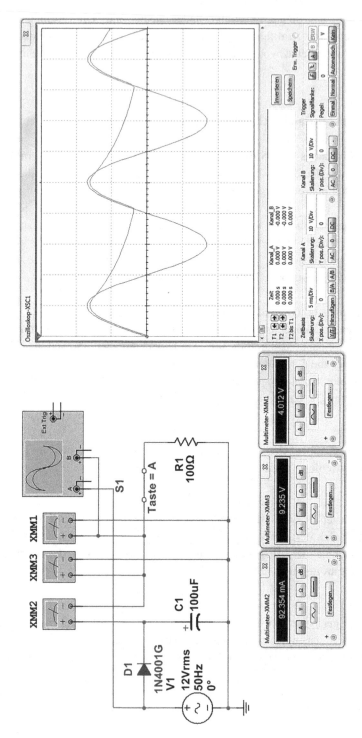

Abb. 2.30 Einweggleichrichter mit Ladekondensator

Spannungsquelle, die Diode und die Parallelschaltung aus dem Kondensator C_1 und dem Widerstand R_1 aufteilen:

$$U_{glmax} = U_{max} - U_{Ri} - U_D$$

Da am Ausgang parallel zur ohmschen Last R_1 der Kondensator C_1 geschaltet ist, demzufolge also eine kapazitive Impedanz vorliegt, die wiederum mit dem Innenwiderstand R_i der Spannungsquelle und dem Widerstand der Diode D_1 in Reihe liegt, wird die Ausgangsspannung u_{gl} der Eingangsspannung u_e nacheilen. Der zeitliche Verlauf von u_e und U_{gl} ist in Abb. 2.30 gezeigt.

Die beiden Voltmeter zeigen eine Gleichspannung mit $U_{DC} = 9{,}23$ V und die Brummspannung mit $U_{AC} = 4$ V an. Dabei müssen die beiden Voltmeter im DC- und AC-Messbereich arbeiten.

Eine eingehendere Betrachtung der Kurvenform der Ausgangsspannung während der Aufladephase ist kompliziert und zu weitschweifig. Es wird deshalb hier darauf verzichtet.

Bei der Ausgangsspannung u_{gl} handelt es sich wiederum um eine Mischspannung, die in den Gleichspannungsanteil U_- (arithmetischer Mittelwert) und die Brummspannung U_{Br} zerlegt werden kann. Daraus ist leicht zu entnehmen, dass die Schwingungsdauer T_e der Eingangsspannung gleich der Schwingungsdauer T_{Br} der Brummspannung ist. Für die Frequenz ($f = 1/T$) der Brummspannung ergibt sich somit:

$$f_{Br} = \frac{1}{T_{Br}} = \frac{1}{T_e} = f_e$$

Abb. 2.31 zeigt den Stromverlauf bei der Einweggleichrichtung. Der Stromverlauf im Lastwiderstand R_1 ist proportional der an diesem Widerstand abfallenden Spannung u_{gl} und wird somit die gleiche Kurvenform wie u_{gl} aufweisen.

$$i_L = \frac{u_{gl}}{R_1}$$

Über die Diode fließt nur immer dann ein Strom i_D, wenn die Ausgangsspannung u_{gl} kleiner als die Eingangsspannung u_E ist und nach Abb. 2.24 ist dies innerhalb des Zeitraums von t_1 bis t_2 der Fall. Der Stromverlauf i_D kann näherungsweise als glockenförmig angenommen werden. Der Ausgangsstrom i_L setzt sich wie u aus dem Gleichstromanteil I_- (arithmetischer Mittelwert) und einem Wechselstromanteil zusammen. Im Einschaltmoment ist der Kondensator C_1 ungeladen. Es kann deshalb zu einer großen Stromspitze kommen, die die Diode zerstören kann. Im ungünstigsten Fall fällt (unter Vernachlässigung des Diodenwiderstandes) am Innenwiderstand R_i die gesamte Leerlaufeingangsspannung U_{max} ab. Daraus ergibt sich für den Einschaltspitzenstrom:

$$I_{FM} = \frac{U_{max}}{R_i}$$

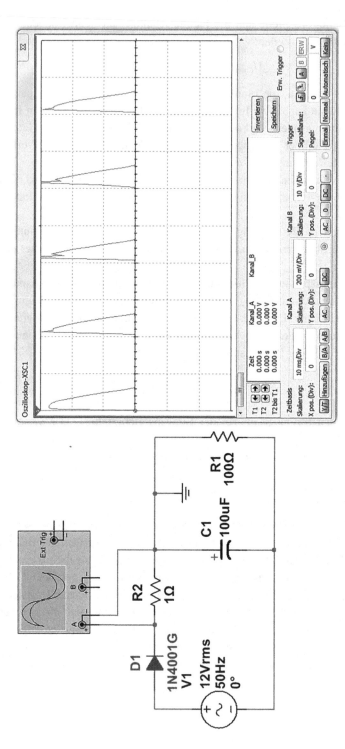

Abb. 2.31 Stromverlauf bei der Einweggleichrichtung

Eine überschlägige Berechnung des Einschaltspitzenstroms kann man dadurch vornehmen, dass man den Spitzenstrom des Einweggleichrichters ohne Ladekondensator berechnet und diesen Wert verzehnfacht.

Die Ausgangswerte sind.

Brummspannung: $U_{Br} \approx \frac{4{,}8 \cdot 10^{-3} \cdot I_-}{C_1}$ $U_{BrSS} \approx \frac{I_-}{f \cdot C_1}$

Brummfrequenz: $f_{Br} = f_e$.

Beispiel: Wie groß ist die Brummspannung von Abb. 2.31?

$$U_{Br} \approx \frac{4{,}8 \cdot 10^{-3} \cdot I_-}{C_1} = \frac{4{,}8 \cdot 10^{-3} \cdot 92{,}3\,\text{mA}}{100\,\mu F} = 4{,}43\,\text{V}$$

Das Ergebnis ist $U_{Br_{eff}}$ und für den Spitzenwert gilt $U_{BrSS} \approx 4{,}43\,\text{V} \cdot 3 \approx 13{,}3\,\text{V}$.

Bemessung der Diode: Der Spitzenstrom in Durchlassrichtung ist etwa der zehnfache Strom des Einweggleichrichters ohne C_1, also Spitzenspannung in Sperrrichtung:

$$I_{FM} \approx 10 \cdot \sqrt{2} \cdot U_e \cdot \frac{1}{R_1}$$

Bei der Spitzenspannung in Sperrrichtung lädt sich der Kondensator C_1 während der positiven Halbwelle im unbelasteten Fall (R_1 unendlich) fast auf die Leerlaufeingangsspannung U_{max} auf und behält diese Spannung bei. Erreicht nun die Wechselspannung ihren negativen Scheitelwert, so ist die Sperrspannung über der Diode.

$$U_{RM} = 2 \cdot U_{max} = 2 \cdot \sqrt{2} \cdot U_e$$

Im belasteten Fall wird, da die Spannung des Kondensators durch die Belastung absinkt, die Spitzensperrspannung etwas geringer sein. Zur Dimensionierung der Diode sollte aber trotzdem der obige Wert angenommen werden.

2.3.7 Doppelweggleichrichter mit Ladekondensator

Die Vorgänge, die sich hier abspielen, entsprechen im Prinzip genau denen des vorher behandelten Einweggleichrichters. Lediglich die Entladezeit des Kondensators C_1 ist hier kürzer, da dieser auch durch die gleichgerichtete negative Halbwelle der Eingangswechselspannung u_e wieder aufgeladen wird. Dies bedingt, dass die Welligkeit der Ausgangsspannung u_{gl} geringer wird.

Die Strom- und Spannungsverläufe sind in Abb. 2.32 dargestellt. Da die gleichrichtende Wirkung bei beiden Schaltungen gleichartig ist, gelten die Kurven sowohl für die Mittelpunktschaltung als auch für die Brückenschaltung.

Die Ausgangswerte sind

Brummspannung: $U_{Br} \approx \frac{1{,}8 \cdot 10^{-3} \cdot I_-}{C_1}$ $U_{BrSS} \approx \frac{I_-}{2 \cdot f \cdot C_1}$

Brummfrequenz: $f_{Br} = 2 \cdot f$

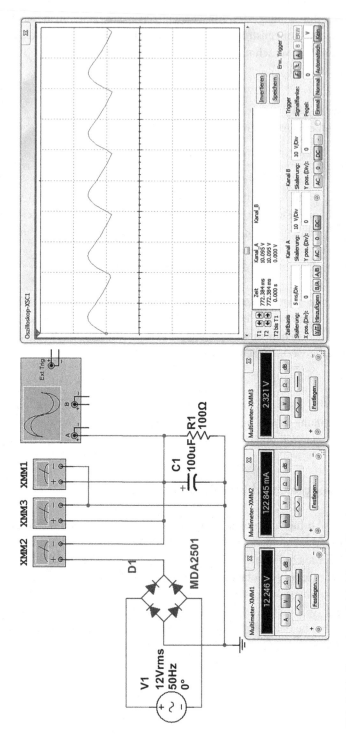

Abb. 2.32 Doppelweggleichrichter in Brückenschaltung

Bemessung der Diode: Der Spitzenstrom in Durchlassrichtung ist etwa der zehnfache Strom des Einweggleichrichters ohne C_1, also Spitzenspannung in Sperrrichtung:

$$I_{FM} \approx 10 \cdot \sqrt{2} \cdot U_e \cdot \frac{1}{R_1}$$

- Spitzenspannung in Sperrrichtung: Bei der Mittelpunktschaltung im unbelasteten Fall lädt sich der Kondensator während der positiven Halbwelle ungefähr auf die Leerlaufeingangsspannung U_{max} auf und behält diese Spannung bei. Erreicht die Eingangswechselspannung ihren negativen Scheitelwert, ist die Sperrspannung über der Diode

$$U_{RM} = 2 \cdot U_{max} = 2 \cdot \sqrt{2} \cdot U_e$$

Brückenschaltung: Während der positiven Halbwelle der Eingangswechselspannung lädt sich auch hier der Kondensator auf etwa U_{max} auf und behält diese Spannung bei, wenn R_1 unendlich groß ist. Hierbei sind die Dioden D_1 und D_4 leitend. Demzufolge wird, sieht man vom Spannungsfall über D_4 ab, die Sekundärseite des Trafos mit ihrem unteren Anschluss auf Masse liegen. Während der negativen Halbwelle sind die Dioden D_2 und D_3 leitend. Demzufolge liegt der Trafoanschluss auf Masse. Über die jeweils in Sperrrichtung gepolte Diode fällt deshalb die Spitzensperrspannung

$$U_{RM} = U_{max} = 2 \cdot \sqrt{2} \cdot U_e$$

ab. Bei belasteter Schaltung wird sich dieser Wert etwas verringern.

Beispiel: Wie groß ist die Brummspannung U_{Br} von Abb. 2.32?

$$U_{Br} \approx \frac{1,8 \cdot 10^{-3} \cdot I_-}{C_1} = \frac{1,8 \cdot 10^{-3} \cdot 122\,mA}{100\,\mu F} = 2,2\,V$$

Die Brummspannung ist der Effektivwert und die Brummspannung beträgt $U_{BrSS} \approx 3 \cdot U_{Br}$, also $U_{BrSS} \approx 6,6$ V. Die Brummfrequenz am Ausgangs ist $f_{Br} = 100$ Hz.

2.3.8 Siebschaltungen

Die von Gleichrichterschaltungen gelieferten Ausgangsspannungen und Ausgangsströme enthalten Wechselspannungsanteile (Brummspannung u_{Br}) und Wechselstromanteile. Für viele Zwecke benötigt man jedoch möglichst reine Gleichspannungen und Gleichströme. Mithilfe der Siebschaltungen werden die Wechselspannungs- und Wechselstromanteile ausgesiebt, bzw. so weit geschwächt, dass ihre Reste nicht mehr stören. Eine hundertprozentige Aussiebung ist nicht erreichbar. Stets verbleibt eine gewisse Restwelligkeit. Diese kann jedoch auf sehr kleine Werte herabgesetzt werden, sodass am Ausgang der Siebschaltung eine fast reine Gleichspannung zur Verfügung steht.

Siebschaltungen sind RC- oder LC-Glieder, die als Tiefpassfilter wirken. Sie sollen die Gleichspannung möglichst ungehindert passieren lassen, die Wechselspannungsanteile jedoch unterdrücken.

Die beiden häufigsten Varianten von Siebgliedern sind RC- oder LC-Glieder. Die Eingangsspannung u_e ist eine Mischspannung, die aus dem eigentlichen Gleichspannungsanteil U_- und der Brummspannung u_{Bre} besteht. Aufgabe der beiden Siebschaltungen ist also, dafür zu sorgen, dass ausgangsseitig eine reine Gleichspannung ansteht, während die Brummspannung ausgangsseitig nicht vorhanden sein sollte. Die Forderung lautet:

$$u_{Bra} = 0$$

Die Siebwirkung einer Siebschaltung wird durch den Glättungsfaktor G ausgedrückt: Der Glättungsfaktor G gibt an, wie viel mal größer die Brummspannung U_{Bre} am Eingang des Siebgliedes ist als diejenige Brummspannung U_{BrA} am Ausgang. Es ist dabei gleichgültig, ob für beide Werte der Brummspannung der Effektivwert, der Spitzenwert oder der Spitze-Spitze-Wert eingesetzt wird. Es gilt:

$$G = \frac{U_{Bre}}{U_{Bra}}$$

Beispiel: Ein Siebglied weist einen Glättungsfaktor $G = 10$ auf. Eine eingangsseitige Brummspannung wird dann auf 1/10 herabgesetzt.

Für den Glättungsfaktor kann nach Abb. 2.33 geschrieben werden:

$$G = \frac{U_{Bre}}{U_{Bra}} = \frac{\sqrt{R_2^2 + X_{C2}^2}}{X_{C2}}$$

Um eine möglichst gute Siebung zu erhalten, ist man bestrebt, den Wechselspannungsfall am Widerstand R_2 erheblich zu vergrößern als den am Kondensator C_2. Dazu muss der Widerstand R_2 erheblich hochohmiger sein als der Wechselstromwiderstand X_{C1} des Kondensators.

$$R_2 \gg X_{C2}$$

Unter dieser Voraussetzung kann der kapazitive Blindwiderstand X_{C2}^2 unter der Wurzel in der obigen Gleichung vernachlässigt werden.

$$G = \frac{U_{Bre}}{U_{Bra}} \approx \frac{R_2}{X_{C2}}$$

Mit der Beziehung $X_{C2} = \frac{1}{2 \cdot \pi \cdot f \cdot C_2}$ ergibt sich:

$$G = \frac{U_{Bre}}{U_{Bra}} \approx 2 \cdot \pi \cdot f_{Br} \cdot R_2 \cdot C_2$$

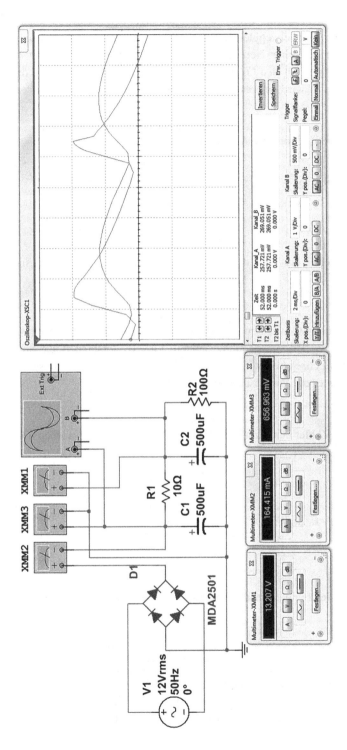

Abb. 2.33 RC-Glied mit Oszilloskop

f_{Br} ist dabei die Frequenz der Brummspannung, beim Einweggleichrichter z. B. $f_e = 50$ Hz, beim Doppelweggleichrichter 100 Hz und beim Drehstromgleichrichter 300 Hz, wenn man von einer Netzfrequenz von 50 Hz ausgeht

Aus der Gleichung für den Glättungsfaktor kann entnommen werden, dass die Siebwirkung umso besser wird, je höher die Frequenz der Brummspannung ist

$$G \approx f_{Br}$$

Beispiel: Wie groß ist G und die Ausgangsspannung U_a?

$$X_{C2} = \frac{1}{2 \cdot \pi \cdot f \cdot C_2} = \frac{1}{2 \cdot 3,14 \cdot 100\,\text{Hz} \cdot 500\,\mu\text{F}} = 3,18\,\Omega$$

$$G \approx \frac{R_2}{X_{C2}} = \frac{10\,\Omega}{3,18\,\Omega} = 3,14$$

Durch die Messgeräte lässt sich der Strom ablesen und damit ergibt sich eine Ausgangsspannung von

$$U_a = I \cdot R = 164\,mA \cdot 100\,\Omega = 16,4\,\text{V}$$

Abb. 2.34 zeigt ein LC-Glied mit Oszilloskop. Da auch hier der weitaus größte Teil der eingangsseitigen Brummspannung an dem Längswiderstand (hier: Spule) abfallen soll, muss der Wechselstromwiderstand der Spule erheblich größer sein als der des Kondensators. Unter der Voraussetzung, dass

$$X_{L1} >> X_{C2}$$

ist, kann X_{C2} im Zähler der vorherigen Gleichung vernachlässigt werden. Die Gleichung vereinfacht sich dann zu:

$$G = \frac{U_{Bre}}{U_{Bra}} \approx \frac{X_{L1}}{X_{C2}}$$

Mit $X_{L1} = 2 \cdot \pi \cdot f \cdot L_1$ und $X_{C2} \approx \frac{1}{2 \cdot \pi \cdot f \cdot C_2}$ ergibt dies:

$$G = \frac{U_{Bre}}{U_{Bra}} \approx 4\pi^2 \cdot f_{Br}^2 \cdot L_1 \cdot C_2$$

Stellt man die Gleichung nach der ausgangsseitigen Brummspannung U_{Br2} um, erhält man.

$$U_{Br2} \approx \frac{U_{Br1}}{4 \cdot \pi^2 \cdot f_{Br}^2 \cdot L_1 \cdot C_2}$$

Je größer man die Werte der Induktivitäten und der Kapazitäten wählt, desto besser ist die Siebwirkung einer Siebkette. Bei nur geringem Stromfluss kann die Drossel durch einen ohmschen Widerstand ersetzt werden und man erhält die RC-Siebung.

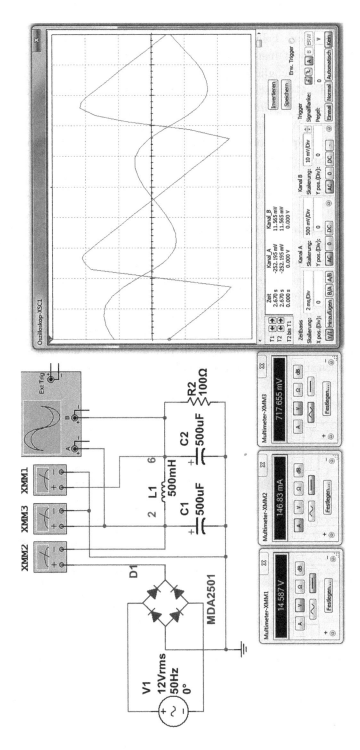

Abb. 2.34 LC-Glied mit Oszilloskop

Dies bedeutet, dass die Brummspannung durch die Siebung mit dem Quadrat ihrer Frequenz abnimmt. Sind Fahrzeuge oder Flugzeuge mit Wechselstrombordnetzen ausgestattet, so verwendet man dabei heute vorwiegend 400 Hz. Bei solchen Netzfrequenzen wird mit LC-Siebgliedern eine hervorragende Siebung erzielt.

Das Problem bei LC-Siebschaltungen ist die Drossel, die auch als Glättungs- und Speicherdrossel bezeichnet wird. Um den Wechselspannungsanteil, also Brummspannung einen hohen Widerstand entgegenzusetzen, sind große Werte von Induktivitäten erforderlich. Bei Spulen ohne Luftspalt bringt die Gleichstromvormagnetisierung das Eisen in die Sättigung und damit wird sich die Induktivität stark verringern. Durch einen Luftspalt im Eisenkreis wird der magnetische Widerstand zwar größer und die Induktivität geringer, aber der Einfluss der Vormagnetisierung reduziert sich erheblich.

Verwendet man eine Spule mit einem geschlossenen Eisenkreis als Kern, wie Abb. 2.35 zeigt, nimmt dieser sämtliche magnetische Feldlinien auf. Die Spule kann selbst bei sehr geringem Strom ein großes in sich geschlossenes Magnetfeld aufbauen. Da aber der schnelle Aufbau eines starken Magnetfelds eine große induzierte Gegenspannung mit sich bringt, wird das Strommaximum entsprechend spät erreicht. Beim Anlegen einer Wechselspannung an dieser Art von Spulen kann sich damit der Stromfluss nicht ausbilden, da der schnelle Feldwechsel hierzu keine Zeit lässt. Diese stromdrosselnde Wirkung führte zur Bezeichnung „Drossel". Die Drossel sperrt annähernd den Wechselstrom, während der Gleichstrom fast ungehindert die Drossel passieren kann. Ausgenommen sind hiervor die Ein- und die Ausschaltvorgänge.

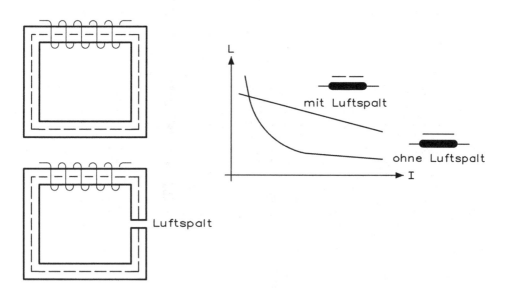

Abb. 2.35 Drossel ohne und mit Luftspalt. Das Diagramm zeigt den Einfluss des Luftspalts auf das Verhalten einer Drossel

Man unterscheidet bei den Drosseln zwischen dem Gleichstromwiderstand und dem induktiven Widerstand. Der induktive Widerstand ist – in Abhängigkeit von der Frequenz – immer wesentlich größer als der Gleichstromwiderstand. Die aufgedruckten Angaben bei einer Drossel beziehen sich immer auf den Gleichstromwiderstand.

Werden Drosseln in Stromkreisen verwendet, in denen Gleich- und Wechselstrom als Mischstrom fließt und der Gleichstrom aus schaltungstechnischen Gründen eine bestimmte Größe aufweisen muss, so würde der Gleichstrom beim Aufbau des Magnetfelds zur Sättigung des Eisens führen. Der überlagerte Wechselstrom ruft dann nur noch eine kleine Feldänderung hervor, die ihrerseits eine geringe Gegenspannung induziert. Die Wechselstromsperrwirkung der Drossel ist damit nicht mehr wirksam. Da Luft den Kraftlinien einen wesentlich größeren Widerstand entgegensetzt als Eisen, verwendet man in wechselstromüberlagerten Gleichstromkreisen diverse Drosseln mit unterschiedlichen Größen für den Luftspalt. Der Anteil des fließenden Gleichstroms am Magnetfeld wird durch den zusätzlichen magnetischen Widerstand verbraucht, sodass sich der steil ansteigende Teil der Kurve in den Bereich größerer Windungszahlen verschiebt.

RC- und LC-Schaltungen für die Siebung der Brummspannung sind Tiefpässe. Die Frequenz f_{Br} muss weit oberhalb der oberen Grenzfrequenz f_o des Tiefpasses liegen, da ja die ausgangsseitige Brummspannung U_{Br} möglichst klein gehalten werden soll.

Leistungselektronik mit Thyristoren, TRIACs und IGBTs als Leistungssteller

Halbleiterbauelemente mit mehr als drei PN-Übergängen bezeichnet man als Mehrschichthalbleiter und diese bilden die Grundlagen für Thyristoren und TRIACs. Diese Bauelemente werden prinzipiell nur in der Leistungselektronik eingesetzt. Das Basissystem der Mehrschichthalbleiter ist im Wesentlichen die Vierschichtstruktur und aus dieser wurden verschiedene Bauelemente für die elektronische Steuerungs- und Regelungstechnik entwickelt.

Der IGBT (Insulated Gate Bipolar Transistor) verhält sich wie ein NPN-Transistor mit einem isolierten MOSFET-Gate als Steuerzone. Konsequenterweise wird der dem Drain des MOSFET entsprechende Anschluss als Kollektor und der dem Source entsprechende Anschluss als Emitter bezeichnet. Bei einem in Schaltrichtung betriebenen IGBT wird nach Anlegen einer positiven Spannung zwischen Gate und Emitter die Strecke Kollektor-Emitter leitend. Die Strecke kann durch Anlegen einer negativen Spannung zwischen Gate und Emitter gesperrt werden, auch wenn in diesem Fall noch ein Strom zwischen Kollektor und Emitter fließt. Der IGBT wird lediglich als Schaltelement genutzt. Ein Betrieb als Linearverstärker ist nicht vorgesehen.

Der IGBT besitzt eine sehr hohe Spannungsfestigkeit und die Sättigungsspannung (Spannung zwischen Kollektor und Emitter im leitfähigen Zustand) ist relativ gering. Er kann an seinem Gate sehr einfach angesteuert werden und seine Umschaltverluste sind akzeptabel.

Dioden, Thyristoren und TRIACs sind im Prinzip „Ventile", also Funktionselemente, die periodisch abwechselnd in den elektrisch leitenden und in den nicht leitenden Zustand versetzt werden. Echte Ventile verfügen über eine richtungsabhängige Leitfähigkeit, wie dies auch bei den Halbleiterbauelementen der Fall ist. Bei unechten Ventilen tritt dagegen keine richtungsabhängige Leitfähigkeit auf, wie dies bei mechanischen Schaltern der Fall ist. Unechte Ventile sind periodische mechanische Schalter, die auch als Kommutatoren in elektrischen Maschinen benutzt werden, also eine mechanische Polwendung verursachen. Abb. 3.1 zeigt Ansichten von Thyristoren für unterschiedliche Ströme.

Tab. 3.1 zeigt eine Zusammenstellung verschiedener Mehrschichthalbleiterbauelemente.

© Springer Fachmedien Wiesbaden GmbH, ein Teil von Springer Nature 2021
H. Bernstein, *Angewandte Leistungselektronik*,
https://doi.org/10.1007/978-3-658-29614-8_3

Abb. 3.1 Ansichten von Thyristoren

Tab. 3.1 Zusammenstellung der Mehrschichthalbleiterbauelemente

1	Masse	
2	$Q_2{}'$	Ausgang 2 invertiert
3	Q_U	Ausgang U
4	$Q_1{}'$	Ausgang 1 invertiert
5	U_{SYN}	Synchronspannung
6	I	Inhibit
7	Q_Z	Ausgang Z
8	U_{REF}	Stabilisierter Spannungseingang
9	R_9	Rampenwiderstand
10	C_{10}	Rampenkapazität
11	U_{11}	Steuerspannung
12	C_{12}	Impulsverlängerung
13	L	Langimpuls
14	Q_1	Ausgang 1
15	Q_2	Ausgang 2
16	U_b	Betriebsspannung

3.1   Vierschichtdioden

Die Vierschichtdiode hat den einfachsten Aufbau aller Mehrschichthalbleiter und besteht aus vier Schichten. Der Anschluss erfolgt über die Anode und Katode. Abb. 3.2 zeigt die Schichtenfolge und das Schaltzeichen.

Die Schichtenfolge für die Vierschichtdiode lautet: P1-N1-P2-N2. An den beiden äußeren Schichten P1 (Anode) und N2 (Katode) erfolgt der Anschluss. Dotierungsgrad und Schichtdicke sind so gewählt, dass sich P1-N1-P2 wie ein PNP-Transistor, N1-P2-N2 wie ein NPN-Transistor und N1-P2 wie eine Z-Diode verhalten. Wenn man die Schichtenfolge nach diesen Gesichtspunkten aufteilt, ergeben sich die entsprechende Schichtenfolge und das zugehörige Ersatzschaltbild von Abb. 3.2.

Abb. 3.2 Schichtenfolge und Schaltzeichen einer Vierschichtdiode

Legt man an die Vierschichtdiode eine Gleichspannung an, $+U_b$ an die Anode und 0 V an die Katode, arbeitet die Vierschichtdiode in Durchlassrichtung. Die P1-N1-Zone und die P2-N2-Zone sind durchlässig, während zwischen der Nl-P2-Zone eine Sperrschicht entsteht, denn durch die Schichtenfolge hat man hier das typische Verhalten einer Z-Diode. Abb. 3.3 zeigt eine Vierschichtdiode in Durchlassrichtung.

Wenn man das Ersatzschaltbild und das Verhalten der Halbleiterzonen in Durchlassrichtung betrachtet, lässt sich die Vierschichtdiode folgendermaßen erklären: Ist die Betriebsspannung klein, kann kein Strom fließen, da die Z-Diode den Stromfluss blockiert. Es fließt kein Basisstrom aus dem PNP-Transistor heraus und kein Basisstrom in den NPN-Transistor hinein. Wenn die Betriebsspannung zwischen Anode und Katode die Z-Spannung nicht erreicht hat, ist die Vierschichtdiode hochohmig. Überschreitet die Betriebsspannung den Wert der Z-Spannung, wird die Z-Diode leitend und beide Transistoren schalten durch. Abb. 3.4 zeigt das Verhalten der Halbleiterzonen, wenn eine Vierschichtdiode in Durchlassrichtung betrieben wird.

Abb. 3.5 zeigt die Kennlinie einer Vierschichtdiode. Legt man eine negative Spannung an die Anode und die Katode auf Masse, verhält sich die Vierschichtdiode praktisch wie ein gesperrter PN-Übergang, also wie eine einfache Siliziumdiode. In diesem Fall befindet sich die Kennlinie im 3. Quadranten der Kennlinie. Die Spannung U_S stellt die inverse Abbruchspannung dar und die Vierschichtdiode kann in diesem Arbeitsbereich unweigerlich zerstört werden. Der Wert der Abbruchspannung setzt sich aus den beiden Z-Spannungen der PN-Übergänge N2-P2 und N1-P1 sowie der Schleusenspannung des PN-Übergangs P2-N1 zusammen. Wird diese Spannung unterschritten, ist die Vierschichtdiode hochohmig und es fließt kein Strom.

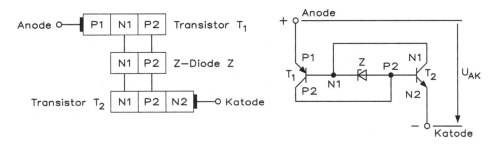

Abb. 3.3 Schichtenfolge und Ersatzschaltbild einer Vierschichtdiode

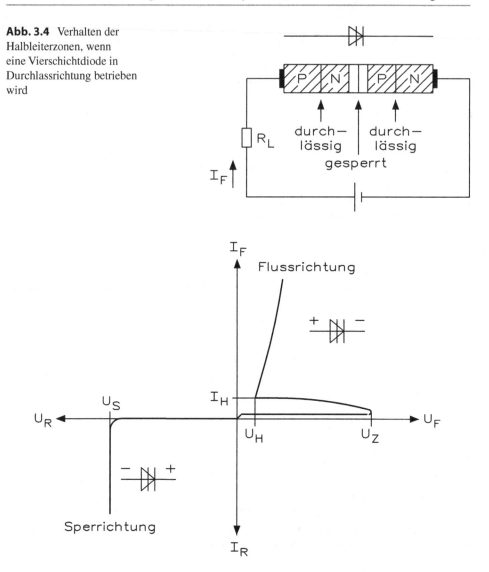

Abb. 3.4 Verhalten der Halbleiterzonen, wenn eine Vierschichtdiode in Durchlassrichtung betrieben wird

Abb. 3.5 Kennlinie einer Vierschichtdiode

Legt man dagegen eine positive Spannung an die Anode und die Katode ist mit Masse verbunden, ergibt sich in Durchlassrichtung die besondere Eigenschaft für eine Vierschichtdiode. Solange die Betriebsspannung die Schalt- oder Zündspannung U_z nicht erreicht hat, ist die Vierschichtdiode hochohmig und es tritt kein Spannungsfall am Bauelement auf. Erreicht die Spannung den Zündpunkt, wird die interne Z-Diode leitend und beide Transistoren schalten sehr schnell durch. Es kommt infolge des Ladungsträgerdurchbruchs zu einem großen Stromanstieg und der Spannungsfall an dem Bauelement beträgt $U_H \approx 1{,}4$ V. Der Durchbruch in der Vierschichtdiode ist ähnlich dem der Z-Diode, denn auch hier verringert sich schlagartig der Innenwiderstand vom hohen in einen niedrigen Wert. Aus diesem Grunde muss man eine Vierschichtdiode immer mit einem Vorwiderstand betreiben, der den Stromfluss entsprechend begrenzt.

Die Zündspannung bei Vierschichtdioden beträgt je nach Typ zwischen 20 und 200 V. Der Übergang vom blockierenden Zustand – die Vierschichtdiode ist hochohmig – in den leitenden Zustand, wird als „Zünden" bezeichnet, denn die Änderung erfolgt schlagartig. Nach dem Zünden der Vierschichtdiode bricht innerhalb von 1 bis 10 µs die Spannung auf etwa 1/10 bis 1/100 der Zündspannung zusammen. Um die Vierschichtdiode vom leitenden Zustand in den blockierten Zustand wieder zu versetzen, muss die Haltespannung $U_H \approx 1$ V unterschritten werden. Der dabei noch gerade fließende Strom wird als Haltestrom I_H bezeichnet.

Wenn man sich die Kennlinienaufnahme von Abb. 3.6 betrachtet, erkennt man die Wirkungsweise der Vierschichtdiode. Bei einer Spannung von $U_z \approx 100$ V zündet die Vierschichtdiode (ECG553) und bricht auf $U_H \approx 1{,}5$ V zusammen.

Abb. 3.7 zeigt die Realisierung eines Sägezahn- und Impulsgenerators mit Vierschichtdiode. Nimmt man die Spannung vor der Vierschichtdiode ab, hat man einen Sägezahngenerator, da bei der Aufladung des Kondensators eine nicht lineare Funktion entsteht. Verwendet man die Spannung zwischen Vierschichtdiode und dem Widerstand R_2, erhält man einen typischen Impuls, denn nur für den kurzen Augenblick beim Zünden erreicht diese Spannung einen positiven Wert. Über den Widerstand R_1 lädt sich der Kondensator nach einer e-Funktion auf, und es ergibt sich für den Ladevorgang eine Zeitkonstante von $\tau_L = R_1 \cdot C$. Erreicht die Spannung an dem Kondensator die Zündspannung der Vierschichtdiode, bricht diese durch, und der Kondensator kann sich schlagartig über den Widerstand R_2 nach Masse (0 V) entladen. Die Zeitkonstante für den Ladevorgang errechnet sich aus $\tau_E = R_2 \cdot C$.

Bei der Messung wird die Spannung am Kondensator C und am Widerstand R_2 gemessen. Die Spannung am Kondensator zeigt eine typische e-Kurve, während man bei der Spannung am Widerstand R_2 von einem positiven Nadelimpuls oder „Spike" spricht. Da man diesen Spike früher als Triggerimpuls verwendet hat, wurde daher die Vierschichtdiode auch als Triggerdiode bezeichnet. Lädt sich ein Kondensator über einen Widerstand auf, ergibt sich eine e-Funktion für den Spannungsverlauf. Verwendet man statt des Widerstands eine Konstantstromquelle, lädt sich der Kondensator weitgehend linear auf. Abb. 3.8 zeigt die Schaltung eines Impulsgenerators mit Vierschichtdiode und Transistor-Konstantstromquelle.

Durch den Basisspannungsteiler, bestehend aus dem Widerstand R_1 und der Z-Diode Z, wird eine konstante Basisspannung erzeugt, durch die sich der Transistor ansteuern lässt. Die an dem Widerstand R_2 abfallende Spannung U_{R2} berechnet sich aus

$$U_{R2} = U_Z - U_{BE}$$

Damit ergibt sich für den Emitterstrom I_E:

$$I_E = \frac{U_{R2}}{R_2}$$

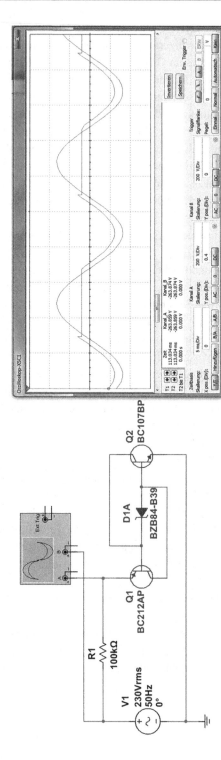

Abb. 3.6 Dynamische Kennlinienaufnahme einer simulierten Vierschichtdiode

Abb. 3.7 Sägezahn- und
Impulsgenerator mit
Vierschichtdiode

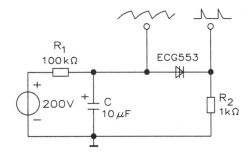

Abb. 3.8 Impulsgenerator
mit Vierschichtdiode und
Transistor-Konstantstromquelle

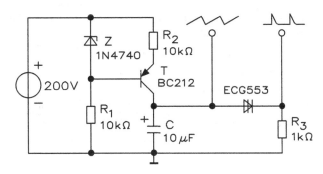

Setzt man näherungsweise $I_C \approx I_E$ ergibt sich für den Laststrom $I_L = I_C$ folgende Näherungsgleichung:

$$I_L = \frac{U_Z - U_{BE}}{R_2}$$

Damit fließt für den Kondensator ein weitgehend konstanter Strom, und die Spannung steigt linear an.

Ersetzt man den Transistor durch einen Feldeffekttransistor, kommt man zur Schaltung von Abb. 3.9. Aufgrund des günstigen (annähernd horizontalen) Verlaufs der Ausgangs-kennlinien eignen sich Sperrschicht-Feldeffekttransistoren sehr gut für Schaltungen zur Stromstabilisierung. Wie aus dem Ausgangskennlinienfeld ersichtlich, ist ober-halb der Abschnürgrenze der Drainstrom I_D weitgehend unabhängig von der Spannung U_{DS} zwischen Drain und Source. Mittels der Spannung U_{GS} lässt sich die Größe des Drainstroms I_D einstellen. Damit man für die Erzeugung von $-U_{GS}$ keine zusätzliche Spannungsquelle verwenden muss, wird die Gatespannung automatisch durch den Source-Widerstand R_S erzeugt. Durch den Drainstrom I_D entsteht ein Spannungsfall von

$$U_{GS} = I_D \cdot R_S$$

Wie man aus der Schaltung ersieht, ist die Spannung zwischen Gate und Source dem Betrag nach gleich der Spannung U_S, hat jedoch entgegengesetztes Vorzeichen. Wenn also der Sourceanschluss um 2 V positiv gegenüber der Spannung am Widerstand ist, erhält der Gateanschluss eine Spannung von -2 V. Durch die negative Gate-Source-

Abb. 3.9 Impulsgenerator mit Vierschichtdiode und FET-Konstantstromquelle

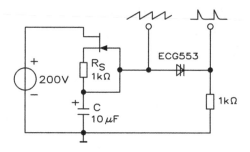

Spannung U_{GS} entsteht in dem FET-Kanal eine Raumladungszone, die den Stromfluss I_D „abschnürt". Je negativer diese Spannung ist, umso größer wird die Raumladungszone und desto kleiner ist der Drainstrom.

Aus der Steuerkennlinie kann man ermitteln, wie groß der Widerstand R_S sein muss, damit ein bestimmter Strom I_D fließen kann. Zeichnet man in die Kennlinie den gewünschten Strom I_D ein, kann man die hierfür notwendige Spannung U_D ablesen, die dem Betrag nach gleich der Spannung am Widerstand R_S sein muss. Es ergibt sich

$$R_S = \frac{|U_{GS}|}{I_D}$$

Um einen großen Strom I_D zu erhalten, muss der Widerstand R_S klein sein. Den größtmöglichen Strom erreicht man, wenn $U_{GS} = 0$ V ist, also wenn $R_S = 0$ Ω beträgt.

3.2 Thyristoren

Aus der Vierschichtdiode entstand der Thyristor (Kunstwort aus Thyratron und Transistor) und stellt damit im Prinzip eine steuerbare Vierschichtdiode dar. Thyristoren wurden ursprünglich auch als „Silicon-Controlled-Rectifier" bezeichnet, also steuerbare Siliziumgleichrichter und seit 1965 hat man sich auf den heutigen Begriff des Thyristors geeinigt.

Abb. 3.10 zeigt den schematischen Aufbau und das Schaltzeichen eines Thyristors. Für die Realisierung eines Thyristors gibt es drei Möglichkeiten, die im Wesentlichen von der Art der Ansteuerung der Halbleiterschichten bestimmt wird:

- Katodenseitig gesteuerter Thyristor mit Gateanschluss an P2.
- Anodenseitig gesteuerter Thyristor mit Gateanschluss an N1.
- Thyristortetrode mit zwei Gateanschlüssen an P2 und N1.

Abb. 3.11 zeigt die Schaltungssymbole der Thyristoren, wobei die Thyristortetrode als Bauteil kaum auf dem Elektronikmarkt zu finden ist.

In der Praxis kennt man als einzelnes Bauelement nur den katodenseitig gesteuerten Thyristor, und damit entfällt immer der Hinweis auf die katodenseitige Ansteuerung.

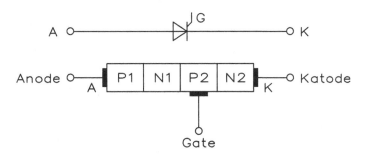

Abb. 3.10 Schematischer Aufbau und das Schaltzeichen eines Thyristors

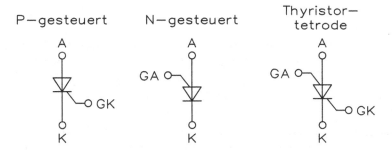

Abb. 3.11 Schaltungssymbole der Thyristoren

Der TRIAC beinhaltet dagegen immer einen katoden- und anodenseitig gesteuerten Thyristor, die gegeneinander geschaltet sind.

Ein Thyristor besitzt neben den beiden Anschlüssen Anode und Katode noch ein Gate (Ansteuerungselektrode). Mithilfe dieses Anschlusses kann der Thyristor in Flussrichtung vor dem Erreichen der Schaltspannung als Eigenzündung durch eine Fremdzündung vom blockierten in den leitenden Zustand gesteuert werden. Abb. 3.12 zeigt das Ersatzschaltbild für den Thyristor.

Zur Fremdzündung dieses Thyristors ist eine positive Gatespannung U_G erforderlich, wobei man diese auch als Steuerspannung U_{St} bzw. Zündspannung U_Z bezeichnet. Deshalb definiert man Thyristoren mit katodenseitigem Gateanschluss auch als P-gesteuerte Thyristoren. Hat man einen anodenseitig-gesteuerten Thyristor, so ist für diesen eine negative Spannung zur Ansteuerung erforderlich, und daher definiert man diesen als N-gesteuerten Thyristor. Eine Thyristortetrode wird mit positiven und negativen Steuerspannungen in den leitenden Zustand gebracht, und damit sind für dieses Bauelement zwei Gateanschlüsse erforderlich. Der anodenseitig-gesteuerte Thyristor hat wie die Thyristortetrode keine praktische Anwendung erreicht und ist daher nicht erhältlich.

Die Kennlinie eines Thyristors bietet drei Möglichkeiten: Die negative Sperrkennlinie, die positive Sperrkennlinie und die Durchlasskennlinie. Die negative Sperrkennlinie entspricht der von Siliziumdioden. Unterhalb der höchstzulässigen negativen

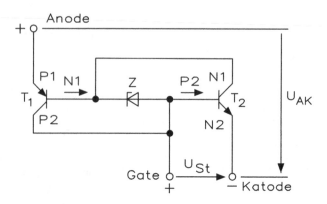

Spitzensperrspannung fließt ein negativer Sperrstrom I_R von einigen mA, der mit steigender Sperrschichttemperatur jedoch zunimmt. Solange über den Steueranschluss kein Steuerstrom zur Katode fließt, sperrt ein Thyristor auch bei positiver Anodenspannung. Unterhalb der höchstzulässigen positiven Spitzensperrspannung fließt dann nur ein positiver Sperrstrom von einigen mA.

Wird der Thyristor bei positiver Anodenspannung über einen vom Steueranschluss (Gate) zur Katode fließenden Strom gezündet, schaltet er auf die Durchlasskennlinie um. Diese Durchlasskennlinie entspricht ebenfalls der einer Halbleiterdiode mit dem Unterschied, dass infolge von drei statt einem vorhandenen PN-Übergang eine etwas höhere Durchlassspannung von $U_H = 1,2$ V bis 2 V auftritt. Das Umschalten von der positiven Sperrkennlinie auf die Durchlasskennlinie tritt auch ohne Steuerstrom auf, wenn die zulässige positive Spitzensperrspannung überschritten wird oder die Spannungssteilheit einen kritischen Wert erreicht.

Die positive Sperrspannung, bei der ein Thyristor bei dem Steuerstrom $U_G = 0$ V vom gesperrten in den leitenden Zustand schaltet, bezeichnet man als Nullkippspannung $U_{(B0)Null}$. Eine solche Zündung darf nicht betriebsmäßig periodisch vorgenommen werden, während ein gelegentliches Zünden durch Überschreiten der Nullkippspannung im Störungsfall zulässig ist. Dagegen führt ein Überschreiten der zulässigen Sperrspannung auf der negativen Sperrkennlinie zur Zerstörung des Thyristors.

Ein einmal gezündeter Thyristor lässt sich über das Gate nicht wieder löschen. Erst wenn der Anodenstrom durch Änderungen im äußeren Stromkreis den Haltestrom U_H unterschreitet, sperrt der Thyristor wieder.

Abb. 3.13 zeigt die Kennlinie eines Thyristors. Grundsätzlich arbeitet ein Thyristor wie eine Siliziumdiode mit einem Durchlass- und einem Sperrbereich. Wird kein Steuerstromimpuls dem Gate zugeführt, verhält sich der Thyristor wie eine Vierschichtdiode, d. h. der Thyristor zündet, wenn die Durchbruchspannung U_Z der internen Z-Diode erreicht worden ist. In der Praxis sollte dieser Fall jedoch nicht auftreten, da die

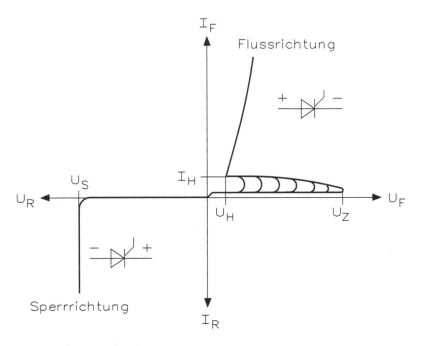

Abb. 3.13 Kennlinie eines Thyristors

Thyristoren häufig unweigerlich zerstört werden. Für den praktischen Einsatz wählt man die Thyristoren so aus, dass die Zündspannung weit genug über der Spitzenspannung des Betriebsstromkreises liegt. Je größer der über die Steuerelektrode zugeführte Zündimpuls ist, desto geringer wird die zum Zünden benötigte Spannung zwischen Anode und Katode.

Wichtige elektrische Kenngrößen eines Thyristors sind die höchstzulässige periodische negative Spitzensperrspannung U_{RRM} und der Nennstrom I_N. Das ist der arithmetische Mittelwert des dauernd zulässigen Durchlassstroms. Der höchste dauernd zulässige Durchlassstrom bei Belastung mit sinusförmigen Stromhalbwellen wird als Dauergrenzstrom I_{TAVM} bezeichnet. Mit dem Grenzstrom wird der Wert des Durchlassstroms bezeichnet, bei dem abgeschaltet werden muss, damit ein Thyristor nicht zerstört wird. Bei Belastung mit Grenzstrom kann ein Thyristor vorübergehend seine Sperrfähigkeit in Durchlassrichtung verlieren. Der Stoßstrom ist nur einmalig als sinusförmige Halbschwingung bei 50 Hz zulässig. Er wird für vorausgehenden Leerlauf oder Nennbelastung angegeben. Das Grenzlastintegral $i^2 \cdot t$ dient zur Bemessung der Schutzeinrichtungen.

Auch für Thyristoren werden in Datenblättern zulässige Grenzwerte von Spannung und Strom angegeben, aus denen sich für die verschiedenen Anwendungen empfohlene Nennwerte ergeben. Der Anwender bestimmt die Sicherheitsfaktoren nach den Grenzdaten der Thyristoren und der in seiner Schaltung auftretenden Beanspruchung.

3.2.1 Gleichstromzündung eines Thyristors

Thyristoren lassen sich mit Gleichstrom, Wechselstrom oder impulsförmigen Strömen in der Gatezuleitung zünden. Daher unterscheidet man zwischen diesen drei Betriebsarten.

Abb. 3.14 zeigt die Gleichstromzündung eines Thyristors. Bei Thyristoren ist die Höhe des zur Zündung erforderlichen Gatestroms I_G von der Größe der Anodenspannung U_{AK} wie folgt abhängig: Je kleiner die Anodenspannung U_{AK} ist, umso größer muss der Gatestrom I_G sein. Beispiele:

$$U_{AK} = 100V \ ist \ I_G = 2mA$$

$$U_{AK} = 10V \ ist \ I_G = 5mA$$

Diese Abhängigkeit lässt sich bei der Gleichstromzündung voll ausnutzen, indem der Zündstrom aus einer besonderen Gleichstromquelle erzeugt wird und durch einen einstellbaren Widerstand R_2 lässt sich der Strom auf die gewünschte Größe einstellen. Der Gatestrom errechnet sich aus

$$I_G = \frac{U_G}{R_2}$$

Wird nach dem Beispiel mit dem Widerstand R_2 ein Zündstrom von 2 mA eingestellt, zündet der Thyristor in dem Moment, in dem der Augenblickswert der anliegenden Wechselspannung in der positiven Halbwelle den Wert von 100 V erreicht. Bei größeren Zündströmen z. B. 5 mA, zündet der Thyristor bereits früher (z. B. bei $U_{AK} \approx 10$ V). Die Diode D vermindert den Sperrstrom durch den Thyristor, und diese ist in der Praxis erforderlich, da der Gatestrom I_G während der negativen Wechselspannungshalbwelle einen negativen Wert annehmen kann. Hat dieser Gatestrom ein negatives Vorzeichen, kann der Thyristor zerstört werden.

Der Nachteil der Gleichstromzündung ist der Verstellbereich des Zündwinkels von 0° bis 90°.

Die zulässige Sperrspannung und der Dauerlastgrenzstrom kennzeichnen die stationären Eigenschaften eines Thyristors. Die dynamischen Eigenschaften beschreiben dagegen sein Schaltverhalten. Die wichtigsten sind die maximal zulässige Spannungssteilheit du/dt$_{krit}$, die maximal zulässige Stromsteilheit di/dt$_{krit}$ und die Freiwerdezeit t$_q$. Wie eine Diode benötigt auch ein Thyristor für das Einschalten eine endliche Zeit. Nach dem Einsatz des Zündstroms vergeht die Zündverzugszeit t$_{gd}$, bis die Thyristorspannung U_{AK} zusammenbricht. Der Thyristorstrom steigt mit endlicher Geschwindigkeit an. Sein Verlauf ist selbstverständlich von der Impedanz des Lastkreises abhängig. Innerhalb der Durchschaltzeit t$_{gr}$ sinkt die Thyristorspannung von 90 % auf 10 % des Anfangswertes ab. Es schließt sich dann die Zündausbreitungszeit t$_{gs}$ an, die bei den großflächigen Thyristoren eine wichtige Rolle spielt. Sie kommt durch die endliche Ausbreitungsgeschwindigkeit des Zündvorgangs von einer dem Gate nahen Stelle der Katode über die ganze Katodenfläche zustande. Die Ausbreitungsgeschwindigkeit liegt in der Größenordnung von 0,1 mm/µs. Die Zündverzugszeit wird in der Praxis mit 1 µs bis 2 µs angegeben, und die Durchschaltzeit bewegt sich in der gleichen Größenordnung. Die Zündausbreitungszeit kann bis über 100 µs

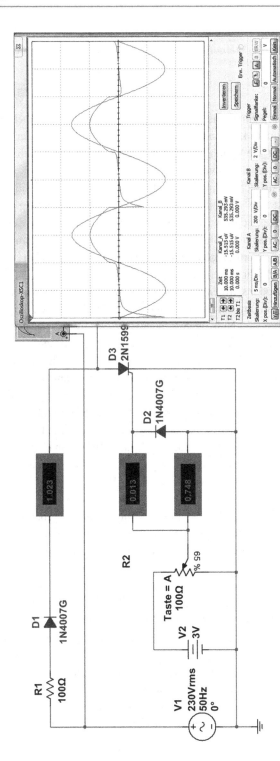

Abb. 3.14 Gleichstromzündung eines Thyristors

betragen, denn sie ist vom Durchmesser der Siliziumscheibe und von der Anordnung des Steueranschlusses abhängig. Während des Einschaltens wird eine Verlustleistung von

$$p_T = a_{AK} \cdot i_A$$

umgesetzt, und diese kann erhebliche Augenblickswerte von mehreren Kilowatt annehmen. Da sie in einem kleinen Volumen der Siliziumscheibe in der Nähe des Gates umgesetzt wird, besteht die Gefahr einer Zerstörung, wenn die Stromsteilheit zu groß wird oder die Schaltfrequenz zu hoch gewählt wurde.

Ein Thyristor verhält sich beim Ausschalten ähnlich wie eine Siliziumdiode. Wie bei einer Diode fließt der Thyristorstrom nach dem Nulldurchgang in umgekehrter Richtung zunächst ungehindert weiter. Erst ab einem bestimmten Zeitpunkt beginnt die katodenseitige Sperrschicht die Funktion einer Sperrspannung aufzunehmen. Die Thyristorspannung U_{AK} wird negativ und liegt etwa bei der Abbruchspannung der katodenseitigen Sperrschicht. Nach einer geringen Verzögerung ist die Ladungsträger-konzentration an der anodenseitigen Sperrschicht so weit abgebaut, dass auch dieser PN-Übergang eine Sperrspannung aufnehmen kann. Erst danach geht der Thyristorstrom mit großer Anfangssteilheit gegen Null.

Die Zeit vom Nulldurchgang des Stroms bis zum Abklingen auf 10 % seines Scheitelwertes wird bei der Diode als Sperrverzugszeit t_{rr} bezeichnet. Die Zeit für die gespeicherte Ladungsträgermenge zwischen dem Nulldurchgang der Wechselspannung zum Sperren des Thyristors und bis sich die anodenseitige Sperrschicht aufgebaut hat, definiert man als Speicherladung Q_{stg}. Sie nimmt wie bei Siliziumdioden mit steigender Sperrschichttemperatur, steigendem Durchlassstrom und steigender Stromsteilheit zu. Das Abreißen des Thyristorstroms nach dem Zeitpunkt für die maximale Ladungsträger-konzentration führt zu unerwünschten Überspannungen. Um diese auf zulässige Werte zu begrenzen, ist eine sogenannte Trägerstaueffekt-Beschaltung (TSE) notwendig, wie noch gezeigt wird.

Nach dem Abschalten des Thyristorstroms muss vorübergehend negative Sperr-spannung zwischen Anode und Katode des Thyristors vorhanden sein. Der Thyristor ist nämlich zunächst nicht in der Lage, positive Sperrspannung aufzunehmen. Zwar sperren die beiden äußeren PN-Übergänge, in den Basiszonen und vor allem an der mittleren Sperrschicht sind jedoch zunächst nach dem Abschalten noch zahlreiche Ladungsträger vorhanden, die durch Rekombination abgebaut werden müssen. Erst danach kann der Thyristor auch positive Sperrspannung übernehmen, ohne durchzuschalten.

Mit der Freiwerdezeit t_q wird die Mindestzeit zwischen dem Nulldurchgang des Stroms von der Schalt- und Rückwärtsrichtung und der frühest zulässigen Wiederkehr einer positiven Sperrspannung bezeichnet. Wird die Sperrspannung vor Ablauf der Freiwerdezeit positiv, schaltet der Thyristor auch ohne Steuerstrom wieder durch.

Den Zeitraum negativer Sperrspannung nach dem Nulldurchgang des Stroms, der von einer bestimmten Schaltung vorgegeben wird, bezeichnet man als Schonzeit Δt.

Diese Schonzeit ist also eine Eigenschaft der Schaltung, während die Freiwerdezeit eine Eigenschaft des Thyristors ist. Die Schonzeit Δt muss in jedem Betriebszustand größer als die Freiwerdezeit sein. Damit dies auch bei vorübergehenden Spannungsabsenkungen oder auftretenden Überströmen der Fall ist, wird meist mit einem Sicherheitsfaktor von mindestens 1,3 bis 1,5 gearbeitet.

Die Freiwerdezeit t_q eines Thyristors ist nicht konstant, und sie wächst mit steigender Sperrschichttemperatur erheblich an. Außerdem nimmt sie geringfügig mit steigendem vorhergehendem Durchlassstrom zu. Eine dritte Einflussgröße ist die Höhe der negativen Sperrspannung während der Schonzeit. Wenn diese Spannung größer als 50 V ist, wird die Freiwerdezeit kaum noch beeinflusst. Bei sehr niedriger negativer Sperrspannung während der Schonzeit, wie sie z. B. bei Thyristoren mit antiparallel geschalteter Diode auftritt, steigt die Freiwerdezeit erheblich an, und zwar um einen Faktor von 2 bis 2,5.

3.2.2 Wechselstromzündung eines Thyristors

Wie bei der Gleichstromzündung bestimmt immer die Größe des Gatestroms den Zündzeitpunkt, jedoch wird hier der Zündstrom direkt von der angelegten Wechselspannung abgeleitet und entspricht daher einem Wechselstrom. Die Vierschichtdiode wird durch eine Ersatzschaltung ersetzt.

Abb. 3.15 zeigt eine Wechselstromzündung für einen Thyristor. Ist der Thyristor gesperrt, fließt kein Strom über den Thyristor und die gesamte Betriebsspannung fällt ab. Durch Diode D_1 im Gatestromkreis kann nur bei einer positiven Halbwelle ein Gatestrom I_G fließen, und dieser errechnet sich aus

$$I_G = \frac{U_G}{R_2}$$

Der Thyristor zündet, wenn die Spannung U_{AK} den eingestellten Gatestrom erreicht hat. Mit der Zündung verringert sich der Gatestrom erheblich, da U_{AK} auf den Wert der Durchlassspannung von 1 V absinkt.

Je nach Art der Anwendung werden bei der Bemessung von Thyristoren die Sperrfähigkeit, Durchlassspannung oder Freiwerdezeit besonders berücksichtigt. Die Durchlassspannung bestimmt bei vorgegebener Kühlung den Dauergrenzstrom. Die Freiwerdezeit ist eine wichtige dynamische Eigenschaft der Thyristoren, die insbesondere bei Anwendungen mit höheren Frequenzen und in Schaltungen mit Zwangskommutierung eine wichtige Rolle spielt, wie noch gezeigt wird. Es lässt sich jedoch jeweils nur zwei der angegebenen Größen auf Kosten der dritten optimieren. Das geschieht mit folgenden Parametern: spezifischer Widerstand des Siliziums, Trägerlebensdauer und Dicke der N-Basis. Große Basisdicke und hoher spezifischer Widerstand ergeben eine hohe Spannungsfestigkeit. Bei großer Trägerlebensdauer wird er klein, dagegen steigt die Freiwerdezeit an.

Ist der Durchlassspannungsfall klein, steigt dagegen die Freiwerdezeit an.

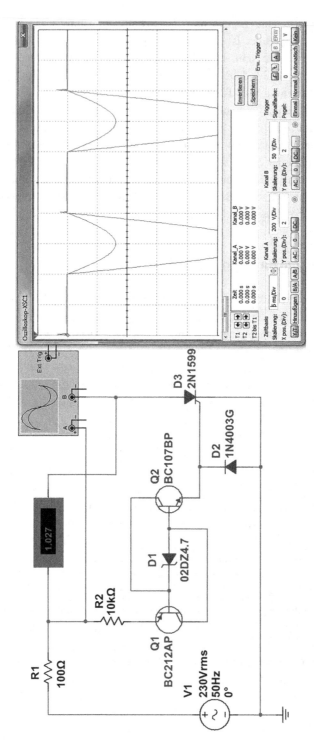

Abb. 3.15 Wechselstromzündung eines Thyristors

Je nach Anwendungsgebiet wurden von der Industrie zwei Thyristorfamilien entwickelt: N-Thyristoren für Anwendungen bei Netzfrequenz von 50 Hz oder 60 Hz, und F-Thyristoren mit niedrigen Freiwerdezeiten zwischen 60 µs und weniger als 20 µs, wie sie für Schaltungen mit Zwangskommutierung und bei Mittelfrequenzen (bis 20 kHz) benötigt werden. F-Thyristoren werden auch als schnelle oder Inverter-Thyristoren bezeichnet. N-Thyristoren können erheblich höhere Freiwerdezeiten zwischen 100 µs bis über 200 µs erreichen. Damit erzielt man etwa die doppelte Spannungsfestigkeit gegenüber F-Thyristoren und auch höhere Nennströme. Die Grenzwerte für N-Thyristoren liegen bei 2,5 kV bis 10 kV und für Dauerströme über 10 kA. Bei F-Thyristoren werden je nach Freiwerdezeit Spannungen von 1,2 kV bis 5 kV bei Strömen von 1000 A erreicht.

Die Spannungsfestigkeit von Thyristoren ist durch die Einführung besonderer Schrägschlifftechniken der Randzonen wesentlich erhöht worden. Die Steigerung der Strombelastbarkeit wurde durch eine kontinuierliche Vergrößerung des Durchmessers der Siliziumscheibe bei gleichzeitig struktureller Verbesserung des Kristalldurchmessers erzielt. Die höchsten Stromwerte erreicht man mit Thyristoren in Scheibenzellenbauform mit doppelseitigen Kühlflächen.

Eine besonders homogene Dotierung des Silizium-Ausgangsmaterials erhält man durch Neutronenbestrahlung. Hierbei wird eine genau definierte Anzahl von Siliziumatomen in Phosphoratome umgewandelt, die extrem gleichmäßig im Kristallvolumen verteilt sind. Damit ist es möglich, Siliziumkristalle mit großem Durchmesser und mit hoher Homogenität in der Dotierung herzustellen. Mit diesem neutronendotierten Siliziummaterial lassen sich Hochstromthyristoren mit 60-mm-Kristalldurchmesser realisieren, wobei der Dauergrenzstrom über 10 kA reichen kann.

3.2.3 Impulszündung des Thyristors

In der Praxis verwendet man die Impulszündung, denn diese ist weitgehend unabhängig von der gerade wirksamen Anodenspannung U_{AK}. Ein kurzer Zündstromimpuls am Gate bringt den Thyristor in den leitenden Zustand. Diese Methode erlaubt eine Zündung theoretisch zu jedem beliebigen Zeitpunkt innerhalb der gesteuerten positiven Halbwelle, wenn der Zündimpuls auch bei niedrigen Anodenspannungen (am Anfang und Ende der Halbwelle) wirksam werden kann. Dazu muss die Energie des Impulses immer dem maximalen Gatestrom entsprechen. Abb. 3.16 zeigt die Impulszündung eines Thyristors über eine Vierschichtdiode (Ersatzschaltung).

Der Ansteuerteil für eine Impulszündung besteht immer aus einem Impulsgenerator, der eine Serie von positiven Impulsen zur Ansteuerung des Thyristors erzeugt. Damit in jeder Halbwelle die Zündung zum gleichen Zeitpunkt, also immer mit gleichem Zündwinkel erfolgt, muss die Impulsfrequenz weitgehend konstant sein. Aus diesem Grund arbeiten die Impulsgeneratoren netzsynchron oder sie erzeugen die Zündimpulse direkt aus der Betriebswechselspannung. Die Zündwinkeleinstellung geschieht bei dieser Zündung dadurch, dass die Phasenlage der Impulse zu den Nulldurchgängen

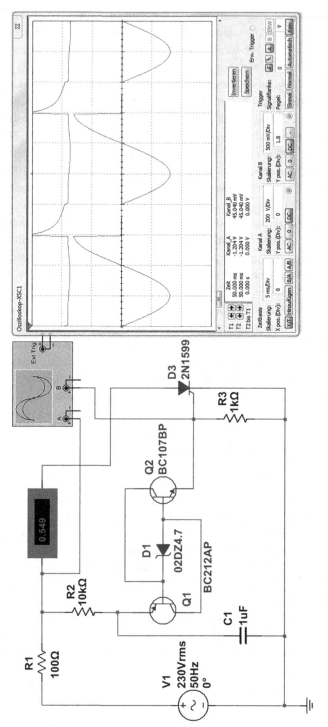

Abb. 3.16 Impulszündung eines Thyristors

der Wechselspannung verändert wird. Lässt der Impulsgenerator eine Veränderung der Phasenlage zwischen 0° und 180° zu, liegt damit auch der Zündwinkelverstellbereich zwischen 0° und 180°.

Vergleicht man nun die drei Zündmethoden miteinander, lassen sich große Unterschiede erkennen: Bei der Gleich- und Wechselstromzündung wird die Abhängigkeit des zur Zündung erforderlichen Gatestroms I_G von der Anodenspannung genutzt. Der Zündzeitpunkt wird also durch die Größe des Gatestroms eingestellt. Eine Zündung erfolgt immer dann, wenn die ansteigende Anodenspannung U_{AK} beim Thyristor den Wert erreicht hat, der durch den Gatestrom vorgegeben ist. Diese Art der Zündwinkeleinstellung bezeichnet man als Vertikalsteuerung, wie Abb. 3.17 zeigt.

Bei einer sinusförmigen Wechselspannung liegt der Zündwinkelverstellbereich immer zwischen 0° und 90°, wobei sich diese Grenzwerte nicht exakt erreichen lassen. Der Bereich von 90° bis 180° lässt sich über die Vertikalsteuerung nicht beeinflussen. Im Gegensatz hierzu steht die Impulszündung, denn diese Methode ist unabhängig von Größe und Änderungsrichtung der Anodenspannung. Diese Art der Zündung bezeichnet man als Horizontalsteuerung, und die Zündwinkelverstellung für den Thyristor liegt im Bereich von 0° bis 180°, wobei es sich hier wieder um Grenzwerte handelt, die man normalerweise nicht erreichen kann. Abb. 3.18 zeigt das Diagramm für die Horizontalsteuerung.

Aus der Gegenüberstellung von Vertikal- und Horizontalsteuerung erkennt man sofort die bessere Lösung, denn solange bei der Impulszündung die richtige Polarität erzeugt wird, ist eine Zündung theoretisch zu jedem beliebigen Zeitpunkt möglich. Während bei der Gleichstromzündung ständig und bei der Wechselstromzündung in der gesteuerten Halbwelle vor der Zündung immer ein Gatestrom fließt, tritt bei der Impulszündung nur im Zündmoment ein kurzer Gatestrom auf. Durch diesen kurzzeitigen Zündimpuls verringert sich auch die thermische Belastung des Thyristors.

3.2.4 Dynamisches Verhalten von Thyristoren

Thyristoren sind Silizium-Bauelemente mit drei Sperrschichten und drei stabilen Betriebszuständen. Wird an die Anode eine negative Spannung und Katode eine positive Spannung angelegt, verhält sich der Thyristor wie eine Siliziumdiode. Der sehr geringe, nahezu spannungsunabhängige Sperrstrom steigt exponentiell mit der Temperatur an, die Durchbruchspannung wird geringfügig größer und der Kennlinienknick verläuft etwas abgerundeter als bei Zimmertemperatur. Das Erreichen der Durchbruchspannung U_{ab} führt zur Zerstörung des Thyristors. Abb. 3.19 zeigt das Zünddiagramm für Thyristoren.

Zündspannung und Zündstrom unterliegen in der Praxis immer großen Exemplarstreuungen, sodass die Zünddiagramme einen weiten Streubereich zeigen. Ein sicheres Zünden aller Exemplare gleichen Typs innerhalb des zulässigen Temperaturbereichs ist nur oberhalb der oberen Zündspannung U_{GT} bzw. des oberen Zündstroms I_{GT} gewährleistet. Der Zündstrom I_{GT} und die Zündspannung U_{GT} werden für die treibende

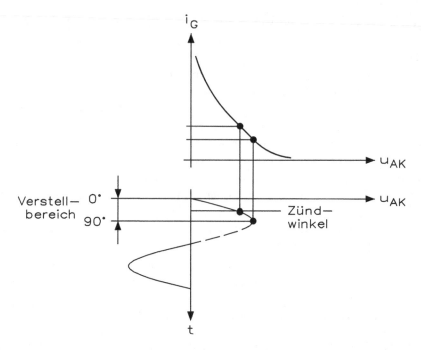

Abb. 3.17 Vertikalsteuerung für die Zündwinkelverstellung im Bereich von 0° bis 90° bei einem Thyristor

Spannung im Stromkreis von 6 V und einer Ersatzsperrschichttemperatur von 25 °C angegeben. Um trotz großer Exemplarstreuungen definierte Zündwerte und -zeiten zu erreichen, wird die Vertikalsteuerung nicht verwendet, da hier die Abhängigkeit der Zündspannung und des Steuerstroms durch Verändern der Zündspannung gegenübersteht. Aus diesem Grunde ist eine Ansteuerung mittels Zündimpuls besser wie dies bei der Horizontalsteuerung der Fall ist.

Für die Berechnung der Spannungs- und Stromwerte verwendet man Abb. 3.20. Der Wert I_{Gmin} ist der empfohlene Mindestimpuls am Gate, der auch die Exemplarstreuungen von U_{Gmax} berücksichtigt. Die einzelnen Werte berechnen sich aus.

$$U_e = I_{GK} \cdot R_G$$

$$I_{GK} \cdot R_G = U_{Gmax} + I_{Gmax} \cdot R_G$$

$$R(I_{GK} - I_{Gmin}) = U_{Gmax}$$

$$U_e = \frac{U_{Gmax}}{U_{GK} - I_{Gmin}} = I_{KG} \cdot \frac{U_{Gmax}}{I_{GK} - I_{Gmin}} = \frac{U_{Gmax}}{1 - \frac{I_{Gmin}}{I_{GK}}}$$

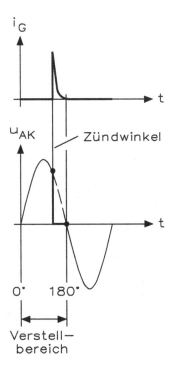

Abb. 3.18 Horizontalsteuerung für die Zündwinkelverstellung im Bereich von 0° bis 180° bei einem Thyristor

Nach der Zündung des Thyristors befindet sich dieser im leitenden Zustand, solange der Haltestrom U_H nicht unterschritten wird. Der Haltestrom ist der kleinste Durchlassstrom, bei dem der Thyristor sich noch im Durchlasszustand befindet, wenn also kein Gatestrom mehr fließt und der Durchlassstrom abnimmt. Ist der Thyristor defekt, kann das Gate mit der Katode kurzgeschlossen sein. Um dabei das Steuergerät nicht zu beschädigen, darf der für das Steuergerät höchstzulässige Kurzschlussstrom I_{GK} am Gate nicht überschritten werden. Dabei ist zu beachten, dass bei den Thyristoren mit dem kleinsten Spannungsfall am Gate der Strom durch das Gate die zulässige Grenze nicht überschreitet. Bei $I_{Gmin} = I_{GK}/2$ ist diese Bedingung in der Praxis erfüllt.

Neben den Problemen bei der „gewollte" gibt es auch die „ungewollte" Zündung von Thyristoren. Zwei Ursachen für die ungewollte Zündung sind eine zu hohe Anodenspannung und ein zu steiler Spannungsanstieg:

- Überkopfzündung: Es ist bekannt, dass mit steigender Spannung U_{AK} der zur Zündung erforderliche Gatestrom I_G immer kleiner wird. So ist es auch zu verstehen, dass beim Erreichen eines bestimmten Maximalwertes der Anodenspannung eine Zündung ohne Gatestrom einsetzt. In diesem Fall spricht man von einer „Überkopfzündung". Diese ungewollte Zündung ist immer zu vermeiden, da sie zur Zerstörung

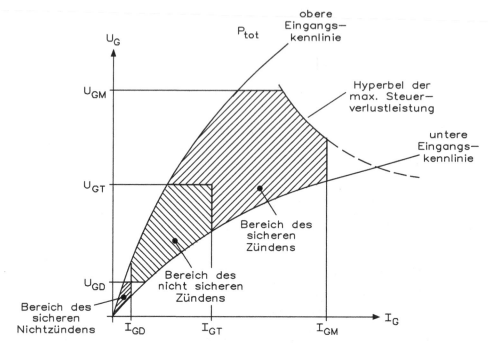

Abb. 3.19   Zünddiagramm für Thyristoren mit

I_{GD}: höchster nicht zündender Steuerstrom

I_{GT}: Zündstrom

I_{GM}: höchstzulässiger Vorwärts-Spitzensteuerstrom

U_{GD}: höchste nicht zündende Steuerspannung

U_{GT}: Zündspannung

U_{GM}: höchstzulässige Vorwärts-Spitzensteuerspannung .

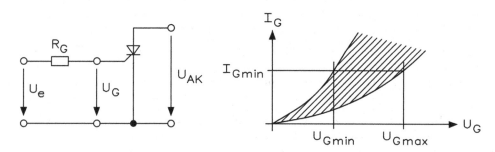

Abb. 3.20   Ansteuerung des Gates bei einem Thyristor

des Bauteils führen kann. Überkopfzündungen lassen sich vermeiden, wenn man den maximal zulässigen Spannungswert nicht überschreitet. Dieser Wert liegt immer um einen Faktor von 1,5 bis 2,0 unter der kritischen Anodenspannung.

• Rate-Effekt: Als Rate-Effekt bezeichnet man die Zündung eines Thyristors, die durch eine zu hohe Anstiegsgeschwindigkeit der Anodenspannung U_{AK} ausgelöst wird. Die den Rate-Effekt verursachte kritische Spannungssteilheit wird in den Datenblättern meist durch die Angabe „du/dt" in V/µs angegeben. Der steilste Spannungsanstieg einer sinusförmigen Wechselspannung von 230 V liegt im Nulldurchgang und beträgt

$$\frac{du}{dt} = 6 \cdot U_S \cdot f$$

$$\frac{du}{dt} = 6 \cdot 230\,\text{V} \cdot \sqrt{2} \cdot 50\,\text{Hz} = 97580\,\text{V/s} = 97{,}58\,\text{V/ms}$$

Setzt man einen Thyristor ein, muss dieser den Wert der kritischen Spannungssteilheit aufweisen. Die Werte der handelsüblichen Thyristoren liegen zwischen 5 V/µs und 2000 V/µs. Setzt man einen Thyristor für eine sinusförmige Wechselspannung von 1000 V/1 kHz ein, ergibt sich ein Wert von

$$\frac{du}{dt} = 6 \cdot 1000V \cdot \sqrt{2} \cdot 1000\,\text{Hz} = 8{,}5\,V/\mu s$$

und damit liegt man bereits sehr nahe am Grenzbereich. Bei der Dimensionierung von Schaltungen mit Thyristoren sollte man unbedingt darauf achten, dass die maximale Betriebsspannung sowie der kritische Spannungsanstieg nicht erreicht werden, um eine Überkopfzündung und ungewollte Zündungen durch den Rate-Effekt zu verhindern.

3.2.5 Löschverfahren

Ein Thyristor lässt sich durch zwei Verfahren in den gesperrten Zustand bringen:

• wenn der Strom über die Hauptstrecke (Anode-Katode) den Wert des Haltestroms I_H unterschreitet oder
• wenn die Anodenspannung U_{AK} kleiner als die Haltespannung U_H wird bzw. die Polarität wechselt.

Beim Betrieb an Wechselspannungen und pulsierenden Gleichspannungen, wie sie z. B. durch Gleichrichtung ohne Siebung entstehen, werden die Thyristoren immer beim Nulldurchgang am Ende einer jeden positiven Halbwelle gesperrt. Besondere Löschschaltungen sind in diesem Fall nicht erforderlich. Beim reinen Gleichstrombetrieb muss man dagegen den Löschvorgang durch schaltungstechnische Maßnahmen einleiten.

Liegt ein Thyristor in Reihe mit einem Verbraucher an einer Wechselspannung, wird bei jedem Nulldurchgang am Ende der Halbwelle der Thyristor gesperrt. Eine genauere Untersuchung zeigt, dass der Löschvorgang bereits vor dem Nulldurchgang stattfindet, nämlich dann, wenn die kleiner werdende Wechselspannung den erforderlichen Anodenstrom ($>I_H$) nicht mehr aufrecht erhalten kann.

In der Schaltung von Abb. 3.14 hat der Lastwiderstand R_L einen Wert von 100 Ω, und für den Thyristor soll ein Haltestrom von 20 mA angenommen werden. Der Wert der Betriebsspannung U_b, bei der gerade noch der Haltestrom fließt, errechnet sich aus.

$$U_b = I_H \cdot R_L = 20\,\text{mA} \cdot 100\,\Omega = 2\,\text{V}$$

Der Thyristor löscht also, wenn die Wechselspannung den Wert von $U_b \approx 2\,\text{V}$ unterschreitet. Wie man aus der Formel erkennt, geht in die Berechnung die Größe des geschalteten Lastwiderstands R_L ein. Daraus lässt sich feststellen, dass der Thyristor umso früher gelöscht wird, je hochohmiger man den Lastwiderstand wählt.

Hat man einen Gleichstromkreis mit pulsierender Gleichspannung, wird am Ende jeder positiven Halbwelle der Thyristor automatisch gelöscht, wenn die Amplitude den Wert von 0 V erreicht hat. In diesem Fall wird die Haltespannung U_H unterschritten. Hat man einen Kondensator am Ausgang des Gleichstromkreises, ergibt sich eine Glättung der pulsierenden Gleichspannung, und damit tritt keine automatische Löschung beim Abschaltvorgang mehr auf.

Befindet sich ein Thyristor in einem Gleichstromkreis mit einer konstanten Gleichspannung, ergeben sich Probleme, da in diesem Fall ein Unterschreiten des Haltestroms bzw. eine Absenkung der Anodenspannung auf Null durch Verringerung der Betriebsspannung nicht auftritt. In der Praxis kennt man zwei Methoden:

- Einen Schalter zwischen der Gleichspannungsquelle und dem Thyristor oder
- eine Gleichstromzündung und -löschung durch einen mechanischen Schalter oder über einen Hilfsthyristor.

In der Schaltung von Abb. 3.21 erfolgen die Gleichstromzündung mit dem Einschalter und die Gleichstromlöschung mittels des Ausschalters A. Durch die Betätigung des Einschalters E wird der Thyristor leitend, und damit fließt ein Strom durch den Lastwiderstand. Die rechte Platte des Kondensators ist über den Thyristor mit Masse verbunden, während sich die linke Platte über den Widerstand R_2 aufladen kann. Wenn man nun den Ausschalter betätigt, wird die linke Platte des Kondensators auf Masse geschaltet, und es entsteht an der rechten Platte ein Spannungsimpuls von 0 V nach etwa -200 V. Dieser Spannungsimpuls bringt den Thyristor in den gesperrten Zustand. Der Kondensator differenziert, und während dieses Vorgangs entsteht eine kurze und hohe negative Spannung, die den Thyristor sicher sperrt.

Die Schaltung von Abb. 3.22 zeigt eine Gleichstromzündung, und der rechte Thyristor wird in den leitenden Zustand gebracht, wenn man den Einschalter betätigt. Auch hier liegt die rechte Seite des Kondensators auf Masse, während sich die linke Platte über den

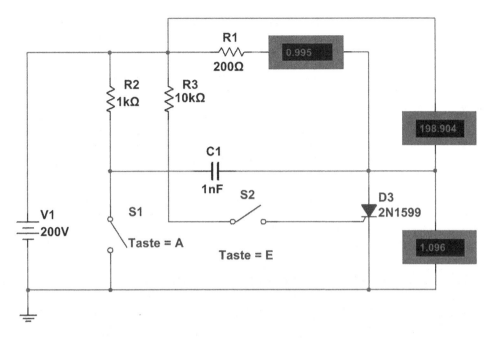

Abb. 3.21 Gleichstromzündung und -löschung mittels eines mechanischen Schalters

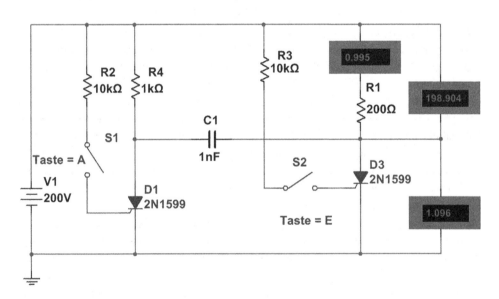

Abb. 3.22 Gleichstromzündung und -löschung mittels eines Hilfsthyristors

Widerstand R_4 aufladen kann. Wenn man nun den Ausschalter betätigt, wird der Hilfs-thyristor leitend, der Kondensator differenziert und bringt den rechten Thyristor in den gesperrten Zustand.

In der Schaltung von Abb. 3.22 unterscheidet man zwischen dem Hauptthyristor (rechts) und dem Hilfsthyristor (links). Für die Dimensionierung des Löschkondensators ist zu beachten, dass die Ladung ausreichend groß ist, um die Anodenspannung solange negativ zu halten, bis einer der beiden Thyristoren sicher gesperrt hat, bis also der Last-strom I_L mindestens auf den Haltestrom abgesunken ist. Als Thyristor-Kennwert ist hier-bei die sogenannte Freiwerdezeit t_q zu berücksichtigen und es gilt:

$$C_L > \frac{I_L \cdot t_q}{U_b}$$

Diese Formel gilt auch näherungsweise für den mechanischen Umschalter.

3.2.6   Reihen- und Parallelschaltung von Thyristoren

Reicht die Leistung eines Thyristors nicht aus, kann man weitere Thyristoren hinzu-fügen, wobei man zwischen der Reihen- und Parallelschaltung unterscheidet.

Bei der Reihenschaltung von Thyristoren muss sichergestellt werden, dass sich die Gesamtspannung möglichst gleichmäßig auf die in Reihe geschalteten Thyristoren ver-teilt. Ohne zusätzliche Beschaltung ist dies in der praktischen Anwendung nicht gewähr-leistet, weil Thyristoren gleichen Typs unterschiedliche Rückströme aufweisen können, wodurch sich bei gleich großen Rückströmen eine entsprechende ungleichmäßige Spannungsverteilung ergeben würde. Außerdem sind beim Ein- und Ausschalten infolge von ungleichmäßiger Zündverzugszeit und ungleichmäßiger Trägerstauladung die Schalt-zeitpunkte in Reihe liegender Thyristoren im µs-Bereich unterschiedlich, was man ebenfalls beim Schaltungsentwurf berücksichtigen muss. In diesem Fall bricht beim Einschalten die Spannung an dem Thyristor mit der kleinsten Zündverzugszeit zuerst zusammen, wodurch sich bei den übrigen Thyristoren eine kurzzeitige Spannungs-erhöhung ergibt. Beim Ausschalten übernimmt der Thyristor mit der kleinsten Sperrver-zugsladung kurzzeitig die volle Kommutierungsspannung. Diese Effekte müssen durch eine entsprechende Beschaltung verringert werden.

Abb. 3.23 zeigt die Beschaltung für statische und dynamische Spannungsaufteilung in einer Reihenschaltung von Thyristoren. Die hochohmigen Parallelwiderstände R_p bestimmen die statische Spannungsaufteilung. Ihr Strom muss dazu um etwa eine Größenordnung höher als der Rückstrom der Thyristoren sein. Die dynamische Spannungs-aufteilung übernehmen die RC-Beschaltungsglieder. Der Beschaltungskondensator C_B speichert die Ladungsdifferenzen ΔQ infolge ungleichmäßiger Zündverzugszeit beim Ein-schalten und ungleichmäßiger Trägerstauladungen beim Ausschalten. Der Kondensator wird dabei um eine Differenzspannung

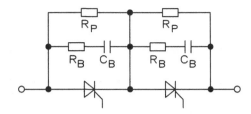

Abb. 3.23 Statische
und dynamische
Spannungsaufteilung bei
der Reihenschaltung von
Thyristoren

$$\Delta U_C = \frac{\Delta Q}{C_n}$$

aufgeladen. Dies führt beim Ausschalten zu einer der TSE-Spannung überlagerten zusätzlichen Spannungserhöhung, die man so klein wie möglich halten muss. Der Beschaltungskondensator C_B ist abhängig von den auftretenden Ladungsdifferenzen ΔQ bei Thyristoren eines Typs.

Bei der Parallelschaltung von Thyristoren wird eine möglichst gleichmäßige Stromaufteilung angestrebt. Auch hier ist wie bei der Spannungsaufteilung in der Reihenschaltung zwischen einer statischen und einer dynamischen Stromaufteilung zu unterscheiden. Die statische Stromaufteilung ergibt sich aus den Durchlasskennlinien der parallel geschalteten Thyristoren sowie aus im Kreis vorhandenen Wirkspannungsfällen. Bei schnellen Stromänderungen, z. B. während Schalt- und Kommutierungsvorgängen, wird die dynamische Stromaufteilung zusätzlich stark von den in der Parallelschaltung vorhandenen Induktivitäten beeinflusst.

Abb. 3.24 zeigt die Stromaufteilung beim Parallelbetrieb von Thyristoren mit unterschiedlichen Durchlasskennlinien. Im stationären Betrieb ist die Spannung U_T an den parallelen Thyristoren gleich. Entsprechend ihrer verschiedenen Durchlasskennlinien

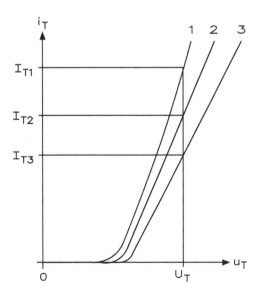

Abb. 3.24 Unterschiedliche
Kennlinien von gleichen
Thyristortypen, die zu
einer Parallelschaltung
zusammengefasst werden
sollen

kann sich dabei eine ungleichmäßige Stromverteilung ergeben. Zusätzliche Reihen-wirkwiderstände würden die Stromverteilung relativ gleichmäßig verteilen, sind jedoch wegen der zusätzlichen Verluste unwirtschaftlich. Man klassifiziert deshalb Thyristoren (dies gilt auch für Dioden) für Parallelbetrieb nach ihrem Durchlassspannungsfall bei einem bestimmten Strom und schaltet nur Thyristoren einer Durchlassspannungsklasse parallel. Wenn in jedem Thyristorzweig jeweils eine separate Schmelzsicherung ver-wendet wird, können diese infolge ihres Spannungsabfalls die Stromaufteilung bereits gleichmäßig vornehmen. In der Praxis verwendet man aber für die dynamische Strom-aufteilung diverse Reiheninduktivitäten.

Abb. 3.25 zeigt drei Möglichkeiten zur Verbesserung der Stromaufteilung bei parallel geschalteten Thyristoren nach der Stromschienenführung, mit Reiheninduktivi-täten und den verkoppelten Reiheninduktivitäten. Bei Hochstromanlagen mit vielen parallel geschalteten Thyristor- oder Diodenzweigen kann man durch den Aufbau der Stromschienen (Zuleitung und Ableitung auf verschiedenen Seiten) die Induktivität der einzelnen Parallelzweige relativ gleichmäßig aufteilen. Möglich sind auch zusätzliche Reiheninduktivitäten. Diese lassen sich untereinander durch Sekundärwicklungen ver-koppeln. Dabei unterstützt die Stromänderung in einem Thyristorzweig entsprechende Stromänderungen in den anderen parallel geschalteten Zweigen. Diese verkoppelten Stromteilerdrosseln sind jedoch sehr aufwendig und werden daher nur in kritischen Sonderfällen angewendet.

3.2.7 Schutzschaltungen

An elektronischen Leistungsschaltern und mechanischen Schaltern können Über-spannungen aus dem Netz und solche, die durch das Schaltverhalten verursacht werden, auftreten. Ebenso ist auch mit Überströmen infolge von Überlastungen bzw. Kurz-schlüssen zu rechnen.

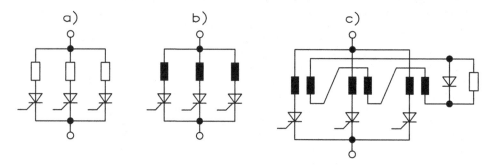

Abb. 3.25 Verbesserung der Stromaufteilung bei parallel geschalteten Thyristoren nach der Stromschienenführung (a), mit Reiheninduktivitäten (b) und den verkoppelten Reiheninduktivi-täten (c)

Beim Übergang vom leitenden in den sperrenden Zustand eines elektronischen Schalters müssen die Sperrschichten von freien Ladungsträgern geräumt werden. Dies geschieht, indem ein Rückstrom fließt, der nach wenigen Mikrosekunden, sobald die Ladungsträger ausgeräumt sind, abbricht. Diese steile Stromänderung kann insbesondere beim Schalten von Induktivitäten und Kapazitäten sehr hohe Spannungsspitzen erzeugen, die dann, da sie der anliegenden Sperrspannung überlagert werden, zur Zerstörung des elektronischen Bauelements (Transistor, Thyristor, usw.) oder des mechanischen Schalters (Relais, Schütz,, usw.) führen. Zur Begrenzung dieser Spannungsspitzen schaltet man parallel zum Bauelement eine RC-Kombination. Diese Schutzschaltung bezeichnet man als „TSE"-Beschaltung (Trägerstaueffekt bzw. Trägerspeichereffekt).

Abb. 3.26 zeigt einen Thyristor mit TSE-Beschaltung und Spannungsverlauf am Thyristor, wenn eine induktive Last geschaltet wird. Der Kondensator bildet mit der Spule einen Reihenschwingkreis, der beim Abreißen des Rückstroms entsteht und durch seinen Einschwingvorgang die Spannungsspitze am Thyristor verhindert. Der Kondensator bestimmt die Resonanzfrequenz und damit das Einschwingverhalten. Durch dieses Verhalten lässt sich die schädliche Spannungsspitze weitgehend unterdrücken. Der Widerstand begrenzt den Entladestrom des Kondensators, der bei der Wiedereinschaltung über den Thyristor fließt. Sein minimaler Wert ist also vom zulässigen Spitzendurchlassstrom des Thyristors abhängig. Wenn man in einer Schaltung den Thyristor BRY 42 einsetzt, findet man im Datenblatt folgende Werte für die TSE-Beschaltung:

$$R = 27\Omega/1W$$
$$C = 0{,}1\mu F/330V$$

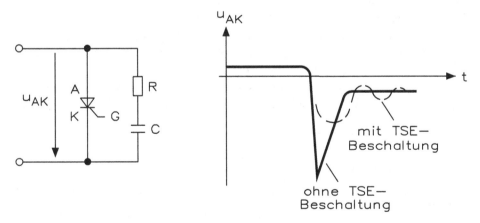

Abb. 3.26 Thyristor mit TSE-Beschaltung und Spannungsverlauf am Thyristor, wenn eine induktive Last geschaltet wird

Diese Werte für das RC-Entstörglied gilt für Anwendungen in Netzwerken mit 230 V/50 Hz. Wenn in einem Netz eine Überspannung auftritt, lässt sich der Thyristor durch die Überkopfzündung in den leitenden Zustand bringen. Dies kann man verhindern, wenn man parallel zum Thyristor, und damit auch zur TSE-Beschaltung, noch einen VDR-Widerstand schaltet.

Abb. 3.27 zeigt eine Überspannungsschutzbeschaltung für einen Thyristor mittels VDR-Widerstand. Die Dimensionierung des VDR-Widerstands wird von der Spitzensperrspannung U_{DRM} bzw. U_{RRM} des verwendeten Thyristors bestimmt. Der Thyristor BRY 42 hat einen Wert von $U_{RRM} = 600$ V und wird als Schalter für $P = 800$ W bei einer Netzspannung von 230 V eingesetzt. Nach dem Datenblatt wird als Überspannungsschutz ein VDR-Widerstand mit der Typenbezeichnung QVW-A10-SL 441 und $U_{Nenn} = 440$ V empfohlen.

Ein weiteres Problem bei den Thyristoren sind die Überströme, und diese entstehen durch zu hohe Belastung während des Schaltvorgangs. Die Schutzmaßnahmen bestehen darin, dass die verursachenden Lasten abgeschaltet werden. In der Praxis unterscheidet man zwischen zwei Belastungsfällen:

- Kurzschluss, dessen Wirkung im Zeitbereich $t < 10$ ms bemerkbar wird. Diese schnell ansteigenden hohen Stromstöße gefährden nicht nur den Thyristor erheblich. Daher müssen in dem Laststromkreis immer superschnelle Schmelzsicherungen vorhanden sein.
- Überlastströme im Langzeitbereich führen ebenfalls zu unerwünschten Belastungsfällen. Diese Ströme überschreiten den zulässigen Dauerstrom oft nur geringfügig. Die für den Kurzschlussfall eingesetzten Schmelzsicherungen reagieren daher nur sehr langsam. Da aber die Thyristoren durch diese Überströme unzulässig erwärmt werden, kann eine thermische Zerstörung auftreten. Aus diesem Grunde setzt man für diesen Belastungsfall mechanische Bimetallschalter oder andere thermisch beeinflussbare Schalter (Thermo-Auslöser) ein. Durch den Einsatz eines NTC-Widerstands und eines Verstärkers ist es auch möglich, eine Kühlung einzuschalten. Setzt man integrierte Schutzschaltungen ein, erhält man nicht nur eine Regelung für den Ventilator oder eine Umwälzpumpe, sondern es lässt sich ein akustischer bzw. optischer Alarm auslösen, wenn ein entsprechender Grenzwert überschritten worden ist.

Abb. 3.27 Überspannungs-schutzbeschaltung für einen Thyristor mittels VDR-Widerstand

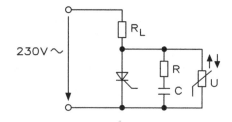

3.2.8 Elektromagnetische Verträglichkeit

Im gesamten Bereich des industriellen Anlagenbaus finden zunehmend immer mehr elektrische und elektronische Geräte ihre Anwendung. Hierzu gehören speicherprogrammierbare Steuerungen, NC-Steuerungen, Prozessrechner, Überwachungssysteme genauso wie analoge bzw. digitale Koppelglieder, elektronische Kleinsignalverstärker und Leistungsverstärker für die Ansteuerung von elektrischen Antrieben und Schaltgeräten. Davon unberücksichtigt werden auch weiterhin die klassischen Schaltgeräte wie Schütze sowie Motoren und Ventile für die Pneumatik bzw. Hydraulik eingesetzt. Störungen, die im Zusammenwirken aller Komponenten auftreten, können elektronische Geräte in ihrer Funktion erheblich beeinträchtigen. Dieser Einfluss ist unter dem Begriff „EMV" (Elektromagnetische Verträglichkeit) bekannt. Unter EMV versteht man die Fähigkeit elektrischer Betriebsmittel in einer definierten elektromagnetischen Umgebung ohne gegenseitige Beeinträchtigung zu funktionieren. Um dies zu gewährleisten, muss man zuerst den gesamten Anteil an elektrischen Störungen minimal halten. Als weitere Maßnahme sollten elektronische Geräte auch ein gewisses Maß an Störungen unbeeinflusst überstehen können. Elektromagnetische Störungen werden durch vielfältige Ursachen hervorgerufen, wie folgende Aufzählung zeigt:

• Getaktete Leistungsstufen (Stromrichter, Verstärker, Netzgeräte)
• Geschaltete Lasten
• Erdschleifen
• Zu geringer Leitungsquerschnitt und falscher Leitungstyp
• Ungünstige Leitungsführung
• Falsche oder unzureichende Abschirmung von Leitungen und Geräten
• Elektrische Unverträglichkeit von Schnittstellen
• Ungünstiger Geräteeinbau

Aus dieser Aufzählung der vermeidbaren Störungsursachen soll diese Problemstellung näher untersucht werden. Zwei Störfaktoren sind beim Schalten von Lasten zu betrachten:

• Einschalten kapazitiver Lasten: Der damit verbundene Stromanstieg kann das Schaltglied am Ausgang eines Leistungsverstärkers beschädigen. Weiterhin führen die hochfrequenten Anteile im Stromanstieg zu Gerätestörungen, bedingt durch die induktive Kopplung in der Leitungsführung.
• Ausschalten von induktiven Lasten: Der hieraus resultierende Spannungsanstieg kann eine Beschädigung des Schaltglieds bewirken. Darüber hinaus stellen hier die hochfrequenten Anteile im Spannungsanstieg ein EMV-Problem durch die kapazitive Kopplung in der Leitungsführung dar.

In der Leistungselektronik interessiert hauptsächlich das Ausschalten von induktiven Lasten und deshalb wird im Nachfolgenden nur dieser Fall behandelt. In der Anwendung ist auch zwischen Gleich- und Wechselstromlast zu unterscheiden.

Bedingt durch physikalische Eigenschaften der Induktivität ist ein störfreies Abschalten ohne Zusatzeinrichtung nicht möglich. Daraus resultierend müssen diese Störungen soweit wie möglich minimiert werden. Dies erfolgt je nach Einsatzfall durch Beschaltung der Induktivität mit einem Entstörglied. Im Idealfall sollte dieses Entstörglied die Störspannung vollständig unterdrücken sowie die in der Induktivität gespeicherte magnetische Energie schnell abbauen. Weiterhin darf das Entstörglied im statischen Betrieb der Induktivität keine zusätzliche Last für den Steuerausgang darstellen.

Störungen breiten sich sowohl leitungsgebunden als auch als Störstrahlung aus. Dabei ist zu berücksichtigen, dass nicht nur die Störquelle als Störstrahler zu betrachten ist, sondern auch jede an die Störquelle angeschlossene Leitung. Die Leitungsinduktivität wirkt sich mit zunehmender Leitungslänge dämpfend auf die leitungsgebundene Störung aus. Die Störstrahlung dagegen kann sich in Folge kapazitiver Kopplung auf benachbarte Leitungen übertragen; dieser Effekt wird mit zunehmender Leitungslänge (bei parallel verlaufenden Leitungen) noch unterstützt. Deshalb gilt:

„Störungen möglichst immer direkt an der Störquelle beseitigen bzw. unterdrücken".

Breitet sich die Störung leitungsgebunden oder als Störstrahlung aus, kosten die Maßnahmen zur Unterdrückung der Störungen an den EMV-gefährdeten Geräten ein Mehrfaches der Maßnahmen zur Unterdrückung an der Störquelle.

Abb. 3.28 zeigt das Ersatzschaltbild einer realen Induktivität. Beim Abschalten induktiver Lasten entstehen sehr hohe Schaltüberspannungen U_I, da Induktivitäten keine sprungförmigen Stromänderungen zulassen. Für den Spannungsverlauf $U_I(t)$ gilt näherungsweise:

$$U_I(t) \approx -\frac{U_b}{R} \cdot \sqrt{\frac{L}{C}} \cdot e^{-\frac{R}{2L}} \cdot \sin\left(\omega t - \varphi\right)$$

Abb. 3.28 Entstehung von Störungen beim Schalten von Induktivitäten

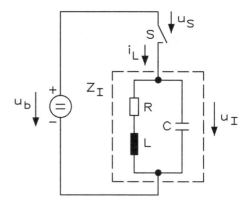

Die Schwingfrequenz errechnet sich aus:

$$f_I \approx \frac{1}{2 \cdot \pi \cdot \sqrt{L \cdot C}}$$

Die maximal auftretende Spitzenüberspannung dieser gedämpften Schwingung errechnet sich aus:

$$U_{Imax} \approx -I_L \cdot \sqrt{\frac{L}{C}}$$

Abhängig vom Strom $I_L = U_b/Z_I$ können Abschaltüberspannungen weit im kV-Bereich auftreten. In der Praxis besteht die Schaltstrecke S oftmals aus einem kontaktbehafteten Schalter. Damit wird der Strom I_L von der sich öffnenden Schaltstrecke S und den Schaltereigenschaften bestimmt. An dem Kontakt S entsteht ein Lichtbogen bzw. die Schaltstrecke wird im ungünstigsten Fall mehrfach durchschlagen. Mit dem Abbau der magnetischen Energie wird auch die Amplitude der schwingenden Spannung kleiner; es entsteht annähernd eine gedämpfte sinusförmige Schwingung, wie Abb. 3.29 zeigt.

Die im Verlauf des Lichtbogens bzw. beim Durchschlagen der Schaltstrecke S entstehende Abschaltüberspannung beinhaltet Frequenzanteile bis weit in den MHz-Bereich. Diese Überspannungen wirken zerstörend auf die Schaltstrecke S. Zusätzlich werden die hochfrequenten Anteile der Überspannung in Folge induktiver und kapazitiver Kopplung als Störstrahlung auf Leitungen und Geräte übertragen. Dies kann vom Fehlverhalten einer Steuerung bis hin zur Zerstörung von Baugruppen führen.

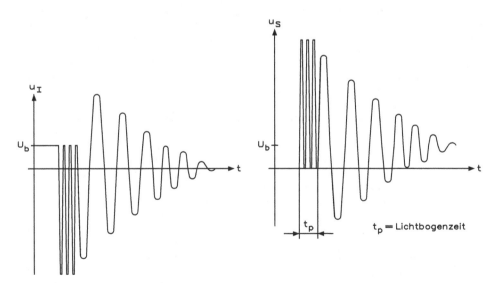

Abb. 3.29 Prinzipieller Spannungsverlauf beim Abschalten einer Induktivität Linkes Bild: Spannungsverlauf an der Induktivität. Rechtes Bild: Spannungsverlauf am Schalter.

Abb. 3.30 zeigt die Schaltung einer RC-Kombination als Entstörglied. Für die Berechnungen gilt folgende Formeln:

$$U_{Smax} \approx U_b + I_L \cdot \sqrt{\frac{L}{C}}$$

Der Spulenstrom für Wechselspannung errechnet sich aus

$$U_b = \hat{U}_b \, bzw. \, I_L = \hat{I}_L$$

Für die Spannung gilt:

$$U_{Lmax} \approx - I_L \cdot \sqrt{\frac{L}{C}}$$

und für die elektrische Abschaltverzögerung:

$$t_a \approx 2 \cdot \pi \cdot \sqrt{L \cdot C}$$

Vorteile der RC-Kombination:

- Die Störspannung hat einen geringen Oberwellenanteil
- Bei optimaler Dimensionierung auf einen Anwendungsfall entsteht nur eine geringe Überspannung
- Kleine Abfallverzögerungszeit
- Entstörwirkung unabhängig von der Grenzspannung U_{Lmax} und es tritt keine Ansprechverzögerung auf
- Für AC- und DC-Betrieb geeignet, verpolungsfest
- Kein Lichtbogen am Schalter S

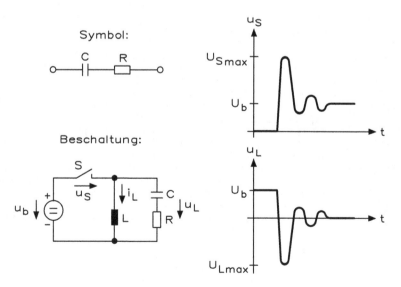

Abb. 3.30 RC-Kombination als Entstörglied

Nachteile der RC-Kombination:

- Die RC-Kombination sollte immer auf den Wert der Induktivität optimiert sein. Als universelles Entstörglied wenig geeignet, d. h. großes U_{Lmax} bedeutet in der Praxis fast immer eine Fehlanpassung.
- Der Platzbedarf verhält sich proportional zur Schaltleistung und Induktivität.
- Bei optimaler Löschung große Abfallverzögerung.
- Hohe Einschaltstromspitze am Kondensator.
- Bei AC-Betrieb zusätzliche Verluste durch Wechselstrom im Entstörglied.
- Nicht geeignet bei Oberwellen in der Betriebsspannung (unzulässige Verlustleistung im Entstörglied).

Abb. 3.31 zeigt die Schaltung einer Diode als Entstörglied. Parallel zur Spule L liegt Diode D, wobei auf die Durchlassrichtung geachtet werden muss. Für diese Beschaltung gelten folgende Formeln:

$$U_{Smax} = U_b + U_D \qquad U_L = -U_D$$

Für die elektrische Abschaltverzögerung t_a gilt:

$$t_a \approx -\frac{2 \cdot L}{R_L} \cdot \left(\sqrt{\frac{R_L \cdot I_L}{U_D}} \right)$$

Vorteile einer Diode als Entstörglied:

- Geringer Platzbedarf
- Praktisch keine Überspannung vorhanden
- Einfache Dimensionierung.

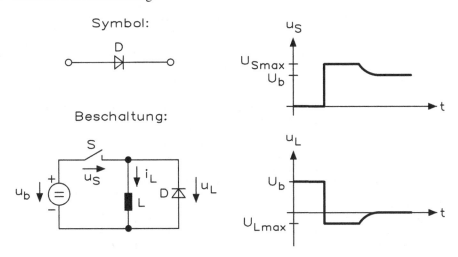

Abb. 3.31 Diode als Entstörglied

Nachteile einer Diode als Entstörglied:

- Sehr große Abfallverzögerung
- Nicht verpolungsfest
- Nur für DC-Betrieb geeignet
- Gefahr der Lichtbogenbildung am Schalter S aufgrund der großen Ansprechverzögerung
- Empfindlich bei Spannungsspitzen auf der Versorgungsspannung

Abb. 3.32 zeigt die Schaltung mittels einer Suppressordiode (zwei gegeneinander geschaltete Z-Dioden) als Entstörglied. Durch diese Art der Verschaltung lassen sich positive und negative Spannungsspitzen unterdrücken. Für die Berechnung gelten folgende Formeln:

$$U_{Smax} = U_b + U_D \qquad U_{Lmax} = -U_D$$

Für die elektrische Abschaltverzögerung t_a gilt:

$$t_a \approx -\frac{2 \cdot L}{R_L} \cdot \left(1 - \sqrt{\frac{R_L \cdot I_L}{U_D}} \right)$$

I_L: Spulenbetriebsstrom
R_L: Spulenwiderstand
U_D: Spannung der Z-Diode addiert mit der Durchlassspannung der anderen Z-Diode
(bei AC: $U_b = \hat{U}_b$ bzw. $I_L = \hat{I}_L$)

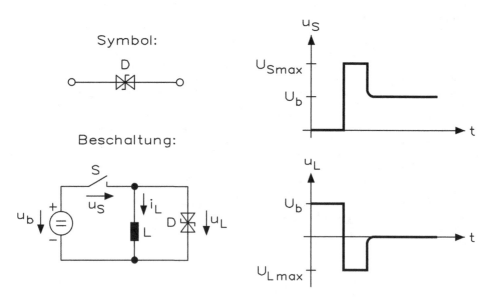

Abb. 3.32 Suppressordiode als Entstörglied

Vorteile einer Suppressordiode als Entstörglied:

- Geringer Platzbedarf
- Geringe Überspannung vorhanden
- Kurze Ansprechverzögerung
- Geringe Abfallverzögerungszeit
- Einfache Dimensionierung
- Für AC- und DC-Betrieb geeignet, verpolungsfest
- Hohe Energieabsorption

Nachteile einer Suppressordiode als Entstörglied:

- Hoher Oberwellenanteil der Störspannung
- Gefahr der Lichtbogenbildung am Schalter S
- Begrenzte Schaltfrequenz

Abb. 3.33 zeigt die Schaltung mit einem Varistor und parallel geschalteter RC-Kombination als Entstörglied. Für die Berechnungen gelten folgende Formeln:

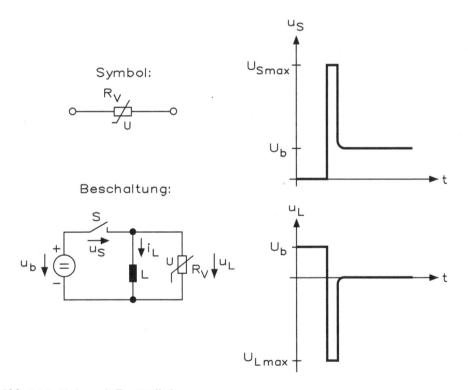

Abb. 3.33 Varistor als Entstörglied

$$U_{Smax} = U_b + U_V \qquad U_{Lmax} = -U_V.$$

Für die elektrische Abschaltverzögerung gilt:

$$t_a \approx -\frac{2 \cdot L}{R_L} \cdot \left(1 - \sqrt{\frac{R_L \cdot I_L}{U_V}}\right)$$

I_L: Spulenbetriebsstrom.
R_L: Spulenwiderstand.
U_V: Spannung des Varistors (bei AC: $U_b = \hat{U}_b$ bzw. $I_L = \hat{I}_L$).

Vorteile eines Varistors als Entstörglied:

* Geringer Platzbedarf
* Kurze Schaltzeiten
* Sehr kleine Abfallverzögerungszeit
* Einfache Dimensionierung
* Für AC- und DC-Betrieb geeignet, verpolungsfest

Nachteile eines Varistors als Entstörglied:

* Große Überspannung
* Hoher Oberwellenanteil der Störspannung
* Gefahr der Lichtbogenbildung am Schalter S
* Begrenzte Schaltfrequenz

Abb. 3.34 zeigt die Schaltung mit einem Varistor und parallel geschalteter RC-Kombination als Entstörglied. Für die Berechnungen gelten folgende Formeln:

$$U_{Smax} = U_b + U_V \qquad U_{Lmax} = -U_V$$

Für die elektrische Abschaltverzögerung gilt:

$$t_a = -\frac{2 \cdot L}{R_L} \cdot \left(1 - \sqrt{\frac{R_L \cdot I_L}{U_V}}\right)$$

I_L : Spulenbetriebsstrom
R_L : Spulenwiderstand
U_V : Spannung des Varistors (bei AC: $U_b = \hat{U}_b$ bzw. $I_L = \hat{I}_L$)

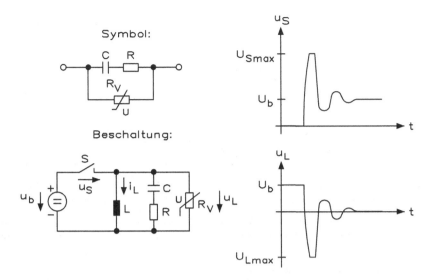

Abb. 3.34 Varistor/Kondensator-Kombination (RCV) als Entstörglied

Vorteile einer Varistor/Kondensator-Kombination (RCV) als Entstörglied:

- Die Störspannung hat einen geringen Oberwellenanteil
- Die Kondensatorkapazität wird um Faktor 10 kleiner als beim reinen RC-Glied
- Entstörwirkung unabhängig von der Grenzspannung U_{Lmax}, keine Ansprechverzögerung
- Für AC- und DC-Betrieb geeignet, verpolungsfest
- Kein Lichtbogen am Schalter S

Nachteile einer Varistor/Kondensator-Kombination (RCV) als Entstörglied:

- Große Überspannung
- Großer Platzbedarf
- Begrenzte Schaltfrequenz

3.2.9 Entstörmaßnahmen an induktiven Lasten

Bedingt durch die Gerätetechnik lassen sich induktive Lasten in Gruppen einteilen. Durch die Ähnlichkeit der Gerätetechnik innerhalb einer Gruppe ist diese Einteilung auch für die zugehörigen Entstörglieder sinnvoll, d. h. die Anschluss- und die Montagemöglichkeiten der Entstörglieder sind bei allen Geräten einer Gruppe gleich. Im Wesentlichen sind in der Praxis die folgenden induktiven Lasten zu schalten:

Steuergeräte und Ventile	Antriebe und Motoren
|	|
| → Relais	| → Kupplungen
| → Schütze	| → Bremsen
	| → Elektromagnete

Für den Anschluss und die Montage der Entstörglieder, auf die einzelnen Gruppen bezogen, ergeben sich folgende Möglichkeiten:

- Steuergeräte: Auf-, An- oder Unterbau am Steuergerät. Der Anschluss erfolgt teilweise direkt mit der Montage des Entstörglieds durch integrierte Kontakte oder über konfektionierte Anschlussleitungen. Für verschiedene Schützbaureihen gibt es angepasste Entstörglieder, die ausschließlich für die Montage an diesen Schützen bestimmt sind.
- Ventile: Das Entstörglied ist im Ventilstecker integriert, oder ein Zwischensteckelement wird zwischen dem Ventilstecker und dem Ventil aufgesteckt.
- Antriebe: Für diese Lasten sind die Entstörglieder für Steuergeräte und Ventile verwendbar. Der Anbau des Entstörglieds ist in der Regel individuell und möglichst nahe an der Last vorzunehmen. Drehstromlasten erfordern spezielle Entstörglieder (keine Motorentstörglieder verwenden).
- Motoren: Das Entstörglied befindet sich in einem separaten Gehäuse, und der Anschluss ist über konfektionierte Leitungen möglich. Mechanisch wird das Entstörglied am Motorkabel in der Nähe des Motoranschlusskastens oder auf einer Normschiene im Steuerschrank montiert. Als weitere Alternative kann man das Entstörglied am Schütz (Motorschütz) „unterbauen".

Bemerkung: Entstörglieder für Motoren sind nicht an anderen Lasten verwendbar, da Motorentstörglieder nach speziellen Dimensionierungsvorschriften ausgelegt sind. Wie aus dem vorherigen Abschnitt ersichtlich, sind die Spannungsüberhöhungen und die Abschaltverzögerungszeit voneinander abhängig. Dabei gilt grundsätzlich:

Kleine Abschaltverzögerung ↔ Große Abschaltüberspannung

Große Abschaltverzögerung ↔ Kleine Abschaltüberspannung

Sicherlich ist jedes der beiden Extrema nur in Ausnahmefällen gewünscht. In der Praxis wird die Dimensionierung der Entstörglieder unter Einbeziehung eines optimalen Verhältnisses von Abschaltverzögerung und Spannungsüberhöhung durchgeführt.

In Bezug auf die Abschaltverzögerung ist zu beachten, dass sich die absolute Abschaltverzögerung t_{ages} aus der elektrischen Verzögerung t_a, der mechanischen Verzögerung t_{amech} und der Prellzeit t_p zusammensetzt:

$$t_{ages} = t_a + t_{amech} + t_p$$

In den Anwendungen muss man immer nach Gleich- und Wechselspannungslasten unterscheiden. Da oftmals die Gleich- und Wechselbetriebsspannung im Wert identisch sind, werden universelle Entstörglieder mit Gleichrichtung angeboten. Der Anwender sollte jedoch wissen, dass das Maximum der Wechselspannung um $\sqrt{2}$ größer ist als der adäquate Gleichspannungswert. Somit muss zwangsläufig die Dimensionierung des Entstörglieds auf die höchste vorkommende Spannung erfolgen. Und dies bedeutet beim Gleichspannungsbetrieb am universellen Entstörglied, dass eine größere Überspannung auftritt als bei einem auf den Gleichspannungsbetrieb zugeschnittenen Entstörglied (gilt nicht bei RC-Entstörgliedern). Diese Gegebenheiten gelten in ähnlicher Weise natürlich auch bei Entstörgliedern mit einem großen Betriebsspannungsbereich. Zusammengefasst gilt für die Praxis:

„Die besten Entstörmaßnahmen lassen sich immer mit den auf einen induktiven Verbraucher zugeschnittenen Entstörgliedern erreichen".

Eine Besonderheit ist bei Ansteuerung induktiver Lasten auf prellende Schaltstrecken S zu achten. Die Ursache des Kontaktprellens bei Steuergeräten liegt in der Massebeschleunigung des Ankers, und die daraus resultierenden Stoßwellen übertragen sich auf die Kontakte. Ist die Schaltspannung größer als die Lichtbogengrenzspannung, kommt es zum Lichtbogen (Kontaktfeuer an den Schaltkontakten). Die dabei entstehende Malerialwanderung reduziert die Lebensdauer der Kontakte erheblich.

Abb. 3.35 zeigt das Diagramm für die Lichtbogengrenzspannung in Abhängigkeit des Schaltstroms und des Kontaktwerkstoffs. Im Fall des Lichtbogens am Kontakt ist ein Entstörglied mit RC-Beschaltung von Vorteil. Damit wird ein Kontaktfeuer in vielen Fällen vermieden. In Anwendungen, bei denen es auf kurze Abschaltzeiten bei geringer Überspannung ankommt, bringt eine RCV-Kombination die besten Ergebnisse.

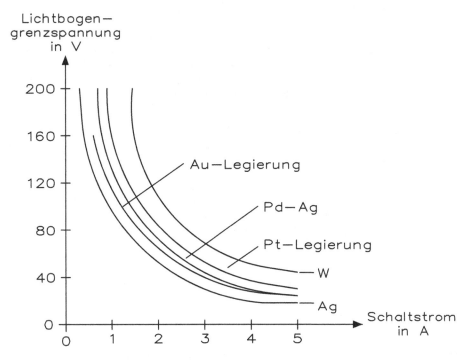

Abb. 3.35 Diagramm für die Lichtbogengrenzspannung in Abhängigkeit des Schaltstroms und des Kontaktwerkstoffs

Häufig wird auch zur Vermeidung von Kontaktfeuern der Schaltkontakt, der die Induktivität schaltet, mit einem RC-Glied überbrückt. Bei Wechselstrombetrieb führt dies jedoch auch bei geöffnetem Schalter zu einem Stromfluss durch die Induktivität, wodurch ein sicheres Abschalten der Induktivität nicht immer gewährleistet ist. Diese Beschaltungsart sollte deshalb vermieden werden.

Für die Entstörmaßnahmen an Steuergeräten und Ventilen gelten alle Aussagen und Regeln gemäß Abschn. 3.2.8. Zur zweckmäßigen Verwendung der einzelnen Entstörmaßnahmen werden folgende Empfehlungen gegeben:

- RC-Entstörglied möglichst nur bei Wechselspannung verwenden
- Werden sehr kurze Abfallverzögerungszeiten gewünscht, hat der Varistor oder das RC-Glied einige Vorteile
- Sind nur kleine Überspannungen zugelassen, sollte ein Suppressordiodenentstörglied eingesetzt werden. Bei unkritischen Abfallverzögerungszeiten ist auch ein Diodenentstörglied verwendbar
- Im Kleinspannungsbereich möglichst nur Varistoren, Suppressordioden oder RCV-Entstörglieder einsetzen

C_B: Kapazität des Kondensators im RC-Glied.

U_b: Nennbetriebsspannung.

U_D: Diodendurchlassspannung.

U_V: Varistorspannung.

U_{Lmax}:   Maximale Spannung an der Induktivität.

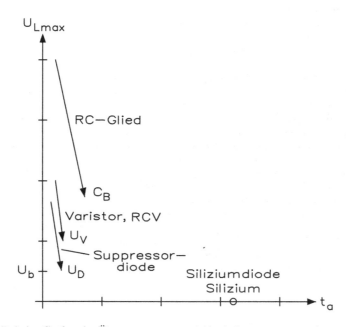

Abb. 3.36 Relative Größen der Überspannungen und Abschaltverzögerungszeiten

t_a: Abschaltverzögerung.

Eine relative Aussage der Überspannungen und Abfallverzögerungszeiten bei der Verwendung der einzelnen Entstörmöglichkeiten gibt Abb. 3.36 wieder. Auf eine quantitative Interpretation des Diagramms sollte in diesem Buch jedoch verzichtet werden, da die absoluten Größen der Überspannungen und der Abfallverzögerungszeiten von der Schaltleistung abhängig sind. In Abb. 3.37 sind am Beispiel eines beschalteten Gleichspannungsschützes die möglichen Entstörmaßnahmen gezeigt.

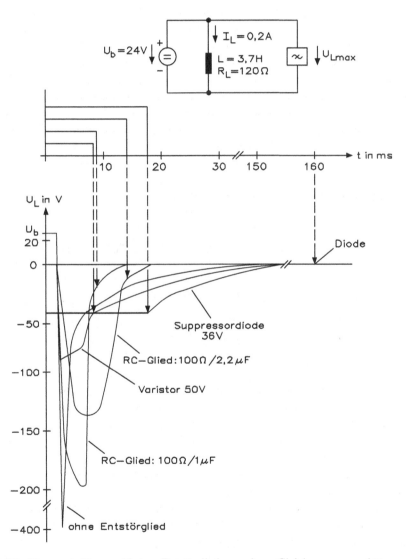

Abb. 3.37 Messwerte für verschiedene Entstörglieder an einem Gleichspannungsschütz

Zum Unterschied der gerade beschriebenen Komponenten weisen Motoren wesentlich kleinere Induktivitäten auf. So ist beim Asynchronmotor lediglich die Streuinduktivität in der Berechnung zu berücksichtigen. Als Beispiel ist hier die Berechnung der Induktivität einer Spule im einphasigen Wechselstromnetz aufgeführt. Für eine Spule mit der Nennscheinleistung S und der Nennbetriebsspannung U_b gilt:

$$L = -\frac{1}{2 \cdot \pi \cdot f} \cdot \frac{U_b^2}{S} \cdot \sqrt{1 - \cos^2 \varphi}$$

Unter der Berücksichtigung, dass beim Motor nur die elektrische Wirkleistung die Wellenleistung bestimmt, sollte der cos φ möglichst 1 sein. Wie aus der Formel ersichtlich, geht unter der Voraussetzung die Induktivität gegen Null. Damit sind die zu erbringenden Entstörleistungen klein in Bezug auf die Motorleistung.

Jedoch wird der Strom im Abschaltmoment fast ausschließlich durch die Motorleistung bestimmt. Somit treten bei Motoren große Abschaltströme auf, die von den Entstörgliedern kurzzeitig übernommen werden müssen. Diese besonderen Anforderungen an Motorentstörglieder sind in deren Dimensionierung mit einzubeziehen. Damit können Motorstörglieder jedoch ausschließlich nur für den dafür vorgesehenen Entstörfall verwendet werden.

3.2.10 Entstörmaßnahmen bei Thyristoren

Wenn man sich weiter mit den Entstörmaßnahmen, besonders in Verbindung mit Thyristoren, beschäftigt, stellen sich noch Fragen an die Qualitätskriterien für einzelne Entstörglieder.

- Varistoren: In Entstörgliedern sollte man nur die Metalloxid-Varistoren verwenden. Nur diese Varistortechnologie weist extrem kurze Ansprechzeiten bei gleichzeitig hoher Stoßstrombelastbarkeit auf. Die Dimensionierung des Varistors muss so erfolgen, dass die Lebensdauer des Entstörglieds und die der beschalteten Induktivität annähernd identisch ist.
- Suppressordioden: Häufig werden aus Kostengründen zwei Z-Dioden, die gegeneinander geschaltet sind, anstatt der Suppressordiode eingesetzt. Dies sollte jedoch der Vergangenheit angehören. Die Suppressordiode hat eindeutige Vorteile durch die extrem kurze Ansprechzeit und die hohe Stoßstromfestigkeit. Für die Dimensionierung gelten dieselben Aussagen wie beim Varistor.
- RC-Kombinationen: In Entstörgliedern dürfen nur Entstörkondensatoren nach VDE 0565 T1 Klasse X2 verwendet werden. Diese Kondensatoren sind schaltfest und für besonders hohe Schaltspannungen ausgelegt. Weiterhin ist der direkte Betrieb an der Netzspannung möglich. Die verwendeten Widerstände müssen hohen Spannungen (Impulsfestigkeit) standhalten. Gerade bei kleinen Widerstandswerten kann es am fertigungsbedingten Wendelschliff zu Spannungsüberschlägen kommen. Für Entstörglieder finden deshalb

besondere Kohlemasse-Widerstände ihre Verwendung. Aber auch glasierte Drahtwiderstände oder Zementwiderstände mit großer Wendelsteigung sind geeignet.

- Gleichrichter: Der Eingangsgleichrichter darf nicht auf die Nennspannung des Entstörglieds dimensioniert werden. Hier muss man eventuelle Spannungsspitzen in Sperrrichtung berücksichtigen.
- Anschlussleitungen: Anschlussleitungen an Entstörgliedern wirken als Störstrahler. Zudem verhält sich jede Leitung im Frequenzbereich der Störspannung induktiv. Somit sollten die Anschlussleitungen am Entstörglied so kurz wie möglich sein. Ein großer Leitungsquerschnitt bringt ebenfalls Vorteile in Bezug auf die Störstrahlung.
- Vergussmassen: Häufig werden Entstörglieder in einem Gehäuse eingegossen. Die Vergussmasse hemmt jedoch die Wärmeabfuhr der elektrischen Verlustleistung und eine größere Erwärmung der Bauelemente ist die Folge. Bleibt diese Tatsache bei der Dimensionierung der Bauelemente unberücksichtigt, kann es zur Zerstörung einzelner Bauelemente kommen.

Das Entstörglied kann als Absorber eines Teils der in der geschalteten Induktivität gespeicherten Energie gesehen werden (restlicher Teil der Energie wird in der Induktivität absorbiert). Diese Energie wird in einem möglichst kurzen Zeitraum als Verlustleistung in Wärme umgesetzt, und diese strahlt nur über die Oberfläche der Bauelemente an die Umgebung ab. Diese möglichst große Oberfläche steht im Gegensatz zu der Forderung nach immer kleineren Entstörgliedern. Durch neuentwickelte Bauelemente kam die Bauelementeindustrie der Forderung nach kleineren Bauformen nach. Jedoch muss davon abgeraten werden, bei einer Entstörglieddimensionierung die Baugröße als wesentlichen Parameter mit einzubeziehen. Dies ergibt in der Regel zu klein dimensionierte Entstörglieder, deren Lebensdauer begrenzt ist. Der Praktiker kennt die Schwierigkeiten, wenn ein dem Ausfall nahes Entstörglied sporadische Ausfälle in einem elektronischen Gerät verursacht, ganz zu schweigen von der mühsamen Suche nach der Ursache. In der Praxis tritt dieser Fall meistens auch noch kurz nach Ablauf der Garantiezeit auf.

Die beschriebenen technischen Voraussetzungen in der Entwicklung hochwertiger Entstörglieder sind bei den meisten Herstellern die Basis qualitätsorientierter Endprodukte. Eine sorgfältige Fertigung und Prüfung der Produkte, überwacht durch umfangreiche qualitätssichernde Maßnahmen, gewährleisten den gleichbleibend hohen Qualitätsstandard.

Um langfristig einen zuverlässigen Störschutz zu erhalten, ist beim Einsatz von Entstörgliedern zu achten, dass alle Entstörglieder auch einem gewissen Verschleiß unterliegen. Aus diesem Grund sollte das Entstörglied beim Austauschen der geschalteten Induktivität ebenfalls ausgewechselt werden. Damit ist eine dauerhafte und zuverlässige Entstörmaßnahme wieder über einen längeren Zeitraum gewährleistet.

Bei der Steuerung von Strömen mit mechanischen und elektronischen Leistungsschaltern muss der im Verbraucher fließende Strom, bedingt durch das schnelle Schaltverhalten, innerhalb weniger Millisekunden (mechanischer Schalter) oder Mikro-

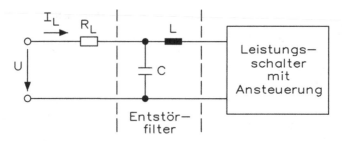

Abb. 3.38 Laststromkreis mit Entstörfilter

sekunden (Thyristor) von $I_L = 0\,V$ auf denjenigen Wert ansteigen, den die Last zum Schaltzeitpunkt erfordert. Derartige steile Stromanstiege verursachen Hf-Schwingungen, die sich über das Netz ausbreiten, d. h. die Netzleitungen werden als Antennen eingesetzt. Es, entstehen breitbandige Hf-Schwingungen, die als Störungen im Rundfunkempfang, besonders im LW-, MW-, KW- und UKW-Bereich, auftreten. Aus diesem Grunde müssen Vorkehrungen getroffen werden, um diese Störstrahlung zu unterbinden bzw. auf ein Minimum herabzusetzen.

Abb. 3.38 zeigt einen Laststromkreis mit Entstörfilter, wobei der Leistungsschalter entweder mechanisch oder elektronisch erfolgt. Mit mechanischen Schaltern erreicht man keine so extremen Stromanstiege wie dies beim Thyristor der Fall ist.

3.3   Thyristoren als Leistungsschalter

Unter dem Begriff „Leistungsschalter" verbirgt sich stets eine komplette und funktionstüchtige Schaltung, die in der Praxis aus drei Hauptteilen besteht, dem eigentlichen Leistungsteil mit dem mechanischen bzw. elektronischen Schalter, dem Ansteuerungsteil mit dem analogen bzw. digitalen Verstärker und dann noch das entsprechende Entstörfilter.

Wie Abb. 3.39 zeigt, unterscheidet man in der Praxis zwischen einem Wechsel- und einem Gleichstromsteller. Bei einem Wechselstromsteller wird der Verbraucher R_L von einem in der Richtung wechselnden Strom durchflossen, d. h. der Leistungsteil muss einen wechselnden Strom schalten können. Setzt man hier einen Thyristor ein, lässt sich diese Art von Leistungsteil nicht realisieren, denn der Thyristor arbeitet wie eine Diode. Abhilfe kann man durch eine Antiparallelschaltung von zwei Thyristoren oder durch einen TRIAC erreichen, dies wird noch behandelt.

Setzt man einen Gleichstromsteller ein, benötigt man am Eingang der Schaltung einen Gleichrichter, und am Ausgang erhält man eine pulsierende Gleichspannung. Schließt man den Schalter S, fließt durch den Verbraucher immer ein Strom in gleicher Richtung. In diesem Fall lässt sich ein Thyristor ohne größere Probleme einsetzen.

Die Arbeitsweise für das Steuerprinzip von Stromkreisen mit Leistungsschaltern ist in Abb. 3.39 gezeigt. In beiden Fällen kann je nach Schalterstellung von S nur zwischen zwei Steuerzuständen unterschieden werden:

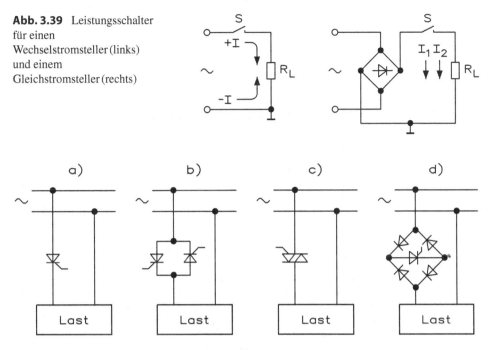

Abb. 3.39 Leistungsschalter für einen Wechselstromsteller (links) und einem Gleichstromsteller (rechts)

Abb. 3.40 Schalten von Wechselstrom mit einem Thyristor (a), mit gegensinnig geschalteten Thyristoren (b), Zweirichtungsthyristor (TRIAC) (c) und Thyristor innerhalb eines Brückengleichrichters (d)

- Schalter ein: Über den Verbraucher R_L fließt ein Strom und die umgesetzte Leistung stellt ein Maximum dar.
- Schalter aus: Über den Verbraucher R_L fließt kein Strom und die umgesetzte Leistung stellt ein Minimum dar, d. h. $P = 0$ W.

Soll jedoch die im Verbraucher umgesetzte Leistung einen Wert zwischen Minimum und Maximum annehmen, so ist ständig mit kurzen Intervallen zwischen den Betriebszuständen „EIN" und „AUS" im Wechselstromkreis umzuschalten. Dabei stellt sich eine mittlere Leistung ein, deren Größe vom Verhältnis der Einschaltdauer zur Ausschaltdauer abhängig ist.

Abb. 3.40 zeigt die praktischen Ausführungsformen von Halbleiterschaltungen für Wechselstrom mit einem Thyristor, gegensinnig geschalteten Thyristoren, Zweirichtungsthyristor (TRIAC) und Thyristor innerhalb eines Brückengleichrichters. In der Praxis muss man vor den Thyristoren und TRIACs immer mechanische Trennschalter vorsehen, damit die nachgeschaltete Last während der Betriebspausen nach den VDE-Bestimmungen abschaltbar ist, denn ein Halbleiterschalter lässt im gesperrten Zustand immer noch einen Rückstrom von einigen mA durch. In Abb. 3.41 sind fünf verschiedene Leistungsteile von Phasenanschnittsteuerungen mit Zündimpuls- und Laststromdiagrammen für einen Zündwinkel von $\alpha = 90°$ gezeigt.

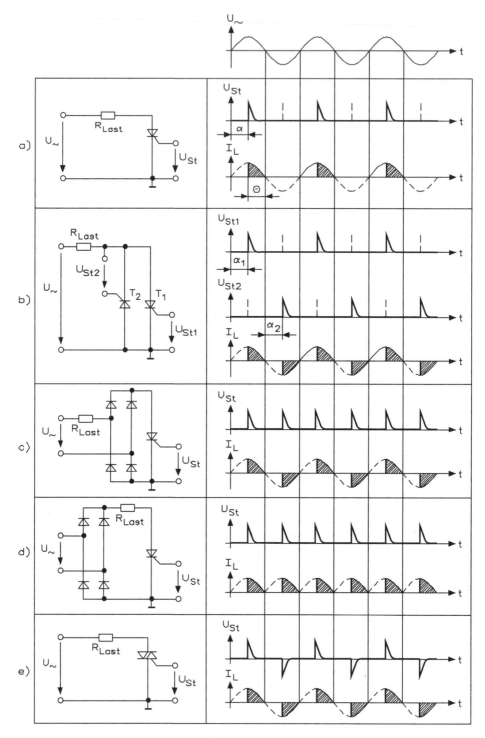

Abb. 3.41 Fünf verschiedene Leistungsteile von Phasenanschnittsteuerungen mit Zündimpuls- und Laststromdiagrammen für einen Zündwinkel von $\alpha = 90°$

3.3.1 Schaltende Leistungssteuerung

Durch einen schaltenden Ausgang einer Steuerung oder Regelung lässt sich eine Energiezufuhr nahezu kontinuierlich, d. h. stufenlos dosieren: Es bleibt letztlich in der Praxis gleich, ob ein Ofen mit 50 % des Heizstroms betrieben wird oder mit voller Leistung (100 %),diese aber nur die Hälfte der Zeit am Verbraucher anliegen. Ändert man in seiner Steuerung statt des Einschaltverhältnisses bzw. Tastverhältnisses die Größe des Stroms, ergibt sich eine Leistungssteuerung. Ein Tastverhältnis von $T=1$ erlaubt eine Leistung von $P=100$ %,ein $T=0,5$ von $P=50$ % und $T=0,25$ von $P=25$ %. Schaltet man die entsprechende Elektronik ein, erhält man einen großen Einstellungsbereich für das Tastverhältnis. Die Grenzbereiche von $0° \leq \alpha \leq 15°$ und $165° \leq \alpha \leq 180°$ für den Verzögerungswinkel lassen sich aus schaltungstechnischen und bauteilebedingten Gründen mit einfachen Ansteuerungsschaltungen nicht immer lösen.

Abb. 3.42 zeigt die Leistungssteuerung durch Veränderung des Tastverhältnisses, wenn man mit schaltenden Steuerungen und Regelungen (Zwei- und Dreipunktregler) arbeitet. Das Tastverhältnis berechnet sich aus

$$T = \frac{t_e}{t_e + t_a}$$

Wählt man die Einschaltzeit t_e wesentlich größer als die Ausschaltzeit t_a, erreicht man $P=100$ % für den Verbraucher. Durch Multiplikation mit 100 % ergibt sich die relative Einschaltdauer von

$$T(\%) = T \cdot 100\,\%$$

Die Definition des Tastverhältnisses bzw. der relativen Einschaltdauer besagt, wie lange die Energiezufuhr bei einer Steuerung oder Regelung mit schaltendem Ausgang ein-

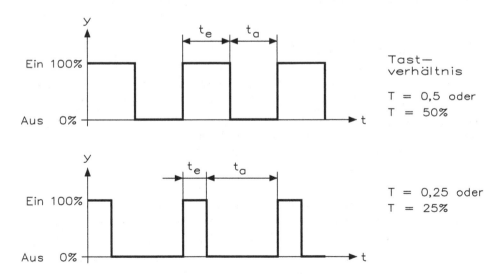

Abb. 3.42 Leistungssteuerung durch Veränderung des Tastverhältnisses

geschaltet ist, z. B. ein Tastverhältnis von 0,25 besagt, dass die Energiezufuhr 25 % einer Gesamtzeit eingeschaltet und 75 % ausgeschaltet ist. Es wird hierbei aber keine Aussage über die Dauer des Zeitraums vorgenommen, d. h. ob sich dieser Vorgang innerhalb einer Sekunde, mehrerer Sekunden, Minuten oder Stunden abspielt. Daher definiert man die sogenannte Schaltperiodendauer T_S, die diesen Zeitraum festlegt. Die Schaltperiodendauer spiegelt den Zeitraum wider, in dem einmal geschaltet wird, d. h. dieser Wert setzt sich aus der Summe von Ein- und Ausschaltzeiten zusammen. Die Schaltfrequenz errechnet sich aus dem Kehrwert der Schaltperiodendauer.

Beträgt das gegebene Tastverhältnis von $0{,}25 \cdot T_S = 20$ s, so bedeutet dies, dass die Energiezufuhr für 5 s eingeschaltet und für 15 s ausgeschaltet ist. Bei einer Periodendauer von 10 s ist dann die Energiezufuhr für 2,5 s eingeschaltet und für 7,5 s ausgeschaltet. In beiden Fällen beträgt jedoch die zugeführte Leistung 25 %, aber sie wird bei $T_S = 10$ s „feiner" dosiert. In der Theorie ergibt sich dann für die Einschaltzeit t_e der Steuerung oder Regelung folgender Zusammenhang:

$$t_e = \frac{\textit{Stellgröße } y(\%) \cdot \textit{Schaltperiodendauer } T_S(\%)}{100\,\%}$$

Dies bedeutet in der Praxis, dass bei einer kleinen Periodendauer die zugeführte Energie „feiner" dosiert wird. Demgegenüber steht jedoch ein häufiges Schalten des Stellglieds (Relais bzw. Schütz). Aus der Periodendauer lässt sich die Schalthäufigkeit einfach ermitteln.

Beispiel: Die Periodendauer einer Steuerung oder Regelung beträgt $T_S = 20$ s. Das verwendete Relais hat eine Kontaktlebensdauer von 1 Million Schaltungen. Bei dem gegebenen Wert von T_S ergeben sich drei Schaltspiele pro Minute, d. h. 1/80/h. Bei 1 Million Schaltungen errechnet sich eine Lebensdauer von 5555 h = 231 Tage. Legt man eine Betriebsdauer von 8 h/Tag zugrunde, ergeben sich ca. 690 Tage. Bei ca. 230 Arbeitstagen pro Jahr erreicht das Relais eine Lebensdauer von ca. 3 Jahren.

3.3.2 Prinzip der Phasenanschnittsteuerung

Soll die im Verbraucher umgesetzte Leistung einen Wert zwischen Null und Maximum annehmen, ist ständig in kurzen Intervallen zwischen den beiden Betriebszuständen EIN und AUS umzuschalten. Dabei stellt sich eine mittlere Leistung ein, deren Größe vom Verhältnis der Einschaltdauer zur Ausschaltdauer abhängig ist.

Abb. 3.43 zeigt drei Möglichkeiten für die Phasenanschnittsteuerung, die im Folgenden betrachtet werden sollen:

- Zu Abb. 3.43a: Der Schalter S wird jeweils zu Beginn der Halbwelle (0°) geschlossen und am Ende der Halbwelle (180°) geöffnet. Da sich die Halbwellen lückenlos aneinanderfügen, entspricht dies einem ständig eingeschalteten Stromkreis. Die zur Verfügung stehende Spannung liegt kontinuierlich am Verbraucher, folglich ist die im Verbrauch umgesetzte Leistung ein Maximum.

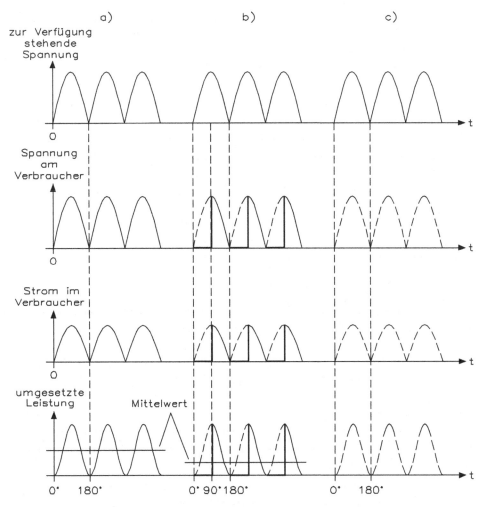

Abb. 3.43 Prinzip der Phasenanschnittsteuerung mit den Verzögungswinkeln 0° (a), 90° (b) und 180° (c)

- Zu Abb. 3.43b: Der Schalter S wird jeweils in der anstehenden Halbwelle der gleichgerichteten Wechselspannung, z. B. bei 90° eingeschaltet und am Ende der Halbwelle (bei 180°) ausgeschaltet. Durch den Verbraucher fließt somit nur in der zweiten Hälfte einer jeden Halbwelle ein Strom. Der Mittelwert der im Verbraucher umgesetzten Leistung beträgt daher auch nur 50 % gegenüber dem Fall a. Durch Verschiebung des Einschaltzeitpunktes nach 0° hin steigt der Mittelwert der Leistung, weil die Spannung über längere Zeit am Verbraucher steht und damit über eine längere Dauer auch ein Strom fließt. Entsprechend fällt der Mittelwert der zum Leistungsschaltzeitpunkt in die Halbwelle später angesteuert wird.

- Zu Abb. 3.43c: Der Schalter S bleibt ausgeschaltet, d. h. der Schalter wird am Ende der Halbwelle (180°) eingeschaltet und sofort wieder ausgeschaltet. Es kommt in diesem Fall kein Stromfluss zustande, und die umgesetzte Leistung im Verbraucher ist Null.

Bei der Phasenanschnittsteuerung wird der Laststrom durch den Verbraucher in jeder Periode immer erst mit einer bestimmten Phasenverschiebung gegenüber der Sinushalbwelle eingeschaltet. Die Verschiebung des Steuerimpulses gegenüber dem Nulldurchgang der Wechselspannung und damit auch der Zündung des Leistungsschalters wird als Zündverzögerungswinkel α angegeben. Mit dem Stromflusswinkel φ bezeichnet man dagegen den Phasenwinkel, der entsteht, wenn der Strom durch den Verbraucher fließt.

Um die Leistung von 0 % bis 100 % an dem Verbraucher zu verändern, ist es erforderlich, den Stromflusswinkel stufenlos in den Grenzen von $0° \leq \phi \leq 180°$ einzustellen. Das gleiche gilt auch für den Zündverzögerungswinkel α. Zündverzögerungswinkel und Stromflusswinkel ergänzen sich immer zu 180° und es gilt:

$$\alpha + \phi = 180°$$

Der Zusammenhang zwischen Zündverzögerungswinkel α, Stromflusswinkel φ und der im Verbraucher umgesetzten Leistung ist erheblich, wenn man eine Berechnung durchführen muss. Es wird daher in der Praxis mit dem Diagramm von Abb. 3.44 gearbeitet.

Die Werte von U_{eff0}, I_{eff0} und P_{eff0} sind die Effektivwerte von Spannung, Strom und Leistung, wenn die beiden Thyristoren (Antiparallelschaltung) oder der TRIAC mit der vollen Halbwelle durchgeschaltet ist und α = 0° ergibt. Mithilfe der Kurven a und b und der linken vertikalen Maßskala lassen sich die Werte von U_{eff0}, I_{eff0} und P_{eff0} für jeden beliebigen Zündwinkel in Prozent der entsprechenden vollen Werte ermitteln. Hat man einen Thyristor, dividiert man diesen Wert durch 2, denn in diesem Fall wird nur mit der positiven Halbwelle gearbeitet.

Beispiel: Eine gegengeschaltete Thyristorschaltung mit symmetrischem Zündwinkel von α = 100° soll berechnet werden. Hierfür ergibt sich aus

$$\text{Kurve a} : \frac{I_{eff}}{I_{eff0}} = \frac{U_{eff}}{U_{eff0}} = 62\,\%$$

$$U_{eff} = 62\,\% \text{ von } I_{eff0} \text{ bzw. } P_{eff0} = 62\,\% \text{ von } U_{eff0}$$

$$\text{Kurve b} : \frac{P_{eff}}{P_{eff0}} = 38\,\%$$

$$P_{eff} = 38\,\% \text{ von } P_{eff0}$$

Kurve c und die rechte vertikale Maßskala ergeben den Absolutwert von U_{eff} bei einer Netzspannung von 230 V:

$$U_{eff} = 142\,V$$

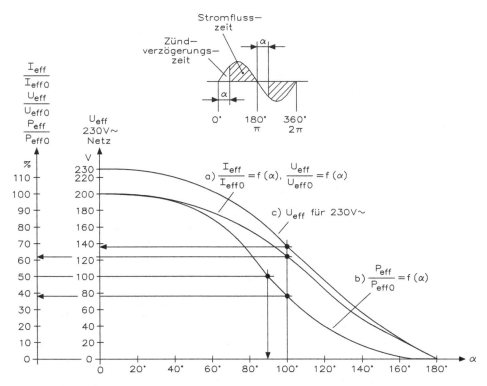

Abb. 3.44 Diagramm zur Bestimmung der Leistung an einem Verbraucher. Es handelt sich hierbei um die Effektivwerte von Strom I, Spannung U und der Leistung P in Abhängigkeit des Phasenanschnittwinkels bei zwei gegeneinander geschalteten Thyristoren oder eines TRIAC mit symmetrischen Zündwinkeln

Zum gleichen Ergebnis kommt man auch dann, wenn man im erstgenannten Verfahren für die Spannung den Wert von U = 230 V einsetzt:

$$U_{eff} = 0{,}02 \cdot 142{,}6\,V$$

Dieses Beispiel ist durch die Linie in Abb. 3.44 angegeben.

Beispiel: Der Zündwinkel α für eine Reduzierung der Leistung auf 50 % ist zu suchen. Von der linken Maßskala ausgehend ergibt sich über die Kurve b der Wert von

$$\alpha = 90^0$$

Auch dieses Beispiel ist durch die Linie in Abb. 3.44 angegeben.

Beispiel: Der Stromflusswinkel α ist für den Strom I_{eff} zu ermitteln, wenn beim Betrieb mit vollen Halbwellen $I_{eff0} = 5\,A$ fließen:

$$\alpha = 180^\circ - \phi = 180^\circ - 120^\circ = 60^\circ$$

Aus der Kurve a ergibt sich

$$I_{eff} = 80\,\% \text{ von } I_{eff0}$$
$$I_{eff} = 0,8 \cdot 5\,A = 4\,A$$

Wichtig bei diesen Berechnungen ist der kontinuierliche Stromflusswinkel bei der Ansteuerung. Die Grenzbereiche, etwa von $0° \leq \alpha \leq 15°$ und $165° \leq \alpha \leq 180°$, lassen sich aus schaltungstechnischen und bauteilebedingten Gründen mit einfachen Ansteuerungsschaltungen nicht lösen. Dies gilt auch für die zu diesem Bereich gehörenden Leistungen am Verbraucher.

3.3.3   Phasenanschnittsteuerung mit Thyristor

Die einfachste Realisierung einer Phasenanschnittsteuerung mit Thyristor ist in Abb. 3.45 gezeigt. In diesem Fall arbeitet der Thyristor mit einer Wechselstromzündung, wobei die Diode nur positive Spannung an das Gate durchlässt.

Der Thyristor zündet immer dann, wenn der durch die Wechselspannung erzeugte und mit dem Potentiometer eingestellte Gatestrom I_G den zur Zündung erforderlichen Wert erreicht. Da der Thyristor nur die positiven Halbwellen durchschalten kann, fließt durch den Verbraucher ein Gleichstrom. Der Zündwinkel α ist durch Veränderung des Potentiometers zwischen $0°$ und $90°$ einstellbar. Bei dieser Schaltung hat man eine typische Vertikalsteuerung.

Wird für den Verbraucher eine Lampe mit $P = 100\,W$ eingesetzt, ergibt sich eine maximale Ausgangsleistung von $P = 50\,W$. Der Grund liegt in der Gleichrichterwirkung des Thyristors, denn der Verbraucher erhält nur die positive Spannung für einen Stromfluss. Aus diesem Grunde lässt sich die Leistung von $P_{min} \approx 0\,W$ bis $P_{max} \approx 50\,W$ stufenlos einstellen.

Abb. 3.46 zeigt eine verbesserte Phasenanschnittsteuerung mit Thyristor und einer Impulszündung, wobei die Vierschichtdiode simuliert wird. Solange der Thyristor nicht gezündet ist, folgt die Spannung am Kondensator der Eingangswechselspannung, da sich der Kondensator über das Potentiometer aufladen bzw. umladen kann. Wird der Wert des Potentiometers über die Taste A während der Simulation verringert, so nimmt die Kondensatorspannung in der positiven Halbwelle schneller einen höheren Wert an. Erreicht die Spannung am Kondensator die Zündspannung der Vierschichtdiode, bricht diese durch, der Thyristor erhält einen positiven Spannungsimpuls und kann zünden. Dabei sinkt die Spannung am Thyristor, die auch an der Reihenschaltung vom Potentiometer und dem Kondensator liegt, auf $U_G = 1,4\,V$ ab. Der Kondensator bleibt somit für den Rest der Halbwelle (Stromflusswinkel ϕ) entladen. In der nachfolgenden negativen Halbwelle wird der Thyristor wieder sicher gelöscht.

Wenn man sich den Spannungsverlauf im Oszilloskop betrachtet, erkennt man die Funktionsweise der Phasenanschnittsteuerung. Ist der Thyristor gesperrt, kann ein Strom fließen. Am Thyristor misst man eine hohe Spannung, denn der Thyristor ist hochohmig.

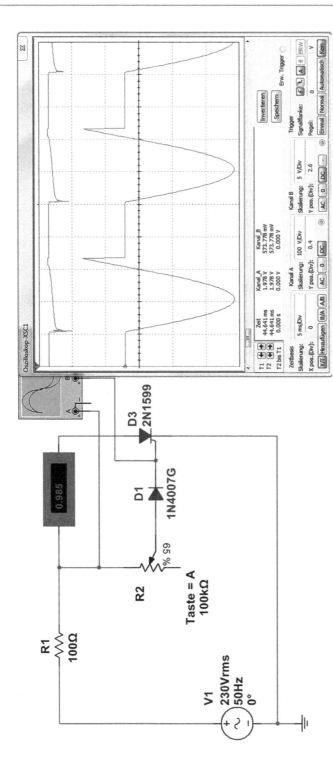

Abb. 3.45 Realisierung einer Phasenanschnittsteuerung mit Thyristor und einer Wechselstromzündung

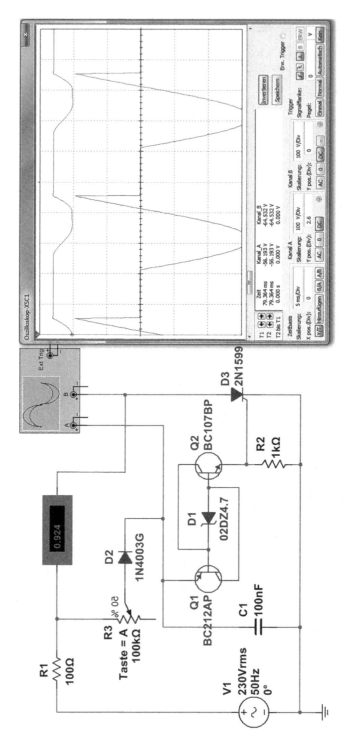

Abb. 3.46 Verbesserte Phasenanschnittsteuerung mit Thyristor und einer Impulszündung

Am Verbraucher (Widerstand) tritt kaum ein Spannungsfall auf. Zündet der Thyristor, fließt ein Strom über den niederohmigen Innenwiderstand des Thyristors. In diesem Fall misst man nur einen geringen Spannungsfall, während über den Verbraucher die gesamte Netzspannung abfällt.

3.3.4 Phasenanschnittsteuerung mit Thyristor im Gleichstromkreis

Besteht eine Phasenanschnittsteuerung mit Thyristor in einem Gleichstromkreis, spricht man von der Vollwegsteuerung.

Abb. 3.47 zeigt eine Vollwegsteuerung mit einem Thyristor als Gleichstromsteller, denn der Verbraucher befindet sich im Gleichstromkreis. Durch die Gleichrichterbrücke wird die Wechselspannung in einen pulsierenden Gleichstrom umgewandelt und damit kann als Verbraucher eine Lampe oder ein Gleichstrommotor seinen Einsatz finden. Hat man eine Lampe mit $P = 100$ W als Verbraucher, lässt sich die Leistung zwischen $P_{min} \approx 0$ W bis $P_{max} \approx 100$ W einstellen.

Abb. 3.48 zeigt eine Vollwegsteuerung mit einem Thyristor und Ansteuerungselektronik mit einem Unijunktiontransistor. Mit jeder positiven Halbwelle lädt sich der Kondensator C über die Widerstandskombination (R_1 = Festwiderstand, R_2 = Potentiometer) nach einer e-Funktion auf. Erreicht die Spannung an dem Kondensator die Höckerspannung des Unijunktiontransistors, wird dieser leitend. Dabei wird die EB_1-Strecke niederohmig, sodass sie sich über die GK-Strecke des Thyristors entladen kann. Die beiden Widerstände R_3 und R_4 sind im Entladestromkreis zum Schutz gegen zu hohe Stromspitzen vorhanden. Nach dem impulsförmigen Entladestrom wird der Thyristor gezündet. Dabei sinkt die Spannung U_{AK} auf den vernachlässigbar kleinen Wert der Durchlassspannung zusammen. Der Impulsgenerator hat nun keine Betriebsspannung mehr und kann, solange der Thyristor leitend ist, keine weiteren Impulse erzeugen. Gelöscht wird der Thyristor beim Unterschreiten des Haltestroms am Ende der Halbwelle. Mit der nächsten Halbwelle wird der Kondensator C mit der gleichen Polarität erneut aufgeladen, d. h. die Vorgänge wiederholen sich.

Der Zündzeitpunkt ist von der Zeit abhängig, die der Kondensator zur Ladung auf die Höckerspannung U_H benötigt. Sie wird durch das Potentiometer R_2 eingestellt. Der kleinste Zündwinkel ergibt sich bei $R_2 = 0$, denn dadurch kann sich der Kondensator sehr schnell aufladen. Durch die Vergrößerung von R_2 lässt sich der Zündwinkel bis auf 180° einstellen.

3.3.5 Unijunktiontransistor

Unijunktiontransistoren werden aus einem homogenen, N-dotierten Si-Einkristall als Legierungstyp oder als Planartyp gefertigt. An zwei gegenüberliegenden Seiten sind sperrschichtfreie Anschlüsse angebracht, die als Basis 1 (B_1) und Basis 2 (B_2) bezeichnet

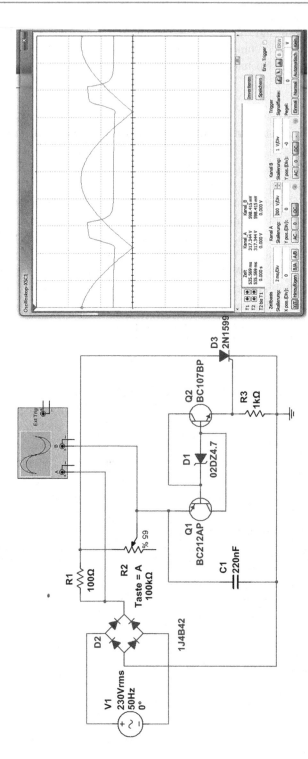

Abb. 3.47 Vollwegsteuerung mit einem Thyristor als Gleichstromsteller

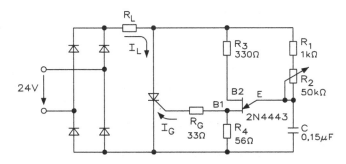

Abb. 3.48 Vollwegsteuerung mit einem Thyristor und Ansteuerungselektronik

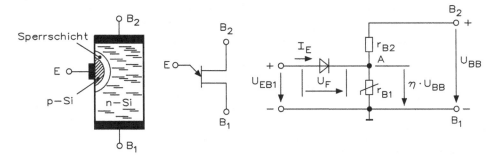

Abb. 3.49 Technologischer Aufbau, Schaltzeichen und Ersatzschaltbild eines Unijunktiontransistors

werden. Unsymmetrisch zu diesen Basisanschlüssen ist als Emitter (E) eine P-Zone angeordnet. Dadurch entsteht ein PN-Übergang, der die Funktion einer Diode hat. In Abb. 3.49 ist der technologische Aufbau, das Schaltzeichen und das Ersatzschaltbild eines Unijunktiontransistors gezeigt.

Die Bezeichnung „Unijunction" ist ein Kunstwort, das aus den Teilen „uni" (lat.) = einfach, einheitlich und „junction" (engl.) = Verbindung, Anschluss, gebildet worden ist. Hieraus ist auch die Kurzform UJT für den Unijunktiontransistor entstanden. Wegen seiner beiden Basisanschlüsse wird der UJT auch Doppelbasistransistor bezeichnet, wobei der Begriff „Basis" hier aber nicht in dem bei Transistoren üblichen Sinn verwendet wird.

Wird bei offenem Emitteranschluss eine Spannung U_{BB} an die beiden Basisanschlüsse gelegt, so fließt ein relativ kleiner Elektronenstrom von B_1 über das N-dotierte B_1 nach B_2, wenn B_2 positiv gegenüber B_1 ist. Die Größe dieses Interbasisstroms I_{IB} hängt von der Größe der Spannung U_{EB} und der Größe des statischen Interbasiswiderstands R_{BB} ab. Dieser Interbasiswiderstand liegt in der Größenordnung von einigem Kiloohm.

Wird dagegen bei offenem Basisanschluss B_2 eine Spannung U_{EB1} zwischen Emitter E und Basis B_1 gelegt, so zeigt diese Strecke das Verhalten einer Diode. Ist der Anschluss E negativ gegenüber B_1, liegt ein Betrieb in Sperrrichtung vor. Ist dagegen der Anschluss E positiv gegenüber B_1, wird die Diode in Durchlassrichtung betrieben.

Da diese Transistoren aber stets mit den beiden Spannungen U_{BB} und U_{EB1} betrieben werden, überlagern sich die internen Vorgänge. Sie lassen sich aus dem Ersatzschaltbild des UJT ableiten.

Für die Betriebsspannung U_{EB} wirkt das N-dotierte Si-Material zwischen den Anschlüssen B_1 und B_2 wie ein ohmscher Spannungsteiler. Die Spannung U_{EB} wird daher im Verhältnis der Teilwiderstände r_{B2} und r_{B1} aufgeteilt. Dieses Verhältnis hängt von der räumlichen Anordnung des Emitters im N-Silizium ab. Die Teilspannung an r_{B1}, ist um den Faktor η kleiner als U_{EB}. Dieser Faktor η wird als das innere Spannungsverhältnis des Unijunktiontransistors bezeichnet und es gilt:

$$\eta = \frac{r_{B1}}{r_{B1} + r_{B2}}$$

Bei den Unijunktiontransistoren hat man Werte zwischen $\eta = 0{,}6$ und $0{,}8$.

Bei der in Abb. 3.49 gezeigten Ersatzschaltung ist der mit A gekennzeichnete Anschlusspunkt der Diode also auf einem Potential:

$$U_a = \eta \cdot U_{BB} \approx 0{,}6 \text{ bis } 0{,}8 \cdot U_{BB}$$

Solange die Eingangsspannung U_{EB1} kleiner als $\eta \cdot U_{BB}$ ist, wird die Diode in Sperrrichtung betrieben und es fließt lediglich ein sehr kleiner Sperrstrom ($I_{EB1} < 20$ nA). Wird aber

$$U_{EB1} > U_F + h \cdot U_{BB} \quad (U_F \approx 0{,}7 V)$$

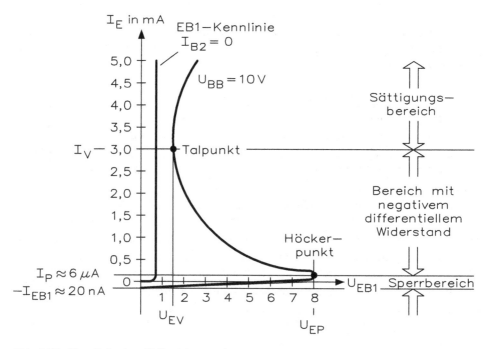

Abb. 3.50 Kennlinie eines Unijunktiontransistors

erfolgt ein Betrieb der Diode in Durchlassrichtung und es fließt ein Emitterstrom. Die Spannung, bei der der Übergang vom gesperrten in den leitenden Zustand der Diode auftritt, wird als Höckerspannung U_{EP} bezeichnet, wobei das P im Index von peak (engl.) = Spitze abgeleitet ist. Es gilt für die Höckerspannung:

$$U_{EP} = U_F + h \cdot U_{BB}$$

Abb. 3.50 zeigt die Kennlinie eines Unijunktiontransistors UJT. Als Parameter wurde eine Spannung $U_{EB} = 10\,V$ gewählt. Im unteren Bereich der Kennlinie des UJT ist die Diode gesperrt und es fließt nur ein sehr geringer Sperrstrom von $-I_{EB1} \approx 20\,nA$. Bei der Kennlinie ist zu beachten, dass der Strommaßstab im Sperrbereich gegenüber dem Strommaßstab im Durchlassbereich stark vergrößert ist.

Wird $U_{EB1} > U_{EP}$, fließt ein Emitterstrom und es werden Löcher in das N-dotierte Si-Material injiziert. Diese Löcher bewegen sich in Richtung B_1 und vergrößern damit die Leitfähigkeit der Strecke zwischen E und B_1. Der Teilwiderstand r wird damit niederohmiger und das Spannungsteilerverhältnis r_{B2} zu r_{B1} ändert sich. Daher fließt jetzt bei einer geringeren Spannung U_{EB1} ein größerer Strom als zuvor bei einer größeren Spannung U_{E1}. Ein derartiges Verhalten weist auf einen negativen differenziellen Widerstand hin. Der Bereich dieses negativen differenziellen Widerstands erstreckt sich beim UJT vom Höckerpunkt, der oft auch Zündpunkt bezeichnet wird, bis zum Talpunkt. Die Spannung im Talpunkt wird mit U_{EV} und der Strom mit I_V bezeichnet, wobei das V im Index von valley (engl.) = Tal abgeleitet ist. Vom Talpunkt an beginnt der Sättigungsbereich, da jetzt eine weitere Verringerung von r_{B1} durch Ladungsträgerinjektion nicht mehr möglich ist. Die UJT-Kennlinie geht daher über in die Kennlinie einer normalen Si-Dioden-Kennlinie und der Strom I_E steigt mit steigender Spannung U_{EB1} wieder an. Nach Überschreiten des Höckerpunktes durchläuft der Arbeitspunkt des UJT sehr schnell den Bereich des negativen differenziellen Widerstands. Dieser Vorgang wird auch als „Zünden" des Unijunktiontransistors bezeichnet. Das Umschalten vom hochohmigen Zustand in den niederohmigen Zustand erfolgt beim UJT innerhalb von nur einigen hundert Nanosekunden. Der Unijunktiontransistor kippt aber auch etwa genauso schnell vom niederohmigen Zustand in den hochohmigen Zustand wieder zurück, sobald die Spannung U_{EB1}, unter den Wert der Schleusenspannung der Emitterdiode absinkt, also $U_{EB1} < 0,7\,V$ wird.

Wegen dieses Verhaltens werden Unijunktiontransistoren als spannungsgesteuerte elektronische Schalter bezeichnet. Sie „kippen" in den Schaltzustand „Ein", wenn die Eingangsspannung U_{EB1} größer als die Höckerspannung U_{EP} wird, und sie „kippen" wieder in den Schaltzustand „Aus" zurück, wenn $U_{EB1} < 0,7\,V$ wird. Aufgrund dieser Eigenschaften werden Unijunktiontransistoren in Schwellwertschaltern und Impulsgeneratoren eingesetzt.

Die Hersteller geben in ihren Datenblättern für Unijunktiontransistoren in der Regel keine speziellen Kennlinien an. Sie beschränken sich vielmehr auf die Wiedergabe einer charakteristischen Kennlinie, in der die Definitionen der einzelnen Kennwerte angegeben sind. Abb. 3.51 zeigt die charakteristische Kennlinie des UJT. Im Gegensatz zu den sonst

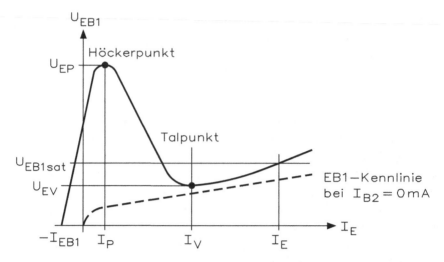

Abb. 3.51 Charakteristische Kennlinie von Unijunktiontransistoren

üblichen Darstellungen ist hier die Spannung auf der Y-Achse und der Strom auf der X-Achse aufgetragen.

Auch bei den Unijunktiontransistoren wird zwischen Grenzdaten und Kenndaten unterschieden. Als Grenzdaten sind Werte angegeben, die nicht überschritten werden dürfen. Bei den Kenndaten handelt es sich um Werte, die das Verhalten in bestimmten Arbeitspunkten kennzeichnen.

3.3.6 Phasenanschnittsteuerung mit Thyristor im Wechselstromkreis

Wenn man einen Wechselstrommotor oder eine Lampe hat, setzt man die Schaltung von Abb. 3.52 ein.

Wenn man die beiden Schaltungen von Abb. 3.48 und 3.52 vergleicht, erkennt man, dass der Verbraucher nicht mehr im Gleichstromkreis, sondern vor der Brückenschaltung also im Wechselstromkreis liegt. Wenn man eine Lampe in seinen Stromkreis einsetzt, so lässt sich diese mit einem pulsierenden Gleichstrom oder Wechselstrom betreiben, und es ergeben sich weder Vor- noch Nachteile. Interessant wird die Schaltung aber erst, wenn man in der Praxis unterschiedliche Motoren einsetzen muss.

Bei den Schaltungen von Abb. 3.48 und 3.52 kann man die gleiche Ansteuerungselektronik verwenden. Der Strom fließt über den Verbraucher der Brückengleichrichtung und wird dann im Gleichstromkreis entsprechend angesteuert. Damit verlagert sich der Phasenanschnitt von innen nach außen, d. h. im inneren Stromkreis hat man einen Gleichstromsteller und im äußeren Stromkreis einen Wechselstromsteller, wobei die Steuerung für den Phasenanschnitt immer intern erfolgt.

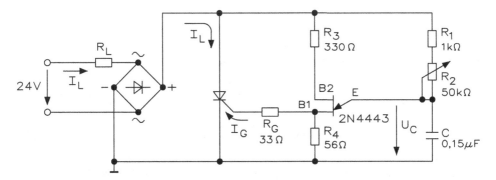

Abb. 3.52 Vollwegsteuerung mit einem Thyristor als Wechselstromsteller

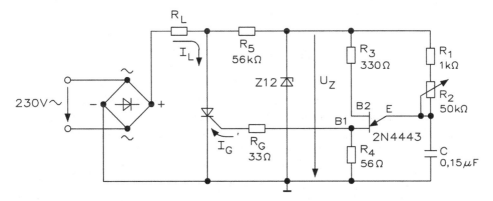

Abb. 3.53 Vollwegsteuerung mit einem Thyristor und Ansteuerungselektronik für Netzspannungen bis 230 V

In den beiden Schaltungen von Abb. 3.48 und 3.52 wird die Versorgungsspannung des Unijunktiontransistors direkt aus der Eingangswechselspannung durch Gleichrichtung gewonnen. Da der Unijunktiontransistor aber nicht für größere Betriebsspannungen geeignet ist, lassen sich diese Vollwegsteuerungen nur für Wechselspannungen bis zu 24 V einsetzen. Bei Wechselspannungen von 230 V muss man daher die Schaltung von Abb. 3.53 verwenden.

In der Schaltung von Abb. 3.53 befindet sich eine Z-Diode mit Vorwiderstand parallel zur Ansteuerung mit dem Unijunktiontransistor. Durch die Z12-Diode kann die Betriebsspannung nicht größer als $U_Z = 12$ V werden.

Bei den Schaltungen von Abb. 3.47, 3.48 und 3.49 ist die mathematische Ermittlung des Zündwinkels α und damit auch die Dimensionierung der gesamten Schaltung nicht einfach. Der Kondensator C lädt sich über den Widerstand R_1 und dem Potentiometer R_2 nach einer e-Funktion auf. Die e-Funktion errechnet sich aus.

$$t = (R_1 + R_2) \cdot C \cdot \ln \left(\frac{1}{1 - \eta} \right)$$

Der Wert η ist ein Faktor von 0,6 bis 0,8, der aus dem Datenblatt für den entsprechenden Unijunktiontransistor UJT zu entnehmen ist. Erreicht die Spannung an dem Kondensator die Höckerspannung U_P des Unijunktiontransistors, bricht die Emitter-Basis1-Strecke durch, und der Kondensator kann sich schnell über den Widerstand R_4 entladen. An dem Basisanschluss B_1 entsteht ein positiver Impuls, während an dem Basisanschluss B_2 ein negativer Impuls erzeugt wird.

Der Widerstand R_1 und das Potentiometer R_2 liegen in Reihe, und damit lassen sich Widerstandswerte von $R_{min} = 1$ kΩ und $R_{max} = 51$ kΩ erzeugen. Der Kondensator hat einen Wert von 0,15 µF und damit lässt sich eine Aufladezeit von

$$\begin{aligned} t_{max} &= 51 \,\text{k}\Omega \cdot 0,15 \,\mu F = \ln \left(\frac{1}{1 - 0,7} \right) \\ &= 51 \,\text{k}k\Omega \cdot 0,15 \,\mu F \cdot \ln 3,33 \\ &= 51 \,\text{k}\Omega \cdot 0,15 \,\mu F \cdot 1,20 \\ &= 9,2 \,\text{ms} \end{aligned}$$

und mit $R_{2min} = 1$ kΩ lässt sich eine Aufladezeit von $t_{min} = 0,18$ ms einstellen. Der Wert von $\eta \approx 0,7$ wurde aus dem Datenblatt des Unijunktiontransistors entnommen. Wichtig für die maximale Ladezeit ist der Wert von $t_{max} = 9,2$ ms, denn an einem 50-Hz-Netz erhält man nach einer Brückengleichrichtung eine Frequenz von 100 Hz, also 10 ms.

Wenn man mit der Schaltung aus Abb. 3.53 rechnet, kann man den gesamten Vorgang erheblich vereinfachen. Die Widerstandskombination soll z. B. auf $R_{1/2} = 20$ kΩ eingestellt sein. Die Z-Diode erzeugt eine Spannung von $U_Z = 12$ V, und die Höckerspannung des UJT hat $U_P = 7,5$ V. Da U_P in diesem Beispiel gerade bei 63 % der Spannung von 12 V ist, ergibt sich als Ladedauer bis zum Zündzeitpunkt die Zeit

$$\tau = R_{1/2} \cdot C = 20 k\Omega \cdot 0,15 \mu F = 3 ms$$

Bei einer Netzfrequenz von 50 Hz beträgt die Dauer einer Halbwelle 10 ms bei $\tau = 180°$. Der Zündzeitwinkel α errechnet sich aus

$$\alpha \approx \frac{\tau \cdot 180°}{10 \,\text{ms}} = \frac{3 \,\text{ms} \cdot 180°}{10 \,\text{ms}} = 54°$$

3.3.7 Nullspannungsschalter mit Thyristor

Hat man einen Nullspannungsschalter zum Ein- und Ausschalten eines Verbrauchers, wird immer nur im Augenblick des Nulldurchgangs der Wechselspannung der Verbraucher eingeschaltet. Dies bewirkt folgende Vorteile gegenüber einem undefinierten Einschaltzeitpunkt, wie das beim Phasenanschnitt immer der Fall ist:

- Kleine Steuerleistung, da im Einschaltmoment die Spannung am Schalter den Wert von U = 0 V hat, und damit kein Stromfluss durch den Verbraucher vorhanden ist.
- Keine Störspannungen, da im Einschaltmoment keine steilen und damit oberwellenhaltigen Stromanstiege vorhanden sind. In der Praxis sind meistens keine oder nur sehr einfache Entstörfilter erforderlich.

Der Nachteil des Nullspannungsschalters liegt darin, dass sich nur ganze Halbwellen ansteuern lassen. Aus diesem Grunde eignet sich der Nullspannungsschalter nicht für Lampen und Motoren, sondern nur für elektrische Heizungsanlagen.

Abb. 3.54 zeigt einen Nullspannungsschalter mit einem Verbraucher, der mit pulsierendem Gleichstrom betrieben wird. Der Verbraucher kann auch vor dem Brückengleichrichter eingeschaltet sein, und auch hier übernimmt der Thyristor die Stromsteuerung.

Der Thyristor zündet nur dann, wenn der Schalter A geschlossen und der Transistor gesperrt ist. Hat die pulsierende Gleichspannung einen niedrigen Wert, ist der Transistor gesperrt, und es kann ein Gatestrom fließen, wenn der Schalter geschlossen ist. Der Thyristor zündet, und durch den Verbraucher fließt ein Strom. Öffnet man jetzt den Schalter, bleibt der Thyristor leitend, und erst wenn die Haltespannung wieder unterschritten wird, löscht sich der Thyristor automatisch.

Der Schalter ist offen und die pulsierende Gleichspannung steigt. Damit wird der Transistor leitend und verbindet das Gate mit Masse. Schließt man jetzt den Schalter, kann der Thyristor nicht zünden, da das Gate mit Masse verbunden ist.

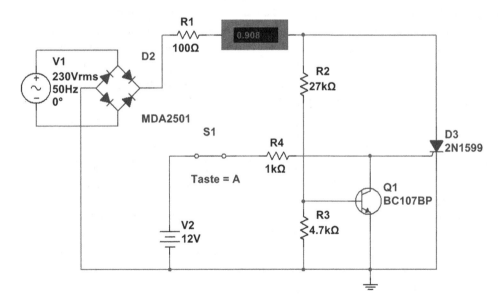

Abb. 3.54 Nullspannungsschalter für einen Verbraucher, der mit pulsierendem Gleichstrom betrieben wird

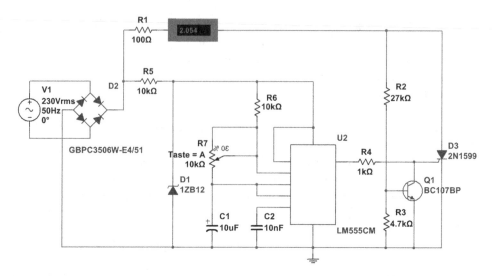

Abb. 3.55 Nullspannungsschalter mit dem 555, wodurch sich eine Schwingungspaketsteuerung ergibt

3.3.8 Schwingungspaketschalter

Eine Schwingungspaketsteuerung ist eine sinnvolle Weiterentwicklung bzw. Ergänzung des Nullspannungsschalters.

Abb. 3.55 zeigt die Schaltung eines Nullspannungsschalters mit dem 555, und man erhält eine einfache, aber hochwirksame Schwingungspaketsteuerung. Die Wechselspannung am Verbraucher kann je nach Einschaltzeitpunkt mit positiven oder negativen Halbwellen beginnen. Ebenso während des Ausschaltvorgangs, denn die letzte am Verbraucher wirksame Halbwelle kann einen positiven oder negativen Wert aufweisen.

Der Baustein 555 in Abb. 3.56 besteht im Wesentlichen aus zwei Operationsverstärkern, die als Komparatoren arbeiten, einem Spannungsteiler mit Präzisionswiderständen, der zwei Vergleichsspannungen für beide Operationsverstärker erzeugt, einem NAND-Flipflop und einem Transistor mit offenem Kollektorausgang (Pin 7). Diese Funktionseinheiten befinden sich in einem 8-poligen Gehäuse. Pin 8 ist mit der positiven Betriebsspannung von $+12$ V zu verbinden, und diese wird durch die Z-Diode erzeugt. Da der Reset-Eingang (Pin 4) nicht benötigt wird, schließt man diesen ebenfalls an $+U_b$ an. Der Masseanschluss (Pin 1) ist mit der Masseleitung des Systems verbunden.

Der 555 wird in diesem Fall als Rechteckgenerator eingesetzt. Über den Widerstand R_6 und Widerstand R_7 lädt sich der Kondensator über eine e-Funktion nach

$$t_2 = 0{,}7(R_6 + R_7) \cdot C$$
$$= 0{,}7(10\,\text{k}\Omega + 10\,\text{k}\Omega) \cdot 10\,\mu\text{F}$$
$$= 0{,}14\,\text{s}$$

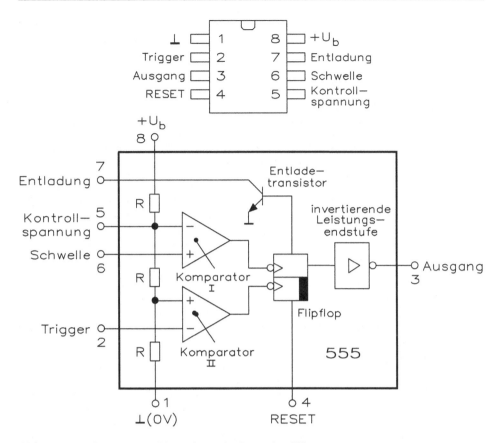

Abb. 3.56 Aufbau und Anschlussschema des Bausteins 555

auf. Während dieser Ladezeit hat der Ausgang (Pin 3) ein 1-Signal, und damit kann für das Gate ein entsprechender Strom fließen. Erreicht die Spannung an dem Kondensator etwa 2/3 der Betriebsspannung, reagiert der interne Operationsverstärker, der mit Pin 6 verbunden ist. Der Ausgang (Pin 3) schaltet auf 0-Signal, und damit erhält das Gate keinen Strom mehr. Gleichzeitig schaltet der 555 einen internen Transistor mit offenem Kollektoranschluss (Pin 7) durch, und damit kann sich der Kondensator über den Widerstand R_2 nach einer e-Funktion mit

$$t_2 = 0{,}7 \cdot R_2 \cdot C$$
$$= 0{,}7 \cdot 10\,k\Omega \cdot 10\,\mu F$$
$$= 0{,}07\,s$$

entladen. Erreicht die Spannung an dem Kondensator etwa 1/3 der Betriebsspannung, reagiert der interne Operationsverstärker, der mit Pin 2 verbunden ist. Der Ausgang (Pin 3) schaltet auf 1-Signal und damit erhält das Gate des Thyristors ein 1-Signal und kann wieder durchschalten. Gleichzeitig wird der interne Entladetransistor (Pin 7) gesperrt und der Kondensator lädt sich über beide Widerstände R_1 und R_2 nach einer e-Funktion auf, bis die Spannung den Wert 2/3 der Betriebsspannung erreicht hat. Dies ergibt eine Zeit von

$$T_s = t_1 + t_2$$
$$= 0{,}14\,\text{s} + 0{,}07\,\text{s}$$
$$= 0{,}21\,\text{s}$$

Bei dieser Dimensionierung der Widerstände erhält der Thyristor für 100 ms ein 1-Signal, und damit können etwa 7 vollständige Sinusschwingungen den Thyristor passieren. Für 70 ms hat der 555 ein 0-Signal, und damit ist der Thyristor für etwa 3,5 Sinusschwingungen gesperrt.

Die Einschaltdauer t_e (t_1) und die Ausschaltdauer t_a (t_2) bestimmen den Mittelwert der im Verbraucher umgesetzten Leistung. Es gilt:

$$P_{eff} = \frac{t_e}{t_e + t_a} = \frac{0{,}14\,\text{s}}{0{,}14\,\text{s} + 0{,}07\,\text{s}} = 0{,}67$$

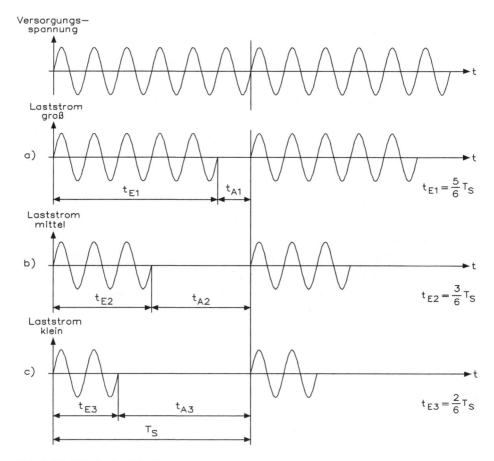

Abb. 3.57 Prinzip der Schwingungspaketsteuerung

Hat man einen Heizofen mit $P_{max} = 1000$ W, ergibt sich bei dieser Ein- und Ausschaltdauer eine Leistung von $P_{eff} = 670$ W.

Bei $t_a = 0$ beträgt $P_{eff} = 100$ %. Je größer t_a und je kleiner t_e wird, umso kleiner wird auch P_{eff}. Bei $t_e = 0$ ist auch $P_{eff} = 0$ W. In der Praxis verwendet man für beide Zeiten auch die Anzahl der ein- und ausgeschalteten Halbwellen der Wechselspannung. Abb. 3.57 zeigt das Prinzip der Schwingungspaketsteuerung.

In der obersten Zeile ist die Wechselspannung gezeigt. Wählt man durch die Schwingungspaketsteuerung ein Verhältnis von $5/6 \cdot T_S$, erhält man eine große Leistung am Verbraucher, denn es liegen fünf volle Sinusschwingungen an. Reduziert man das Verhältnis auf $3/6$ T_S, kann die Schwingungspaketsteuerung noch drei Sinusschwingungen passieren, und die Leistung reduziert sich. Das gleiche gilt auch für die zweite Zeile.

Für Abb. 3.57 lässt sich berechnen:

$$Zeile\,a)\; P_{eff1} = \frac{5}{6} = 100\,\% = 83\,\%$$

$$Zeile\,b)\; P_{eff1} = \frac{3}{6} = 100\,\% = 50\,\%$$

$$Zeile\,c)\; P_{eff1} = \frac{2}{6} = 100\,\% = 33\,\%$$

Die praktische Anwendung der Schwingungspaketsteuerung beschränkt sich vorzugsweise auf Temperatursteuerungen in allen Anwendungsbereichen.

3.4   Thyristoren als steuerbarer Gleichrichter

Aus der Übersicht der verschiedenen Schaltmöglichkeiten für den Leistungsteil von Phasenanschnittsteuerungen geht hervor, dass in den Schaltungen der Verbraucher (R_L) vom Strom nur in einer Richtung durchflossen wird, obwohl die angelegte Spannung eine Wechselspannung ist. Phasenanschnittschalter nach diesen Prinzip und im erweiterten Sinn auch entsprechend konzipiertem Nullspannungsschalter sind daher Gleichrichter. Da die Mittelwerte der Spannung, des Stroms und der Leistung am Verbraucher durch die Phasenanschnittsteuerung verändert werden können, bezeichnet man sie auch als steuerbare Gleichrichter. Bei ihnen unterscheidet man – wie bei nicht steuerbaren, mit Dioden bestückten Gleichrichtern – zwischen

- Einweggleichrichtern
- Doppelweggleichrichtern

Die Problematik der Gleichrichtung ist bereits abgehandelt. Daraus geht unter anderen hervor, dass die Höhe der geglätteten Gleichspannung (arithmetischer Mittelwert U_) bei gegebenen konstantem Lastwiderstand von der Wechselspannungs-Zeit-Fläche der gleichgerichteten Spannung abhängt. Da die Spannungs-Zeit-Fläche durch Phasenanschnittsteuerung mit veränderbarem Zündwinkel beeinflusst werden kann, verändert

Abb. 3.58 Abhängigkeit der Gleichspannung U_- vom Zündwinkel α bei Doppelweggleichrichtung

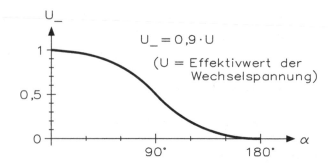

sich also der Gleichspannungs-Mittelwert U_- mit dem Zündwinkel α. Abb. 3.58 zeigt die Abhängigkeit der Gleichspannung U_- vom Zündwinkel α bei Doppelweggleichrichtung.

Bei Einweggleichrichtern ist der Anteil der Brummspannung und damit der Aufwand für die Siebung wesentlich größer als bei Doppelweggleichrichtern. Eine Phasenanschnittsteuerung erhöht die Brummspannung, daher findet man steuerbare Gleichrichter vornehmlich in Doppelwegschaltungen.

3.4.1 Halbgesteuerte Brückenschaltung

Die Schaltung besteht aus Gleichrichterdioden und die Thyristoren sind so in die Brückenschaltung einbezogen, dass bei jeder Halbwelle der eingangsseitigen Wechselspannung ein Thyristor im wirksamen Strompfad liegt. Abb. 3.59 zeigt eine halbgesteuerte Brücke mit Thyristor.

- Wird der Thyristor T_1 bei einer positiven Halbwelle gezündet, so fließt der Strom I_1 von der Netzeingangsklemme über T_1, R_L und T_3 zur Anschlussklemme.
- Bei negativen Halbwellen muss Thyristor T_2 gezündet werden. Der sich einstellende Strom I fließt über T_2, R_L (in gleicher Richtung wie I_1) und Thyristor T_4 zur Netzeingangsklemme.

Abb. 3.59 Halbgesteuerte Brücke mit Thyristor

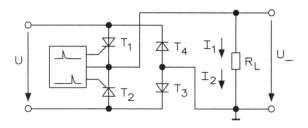

In ihrer Wirkungsweise entspricht also die Schaltung dem Gleichstromsteller, jedoch sind hier zwei Thyristoren eingesetzt, die zu unterschiedlichen Zeiten gezündet werden müssen. Daraus ergeben sich für den Zündimpulserzeuger besondere Forderungen:

- Die Zündimpulse für Thyristor T_1 und Thyristor T_2 müssen auf getrennten Leitungen bereitstehen.
- Die Zündimpulse für T_1 sind mit den positiven Halbwellen, die für T_2 mit den negativen Halbwellen der Wechselspannung synchron.
- Beide Thyristoren sollen jeweils mit dem gleichen Zündwinkel gesteuert werden.

Dies bedeutet, dass im Prinzip zwei getrennte Zündimpulserzeuger nach den bereits bekannten Schaltungsbeispielen vorhanden sein müssen, die über eine gemeinsame Synchronisierung verfügen und eine gemeinsame Zündwinkelverstellung besitzen. Auf die Darstellung der Schaltungsrealisierung einer solchen Zündschaltung wird hier verzichtet.

Für die Dimensionierung der Dioden und Thyristoren gelten auch bei der halbgesteuerten Brücke. Jedoch sind für die evtl. nachgeschalteten Siebglieder strengere Maßstäbe anzulegen, weil durch die Phasenanschnittansteuerung höhere Brummspannungen entstehen. Neben der Verstellmöglichkeit für den Mittelwert der Gleichspannung entsprechen die Vor- und Nachteile denen von gewöhnlichen Brückengleichrichtern.

Vorteil: Einfacher Schaltungsaufbau, denn der Gleichrichter selbst besteht nur aus zwei Dioden und zwei Thyristoren.

Nachteile: Keine galvanische Trennung zwischen Wechselstrom- und Gleichstromkreis und kein gemeinsamer Spannungsbezugspunkt (keine gemeinsame Masse) für beide Stromkreise.

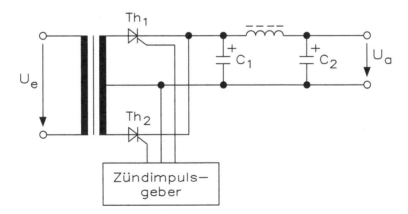

Abb. 3.60 Gesteuerter Gleichrichter in Mittelpunktschaltung

3.4.2   Steuerbarer Gleichrichter in Mittelpunktschaltung

Gleichrichter in Mittelpunktschaltung zeigen nicht die zuvor genannten Nachteile der Brückenschaltung, dafür ist aber wegen des zur Mittelpunktbildung erforderlichen Transformators der Schaltungsaufwand höher. Abb. 3.60 zeigt einen Doppelweggleichrichter in Mittelpunktschaltung mit Thyristoren. Die Einstellung der ausgangsseitigen Gleichspannung U_ geschieht auch hier durch Zündwinkelsteuerung beider Thyristoren.

Bezieht man die Potentiale an den Enden der Sekundärwicklung des Transformators auf den Mittelpunkt, so erhält Thyristor T_2 eine positive Halbwelle, wenn er an einer negativen Halbwelle liegt, oder umgekehrt. Die Thyristoren erhalten aus der Zündschaltung jeweils während der für sie positiven Halbwellen netzsynchrone Zündimpulse. Die Zündimpulsfolgen sind also beide Thyristoren – wie bei der halbgesteuerten Brücke – um 180° gegeneinander versetzt. Für den Zündimpulserzeuger gelten demnach die bereits besprochenen Gesichtspunkte.

Steuerbare Einphasengleichrichter in Mittelpunktschaltung werden heute nur noch dann eingesetzt, wenn der Gleichstromkreis netzpotentialfrei sein muss oder wenn ein Transformator aus anderen Gründen bereits vorhanden ist.

3.4.3   Steuerbare Drehstromgleichrichter

Drehstrom-Gleichrichteranlagen mit Thyristoren werden meistens zur Erzeugung größerer Gleichstromleistungen eingesetzt, weil die mit der Phasenanschnittsteuerung verstärkt auftretende Brummspannung durch die drei um 120° gegeneinander verschobenen Phasenspannungen nicht so stark in Erscheinung tritt und somit der hohe Aufwand für leistungsstarke Siebschaltungen in Grenzen gehalten werden kann. In Abb. 3.61 ist die einfachste Art eines steuerbaren Drehstromgleichrichters dargestellt. Es handelt sich um eine mit drei Thyristoren bestückte Drehstrom-Einweggleichrichtung.

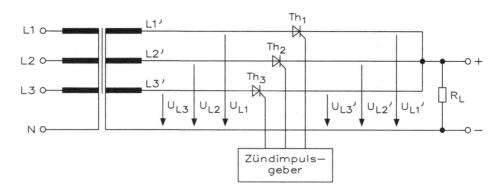

Abb. 3.61   Steuerbarer Drehstrom-Einweggleichrichter

Abb. 3.62 Spannungen am Drehstromgleichrichter nach Abb. 3.61

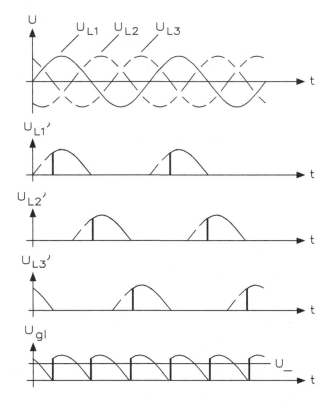

Die Thyristoren werden jeweils in den positiven Halbwellen der ihnen zugeordneten Phase gezündet und schalten für den Rest der Halbwelle die Spannung an den Verbraucher durch. In Abb. 3.62 sind die gleichgerichteten Teilspannungen U_{L1}, U_{L2} und U_{L3} sowie die sich daraus ergebende Gleichspannung U_{gl} am Verbraucher R_L bei einem Zündwinkel von 60° in jeder Phase dargestellt. $U_\sim$ ist der Mittelwert von U_{gl} und damit zugleich die Höhe der geglätteten Gleichspannung. Aus Abb. 3.62 kann entnommen werden, dass im Gegensatz zu Einphasengleichrichtern bei der Ausgangsspannung U_{gl} bis zu einem Zündwinkel von 60° noch keine Spannungslücken zwischen den phasenangeschnittenen Halbwellen entstehen. Deshalb ist auch die Brummspannung im Vergleich zur Einphasengleichrichtung niedriger, was von Vorteil ist.

Durch Veränderung des Zündwinkels wird die Höhe von U_- beeinflusst. Mit steigendem Zündwinkel α sinkt U_-. Der Zündwinkel wird dabei jeweils auf die dem Thyristor zugeordnete Strangspannung bezogen.

- Der kleinste Wert $U_- = 0$ ergibt sich bei einem Zündwinkel $\alpha = 180°$;
- der größte Wert für U_- ergibt sich bei einem Zündwinkel $\alpha = 30°$.
- Im Winkelbereich von 0° bis 30° sind die Momentanwerte der Strangspannung noch kleiner als die des zeitlich davorliegenden Stranges. Deshalb bestimmt in diesem Bereich noch die davorliegende Strangspannung die Ausgangsspannung U_{gl}. Zündwinkel zwischen 0° und 30° haben daher keine verändernde Wirkung auf U_-.

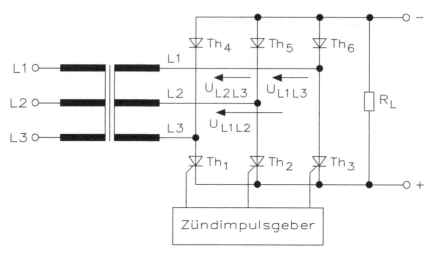

Abb. 3.63 Halbgesteuerter Drehstrom-Brückengleichrichter

Der Zündimpulsgeber erzeugt auf getrennten Leitungen drei Impulsserien, die mit der Netzspannung synchron um jeweils 120° gegeneinander versetzt und im Bereich zwischen 30° und 180° verschiebbar sind.

Durch eine Doppelweggleichrichtung von Drehstrom wird die Restwelligkeit der Ausgangsspannung weiter verbessert. Abb. 3.63 zeigt eine halbgesteuerte Drehstrom-Brückengleichrichtung. Wie in der Schaltung in Abb. 3.59 wird auch hier jeder Brückenzweig durch einen Thyristor gesteuert. Alle Halbwellen der drei Strangspannungen U_{L1L2}, U_{L2L3} und U_{L3L1} gehen dabei in die Ausgangsgleichspannung U_{gl} ein.

Die drei jeweils um 120° gegeneinander versetzten Wechselspannungen U_{L1L2}, U_{L2L3} und U_{L3L1} werden in Doppelweggleichrichtung gleichgerichtet. Dies ist an der Spannung U_{L2L3} gezeigt:

a) positive Halbwelle (+ an U_{L3}): Der Strom fließt bei gezündetem Thyristor T_2 nach U_{L2} über Thyristor T_2, Lastwiderstand R_L und Thyristor T_4 nach U_{L3}.

b) negative Halbwelle von U_{L2}: Der Strom fließt bei gezündetem Thyristor T_1 und L_3 nach U_{L1}.

Da im Drehstromnetz aber immer die drei Einzelspannungen miteinander verkettet sind, sind die Aussagen nicht exakt. Wenn, wie unter a angenommen, die Phase L_2 positiv ist, so kann neben L_3 auch L_1 negativ sein, sodass auch über Thyristor T_6 der von R_L kommende Strom nach L_1 abfließen kann. Ebenso kann der im Fall b angenommene Strom auch über Thyristor T_6 nach Lastwiderstand L_L fließen. Diese Überlegungen lassen folgern, dass aus den drei Strangspannungen des Drehstroms die in Abb. 3.52 dargestellte Gleichspannung U_{gl} bei einem Zündwinkel von 90° entsteht.

Wie man aus der Abb. 3.64 erkennen kann, wird selbst bei dem Zündwinkel von 90° die Ausgangsspannung zu keinem Zeitpunkt zu Null und die durch die Phasenanschnitt-

Abb. 3.64 Ausgangsspannung eines gesteuerten Drehstrom-Brückengleichrichters bei $\alpha = 90°$

steuerung zwangsläufig entstehenden Spannungslücken werden noch günstiger wie in der Drehstrom-Einweggleichrichtung gedeckt. Erst bei einem Zündwinkel > 120° entstehen Spannungslücken und damit in erhöhtem Maße die unerwünschte Brummspannung. Hierin zeigt sich eindeutig der Vorteil der Drehstrom-Doppelweggleichrichtung mit Phasenanschnittsteuerung. Im Bereich kleiner Zündwinkel sind die Restwelligkeit und damit der Aufwand für Siebung sehr gering. Entsprechende Schaltungen werden daher vielfach in drehzahlgesteuerten Motorantrieben verwendet und die Siebschaltungen können hierbei ganz entfallen. Der optimale Zündwinkelverstellbereich beträgt 60°…120°.

- $\alpha = 60°$: Maximalwaert für U_ und kleinere Zündwinkel haben keinen weiteren Einfluss.
- $\alpha = 120°$: Minimalwert für U_ bei geringer Brummspannung.

Halbgesteuerte Drehstrom-Brückengleichrichter zeigen Nachteile in der Realisierung großer Zündwinkel-Verstellbereiche. Die in Abb. 3.63 dargestellte Schaltung ist z. B. nicht geeignet, um bei gleichem Zündwinkel in allen Halbwellen den Mittelwert der ausgangsseitigen Gleichspannung bis auf nahezu 0 herabzusteuern.

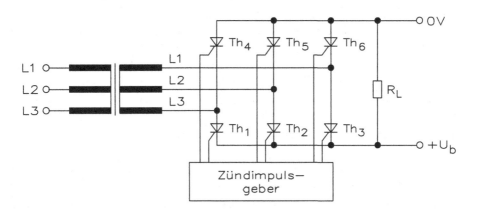

Abb. 3.65 Vollgesteuerter Drehstrom-Brückengleichrichter

Für große Spannungsverstellbereiche werden daher heute als Leistungsgleichrichter vornehmlich vollgesteuerte Drehstrom-Brückengleichrichter eingesetzt (Abb. 3.65). Die Wirkungsweise entspricht mit Ausnahme der Zündvorgänge der halbgesteuerten Drehstrombrücke.

3.5　Statische Wechselrichter mit Thyristoren

Wechselrichter sind Schaltungen, die Gleichspannungen in Wechselspannungen umformen. Für kleinere Leistungen werden dazu heute meist Transistoren eingesetzt, während für große Leistungen unbedingt Thyristoren als Leistungsschalter erforderlich sind.

Das Prinzip der statischen Wechselrichter beruht darauf, dass mindestens zwei Leistungsschalter periodisch Gleichströme schalten, die in wechselnder Richtung durch den angeschlossenen Verbraucher fließen. Die Frequenz der erzeugten Wechselspannung wird durch den Schaltrhythmus der Leistungsschalter bestimmt.

3.5.1　Thyristor-Wechselrichter in Mittelpunktschaltung

Der Wechselrichter besteht aus zwei alternierend schaltenden Thyristoren, einem Transformator mit mittelangezapfter Primärwicklung und dem Steuergerät, welches die für den Schaltbetrieb erforderlichen Impulse liefert. Die Schaltung ist in Abb. 3.66 dargestellt. Zur Erklärung der Wirkungsweise wird zunächst einmal angenommen, dass.

a) Thyristor T_1 gezündet und Thyristor T_2 gesperrt ist (Abb. 3.66a): Die Gleichspannung U_- verursacht den Strom I_1. Gleichzeitig lädt sich der Kondensator C_1 über die sonst stromlose untere Wicklungshälfte auf die Spannung U_- auf. Die Potentiale sind in Abb. 3.66a angegeben.

b) Eine Stromumkehrung soll nun am Ende der unter a beschriebenen Halbperiode erfolgen. Dazu wird Thyristor T_2 durch einen Impuls aus dem Steuergerät gezündet. Es setzt der Strom I_2 ein. Der Strom I_1 muss nun abgebrochen werden, indem Thyristor T_2 gesperrt wird. Die Sperrung erfolgt durch eine Potentialverschiebung an C_1 während der Zündung von Thyristor T_2 wie folgt: Die Anode von Thyristor T_2 wird negativ, damit auch der zuvor positiv aufgeladene Kondensatorbelag. Infolgedessen wird die obere Kondensatorplatte noch negativer und sperrt somit Thyristor T_2. Der Kondensator bewirkt also mit seiner Ladung, dass die Stromumkehrung (Kommutierung) zustande kommt und dieser wird deshalb als Kommutierungskondensator bezeichnet.

c) T_1 gesperrt und T_2 gezündet (Abb. 3.66b). Während der Dauer des Stromflusses von I_2 kann sich C_1 umladen, sodass nun die obere Platte positiv und die untere Platte negativ wird. Die Umladung muss vor der nächsten Stromumkehrung beendet sein, da die beendete Ladung für die folgende Kommutierung Voraussetzung ist.

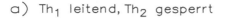

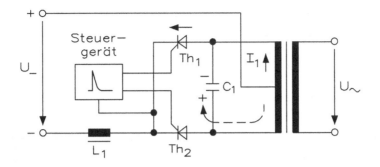

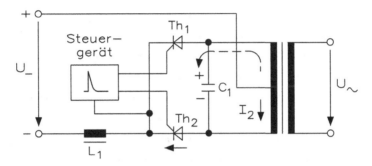

Abb. 3.66 Thyristor-Wechselrichter in Mittelpunktschaltung

d) Die nächste Stromumkehrung wird eingeleitet, indem Thyristor T_1 zündet. Alle Vorgänge laufen nun in umgekehrter Richtung ab, d. h. setzt wieder ein und der zündende Thyristor T_2 bewirkt eine Potentialverschiebung am Kondensator C_1, die nun Thyristor T_2 sperrt und der Strom I_2 wird damit zu Null. Die Schaltung nimmt nun wieder den unter Abb. 3.66a dargestellten Zustand ein.

Zur Steuerung der unter a bis d beschriebenen Vorgänge erzeugt das Steuergerät (Blockschaltung in Abb. 3.67) eine Rechteckspannung U_G, aus der mit Impulsformern die Zündspannungen U_{Z1} und U_{Z2} abgeleitet werden.

Die durch T_1 und T_2 abwechselnd eingeschalteten Ströme I_1 und I_2 haben in den beiden Primärwicklungshälften unterschiedliche Richtung; sie erzeugen deshalb in der Sekundärwicklung eine Wechselspannung $U_\sim$. Die Frequenz dieser Wechselspannung ist durch die Rechteckfrequenz des Steuergerätes festgelegt.

Alle Spannungen am Steuergerät, die Ströme I_1 und I_2 sowie die Ausgangsspannung $U_\sim$ sind in der Abb. 3.58 zeitgerecht untereinander dargestellt. Aus dem Verlauf von I_1 und I_2 ist zu erkennen, dass während einer Stromumkehrung der ursprüngliche Strom noch fließt, nachdem der umgekehrte Strom schon eingesetzt hat. Dies führt zu impuls-

Abb. 3.67 Blockschaltung
des Steuergerätes zu Abb. 3.66

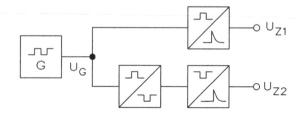

Abb. 3.68 Spannungen und
Ströme am Wechselrichter
nach Abb. 3.66

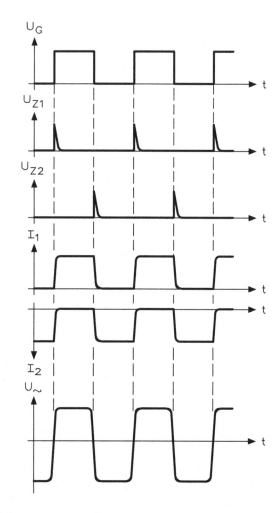

förmigen Stromanstiegen, die die Betriebsspannungsquelle U_ überlasten können. Die in die Zuleitung eingesetzte Induktivität L_1 verhindert kurze Stromspitzen weitgehend.

Da die Ausgangsspannung dieses Wechselrichters einen rechteckähnlichen Verlauf besitzt, jedoch häufig sinusförmige Spannungen gefordert werden, sind dem Ausgang oft Filter nachgeschaltet, die nur die Grundwelle passieren lassen und alle unerwünschten Oberwellen ausfiltern.

3.5.2 Thyristor-Wechselrichter in Brückenschaltung

Vier Thyristoren sind wie ein Brückengleichrichter zu einer Brücke zusammengeschaltet, wobei an den Gleichstromzweig umzuformende Gleichspannung U_- angelegt wird und am Wechselstromzweig die erzeugte Wechselspannung $U_\sim$ lässt sich direkt abgreifen. Abb. 3.69 zeigt die Schaltung; in dieser ist zur besseren Übersicht das Steuergerät weggelassen. Ein Stromfluss durch die angeschaltete Last R_L kommt zustande, wenn die Thyristoren T_2 und T_4 oder die Thyristoren T_2 und T_3 gezündet sind.

Zur Erklärung der Wirkungsweise wird davon ausgegangen, dass T_2 und T_3 gezündet sind. Es fließt der Strom I_1 auf folgendem Weg:

$$+U_- \to T_3 \to R_L \to T_2 \to L_1 \to -U_-.$$

Gleichzeitig wird der Kommutierungskondensator C_1 aufgeladen (linker Belag -,rechter Belag +). Dieser Zustand bleibt für eine Halbperiode der zu erzeugenden Wechselspannung erhalten. Danach wird die Stromumkehrung durch Zündung der Thyristoren T_1 und T_4 eingeleitet. Diese Zündung verursacht eine Potentialverschiebung an C_1 die an die Anode von T_2 negatives und an die Katode von T_3 positives Potential bringt, d. h. beide Thyristoren sperren. Auf dem Weg

$$+U_- \to T_1 \to R_L \to T_4 \to L_1 \to -U_-.$$

fließt jetzt der Strom I_2, der in R_L gegenüber I_1 umgekehrte Richtung hat. In dieser Phase wird auch C_1 umgeladen (linker Belag +,rechter Belag -). Mit der nächsten Stromumkehrung – eingeleitet durch Zündung von T_2 und T_3 – erreicht die Schaltung wieder den ursprünglich angenommenen Zustand.

Die Induktivität L_1 ist in den Gleichstromkreis eingeschaltet, um die während der Kommutierung entstehenden Stromspitzen von der Gleichspannungsquelle fernzuhalten.

Für eine sichere Betriebsweise eines Wechselrichters nach Abb. 3.70 ist sicherzustellen, dass der Kondensator C_1 vor jeder Stromumkehrung voll aufgeladen ist. Dazu muss die Dimensionierung so ausgelegt sein, dass die Ladezeitkonstante klein gegenüber einer Halbperiode der zu erzeugenden Wechselspannung ist. Außerdem ist dafür zu sorgen, dass sich der Kondensator C_1 während der Stromflussperiode nicht über die

Abb. 3.69 Thyristor-
Brückenwechselrichter

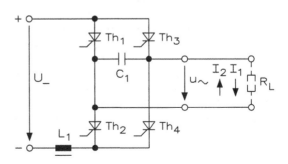

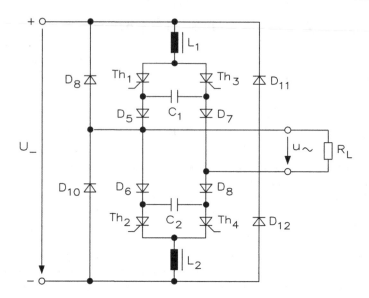

Abb. 3.70 Verbesserte Schaltung eines Brückenwechselrichters für induktive Last

angeschaltete Last entladen kann. Plötzliche Laststeigerungen können in der Schaltung nach Abb. 3.70 zur Entladung von Kondensator C_1 führen. In diesem Falle wäre eine Kommutierung nicht mehr möglich, der Wechselrichter könnte somit nicht mehr ordnungsgemäß arbeiten. Abhilfe schafft eine Schaltungserweiterung mit vier Dioden ($D_5...D_8$ in Abb. 3.70); daraus ergibt sich die Notwendigkeit, jedem Thyristorpaar einen eigenen Kommutierungskondensator zuzuordnen, d. h. C_1 für T_1 und T_4, C_2 für T_2 und T_3.

Für die fließenden Ströme I_1 und I_2 in beiden Halbperioden haben die Dioden D_5 bis D_8 keinen Einfluss, da sie alle in Flussrichtung liegen. Für die Entladungsstrecke eines Kommutierungskondensators über den Lastwiderstand R_L liegt dagegen immer eine Diode in Sperrrichtung, was in der Schaltung nach Abb. 3.70 nachzuprüfen ist.

Sollen Thyristor-Wechselrichter für induktive Belastungen eingesetzt werden, so sind weitere Schaltungsergänzungen notwendig, weil beim Ausschalten von Induktivitäten hohe Gegenspannungen entstehen und diese die Schaltvorgänge des Wechselrichters beeinflussen. Abhilfe schafft eine Schaltungsergänzung mit vier weiteren Dioden ($D_9...D_{12}$ in Abb. 3.70), die als Freilaufdioden die Induktionsspannungsspitzen kurzschließen.

Leistungsfähige Thyristor-Wechselrichter in der Schaltungstechnik nach Abb. 3.70 werden heute zur Bereitstellung eines 230-V-Netzes für ortsveränderliche, aus Batterieanlagen gespeiste Netzanschlussgeräte sowie in Notstromversorgungen eingesetzt.

3.6   Leistungselektronik mit DIAC und TRIAC

Der DIAC (Kunstwort aus Diode und Alternativ Current) ist eine bidirektionale Triggerdiode und der TRIAC (Kunstwort aus Triode und Alternativ Current) stellt einen
bidirektionalen Thyristor dar. Beide Bauteile sind Mehrschichthalbleiter, die für reine
Wechselstromanwendungen entwickelt worden sind.

3.6.1   Aufbau eines DIAC

Ein DIAC stellt im Prinzip eine Antiparallelschaltung zweier Vierschichtdioden dar, wie
Abb. 3.71 zeigt.

Einen DIAC kann man sich vereinfacht aus zwei antiparallel geschalteten Vierschichtdioden vorstellen. Jede der beiden PNPN-Schichtfolgen verhält sich wie eine Vierschichtdiode. Da diese aber in entgegengesetzter Durchlassrichtung geschaltet sind, lässt

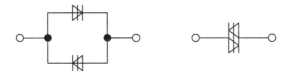

Abb. 3.71 Antiparallelschaltung zweier Vierschichtdioden und Schaltzeichen der Zweirichtungs-
Thyristordiode oder DIAC

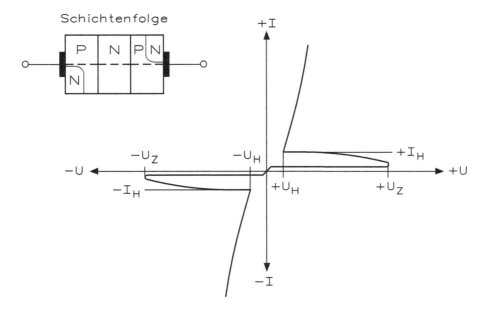

Abb. 3.72 Schematischer Aufbau und Kennlinie eines Fünfschichten-DIAC

sich der DIAC in Wechselstromkreisen einsetzen. In der Halbleitertechnik verwendet man aber diese Schichtenfolge nicht, sondern die von Abb. 3.72.

Wenn man sich die einzelnen Zonen eines Fünfschichten-DIAC betrachtet, erkennt man die Antiparallelschaltung einer Zweirichtungs-Thyristordiode. Es handelt sich um einen symmetrisch aufgebauten Wechselstromschalter, und aus der Kennlinie erkennt man, dass im positiven und im negativen Quadranten der Kennlinie jeweils die Durchlasskennlinie einer normalen Vierschichtdiode gezeigt ist. Die Zündspannung von Fünfschichten-DIACs liegt bei 30 V, und es fließen Ströme bis zu 300 mA, wobei man mit Halteströmen zwischen $I_H = 0,5$ mA bis 5 mA rechnet. Die Haltespannung liegt zwischen $U_H = 1,7$ V und 2 V.

Neben den Fünfschichten-DIACs findet man auch die Dreischichten-DIACs, wie Abb. 3.73 zeigt. In der Praxis bezeichnet man diesen Typ auch als Zweirichtungsdiode oder als symmetrische Triggerdiode. Die Zündspannung von Dreischichten-DIACs liegt zwischen $U_Z = 20$ V und 40 V, und es fließen Ströme bis zu 300 mA, wobei man mit Halteströmen zwischen $I_H = 0,5$ mA bis 5 mA rechnet. Die Haltespannung liegt zwischen $U_H = 1,7$ V bis 5 V.

Wenn man die Kennlinie von Fünf- und Dreischichten-DIACs betrachtet, unterscheiden sich diese kaum in ihrer Wirkung. Die Zündspannung ist jedoch beim Fünfschichten-DIAC wesentlich ausgeprägter. Dieses Verhalten wird durch den symmetrischen Aufbau erreicht, sodass die reversible Haltespannung eines PNP-Transistors mit gleicher Schichtbreite für Emitter und Kollektor bzw. umgekehrt in beiden Richtungen wirkt.

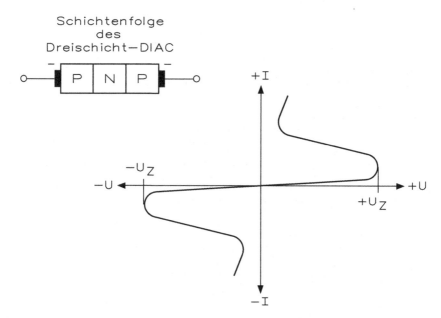

Abb. 3.73 Schematischer Aufbau und Kennlinie eines Dreischichten-DIAC

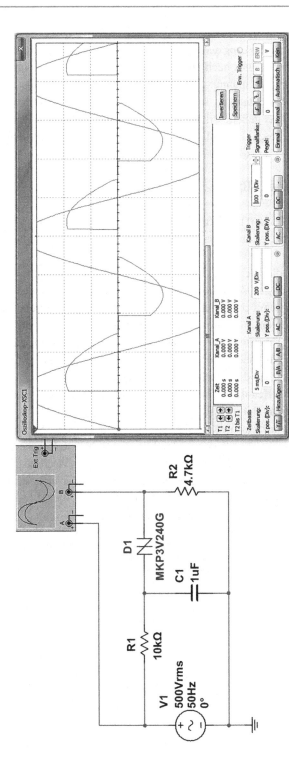

Abb. 3.74 Impulsgenerator mit DIAC

Abb. 3.74 zeigt die Schaltung eines Impulsgenerators mit DIAC. Diese Schaltung entspricht in Aufbau und Wirkungsweise dem der Vierschichtdiode. Über den Widerstand R_1 kann sich der Kondensator nach einer e-Funktion aufladen. Erreicht die Spannung an dem Kondensator die Zündspannung des DIAC, bricht dieser durch, und der Kondensator kann sich über den Widerstand R_2 schnell entladen. Es entsteht eine positive Spannungsspitze am Ausgang. Das gleiche gilt auch, wenn die Wechselspannung sich im negativen Bereich befindet. In diesem Fall entsteht eine negative Spannungsspitze am Ausgang.

3.6.2 Aufbau eines TRIAC

Der TRIAC stellt in Prinzip und Wirkungsweise einen bidirektionalen Thyristor dar, d. h. man hat eine Antiparallelschaltung aus einem P- und einem N-gesteuerten Thyristor in einem Bauelement.

Abb. 3.75 zeigt die Schichtenfolge für die Antiparallelschaltung eines P- und N-gesteuerten Thyristors. Aus dieser Schichtenfolge lässt sich das Ersatzschaltbild ableiten, und man erkennt die unterschiedliche Ansteuerung. Während der P-gesteuerte Thyristor einen positiven Zündimpuls an seinem Gate benötigt, ist für die Ansteuerung des N-gesteuerten Thyristors ein negativer Zündimpuls erforderlich. Da an den Anschlüssen eine Zusammenfassung von Anode und Katode des jeweiligen Thyristors stattfindet, bezeichnet man diese Anschlüsse einfach mit A1 und A2.

Abb. 3.76 zeigt die Kennlinie eines TRIAC, und diese setzt sich auch aus den Kennlinien der beiden antiparallel geschalteten Thyristoren zusammen. Da der TRIAC für den Einsatz in Wechselstromkreisen vorgesehen ist, entfallen besondere Schaltungsmaßnahmen für den Löschbetrieb. Die jeweils gerade durchlässig geschaltete Strecke wird automatisch dadurch gelöscht, dass in der Nähe des Nulldurchgangs der Wechselspannung bzw. des Wechselstroms mit Sicherheit auch die Haltespannung bzw. der Haltestrom unterschritten werden. Auch TRIACs werden im Allgemeinen so ausgewählt, dass ihre Nullkippspannung oberhalb der Spitzenspannung der Wechselspannung liegt.

Abb. 3.77 zeigt die tatsächliche Schichtenfolge eines TRIAC. Wenn man sich diese Schichtenfolge betrachtet, erkennt man die jeweiligen Zonen des P- und des N-gesteuerten Thyristors, und den Anschluss des Gates zwischen diesen Thyristorschichten.

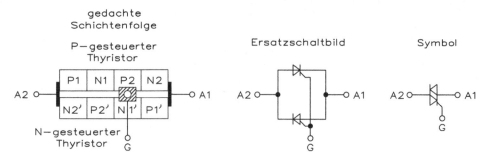

Abb. 3.75 Schichtenfolge, Ersatzschaltbild und Symbol für einen TRIAC

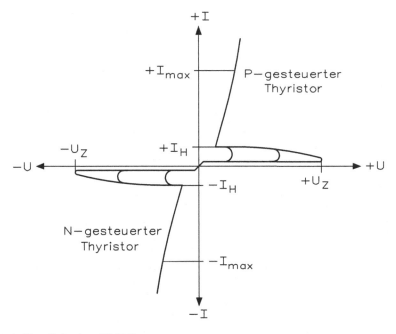

Abb. 3.76 Kennlinie eines TRIAC

Abb. 3.78 zeigt eine Schaltung zur Untersuchung der Gleichstromzündung bei einem TRIAC. Für die Gleichstromzündung eines TRIAC gilt sinngemäß das gleiche wie beim Thyristor. Ein TRIAC zündet immer dann, wenn die Spannung U_{A1A2} den zum jeweiligen Gatestrom I_G erforderlichen Wert erreicht. Die Besonderheit dieses Bauteils liegt jedoch darin, dass dieser sowohl während der positiven als auch während der negativen Halbwelle gezündet werden kann. Da zum Zünden des TRIAC bei positiven Halbwellen ein positiver Gatestrom und bei negativen Halbwellen ein negativer

Abb. 3.77 Schichtenfolge
eines TRIAC

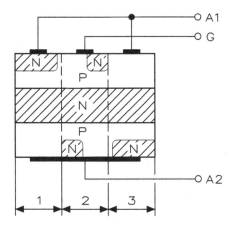

Abb. 3.78 Untersuchung der
Gleichstromzündung bei einem
TRIAC

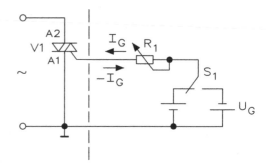

Abb. 3.79 Untersuchung
der Wechselstromzündung bei
einem TRIAC

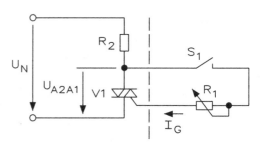

Gatestrom fließen muss, sind in der Versuchsschaltung von Abb. 3.78 zwei Gleich-spannungsquellen vorhanden. Durch den Umschalter kann man das Gate des TRIAC entweder an eine positive oder negative Spannungsquelle anlegen. Entsprechend der Polarität zündet der TRIAC, und damit lässt sich die Funktionsweise untersuchen. Die Schaltung hat einen Nachteil, denn die Zündwinkelverstellung funktioniert nur im Bereich von 0° bis 90°, jedoch in positiver und negativer Richtung.

Abb. 3.79 zeigt eine Schaltung zur Untersuchung der Wechselstromzündung bei einem TRIAC. Die Wechselstromzündung eines TRIAC ist im Wesentlichen identisch mit der des Thyristors. Der Zündstrom wird aus der am TRIAC fallenden Spannung U_{A2A1} abgeleitet und es gilt:

$$I_G = \frac{U_{A2A1}}{R}$$

Da U_{A2A1} bei positiven Halbwellen positiv und bei negativen Halbwellen negativ ist, ent-steht beim Gatestrom automatisch jeweils die richtige Polarität. Die Schaltung hat einen Nachteil, denn die Zündwinkelverstellung funktioniert nur im Bereich von 0° bis 90°.

3.6.3   Phasenanschnitt mit DIAC und TRIAC

Der TRIAC wird ausnahmslos zur Leistungsbeeinflussung in Wechselstromkreisen ein-gesetzt. Wegen seiner einfachen Steuerbarkeit ist nur ein geringer Schaltungsaufwand für die Impulssteuerung erforderlich. Bei der Impulszündung ist die Funktionalität unabhängig von der gerade wirksamen Anodenspannung U_{A2A1}. Damit erreicht man eine Zündwinkelverstellung im Bereich von 0° bis 180°, wobei man wieder eine kleine Einschränkung durch die Bauteile beachten muss. Die Grenzbereiche, etwa von 0° $\leq \alpha \leq$ 15° und 165° $\leq \alpha \leq$ 180° lassen sich aus schaltungstechnischen und bauteilebedingten Gründen mit einfachen Ansteuerungsschaltungen nicht lösen.

Das Ansteuerteil für einen TRIAC besteht im einfachsten Fall aus einem Impulsgenerator. Dieser erzeugt eine Impulsserie von positiven bzw. negativen Zündimpulsen für die Ansteuerung des Gates. Damit in jeder Halbwelle die Zündung zum gleichen Zeitpunkt, also mit gleichem Zündwinkel erfolgt, müssen Impulsfrequenz und Frequenz der Wechselspannung gleich sein. Wenn man mit einem DIAC arbeitet, ergeben sich in diesem Fall jedoch Probleme. Setzt man dagegen Impulsgeneratoren ein, muss dieser immer mit der Betriebsspannung synchronisiert sein.

Mit der Schaltung von Abb. 3.80 lässt sich die Wirkungsweise des Phasenanschnitts mit DIAC und TRIAC untersuchen. Der TRIAC liegt in Reihe mit dem Verbraucher. Der Zündgenerator besteht in diesem Fall aus einem Widerstand, einem Kondensator und dem DIAC.

Solange der TRIAC noch nicht gezündet hat, folgt die Spannung an dem Kondensator der Wechselspannung, da sich der Kondensator über den Widerstand R aufladen bzw. umladen kann. Wird nun der Widerstandswert verringert, lädt sich der Kondensator schneller auf, und damit erreicht die Kondensatorspannung schneller die Zündspannung des DIAC. Zündet der DIAC, erhält das Gate einen positiven oder negativen Impuls, und der TRIAC geht in den leitenden Zustand über. Dabei sinkt die Spannung am TRIAC, die auch an der Reihenschaltung vom Widerstand und Kondensator liegt, auf nahezu 0 V ab, d. h. für den Rest der Halbwelle bleibt der Kondensator entladen. In der nachfolgenden Halbwelle, die ja entgegengesetzt ist, wird der TRIAC gelöscht und wieder hochohmig. Der Kondensator kann sich wieder über den Widerstand aufladen. Die beschriebenen Vorgänge wiederholen sich kontinuierlich, da DIAC und TRIAC in beiden Stromrichtungen gleiches Verhalten aufweisen. Der TRIAC schaltet somit in jeder Halbwelle den Verbraucher bei einem durch den Widerstand R vorgegebenen Zündwinkel.

Diese Schaltung kann man in der Praxis zwar verwenden, aber es zeigen sich einige Nachteile: Wird das Potentiometer von seinem Maximalwert aus nach R = 0 Ω verändert,

Abb. 3.80 Schaltung zur Untersuchung des Phasenanschnitts mit DIAC und TRIAC

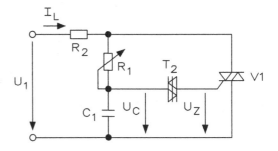

also so, dass die im Verbraucher umgesetzte Leistung ebenfalls P=0 W wird, ergeben sich aber in der Praxis undefinierte Zustände. Setzt man eine Lampe als Verbraucher ein, und realisiert diese Schaltung in Hardware, zeigt die Lampe zuerst keine Leucht-wirkung und leuchtet plötzlich halbhell auf. Bei der Bedienung des Potentiometers in umgekehrter Richtung von hell nach dunkel ist dies aber nicht der Fall. Hier verringert sich die Helligkeit stetig, bis sie schließlich ganz erlischt. Diese Erscheinung wird durch die sprunghafte Entladung des Kondensators bei der Zündung des TRIAC hervorgerufen. Es tritt ein typisches Hystereseverhalten auf.

Wenn man die Ursache der Hysterese bei einfachen Dimmerschaltungen untersucht, kommt man zu folgender Überlegung: Hat das Potentiometer einen hohen Wert, erfolgt die Aufladung des Kondensators relativ langsam und es dauert länger, bis der DIAC und der TRIAC zünden können. Der Kondensator besitzt dann am Ende der Halbwelle eine Restladung, die durch die nachfolgende Halbwelle mit entgegengesetzter Spannung erst abgebaut werden muss, bis sich eine Ladung mit umgekehrter Polarität wieder auf-bauen kann. Dadurch erscheint eine Phasenverschiebung zwischen der Wechselspannung am Eingang und der Spannung am Kondensator. Man kann diese Hysterese weitgehend unterdrücken, indem man schaltungstechnische Maßnahmen trifft, die eine von der Zündung unabhängige Restladung des Kondensators am Ende jeder Halbwelle sicher-stellt.

Abb. 3.81 zeigt eine verbesserte Vollwegsteuerung mit TRIAC und DIAC. Die Ver-besserung erfolgt durch die Entladung des Kondensators C_2 während des Zündvorgangs. Der Kondensator C_2 wird immer aus dem Kondensator C_1 über den Widerstand R_1 geladen. Diese Ladung erfolgt immer erst nach erfolgter Zündung, weil sich die Ladung des Kondensators C_1 nicht durch die Zündung abbauen lässt. Damit ist erreicht, dass der Kondensator C_2 am Ende einer jeden Halbwelle unabhängig von einer eventuellen Zündung eine nahezu gleiche Restladung besitzt.

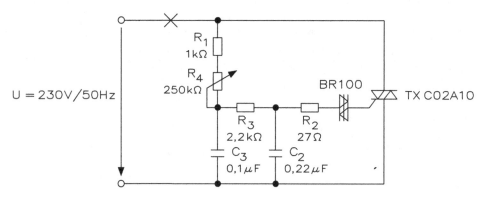

Abb. 3.81 Verbesserte Vollwegsteuerung mit TRIAC und DIAC

3.7   IC-Leistungselektronik

Durch den Einsatz von integrierten Bausteinen lässt sich die Leistungselektronik einfacher realisieren, denn die IC-Hersteller bieten universelle Bausteine, wie beispielsweise den TCA 785 an. Diese Phasenanschnittschaltung eignet sich für die Steuerung von
Thyristoren und TRIACs. Die Steuerimpulse lassen sich in einem Phasenwinkel zwischen
$0°$ und $180°$ einstellen. Typische Anwendungen sind Stromrichterschaltungen, Wechselstromsteller und Drehstromsteller. Dieser Baustein beinhaltet folgende Funktionen:

- Sichere Erkennung des Nulldurchgangs
- Breites Anwendungsfeld
- Als Nullpunktschalter einsetzbar
- Dreiphasenbetrieb möglich
- Ausgangsstrom bis 250 mA
- Großer Rampenstrombereich
- Weiter Temperaturbereich

Abb. 3.82 zeigt die Blockschaltung des TCA 785, der sich in einem 16-poligen DIL-
Gehäuse befindet. Es ergibt sich die Anschlussbelegung von Tab. 3.2.

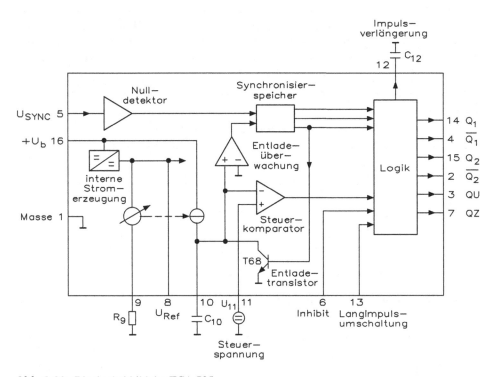

Abb. 3.82 Blockschaltbild des TCA 785

Tab. 3.2 Pinbelegung und Funktionen des IC-Phasenanschnittbausteins TCA 785

Pinnummer	Symbol	Funktion
1	Masse	
2	Q_2'	Ausgang 2 invertiert
3	Q_U	Ausgang U
4	Q_1'	Ausgang 1 invertiert
5	U_{SYN}	Synchronspannung
6	I	Inhibit
7	Q_Z	Ausgang Z
8	U_{REF}	Stabilisierter Spannungseingang
9	R_9	Rampenwiderstand
10	C_{10}	Rampenkapazität
11	U_{11}	Steuerspannung
12	C_{12}	Impulsverlängerung
13	L	Langimpuls
14	Q_1	Ausgang 1
15	Q_2	Ausgang 2
16	U_b	Betriebsspannung

Das Synchronisiersignal wird über einen hochohmigen Widerstand von der Netzspannung abgeleitet (Spannung am Pin 5). Ein Nulldetektor wertet die Nulldurchgänge aus und führt diese dem Synchronisierspeicher zu. Dieser steuert einen Rampengenerator an, dessen Kondensator C_{10} durch einen Konstantstrom (bestimmt durch R_9) aufgeladen wird. Überschreitet die Rampenspannung U_{10} die Steuerspannung U_{11} (Schaltpunkt φ), wird ein Signal an die Logik weitergeleitet. Abhängig von der Größe der Steuerspannung U_{11} lässt sich der Schaltpunkt φ zwischen einem Phasenwinkel von $\alpha = 0°$ und $180°$ verschieben.

An den Ausgängen Q_1 und Q_2 erscheint für jede Halbwelle je ein positiver Impuls für eine Dauer von $t = 30\ \mu s$. Die Impulsdauer lässt sich über den Kondensator C_{12} bis $180°$ verlängern. Wird Anschluss 12 nach Masse geschaltet, ergeben sich Impulse mit einer Länge von $\varphi = 180°$. An den Ausgängen Q_1' und Q_2' stehen die invertierten Signale von Q_1 und Q_2 an.

Am Anschluss 3 wird ein Signal mit $\varphi = 180$ angeboten, das zur Steuerung einer externen Logik benutzt werden kann. Am Ausgang Q_Z (Pin 7) liegt ein Signal an, das der NOR-Verknüpfung von Q_1 und Q_2 entspricht. Mit dem Inhibiteingang lassen sich die Ausgänge Q_1, Q_2 und Q_1', Q_2' und Q_U sperren. Mit Pin 13 kann man die Ausgänge Q_1' und Q_2' auf volle Impulslänge ($180° - \varphi$) verlängern.

3.7.1 Phasenanschnittsteuerung mit TRIAC

Mit dem IC-Baustein TCA 785. lässt sich eine einfache Phasenanschnittsteuerung realisieren, wie Abb. 3.83 zeigt.

Mit dem TCA 785 lässt sich eine Phasenanschnittsteuerung mit direkt angesteuertem TRIAC aufbauen. Den Zündwinkel des TRIAC kann man mithilfe des Potentiometers

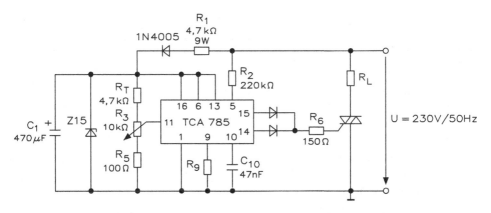

Abb. 3.83 Phasenanschnittsteuerung mit TCA 785 und einem TRIAC

stufenlos zwischen $0°$ und $180°$ verstellen. Der TRIAC erhält während der positiven Halbwelle der Netzspannung einen positiven Gateimpuls vom IC-Ausgang (Pin 15) und während der negativen Netzhalbwelle ebenfalls einen positiven Impuls von Pin 14. Der Zündimpuls hat eine Breite von ca. $100\,\mu s$.

Kritisch bei dieser Schaltung ist der Kondensator C_{10}, der einen minimalen Wert von 500 pF und einen maximalen Wert von 1 µF aufweisen soll. Der Zündzeitpunkt errechnet sich aus

$$t_Z = \frac{U_{11} \cdot R_9 \cdot C_{10}}{U_{REF} \cdot K}$$

Der Wert K ist ein Faktor, den der Hersteller angibt mit

$$K = 1{,}1 \pm 20\%.$$

Der Ladestrom errechnet sich aus

$$I_{10} = \frac{U_{REF} \cdot K}{R_9}$$

und die Rampenspannung aus

$$U_{10} = U_b \cdot 2V \qquad \text{oder} \qquad U_{10} = \frac{U_{REF} \cdot K \cdot t}{R_9 \cdot C_{10}}$$

Hält man den minimalen bzw. maximalen Wert des Kondensators C_{10} ein, ergeben sich keine Probleme in der Anwendung. Bei einem Wert von $C_{10} > 1$ µF kann es zu Rücklaufzeiten kommen und damit zu Fehlfunktionen.

Über Pin 1 erhält der TCA 785 sein Bezugspotential. Die positive Betriebsspannung wird über den Widerstand R_1 und die Diode 1N4005 erzeugt, wobei Kondensator C_1 und Z-Diode Z15 für einen relativ konstanten Wert sorgen. Die Betriebsspannung ist mit Pins 6 (Inhibit), 13 (Langimpuls) und 16 (Betriebsspannung) verbunden. Die Eingänge für die Inhibit- und Langimpulsfunktion müssen auf $+U_b = 15$ V liegen, damit keine Fehlfunktionen auftreten können. Gleichzeitig liegt der Spannungsteiler an dieser Betriebs-spannung, und Pin 11 (Steuerspannung) erhält einen entsprechenden Wert. In dieser Anwendung hat der Kondensator C_{10} einen Wert von 47 nF. Für den Widerstand R_9 muss ein Festwiderstand von 22 kΩ mit einem Einsteller von 100 kΩ in Reihe geschaltet sein, damit man an Pin 9 einen Abgleich für die Rampenspannung vornehmen kann.

Über Pin 11 wird dem TCA 785 eine bestimmte Spannung angelegt, die intern mit der Sägezahnspannung verglichen wird. Immer dann, wenn die Sägezahnspannung den Wert der angelegten Spannung an Pin 11 überschreitet, entsteht, entsprechend der gerade wirksamen Halbwelle an Pin 15, ein positiver Impuls, während zeitverzögert mit der nächsten Halbwelle an Pin 14 ein negativer Impuls für die Triggerung erzeugt wird. Durch Änderung des Drehwinkels an Potentiometer R_3 erhält Pin 11 immer eine andere Spannung, und damit lässt sich der Zündwinkel im Bereich von 0° bis 180° verstellen. Über Widerstand R_2 erfolgt die Synchronisation des TCA 785.

3.7.2 Nullspannungsschalter mit TRIAC

Wenn man beim TCA 785 über einen Schalter Pin 6 mit $+U_b$ oder Masse verbinden kann, lässt sich ein Nullspannungsschalter realisieren, wie Abb. 3.84 zeigt.

Über den Widerstand R_1 und die Diode wird in Verbindung mit dem Kondensator C_1 und der Z-Diode wieder eine konstante Betriebsspannung erzeugt. Diese Betriebs-spannung lässt sich über den Schalter S_1 auf Pin 6 (Inhibit) ein- und ausschalten. Außerdem liegt Pin 11 an einem Spannungsteiler, der nicht veränderbar ist, und daher erzeugt der interne Sägezahngenerator konstante Ausgangswerte mit sehr kurzen Ver-zögerungszeiten. In der Praxis wählt man die Spannung an Pin 11 möglichst klein, damit nur eine geringe Phasenverzögerung auftritt.

Beispiel: Wird der TCA 785 an einer Netzspannung von 230 V/50 Hz betrieben, und die Spannung an Pin 11 hat einen Wert von 1 V, entsteht immer dann ein Zündimpuls,

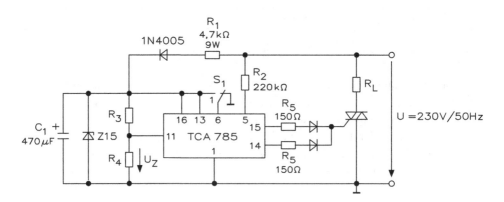

Abb. 3.84 Nullspannungsschalter mit dem TCA 785 und einem TRIAC

wenn die Spannung U nach dem Nulldurchgang auf ebenfalls 1 V angestiegen ist. Der Zündwinkel α ist in diesem Fall

$$u = \hat{u} \cdot \sin\alpha \;\Rightarrow\; \arcsin \cdot \frac{u}{\hat{u}} = \arcsin \cdot \frac{u}{\sqrt{2} \cdot U_{eff}}$$

$$= \arcsin \cdot \frac{1V}{325V} = 0{,}18°$$

Der TRIAC wird durch den TCA 785 demnach in jeder Halbwelle bei einer Verzögerung von 0,18° gezündet, und dies ist eine gute Näherung für einen Nulldurchgang.

Durch den Schalter S_1 wird in der Schalterstellung 1 der Inhibit-Eingang auf +15 V gelegt. Damit ist die Impulsfolge des TCA 785 freigegeben, und der TRIAC schaltet den Verbraucher bei jedem Nulldurchgang ein. In Schalterstellung 2 befindet sich der Inhibit-Eingang auf 0 V, und damit ist die Impulsabgabe gesperrt.

3.7.3 Schwingungspaketschaltung

Wenn man statt des Umschalters S_1 einen einstellbaren Rechteckgenerator an den Inhibit-Eingang (Pin 6) anschließt, lässt sich eine Schwingungspaketschaltung realisieren, wie Abb. 3.85 zeigt.

Die Leistungssteuerung durch den Verbraucher wird durch das Schaltintervall T_s des Rechteckgenerators bestimmt. Die Einschaltdauer t_e und die Ausschaltdauer t_a soll immer nur ein ganzzahliges Vielfaches der Periodendauer der Betriebsspannung sein.

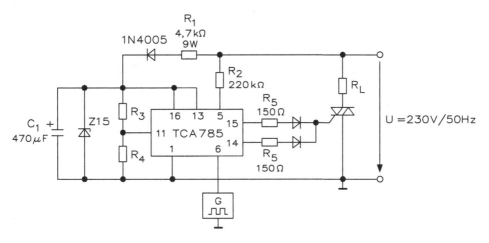

Abb. 3.85 Schwingungspaketschaltung mit dem TCA 785 und einem TRIAC. Für den Rechteckgenerator lässt sich ein 555 verwenden

Die Berechnung der geschalteten Leistung ist

$$P_{eff} = \frac{t_e}{t_e + t_a} \cdot P_{max}$$

Der Taktgenerator hat die Aufgabe, den Inhibit-Eingang des TCA 785 mit 0- und 1-Signalen zu versorgen. Hat dieser Eingang ein 1-Signal, wird beim nächsten Durchgang der Wechselspannung der TRIAC gezündet und damit am Verbraucher eine Leistung umgesetzt. Der TRIAC schaltet mit diesem 1-Signal den Verbraucher bei jedem Nulldurchgang ein. Hat der Rechteckgenerator dagegen ein 0-Signal, sperrt der TRIAC. Bei einer entsprechenden Dimensionierung ist ein Leistungsverstellbereich von 0 % bis 100 % möglich.

3.8   IGBT als Leistungssteller

Der IGBT (Insulated Gate Bipolar Transistor) verhält sich wie ein NPN-Transistor mit einem isolierten MOSFET-Gate als Steuerzone. Konsequenterweise wird der dem Drain des MOSFET entsprechende Anschluss als Kollektor und der dem Source entsprechende Anschluss als Emitter bezeichnet. Bei einem in Schaltrichtung betriebenen IGBT wird nach Anlegen einer positiven Spannung zwischen Gate und Emitter die Strecke Kollektor-Emitter leitend. Diese Strecke kann durch Anlegen einer negativen Spannung zwischen Gate und Emitter gesperrt werden, auch wenn in diesem Fall noch ein Strom zwischen Kollektor und Emitter fließt.

Die Leistungstransistoren lassen sich in drei Haupttypen unterteilen:

- Bipolare (LTR)
- Unipolare (MOSFET)
- Insulated-Gate-Bipolare (IGBT)

Der IGBT-Transistor kombiniert die Eigenschaften der MOSFET-Transistoren mit den Ausgangseigenschaften der LTR-Transistoren. Heute werden sowohl die Elemente als auch die Steuerung des Wechselrichters in einem Modul gegossen und diese bezeichnet man als „Intelligent Power Module" (IPM). Tab. 3.3 zeigt den Vergleich zwischen den Leistungstransistoren.

Der IGBT-Transistor passt optimal zur Leistungselektronik und eignet sich für den Einsatz z. B. bei Frequenzumrichtern. Dies gilt sowohl für den Leistungsbereich, die gute Leitfähigkeit, die hohe Schaltfrequenz und für eine einfache Ansteuerung. Abb. 3.86 zeigt verschiedene IGBT-Bauformen.

Tab. 3.3 Vergleich zwischen
den Leistungstransistoren

1	Masse	
2	$Q_2{}'$	Ausgang 2 invertiert
3	Q_U	Ausgang U
4	$Q_1{}'$	Ausgang 1 invertiert
5	U_{SYN}	Synchronspannung
6	I	Inhibit
7	Q_Z	Ausgang Z
8	U_{REF}	Stabilisierter Spannungseingang
9	R_9	Rampenwiderstand
10	C_{10}	Rampenkapazität
11	U_{11}	Steuerspannung
12	C_{12}	Impulsverlängerung
13	L	Langimpuls
14	Q_1	Ausgang 1
15	Q_2	Ausgang 2
16	U_b	Betriebsspannung

Abb. 3.86   Ansichten von verschiedenen IGBT-Bauformen

3.8.1   Aufbau und Funktionsweise von IGBTs

Es lässt sich aus der Struktur des IGBT die Funktionsweise, so wie das statische Verhalten des IGBT herleiten. Dazu ist die Grundstruktur nach Abb. 3.87 erforderlich.

Ebenfalls ist in Abb. 3.88 der elementare Aufbau gezeigt, mit dem sich auch die dynamischen Eigenschaften erfassen lassen. Darüberhinaus wird die Problematik des Latch-up-Effekts, also das Einrasten der parasitären Thyristorstruktur, ersichtlich. Im Laufe der Entwicklung wurden unterschiedliche IGBT-Arten entwickelt.

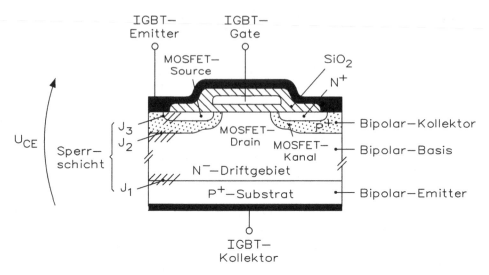

Abb. 3.87 Grundstruktur eines IGBT

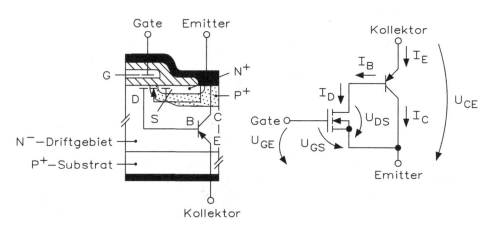

Abb. 3.88 Elementarer Aufbau eines IGBT

Abb. 3.88 zeigt den elementaren Aufbau einer IGBT-Zelle. In einem realen Bauelement sind eine Vielzahl solcher Zellen parallel geschaltet. Dabei werden Zelldichten in der Größenordnung von mehr als 100.000 pro cm² erreicht.

Der IGBT hat eine ähnliche Struktur wie ein Vertikal-MOSFET, lediglich das N⁺-Gebiet am Drainkontakt wird durch eine hochdotierte P⁺-Schicht ersetzt. Dadurch ergibt sich ein PNP-Transistor, der zusammen mit dem steuerseitigen MOSFET eine Darlington-Struktur bildet. Anhand der Schichtfolgen lässt sich das IGBT-Ersatzschaltbild herleiten. In der Kaskadenschaltung werden die guten Ansteuereigenschaften des MOSFET mit dem niedrigen Durchlasswiderstand des bipolaren Transistors kombiniert.

Im ausgeschalteten Zustand ergeben sich sowohl an dem Kollektor, als auch am emitterseitigen PN-Übergang der N^--Driftzone, Sperrschichten. Diese wirken wie zwei in Serie aber entgegengesetzt geschaltete Dioden, die den Stromfluss zwischen den Lastkontakten verhindern, weshalb der IGBT prinzipiell symmetrisch sperrt.

Die Struktur des Halbleiters ist so optimiert, dass eine möglichst große Kollektor-Emitter-Blockierspannung U_{CE} durch die Sperrschicht J_2 des internen PNP-Transistors erreicht wird. Diese breitet sich aufgrund der niedrigen Dotierung vorwiegend in dem N^--Gebiet aus. Da das elektrische Feld nicht das hochdotierte P^+-Gebiet am bipolaren Emitter erreichen darf, ist die maximale Blockierspannung des IGBT proportional zu der Dicke der N^--Zone.

Die Raumladungszone J_1 zwischen dem P^+-Substrat und der N^--Zone verhindert bei Rückwärtsspannung einen Stromfluss vom IGBT-Emitter zum IGBT-Kollektor. Die maximal mögliche Sperrspannung in Rückwärtsrichtung ist jedoch wesentlich geringer als die in Vorwärtsrichtung. Daher wird oft die in einem Spannungszwischenkreisumrichter ohnehin benötigte antiparallel geschaltete Freilaufdiode ins Gehäuse des IGBT integriert, die dann den Strom in Rückwärtsrichtung übernimmt und einen sicheren Betrieb garantiert.

Darüber hinaus ergibt sich zwischen dem hochdotierten N^+-Source-Gebiet des MOSFET und der P^+-Wanne eine weitere Raumladungszone J_3.

3.8.2   Schaltvorgänge

Mithilfe einer positiven Gate-Emitter-Spannung U_{GE}, die über der Schwellenspannung $U_{GE(Th)}$ des MOSFET liegt, wird der IGBT eingeschaltet. Im P-Gebiet unterhalb des Gates bildet sich eine Inversionsschicht. Damit fließt ein Elektronenstrom über den N-Kanal in das N^--Gebiet, wo die Elektronen aufgrund des Feldes zur Anode beschleunigt werden. Durch die zusätzlichen Ladungsträger sinkt das Potential der Mittelzone und die kollektorseitige PN-Diode (IGBT-Kollektor) wird in Flussrichtung gespannt. Infolgedessen kommt es zur Injektion von Minoritätsträgern (Löchern) im Mittelgebiet des IGBT zur Wirkung.

Durch die Injektion von Löchern wird die schlecht leitende N^--Zone sowohl von Elektronen als auch von Löchern überschwemmt. Im Vergleich zum Power-MOSFET erreicht man dadurch, bei vergleichbaren Stromdichten, einen geringeren Durchlasswiderstand und eine niedrigere Flussspannung. Mit zunehmendem Laststrom steigt ebenfalls die Ladungsträgerdichte im Driftgebiet und dieser Prozess wird auch als Leitwertmodulation bezeichnet. Aufgrund des Konzentrationsgefälles in der Ladungsträgerverteilung werden die am bipolaren Emitter injizierten Löcher in Richtung des PN-Übergangs J_2 auf der Seite des MOSFET transportiert. Dabei teilt sich der Löcherstrom auf. Während ein Teil direkt zum IGBT-Emitter fließt, bewegen sich die restlichen Ladungsträger unter dem Gate und dann über die P-Wanne zum Emitterkontakt. Der IGBT kann daher in einen PNP-Transistorbereich unter der Katode und einen PIN-Diodenbereich, der sich unter dem Gate befindet, unterteilt werden.

Bei IGBTs mit hohen Sperrspannungen entfällt lediglich ein Bruchteil des Durchlasswiderstandes auf den steuerseitigen MOSFET. Vielmehr werden die Durchlassverluste durch die N^--Zone bestimmt und deren Leitfähigkeit ist im Wesentlichen von der Lebensdauer der Ladungsträger und dem Emitterwirkungsgrad abhängig.

Mit einer Erhöhung der Ladungsträgerlebensdauer rekombinieren nicht so viele Ladungsträger auf dem Weg durch das N^--Gebiet und man erhält einen geringeren Spannungsfall. Im Gegenzug erhöhen sich jedoch die Schaltverluste, da es länger dauert, bis sich die gespeicherte Ladung auf- bzw. abbaut, wenn der IGBT in den Durchlass- bzw. Sperrzustand übergegangen ist.

Ein hoher Emitterwirkungsgrad wird durch eine hohe Dotierung der P^+-Zone gegenüber der Driftzone erreicht. Da ein Abfließen der Elekronen erschwert wird, kommt es zu einem Ladungsträgerstau vor dem bipolaren Emitter. Die erhöhte Ladungsträgerkonzentration lässt sich als Spannungsfall in Flussrichtung vermindern.

Um den IGBT abzuschalten, muss das Gate unter die Schwellenspannung $U_{GE(Th)}$ entladen werden. Üblicherweise wird dies durch Anlegen einer negativen Gate-Emitter-Spannung U_{GE}, die -5 V bis -15 V beträgt, realisiert. Die Reduktion der Gateladung führt dazu, dass der N-Kanal eingeschnürt und der Elektronenstrom unterbrochen wird. Zu diesem Zeitpunkt ist jedoch die Driftzone noch mit Ladungsträgern überschwemmt. Da nur ein geringer Teil der Speicherladung durch die externe Schaltung aufgenommen wird, muss der größte Teil durch Rekombination verringert werden. Erst wenn keine freien Ladungsträger mehr im Driftgebiet vorhanden sind, hat sich die Sperrschicht J_2 vollständig aufgebaut, der Laststrom wird unterbrochen und der IGBT sicher gesperrt. In Abhängigkeit von der Ladungsträgerlebensdauer kommt es zu einem Stromschwanz, der auch als „Tail-Strom" bezeichnet wird. Der Abschaltvorgang dauert mehrere µs.

Beim Abschalten von induktiven Lasten steigt die Kollektor-Emitter-Spannung U_{CE} des IGBT solange, bis der Strom kommutiert ist. Das sich aufbauende Feld unterstützt in der Abschaltphase den Ausräumvorgang der Ladungsträger. Dadurch kommutiert der Kollektorstrom I_C im Schaltmoment sehr schnell auf die zugehörige Freilaufdiode.

Der Abschaltvorgang wird wesentlich durch die im N^--Gebiet gespeicherte Ladung bestimmt. Mit dem Ziel, die Abschaltzeit und somit die Abschaltverluste zu minimieren, muss die Speicherladung so gering wie möglich sein. Dies kann zum einen dadurch erreicht werden, dass das Volumen des N^--Gebiets minimiert wird und zum anderen, dass man die Ladungsträgerkonzentration verringert. Beide Maßnahmen führen im Gegenzug zu einem Anstieg der Durchlassverluste. Die Hersteller von IGBT sind daher gezwungen, einen Kompromiss zwischen den Durchlassverlusten und den Schaltverlusten einzugehen.

Um eine minimale Speicherladung zu erhalten, darf die Schicht der Mittelzone nur so dünn wie möglich, aber nicht dicker als nötig sein. Die Herstellung sehr dünner Halbleiterschichten stellt eine technologische Herausforderung dar. Im Spannungsbereich von 600 V lässt sich z. B. die Schichtdicke durch den Einsatz von „Ultra Thin Wafer"-Technologie deutlich verringern und die Speicherladung auf ein Minimum reduzieren.

Die Ladungsträgerkonzentration innerhalb der Driftzone wird durch den Emitter-wirkungsgrad und die Ladungsträgerlebensdauer bestimmt. Durch eine Verringerung des Emitterwirkungsgrads wird die Anzahl der injizierten Ladungsträger und demnach auch die Speicherladung reduziert. Ist ein niedrigerer Emitterwirkungsgrad aus techno-logischer Sicht nicht mehr realisierbar, besteht die Möglichkeit, eine N^+-Buffer-Schicht zwischen die N^--Driftzone und den P^+-Kollektor des IGBT einzubringen. Auf diese Weise erhält man einen PT-IGBT.

Die Ladungsträgerdichte kann neben der Ladungsträgerlebensdauer durch den Ein-bau von zusätzlichen Rekombinationszentren eingestellt werden. Hierdurch werden die in der Driftzone vorhandenen Ladungsträger schneller abgebaut. Die Rekombinations-zentren werden dabei entweder durch Diffusion von Gold oder Platin, bzw. durch Protonen-Bestrahlung in die Struktur des Halbleiters eingefügt.

Wie Abb. 3.88 zeigt, entspricht der Drainstrom I_D des steuerseitigen MOSFET dem Basisstrom I_B des lastseitigen PNP-Transistors. Daher wird das statische Verhalten des IGBT durch die Eigenschaften des MOSFET dominiert. Dementsprechend ist das in Abb. 3.89 dargestellte Ausgangskennlinienfeld eines IGBT ähnlich zu dem eines MOSFET.

Mit dem Überschreiten der Schwellenspannung $U_{GE(Th)}$ gelangt der Arbeitspunkt des MOSFET zunächst in den ohmschen Bereich. Dort steigt bei einer konstanten Gate-Source-Spannung U_{GS} und der Drainstrom I_D vergrößert sich proportional zur angelegten Drain-Source-Spannung U_{DS}. Die Steilheit der Kennlinie $\Delta I_D/\Delta U_{DS}$ wird dabei durch die Gatespannung bestimmt.

Gelangt der Arbeitspunkt bei hoher Drain-Source-Spannung in den Bereich der Sättigung, ändert sich die Ladungsträgerverteilung unter dem Gate, sodass der Kanal eingeschnürt wird. Die Kennlinie des MOSFET ist nun unabhängig von U_{DS} und verläuft daher parallel zur x-Achse. Der Drainstrom I_D ist im Sättigungsbereich abhängig von der angelegten Gate-Source-Spannung U_{DS}.

Der Kollektorstrom des IGBT setzt sich aus dem Basisstrom I_B, der dem Drainstrom I_D entspricht, und dem Kollektorstrom I_C des PNP-Transistors zusammen. Mit der Stromverstärkung ($\beta = I_C/I_B$) ergibt sich

$$I_A = (1 + \beta) \cdot I_D$$

Die Stromverstärkung β ist dabei jedoch abhängig vom Arbeitspunkt des Transistors und wird beispielsweise durch die Basisweite und die angelegte Anoden-Katoden-Spannung beeinflusst.

Das in Abb. 3.89 gezeigte Ausgangskennlinienfeld eines IGBT ist dem eines Leistungs-MOSFET ähnlich. Im Falle eines IGBT führt lediglich der Spannungsfall am kollektorseitigen PN-Übergang dazu, dass sich das Kennlinienfeld nicht im Ursprung, sondern erst ab einer Kollektor-Emitter-Spannung von ca. 0,6 V auffächert.

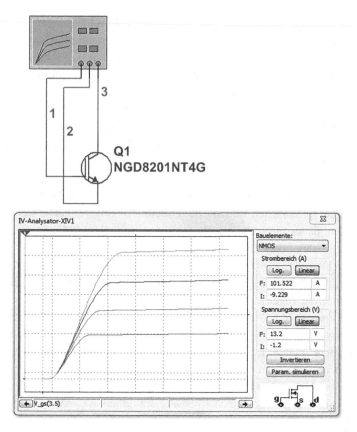

Abb. 3.89 Ausgangskennlinienfeld eines IGBT

Ein weiterer Unterschied besteht in der Bezeichnung der Betriebsbereiche. Beim IGBT hat man sich dabei am Zustand des Transistors orientiert. Daher wird der ohmsche Bereich des MOSFET als Sättigungsbereich des IGBT bezeichnet, während der Sättigungsbereich des MOSFET der aktiven Region des IGBT entspricht.

3.8.3 Ansteuerung von IGBTs

Der IGBT ist ein spannungsgesteuerter Leistungshalbleiter und kann leistungslos durch Anlegen einer Steuerspannung von 15 V eingeschaltet werden.

Die Leistung, die der Treiber zur Verfügung stellt, hängt zum einen von der Größe der Eingangskapazität C_{ein} des IGBT bzw. MOSFET und zum anderen von Höhe der Schaltfrequenz ab. Der Wert der Eingangskapazität C_{ein} kann dem Datenblatt entnommen werden. Der Wert der Eingangskapazität ist jedoch abhängig von der über dem Bauelement anstehenden Kollektor-Emitterspannung U_{CE}, die hier bei einer Spannung von $U_{CE} = 25$ V ermittelt wird.

In der Anwendung jedoch wird der IGBT bzw. MOSFET eingeschaltet, sodass nur eine Restspannung (Kollektor-Emitter-Sättigungsspannung U_{CEsat}) von wenigen Volt ansteht. Der Wert der Eingangskapazität C_{ein} ist aber in diesem normalen Arbeitspunkt etwa Faktor 5 höher als der im Datenblatt angegebene Wert.

Unter Kenntnis dieser Umstände kann die erforderliche Treiberleistung mit hinreichender Genauigkeit wie folgt berechnet werden:

$$P_{Treiber} = C_{Gate} \cdot dU_{Gate}^2 \cdot f_{Schalt}$$

$$C_{Gate} = 5 \cdot C_{ein}$$

Eine weitere, genauere Methode ist die messtechnische Bestimmung der Gateladung pro Umladung mit der Berechnung wie folgt:

$$P_{Treiber} = C_{Gate} \cdot dU_{Gate}^2 \cdot f_{Schalt}$$

Dies bedeuten:

$P_{Treiber}$: Erforderliche Treiberleistung
C_{Gate}: Eingangskapazität bei U_{CEsat}
dU_{Gate}: Gesamter Spannungshub am Gate
C_{ein}: Eingangskapazität nach Datenblatt
f_{Schalt}: Schaltfrequenz
Q_{Gate}: Gateladung pro Umladung In aller Regel hat ein Treiber auch einen Eigenverbrauch, welcher berücksichtigt werden muss. Bei großen IGBT-Modulen oder Parallelschaltungen von IGBT-Modulen werden so relativ große Treiberleistungen benötigt, d. h. von einigen 10 W bei hochtaktenden Resonanzanwendungen. Der zur Potentialtrennung erforderliche DC/DC-Wandler muss diese Leistung unter allen Betriebsbedingungen zur Verfügung stellen können.

In den Schaltungskonfigurationen, die beim Aufbau von Wechselrichtern zum Einsatz kommen, liegen die IGBTs auf unterschiedlichen Potentialen gegen Erde (Masse). Es ist daher sinnvoll eine galvanische Potentialtrennung für jeden IGBT-Treiber eine Leistungsversorgung und Ansteuerung vorzusehen. Die Potentialtrennung für die Leistungsversorgung des IGBT-Treibers wird in aller Regel durch einen DC/DC-Wandler realisiert (welcher die vorher ermittelte Leistung zur Verfügung stellt), für die Ansteuerung werden optisch Komponenten oder Übertrager eingesetzt. Dies hört sich einfacher an als es tatsächlich ist, werden doch an die Potentialtrennstellen außerordentlich hohe zusätzliche Anforderungen gestellt. Abb. 3.90 zeigt eine Ansteuerung eines Brückenzweigpaares in einer dreiphasigen IGBT-Leistungsendstufe.

So müssen die Potentialtrennstellen speziell im Zusammenhang mit dem Einsatz von 1,7 kV, 2,5 kV, 3,3 kV, 4,5 kV und 6,5 kV sperrenden IGBT hohe Isolationsspannungen aufweisen. Noch wichtiger ist die Alterungsbeständigkeit der Isolationsfestigkeit. Die

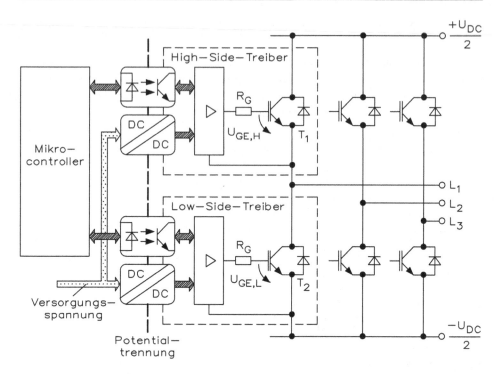

Abb. 3.90 Ansteuerung in einer dreiphasigen IGBT-Leistungsendstufe

zur Beurteilung dieser Alterungsbeständigkeit wichtige Angabe der Teilentladungsfestigkeit, speziell die der Glimmaussetzspannung, sollte dieses Bauelement aus Sicherheitsgründen nicht eingesetzt werden.

In Wechselrichtern werden die IGBTs mit einigen Kilohertz möglichst schnell ein- und ausgeschaltet um die dabei entstehenden Schaltverluste so gering wie möglich zu halten. Dabei entstehen an der Ausgangsseite der Potentialtrennstellen, an den IGBT also, hohe Spannungsänderungsgeschwindigkeiten von einigen kV/μs. Die Potentialtrennstellen müssen daher kleinst mögliche Koppelkapazitäten aufweisen, um ein Einkoppeln von Störsignalen auf die Eingangsseite, der Ansteuerseite also, zu verhindern. Eingekoppelte Störsignale führen zu Fehlfunktionen des Wechselrichters und zu IGBT-Ausfällen wegen fehlender du/dt-Störfestigkeit der Treiberschaltung.

Die Potentialtrennstelle des DC/DC-Wandlers muss zusätzlich noch in der Lage sein, eine Leistung von einigen Watt zu übertragen. Dies bedingt natürlich eine bestimmte Baugröße für den Übertrager. Mit zunehmender Baugröße werden die Koppelkapazitäten in aller Regel größer mit einhergehender höherer Problematik bezüglich du/dt-Störfestigkeit.

Erreicht der Schaltungsentwurf des Treiberboards eine du/dt-Störfestigkeit von > 50 kV/μs auf einen Spannungswert, welcher dem des Wertes der Sperrspannung des eingesetzten IGBT entspricht, so kann davon ausgegangen werden, dass das Treiberboard ausreichend du/dt störfest ist.

In den Datenblättern der IGBTs sind zur Spezifizierung der dynamischen Eigenschaften unter anderem die hierzu erforderlichen Gate-Widerstände angegeben. Die damit ermittelten Werte für Einschaltverlustenergie P_{on}, Ausschaltverlustenergie P_{off}, „Reverse Basis Safe Operating Area" (RBSOA), und „Short Circuit Safe Operating Area" (SCSOA) sind für die weitere elektrische und thermische Auslegung von größter Bedeutung. Insofern sind die in den Datenblättern angegebenen Werte für die Gate-Widerstände als Minimalwert bzw. optimaler Wert zu betrachten. Der Treiber muss demnach in der Lage sein, den mit diesem Gate-Widerstand und dem Spannungshub am Gate resultierenden Spitzen-Umladestrom erzeugen zu können. Bei einem Gate-Widerstand von 1 Ω und einem Spannungshub von ± 15 V sind das demzufolge 15 A. Tatsächlich wird der Umladestrom etwas kleiner sein, da in den IGBT-Modulen herstellerseitig kleine Gate-Dämpfungswiderstände vorhanden sind. Grundsätzlich gilt es festzuhalten, dass die mit optimalen Gate-Widerständen und optimaler streuinduktivitätsarmer Messschaltung ermittelten und ausgewiesenen dynamischen Werte in der Praxis oft nicht erreicht werden, da sich der mechanische Aufbau von Wechselrichtern von dem der Messschaltung deutlich unterscheidet.

Bei leistungsstarken Wechselrichtern kommen vielfach große Einzelschalter verschiedener IGBT-Module, montiert auf Großflächenkühlern, zum Einsatz. Um eine möglichst homogene Wärmeeinbringung auf den Großflächenkühler zu erhalten, müssen die sechs IGBT-Schalter eines Wechselrichters sinnvoll gestreut auf den Kühler montiert werden, damit ein guter Kühlerwirkungsgrad erzielt wird. Man erhält nun zwischen den einzelnen IGBTs verschiedene Einzelschalter mit langen Kommutierungswegen und den zugehörigen Streuinduktivitäten. Da IGBTs speziell bei der Abschaltung von Überströmen oder Kurzschlussströmen sehr hohe Stromänderungsgeschwindigkeiten bis einige kA/µs zulassen, können so hohe Schaltüberspannungsspitzen entstehen, die sich auf die Betriebs-DC-Busspannung addieren.

Bei ungünstigen Betriebsbedingungen, wie z. B. einer Kurzschlussabschaltung im regenerativen Betrieb, kann es dann geschehen, dass Spannungen am IGBT zustande kommen, die dessen Sperrvermögen überschreiten. Es muss dann immer ein Kompromiss zwischen thermischer und elektrischer Effizienz des Wechselrichters und der Schaltgeschwindigkeit der IGBTs gefunden werden.

Die Schaltgeschwindigkeit der IGBTs lässt sich durch eine moderate Erhöhung des Gate-Widerstandwerts in gewissen Grenzen verringern. Dabei ist jedoch zu beachten, dass der Gate-Widerstand nicht zu hochohmig wird und es zusammen mit den parasitären Komponenten des IGBT (Millerkapazität, Streuinduktivität der Gatezuleitung) zu keinen Oszillationen der Gatespannung kommt.

Es ist zu berücksichtigen, dass das Erhöhen des Gate-Widerstandwertes einen deutlichen Anstieg der Ein- und Ausschaltenergien im Vergleich mit dem im Datenblatt ausgewiesenen mit sich bringt. Dies muss im thermischen Design bei der Dimensionierung des Kühlers berücksichtigt werden und setzt die messtechnische Überprüfung der Ein-

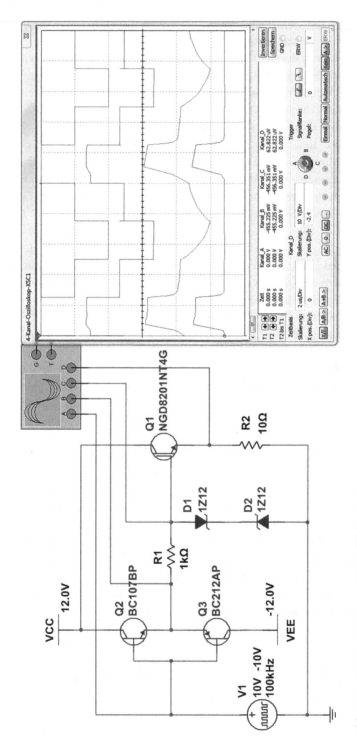

Abb. 3.91 Treiberschaltung mit Gate-Widerstand

und Ausschaltverlustenergien mit dem nun eingesetzten Gate-Widerstandwert bei einer IGBT-Sperrschichttemperatur von 125° C voraus. Abb. 3.91 zeigt eine Treiberschaltung mit Gate-Widerstand für die IGBT-Ansteuerung.

3.8.4 Asymmetrische Ansteuerung mit Widerstand für die IGBT-Ansteuerung

In vielen Fällen ist es sinnvoll, das Ein- und Ausschalten getrennt durchzuführen. So kann das Einschalten zum Beispiel mit dem im Datenblatt spezifizierten Gate-Widerstandswert erfolgen, das Ausschalten hingegen wird durch einen hochohmigeren Gate-Widerstandswert verlangsamt, um die Schaltüberspannungsspitze zu verringern. Dies geschieht durch einen zweiten Widerstand und einer Seriendiode, welche zum eigentlichen Gate-Widerstand parallel geschaltet werden. Der Einschaltpfad ist somit niederohmiger als der Ausschaltpfad. Abb. 3.92 zeigt eine asymmetrische Ansteuerung für die IGBT-Ansteuerung.

Eine asymmetrische Ansteuerung verbessert die Verlustleistungsbilanz des IGBT, weil die Einschaltverlustenergie lediglich in der im Datenblatt spezifizierten Höhe anfällt. Die Höhe der Ausschaltverlustenergie muss messtechnisch ermittelt und bei der thermischen Dimensionierung entsprechend berücksichtigt werden.

Oftmals stellt man fest, dass es möglich wäre, die IGBTs im Nennstrombereich noch sicher mit den im Datenblatt spezifizierten Gate-Widerstandswerten abzuschalten, was eine optimale Verlustleistungsbilanz zur Folge hat. Ein Abschalten von hohen Überströmen oder gar Kurzschlussströmen würde jedoch zu Ausfällen führen, weil die entstehende Überspannung zu hoch wird. Hier bietet sich eine aktive zweistufige Abschaltung der IGBTs an. Im Nennstrombereich wird der IGBT niederohmig, z. B. mit den im Datenblatt spezifizierten Gate-Widerstandswerten ein- und ausgeschaltet. Im hohen Überstrom- oder Kurzschlussstrombereich wird jedoch durch einen zweiten hochohmigeren Ausschaltkanal abgeschaltet. Wurde dieser zweite Kanal aktiviert und hat dies zu einer Abschaltung geführt, so ist sicherzustellen, dass der Treiber danach keine weiteren Einschaltsignale mehr akzeptiert, um sicherzustellen, dass der unzulässige Betriebspunkt nicht weiter ausgeführt wird.

Die Festlegung der Abschaltschwellen ist daher sehr wichtig und wird, ähnlich wie bei der Überwachung eines Kurzschlusses, durch eine sogenannte U_{CEsat}-Überwachung detektiert. Die dazu notwendige Hardware wird auf dem Treiberboard implementiert und erhöht aber dessen Komplexität.

Beim „Active Clamping" geschieht der korrigierende Eingriff zur Reduktion der Schaltüberspannung nicht über den IGBT-Treiber selbst. Zwischen Kollektor und Gate des zu schützenden IGBT wird eine Suppressordiode geschaltet, deren Ansprechschwelle unterhalb der zulässigen Sperrspannung des IGBT liegt. Die Gate-Emitterstrecke wird durch eine Z-Diode geschützt, deren Spannung sinnvoller Weise bei ca. 18 V liegt.

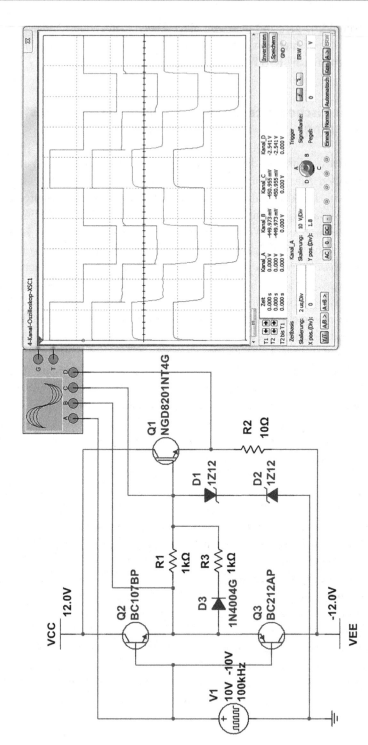

Abb. 3.92 Asymmetrische Ansteuerung eines IGBT

Beim Ausschalten eines IGBT kann eine Spannungsspitze entstehen, die oberhalb der Ansprechschwelle der Suppressordiode liegt, die das Gate auflädt und der IGBT geht in den Linearbetrieb über. Dadurch entsteht am IGBT eine Überspannung, die höchstens die Ansprechschwelle der Suppressordiode erreicht, zuzüglich der Spannung der Schutz-Z-Ziode. Die Energie aus der Schaltüberspannung wird durch den IGBT-Chip umgesetzt. Es muss jedoch beachtet werden, dass der IGBT-Chip in einem Zeitraum von wenigen 100-ns-Verlustleistungen, abhängig von seiner Größe, bis zu einigen 100 kW umsetzen muss. Dies ist eine extreme Belastung für den IGBT-Chip und lässt ihn entsprechend altern. Daher ist diese Art des Schutzes gegen Schaltüberspannungen sehr selten.

3.8.5   Schaltüberspannung durch di/dt-Regeleingriff

Bei dieser Lösung wird die Schaltüberspannung durch einen Regeleingriff des Treiberboards reduziert. Das Treiberboard selbst hat eine Stromquellen-Charakteristik. Für die Gate-Widerstände finden jene Werte, wie sie im IGBT-Datenblatt ausgewiesen sind, Verwendung.

Das Treiberboard detektiert selbst das di/dt durch eine Spannungsmessung direkt am IGBT. Dazu ist ein vierter Anschlusspunkt am IGBT-Treiberboard vorzusehen, welcher an den Hauptemitter des IGBT-Modus angeschlossen wird. Somit ist das IGBT-Modul wie folgt kontaktiert:

Kollektor: Anschluss für den Kollektorsensor zur Kurzschlussüberwachung.

Gate: Niederinduktiver Anschluss zur Ansteuerung des IGBT.

Hilfsemitter: Niederinduktiver Anschluss zur Ansteuerung des IGBT auf Emitter-
                  potential.

Hauptemitter: Induktiv behafteter Anschluss (im Vergleich zum Hilfsemitter) auf
                  Emitterpotential.

Fließt nun ein Strom mit bestimmter Stromänderungsgeschwindigkeit di/dt aus dem IGBT-Modul heraus, entsteht zwischen dem Anschluss des Hilfsemitters und Anschluss des Hauptemitters ein induktiver Spannungsfall, der proportional der Stromänderungsgeschwindigkeit di/dt ist. Dieser induktive Spannungsfall wird zur Regelung, der Stromänderungsgeschwindigkeit di/dt misst, herangezogen. Dazu wird das IGBT-Modul vom IGBT-Treiberboard, welches eine Stromquellencharakteristik aufweist, mit minimalem Gate-Widerstandswert hart eingeschaltet. Wird eine zu hohe Stromänderungsgeschwindigkeit di/dt im Lastkreis festgestellt, wird das Gate des IGBT durch das Treiberboard wieder entladen, bis sich das gewünschte di/dt einstellt.

Der Vorteil dieser Art der Ansteuerung ist, dass die Ausschaltänderungsgeschwindigkeit di/dt in allen Arbeitspunkten weitgehend konstant bleibt. Die entstehenden Schaltverluste sind dadurch sehr genau definiert und lassen sich im Schaltungsentwurf berücksichtigen. Nachteilig ist, dass das IGBT-Treiberboard sehr komplex wird und dass die dynamische Abstimmung an den IGBT-Typ mit den Aufbau des Wechselrichters gebunden ist. Jede Änderung an IGBTs oder Wechselrichter-Design erfordert eine neue Abstimmung des IGBT-Treiberboards.

Grundsätzlich müssen die IGBT-Treiberboards so dicht wie möglich am IGBT-Modul sein, um die Streuinduktivitäten zwischen IGBT-Treiberboard und IGBT-Modul so klein wie möglich zu halten. Bei leistungsstarken IGBT-Einzelschaltern hat es sich als vorteilhaft erwiesen, die Treiberboards direkt auf den Steueranschlüssen des IGBT-Moduls anzubringen.

Werden die Steueranschlüsse der IGBT-Module mit Drähten verbunden, müssen die Gate- und Emitterleitungen verdrillt und so kurz wie möglich gehalten werden. Auf jeden Fall ist zu überprüfen, dass es zu keinen Oszillationen im Ansteuerpfad zum IGBT kommt.

Vielfach werden z. B. 200 A/1,2 kV-IGBT-Phasenzweigmodule direkt parallel geschaltet. So sind Konfigurationen zu finden in denen bis zu sechs solcher Module für einen Schalter parallel geschaltet sind. Eine solche Konfiguration ist aus mehreren Gründen kritisch einzustufen und bedarf genauester messtechnischer Untersuchung.

Zunächst gilt festzustellen, dass die Forderung nach einer kürzesten möglich Verbindung zwischen IGBT-Treiberboard und IGBT-Modul nicht mehr einzuhalten ist. Es ergeben sich zwangsläufig sogar unterschiedliche Leitungslängen mit entsprechenden kaum definierbaren Streuinduktivitäten und unterschiedliche Signallaufzeiten im Ansteuerpfad. Dies kann im Zusammenspiel mit der Gatekapazität des IGBT-Moduls zu Oszillationen im Ansteuerpfad führen. Erhebliche Störungen und auch IGBT-Ausfälle sind die Folge.

Ein weiterer Aspekt ist das thermische Verhalten einer solchen Konfiguration. Werden mehrere IGBT-Module parallel geschaltet auf einen Kühlerkörper montiert, so geschieht dies meist auf einem wenig breiten dafür aber langen Kühlprofil. Damit sind die IGBT-Module aus Sicht der Kühlung in Reihe geschaltet. Man erhält so einen nicht zu vernachlässigenden Temperaturgradienten bis zu einigen $10°$ C über die Kühlerlänge mit entsprechend unterschiedlichen Chiptemperaturen im IGBT-Modul. Den IGBT selbst wird dies nicht weiter stören, da dieser durch seinen positiven Temperaturkoeffizienten eine gleichmäßige Laststromaufteilung erzwingt. Dies gilt jedoch nicht für die im IGBT-Modul mit eingebauten Freilaufdioden und diese weisen einen negativen Temperaturkoeffizienten auf. Das kann dazu führen, dass die am ungünstigsten gekühlte Freilaufdiode innerhalb der Parallelschaltung zugunsten der besser gekühlten immer mehr Laststrom übernimmt. Der Laststrom steigt an, ebenso die Rückstromspitze, welche die IGBTs beim Wiedereinschalten zusätzlich als Laststrom führen müssen. Im besten Fall führt dies zu einer Fehlerabschaltung des IGBT-Moduls, weil der IGBT-Treiber eine Überstromsituation erkannt hat.

IGBTs sind hart schaltende Bauelemente. Es können durchaus Stromänderungsgeschwindigkeiten von einigen kA/μs und Spannungsänderungsgeschwindigkeiten bis einige kV/μs erreicht werden.

Wird ein IGBT-Treiberboard mit elektrischen Signalen angesteuert, so muss man darauf achten, dass es zu keinen Einstreuungen von der Lastseite auf das Ansteuerkabel kommt. Die Leitungsführung vom Controller zum IGBT-Treiberboard sollte so kurz wie möglich gewählt und Schleifen sind zu vermeiden. Die Verwendung geschirmter Kabel ist empfehlenswert.

Da die einzelnen IGBTs einer Wechselrichterbrücke auf unterschiedlichem Potential gegen Masse und untereinander liegen muss der IGBT-Treiber eine sichere galvanische Trennung bereitstellen. Das gilt sowohl für den Ansteuerungseingang als auch für den Fehler-Rückmeldungskanal und dem DC/DC-Wandler, welcher zur Leistungsversorgung des IGBT-Treibers dient.

Werden zur Ansteuerung und zur Fehlerrückmeldung optische Trennstellen verwendet, sind hier keine Probleme hinsichtlich Isolationsfestigkeit zu erwarten. Es ist jedoch darauf zu achten, dass die ausgewählten Sender- und Empfängerbausteine eine ausreichende du/dt-Störfestigkeit aufweisen und auch bei negativen Temperaturen eine gute Signalübertragung gewährleisten.

Kommt es zur Ansteuerung und Fehlerrückmeldung, wird anstelle einer optischen eine elektrische Signalübertragung verwendet, so sind die Potentialtrennstellen, wie auch beim DC/DC-Wandler mit Übertrager, zu realisieren. Neben einer hohen du/dt-Störfestigkeit werden an diese Übertrager hohe Anforderungen bezüglich Isolationsfestigkeit gestellt. Dabei ist die Angabe der Isolationsspannung mit der die Übertrager getestet werden nicht ausreichend, da hiermit die Alterungsbeständigkeit der Potentialtrennstelle nur unzulänglich erfasst wird. Die Angabe der Glimmfestigkeit, hier der Wert für die Glimmaussetzspannung, ist die wesentlich sinnvollere Angabe bei der technischen Realisierung. Die Glimmaussetzspannung ist der Wert, bei dem eine Glimmentladung erlischt. Die Glimmeinsetzspannung liegt bei höheren Spannungswerten als die Glimmaussetzspannung. Es ist empfehlenswert Treiber einzusetzen deren Glimmaussetzspannung ca. 20 % höher liegt als jener Spannungswert mit dem die Potentialtrennstelle beaufschlagt wird. Da ein Glimmen erst bei noch höheren Spannungswerten auftritt ist damit eine ausreichende Sicherheit bezüglich Isolationsfestigkeit und Beständigkeit gewährleistet.

3.8.6   Unipolare und bipolare Ansteuerung der IGBTs

Im Prinzip lässt sich der IGBT durch Anlegen einer Steuerspannung von +15 V das Gate einschalten und beim Abschalten der Steuerspannung dagegen ausschalten. Diese sogenannte unipolare Ansteuerung ist jedoch nicht sicher, wenn IGBTs in einer Wechselrichterbrücke betrieben wird. Hier kann der unipolar ausgeschaltete IGBT ungewollt einschalten, wenn dessen antiparallele Freilaufdiode durch den im Phasenzweig gegenüberliegenden IGBT kommutiert wird. Hervorgerufen wird dieser Effekt durch die parasitäre Millerkapazität die das Gate des ausgeschalteten IGBT über einen kapazitiven Verschiebestrom, durch das Abschaltverhalten du/dt der Freilaufdiode hervorgerufen, wieder auflädt. Da dann der in dem Phasenzweig gegenüberliegende IGBT gezielt eingeschaltet wird, kommt es so zu kurzeitigen Kurzschlussströmen im betroffenen IGBT-

Phasenzweig mit einer Frequenz, die der PWM-Taktfrequenz (Pulse-With-Modulation oder Impulsbreitenmodulation) entspricht.

Das Treiberboard kann diese Kurzschlusssituation nicht erkennen, da die Kurzschlusserkennung genau im Zeitbereich des Einschaltens deaktiviert ist. Messtechnisch ist dieser Fehlbetrieb ungünstig zu erfassen. Misst man den Ausgangsstrom mit der Stromzange, so sieht alles normal aus, da der Kurzschlussstrom im Phasenzweig fließt. Allein durch eine Strommessung im Phasenzweig ist dieser Fehler nachweisbar. Dies gestaltet sich aber sehr oft speziell bei parallel geschalteten IGBTs schwierig, da der kompakte niederinduktive Aufbau ein Platzieren einer Stromzange oft nicht zulässt bzw. weitere parasitäre Effekte begünstigt. Der geschilderte Betrieb ist nicht zulässig und erzeugt extrem hohe Verlustleistungen im IGBT-Chip. Ein Ausfall aufgrund thermischer Überlastung ist dann sehr wahrscheinlich.

Durch Einsatz einer bipolaren Steuerspannung wird dieser Fehlbetrieb sicher verhindert. Weit verbreitet ist eine symmetrische bipolare Steuerspannung von ±15 V. Auch asymmetrische Steuerspannungen z. B. + 15 V/-8 V sind möglich, allerdings sollte die negative Steuerspannung nicht kleiner als -8 V sein, damit der ausgeschaltete IGBT auch sicher ausschaltet.

Das Erkennen und Abschalten von Über- und Kurzschlussströmen ist durch das Entsättigungsverhalten der IGBTs relativ einfacher zu bewerkstelligen. Eine Entsättigung liegt vor, wenn der IGBT im eingeschalteten Zustand zwischen Kollektor und Emitter eine Spannung aufnimmt, die deutlich oberhalb der im Datenblatt ausgewiesenen Werte für die Sättigungsspannung U_{CEsat} liegt. Bei Strömen, die um den Faktor 3 bis 5 höher als der angegebene Typenstrom liegen, nimmt der IGBT die gesamte DC-Spannung über seine Kollektor-Emitter-Strecke auf. Dies führt zu hohen Verlustleistungen, die den IGBT zerstören, wenn dieser nicht innerhalb 10 µs abgeschaltet wird. Um dies sicherzustellen verfügen Treiberboards über eine sogenannte U_{CEsat}-Detektion.

Eine auf dem Treiberboard integrierte Spannungsquelle sorgt bei eingeschaltetem IGBT dafür, dass ein Strom über die Kollektor-Emitter-Strecke des IGBT fließt. Dazu wird das Treiberboard mit einem Kollektor-Sensor-Ausgang versehen, welcher an den Kollektor bzw. Hilfskollektor des zu schützenden IGBT angeschlossen wird. Die so gemessene Spannung entspricht der U_{CEsat} des IGBT, zuzüglich dem Spannungsfall der Kollektor-Blockdioden.

Da die Kollektor-Emitter-Strecke entstehende Spannung vom Kollektorstrom abhängig ist, kann diese als Maß für die Höhe des augenblicklich fließenden Kollektorstrom sherangezogen werden.

Steigt die U_{CEsat} nun über eine festgelegte Schwelle an, d. h. wird der Kollektorstrom zu hoch, erfolgt eine unmittelbare Abschaltung des betroffenen IGBT durch das Treiberboard. Das Treiberboard wird gegen regulär ankommende Einschalt-Steuersignale verriegelt und der Zustand über eine Fehlerrückmeldung an den Controller zur weiteren Verarbeitung gemeldet.

Die Ansprechschwellen für die Abschaltung werden mit den Referenz-Z-Dioden eingestellt und liegen zwischen 5 V und 12 V. Eine höhere Referenzspannung als 12 V ist bei der Standardauslegung des Treiberboards nicht möglich, weil diese mit einer 15-V-Versorgung arbeiten und an den Blockdioden und IGBT-Spannungsfälle von ca. 3 V bereits im Normalbetrieb auftritt. Dies kann bei IGBTs mit Sperr-spannungen > 1,7 kV zu erheblichen Abstimmungsschwierigkeiten führen. Da ein IGBT nicht unendlich schnell eingeschaltet werden kann, dauert es insbesondere bei IGBTs mit hohem Sperrvermögen einige μs, bis diese voll eingeschaltet sind und die im Datenblatt ausgewiesenen Werte für U_{CEsat} erreichen.

Damit ein ordnungsgemäßes Einschalten nicht als unzulässige Überstrombelastung oder Kurzschluss interpretiert wird, muss die Erfassung eines möglichen Über- oder Kurzschlussstromes für eine bestimmte Zeit ausgeblendet werden. Dies geschieht mit zwei Kondensatoren, welche die Freigabeverzögerung für die Messung der IGBT-Kollektor-Emitter-Spanung U_{CE} bestimmen. Insbesondere bei IGBTs mit hohem Sperr-vermögen kann es jedoch möglich sein, dass die Kollektor-Emitterspannung am IGBT nach einer Zeit von 10 μs noch höher ist als die auf dem Treiberboard eingestellte Referenzspannung. Längere Zeiten lassen sich nicht einstellten, da der IGBT dann außerhalb des SCSOA (Short Circuit Save Operating Area) betrieben wird und lässt eine höhere Ansprechschwelle, aus den genannten Gründen einstellen. In einem solchen Fall muss auf dem Treiberboard eine separate U_{CE}-Überwachung installiert werden, die mit einer höheren Betriebsspannung betrieben wird. Der IGBT selbst lässt sich nur mit Spannungen von ± 15 V ansteuern. Dies bedingt eine zweite Spannungsversorgung auf dem Treiberboard mit einem zweiten DC/DC-Wandler.

Ein weiterer kritischer Punkt bei der Abschaltung von Über- und Kurzschlussströmen sind Schaltspannungsspitzen, die durch die unvermeidlichen Streuinduktivitäten ent-stehen. Diese können bei ungünstiger Verschiebung des Leistungsteils bei Abschaltungen schon weit unterhalb des IGBT-Nennstrombereiches zum Problem werden. Da die Ein- und Ausschaltzeiten der IGBTs bei unterschiedlicher Strombelastung relativ konstant bleiben, entstehen bei der Abschaltung von Über- oder Kurzschlussströmen wesent-lich höhere Stromänderungsgeschwindigkeiten, als bei der Abschaltung mit niedrigeren Nennstrombelastungen. Dies führt zu hohen Schaltüberspannungsspitzen. Der gesamte Schaltungsentwurf des Wechselrichters bezüglich Streuinduktivität, Treiberabstimmung und damit Beherrschung von Schaltüberspannungsspitzen einerseits, stellt einen großen Erfahrungswert dar. Den somit entstehenden Verlustleistungen und der damit einhergehenden thermischen Auslegung andererseits, ist in sich und miteinander zu optimieren. Deshalb ist die einfach scheinende Frage, ob der im IGBT-Datenblatt aus-gewiesene Wert für den Gatewiderstand eingesetzt werden kann nicht mit einem ja oder nein zu beantworten. Vielmehr müssen die dadurch entstehenden Wechselwirkungen im Wechselrichter untersucht, berücksichtigt und optimiert werden.

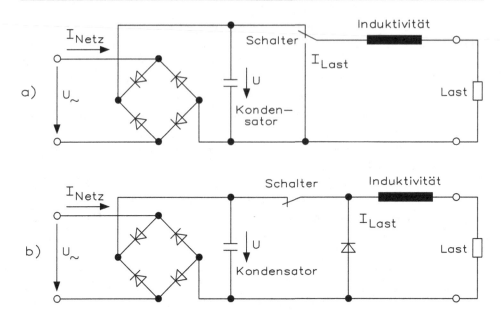

Abb. 3.93 IGBT-Leistungssteller als Stellglied

3.8.7   IGBT-Leistungssteller als Stellglied

In Abb. 3.93 wird ein IGBT-Leistungssteller als Stellglied gezeigt.

Der in Abb. 3.93a gezeichnete Wechselschalter lässt sich durch einen einfachen Aus-schalter ersetzen, wenn man, wie in Abb. 3.93b gezeichnet, eine Diode in die Schaltung integriert.

Für die Zeit, in der der Schalter geschlossen ist, steigt der Strom mit einer durch die Induktivität begrenzten Steilheit an. Wenn er sich öffnet, behält der Drosselstrom seine Richtung und fließt nun über die eingebaute Freilaufdiode. Während dieser Zeit sinkt der Strom solange, bis der Schalter wieder geschlossen wird. Das Ein-Aus-Schaltverhält-nis des Schalters bestimmt also den Verlauf des Laststromes. Anstelle des in Abb. 3.93b gezeichneten mechanischen Schalters wird in der Praxis ein IGBT als Leistungsschalter eingesetzt.

Der in Abb. 3.94b gezeigte Verlauf für die Lastspannung ist idealisiert. In der Praxis wird ein Toleranzband um den gewünschten Verlauf der Lastspannung gelegt und die tatsächliche Lastspannung durch eine Pulsweitenmodulation in diesem Toleranzband gehalten. Aus diesem Grund ergibt sich ein verrauschtes Signal der Lastspannung, die Amplituden der entstehenden Oberwellen sind aber relativ klein.

Der IGBT-Leistungssteller hat nur eine Betriebsart, nämlich die der Amplituden-regelung. Vereinfacht betrachtet bedeutet dies, der Anwender gibt ein Steuersignal (beispielsweise 0…20 mA) vor und der IGBT-Leistungssteller gibt eine pulsierende

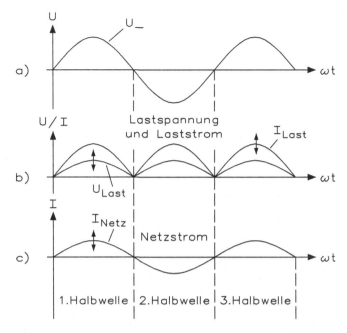

Abb. 3.94 Netzspannung/-strom und Lastspannung/-strom beim IGBT-Leistungssteller

Gleichspannung aus, deren Amplitude proportional zu diesem Steuersignal ist. Eine pulsierende Gleichspannung mit einem Effektivwert von 230 V wird wie folgt gekennzeichnet: DC230 V $\simeq$.

Aufgrund des Gleichanteils der Ausgangsspannung darf diese auf keinen Fall einem Transformator als Last aufgeschaltet werden.

Die Steuerungseinheit von Abb. 3.95 zeigt einen Leistungsumsetzer für die Ansteuerung von Heizlasten, die bislang einen Transformator (Stelltransformator oder Kombination eines Thyristorleistungsstellers mit Trafo) benötigt haben. Bedingt durch seine Arbeitsweise spricht man von einem elektronischen Transformator mit einer pulsierenden Gleichspannung am Ausgang.

Er verbindet die Vorteile eines herkömmlichen Stelltransformators, wie z. B. die Amplitudenregelung, die sinusförmige Netzbelastung, mit den Vorteilen eines Thyristor-Leistungsschalters, z. B. Strombegrenzung, Lastüberwachung, unterlagerte Regelungen, usw.

Zwischen Spannungsversorgung und Lastspannung besteht keine galvanische Trennung. Einsatzgebiete des Umsetzers sind überall dort zu finden, wo große ohmsche Lasten zu schalten sind. Bedingt durch die sogenannte Amplitudenregelung (immer sinusförmige Netzstromaufnahme) werden Synchrontaktsteuerungen (bei Impulsgruppenbetrieb) sowie Blindstromkompensationsanlagen (wegen Steuerblindleistung bei Phasenanschnittbetrieb) überflüssig.

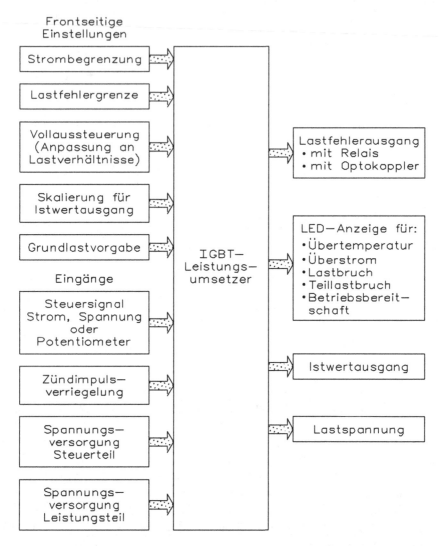

Abb. 3.95 Blockschaltbild eines IGBT-Leistungsstellers

Besonderheiten des IGBT-Leistungsstellers:

- Schonender Netzbetrieb bei großen ohmschen Lasten
- Betrieb von Niedervolt-Heizelementen direkt am Versorgungsnetz ohne Anpassungs-
  transformator mit minimalen Oberwellen im Netz der Anlage und geringem Gewicht
  (Leistungstransformator entfällt)
- Kurzschlussfest beim Einschaltvorgang
- Netzstrom proportional der geforderten Leistung (Amplitudenregelung)

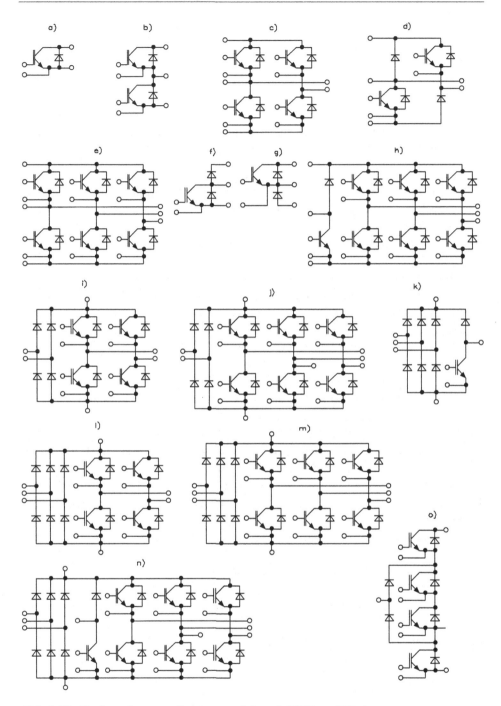

Abb. 3.96 Konfigurationen von Leistungsmodulen mit IGBTs und Dioden

- Ansteuerung unabhängig von Widerstandscharakteristik der Heizelemente
- Ausgleich des Alterungsprozesses bei SIC-Heizstäben
- Minimale Steuerblindleistung
- Kompakte Abmessungen
- Freie Wahl der unterlagerten Regelung U^2, P und I^2

Die in Abb. 3.96 dargestellten Schaltungstopologien sind mit folgenden Buchstaben-kombinationen im Bauelementnamen verschlüsselt:

a) GA: Einzelschalter, bestehend aus IGBT und Inversdiode (beim MOSFET-Modul hier und in den anderen Konfigurationen meist nur die parasitäre Inversdiode). Bei externer Verschaltung zu Brückenzweigen wirken die Inversdioden wechselseitig als Freilaufdioden.

b) GB: Zweigmodul (Phasenmodul, Halbbrückenmodul) aus zwei IGBTs und hybriden Dioden (Freilaufdioden)

c) OH: H-Brücke mit zwei Zweigen aus IGBTs und Freilaufdioden

d) GAH: Asymmetrische H-Brücke mit zwei diagonal angeordneten IGBTs mit hybriden Inversdioden (Freilaufdioden) und zwei Freilaufdioden in der anderen Diagonale

e) GD: 3-Phasenbrücke (Sixpack, Inverter) mit drei Zweigen aus IGBTs und Freilauf-dioden

f) GAL: Choppermodul mit IGBTs, Inversdiode und Freilaufdiode im Kollektorzweig

g) GAR: Choppermodul mit IGBTs, Inversdiode un Freilaufdiode im Emitterzweig

h) GDL: 3-Phasenbrücke „GD" mit Chopper „GAL" (Bremschopper)

i) B2U-Diodengleichrichter (zum Laden des Zwischenkreises werden oft anstatt reinen Diodenbrücken auch halbgesteuerte Konfigurationen B2H mit zwei Thyristoren an+DC eingesetzt) und IGBT-H-Brücke

j) B2U-Diodengleichrichter und IGBT-Inverter (Dreiphasenbrücke)

k) B6U-Diodengleichrichter und IGBT-Chopper GAL (IGBT und Freilaufdiode im Kollektorzweig)

l) B6W-Diodengleichrichter (zum Laden des Zwischenkreises werden oft anstatt reinen Diodenbrücken auch halbgesteuerte Konfigurationen B6H mit drei Thyristoren am+DC eingesetzt) und IGBT-H-Brücke

m) B6U-Diodengleichrichter und IGBT-Inverter (Dreiphasenbrücke)

n) B6U-Diodengleichrichter. IGBT-Chopper,GAL- und IGBT-Inverter (Dreiphasen-brücke)

o) Phasenbaustein eines Drei-Punkt-Wechselrichters

Drehstrommotor 4

Der erste Elektromotor, ein Gleichstrommotor, wurde bereits 1833 gebaut und in Betrieb genommen. Die Geschwindigkeitsregelung dieses Motors war sehr einfach und erfüllte die Anforderungen in verschiedenen mechanischen Anwendungen.

1889 wurde der erste Drehstrommotor konstruiert. Verglichen mit dem Gleichstrommotor ist dieser wesentlich einfacher und robuster. Drehstrommotoren weisen jedoch eine feste Drehzahl und Momentcharakteristik auf. Daher waren diese Motoren lange Zeit für verschiedene spezielle Anlagen nicht verwendbar. Drehstrommotoren sind elektromagnetische Energieumformer. Sie wandeln elektrische Energie in mechanische Energie (motorisch) und umgekehrt (generatorisch) mittels der elektromagnetischen Induktion um. Abb. 4.1 zeigt den Querschnitt durch einen Drehstrommotor.

Das Prinzip der elektromagnetischen Induktion: In einem quer durch ein Magnetfeld (B) bewegter Leiter wird eine Spannung induziert. Ist der Leiter in einem geschlossenen Stromkreis, fließt ein Strom (I). Auf den bewegten Leiter wirkt eine Kraft (F) senkrecht zum Magnetfeld und zum Leiter.

Bei allen Elektromotoren und Elektrogeneratoren handelt es sich um Energiewandler, die elektrische Energie in mechanische Energie (Elektromotor) oder mechanische in elektrische (Elektrogeneratoren) umwandeln. Das Grundprinzip des Motors oder Generators lässt sich auf die Ablenkung eines stromdurchflossenen Leiters in einem Magnetfeld zurückführen. In Abb. 4.2 sind die Zusammenhänge dargestellt.

In Abb. 4.2a ruht der stromlose Leiter als unmagnetischer Werkstoff im Magnetfeld B_1, dem sogenannten Erregerfeld. In Abb. 4.2b ist dagegen das Magnetfeld eines stromdurchflossenen Leiters dargestellt, wobei der Strom in die Ebene hineinfließen soll. Dieses aus konzentrischen Feldlinien bestehende Magnetfeld B_2 wird als Ankerfeld bezeichnet. Durch Überlagerung der beiden Magnetfelder B_1 und B_2 entsteht ein resultierendes Magnetfeld B_{res} entsprechend Abb. 4.2c. Durch die Feldlinienverdichtung auf der rechten Seite wird der Leiter in Richtung der feldschwächeren Seite bewegt und

© Springer Fachmedien Wiesbaden GmbH, ein Teil von Springer Nature 2021
H. Bernstein, *Angewandte Leistungselektronik*,
https://doi.org/10.1007/978-3-658-29614-8_4

Abb. 4.1 Ansicht eines
Drehstrommotors

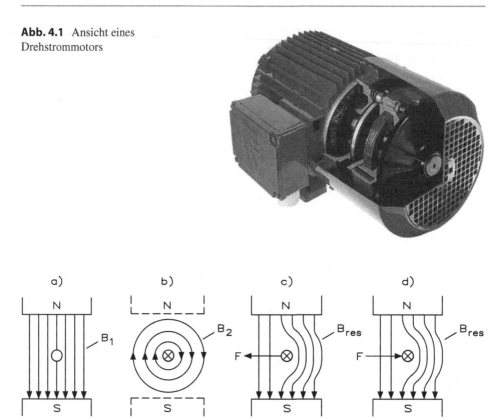

Abb. 4.2 Wirkung von Erreger- und Ankerfeld

man hat das Prinzip des Elektromotors. Abb. 4.2d zeigt die Wirkung von Erregerfeld und
Ankerfeld beim Generator.

- Motorprinzip: In Motoren wird das Induktionsprinzip in „umgekehrter Reihenfolge"
  verwendet: Ein stromführender Leiter wird von einem magnetischen Feld F beeinflusst, das versucht, den Leiter aus dem Magnetfeld zu bewegen. Beim Motorprinzip
  erzeugen Magnetfeld und stromdurchflossener Leiter die Bewegung (Abb. 4.2c).
- Generatorprinzip (Induktion durch Bewegung): Beim Generatorprinzip erzeugen
  Magnetfeld und Bewegung eines Leiters eine Spannung (Abb. 4.2d).

Das Magnetfeld wird im Motor im feststehenden Teil (Stator) erzeugt. Die Leiter, die
von den elektromagnetischen Kräften beeinflusst werden, befinden sich im rotierenden
Teil (Rotor). Die Drehstrommotoren unterteilen sich im Prinzip in zwei Hauptgruppen,
der asynchronen und synchronen Betriebsweise.

Bei beiden Motoren ist die Wirkungsweise der Statoren im Prinzip gleich. Der Unterschied liegt eigentlich nur im Rotor. Hier entscheidet die Bauweise und wie sich der

Rotor im Verhältnis zum Magnetfeld bewegt. Synchron bedeutet „gleichzeitig" oder „gleich", und asynchron „nicht gleichzeitig" oder „nicht gleich". Mit anderen Worten sind die Drehzahlen vom Rotor und Magnetfeld gleich oder unterschiedlich.

4.1   Grundlagen des Asynchronmotors

Der Asynchronmotor ist der meistverbreitete Motor und in der Praxis ist von Vorteil, dass fast keine kostspieligen Instandhaltungen erforderlich sind. Der mechanische Aufbau ist so genormt, d. h. ein geeigneter Motortyp ist von mehreren Lieferanten immer schnell verfügbar. Es gibt mehrere Typen von Asynchronmotoren, die jedoch alle nach dem gleichen Grundprinzip arbeiten.

Die beiden Hauptbauteile des Asynchronmotors sind Stator (Ständer) und Rotor (Läufer) (Abb. 4.3).

Der Stator ist ein Teil des feststehenden Motors. Der Stator besteht aus Statorgehäuse (1), Kugellagern (2), die den Rotor (9) tragen, Lagerböcken (3) für die Anordnung der Lager und als Abschluss für das Statorgehäuse, Ventilator (4) für die Motorkühlung und Ventilatorkappe (5) als Schutz gegen den rotierenden Ventilator. Auf der Seite des Statorgehäuses sitzt ein Kasten für den elektrischen Anschluss (6).

Im Statorgehäuse befindet sich ein Eisenkern (7) aus dünnen, 0,3 bis 0,5 mm starken Eisenblechen. Die Eisenbleche haben Ausstanzungen für die drei Phasenwicklungen.

Die Phasenwicklungen und der Statorkern erzeugen ein Magnetfeld. Die Anzahl der Polpaare (oder Pole) bestimmt die Geschwindigkeit, mit der das Magnetfeld rotiert. Wenn ein Motor an seine Nennfrequenz angeschlossen ist, wird die Drehzahl des Magnetfeldes als synchrone Drehzahl (n_0) des Motors bezeichnet (Tab. 4.1).

Der Rotor (9) ist auf der Motorwelle (10) montiert. Der Rotor wird wie der Stator aus dünnen Eisenblechen mit ausgestanzten Schlitzen gefertigt. Der Rotor kann ein

Abb. 4.3 Aufbau des Asynchronmotors

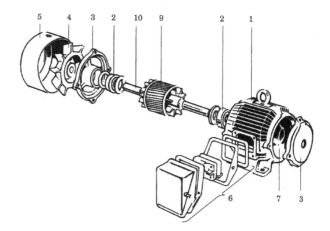

Tab. 4.1 Polpaar (p) bzw. Polzahl und synchrone Drehzahl des Motors

Polpaar p	1	2	3	4	6
Polzahl	2	4	6	8	12
n_0 1/mm	3000	1500	1000	750	500

Schleifringrotor oder ein Kurzschlussrotor sein. Sie unterscheiden sich dadurch, dass die Wicklungen in den Schlitzen unterschiedlich sind.

4.1.1   Elektromagnetische Induktion

Zur Berechnung von magnetischen Kreisen werden eine Reihe von Feldgrößen benötigt. Obwohl der Maschinenbauer nur selten derartige Berechnungen anstellen muss, ist es für das Verstehen elektromagnetischer Zusammenhänge wichtig und die magnetischen Feldgrößen mit ihren Einheiten unbedingt erforderlich.

Ein elektrischer Strom in einer Spule erzeugt immer ein elektromagnetisches Feld. Bei einer Spule ist aber noch die Anzahl der Spulenwindungen N von großer Bedeutung, da mit jeder weiteren Windung der Strom stärker auf die Spule wirken kann. Um diesen Zusammenhang zu erfassen, wurde als Oberbegriff für die Ursache des magnetischen Feldes die elektrische Durchflutung Θ eingeführt. Sie ergibt sich das Produkt aus Strom und Windungszahl. Das Prinzip der magnetische Durchflutung zeigt Abb. 4.4.

Für die magnetische Durchflutung gilt

$$\Theta = N \cdot I \qquad \begin{aligned} &\Theta \text{ Durchflutung in A(magnetische Spannung)} \\ &N \text{ Windungszahl} \\ &I \text{ elektrischer Strom in A} \end{aligned}$$

Da die Windungszahl N eine dimensionslose Größe ist und die Durchflutung, wie der elektrische Strom, die Einheit Ampere.

Beispiel: Wie groß ist die magnetische Durchflutung bei einer Spule von $N = 1250$ Windungen, wenn ein Strom von $I = 0{,}5$ A fließt?

$$\Theta = N \cdot I = 1250 \cdot 0{,}5 \, \text{A} = 625 \, \text{A}$$

Abb. 4.4 Wirkung der magnetischen Durchflutung

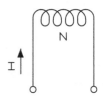

Es ergibt sich eine magnetische Durchflutung von $\Theta = 625$ A. Erhöht man die Windungszahl der Spule, vergrößert sich die magnetische Durchflutung. Verringert man dagegen den Strom durch die Spule, verkleinert sich die magnetische Durchflutung.

Je größer der Strom durch eine Spule ist, desto stärker ist das magnetische Feld ausgeprägt und es entstehen mehr Feldlinien. Obwohl die Feldlinien keinem Strömungseffekt unterliegen, wurde für die Summe der Feldlinien der Begriff „magnetischer Fluss Φ" eingeführt. Abb. 4.5 zeigt den Verlauf der magnetischen Feldstärke. Die magnetische Feldstärke errechnet sich aus.

Θ Durchflutung in A (magnetische Spannung)

$$H = \frac{\Theta}{l_m} = \frac{N \cdot I}{l_m}$$ H magnetische Feldstärke in A/m

l_m mittlere Feldlinienlänge in m

$$1\frac{A}{m} = \frac{1A}{1m} = \frac{10^{-2}A}{cm}$$ N Windungszahl

Beispiel: Durch eine Spule mit $N = 2000$ Windungen und einer mittleren Feldlinienlänge von $l_m = 10$ cm fließt ein Strom von $I = 0,5$ A. Wie groß ist die magnetische Feldstärke H?

$$H = \frac{N \cdot I}{l_m} = \frac{2000 \cdot 0,5A}{0,1m} = 10000\frac{A}{m} = 100\frac{A}{cm}$$

Für die Praxis ist aber die magnetische Flussdichte B wesentlicher aussagekräftiger. Die Flussdichte wird auch als magnetische Induktion B bezeichnet und es ergibt sich der magnetische Fluss Φ, bezogen auf die Fläche, die von den Feldlinien durchsetzt wird. Dabei wird zunächst vorausgesetzt, dass alle Feldlinien die betrachtete Fläche unter einem Winkel von 90° durchdringen. Abb. 4.6 zeigt die magnetische Flussdichte, d. h. den magnetischen Fluss.

Die magnetische Flussdichte B ergibt sich aus

B magnetische Flussdichte in Tesla (Vs/m^2)

$$B = \frac{\Phi}{A} \quad 1\,T = 1\,\text{Tesla} = 1\,Vs/m^2 \quad \Phi \text{ magnetischer Fluss in Weber (Vs)}$$

$$1\,Wb = 1\,\text{Weber} = 1\,Vs \quad A \text{ Fläche in } m^2$$

Abb. 4.5 Verlauf der magnetischen Feldstärke

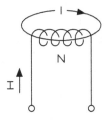

Abb. 4.6 Magnetische
Flussdichte oder magnetischer
Fluss

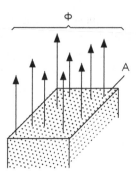

$$1 \cdot \frac{V \cdot s}{m^2} = 1 \cdot \frac{Wb}{m^2} = 1\,\text{T (Tesla)}$$

Beispiel: Wie groß ist die Fläche A, wenn der magnetische Fluss $\Phi = 3{,}15 \cdot 10^{-4}$ Vs und die magnetische Flussdichte B $= 0{,}63$ Vs/m^2 beträgt?

$$A = \frac{\Phi}{B} = \frac{3{,}15 \cdot 10^{-14}}{0{,}63 \frac{Vs}{m^2}} = 5 \cdot 10^{-4}\,\text{m}^2 = 5\,\text{cm}^2$$

Die magnetische Flussdichte B ist vergleichbar mit der Stromdichte S in einem elektrischen Leiter.

4.1.2   Spule mit Eisenkern

In der Praxis kennt man Luftspulen und Spulen mit Eisenkern. Abb. 4.7 zeigt den Zusammenhang zwischen der magnetischen Feldstärke und Flussdichte einer Luftspule (Abb. 4.7 oben) und einer Spule mit Eisenkern (Abb. 4.7 unten).

Für die Berechnung einer Luftspule gilt

$$B = \mu_0 \cdot H \quad \text{H magnetische Feldstarke in A/m}$$

$$\mu_0 \text{ magnetische Feldkonstante}$$

$$B \text{ magnetische Flussdichte in Tesla (Vs/m}^2\text{)}$$

Das Verhältnis von magnetischer Flussdichte und magnetischer Feldstärke im luftleeren Raum ist die magnetische Feldkonstante $\mu_0 = 1{,}257 \cdot 10^{-6} \frac{Vs}{Am}$ und diese lässt sich mittels eines Versuchs ermitteln.

Beispiel: Wie groß ist die magnetische Flussdichte bei einer Luftspule mit einer magnetische Feldstärke von H $= 100$ A/cm?

Vakuum (Luft)

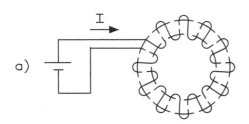

μ_0: magnetische
Feldkonstante

a)

Eisenkern

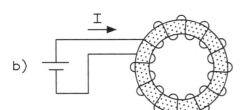

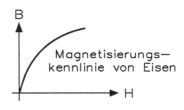

μ_r : Permeabilitätszahl
μ : Permeabilität

b)

Abb. 4.7 Zusammenhang zwischen magnetischer Feldstärke und Flussdichte einer Luftspule bzw. einer Spule mit Eisenkern

$$B = \mu_0 \cdot H = 1{,}257 \cdot 10^{-6} \frac{V_S}{Am} \; 10.000 \cdot \frac{A}{m} = 12{,}57 \cdot 10^{-3} \frac{V_S}{m^2}$$

Für eine Spule mit Eisenkern gilt:

$B = \mu \cdot H \qquad \mu = \mu_0 \cdot \mu_r \qquad \mu_r$ Permeabilitatszahl

In Luft: $B = \mu_0 \cdot H \qquad \mu_0$ konstant $\qquad \mu_r \approx 1$

In Eisen: $B = \mu \cdot H \qquad \mu$ nicht konstant

Mit dem Faktor μ werden die magnetischen Eigenschaften des Stoffes im Innern der Spule berücksichtigt und dieser Wert entspricht der elektrischen Leitfähigkeit κ. Daher wird der Faktor μ auch als magnetische Leitfähigkeit oder Permeabilität bezeichnet. Die Permeabilität setzt sich zusammen auf den Faktoren μ_0 und μ_r.

Beispiel: Wie groß ist die magnetische Flussdichte bei einer Spule mit einem Eisenkern von einer Permeabilität von $\mu_r = 6000$ und einer magnetischen Feldstärke von $H = 100$ A/cm?

$$B = \mu_0 \cdot \mu_r \cdot H = 1,257 \cdot 10^{-6} \frac{V_S}{Am} \cdot 6000 \cdot 10000 \frac{A}{m} = 75,42 \frac{V_S}{m^2}$$

Für die Induktivität gilt

$$L = \frac{\mu \cdot N^2 \cdot A}{l_m} \qquad L = \frac{Vs}{A} \quad 1\frac{Vs}{A} = 1H$$

$$L = A_L \cdot N^2 \qquad \begin{array}{l} \text{N Windungszahl} \\ \text{A Fläche der Spule} \\ l_m \text{ mittlere Feldlinine} \\ A_L \text{ Spulenkonstante} \end{array}$$

Beispiel: Eine Spule mit 100 Windungen, einer Fläche von A = 5 cm², einem Werkstoff von μ_r = 20000 und einer mittleren Feldlinie von l_m = 10 cm hat welche Induktivität (Selbstinduktion)?

$$L = \frac{\mu \cdot N^2 \cdot A}{l_m} = \frac{\mu_0 \cdot \mu_r \cdot N^2 \cdot A}{l_m}$$

$$= \frac{1,257 \cdot 10^{-6} \frac{V_S}{Am} \cdot 20000 \cdot (0,01)^2 \cdot 5 \cdot 10^{-4}\,m^2}{0,01\,m} = 1,25\,mH$$

Die Permeabilitätszahlen sind in Tab. 4.2 gezeigt.

Bei den Anwendungen wird als Ursache des magnetischen Feldes nicht die Durchflutung Θ, sondern die magnetische Feldstärke H benutzt. Beide Größen sind einander proportional. In Anlehnung an das elektrische Feld gilt:

$$H = \frac{\Theta}{l_m} = \frac{I \cdot N}{l_m} \text{ Einheit } 1\frac{A}{m}$$

Zwischen der Feldstärke H und der Flussdichte B besteht der Zusammenhang:

$$H = \frac{B}{\mu} \quad oder \quad B = \mu \cdot H$$

Tab. 4.2 Permeabilitäts-zahlen für Werkstoffe

Werkstoff	μ_r
Luft	1
Fe	6000
Fe – Co	6000
Fe – Si	20000
FE – Ni	30000

Abb. 4.8 Flussdichte B
als Funktion der Feldstärke
H mit der Permeabilität μ
als Parameter (B = f (H),
(μ = konst.)

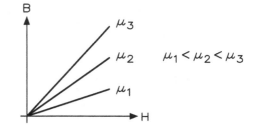

Diese beiden Gleichungen sagen aus, dass die magnetische Feldstärke H als Ursache und
die magnetische Flussdichte B als Wirkung in jedem Punkt eines magnetischen Kreises
zueinander proportional sind. Dieser Zusammenhang ist in Abb. 4.8 als Diagramm dargestellt.

Für magnetische Kreise mit ferromagnetischen Stoffen gelten die linearen Zusammenhänge nur bedingt, da bei höheren Feldstärken materialbedingte Nichtlinearitäten auftreten.

Mit dem Faktor μ werden die magnetischen Eigenschaften des Stoffes im Innern
der Spule berücksichtigt. Er entspricht der elektrischen Leitfähigkeit χ. Daher wird
der Faktor μ auch als magnetische Leitfähigkeit oder Permeabilität bezeichnet. Die
Permeabilität setzt sich aus den Faktoren μ_0 und μ_r zusammen. Die Feldkonstante μ_0 gilt
für Spulen mit Luft bzw. Vakuum im Innern.

Für den Faktor μ_r werden die Bezeichnungen relative Permeabilität oder Permeabilitätszahl verwendet. Er gibt an, um wie viel die magnetische Leitfähigkeit eines
beliebigen Stoffes größer oder kleiner als die des Vakuums ist. Grundsätzlich werden
dabei drei Stoffgruppen unterschieden:

$\mu_r < 1$: Diamagnetische Stoffe wie z. B. Blei, Kupfer, Zink
$\mu_r > 1$: Paramagnetischee Stoffe wie z. B. Aluminium, Silizium
$\mu_r \gg 1$: Ferromagnetische Stoffe wie z. B. Eisen, Nickel, Kobalt

In der Elektrotechnik haben insbesondere die ferromagnetischen Stoffe eine große
Bedeutung.

Beispiel: Eine Ringspule mit einem Eisenkern von Abb. 4.7 wird von einem Strom
I = 1 A durchflossen. Die Windungszahl beträgt N = 100. Der innere Radius hat
r_i = 45 mm und der äußere Radius r_a = 55 mm. Wie groß sind:

a) die elektrische Durchflutung θ?
b) die magnetische Feldstärke H?
c) die magnetische Flussdichte B?

a) $\Theta = N \cdot 1 = 100 \cdot 1\,A = 100\,A$
b) $H = \frac{\Theta}{l_m} = \frac{\Theta}{(r_i + r_a) \cdot \pi} = \frac{100A}{(45mm + 55mm) \cdot 3,14} = \frac{100A}{0,314m} = 328,5 \frac{A}{m}$
c) $B = \mu \cdot H = \mu_0 \cdot \mu_r = 1,257 \cdot 10^{-6} \frac{Vs}{Am} \cdot 1 \cdot 328,5 \frac{A}{m} = 4,13 \cdot 10^{-4} \frac{Vs}{Am^2} = 0,413mT$

4.1.3   Magnetischer Widerstand und magnetischer Leitwert

Um das Verständnis des magnetischen Feldes zu erleichtern, werden magnetische Größen oft mit entsprechenden Größen des elektrischen Feldes verglichen. So kann die elektrische Durchflutung Θ – als Ursache des elektromagnetischen Feldes – mit der Spannung U – als Ursache des elektrischen Feldes – verglichen werden. Daher wird die elektrische Durchflutung auch als magnetische Spannung bezeichnet.

Ähnlich wie die Spannung einen Strom bewirkt, baut die magnetische Durchflutung Θ den magnetischen Fluss Φ auf. Dementsprechend kann auch ein magnetischer Widerstand R_m als Quotient von Durchflutung und magnetischem Fluss definiert werden:

$$R_m = \frac{\Theta}{\Phi} \qquad \text{Einheit } \frac{1A}{1Vs} = 1\frac{A}{Vs} \text{ oder } R_m = \frac{l_m}{\mu \cdot A}$$

In der Gleichung ist l_m die mittlere Feldlinienlänge im Innern der Spule und A die Fläche des Spulenquerschnittes.

Der magnetische Widerstand und magnetischer Leitwert

R_m magnetischer Widerstand in A/Wb

$$R_m = \frac{\Theta}{\Phi} = \frac{l}{\mu \cdot A} = \frac{l}{\mu_0 \cdot \mu_r \cdot A}$$

Θ Durchflutung in A

Φ magnetischer Fluss in Wb bzw. Vs

$$\Lambda = \frac{1}{R_m} = \frac{\mu \cdot A}{l}$$

l mittlere Feldlinienlange in m

μ Permeabilitat in Vs/Am

$$\Phi = \Theta \cdot \Lambda$$

A Flache in m^2

Λ magnetischer Leitwert in Wb/A

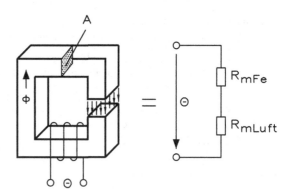

Abb. 4.9 Magnetischer Kreis mit Luftspalt

Abb. 4.9 zeigt einen magnetischen Kreis mit Luftspalt (ohne Streuung). Es handelt sich um das ohmsche Gesetz des Magnetismus für den magnetischen Widerstand R_m und dem magnetischem Leitwert Λ. Die Wert R_{mFe} (magnetischer Widerstand des Eisens) und R_{mLuft} (magnetischer Widerstand der Luft) sind die magnetischen Einzelwiderstände.

$$R_m = R_{mFe} + R_{mLuft}$$

R_m gesamter magnetischer Widerstand in A/Wb

R_{mFe}, R_{mLuft} magnetische Einzelwiderstände in A/Wb

$$V_g = V_{Fe} + V_{Luft}$$

V_g magnetische Gesamtspannung in A

$$\Theta = H_{Fe} \cdot l_{Fe} + H_{Luft} \cdot l_{Luft}$$

V_{Luft}, V_{Fe} magnetische Teilspannung in A

$$R_m = \frac{1}{\mu_0 \cdot \mu_r \cdot A}$$

Θ Durchflutung in A

$$\Phi = \frac{\Theta}{R_m}$$

H_{Luft}, H_{Fe} magnetische Feldstarken in A/m

$$\Lambda = \frac{1}{R_m}$$

l_{Luft}, l_{Fe} mittlere Feldlinienlange in m

Beispiel: Es wird der Kern mit den Abmessungen von Abb. 4.9 verwendet werden mit $A = 1\,cm^2$, $l_{Fe} = 10\,cm$, $l_L = 0,1\,cm$, $B = 1,257 \cdot 10^{-4}\,Vs/cm^2$. Welcher magnetische Fluss ergibt sich, wenn der Kern aus legierten Blechen besteht? Der Wert für H_{Fe} wird aus einer vorgegebenen Kennlinie mit 8,5 A/cm angegeben.

$$H_{Fe} = \frac{B}{\mu_0} = \frac{1,257 \cdot 10^{-4}\,\frac{V_s}{cm^2}}{1,257 \cdot 10^{-8}\,\frac{V_s}{A \cdot cm^2}} = 10^4\,\frac{A}{cm^2}$$

$$\Theta = H_{Fe} \cdot l_{Fe} + H_{Luft} \cdot l_{Luft} = 8,5\,\frac{A}{cm} \cdot 10\,cm + 10^4\,\frac{\Theta}{cm^2} \cdot 0,1\,cm = 1085\,A$$

4.1.4 Kraft im Magnetfeld

Die Kraft im Magnetfeld bildet die Grundlage des Relais und des Schützes. Ein Relais besteht aus zwei Hauptteilen: dem Elektromagneten mit Anker und Kontakten, die durch die Ankerbewegung betätigt werden.

Abb. 4.10 zeigt den mechanischen Aufbau eines Relais in seiner Standardform, denn in der Praxis findet man zahlreiche Relaistypen wie Flachrelais, Rundrelais, Zungenrelais, Kammrelais, Hubankerrelais, Tauchankerrelais, Stromstoßrelais, Kipprelais, polarisierte Relais usw. In der Praxis liegt die Wicklung des Relais in einem eigenen Stromkreis (Steuerstromkreis), während der Kontaktsatz den zweiten Stromkreis zum Ein- oder Ausschalten eines Verbrauchers mit höheren Spannungen und Leistungen durchführt. Abb. 4.11 zeigt die Anordnung von Kontaktfedersätzen für Relais.

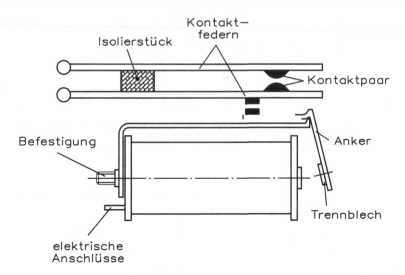

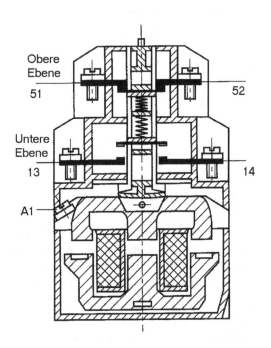

Abb. 4.10 Mechanischer Aufbau eines Rundrelais mit einem Kontaktpaar als Schließer

Abb. 4.11 Kontaktfedersätze
von Relais

Für den Einsatz der Relais benötigt man die Kennwerte, die auf der Außenisolation aufgedruckt sind. Hierzu gehören der Innenwiderstand, die Windungszahl, Drahtdurchmesser (blank), Drahtmaterial und Isolationsart. Auch die Angaben über den Betrieb an Wechsel- oder Gleichstrom sind vorhanden, denn beim Anlegen von Gleichstrom an ein

Wechselstromrelais führt dies unweigerlich zur Zerstörung des Bauelements. Beim Einsatz von Relais ist unbedingt auf die Nennspannung der Relaisspule, auf die Stromart und die Belastung der Kontakte zu achten.

Fließt durch die Relaisspule ein Strom, baut sich ein Magnetfeld auf und der Relaisanker wird betätigt. Der Relaisanker besteht aus einem etwa 0,5 mm dicken Trennblech aus nicht magnetischem Werkstoff. Dadurch bleibt auch in Arbeitsstellung ein geringer Spalt zwischen Kern und Anker erhalten, sodass der Anker nach dem Abschalten wieder abfällt und nicht infolge des remanenten Magnetismus kleben bleibt.

Bei einer Ansteuerung eines Relais durch Wechselstrom ergeben sich im Eisenkern diverse Verluste. Der Kern muss daher bei Wechselstrom aus Dynamoblechen zusammengesetzt sein. Wegen des „Flatterns" an Wechselstrom, das auch eine Anzugs- und Halteunsicherheit mit sich bringt, wurden spezielle Wechselstromrelais (Phasenrelais) entwickelt und diese bestehen aus zwei Kernen mit zwei Wicklungen. Durch einen Kondensator in der zweiten Wicklung wird eine Phasenverschiebung erzielt. Dadurch überschneiden sich die Anzugsmomente, der Anker verhält sich ruhig und arbeitet sehr zuverlässig.

Soll ein Relais nur bei einem Strom, der in eine bestimmte Richtung fließt, ansprechen oder sich je nach Stromrichtung in der Wicklung nach der einen oder anderen Richtung bewegen, setzt man gepolte Relais ein. Bei diesen Relais beinhaltet der Kernteil oder der Anker einen Dauermagneten. Die Wirkung ist so, dass der Strom in der einen Richtung z. B. den einen Polschuh magnetisch stärkt und den anderen schwächt, während bei Änderung der Stromrichtung das Umgekehrte der Fall ist.

Beim Abschalten eines Relais tritt durch den Abbau des Magnetfeldes eine Selbstinduktionsspannung auf, die am mechanischen Schalter oder Schalttransistor einen Lichtbogen verursacht. Durch diesen Lichtbogen wird der mechanische Schalter langsam unbrauchbar, der Schalttransistor dagegen unweigerlich zerstört. Durch die Parallelschaltung eines Kondensators von 0,1 µF bis 4,7 µF zum mechanischen Schalter oder an der Spule verringert sich die Funkenbildung erheblich. Der Selbstinduktionsstrom lädt den Kondensator auf und wird dadurch dem Kontakt entzogen. Steuert man das Relais mit einem Schalttransistor an, muss immer parallel zur Relaisspule eine „Freilaufdiode" vorhanden sein, die die Selbstinduktion wirksam unterdrückt.

Bei den Kontaktarten unterscheidet man zwischen Arbeitskontakten (Schließer), Ruhekontakten (Öffner) und Folge-Umschaltkontakten (Folge-Wechsel), sowie einigen Kombinationsarten. Diese Kontakte werden hinsichtlich der Art und ihrer Betätigungsfolge durch Kurzzeichen bezeichnet. Dabei geht man immer von unbetätigten Kontakten (Ruhestellung) aus. Die Kontakte eines Kontaktfedersatzes bezeichnet man fortlaufend in Betätigungsrichtung und ist keine Betätigungsrichtung angegeben, erfolgt die Bezeichnung von links nach rechts. Bei zwei Betätigungsrichtungen bezeichnet man den Ausgangspunkt und die Bezeichnungsfolge verläuft ebenfalls von links nach rechts. Ist es aus schaltungstechnischen Gründen erforderlich, werden die Folgebetätigungen an den einzelnen Kontakten direkt bezeichnet. Bei zusammengesetzten Kontakten kennzeichnet man die, bei denen die Kontakte getrennt sind.

Ein Schütz ist ein elektrisches Bauteil, das in vielerlei Hinsicht einem Relais ähnelt, allgemein jedoch einen wesentlich breiteren Anwendungsbereich aufweist und demzufolge über viele Funktionen und Eigenschaften verfügt, die ein herkömmliches Relais nicht vorweisen kann. In den meisten Fällen werden Schütze speziell für große elektrische Leistungen entwickelt.

Ein weiterer Unterschied zwischen Schützen und Relais liegt darin, dass Relais für gewöhnlich in einer von zwei möglichen Konfigurationen eingesetzt werden können: als Öffner oder Schließer. Die meisten Schütze hingegen sind darauf ausgelegt, nur in der offenen Position, als Schließer, zu agieren. Schutzschalter sind, anders als Schütze und Relais, normalerweise geschlossen, öffnen jedoch, wenn gefährliche Bedingungen an dem jeweiligen Schaltkreis auftreten.

Schütze sind im Grunde elektrische Schalter, die sich ferngesteuert schalten lassen. Sie können sowohl auf Spannungen, ähnlich denen der Steuergeräte, die ihren Status regulieren, ausgelegt sein, als auch auf Spannungen im Bereich der Lasten, die sie steuern. Aufgrund ihres breiten Anwendungsbereichs kann man Schütze für Industriezwecke verwenden, die in Schaltungen eingesetzt werden, deren Spannung und Stromstärke die der meisten Haushaltsanwendungen für gewöhnlich um ein Vielfaches übersteigt.

Aufgrund der Bedingungen, in denen Schütze eingesetzt werden, sind bei deren Herstellung wesentlich andere Faktoren zu berücksichtigen als Relais. Viele Schütze sind beispielsweise mit einer Art.

Lichtbogenunterdrückungssystem ausgestattet, die ihre Lebensdauer erheblich verlängert. Die Wahl des jeweiligen Lichtbogenunterdrückungssystems hängt unter anderem davon ab, ob der Schütz mit Gleich- oder mit Wechselstrom betrieben wird.

Schütze werden auch über deren jeweilige Schaltung definiert, auch Kontakt-Konfiguration genannt. Das ermöglicht die Verwendung eines Schützes in der Form eines beliebigen Schalters, wobei sowohl mehrere Schaltkreise gleichzeitig als auch nur ein bestimmter Schaltkreis gesteuert werden können. Abb. 4.12 zeigt einen Querschnitt durch einen Schütz mit der oberen und unteren Ebene bzw. einem Anschluss A1 für die interne Spule.

Die Zahl der Kontakte (Schaltglieder) ist unterschiedlich, wie noch bei den Drehstrommotoren gezeigt wird. In der Praxis hat man vier oder acht Schaltglieder. Bei acht Schaltgliedern sind zwei Vierergruppen in zwei Etagen übereinander angeordnet. Die Schütze werden für Gleich- und Wechselstrom mit verschiedenen Spannungen ausgeführt. Die Anschlüsse A1 und A2 sind für die Magnetspule.

Die Ziffer an der Einerstelle ist die sogenannte Funktionsziffer. Die gibt Auskunft über die Schließer- oder Öffnerfunktion des Schaltgliedes.

$$\text{Schaltglieder} \quad \_1/\_2 \quad \text{für Öffner}$$

$$\_3/\_4 \quad \text{für Schlieser}$$

Die Ziffer an der Zehnerstelle ist die Ordnungsziffer (Platzziffer). Diese kennzeichnet den Platz und damit auch die zusammengehörigen Anschlüsse.

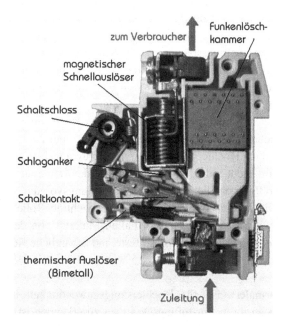

Abb. 4.12 Querschnitt durch einen Schütz

Bei dem Schütz in Abb. 4.12 öffnet beim Einschalten zuerst der Öffner 51/52, bevor der Schließer 13/14 schließt.

Grundsätzlich gelten diese Schütze als wartungsfrei. Je nach Grad der Beanspruchung in der Anwendung kann eine Wartung der Kontakte erforderlich sein. Bei einer typischen Anwendung mit starker Beanspruchung kommt es zu häufigem Schalten bei hohen Strömen, Reversieren und Tippen (AC-4). Die verfrühte Wartung von Schützen trägt zur Steigerung der Gesamtkosten bei, während eine zu späte Wartung zu kostenintensiven Unterbrechungen und Ausfällen führen kann, Durch die Wartung zum richtigen Zeitpunkt werden solche Probleme vermieden. Die folgenden Gebrauchskategorien zählen zu den häufigsten.

- AC-1 (nicht oder geringe induktive Lasten, Widerstandsöfen): Das Schließen der Hauptkontakte ist relativ einfach, da der Einschaltstrom dem Bemessungsbetriebsstrom der Last entspricht. Das Öffnen erfolgt bei voller Bemessungsbetriebsspannung, wobei der Lichtbogen ein relativ niedriges Energieniveau aufweist.
- AC-2 (Starten und Ausschalten von Schleifringläufermotoren): Schließen und Öffnen erfolgt typischerweise mit dem 2,5-fachen Bemessungsbetriebsstrom des Motors (I_e · 2,5), wobei die Bemessungsbetriebsspannung der Nennspannung entspricht.
- AC-3 (Starten und Ausschalten laufender Kurzschlussläufermotoren): Das Schließen der Hauptkontakte erfolgt mit dem ca. 6- bis 8-fachen (oder höher bei den heutigen Hochleistungsmotoren) Bemessungsbetriebsstrom des Motors je nach

Motoreigenschaften und Art der Last. Das Öffnen ist einfacher, da der Strom dem Bemessungsbetriebsstrom des Motors entspricht. Die Spannung verringert sich auf 17 % der Bemessungsbetriebsspannung. Die typische elektrische Abnutzung ist auf das Schließen der Kontakte zurückzuführen. Bei der Sichtprüfung einer AC-3-Anwendung zeigt sich normalerweise, dass kein oder nur sehr wenig Material von den Kontakten in die Löschkammern verspritzt wurde.

- AC-4 (Starten, Gegenstrombremsen oder Tippen von Kurzschlussläufermotoren): Das Öffnen und Schließen der Schützkontakte erfolgt mit dem ca. 6- bis 8-fachen (oder höher bei den heutigen Hochleistungsmotoren) Bemessungsbetriebsstrom des Motors. Die Spannung wird nicht reduziert und entspricht der Bemessungsbetriebsspannung des Motors. Sowohl der Schließ- als auch der Öffnungsvorgang tragen zur Kontaktabnutzung bei. Die Löschkammern spielen eine wichtige Rolle beim Löschen des Lichtbogens. Daher wird in den meisten Fällen Material von den Kontakten in die Löschkammern verspritzt. Abb. 4.12 zeigt feste und bewegliche Kontakte in einer AC-4-Anwendung.

Schütze werden normalerweise für Hochleistungsanwendungen im Industriebereich eingesetzt, was auch an ihren Einstufungssystemen zu erkennen ist. Es gibt sie in verschiedenen Klassifizierungen nach IEC 60947–4-1. Diese Klassifizierungen werden in AC-Nummern angegeben, von AC-1 bis AC-4. Parallel dazu werden auch andere Einstufungssysteme verwendet.

Zu den Anwendungsbereichen von Schützen zählen das Anlassen von Motoren, das Überwachen industrieller Öfen sowie das Steuern der Geschwindigkeiten sehr großer Motoren und anderer Großanlagen.

Magnetische Blaseinrichtungen kommen oftmals in Geräten an Schützen zum Einsatz, die den Lichtbogen zum Schutz der jeweiligen Bauteile vor Schäden physisch von den Kontakten weg bewegt.

Die Stärke des Ströme, dem ein Schütz ausgesetzt ist, das Material, aus dem es gefertigt ist, sowie die Frage, welche Technologie zur Unterdrückung von Lichtbögen eingesetzt wird, und einige weitere Faktoren bedingen die maximale Lebensdauer eines Schützes. Aus mechanischer Sicht jedoch, sind diese Geräte ausgesprochen robust und, sofern sie mit entsprechendem Schutz ausgestattet sind und in angemessenen Bedingungen eingesetzt werden, können sie eine sehr lange Zeit bestehen.

Hilfskontakte können Teil eines Schützes sein, oder aber in Form einer separaten Komponente als Modul zu dem.

Schütz hinzugefügt und entfernt werden. Hilfskontakte dienen oftmals der Übertragung von Steuerinformationen an eine logische Steuereinheit, die bei den meisten Anwendungen und je nach Eingängen den jeweiligen Geräten das Signal zum unmittelbaren bzw. zeitlich festgelegten Ein- und Ausschalten erteilt.

Die Berechnung der Kraft im Magnetfeld nach Abb. 4.13 erfolgt mit folgender Gleichung:

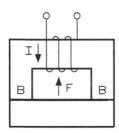

Abb. 4.13 Stromdurchflossener Leiter mit Magnetfeld (Tragkraft eines Magnets)

Abb. 4.14 Kraftwirkung
eines stromdurchflossenen
Leiters im Magnetfeld

stromdurchflossener
Leiter im Magnetfeld

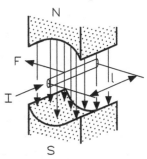

$$F = \frac{B^2 \cdot A}{2 \cdot \mu_0}$$

F Kraft in N

B magnetische Flussdichte in T

A Fläche in m^2

Beispiel: Welche Tragkraft F hat ein Magnet, wenn die magnetische Flussdichte B = 1,5 T und die wirksame Polfläche A = 0,1 m² beträgt?

$$F = \frac{B^2 \cdot A}{2 \cdot \mu_0} = \frac{(1,5T)^2 \cdot (0,1)m^2}{2 . 1,257 \cdot 10^{-6} \frac{V_S}{Am}} = 8950\,N$$

4.1.5 Kraftwirkung eines stromdurchflossenen Leiters im Magnetfeld

Aus dem vorherigen Abschnitt ist bekannt, dass auf einen sich in einem Magnetfeld befindenden stromdurchflossenen Leiter eine Kraft ausgeübt wird. Abb. 4.15 zeigt die Kraftwirkung eines stromdurchflossenen Leiters im Magnetfeld.

Abb. 4.15 Spule im
Magnetfeld

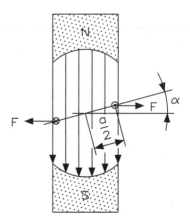

Abb. 4.14 zeigt ein vom Nordpol (N) zum Südpol (S) verlaufendes Magnetfeld. Senkrecht zur Feldrichtung liegt ein elektrischer Leiter. Fließt in ihm ein elektrischer Strom, so ergibt sich ein Magnetfeld, das zusätzlich zum ursprünglichen Feld auftritt. Das resultierende Gesamtmagnetfeld hat den dargestellten Verlauf. Das Ergebnis zeigt, dass das ursprüngliche Feld durch das Magnetfeld des Stromes auf der einen Seite des Leiters verstärkt und auf der anderen Seite geschwächt wird. Es entsteht eine Kraft F, die in Richtung des geschwächten Feldes wirkt.

Das Entstehen dieser Kraft lässt sich einfach erklären, denn magnetische Feldlinien weisen das Bestreben auf, sich zu verkürzen und sich darüber hinaus möglichst weit voneinander zu entfernen. Feldlinien erzeugen also einen Längszug und üben aufeinander einen Querdruck aus.

Die Kraftwirkung eines stromdurchflossenen Leiters im Magnetfeld ist.

$$F = B \cdot I \cdot l \cdot z$$

F Kraft auf den Leiter in N

B magnetische Flussdichte in T

l wirksame Leiterlange in m

z Leiterzahl

I Stromstarke in A

Beispiel: Wie groß ist die Ablenkkraft F, wenn im Leiter ein Strom von $I = 5$ A fließt, die wirksame Breite (senkrecht zum Strom) $l = 0,2$ m, die magnetische Flussdichte $B = 1$ T und die Leiterzahl $z = 500$ beträgt?

$$F = B \cdot I \cdot l \cdot z = 1 \frac{V_s}{m^2} \cdot 5A \cdot 0,2m \cdot 500 = 500\,N$$

Abb. 4.15 zeigt eine Spule im Magnetfeld. Für das Drehmoment M und die Kraft F gilt.

$$M = \frac{F \cdot a \cdot \sin \alpha}{2} \qquad \text{M Drehmoment in N}$$

$$F = 2 \cdot N \cdot B \cdot I \cdot z \qquad \text{a Spulenlänge in m}$$

z Leiterzahl

Beispiel: Wie groß ist das Drehmoment M und die Kraft F, wenn die Windungszahl N = 100 ist, die magnetische Flussdichte mit B = 1 T angegeben wird, der Strom beträgt I = 5 A, die wirksame Leiterzahl ist z = 500, die Spulenlänge hat a = 0,1 m und das Drehmoment bei $\sin \alpha = 20°$?

$$F = 2 \cdot N \cdot B \cdot I \cdot z = 2 \cdot 100 \cdot 1T \cdot 5A \cdot 500 = 500000\,N$$

$$M = \frac{F \cdot a \cdot \sin \alpha}{2} = \frac{500000N \cdot 0,1 \cdot \sin 20°}{2} = \frac{500000N \cdot 0,1 \cdot 0,912}{2} = 22,8 kpm$$

Wie berechnet man die Leistung bei einer Drehbewegung?

Nach Abb. 4.15 ist die Kraft F, die am Radius r angreifende Tangentialkraft und die Geschwindigkeit v die mit F gleichgerichtete Umfangsgeschwindigkeit in m/s. Aus der Grundformel P = F · v kann man damit auch die Leistungsgleichung für die Drehbewegung erstellen:

P = F · v = F · r · ω = M · ω (Augenblicksleistung)   F Kraft auf Leiter in N

P Leistung in W oder kW

r Radius in m

ω Kreisfrequenz 2 · π · f

v Geschwindigkeit in m/min

Löst man diese Gleichung auf, ergibt sich.

$$P = \frac{F \cdot v}{75} = \frac{F \cdot 2 \cdot \pi \cdot n}{75 \cdot 60} = M \cdot n \cdot \frac{2 \cdot 3,14}{75 \cdot 60} \quad \text{n Umdrehung}$$

Berechnet man den Bruch $\frac{2 \cdot \pi}{102 \cdot 60}$, erhält man $\frac{1}{975}$ und damit ist die Leistung

$$P = \frac{M \cdot n}{975} \qquad \text{P Leistung in W oder kW}$$

M Drehmoment in kpm

n Drehzahl in U/min

Sind Leistung P und Drehzahl n eines Motors bekannt, kann man die Drehkraftwirkung an der Motorwelle – das Drehmoment M – berechnen, wenn man die Leistungsformeln umstellen:

$$M = 975 \cdot \frac{P}{n}$$

Beispiel: Ein Getriebemotor leistet 0,1 kW. Die Drehzahl der Getriebe-Abtriebswelle ist n = 14,8 U/min. Wie groß ist das Abtriebsdrehmoment?

$$M = 975 \cdot \frac{P}{n} = 975 \cdot \frac{0,1\,kW}{14,8\,U/\min} = 6,6kpm$$

Für die parallelen Stromleiter bei der Energieübertragung ergeben sich zwei Möglichkeiten, entweder ziehen sich die beiden Leiter an oder sie stoßen sich ab. Abb. 4.16 zeigt die Kraft auf parallele Stromleiter.

$$F = F_1 = F_2 \qquad F \text{ Kraft in N}$$

$$\mu_0 \text{ magnetische Feldkonstante}$$

$$F = \frac{\mu_0 \cdot l \cdot I_1 \cdot I_2}{2 \cdot \pi \cdot b} \qquad l \text{ Leiterlange in m}$$

$$b \text{ Leiterabstand in m}$$

$$\mu_0 = 1,257 \cdot 10^-6 \frac{Vs}{Am} \qquad I_1, I_2 \text{ Leiterstrom in A}$$

Beispiel: Durch zwei Leitungen mit l = 20 m fließt ein Strom von $I_1 = I_2 = 50$ A. Der Abstand beträgt b = 1 cm. Wie groß ist die Kraft F?

$$F = \frac{\mu_0 \cdot l \cdot I_1 \cdot I_2}{2 \cdot \pi \cdot b} = \frac{1,257 \cdot 10^{-6} \frac{Vs}{Am} \cdot 20m \cdot 50A \cdot 50A}{2 \cdot 3,14 \cdot 0,01m} = 1N$$

4.1.6 Induktion der Bewegung

Die Spannungserzeugung erfolgt unabhängig davon, ob das Magnetfeld oder der Leiter in Abb. 4.17 bewegt wird. Der Induktionsvorgang ist daher nur von der Relativbewegung zwischen Erregerfeld und Leiter abhängig. Die Polarität der erzeugten Spannung hängt dabei jeweils von der Bewegungsrichtung der beweglichen Anordnung ab. Es wird

Abb. 4.16 Kraft auf parallele Stromleiter

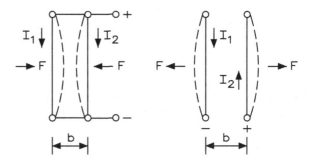

Abb. 4.17 Leiter im
Magnetfeld

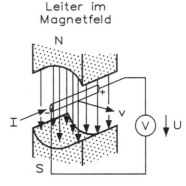

eine Spannung erzeugt, wenn der Leiter nach vorne oder nach hinten bewegt wird. Bei
ständiger Hin- und Herbewegung des Stabmagneten oder der Leiterschleife entsteht
somit zwangsläufig eine Wechselspannung.

Die Höhe der induzierten Spannung hängt von der Größe des magnetischen Flusses
und der Bewegungsgeschwindigkeit des bewegten Teiles ab. Eine Erhöhung der
Spannung kann bei einer Anordnung bei sonst unveränderten Bedingungen aber auch
erreicht werden, wenn die Windungszahl N der Spule erhöht wird. Diese physikalischen
Zusammenhänge beschreibt das Induktionsgesetz mit.

$$U_{ind} = -N\frac{\Delta \Phi}{\Delta t}$$ U_{ind} induzierte Spannung in V

N Windungszahl

$\dfrac{\Delta \Phi}{\Delta t}$ zeitliche Veranderung des magnetischen

Flusses in Wb/s (Das Vorzeichen hängt vom gewählten Richtungssinn ab).

Das Minuszeichen in der Formel ist für die praktische Spannungserzeugung ohne
Bedeutung und muss auch in Berechnungen nicht weiter berücksichtigt zu werden. Es
berücksichtigt lediglich den physikalischen Zusammenhang zwischen der mechanischen
Energie als Ursache und der induzierten elektrischen Energie als Wirkung.

Ist der Stromkreis geschlossen, so ruft die Induktionsspannung einen Strom hervor.
Die Richtung ist von der Bewegungsrichtung des Leiters und der Richtung des Magnetfeldes abhängig. Abb. 4.18 zeigt zwei Leiter im Magnetfeld.

Für die Induktion der Bewegung in einem Magnetfeld gilt:

$|U_{ind}|$ induzierte Spannung in V

$$|U_{ind}| = B \cdot l \cdot v \cdot z, \text{wenn } v \perp B$$ l wirksame Leiterlange in m

v Geschwindigkeit in m/s

$\perp$ (senkrechte Einwirkung) z Leiterzahl

B magnetische Flussdichte in T

Abb. 4.18 Leiter im
Magnetfeld

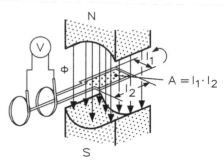

Beispiel: Wie groß ist die Induktionsspannung bei einer magnetische Flussdichte
B = 1,5 T, wirksame Leiterlänge l = 0,1 m, einer Geschwindigkeit v = 5 m/s und einer
Leiterzahl z = 100?

$$U = B \cdot l \cdot v \cdot z = 1,5T \cdot 0,1m \cdot 5m/s \cdot 100 = 75V$$

Die induzierte Spannung lässt sich berechnen aus

$$U_{ind} = -N\frac{\Delta\Phi}{\Delta t}$$ U_{ind} induzierte Spannung in V

N Windungszahl

$\Delta\Phi$ Flussanderung

Δt Zeitdauer der Anderung

4.1.7 Selbstinduktion und magnetische Energie

Nach dem Induktionsgesetz wird in jedem Leiter, der einer Flussänderung unterworfen
ist, eine Spannung induziert. Solche Flussänderungen treten aber nicht nur in Motoren,
Generatoren oder Transformatoren auf, wo ganz gezielt Spannungen induziert werden
sollen, sondern auch in Spulen, die lediglich ein konstantes Erregerfeld aufrecht erhalten
sollen.

Alle bisherigen Betrachtungen gingen immer davon aus, dass ein konstanter Gleichstrom I ein Magnetfeld mit dem konstanten Fluss Φ aufrecht erhielt. Wird jedoch eine
bisher abgeschaltete Spule an eine Gleichspannung gelegt, so vergeht stets eine gewisse
Zeit, bis alle einzelnen Feldlinien zu einem resultierenden Magnetfeld zusammengefasst
sind. Bei einem derartigen Feldaufbau werden die Windungen der Spule von den selbst
erzeugten Feldlinien durchdrungen. Bei dieser Selbstinduktion wird eine Spannung
induziert, die als Selbstinduktions-Urspannung u_0 bezeichnet wird. Auch für sie gilt die
Lenzsche Regel, wonach die induzierte Spannung u_0 der angelegten Spannung u als Ver-
ursacher entgegenwirkt. Bedingt durch diese selbstinduzierte Gegenspannung kann der

Strom i nach dem Einschalten der Spannung u nicht sprunghaft seinen konstanten Endwert erreichen. Dieser konstante Endwert stellt sich nämlich erst ein, wenn keine weitere
Feldänderung mehr auftritt. Ist dieser Zustand erreicht, d. h. man befindet sich im Dauerbetrieb oder stationären Zustand.

$$U_0 = -L\frac{\Delta I}{\Delta t}$$

U_0 Selbstinduktionsspannung in V

L Induktivitdddotat in H

$$1\,H = 1\frac{Vs}{A} = 1\Omega$$ $\frac{\Delta I}{\delta t}$ zeitliche Verdddotanderung des Stromes in A/s

L Selbstinduktivitdddotat in H

$$L = N^2 \cdot \frac{\mu_0 \cdot \mu_r \cdot A}{l}$$ $1H = Wb/A$ N Windungszahl

A Flache in m^2

$$L = N^2 \cdot \Lambda$$ Λ magnetischer Leitwert in Wb/A

Die charakteristische Kenngröße einer Spule ist ihre Induktivität L. In ihr sind alle
Einflussgrößen, die sich aus dem konstruktiven Aufbau einer Spule ergeben, zusammengefasst. Es gilt:

$$L = N^2 \cdot \frac{\mu_0 \cdot \mu_r \cdot A}{l}$$ $1\,H = Wb/A$ N Windungszahl

A Flache in m^2

$$L = N^2 \cdot \Lambda$$ Λ magnetischer Leitwert in Wb/A

Damit lässt sich das Induktionsgesetz auch in der Form darstellen:

$$U = L\frac{\Delta I}{\Delta t}$$

Danach hat eine Spule die Induktivität L = 1 H, wenn eine Stromänderung von $\Delta I = 1$ A
in 1 s eine Selbstinduktionsspannung von 1 V erzeugt.

Mithilfe der Induktivität L lässt sich aber nicht nur der Zusammenhang zwischen
elektrischen und magnetischen Spulengrößen herstellen, sondern auch die in einer Spule
gespeicherte elektromagnetische Energie berechnen. Hierfür gilt:

$$W = \frac{1}{2} \cdot L \cdot I^2$$ W Energieinhalt des magnetischen Feldes in Ws

L Induktivitdddotat in $H = \frac{Vs}{A}$

I Strom in A

Die Gleichung für den Energieinhalt eines magnetischen Feldes entspricht somit der.

Gleichung für den Energieinhalt eines elektrischen Feldes.

Beispiel: Eine Spule hat eine Induktivität von L = 500 mH und es fließt ein Strom von I = 2 A. Wie groß ist die gespeicherte Energie?

$$W = \frac{1}{2} \cdot L \cdot I^2 = \frac{1}{2} \cdot 500 \, mH \cdot (2A)^2 = 1 \frac{V_S \cdot A^2}{A} = 1 W_S$$

4.1.8 Induktiver Blindwiderstand

Wird eine Spule an eine sinusförmige Wechselspannung gelegt, so fließt auch sinusförmiger Wechselstrom. Er ist aber kleiner als der Strom, der sich aufgrund des immer vorhandenen ohmschen Widerstandes der Spule einstellen würde. Der größere Widerstand einer Spule beim Betrieb an Wechselspannung gegenüber dem Betrieb an Gleichspannung wird durch den induktiven Blindwiderstand X_L hervorgerufen. Dieser induktive Blindwiderstand einer Spule entsteht durch die Gegenspannung, die infolge der Selbstinduktion auftritt.

Die Größe des induktiven Blindwiderstandes X_L hängt von der Induktivität L der Spule und der Frequenz f der anliegenden Wechselspannung ab. Je größer die Induktivität L und je größer die Frequenz f sind, desto größer ist auch der induktive Blindwiderstand X_L. Für den induktiven Blindwiderstand gilt:

$$X_L \text{ induktiver Blindwiderstand } \Omega$$

$$X_L = \omega \cdot L = 2 \cdot \pi \cdot f \cdot L \quad \omega \text{ Kreisfrequenz Hz}$$

$$f \text{ Frequenz}$$

Beispiel: Eine Spule mit L = 100 mH liegt an einer Frequenz mit f = 50 Hz. Welchen Wert hat der induktive Blindwiderstand?

$$X_L = 2 \cdot \pi \cdot f \cdot L = 2 \cdot 3{,}14 \cdot 50 \, Hz \cdot 100 \, mH = 31{,}4 \, \Omega$$

Der induktive Blindwiderstand hat neben der Frequenzabhängigkeit auch eine Blindleistung, wenn ein Motor betrieben wird. Abb. 4.19a zeigt den induktiven Blindwiderstand, Abb. 4.19b zeigt die Reihenschaltung von Wirkwiderstand und induktivem Blindwiderstand und Abb. 4.19c zeigt die Parallelschaltung von Wirkwiderstand und induktivem Blindwiderstand.

Die Berechnung des induktiven Blindwiderstands ist.

$$X_L = \frac{U_L}{I_L}$$

Abb. 4.19b zeigt die Reihenschaltung von Wirkwiderstand R und induktivem Blindwiderstand X_L. Die Berechnungen ergeben sich aus.

$$U = \sqrt{U_R^2 + U_L^2} \quad U \text{ Gesamtspannung}$$

$$U_R \text{ Wirkspannung}$$

$$U_L \text{ induktive Blindspannung}$$

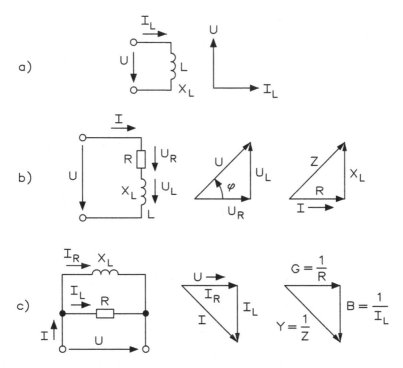

Abb. 4.19 Schaltungsmöglichkeiten des induktiven Blindwiderstands

$$Z = \sqrt{R^2 + X_L^2} \quad Z \text{ Scheinwiderstand}$$

R Wirkwiderstand

X_L induktiver Blindwiderstand

$$I = \frac{U}{Z} \quad I \text{ Strom}$$

$$cos\varphi = \frac{R}{Z} = \frac{U_R}{U} \quad \varphi \text{ Phasenverschiebungswinkel}$$

Beispiel: Der Wirkwiderstand beträgt R = 60 Ω und der induktive Blindwiderstand ist X$_L$ = 100 Ω und die Reihenschaltung liegt an 100 V. Wie groß ist Z, I und cos φ?

$$Z = \sqrt{R^2 + X_L^2} = \sqrt{(60\,\Omega)^2 + (100\,\Omega)^2} = 116,6\,\Omega$$

$U_R = I \cdot R = 0,86 \, A \cdot 100\Omega = 86 \, V$

$$I = \frac{U}{Z} = \frac{100V}{116,6\Omega} = 0,86A$$

$$\cos\varphi = \frac{U_R}{U} = \frac{86V}{100V} = 0,86 \quad \Rightarrow \phi = 0,53°$$

Abb. 4.19c zeigt die Parallelschaltung von Wirkwiderstand R und induktivem Blindwiderstand X_L. Die Berechnungen ergeben sich aus.

I Gesamtstrom

$$I = \sqrt{I_R^2 + I_L^2} \quad I_R \text{ Wirkstrom}$$

I_L Blindstrom

$$I = \frac{U}{Z} \quad Z \text{ Scheinwiderstand}$$

I_R Wirkstrom

U angelegte Spannung

Y Scheinleitwert

$$Y = \sqrt{G^2 + B_L^2} \quad G \text{ Leitwert}$$

B_L induktiver Blindleitwert

$$Y = \frac{1}{Z} = \sqrt{\frac{1}{R^2} + \frac{1}{X_L^2}}$$

$$Z = \frac{R \cdot X_L}{\sqrt{R^2 + X_L^2}} \qquad R \text{ Wirkwiderstand}$$

$$\cos\varphi = \frac{G}{Z} = \frac{I_R}{I} = \frac{Z}{R} \qquad \varphi \text{ Phasenverschiebungswinkel}$$

Beispiel: Der Wirkwiderstand beträgt R = 10 Ω und der induktive Blindwiderstand ist X_L = 20 Ω und die Reihenschaltung liegt an 10 V. Wie groß ist I und cos φ?

$$I_R = \frac{U}{R} = \frac{10V}{10\Omega} = 1A$$

$$I_L = \frac{U}{X_L} = \frac{10V}{20\Omega} = 0,5A$$

$$I = \sqrt{I_R^2 + I_L^2} = \sqrt{(1A)^2 + (0,5A)^2} = 1,12A$$

$$Z = \frac{U}{I} = \frac{10V}{1,12A} = 8,94\Omega$$

$$\cos\varphi = \frac{I_R}{I} = \frac{1A}{1,12A} = 0,89 \quad \Rightarrow \quad \varphi = 0,467°$$

4.2 Magnetismus und Drehstrom

Das Prinzip der elektromagnetischen Induktion: In einem quer durch ein Magnetfeld (B) bewegten Leiter wird eine Spannung induziert. Ist der Leiter in einem geschlossenen Stromkreis, fließt ein Strom (I). Auf den bewegten Leiter wirkt eine Kraft (F) senkrecht zum Magnetfeld und zum Leiter.

4.2.1 Magnetfeld

Das Magnetfeld rotiert im Luftspalt zwischen Stator und Rotor. Nach Anschluss einer der Phasenwicklungen an eine Phase der Versorgungsspannung wird ein Magnetfeld induziert. Abb. 4.20 zeigt eine Phase bei einem Wechselfeld.

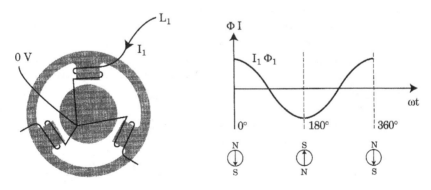

Abb. 4.20   Eine Phase ergibt ein Wechselfeld

Die Anordnung dieses Magnetfeldes im Statorkern ist fest, aber die Richtung ändert sich. Die Geschwindigkeit, mit der die Richtung sich ändert, wird von der Frequenz der Versorgungsspannung bestimmt. Bei einer Frequenz von $f = 50\,\mathrm{Hz}$ ändert das Wechselfeld die Richtung 50 mal in jeder Sekunde.

Beim Anschluss von zwei Phasenwicklungen gleichzeitig an die jeweilige Phase werden zwei Magnetfelder im Statorkern induziert. In einem zweipoligen Motor ist das eine Feld 120° im Verhältnis zum anderen verschoben. Die Maximalwerte der Felder sind auch zeitmäßig verschoben. Abb. 4.21 zeigt zwei Phasen und zusammen ergibt sich ein asymmetrisches Drehfeld.

Hiermit entsteht ein Magnetfeld, das im Stator rotiert. Das Feld ist jedoch sehr asymmetrisch, bis die dritte Phase angeschlossen wird.

Nach Anschluss der dritten Phase gibt es drei Magnetfelder im Statorkern. Zeitmäßig sind die drei Phasen 120° im Verhältnis zueinander verschoben. Abb. 4.22 zeigt drei Phasen und es entsteht ein symmetrisches Drehfeld.

Der Stator ist nun an die dreiphasige Versorgungsspannung angeschlossen. Die Magnetfelder der einzelnen Phasenwicklungen bilden ein symmetrisches und rotierendes Magnetfeld. Dieses Magnetfeld wird als Drehfeld des Motors bezeichnet.

Die Amplitude des Drehfelds ist konstant und beträgt das 1,5 fache vom Maximalwert der Wechselfelder. Dies rotiert mit der Geschwindigkeit.

$$n_0 = \frac{f \cdot 60}{p} \quad f = \text{Frequenz}$$

$$n_0 = \text{Synchrondrehzahl}$$

$$p = \text{Polpaarzahl}$$

Die Geschwindigkeit ist damit von der Polpaarzahl p und der Frequenz (f) der Versorgungsspannung abhängig. Abb. 4.23 zeigt die Größe des konstanten Magnetfeldes

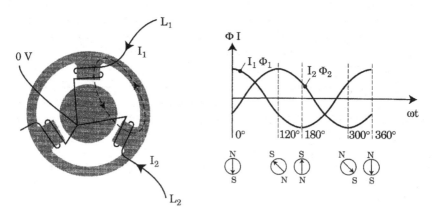

Abb. 4.21 Zwei Phasen ergeben ein asymmetrisches Drehfeld

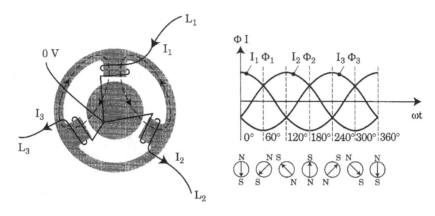

Abb. 4.22 Drei Phasen ergeben ein symmetrisches Drehfeld

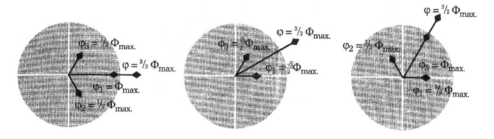

Abb. 4.23 Größe des Magnetfeldes ist konstant

und die Größe der magnetischen Felder Φ sind zu drei verschiedenen Zeiten unterschiedlich.

Bei der Abbildung des Drehfelds mit einem Vektor und einer entsprechenden Winkelgeschwindigkeit beschreibt dies einen Kreis. Als Funktion der Zeit in einem Koordinatensystem beschreibt das Drehfeld eine Sinuskurve. Das Drehfeld wird elliptisch, wenn sich die Amplitude während einer Umdrehung ändert.

Der Schleifringrotor besteht wie der Stator aus gewickelten Spulen, die in den Schlitzen liegen. Es gibt Spulen für jede Phase, die an die Schleifringe geführt werden. Nach Kurzschluss der Schleifringe arbeitet der Rotor wie ein Kurzschlussrotor.

Der Kurzschlussrotor hat in den Schlitzen eingegossene Aluminiumstäbe. An jedem Ende des Rotors erfolgt ein Kurzschluss der Stäbe über einen Aluminiumring.

Der Kurzschlussrotor wird am häufigsten verwendet. Da beide Rotoren im Prinzip die gleiche Wirkungsweise haben, wird im Folgenden nur der Kurzschlussrotor beschrieben. Abb. 4.24 zeigt das Drehfeld und den Kurzschlussrotor.

Bei Anordnung eines Rotorstabes im Drehfeld wird dieser von einem magnetischen Pol durchwandert. Das Magnetfeld des Pols induziert einen Strom I_W im Rotorstab, der nun durch eine Kraft F beeinflusst wird (Abb. 4.24 und 4.25a).

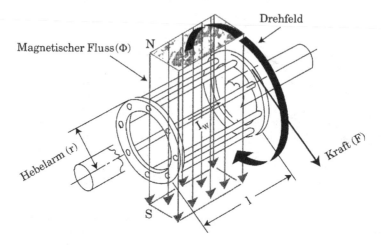

Abb. 4.24 Drehfeld und Kurzschlussrotor

Abb. 4.25 Induktion in den Rotorstäben

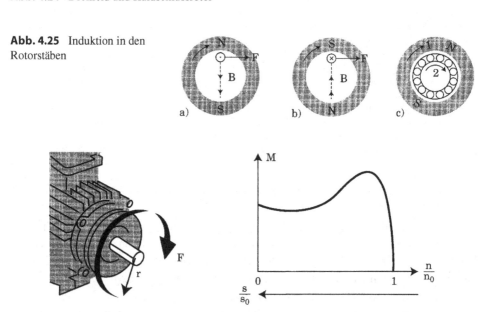

Abb. 4.26 Das Motormoment ist „Kraft mal Hebelarm"

Diese Kraft wird durch die Flussdichte B, den induzierten Strom I_w die Länge l des Rotors sowie die Phasenlage θ zwischen der Kraft und Flussdichte bestimmt.

$F = B \cdot I_w \cdot I \cdot \sin \theta$

Nimmt man an dass $\theta = 90°$ ist, dann ist die Kraft.

$F = B \cdot I_w \cdot I.$

Der nächste Pol, der den Rotorstab durchwandert, hat die entgegengesetzte Polarität. Dieser induziert einen Strom in die entgegengesetzte Richtung. Da sich aber die Richtung des Magnetfeldes auch geändert hat, wirkt die Kraft in die gleiche Richtung wie zuvor (Abb. 4.25b).

Bei Anordnung des ganzen Rotors im Drehfeld (Abb. 4.25c) werden die Rotorstäbe von Kräften beeinflusst, die den Rotor drehen. Die Drehzahl (2) des Rotors erreicht nicht die des Drehfelds, da bei gleicher Drehzahl keine Ströme in den Rotorstäben induziert werden.

4.2.2 Schlupf, Moment und Drehzahl

Die Drehzahl n_N des Rotors ist unter normalen Umständen etwas niedriger als die Drehzahl n_0 des Drehfelds.

$$n_0 = \frac{f \cdot 60}{p} \qquad p \text{ Polpaar des Motors}$$

Der Schlupf s ist der Unterschied zwischen den Geschwindigkeiten des Drehfelds und des Rotors:

$$s = n_0 - n_n$$

Der Schlupf wird häufig in Prozent der synchronen Drehzahl angegeben:

$$s = \frac{n_0 - n_N}{n_0} \cdot 100\,\%$$

Normalerweise liegt der Schlupf zwischen 4 und 11 %. Die Flussdichte B ist definiert als der Fluss Φ pro Querschnitt A. Damit ergibt sich aus der Gleichung die Kraft.

$$F = \frac{\Phi \cdot I_W \cdot l}{A}$$

$$F \approx \Phi \cdot I_W$$

Die Kraft, mit der sich der stromführende Leiter bewegt, ist proportional zum magnetischen Fluss Φ und der Stromstärke (I_W) im Leiter.

In den Rotorstäben wird durch das Magnetfeld eine Spannung induziert. Diese Spannung lässt in den kurzgeschlossenen Rotorstäben einen Strom (I_W) fließen. Die einzelnen Kräfte der Rotorstäbe werden zusammen zu dem Drehmoment M auf der Motorwelle.

Die Zusammenhänge zwischen Motormoment und Drehzahl haben einen charakteristischen Verlauf. Der Verlauf variiert jedoch nach der Schlitzform im Rotor.

Das Moment des Motors, Drehmoment, gibt die Kraft oder das „Drehen" an, das an der Motorwelle entsteht.

Die Kraft entsteht beispielsweise am Umfang eines Schwungrades, das auf der Welle montiert ist. Mit den Bezeichnungen für die Kraft (F) und für den Radius (r) des Schwungrades ist das Moment des Motors $M = F \cdot r$.

Die vom Motor ausgeführte Arbeit ist: $W = F \cdot d$. d ist die Strecke, die ein Motor eine gegebene Belastung zieht, und n ist die Anzahl der Umdrehungen:

$d = n \cdot 2 \cdot \pi \cdot r$.

Arbeit kann auch als Leistung mal die Zeit, in der die Leistung wirkt, beschrieben werden:

$W = P \cdot t$.

Das Moment ist somit:

$$F = \frac{\Phi \cdot I_W \cdot l}{A}$$

Die Formel zeigt den Zusammenhang zwischen Drehzahl n in U/min^{-1}, Moment M in Nm und der vom Motor abgegebenen Leistung P in kW.

Bei Betrachtung von n, M und P im Verhältnis zu den entsprechenden Werten in einem bestimmten Arbeitspunkt (n_r, M_r und P_r) ermöglicht die Formel einen schnellen Überblick. Der Arbeitspunkt ist in der Regel der Nennbetriebspunkt des Motors und die Formel kann wie folgt umgeschrieben werden:

$M_r = \frac{P_r}{n_r}$ und zu $P_r = M_r \cdot n_r$.

Wobei $M_r = \frac{M}{M_N}$, $P_r = \frac{P}{P_N}$ und $n_r = \frac{n}{n_N}$

Die Konstante 9550 entfällt in dieser Verhältnisrechnung.

Beispiel: Die Belastung soll 15 % des Nennwerts betragen und die Drehzahl ist 50 % des Nennwerts. Die abgegebene Leistung wird 7,5 % der abgegebenen Nennleistung, da $P_r = 0{,}15 \cdot 0{,}50 = 0{,}075$.

Neben dem normalen Betriebsbereich des Motors gibt es zwei Bremsbereiche, wie Abb. 4.27 zeigt.

Im Bereich $\frac{n}{n_0} > 1$ wird der Motor von der Belastung über die synchrone Drehzahl gezogen. Hier arbeitet der Motor als Generator. Der Motor erzeugt in diesem Bereich ein Gegenmoment und gibt gleichzeitig Leistung zurück ins Versorgungsnetz.

Im Bereich $\frac{n}{n_0} < 0$ wird das Bremsen als Gegenstrombremsung bezeichnet.

Wenn plötzlich zwei Phasen eines Motors vertauscht werden, ändert das Drehfeld die Laufrichtung. Unmittelbar danach wird das Drehzahlverhältnis $\frac{n}{n_0} = 1$ sein.

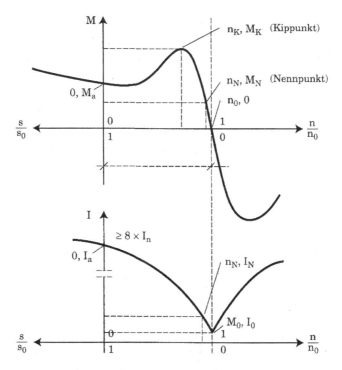

Abb. 4.27 Strom- und Momentencharakteristik des Motors

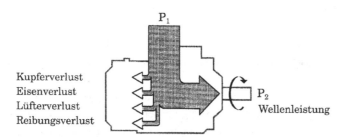

Abb. 4.28 Verluste im Motor

Der Motor, der vorher mit dem Moment M belastet war, bremst nun mit einem Bremsmoment. Wenn der Motor nicht bei $n = 0$ ausgeschaltet wird, läuft der Motor weiter in der neuen Drehrichtung des Drehfelds.

Im Bereich $0 < \frac{n}{n_0} < 1$ wird der Motor in seinem normalen Arbeitsbereich betrieben. Der Motorbetriebsbereich lässt sich in zwei Bereiche unterteilen:

$$0 < \frac{n}{n_0} < \frac{n_k}{n_0}$$

Anlaufbereich $0 < \frac{n}{n_0} < \frac{n_k}{n_0}$ und Betriebsbereich $\frac{n_k}{n_0} < \frac{n}{n_0} < 1$
Es gibt einige wichtige Punkte im Arbeitsbereich des Motors:

Abb. 4.29 Wirbelströme
werden durch die
Lamellenform des Motoreisens
verringert

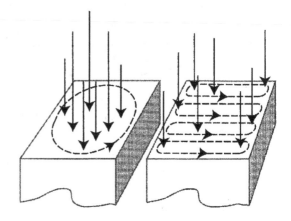

M_a ist das Startmoment des Motors. Es ist das Moment, das der Motor aufbaut, wenn im Stillstand Nennspannung und Nennfrequenz angelegt werden.

M_k ist das Kippmoment des Motors. Es ist das größte Moment, das der Motor leisten kann, wenn Nennspannung und Nennfrequenz anliegen.

M_N ist die bestimmende Größe des Motors. Die Nennwerte des Motors sind die mechanischen und elektrischen Größen, für die der Motor nach der Norm IEC 34 konstruiert wurde. Diese sind auf dem Typenschild des Motors angegeben und werden auch als Typenwerte und Typendaten des Motors bezeichnet. Die Nennwerte des Motors geben an, wo der optimale Betriebspunkt des Motors bei direktem Anschluss an das Versorgungsnetz liegt.

4.2.3 Wirkungsgrad und Verlust

Der Motor nimmt eine elektrische Leistung aus dem Versorgungsnetz auf. Diese Leistung ist bei einer konstanten Belastung größer als die mechanische Leistung, die der Motor an der Welle abgeben kann. Ursache hierfür sind verschiedene Verluste im Motor. Das Verhältnis zwischen der abgegebenen und der aufgenommenen Leistung ist der Motorwirkungsgrad η.

$$\eta = \frac{P_2}{P_1} = \frac{abgegebene\ Leistung}{aufgenommene\ Leistung}$$

Der typische Wirkungsgrad eines Motors liegt zwischen 0,7 und 0,9 je nach Motorgröße und Polzahl.

Die Verluste im Motor sind: Kupferverluste in den ohmschen Widerständen der Stator- und Rotorwicklungen.

Eisenverluste, die aus Hystereseverlusten und Wirbelstromverlusten bestehen. Die Hystereseverluste entstehen, wenn das Eisen von einem Wechselstrom magnetisiert wird. Das Eisen muss ständig ummagnetisiert werden, bei einer 50-Hz-Versorgungsspannung ist dies 100-mal in der Sekunde. Das erfordert Energie für die Magnetisierung und für die Entmagnetisierung.

Der Motor nimmt eine Leistung auf, um die Hystereseverluste abzudecken. Diese steigen mit der Frequenz und mit der magnetischen Induktion.

Die Wirbelstromverluste entstehen, weil die Magnetfelder elektrische Spannungen im Eisenkern wie in jedem anderen Leiter induzieren. Diese Spannungen verursachen Ströme, die Wärmeverluste verursachen. Die Ströme verlaufen in Kreisen um die Magnetfelder.

Durch die Aufteilung des Eisenkerns in dünne Bleche lassen sich die Wirbelstromverluste deutlich verringern.

Die Lüfterverluste entstehen durch den Luftwiderstand des Ventilators am Motor und die Reibungsverluste entstehen in den Kugellagern des Rotors.

Bei Bestimmung von Wirkungsgrad und der abgegebenen Motorleistung werden in der Praxis die Verluste im Motor von der zugeführten Leistung abgezogen. Die zugeführte Leistung wird gemessen und die Verluste werden berechnet oder experimentell bestimmt.

Der Motor ist für die feste Spannung und Frequenz des Versorgungsnetzes konstruiert. Die Magnetisierung des Motors wird vom Verhältnis zwischen Spannung und Frequenz bestimmt.

Wenn das Spannungs/Frequenzverhältnis steigt, wird der Motor übermagnetisiert. Bei einem fallenden Verhältnis wird er untermagnetisiert. Das Magnetfeld eines untermagnetisierten Motors ist geschwächt. Das Moment, das der Motor entwickeln kann, verkleinert sich. Das kann dazu führen, dass der Motor nicht anläuft oder stehen bleibt. Die Hochlaufzeit kann sich verlängern und der Motor kann dabei überlastet werden.

Ein übermagnetisierter Motor wird während des normalen Betriebs überlastet. Die Leistung für diese zusätzliche Magnetisierung setzt sich als Wärme im Motor um und beschädigt im schlimmsten Fall die Isolation.

Drehstrommotoren und besonders Asynchronmotoren sind sehr robust. Das Problem der Fehlmagnetisierung mit daraus entstehenden Belastungsschäden ist erst bei Dauerbetrieb zu berücksichtigen.

Der Motorlauf zeigt, ob die Magnetisierungsverhältnisse schlecht sind (fallende Drehzahl bei variierender Belastung, instabiler oder stotternder Motorlauf usw.).

Asynchronmotoren bestehen prinzipiell aus sechs Spulen. Drei Spulen im Stator sowie drei Spulen im Kurzschlussrotor (der magnetisch so auftritt, als ob er aus drei Spulen besteht). Durch die Betrachtung eines Satzes dieser Spulen ist es möglich, ein elektrisches Diagramm aufzustellen und dadurch den Wirkungsgrad des Motors verständlich zu machen, z. B. wenn sich die Frequenz der Versorgungsspannung ändert.

Der Strom der Statorspule wird nicht nur vom ohmschen Widerstand der Spule begrenzt. In jeder Spule, die an eine Wechselspannung angeschlossen wird, ent-

Abb. 4.30 **a** Darstellung
des Stators und Rotors. **b** Das
Ersatzschaltbild des Motors
(gilt für die Phase L_1)

Abb. 4.30 (Fortsetzung)

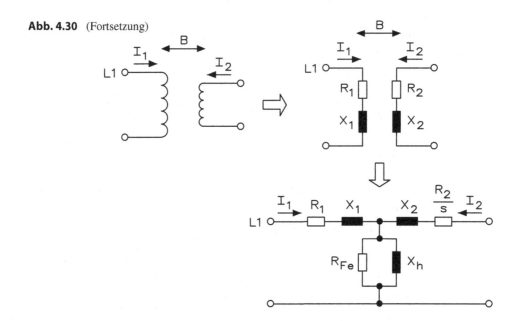

steht ein Wechselstromwiderstand. Dieser Widerstand wird als Reaktanz bezeichnet
($X_L = 2 \cdot \pi \cdot f \cdot L$) und in Ohm Ω gemessen, f ist die Frequenz und $2 \cdot \pi \cdot f$ bezeichnet
die Kreisfrequenz ω in 1/s. Der Wert L ist die Induktanz der Spule und wird in Henry H
gemessen. Durch die Abhängigkeit von der Frequenz wird der Effektivstrom begrenzt.

Die Spulen beeinflussen sich gegenseitig mit der magnetischen Induktion (B). Die
Rotorspule erzeugt einen Strom in der Statorspule und umgekehrt (Abb. 4.30b). Diese
gegenseitige Beeinflussung bedeutet, dass die beiden elektrischen Kreise über ein
gemeinsames Glied zusammengeschaltet werden können. Das gemeinsame Glied besteht
aus R_{Fe} und X_h die als Gegenwiderstand und Gegenreaktanz bezeichnet werden. Sie
werden von dem Strom durchflossen, den der Motor für die Magnetisierung von Stator
und Rotor aufnimmt. Der Spannungsfall über das „Gegenglied" wird als Induktionsspannung bezeichnet.

Betriebsbedingungen des Motors: Eine Belastung des Motors wird bisher nicht berücksichtigt. Wenn der Motor in seinem normalen Betriebsbereich arbeitet, ist die Rotorfrequenz kleiner als die Frequenz des Drehfelds. Hierbei wird X_2 um den Faktor s (Schlupf) verringert.

Im Ersatzschaltbild wird die Wirkung durch die Veränderung des Rotorwiderstandes R_2 um den Faktor 1/s beschrieben.

$\frac{R_2}{s}$ kann umgeschrieben werden in R_2, wobei in $R_2 + R_2 \cdot \frac{1-s}{s}$, wobei $R_2 \cdot \frac{1-s}{s}$ die mechanische Belastung des Motors angibt.

Die Größen R_2 und X_2 stellen den Rotor dar.

Die Größe R_2 ist die Ursache für den Wärmeverlust, der in den Rotorstäben entsteht, wenn der Motor belastet wird, wie Abb. 4.31 zeigt.

Im Leerlauf ist der Schlupf s klein (annähernd Null), dass $R_2 \cdot \frac{1-s}{s}$ groß wird.

Es kann somit fast kein Strom im Rotor fließen. Ideal gesehen ist dies damit gleichzusetzen, dass der Widerstand, der die mechanische Belastung darstellt, aus dem Ersatzdiagramm entfernt wird. Bei Belastung des Motors steigt der Schlupf. Das führt dazu, dass $R_2 \cdot \frac{1-s}{s}$ klein wird.

Der Strom I_2 im Rotor steigt also, wenn die Belastung erhöht wird, wie Abb. 4.32 zeigt.

Das Ersatzschaltbild stimmt somit mit den Verhältnissen überein, die in der Praxis für den Asynchronmotor gültig sind. Es kann in vielen Fällen für die Beschreibung von Verhältnissen im Motor eingesetzt werden.

Die Induktionsspannung ($\underline{U}_q$) wird häufig mit der Klemmenspannung des Motors verwechselt. Ursache hierfür ist eine Vereinfachung des Ersatzschaltbildes für einen besseren Überblick über die verschiedenen Motorverhältnisse. Die Induktionsspannung entspricht aber nur im Leerlauf annähernd der Klemmenspannung.

Wenn die Belastung steigt, wird I_2 und damit I_1 erhöht, und der Spannungsfall ist zu berücksichtigen. Dies ist wichtig, speziell bei einem frequenzumrichtergesteuerten Motor.

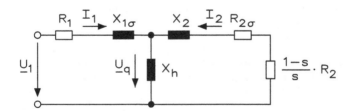

Abb. 4.31 Ersatzschaltbild für einen belasteten Motor

Abb. 4.32 Schema bei
Leerlauf (a) und blockiertem
Rotor (b)

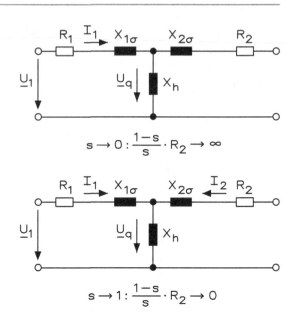

$$s \to 0: \frac{1-s}{s} \cdot R_2 \to \infty$$

$$s \to 1: \frac{1-s}{s} \cdot R_2 \to 0$$

4.2.4 Drehzahländerungen

Die Drehzahl n des Motors ist an die Drehzahl des Drehfelds gebunden und kann wie folgt dargestellt werden:

$$s = \frac{n_0 - n}{n_0}, \text{wobei } n = \frac{(1-s) \cdot f}{p}$$

Eine Änderung der Geschwindigkeit des Motors ist somit möglich durch das Ändern von:

- der Polpaarzahl p des Motors (z. B. polumschaltbare Motoren).
- dem Schlupf des Motors (z. B. Schleifringläufermotoren).
- der Frequenz f der Motorversorgungsspannung.

Abb. 4.33 zeigt verschiedene Möglichkeiten für die Änderung der Drehzahl des Motors.

Bei einer Polzahländerung wird die Drehzahl des Drehfelds von der Polpaarzahl des Stators bestimmt. Bei zweipoligem Motor ist die Drehzahl des Drehfelds 3000 Umdr/min, bei einer Motorversorgungsfrequenz von 50 Hz. Die Drehzahl des Drehfelds eines vierpoligen Motors ist 1500 Umdr/min.

Motoren können für zwei verschiedene Polpaarzahlen gebaut werden. Dies erfolgt durch das spezielle Einlegen der Statorwicklungen in die Schlitze. Es kann wie eine Dahlanderwicklung oder als zwei getrennte Wicklungen erfolgen. Für einen Motor mit mehreren Polzahlen werden diese Wicklungstypen kombiniert.

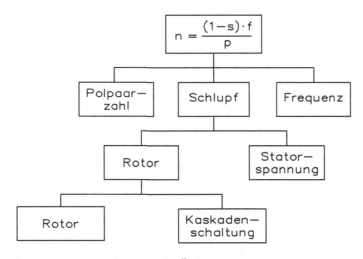

Abb. 4.33 Verschiedene Möglichkeiten für die Änderung der Drehzahl des Motors

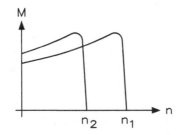

Abb. 4.34 Momentencharakteristik bei Polzahländerung

Die Geschwindigkeitsänderung erfolgt durch das Umschalten der Statorwicklungen, damit die Polpaarzahl im Stator geändert wird.

Durch Umschalten von einer kleinen Polpaarzahl (große Geschwindigkeit) auf die große Polpaarzahl (niedrige Geschwindigkeit) wird die aktuelle Geschwindigkeit des Motors schlagartig verringert z. B. (von 1500 auf 750 Umdrehungen/Min.). Bei einem schnellen Umschalten durchläuft der Motor den Generatorbereich. Dies belastet den Motor und die Mechanik der Arbeitsmaschine erheblich.

Bei der Schlupfsteuerung wird die Steuerung der Drehzahl des Motors mit dem Schlupf auf zwei Arten möglich, entweder durch die Änderung der Versorgungsspannung des Stators oder durch einen Eingriff am Rotor.

- Änderung der Statorspannung: Die Geschwindigkeit von Asynchronmotoren kann durch die Änderung der Motorversorgungsspannung ohne Änderung der Frequenz (z. B. Softstarter) gesteuert werden. Dies ist möglich, weil das Motormoment mit dem Quadrat der Spannung fällt. wie Abb. 4.35 zeigt.

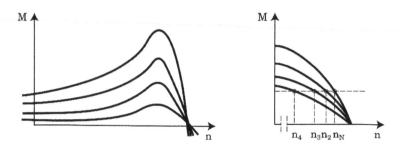

Abb. 4.35 Momentencharakteristik bei Änderung der Statorspannung und damit des Schlupfs

Wie die Momentencharakteristik andeutet, sind nur im Betriebsbereich ($n_k < n < n_0$) stabile Arbeitspunkte zu erreichen. Bei einem Schleifringläufermotor werden mit dieser Methode durch das Zuschalten von Widerständen in die Rotorwicklungen auch im Anlaufbereich ($0 < n < n_k$) stabile Arbeitspunkte erreicht.

Bei der Rotorsteuerung ergeben sich zwei Möglichkeiten für einen Eingriff in den Rotor. Bei der einen Methode werden ohmsche Widerstände in den Rotorkreis geschaltet.

Bei der anderen Methode wird der Rotorkreis in Kaskadenschaltungen mit anderen elektrischen Maschinen oder Gleichrichterkreisen verbunden.

Rotorsteuerungen sind daher nur bei Schleifringläufermotoren möglich, da nur hier die Rotorwicklungen an den Schleifringen zugänglich sind.

- Änderung der Rotorwiderstände: Diese Steuerung der Geschwindigkeit des Motors erfolgt durch das Verbinden der Schleifringe mit ohmschen Widerständen. Die Drehzahl des Motors wird durch die Vergrößerung der Leistungsverluste im Rotor geändert. Bei der Vergrößerung des Leistungsverlusts im Motor steigt der Schlupf und die Motordrehzahl wird vermindert.

Wenn Widerstände in den Rotorkreis geschaltet werden, ändert sich die Momentencharakteristik des Motors.

Wie Abb. 4.36 zeigt, beinhaltet das Kippmoment unterschiedliche Größe. Bei verschiedenen Einstellungen treten unterschiedliche Drehzahlen bei der gleichen Belastung auf. Eine eingestellte Drehzahl ist damit belastungsabhängig. Sinkt die Belastung vom Motor, steigt die Drehzahl annähernd auf die Synchrondrehzahl. Die ohmschen Widerstände sind meist variabel und müssen thermisch den Betriebsverhältnissen entsprechen.

- Kaskadenschaltungen: Anstelle von ohmschen Widerständen wird der Rotorkreis über die Schleifringe mit Gleichstrommaschinen oder gesteuerten Gleichrichterkreisen verbunden.

Gleichstrommaschinen geben dem Rotorkreis des Motors eine zusätzliche regulierbare Spannung. Eine Beeinflussung der Drehzahl und Magnetisierung des Rotors ist somit

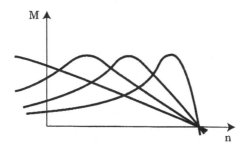

Abb. 4.36 Momentencharakteristik bei Änderung der Rotorwiderstände und damit des Schlupfs

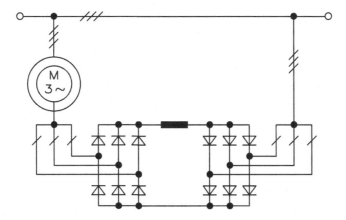

Abb. 4.37 Beispiel für eine Kaskadenschaltung

möglich. Diese Steuerung der Geschwindigkeit von Motoren fand hauptsächlich bei der Versorgung von elektrischen Eisenbahnnetzen Anwendung.

Gesteuerte Gleichrichterschaltungen können anstelle von Gleichstrommaschinen eingesetzt werden. Der Anwendungsbereich wird dann auf Anlagen mit Pumpen, Ventilatoren usw. begrenzt. Abb. 4.37 zeigt ein Beispiel für eine Kaskadenschaltung.

- Frequenzänderung: Mit einer variablen Versorgungsfrequenz kann eine verlustfreie Steuerung der Drehzahl des Motors erreicht werden. Bei Änderung der Frequenz ändert sich die Drehzahl des Drehfelds.

Die Drehzahl des Motors ändert sich proportional mit dem Drehfeld. Damit das Motormoment erhalten bleibt, muss die Motorspannung zusammen mit der Frequenz geändert werden.

Bei einer gegebenen Belastung gilt:

$$M = \frac{P \cdot 9950}{n} = \frac{\eta \cdot \sqrt{3} \cdot U \cdot I \cdot \cos\varphi \cdot 9950}{f \cdot \frac{60}{p}} = k \cdot \frac{U}{f} \cdot I \text{ oder } M = \frac{U}{f} \cdot I$$

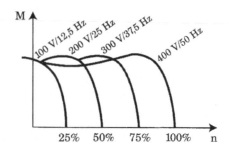

Abb. 4.38 Momentencharakteristik bei Spannungs/Frequenzsteuerung

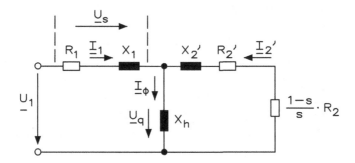

Abb. 4.39 Ersatzschaltbild des Motors

Bei einem konstanten Verhältnis zwischen der Motorversorgungsspannung und Frequenz ist die Magnetisierung im Nennbetriebsbereich des Motors auch konstant. Abb. 4.38 zeigt eine Momentencharakteristik für eine Spannungs/Frequenzsteuerung.

In zwei Fällen ist die Magnetisierung jedoch nicht optimal; beim Start und ganz niedrigen Frequenzen, wo eine zusätzliche Magnetisierung erforderlich ist und bei Betrieb mit variierender Belastung, wo eine Variation der Magnetisierung entsprechend der Belastung möglich sein muss. Abb. 4.39 zeigt das Ersatzschaltbild des Motors.

- Zusätzliche Startmagnetisierung: Es ist wichtig den Spannungsfall $\underline{U}_s$ in Zusammenhang mit Induktionsspannung $\underline{U}_q$ zu betrachten.
- Klemmspannung: $\underline{U}_1 = \underline{U}_s + \underline{U}_q = \underline{U}_{R1} + \underline{U}_{X1} + \underline{U}_q$.
- Statorreaktanz: $X_1 = 2 \cdot \pi \cdot f \cdot L$.

Der Motor ist für seine Nennwerte gebaut. Die Magnetisierungsspannung $\underline{U}_q$ kann beispielsweise 370 V für einen Motor sein, bei $U_1 = 400$ V und $f = 50$ Hz. Hier hat dann der Motor seine optimale Magnetisierung.

Das Spannungs-Frequenzverhältnis ist $\frac{400}{50} = 8 \frac{V}{Hz}$

Bei einer Absenkung der Frequenz auf 2,5 Hz beträgt die Spannung 20 V. Durch die niedrigere Frequenz wird die Statorreaktanz X_1 kleiner. Der Spannungsfall hat keinen Einfluss auf den gesamten Spannungsfall im Stator. Der Spannungsfall wird nun allein von R_1 bestimmt. Das entspricht in etwa den Nennwerten, ca. 20 V, da der Motorstrom von der Belastung bestimmt wird.

Die Klemmspannung entspricht jetzt dem Spannungsfall über dem Statorwiderstand R_1. Es gibt keine Spannung für die Magnetisierung des Motors. Der Motor kann kein Moment bei niedrigen Frequenzen abgeben, wenn das Spannungs-Frequenzverhältnis im ganzen Bereich konstant gehalten wird. Es ist daher erforderlich, den Spannungsfall beim Start und bei niedrigen Frequenzen zu kompensieren.

Belastungsabhängige Magnetisierung: Nach Anpassung des Motors mit der zusätzlichen Startmagnetisierung bei niedrigen Frequenzen entsteht aber bei Betrieb mit schwacher Belastung eine Übermagnetisierung. In dieser Situation fällt der Statorstrom I_1 und die Induktionsspannung $\underline{U}_q$ steigt an.

Der Motor nimmt einen zu großen Blindstrom auf und wird unnötig heiß. Die Magnetisierung ist somit davon abhängig, dass sich die Spannung zum Motor automatisch in Abhängigkeit zur Motorbelastung ändert.

Die optimale Magnetisierung des Motors erfolgt unter Berücksichtigung der Frequenz und der variierenden Belastung.

4.2.5 Motordaten

Der Motor hat ein Typenschild, das fest mit dem Motor verbunden ist. Das Typenschild beinhaltet alle wesentlichen Daten des Motors. Weitere Daten sind in den Motorkatalogen der Hersteller zu finden. Abb. 4.40 zeigt das Typenschild eines Motors.

Abb. 4.40 Typenschild des Motors beinhaltet viele Daten

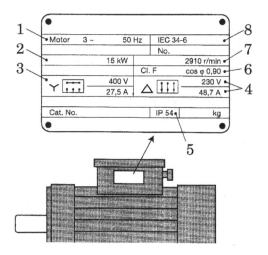

Beispiel: Das Motorschild für zweipolige 15 KW-Motoren kann folgende Daten enthalten:

1. Der Motor hat drei Phasen und ist für ein Versorgungsnetz von 230 V bzw. 400 V mit einer Frequenz von 50 Hz vorgesehen.
2. Die Nennleistung des Motors ist 15 kW, d. h. der Motor kann eine Wellenleistung von mindestens 15 kW liefern, wenn er an ein Versorgungsnetz wie angegeben angeschlossen wird. Die Nennleistung der Asynchronmotoren ist in einer Standardreihe festgehalten. Damit kann der Verbraucher beliebig zwischen den verschiedenen Motorfabrikaten für bestimmte Anwendungen wählen. Die Standardreihe hat z. B. folgende Leistungsstufen, die in Tab. 4.3 gezeigt werden.
   Pferdestärke (PS) ist eine alte Einheit für die von Motoren abgegebene Leistung. Sollte diese Einheit auftauchen, ist ein Umrechnen möglich: 1 PS = 0,736 kW.
3. und 4. Die Statorwicklungen können in „Stern" oder „Dreieck" betrieben werden.
   Bei einer Anschlussspannung von 400 V müssen die Wicklungen in „Stern" geschaltet werden. Der Motorstrom beträgt dann je Phase 27,5 A.
   Bei einer Anschlussspannung von 230 V müssen die Wicklungen in „Dreieck" geschaltet werden. Der Motorstrom beträgt dann 48,7 A je Phase.
   Im Startaugenblick, wenn der Strom 4 bis 10 mal größer als der Nennstrom ist, kann das Leitungsnetz überbelastet werden.
   Dies hat dazu geführt, dass von den Versorgungsunternehmen Vorschriften herausgegeben wurden, den Startstrom für größere Motoren durch entsprechende Maßnahmen zu reduzieren. Eine Verringerung des Startstroms ist beispielsweise dadurch möglich, dass der Motor in Sternschaltung angefahren und danach in die Dreieckschaltung umgeschaltet wird. Abb. 4.41 zeigt das Moment und den Strom des Motors bei Stern(Y)- und Dreieck(Δ)-schaltung.
   Leistung und Moment werden bei der Sternschaltung um 1/3 verringert. Der Motor kann daher nicht bei voller Belastung anlaufen. Ein für die Dreieckschaltung vorgesehener Motor wird überlastet, wenn bei Vollastbetrieb eine Umschaltung auf Dreieckbetrieb nicht erfolgt.
5. Die Schutzart des Motors gibt an, wie groß der Schutz gegen das Eindringen von Flüssigkeiten und Fremdkörpern ist.
   Tab. 4.4 zeigt die Bezeichnungen aus der internationalen Norm IEC Publikation 34–5. Der Schutzumfang der verschiedenen Schutzarten ist in Tab. 4.4 in Kurzform dargestellt.

Tab. 4.3 Leistungsreihe der Motoren

kW	0,06	0,09	0,12	0,18	0,25	0,37	0,55	0,75	1,10	1,50	2,20	3,00
kW	4,00	5,50	7,50	11,0	15,0	18,5	22,0	30,0	37,0	45,0	55,0	75,0

Abb. 4.41 Moment und Strom des Motors bei Stern(Y)- und Dreieck(Δ)-schaltung

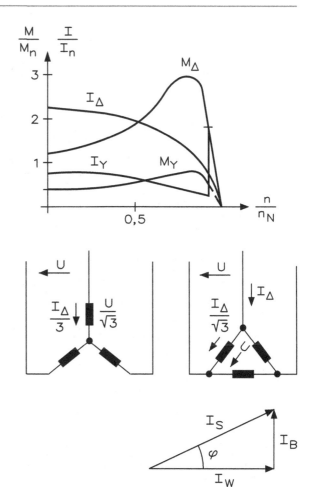

Abb. 4.42 Zusammenhänge zwischen dem Schein (I_S), Blind- (I_Q) und Wirkstrom (I_W)

Die Schutzart (Kapselung) wird mit zwei Buchstaben IP (International Protection) und zwei Kennziffern für den Berührungs- und Fremdkörperschutz (erste Ziffer) sowie den Wasserschutz (zweite Ziffer) angegeben. Bei Bedarf können noch weitere Buchstaben (zusätzliche und/oder ergänzende Buchstaben) angehängt werden. Die grundsätzliche Darstellung des IP-Codes ist damit.

IP 2 3 C 5

Code-Buchstaben.

erste Kennziffer (von 0 – 6 reichend).

Berührungs- und Fremdkörperschutz.

zweite Kennziffer (von 0 – 8 reichend), Wasserschutz.

zusätzlicher Buchstabe A, B, C, D, (fakultativ).

ergänzender Buchstabe H, M, S, W, (fakultativ).

Zum Aufbau und zur Anwendung des IP-Kurzzeichens ist folgendes zu bemerken.

Tab. 4.4 Angabe der Schutzart der Motoren nach IEC 34–5

Kennziffer	erste Ziffer		Zweite Ziffer
	Berührungsschutz	Fremdkörperschutz	Wasserschutz
0	kein Schutz	kein Schutz	kein Schutz
1	Schutz gegen Berühren mit Handrücken	Schutz gegen feste Fremdkörper mit einem Durchmesser von 50 mm	Schutz gegen senkrecht tropfendes Wasser
2	Schutz gegen Berühren mit Fingern	Schutz gegen feste Fremdkörper mit einem Durchmesser von 12,5 mm	Schutz gegen Sprühwasser schräg bis 15°
3	Schutz gegen Berühren mit Werkzeugen	Schutz gegen feste Fremdkörper mit einem Durchmesser von 2,5 mm	Schutz gegen Sprühwasser aus allen Richtungen bis 60°
4	Schutz gegen Berühren mit einem Draht	Schutz gegen feste Fremdkörper mit einem Durchmesser von 1,0 mm	Schutz gegen Sprühwasser aus allen Richtungen
5	Schutz gegen Berühren mit einem Draht	staubgeschützt	Schutz gegen Strahlwasser
6	Schutz gegen Berühren mit einem Draht	staubdicht	Schutz gegen starkes Strahlwasser
7	–	–	Schutz gegen zeitweiliges Untertauchen in Wasser
8	–	–	Schutz gegen dauerndes Untertauchen in Wasser

- Wenn eine Kennziffer nicht angegeben werden muss, ist sie durch den Buchstaben „X" zu ersetzen.
- Zusätzliche und/oder ergänzende Buchstaben dürfen ersatzlos entfallen.
- Wenn mehr als ein ergänzender Buchstabe notwendig ist, ist die alphabetische Reihenfolge einzuhalten.

Der zusätzliche (fakultative) Buchstabe hat eine Bedeutung für den Schutz von Personen und trifft eine Aussage über den Schutz gegen den Zugang zu gefährlichen Teilen mit:

• Handrücken	Buchstabe A
• Finger	Buchstabe B
• Werkzeug	Buchstabe C
• Draht	Buchstabe D

Der ergänzende (fakultative) Buchstabe hat eine Bedeutung für den Schutz des Betriebsmittels und gibt ergänzende Informationen speziell für.

• Hochspannungsgeräte	Buchstabe H
• Wasserprüfung während des Betriebs	Buchstabe M
• Wasserprüfung bei Stillstand	Buchstabe S
• Wetterbedingungen	Buchstabe W

Bei Betriebsmitteln, die staubgeschützt sind (erste Kennziffer 5), ist das Eindringen von Staub nicht vollständig verhindert; Staub darf nur in begrenzten Mengen eindringen, sodass ein zufriedenstellender Betrieb des Geräts gewährleistet ist und die Sicherheit nicht beeinträchtigt wird.

Beim Wasserschutz bis zur Kennziffer 6 bedeutet die Bezeichnung, dass auch die Anforderung für alle niedrigeren Kennziffern erfüllt ist. Ein Betriebsmittel mit der Kennzeichnung IPX7 (zeitweiliges Eintauchen) oder IPX8 (dauerndes Untertauchen) muss nicht zwangsläufig auch die Forderungen an den Schutz gegen Strahlwasser IPX5 oder starkes Strahlwasser IPX6 erfüllen. Sollen beide Forderungen erfüllt werden, so muss das Betriebsmittel mit der Doppelkennzeichnung beider Anforderungen versehen sein z. B. IPX5/IPX7.

Beispiel: IP 65 gibt an, dass der Motor berührungssicher, staubdicht und strahlwasserdicht ist.

6. Der Nennstrom I_S den ein Motor aufnimmt, ist als Scheinstrom bezeichnet und kann in zwei Ströme aufgeteilt werden: einen Wirkstrom I_W und einen Blindstrom I_B. Cos φ gibt an, wie hoch der Anteil des Wirkstroms am Motorstrom in Nennbetrieb ist.

Der Wirkstrom wird in Wellenleistung umgesetzt, während der Blindstrom die Leistung angibt, die für den Aufbau des Magnetfelds im Motor erforderlich ist. Wenn das Magnetfeld später abgebaut wird, wird die Magnetisierungsleistung an das Versorgungsnetz zurückgeliefert. Das Wort „blind" deutet an, dass sich der Strom in den Leitungen hin- und herbewegt, ohne einen Betrag zur Wellenleistung zu leisten.

Der Scheinstrom, den der Motor aus dem Netz aufnimmt, wird nicht durch einfaches Zusammenlegen des Wirkstroms und des Blindstroms bestimmt, weil die beiden Ströme zeitmäßig verschoben sind. Die Größe dieser Verschiebung ist von der Frequenz des Versorgungsnetzes abhängig. Bei einer Frequenz von 50 Hz ist die Verschiebung zwischen den Strömen von 5 ms und daher ist eine geometrische Addition unbedingt erforderlich:

$$I_S = \sqrt{I_W^2 + I_B^2}$$

Die Ströme können als Seiten in einem rechteckigen Dreieck betrachtet werden. Hier ist die lange Seite gleich der Quadratwurzel der Summe der Quadrate der kurzen Seiten (nach Pythagoras).

φ ist der Winkel zwischen dem Scheinstrom und dem Wirkstrom. Cos φ ist das Verhältnis zwischen der Größe der beiden Ströme:

$$\cos \varphi = \frac{I_W}{I_S}$$

cos φ kann auch als Verhältnis zwischen der Wirkleistung P und der Scheinleistung S dargestellt werden. Abb. 4.43 zeigt die Zusammenhänge zwischen dem Schein-, Blind- und Wirkstrom.

Das Wort Scheinleistung bedeutet, dass nur ein Teil des Scheinstroms Leistung erbringt, und zwar der Teil I_W, der Wirkstrom.

7. Die Nenndrehzahl des Motors ist die Drehzahl des Motors bei Nennspannung, Nennfrequenz und Nennbelastung.

8. Elektromotoren sind für verschiedene Kühlformen gebaut. Normalerweise wird die Kühlform nach der internationalen Norm IEC Publikation 34–6 angegeben. Abb. 4.43 zeigt die Bezeichnungen dieser Norm, IC steht für International Cooling.

Die Auswahl des Motors ist sowohl auf die Anwendung als, auch auf den Montageort abzustimmen.

Die internationale Norm IEC 34–7 gibt die Bauform des Motors mit zwei Buchstaben IM (International Mounting) und vier Zahlen an.

Abb. 4.44 zeigt einige der gebräuchlichsten Formgebungen. Mit den Daten des Typenschilds vom Motor können weitere Motordaten berechnet werden.

Das Nennmoment des Motors ist aus folgender Formel zu berechnen.

$$M = \frac{P \cdot 9550}{n} = \frac{15000W \cdot 9,55}{2910 U/\min} = 49 Nm$$

Der Wirkungsgrad η des Motors kann als Verhältnis zwischen Nennwirkleistung und der zugeführten elektrischen Leistung bestimmt werden.

$$\eta = \frac{P}{\sqrt{3} \cdot U \cdot I \cdot \cos \varphi} = \frac{15000W}{\sqrt{3} \cdot 400V \cdot 29A \cdot 0,9} = 0,82$$

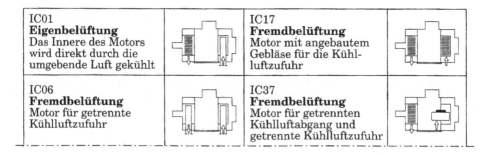

IC01 **Eigenbelüftung** Das Innere des Motors wird direkt durch die umgebende Luft gekühlt		IC17 **Fremdbelüftung** Motor mit angebautem Gebläse für die Kühl- luftzufuhr	
IC06 **Fremdbelüftung** Motor für getrennte Kühlluftzufuhr		IC37 **Fremdbelüftung** Motor für getrennten Kühlluftabgang und getrennte Kühlluftzufuhr	

Abb. 4.43 Angabe der Kühlform der Motoren nach IEC 34–6

Maschinen mit Lagerschilden, waagerechte Anordnung

Bauform				Erklärung			
Bild	Kurzzeichen nach DIN 42 950	Kurzzeichen nach DIN IEC 34 Teil 7 Code I	Kurzzeichen nach DIN IEC 34 Teil 7 Code II	Lager	Ständer (Gehäuse)	Allgemeine Ausführung	Befestigung oder Aufstellung
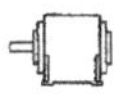	B 3	IM B 3	IM 1001	2 Lagerschilde	mit Füßen	–	Aufstellung auf Unterbau
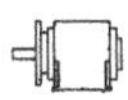	B 3/B 5	IM B 35	IM 2001	2 Lagerschilde	mit Füßen	Befestigungsflansch	Aufstellung auf Unterbau mit zusätzlichem Flansch
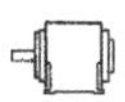	B 3/B 14	IM B 34	IM 2101	2 Lagerschilde	mit Füßen	Befestigungsflansch	Aufstellung auf Unterbau mit zusätzlichem Flansch
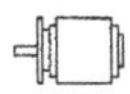	B 5	IM B 5	IM 3001	2 Lagerschilde	ohne Füße	Befestigungsflansch	Flanschanbau
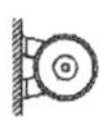	B 6	IM B 6	IM 1051	2 Lagerschilde	mit Füßen	Bauform B 3, nötigenfalls Lagerschilde um 90° gedreht	Befestigung an der Wand Füße auf Antriebseite gesehen links

Abb. 4.44 Angabe der Montageform des Motors nach IEC 34–7

Der Schlupf des Motors kann berechnet werden, da das Typenschild Nenndrehzahl und Frequenz angibt. Die beiden Daten sagen aus, dass der Motor zweipolig ist. Ein zweipoliger Motor hat eine synchrone Drehzahl von 3000 U/min.

Der Schlupfdrehzahl (n_S) ist somit 3000 – 2910 = 90 U/min.

Der Schlupf wird in der Regel in % angegeben,

$$s = \frac{n_S}{n_0} = \frac{90}{3000} = 0{,}03 = 3\,\%$$

Der Motorkatalog enthält selbstverständlich einen Teil der Daten des Typenschilds. Außerdem sind hier weitere Angaben zu finden, wie Tab. 4.5 zeigt.

Aus dem Typenschild gehen Wellenleistung, Drehzahl, cos φ und Motorstrom hervor. Wirkungsgrad und Moment können nach dem Typenschild berechnet werden.

Der Motorkatalog sagt weiterhin aus, dass der Anlaufstrom des 15 kW Motors um $I_a = 6{,}2$-mal so groß wie der Nennstrom I_N ist.

$I_a = 29\ \text{A} \cdot 6{,}2 = 180\ \text{A}.$

Tab. 4.5 Teilauszug von Daten im Motorkatalog

Typ	Leistung	Bei Nennbetrieb				$\frac{I_a}{I}$	M	$\frac{M_a}{M}$	$\frac{M_{max}}{M}$	Trägheits-moment	Gewicht
		Drehzahl min^{-1}	Wirkungsgrad %	cos φ	Strom bei 400 V A		Nm			kgm^2	kg
160 MA	11	2900	86	0,87	25	6,2	36	2,3	2,6	0,055	76
160 M	15	2910	88	0,90	29	6,2	49	1,8	2,0	0,055	85
160 L	18,5	2930	88	0,90	33	6,2	60	2,8	3,0	0,056	96

Das Anlaufmoment M_a des Motors wird mit 1,8-mal dem Nennmoment angegeben und ist $M_a = 1,8 \cdot 49 = 88$ Nm. Dieses Anlaufmoment erfordert den Anlaufstrom. von 180 A. Das maximale Moment des Motors, das Kippmoment (M_K), wird zweimal so groß wie das Nennmoment angegeben: $M_K = 2 \cdot 49 = 98$ Nm. Abb. 4.45 zeigt das Drehmoment und Strom eines Motors.

Letztlich werden Trägheitsmoment und Gewicht des Motors angegeben. Das Trägheitsmoment wird für Beschleunigungsberechnungen verwendet und das Gewicht kann Bedeutung bei Transport und Montage haben.

Einige Motorenhersteller veröffentlichen nicht das Trägheitsmoment sondern das Schwungmoment GD^2. Diese Größe lässt sich jedoch umrechnen.

$$J = \frac{GD^2}{4 \cdot g}$$

g ist die Erdbeschleunigung.

Einheit für das Schwungmoment GD^2 ist Nm^2.

Einheit für das Trägheitsmoment J ist kgm^2.

4.2.6 Belastungscharakteristiken

Der Zustand ist stationär, wenn das vom Motor geleistete Moment und das Belastungsmoment gleich groß sind. In diesem Zustand sind Moment und Drehzahl konstant.

Die Kennlinien für Motor und Arbeitsmaschine werden als Zusammenhang zwischen Drehzahl und Moment oder Leistung angegeben. Die Momentencharakteristik wurde bereits erwähnt. Die Kennlinien der Arbeitsmaschinen lassen sich in vier Gruppen unterteilen. Abb. 4.46 zeigt die typischen Belastungscharakteristiken.

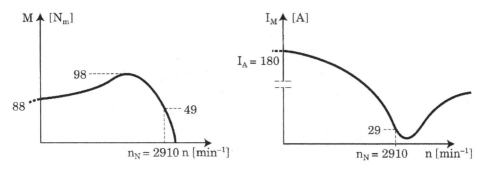

Abb. 4.45 Drehmoment und Strom des Motors

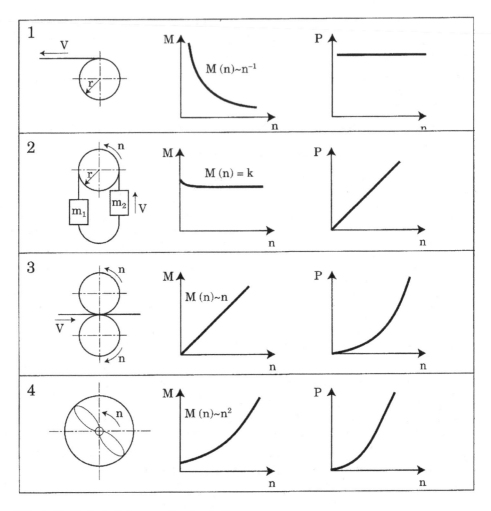

Abb. 4.46 Typische Belastungscharakteristiken

Die Gruppe (1) besteht aus Arbeitsmaschinen für das Aufrollen von Material mit konstanter Zugkraft. Zu dieser Gruppe gehören auch spanabhebende Maschinen, beispielsweise für den Zuschnitt von Furnier aus Holzstämmen.

Die Gruppe (2) besteht aus verschiedenen Maschinen. Das sind Förderbänder, unterschiedliche Kräne, Verdrängungspumpen und Werkzeugmaschinen.

Die Gruppe (3) setzt sich zusammen aus Maschinen wie Walzen, Glättmaschinen und andere Maschinen für die Werkstoffbearbeitung.

Die Gruppe (4) umfasst Maschinen, die mit Zentrifugalkräften arbeiten. Das sind z. B. Zentrifugen, Kreiselpumpen und Ventilatoren.

Abb. 4.47 Der Motor benötigt ein Überschussmoment für die Beschleunigung

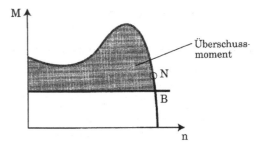

Abb. 4.48 Der Anlaufzustand kann ein besonders hohes Moment erfordern

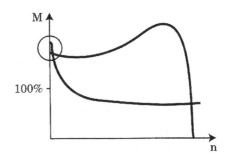

Der stationäre Zustand entsteht, wenn das Moment von Motor und Arbeitsmaschine gleich groß sind (Abb. 4.47). Die Kennlinien schneiden sich im Punkt B.

Bei der Bemessung eines Motors für eine gegebene Arbeitsmaschine sollte der Schnittpunkt so nah wie möglich am Punkt N für die Nenndaten des Motors liegen. Hier wird der Motor am besten genutzt.

Es ist wesentlich, dass im ganzen Bereich vom Stillstand bis zum Schnittpunkt ein Überschussmoment vorhanden ist. Wenn dies nicht der Fall ist, wird der Betrieb instabil und der stationäre Zustand kann sich bei einer zu niedrigen Drehzahl einstellen. Dies tritt unter Umständen auf, weil das Überschussmoment für die Beschleunigung benötigt wird.

Speziell für Arbeitsmaschinen der Gruppen 1 und 2 ist es notwendig, diesen Startzustand zu beachten. Diese Belastungstypen können ein Losbrechmoment in der gleichen Größe wie das Anlaufmoment des Motors haben. Wenn das Losbrechmoment der Belastung größer als das Anlaufmoment des Motors ist, kann der Motor nicht starten. Abb. 4.48 zeigt den Anlaufzustand und dieser kann ein besonders hohes Moment erfordern.

4.3   Synchronmotoren

Der Statoraufbau von Synchron- und Asynchronmotoren sind gleich. Der Rotor des
Synchronmotors (auch Polrad genannt) kann nach zwei verschiedenen Arten gebaut
sein. Der Rotor hat ausgeprägte magnetische Pole. Die Magnete können permanente
Magnete (für kleinere Motoren) oder Elektromagnete sein. Der Rotor hat zwei oder
mehrere Polpaare und ist somit auch für Motoren mit niedrigen Drehzahlen einsetzbar.
Der Synchronmotor kann am Netz nicht selbst anlaufen. Gründe dafür sind die Trägheit
des Rotors und die große Geschwindigkeit des Drehfelds. Der Rotor muss daher auf eine
Geschwindigkeit entsprechend der des Drehfelds gebracht werden.

Dies ist z. B. mit einem Anwurfmotor oder Frequenzumrichter möglich. Kleine
Motoren werden gewöhnlich mit Anlasswicklung (Dämpferwicklung) in Gang gesetzt.
Der Motor verhält sich in diesem Fall wie ein Kurzschlussläufermotor. Abb. 4.49 zeigt
einen Läufer des Synchronmotors mit permanentem Magnet, wie es im Automobilbau
verwendet wird.

Nach dem Anlaufen dreht sich der Motor synchron zu dem Drehfeld. Wird er belastet,
nimmt der Abstand der Pole des Läufers von den Polen des Drehfelds zu. Der Läufer
bleibt um den Lastwinkel ν hinter dem Drehfeld und damit hinter der Leerlaufstellung
des Läufers zurück.

Synchronmotoren weisen eine konstante, von der Belastung unabhängige Dreh-
zahl auf. Der Motor ist nicht höher belastbar als die Anzugskraft zwischen Rotor und
Magnetfeld verkraften kann. Überschreitet die Belastung diese Anzugskraft, so wird der
Synchronismus unterbrochen und der Motor bleibt stehen.

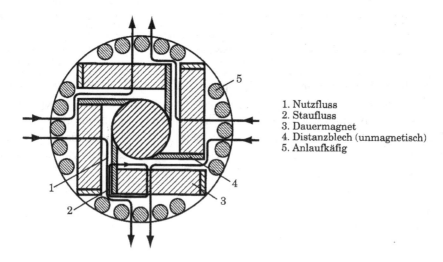

1. Nutzfluss
2. Staufluss
3. Dauermagnet
4. Distanzblech (unmagnetisch)
5. Anlaufkäfig

Abb. 4.49 Läufer des Synchronmotors mit permanentem Magnet

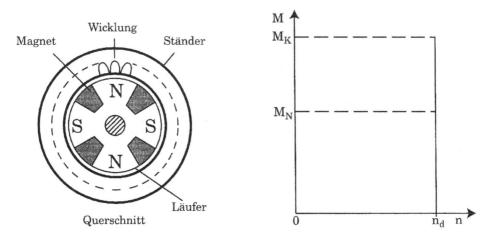

Abb. 4.50 Rotor mit ausgeprägten Polen und die Momentencharakteristik

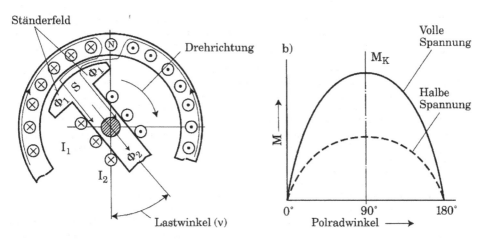

Abb. 4.51 Lastwinkel und Drehmoment oder Läuferwinkel

Synchronmotoren werden z. B. für den Parallelbetrieb eingesetzt, wenn mehrere mechanisch unabhängige Anlagen synchron betrieben werden sollen. Abb. 4.50 zeigt den Rotor mit ausgeprägten Polen und die Momentencharakteristik und Abb. 4.51 den Lastwinkel und Drehmoment oder Läuferwinkel.

4.4   Drehstrom-Reluktanzmotor

Drehstrom-Reluktanzmotoren sind Drehfeldmotoren, die wie normale Drehstrom-Asynchronmotoren mit Käfigläufer hochlaufen, anschließend in den Synchronismus gezogen werden und dann als Synchronmotoren weiterlaufen. Da Reluktanzmotoren wie Käfigläufermotoren im Läufer eine einfache Käfigwicklung haben, sind sie robust, betriebssicher, wartungs-, funkstörfrei und relativ billig in der Anschaffung. Von Nachteil sind der hohe induktive Blindleistungsbedarf und der ungünstige Wirkungsgrad. Deshalb haben Reluktanzmotoren eine wirtschaftliche Bedeutung nur bis zu einer Leistung von etwa 15 kW.

Der Ständer eines Drehstrom-Reluktanzmotors unterscheidet sich nicht von dem eines normalen Drehstrom-Asynchronmotors mit Käfigläufer. Auch im Läufer ist eine einfache Käfigwicklung untergebracht. Jedoch hat der Läufer eines Reluktanzmotors im Gegensatz zum normalen Käfigläufer ausgeprägte Pole, deren Anzahl mit der Ständerpolzahl übereinstimmt. Die Pole entstehen durch Ausfräsen von Pollücken am Umfang des Läuferblechpakets oder entsprechende Gestaltung des Blechschnitts, wie Abb. 4.52 zeigt.

Durch die Pollücken, die auch mit dem Werkstoff des Läuferkäfigs ausgefüllt sein können ergibt sich am Läuferumfang ein veränderlicher magnetischer Widerstand (Reluktanz), der im Bereich der Pole am geringsten und im Bereich der Pollücken am größten ist. Abb. 4.53 zeigt die Momentkurve eines Reluktanzmotors.

Reluktanzmotoren entwickeln bei Anschluss an das Drehstromnetz wie normale Käfigläufermotoren ein Drehmoment und laufen bis in die Nähe der Synchrondrehzahl hoch, sofern das Motormoment während des gesamten Hochlaufvorgangs größer ist als das Gegenmoment. Der Anlaufstrom ist meist etwas größer und das Anlaufmoment

Abb. 4.52 Querschnitt durch
einen Reluktanzläufer

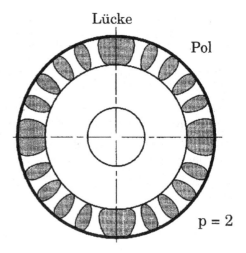

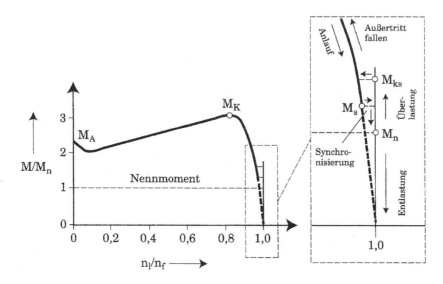

Abb. 4.53 Momentkurve eines Reluktanzmotors

etwas geringer als bei vergleichbaren Käfigläufermotoren, da im Bereich der Pollücken ein vergrößerter Luftspalt vorhanden ist. Hat der Läufer etwa die Geschwindigkeit des Drehfelds erreicht, entsteht aufgrund der magnetischen Kopplung von Ständerdrehfeld und Läuferpolen ein Synchronisiermoment (Reaktionsmoment), das den Läufer in den Synchronismus zieht. Nach diesem Synchronisierungsvorgang läuft der Motor trotz fehlender Läufererregung mit synchroner Drehzahl.

Die Wirkungsweise eines synchronisierten Reluktanzmotors entspricht etwa der eines Synchronmotors. Der Läufer dreht sich synchron mit der Geschwindigkeit des Ständerdrehfelds. In ähnlicher Weise wie die Pole des umlaufenden Ständerdrehfelds auf die Läuferpole einwirken, versucht beim Reluktanzmotor der magnetische Fluss des Ständerdrehfelds den Läufer im Bereich der ausgeprägten Pole zu durchsetzen. Der kleine Luftspalt an diesen Stellen hat einen kleineren magnetischen Widerstand zur Folge als im Bereich der Pollücken. Das physikalische Bestreben des magnetischen Flusses ist immer, nicht dem größeren magnetischen Widerstand im Bereich der Pollücken zu überwinden. Dies führt zur Entstehung eines synchronen Drehmoments und zur Beibehaltung der synchronen Drehzahl bei Belastung. Wegen der fehlenden Läuferstromerregung im Läufer ist das synchrone Drehmoment eines Reluktanzmotors wesentlich geringer als das eines vergleichbaren Synchronmotors.

Nach erfolgter Synchronisierung zeigen Reluktanzmotoren ein ähnliches Betriebsverhalten wie normale Synchronmotoren. Der Läufer dreht sich mit der Geschwindigkeit des Ständerdrehfelds, die von der Netzfrequenz und der Polpaarzahl abhängig ist. Bei Belastung bleiben die ausgeprägten Läuferpole um den Lastwinkel hinter dem Ständerdrehfeld zurück. Wird der Motor mit einem Drehmoment belastet, das größer ist als sein synchrones Kippmoment, so fällt er außer Tritt und läuft wie ein Asynchronmotor mit einer belastungsabhängigen Drehzahl weiter (Abb. 4.53). Das Synchronisieren erfolgt erneut selbstständig, sobald das Belastungsmoment das Synchronisiermoment unterschreitet. Wird der Motor jedoch mit einem Drehmoment belastet, das größer ist als sein asynchrones Kippmoment, so kommt der Läufer zum Stillstand.

Aufgrund des vergrößerten Luftspalts im Bereich der Pollücken am Läuferumfang, haben Reluktanzmotoren eine verhaltnismäßig große Streuung, die zu einem großen induktiven Blindleistungsbedarf und einem entsprechenden Anteil führt. Dies hat einen ungünstigen Leistungsfaktor zur Folge, der bei Nennbetrieb etwa 0,4 bis 0,5 betragen kann. Bei der Projektierung von Antrieben mit Reluktanzmotoren muss dieser Blindleistungsbedarf beachtet werden.

Drehstrom-Reluktanzmotoren werden hauptsächlich dort eingesetzt, wo eine Arbeitsmaschine an verschiedenen Stellen mit genau der gleichen Drehzahl angetrieben werden soll und die Verwendung eines einzigen Motors mit mechanischer Übertragung des Drehmoments an die einzelnen Antriebsstellen zu umständlich oder teuer wäre.

Anwendungsbeispiele dafür sind der Antrieb von Spinnereimaschinen, Pumpen und Förderanlagen.

Steuerungen eines Drehstrom-Asynchronmotors

Der Asynchronmotor beruht darauf, dass nicht nur das Drehfeld im Ständer, sondern auch das notwendige Magnetfeld des Läufers durch den im Ständer fließenden Drehstrom erzeugt wird. Eine eigene Erregerstromquelle ist nicht nötig.

Der Rotor ist kein normaler Nord-Südpol-Elektromagnet, sondern ein aus dünnen Eisenblechen zusammengestellter Eisenzylinder, auf dessen Umfang Nuten angebracht sind. In diesen Nuten sind Kupfer- oder Aluminiumleiter eingelegt, die entweder durch Ringe kurzgeschlossen oder in Wicklungen zusammengeschaltet sind, wie noch gezeigt wird. Diese Wicklungen bilden sozusagen die Sekundärwicklung (Ausgangswicklung) eines Transformators, den man sich auch als Asynchronmotor vorstellen kann. Die in der Ständerwicklung fließenden Dreiphasenströme bilden ein konstantes, aber sich im Maße der Frequenz umlaufendes Magnetfeld (mit Nord- und Südpol) aus. Dieses Drehfeld schneidet die zunächst ruhenden Leiter des Läufers und induziert in diesen Leitern Spannungen. Da die Leiter kurzgeschlossen oder in Wicklungen zusammengeschaltet sind, fließen im Läufer Ströme, die ihrerseits wieder ein Magnetfeld aufbauen. Die beiden Felder vereinigen sich zu einem Feld und bringen dadurch den Rotor in Umdrehung. Würde sich der Läufer aber so schnell drehen, wie Frequenz und Polzahl, die das Ständerfeld bestimmen, können die Läuferstäbe nicht mehr vom Drehfeld geschnitten werden. Es wird keine Spannung in den Läuferstäben induziert, d. h. Läuferstrom und Läuferfeld sind gleich Null. Bedingt dadurch geht der Läufer in den Stillstand über. Das aber geht nur bis zu einem gewissen Grad, denn schon bei einem geringen Zurückbleiben der Läuferdrehungen gegenüber dem Drehfeldumlauf wird im Läufer wieder eine Spannung induziert. Der Rotor muss sich also drehen, aber nicht so schnell wie das Drehfeld.

Das Zurückbleiben der Läuferdrehzahl gegenüber der Drehzahl des Drehfeldes bezeichnet man als Schlupf. Der Schlupf beträgt bei normalen Drehstrommotoren etwa 3 bis 5 %. Wenn also ein Motor z. B. vierpolig gewickelt ist, dann würde man eine Drehzahl von 1500 pro Minute beim Synchronmotor erhalten. Beim Asynchronmotor jedoch

© Springer Fachmedien Wiesbaden GmbH, ein Teil von Springer Nature 2021

H. Bernstein, *Angewandte Leistungselektronik*,

https://doi.org/10.1007/978-3-658-29614-8_5

muss der Schlupf von etwa 4 % in Abzug gebracht werden und man erhält also eine Drehzahl von etwa 96 % bei 1500 U/min = 1440 U/min.

Beispiel: Wie groß ist der Schlupf in Prozenten bei einem Motor mit sechspoliger Bewicklung und einer gemessenen Drehzahl von n = 965 Umdrehungen pro Minute?

Lösung: Synchrondrehzahl $= 1/3 \cdot 50 \cdot 60 = 1000$

Asynchrondrehzahl   -965

Schlupfdrehzahl   35

1 % von 1000 U/min = 10 Drehungen und der Schlupf beträgt also $\frac{35}{10} = 3,5\,\%$

Hier ist noch darauf hinzuweisen, dass die Frequenz der Ströme im Läufer nicht ebenfalls 50 Hz beträgt. Das unterscheidet den Asynchronmotor wesentlich vom Transformator. Im ersten Augenblick des Einschaltens, also bei stillstehendem Läufer, werden die Läuferleiter von dem umlaufenden Drehfeld geschnitten. Da die Umlaufschnelligkeit eine Frequenz von 50 Hz des Ständers entspricht, beträgt nun auch die Frequenz im Läufer 50 Hz. Gleichzeitig wird in den Läuferstäben eine hohe Spannung induziert, die zu einem hohen Strom führt (Anlaufstromstoß!).

Nun beginnt sich der Läufer zu drehen. Die relative Geschwindigkeit zwischen Ständer. Drehfeld und Läufer wird immer kleiner. Damit sinken die Frequenz und gleichzeitig auch die Spannung in den Läuferstäben (geringere magnetische Durchdringungsgeschwindigkeit).

Hat der Läufer seine „Nenndrehzahl" erreicht, bei der er um wenige Prozente (Schlupf) hinter der Drehzahl des Drehfeldes zurückbleibt, beträgt die Frequenz im Läufer nur mehr so viel Prozent der Netzfrequenz, als der Schlupf in Prozenten der Nenndrehzahl wirkt.

Beispiel: Wie groß ist die Frequenz in einem Läufer eines sechspoligen Drehstrommotors, der bei Anschluss an 50-Hz-Drehstrom einen Schlupf von 4,5 % aufweist?

4,5 % von 50 Hz ist 4,5 % × 0,5 = 2,25 Hz

Bei dieser geringen Frequenz im Läufer ist doch auch die im Läufer erzeugte Spannung sehr gering, wahrscheinlich nur 4,5 % der bei Stillstand erzeugten Spannung, d. h. der Strom im Läufer muss sehr klein sein und deswegen steht keine Leistung mehr zur Verfügung. Diese Folgerung wäre richtig, wenn nicht wegen der Frequenzänderung im Läufer auch eine Widerstandsänderung im Läufer eintreten würde. Im Stillstand, also im Moment des Anlaufes, wird eine 50-Hz-Spannung im Läufer induziert. Bei dieser hohen Frequenz stellt sich neben dem ohmschen Widerstand auch ein erheblicher „induktiver Widerstand" ein und beide zusammen ergeben einen hohen „Wechselstromwiderstand".

Im vollen Lauf ist die Frequenz im Läufer gering und der induktive Widerstand der Läuferwicklungen wird vernachlässigbar klein. Der ebenfalls geringe ohmsche Widerstand der Wicklung (Stäbe) führt trotz der geringen induzierten Spannung zu einem hohen Strom und damit zur Gesamtleistung des Motors.

Tab. 5.1 zeigt eine Übersicht für eine zweipolige Maschine bei 50 Hz.

Tab. 5.1 Übersicht für eine zweipolige Maschine bei 50 Hz

Drehzahl des Läufers (U/min)	0 (Stillstand)	3000 (nicht möglich!)	2850 Nenndrehzahl
Läuferfrequenz (Hz)	50	Null	2,5
Läuferspannung (V)	z. B. 130	Null	6
Läuferwiderstand (Ω)	groß, vorwiegend induktiv	gering, nur ohmscher Widerstand	gering
Läuferstrom (A)	etwa 5 – 7-mal größer I	Null	I

5.1 Wirkungsweise eines Asynchronmotors

Der Ständer besteht wie beim Synchronmotor aus einem geschichteten Blechpaket, welches zur Aufnahme einer 3-phasigen Wicklung genutet ist. Der Trommelläufer ist wie der Ständer aus Blechen geschichtet und zur Aufnahme einer verteilten Wicklung genutet, wie Abb. 5.1 zeigt.

- Anlauf: Wird die Drehstromwicklung an Spannung gelegt, so rotiert wie beim Synchronmotor das masselose Drehfeld in der Ständerwicklung mit seiner vollen Geschwindigkeit. Es durchflutet die räumlich versetzten Spulen der Läuferwicklung und induziert in ihnen nacheinander Wechselspannungen mit der Netzfrequenz. Die entstehenden Spulenströme sind gegeneinander phasenverschoben und erzeugen im Läufer ein gemeinsames, drehendes Feld, dessen Pole den ungleichnamigen Ständer-Drehfeldpolen um 90° nacheilend folgen, wie es sich nach der „Rechten-Hand-Regel" in Abb. 5.2 ergibt. Dadurch kann sich zwischen den drehenden Ständer- und Läuferpolen schon im Anlauf bereits ein ständig wirkendes Drehmoment von der 2- bis 3-fachen Größe des Nenndrehmomentes entwickeln, welches das Beharrungsvermögen von Läufermasse und voller Last überwindet und den Läufer aus dem Stillstand in Bewegung setzt.

Abb. 5.1 Schnitt durch einen 2-poligen Asynchronmotor

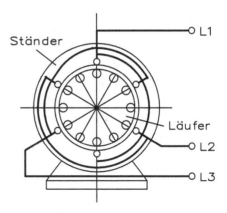

Abb. 5.2 Ständer- und
Läuferdrehfeld

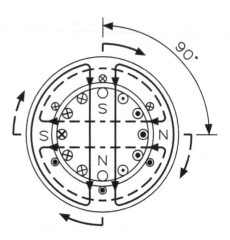

Da sich nun der Läufer in Richtung des Drehfeldes bewegt, kann ihn dieses nicht mehr überholen, d. h. die Geschwindigkeit der Feldlinienveränderung verringert sich und mit zunehmender Drehzahl werden Spannung, Frequenz, Strom und Feld im Läufer und damit das Drehmoment kleiner, bis es bei synchronem Lauf zu Null wird. Wirkt auf den Läufer aber kein Drehmoment mehr, bleibt er gegenüber dem Drehfeld zurück. Erst durch dieses Zurückbleiben wird in den Läuferspulen wieder Spannung induziert und damit ist ein Läuferfeld bzw. ein Drehmoment möglich. Der Läufer muss also nicht synchron ($\triangleq$ asynchron) laufen, weshalb man diese Maschine als Asynchronmotor bezeichnet. Den Unterschied des Drehzahlenbereiches zwischen Ständerdrehfeld und Läufer bezeichnet man als Schlupf und gibt diesen Wert in Prozenten der Ständer-Drehfeld-Drehzahl an, d. h. im Anlauf hat er 100 %.

Bei Asynchronmotoren hat das Ständerdrehfeld somit zwei Aufgaben:

1. Erzeugung einer Läuferspannung durch Induktion zum Aufbau eines Läuferdrehfeldes.
2. Erzeugung eines Drehmomentes zusammen mit dem Läuferdrehfeld zur Bewegung von Läufer und Last.

Die Ständerwicklung kann daher auch als Primärwicklung und die induzierte Läuferwicklung als Sekundärwicklung eines Transformators angesehen werden. Man bezeichnet Asynchronmotoren daher auch als Induktionsmotoren.

Im Augenblick des Anlaufes entsteht im Läufer infolge des 100-prozentigen Schlupfes die höchstmögliche Spannung und dadurch ein sehr großer Strom, ein starkes Feld und dieses Verhalten ergibt ein großes Anlaufdrehmoment. Der Motor gleicht in diesem Augenblick einem sekundärseitig kurzgeschlossenen Transformator, d. h. der Einschaltstrom ist daher gleich dem Kurzschlussstrom und dieser beträgt das 3- bis 8-fache des Nennstromes.

Tab. 5.2 Betriebsdrehzahlen

Polzahl (p)	2	4	6	8	10	12	16	20
Drehfeld (U/min)	3000	1500	1000	750	600	500	375	300
Läufer (U/min)	2850	1425	950	710	570	475	355	285

- Leerlauf: Im Leerlauf beträgt der Schlupf wegen der geringen Lastbremsung nur wenige Umdrehungen. Spannung, Frequenz (kleiner als 1 Hz), Strom und Feld im Läufer sind daher sehr gering. Trotzdem nimmt der Ständer wegen der vollen Magnetisierung bei großen Motoren 30 % und bei kleinen Motoren ca. 60 % des Nennstromes aus dem Netz auf (davon 90 % Blindstrom).
- Belastung: Bei Belastung vermindert sich infolge der Lastbremsung die Drehzahl, der Schlupf aber vergrößert sich. Bei Nennlast beträgt er normal 3 bis 5 %. Es ergeben sich die Betriebsdrehzahlen von Tab. 5.2.

Als Folge des vergrößerten Schlupfes steigen im Läufer die Spannung und der Strom, und dadurch entsteht ein stärkeres Feld zur Bewältigung der Last notwendigen Drehmoments. Die Drehzahl sinkt jedoch nur wenig, da eine größere Last über den vergrößerten Schlupf ein erhöhtes Drehmoment bewirkt. Erst bei Überlastung wird der Schlupf unverhältnismäßig groß, der Motor entwickelt sein größtes Drehmoment, die Drehzahl jedoch verringert sich und der Läufer bleibt stehen, d. h. der Motor kippt. Der Kippschlupf beträgt meist 20 bis 30 %, das Kippdrehmoment mindestens 1,6-mal Nenndrehmoment (bei Dauerbetrieb). Abb. 5.3 zeigt, wie Drehmoment, Drehzahl und Schlupf bei Anlauf, Belastung und Überlastung zusammenhängen. Schlupf, Läuferspannung und Läuferfrequenz (auch als Schlupfspannung und Schlupffrequenz bezeichnet) sind im Anlauf am größten, bei Leerlauf am kleinsten und wachsen mit zunehmender Belastung bis der Motor kippt.

5.1.1 Aufbau von Läuferspulen

Kurzschlussläufermotoren sind Asynchronmotoren mit kurzgeschlossenen Läuferspulen. Die entstehenden Läuferkurzschlussströme erregen ein starkes Läuferdrehfeld, das selbsttätig die Poligkeit des Ständerdrehfeldes annimmt.

Bei Kurzschlussläufermotor besteht der Läufer nicht aus einem festen Eisenzylinder, sondern man setzt ihn wegen der Wirbelströme aus Blechen zusammen. In die Bleche werden, wie Abb. 5.4 zeigt, Kupferstäbe eingefügt, die an beiden Seiten durch Kupferringe kurzgeschlossen sind und daher die Bezeichnung „Kurzschlussläufer". Da die Kupferstäbe mit den Ringen zusammen eine Art Käfig bilden, spricht man auch oft von „Käfiganker". Im modernen Bau von Drehstrommotoren erfolgt die Herstellung des Rotors durch Aluminium-Spritzgussfüllung der Rotornuten, wobei die beiderseitigen Kurzschlussringe mitgegossen werden. Diese wirtschaftliche Methode verbilligt den Asynchronmotor und hat viel zur Anwendung der Kurzschlussmotoren beigetragen.

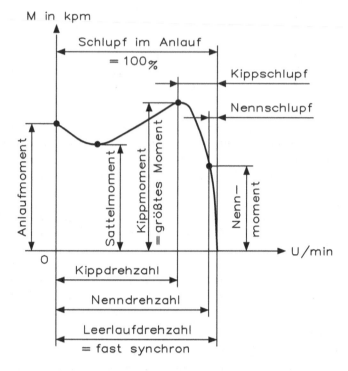

Abb. 5.3 Nenndrehmoment-Kennlinie eines Asynchronmotors

Abb. 5.4 Aufbau eines Kurzschlussläufers

Die Spulenseiten sind massive Stäbe, die Kurzschlussringe mit einem gemeinsamen Spulenkopf, der sie zu Spulen mit je einer Windung verbindet.

Der Käfig wird meist im Druckgussverfahren aus Reinaluminium hergestellt, wobei Stäbe und Kurzschlussringe ein Gussstück bilden und das Läuferblechpaket fest umschließen. Die Nuten und damit auch die Stäbe weisen beim normalen Kurzschlussläufer einen runden oder tropfenförmigen Querschnitt auf, wie in Abb. 5.5 gezeigt ist, und daher bezeichnet man diese Motoren auch als „Rundstabläufer". Zur Verbesserung der Anlaufeigenschaften sind die Nuten schräg und man verwendet diese Nutteilung.

Die Eigenschaften sind

a) Einfacher und robuster Aufbau; infolge induktiver Übertragung der Erregerleistung auf den Läufer kein Stromübergang von festen auf drehende Teile und daher hat man bei der Anschaffung und im Betrieb einen preiswerten Motor mit einem robusten Drehmoment bei geringen Wartungskosten.

b) Selbstanlauf unter voller Last möglich, da 2- bis 2,8-faches Nenndrehmoment im Anlauf bei direkter Einschaltung vorhanden.

c) Kippdrehmoment höher als Anlaufdrehmoment, daher ist dieses stoßfest und hoch überlastbar, wie Abb. 5.6 zeigt.

d) Die Drehzahl geht bei Belastung leicht zurück und es entspricht einem elastischen Drehzahlverhalten (Nebenschlussverhalten).

e) Drehzahl an das Drehfeld gebunden, daher ist nur mit erheblichem Aufwand und unter Änderung des Betriebsverhaltens in kleinen Grenzen regelbar, jedoch in Stufen veränderbar (Polumschaltung!).

f) Guter Wirkungsgrad und Leistungsfaktor (beide $\eta \approx 0{,}85$).

Abb. 5.5 Nutformen bei Rundstabläufern

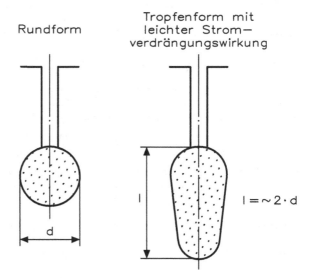

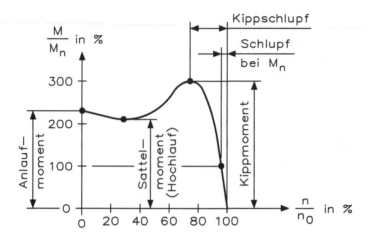

Abb. 5.6 Drehmomentverlauf eines Rundstabläufers

g) Durch Umschaltung der Ständerwicklung von Dreieck auf Stern ist der Betrieb eines
   Motors an zwei Netzen mit Leiterspannungen im Verhältnis 1: 1,73 (z. B. 230: 400 V)
   bei gleicher Leistung und gleichem Betriebsverhalten möglich. Für kleine Leistungen
   ist die Sternschaltung und für große Leistungen besonders bei hohen Spannungen
   (500 V) die Dreieckschaltung vorzuziehen.

h) Infolge kurzgeschlossener Läuferspulen im Anlauf tritt eine hohe Stromaufnahme auf
   mit 5- bis 8-fachem Nennstrom (mit fallender Polzahl ansteigende Werte) bei direkter
   Einschaltung. Bei Motorleistungen über ca. 1,5 kW bei 230 V und ca. 2 kW bei
   400 V schreiben die Elektrizitäts-Versorgungs-Unternehmen (EVU) eine Begrenzung
   des Anlaufstromes vor, wenn der Drehstrommotor direkt an das öffentliche Niederspannungsnetz angeschlossen wird. Das einfachste Verfahren der Anlaufstrom-
   Begrenzung ist der Stern-Dreieck-Anlauf.

5.1.2 Sondernut-Motoren

Hohe Schlupfspannung und zugehöriger Kurzschlussstrom ergeben beim Anlauf im
Kurzschlussläufer eine große Kurzschlussleistung, die über den Ständer durch hohe
Stromaufnahme aus dem Netz gedeckt werden muss. Statt den Ständerstrom durch
Herabsetzen der Ständerspannung zu begrenzen und damit das Ständerdrehfeld bzw.
das Anlaufdrehmoment zu schwächen, ist es sinnvoller den Läuferkurzschlussstrom
am Ort des Entstehens durch Erhöhung des Läuferwiderstandes zu verringern. Dies
ist durch besondere Gestaltung der Läuferwicklung bzw. Läufernuten ($\triangleq$ Sondernut-
Motoren) oder durch Einschalten von Widerständen in den geöffneten Läuferstromkreis
($\triangleq$ Schleifringläufer) möglich. Bei vermindertem Anlaufstrom lässt sich hier ein hohes

Abb. 5.7 Stromverdrängung
bei einem Läuferkäfig

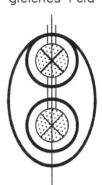

Anlaufdrehmoment erreichen bzw. der Verlauf der Drehmomentenkurve, also Anlauf-, Hochlauf- und Kippmoment im Verhältnis zum Volllastdrehmoment erheblich beeinflussen.

- Stromverdrängungsläufer: Die Arbeitsweise beruht auf der Frequenzabhängigkeit des induktiven Widerstandes des Läuferkäfigs. Werden zwei Läuferstäbe übereinander, also verschieden tief in das Läufereisen eingebettet, so entsteht bei gleichem Strom um den tiefer liegenden Stab infolge besseren Eisenschlusses ein dichteres Feld und damit höherer induktiver Widerstand als im oben liegenden Stab, wie Abb. 5.7 zeigt. Der höhere Widerstand verdrängt den Strom aus dem Unterstab umso mehr in den Oberstab, je mehr mit steigender Schlupffrequenz der Unterschied des induktiven Widerstandes in den Ober- und Unterstab wächst. Damit wird ein hoher Läuferwiderstand im Anlauf erreicht (größter Schlupf!), der sich beim Hochlaufen mit dem Schlupf verringert und bei Nenndrehzahl auf seinen kleinsten Wert absinkt.
- Doppelstabläufer: Ober- und Unterstab werden je nach Erfordernis mit gleichen oder verschiedenen Querschnitten und Formen, wie Abb. 5.8 zeigt, auch aus verschiedenem Material (z. B. Oberstab aus Messing oder Bronze, Unterstab aus Kupfer) ausgeführt und in gemeinsamen oder getrennten Kurzschlussringen verbunden. Meist jedoch wird der Doppelkäfig im Druckguss-Verfahren aus Reinaluminium hergestellt. Doppelstabläufer eignen sich zum Antrieb aller mit geringer Last anlaufenden Maschinen und ergeben bei direkter Einschaltung das 2- bis 3-fache Nenndrehmoment bei 5- bis 3-fachem Nennstrom, wie Abb. 5.9 zeigt. Sie werden daher hauptsächlich für Stern-Dreieck-Anlauf verwendet, wobei sich Anlaufstrom und Anlaufdrehmoment auf je ein Drittel der Werte vermindern.
- Hochstabläufer: Bei Hochstabläufern ist nur ein Stab vorhanden, der jedoch tief in das Läufereisen abgesenkt ist und 5- bis 10-mal so lang wie breit ist, wie Abb. 5.10 zeigt. Dadurch entsteht ebenfalls eine Stromverdrängung, die jedoch infolge Fehlens der

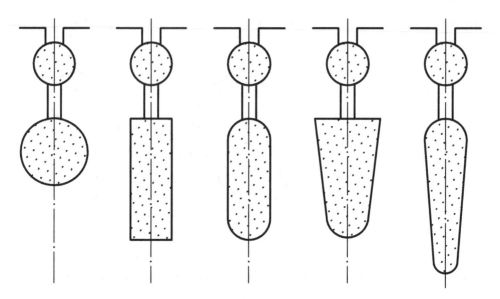

Abb. 5.8 Nutformen bei Doppelstabläufern

Eisenbrücke zwischen den Doppelstäben geringer als beim Doppelstabläufer ist. Bei direkter Einschaltung lässt sich im Anlauf das 1,3- bis 1,5-fache Nenndrehmoment bei 4- bis 6-fachem Nennstrom erreichen, wie Abb. 5.11 zeigt.

- Tiefnutläufer ($\triangleq$ Streunutläufer): Werden die Läuferstäbe unterhalb schmaler Luftschlitze tief in das Läufereisen gebettet, wie Abb. 5.12 zeigt, so sinken infolge großer Nutstreuung sowohl Anlaufstrom wie auch Anlauf- und Kippmoment erheblich. Bei direkter Einschaltung erhält man bei 3,5- bis 4,5-fachem Nennstrom nur das 0,3- bis 0,6-fache Nenndrehmoment. Es ist daher nur ein unbelasteter mit sehr weichem Anlauf möglich.

Abb. 5.9 Drehmomentverlauf
bei Doppelstabläufern

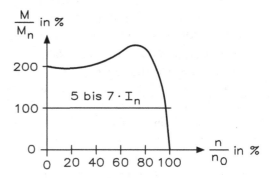

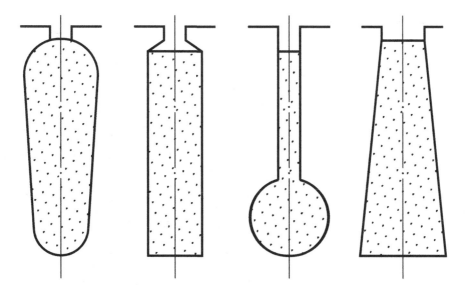

Abb. 5.10 Hochstabformen

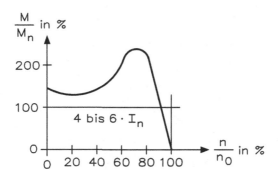

Abb. 5.11 Drehmomentverlauf bei Hochstabläufern

Tiefnutläufer werden für besonders lange Anlaufzeiten (bis ca. 15 min) und sanften, alle drehenden Teile schonenden Anlauf verwendet. Dabei wird der durch hohe Nutstreuung bedingte verschlechterte Leistungsfaktor in Kauf genommen.

- Widerstandsläufer: Verwendet man bei Doppelstab- und Hochstabläufern an Stelle von Aluminium für die Läuferstäbe Messing, so erhöht sich der Läuferwiderstand. Dadurch vermindert sich der Anlaufstrom und das Anlaufdrehmoment jedoch steigert sich je nach Ausführung bis zum 3,5-fachen, da bei entsprechend hohem Läuferwiderstand wie bei Schleifringläufern das Kippmoment in den Anlauf verlegt werden kann, und Abb. 5.13 zeigt den Aufbau. Bei diesen Motoren ergibt sich wegen der höheren Läuferverluste ein etwas schlechterer Wirkungsgrad, gleichzeitig aber wird wegen

Abb. 5.12   Tiefnutformen

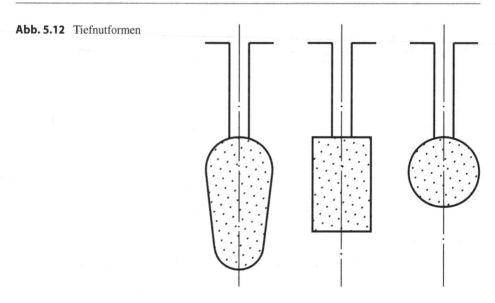

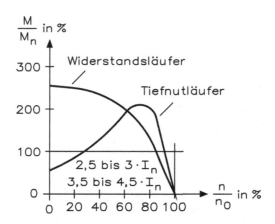

Abb. 5.13   Drehmomentverlauf bei Tiefnut- und Widerstandsläufern

ihres größeren Schlupfes ein sehr weiches Drehzahlverhalten, das sich besonders für den Antrieb großer Schwungmassen, z. B. Pressen, Scheren, Stanzen und Zentrifugen, eignet.

Sondernut-Motoren sind am öffentlichen Niederspannungsnetz zugelassen:

- für direkte Einschaltung bis ca. 2 kW bei 230 V und ca. 3 kW bei 400 V
- bei Stern-Dreieck-Anlauf bis ca. 4 kW bei 230 V und ca. 5,5 kW bei 400 V

5.1.3 Stern- und Dreieckschaltung

Auf der Seite des Statorgehäuses befindet sich in einem Kasten das Klemmbrett für den elektrischen Anschluss des Drehstrommotors, wie Abb. 5.14 zeigt.

Für die Sternschaltung gilt:

- Strangspannung U_{str} = Außenleiterspannung/$\sqrt{3}$
- Strangstrom I_{str} = Leiterstrom
- niedriges Drehmoment

Für die Dreieckschaltung gilt:

- Strangspannung U_{str} = Außenleiterspannung
- Strangstrom I_{str} = Leiterstrom/$\sqrt{3}$
- hohes Drehmoment

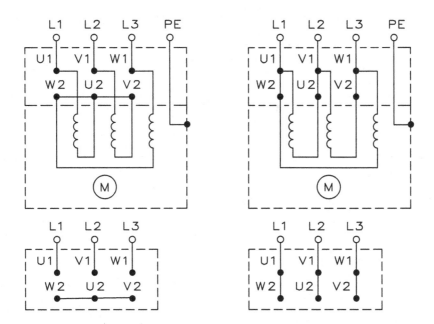

Bei Rechtslauf stimmen die alphabetische Reihenfolge der Buchstaben und die zeitliche Phasenfolge der Spannungen überein (L1→U1 L2→V1 L3→W1)

Bei Linkslauf müssen, bezogen auf den Rechtslauf, zwei Netzleitungen vertauscht werden: z.B. L1 an V1, L2 an U1, L3 an W1

Abb. 5.14 Klemmbrett des Statoranschlusses für die Stern-Dreieck-Schaltung

Werden die drei Wicklungsenden des Erzeugers und Verbrauchers in einen gemeinsamen Knotenpunkt miteinander verbunden, erhält man für den Erzeuger bzw. Verbraucher eine Sternschaltung, die man durch das Symbol Y kennzeichnet. Die Sternschaltung für Erzeuger und Verbraucher ist in Abb. 5.15 gezeigt.

Ein System mit drei Außenleitern L_1, L_2, L_3 und einem Sternpunktleiter N bezeichnet man als Vierleitersystem. Wird auf den Sternpunktleiter verzichtet (z. B. bei symmetrischer Belastung), spricht man von einem Dreileitersystem. Ein Vierleitersystem erhält man nur, wenn der Erzeuger in Sternschaltung ausgeführt ist.

Wird jedes Ende eines Stranges mit dem Anfang des nächsten Stranges verbunden, so erhält man eine Dreiecksschaltung und sie wird durch das Symbol Δ gekennzeichnet. Eine solche Schaltung ist in Abb. 5.16 dargestellt. Hier kann nur ein Dreileitersystem angeschlossen werden.

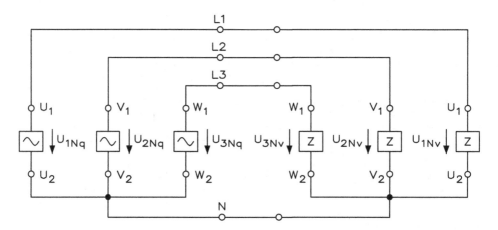

Abb. 5.15 Sternschaltung für Erzeuger und Verbraucher

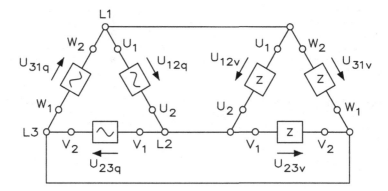

Abb. 5.16 Dreileiterschaltung für Erzeuger (Transformator) und Verbraucher

5.1.4   Sternschaltung im Vierleiternetz

Es liegt hier eine Sternschaltung im Vierleiternetz vor, die einen Nullleiter zum Mittel-punkt benötigt. Im Rahmen dieses Kapitels sei angenommen, dass die Widerstände der Außenleiter und des Sternpunktleiters vernachlässigbar klein sind. Ist dies nicht der Fall, ergibt sich bei unsymmetrischer Belastung eine Potentialdifferenz zwischen dem Stern-punkt des Erzeugers und dem Knotenpunkt des Verbrauchers. Dadurch werden auch die Strangspannungen des Verbrauchers unsymmetrisch.

Nach dem Maschensatz ergibt sich.

$$\underline{U}_{1Nq} = \underline{U}_{1NV}$$
$$\underline{U}_{2Nq} = \underline{U}_{2NV}$$
$$\underline{U}_{3Nq} = \underline{U}_{3NV}$$

d. h. die Strangspannungen des Erzeugers und Verbrauchers sind gleich. Deshalb wird im Weiteren auf den Index q für Quelle bzw. V für Verbraucher verzichtet.

Ausgedrückt als Augenblickswerte erhält man für die Strangspannung bei gleich großen Scheitelwerten der Spannungen:

$$u_1 = \sqrt{2} \cdot U_{Str} \cdot \cos(\omega t + \varphi_{U1})$$
$$u_2 = \sqrt{2} \cdot U_{Str} \cdot \cos(\omega t + \varphi_{U1} - 120°) = \sqrt{2} \cdot U_{Str} \cdot \cos(\omega t + \varphi_{U2})$$
$$u_3 = \sqrt{2} \cdot U_{Str} \cdot \cos(\omega t + \varphi_{U1} - 240°) = \sqrt{2} \cdot U_{Str} \cdot \cos(\omega t + \varphi_{U1} + 120°) = \sqrt{2} \cdot U_{Str} \cdot \cos(\omega t + \varphi_{U3})$$

Da das Rechnen mit Augenblickswerten sehr aufwendig ist, soll hier die grafische Lösung nur mithilfe der Zeigerdiagramme gezeigt werden.

Der Nullphasenwinkel φ_{U1} ist in der Sternschaltung $\varphi_{U1} = 180°$. Die Summe der drei Strangspannungen lassen sich grafisch im Zeigerdiagramm oder rechnerisch bilden, zur rechnerischen Ermittlung ist allerdings die komplexe Rechnung notwendig, wenn man nicht mit Augenblickswerten rechnen will. Abb. 5.17 zeigt die Summe der Strang-spannungen.

Die Summe $\underline{U}_1 + \underline{U}_2 + \underline{U}_3$ ist demnach Null und die Spannungen dürfen nicht ein-fach algebraisch, sondern müssen geometrisch addiert werden, da sie unterschiedliche

Abb. 5.17 Summe der Strangspannungen in Drei- und Vierleiternetzen

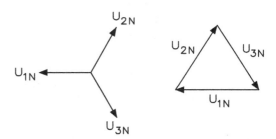

Phasenlagen aufweisen. Zur Kontrolle können auch im Liniendiagramm zu jedem beliebigen Zeitpunkt die Augenblickswerte der drei Spannungen addiert werden und die Summe muss immer Null ergeben.

$$\underline{U}_{1N} + \underline{U}_{2N} + \underline{U}_{3N} = 0$$

Bei Sternschaltung treten aber neben den Strangspannungen noch andere Spannungen auf. Zur Bestimmung der Ströme sollen zunächst in Abb. 5.18 auf alle diese Größen eingetragen werden. Von Interesse ist dabei nur die Verbraucherseite, da von einem starren symmetrischen Erzeuger bzw. Netz ausgegangen wird. Auf die Klemmenbezeichnung U_1, U_2, V_1, V_2, W_1 und W_2 wird dabei in diesem Buch verzichtet, da sie sich eindeutig aus den anderen Bezeichnungen ergeben.

Die Spannungen $\underline{U}_{12} + \underline{U}_{23} + \underline{U}_{31}$ bezeichnet man Außenleiter- oder Leiterspannungen. Unter der Bezeichnung Z sind die Reihenschaltung mit ohmschen Widerständen, induktiven und/oder kapazitiven Blindwiderständen zu verstehen. Die einzelnen Spannungen lassen sich mithilfe des Maschensatzes aus den Strangspannungen ermitteln.

$$\underline{U}_{12} = \underline{U}_{1N} - \underline{U}_{2N}$$
$$\underline{U}_{23} = \underline{U}_{2N} - \underline{U}_{3N}$$
$$\underline{U}_{31} = \underline{U}_{3N} - \underline{U}_{1N}$$
$$\underline{U}_{12} = \underline{U}_{23} + \underline{U}_{31} = 0$$

Dass auch die Summe der Leiterspannungen Null ist, ergibt sich aus den drei ersten Gleichungen, denn.

$$\underline{U}_{12} + \underline{U}_{23} + \underline{U}_{31} = \underline{U}_{1N} - \underline{U}_{2N} + \underline{U}_{2N} - \underline{U}_{3N} + \underline{U}_{3N} - \underline{U}_{1N} = 0$$

Der Zusammenhang zwischen den Strang- und Leiterspannungen ist in den Zeigerdiagrammen der Abb. 5.19 und Abb. 5.20 gezeigt. In diesen beiden Zeigerdiagrammen wird

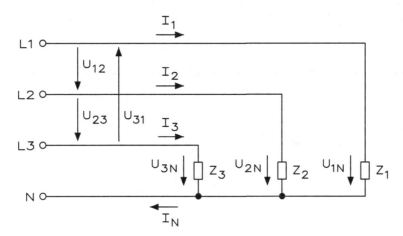

Abb. 5.18 Spannungen und Ströme in einer Sternschaltung

Abb. 5.19 Zeigerdiagramm
für die Strang- und
Leiterspannungen bei
Sternschaltung mit
phasenverschobenem Zeiger

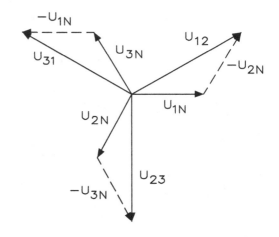

Abb. 5.20 Zeigerdiagramm
für die Strang- und
Leiterspannungen bei
Sternschaltung mit
Strangspannungen

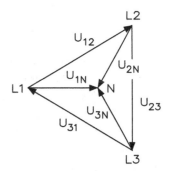

der Nullphasenwinkel φ_{U1} (der beliebig gewählt werden kann) der Strangspannung $\underline{U}_{1N}$
mit Null angenommen.

Wenn zwei Zeiger voneinander subtrahiert werden sollen, so ist dies gleichbedeutend mit
der Addition des negativen, d. h. um 180° phasenverschobenen Zeigers. In Abb. 5.19 gewinnt
man also die Spannung $\underline{U}_{12}$, indem zu $\underline{U}_{1N}$ der Zeiger $-\underline{U}_{2N}$ geometrisch addiert wird.

Aus dem Zeigerdiagramm kann abgelesen werden, dass die Leiterspannungen jeweils
um den Faktor $\sqrt{3}$ größer als die Strangspannungen sind und $\underline{U}_{12}$ um 30° gegenüber
$\underline{U}_{1N}$, $\underline{U}_{23}$ um 30° gegenüber $\underline{U}_{2N}$ und $\underline{U}_{31}$ um 30° gegenüber $\underline{U}_{3N}$ voreilt. Auf die Beweis-
führung mithilfe der Winkelsätze aus der Geometrie soll hier verzichtet werden. Es soll
hier noch eine Darstellung des Zeigerdiagramms erfolgen, die für den Praktiker meist
schneller bzw. einfacher zur realisieren sind und wird auch in diesem Buch verwendet.
Bekanntlich dürfen die Zeiger im Zeigerdiagramm beliebig parallel verschoben werden.
Verschiebt man also die Strangspannungen so, dass sich ihre Spitzen treffen, erhält man
die Darstellung nach Abb. 5.20, die völlig gleichwertig mit der Abb. 5.19 ist. Die Eckpunkte lassen sich hier gleich mit L_1, L_2 und L_3 bezeichnen und der Mittelpunkt, wo sich
die Strangspannungsspitzen treffen, ist der Leiter N. Die Reihenfolge von L_1, L_2 und L_3
muss dabei immer im Uhrzeigersinn verlaufen!

Da die Effektivwerte der drei Strangspannungen gleich groß sind und ebenso die der drei Leiterspannungen gilt:

$$\underline{U}_{12} = \underline{U}_{23} = \underline{U}_{31} = \underline{U}_L$$

$$\underline{U}_{1N} = \underline{U}_{2N} = \underline{U}_{3N} = \underline{U}_{Str}$$

$$\underline{U}_L = \sqrt{3}\underline{U}_{Str}$$

Ein Drehstromsystem mit zugänglichem Sternpunkt oder mit Sternpunktleiter ist ein System mit zwei Spannungen und wird nach der Leiterspannung bezeichnet, z. B. 400-V-Drehstromnetz.

Bei einem 400-V-Drehstromnetz sind demnach die drei Leiterspannungen wie folgt:

$$U_{12} = U_{23} = U_{31} = U_L = 400\,\text{V}$$

und die Strangspannungen.

$$U_{1N} = U_{2N} = U_{3N} = U_{Str} = \frac{U_L}{\sqrt{3}} = 231\,\text{V}$$

Die Ströme lassen sich mithilfe des ohmschen Gesetzes und der Knotenpunktregel bestimmen und dabei dürfen die Ströme wieder nur geometrisch addiert werden, da sie zueinander phasenverschoben sind.

$$I_1 = \frac{U_{1N}}{Z_1} \qquad I_2 = \frac{U_{2N}}{Z_2} \qquad I_3 = \frac{U_{3N}}{Z_3} \qquad \underline{I}_N = \underline{I}_1 + \underline{I}_2 + \underline{I}_3$$

Bei Sternschaltung sind die Leiterströme gleich den Strangströmen. Ihre jeweilige Phasenverschiebung ergibt sich aus den Belastungswiderständen $\underline{Z}_1$, $\underline{Z}_2$ und $\underline{Z}_3$.

Für den Fall einer symmetrischen Belastung ist $\underline{Z}_1 = \underline{Z}_2 = \underline{Z}_3$, d. h. die drei Strang-Scheinwiderstände sind gleich groß und weisen den gleichen Phasenverschiebungs-winkel auf!

Da die Beträge der drei Strangspannungen gleich sind, müssen auch die drei Ströme betragsmäßig gleich groß sein. Gegenüber ihrer zugehörigen Strangspannung sind sie um den Phasenverschiebungswinkel φ vor- bzw. nacheilend, zueinander sind sie um je 120° phasenverschoben und ihre Summe $\underline{I}_1 + \underline{I}_2 + \underline{I}_3$ muss somit wieder Null sein. In diesem Fall kann der Sternpunktleiter entfallen, da $I_N = 0$ ist, ohne dass sich an den Ver-hältnissen in der Schaltung etwas ändern würde.

In einer Sternschaltung ist bei symmetrischer Belastung der Strom im Sternpunkt-leiter immer Null.

Beispiel: In allen drei Strängen einer Sternschaltung liegt ein Scheinwiderstand, der aus der Reihenschaltung eines ohmschen Widerstandes von $R = 23\ \Omega$ und einer Spule mit $L = 0{,}13\,\text{H}$ besteht. Für diese Schaltung an einem 400-V-Drehstromnetz ist das Zeigerdiagramm für die Ströme und Spannungen zu zeichnen und durch die Summen-bildung der Ströme zu zeigen, dass $\underline{I}_N = 0$ ist.

Abb. 5.21 Zeigerdiagramm
der Spannungen und Ströme

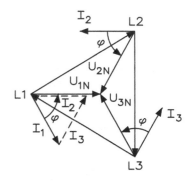

Als Maßstäbe für Abb. 5.21 werden z. B. gewählt: $\begin{aligned} &M_U : 1\text{cm} = 40\,\text{V} \\ &M_I : 1\text{cm} = 1\,\text{A} \end{aligned}$

Der induktive Blindwiderstand der Spule ist

$$X_L = 2 \cdot \pi \cdot f \cdot L = 2 \cdot 3{,}14 \cdot 50\,\text{Hz} \cdot 0{,}13\,H = 40{,}8\,\Omega$$

Der Betrag der Ströme kann über den Scheinwiderstand gelöst werden:

$$Z = \sqrt{R^2 + X_L^2} = \sqrt{(23\,\Omega)^2 + (40{,}8\,\Omega)^2} = 46{,}8\,\Omega$$

$$I_L = I_{Str} = \frac{U_{Str}}{Z} = \frac{\frac{400\,\text{V}}{\sqrt{3}}}{46{,}8\,\Omega} = 4{,}93\,A$$

Der Phasenverschiebungswinkel für alle drei Strangströme gegenüber den zugehörigen Strangspannungen ist

$$\tan\varphi = \frac{X_L}{R} = \frac{40{,}8\,\Omega}{23\,\Omega} = 1{,}77 \quad \Rightarrow \quad \varphi = 60{,}6°$$

Für das Zeigerdiagramm wird willkürlich $\varphi_{u1} = 0$ gewählt, somit ergibt sich für die Spannungen die gleiche Form des Zeigerdiagramms wie in Abb. 5.21. An jede Strangspannung muss dann ein Strom angetragen werden, der der jeweiligen Spannung um 60° nacheilt. Gestrichelt ist Summe aus $\underline{I}_1 + \underline{I}_2 + \underline{I}_3$ eingetragen, die Null ergibt.

Bei einer unsymmetrischen Belastung am Vierleiternetz bleiben bei vernachlässigbar kleinem Widerstand des Sternpunktleiters die Strangspannungen weiter symmetrisch. Die Strangströme ergeben sich wieder aus der Formel. In der Regel fließt nun ein Strom $\underline{I}_N$, allerdings kann in Sonderfällen auch bei unsymmetrischer Last der Strom $\underline{I}_N$ Null werden, wie das nächste Beispiel zeigt. Bei unsymmetrischer Last kann der Sternpunktleiterstrom $\underline{I}_N$ größer als der größte Außenleiterstrom werden!

Die beiden folgenden Beispiele behandeln Fälle unsymmetrischer Last bei Sternschaltungen am Vierleiternetz.

In Abb. 5.22 sollen die Ströme I_1, I_2, I_3 berechnet und I_N mithilfe des Zeigerdiagramms ermittelt werden. Die Leiterspannung beträgt 400 V. Der Scheinwiderstand $\underline{Z}_1$ besteht aus der Reihenschaltung aus einem ohmschen Widerstand von $R_1 = 60\ \Omega$ mit einem Kondensator von $C_1 = 16\ \mu F$. Der Scheinwiderstand $\underline{Z}_2$ besteht aus einem ohmschen Widerstand von $R_2 = 350\ \Omega$ und einer Spule von $L_2 = 500$ mH. Der Scheinwiderstand $\underline{Z}_3$ besteht nur aus einem ohmschen Widerstand mit $R_3 = 100\ \Omega$. Abb. 5.22 zeigt die Aufteilung der Ströme in Sternschaltung bei unsymmetrischer Last im Vierleiternetz.

Zuerst wird der induktive Blindwiderstand X_{C1} berechnet:

$$X_{C1} = \frac{1}{2 \cdot \pi \cdot f \cdot C} = \frac{1}{2 \cdot 3{,}14 \cdot 50\,\text{Hz} \cdot 16\,\mu F} = 200\,\Omega$$

Der Scheinwiderstand, der Phasenverschiebungswinkel und der Strom berechnen sich aus

$$Z_1 = \sqrt{R_1^2 + X_{C1}^2} = \sqrt{(60\Omega)^2 + (200\Omega)^2} = 209\,\Omega$$

$$\tan\varphi = \frac{Z_1}{R} = \frac{209\,\Omega}{60\,\Omega} = 3{,}48 \quad \Rightarrow \quad \varphi = 74°$$

$$I_1 = \frac{U_{1N}}{Z_1} = \frac{\frac{400\,\text{V}}{\sqrt{3}}}{209\,\Omega} = 1{,}1\,\text{A}$$

Dabei eilt der Strom I_1 der Spannung U_{1N} um 74° voraus.

Der Scheinwiderstand, der Phasenverschiebungswinkel und der Strom berechnen sich aus

$$X_{L2} = 2 \cdot \pi \cdot f \cdot L = 2 \cdot 3{,}14 \cdot 50\,\text{Hz} \cdot 500\,\text{mH} = 157\,\Omega$$

$$Z_2 = \sqrt{R_2^2 + X_{L2}^2} = \sqrt{(350\,\Omega)^2 + (157\,\Omega)^2} = 384\,\Omega$$

$$\tan\varphi = \frac{X_{L2}}{R_2} = \frac{157\,\Omega}{350\,\Omega} = 0{,}448 \quad \Rightarrow \quad \varphi = 24°$$

Abb. 5.22 Aufteilung der Ströme in Sternschaltung bei unsymmetrischer Last im Vierleiternetz

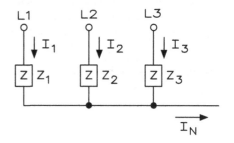

$$I_{L2} = \frac{U_{Str}}{Z_2} = \frac{\frac{400\,\text{V}}{\sqrt{3}}}{176\,\Omega} = 1{,}3\,\text{A}$$

Dabei eilt der Strom I_2 der Spannung U_{2N} um 24° nach.

Der Scheinwiderstand, der Phasenverschiebungswinkel und des Stroms berechnen sich aus

$$Z_3 = R_3 = 100\,\Omega$$

$$\varphi_3 = 0 \ (\text{rein ohmsch})$$

$$I_{L3} = \frac{U_3}{Z_3} = \frac{\frac{400\,\text{V}}{\sqrt{3}}}{100\,\Omega} = 2{,}3\,\text{A}$$

Dabei ist I_3 phasengleich mit der Spannung U_{3N}.

Das Zeigerdiagramm wird mit folgenden Maßstäben gezeichnet:

$$M_U : 1\,\text{cm} = 40\,\text{V}$$
$$M_I : 1\,\text{cm} = 1\,\text{A}$$

Zunächst wird das Zeigerdiagramm für die Spannungen gezeichnet. Dann trägt man die drei Leiterströme I_1, I_2, I_3 an. I_N soll hier grafisch durch geometrische Addition gewonnen werden. Dazu verschiebt man die Leiterströme I_1 und I_2 parallel (gestrichelt gezeichnet) und erhält aus dem Zeigerdiagramm. $I_N = I_1 + I_2 + I_3$ mit $I_N = 1{,}8$ A und die Phasenverschiebung ist $\varphi_N = 113°$. I_N wurde also größer als der größte Leiterstrom. Abb. 5.23 zeigt das Zeigerdiagramm der Spannungen und Ströme.

Dieser Abschnitt ist für unsymmetrische Belastung wichtig, da bereits vorher dargestellt wurde, dass bei symmetrischer Last $\underline{I}_N$ zu Null wird, der Sternpunktleiter kann also entfallen, ohne dass sich etwas an den Strömen oder Spannungen ändert. Ganz anders sind die Verhältnisse bei unsymmetrischer Belastung mit Ausnahme der Sonderfälle, bei denen ohnehin trotz der Unsymmetrie $\underline{I}_N$ auch am Vierleiternetz Null wird. Für diese Sonderfälle gilt das Gleiche wie für Symmetrie.

Abb. 5.23 Zeigerdiagramm der Spannungen und Ströme

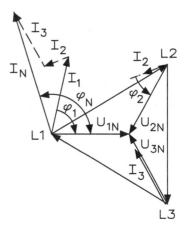

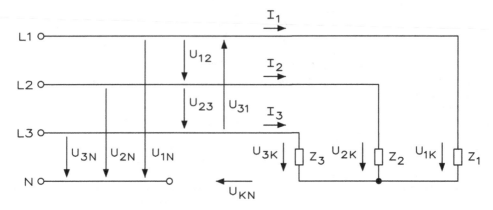

Abb. 5.24 Unsymmetrischer Verbraucher in Sternschaltung am Dreileiternetz

In Abb. 5.24 ist eine Sternschaltung gezeigt, bei der Sternpunktleiter N des Netzes nicht an den Knotenpunkt K des Verbrauchers angeschlossen ist.

Dadurch, dass hier kein Strom $\underline{I}_N$ in der Sternschaltung fließen kann, muss nach der Knotenregel die Summe $\underline{I}_1 + \underline{I}_2 + \underline{I}_3 = \text{Null}$ ergeben.

Weil aber auch die Phasenverschiebungswinkel zwischen den Strangströmen und Strangspannungen festliegen, da sie durch die Scheinwiderstände $\underline{Z}_1$, $\underline{Z}_2$ und $\underline{Z}_3$ bestimmt sind, müssen zwangsläufig die Strangspannungen $\underline{U}_{1N}$, $\underline{U}_{2N}$ und $\underline{U}_{3N}$ unsymmetrisch werden $\underline{U}_{KN}$ damit von den Strangspannungen $\underline{N}_{1N}$, $\underline{N}_{2N}$ und $\underline{N}_{3N}$ des Netzes abweichen. Als Folge davon tritt eine Spannung $\underline{U}_{KN}$ zwischen dem Knotenpunkt des unsymmetrischen Verbrauchers und dem Sternpunkt des Netzes auf! Ist der Sternpunkt beispielsweise geerdet, tritt also auch eine Spannung zwischen Knotenpunkt und Erde auf. Auch diese Spannung kann mithilfe des Zeigerdiagramms gewonnen werden.

Bei einer unsymmetrischen Last bei Sternschaltung am Dreileiternetz tritt eine Spannung zwischen dem Knotenpunkt des Verbrauchers und dem Sternpunkt des Netzes auf.

5.1.5 Dreieckschaltung

Da es bei der Dreieckschaltung keinen gemeinsamen Punkt aller drei Stränge gibt, an dem der Sternpunktleiter N angeschlossen werden könnte, entfällt hier auch die bei der Sternschaltung die getroffene Unterscheidung nach dem Anschluss am Vier- und Dreileiternetz. Es gibt es nur ein Dreileiternetz.

In Abb. 5.25 ist ein Verbraucher in Dreieckschaltung gezeigt. Auf die Bezeichnung der Wicklungsanfänge und -enden wird aus Gründen der Übersichtlichkeit verzichtet.

Hier liegt jeder Strang an der Leiterspannung, d. h. die Leiterspannung ist gleich der Strangspannung.

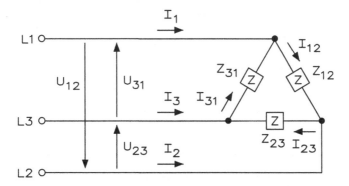

Abb. 5.25 Realisierung einer Dreieckschaltung

Bei der Dreieckschaltung sind die Leiterspannungen gleich den Strangspannungen. Da man in der Praxis von einem starren Netz ausgehen kann, sind die Spannungen unabhängig von der Belastung symmetrisch.

Bei der Dreieckschaltung sind aber die Strangströme nicht mehr gleich den Leiterströmen. Für die Strangströme gilt die Phasenverschiebung zwischen den Strangströmen und Strangspannungen ergeben sich aus den jeweiligen Scheinwiderständen.

$$\underline{I}_{12} = \frac{\underline{U}_{12}}{\underline{Z}_{12}} \qquad \underline{I}_{23} = \frac{\underline{U}_{23}}{\underline{Z}_{23}} \qquad \underline{I}_{31} = \frac{\underline{U}_{31}}{\underline{Z}_{31}}$$

Aus den Knotenpunktgleichungen erhält man für die Leiterströme die folgende Beziehung, d. h. es müssen dafür jeweils zwei Strangströme geometrisch subtrahiert werden.

$$\underline{I}_1 = \underline{I}_{12} - \underline{I}_{31}$$
$$\underline{I}_2 = \underline{I}_{23} - \underline{I}_{12}$$
$$\underline{I}_3 = \underline{I}_{31} - \underline{I}_{23}$$
$$\underline{I}_1 + \underline{I}_2 + \underline{I}_3 = 0$$

Diese Formeln gelten für symmetrische und unsymmetrische Belastung. Bei einer unsymmetrischen Belastung, d. h. wenn die Scheinwiderstände unterschiedlich groß sind und/oder verschiedene Phasenverschiebungswinkel auftreten, ergeben sich unsymmetrische Strangströme und Leiterströme.

Besonders einfache Beziehungen für die Ströme ergeben sich bei symmetrischer Belastung, wie in dem folgenden Beispiel gezeigt werden soll.

Für eine symmetrische Schaltung nach Abb. 5.25 mit $U_L = 400$ V, $\underline{Z}_{12} = \underline{Z}_{23} = \underline{Z}_{31} = \underline{Z}$ und einem Phasenverschiebungswinkel für alle drei Scheinwiderstände von 45°, d. h. jeder Scheinwiderstand besteht z. B. aus der Reihenschaltung von ohmschen Widerständen mit je $R = 60$ Ω und Spulen mit je $L = 0,18$ H und soll in ein maßstäbliches Zeigerdiagramm für all Spannungen und Ströme gezeichnet werden. Als Nullphasenwinkel der Spannung U_{23} soll $\varphi_{U23} = 180°$ angenommen werden.

Der Scheinwiderstand Z berechnet sich aus

$$X_L = 2 \cdot \pi \cdot f \cdot L = 2 \cdot 3,14 \cdot 50\,\text{Hz} \cdot 0,18\,\text{H} = 56,5\,\Omega$$

$$Z = \sqrt{R^2 + X^2} = \sqrt{(60\,\Omega)^2 + (56,5\,\Omega)^2} = 82,54\,\Omega$$

$$\tan\varphi = \frac{X_L}{R} = \frac{56,5\,\Omega}{60\,\Omega} = 0,94 \quad \Rightarrow \quad \varphi = 43,3°$$

Jeder der drei Strangströme beträgt

$$I_{Str} = \frac{U_{Str}}{Z_{Str}} = \frac{400\,\text{V}}{82,4\,\Omega} = 4,85\,\text{A}$$

und eilt der zugehörigen Strangspannung um 45° nach. Die Leiterströme ergeben die geometrische Subtraktion bzw. Addition wie gezeichnet.

$$M_u : 1\,\text{cm} = 0\,\text{V}$$

Das Zeigerdiagramm wird mit folgenden Maßstäben gezeichnet:

$$M_I : 1\,\text{cm} = A$$

Für den Fall, dass nur die Ströme allein interessieren, kann das Zeigerdiagramm für diese auch auf die in der folgenden Abbildung gezeigte Weise dargestellt werden (gleiche Effektivwerte und Nullphasenwinkel wie in Abb. 5.26). Gleichzeitig sieht man aus Abb. 5.27, dass die Summe aus I_1, I_2 und I_3 = Null ergibt (gilt auch bei Unsymmetrie).

Bei symmetrischer Belastung gilt demnach für die Ströme

$I_1 = I_2 = I_3 = I_L$
$I_{12} = I_{23} = I_{31} = I_{Str}$
$I_L = \sqrt{3} \cdot I_{Str}$

Das folgende Beispiel zeigt nun die Verhältnisse bei UnSymmetrie.

Abb. 5.26 Zeigerdiagramm der Spannungen und Ströme für eine symmetrische Dreieckschaltung

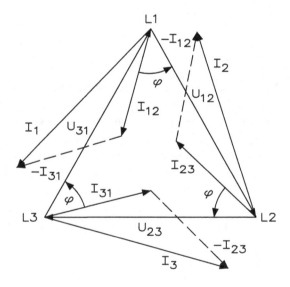

Abb. 5.27 Zeigerdiagramm für die Ströme einer symmetrischen Dreieckschaltung

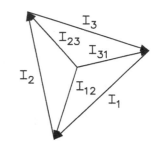

Bei einer ursprünglich symmetrischen Dreieckstellung mit $U_L = 400\,V$ und $\underline{Z}_{12} = \underline{Z}_{23} = \underline{Z}_{31} = 40\,\Omega$ mit einem Phasenverschiebungswinkel von jeweils 30°, d. h. z. B. jeder Scheinwiderstand besteht aus einer Reihenschaltung von $R = 34{,}64\,\Omega$ und $X_L = 20\,\Omega$ ist die Sicherung des Stranges 2 durchgebrannt, sodass sich nun die Schaltung nach Abb. 5.21 ergibt.

Es sollen die Leiterströme I_1, I_2 und I_3 mithilfe des Zeigerdiagramms bestimmt werden.

5.2 Ansteuerungen von Drehstrommotoren

Die Anschlussklemmen eines Drehstrommotors sind immer gleich ausgeführt. Man beachte, dass eine Reihe die Bezeichnung der Windungsanfänge in natürlicher Reihenfolge bringt, während in der zweiten Klemmreihe eine Vertauschung vorgenommen ist. Das erleichtert die Umklemmung von Stern- auf Dreieckschaltung.

Man schaltet mittels mechanischem Hebelschalter den Ständer ein. Im Moment des Anlaufes wird selbstverständlich ein Stromstoß auftreten, der hohe Werte (meist mehr als das Fünffache des Nennstroms) annehmen kann. Abb. 5.28 zeigt zwei typische Ansteuerungen mittels eines dreipoligen Schützes, mit und ohne Sicherungen, aber mit Überlastungsschutz oder Motorschutzrelais.

Der Drehstrommotor kann in Stern- oder Dreieckschaltung betrieben werden.

Abb. 5.29 zeigt ein Klemmbrett dieser Schaltung.

Normalerweise verwendet man in der Praxis für die Dreieckschaltung das Dreileiternetz mit den Phasen L1, L2 und L3. Der Neutralleiter N ist für den Motorbetrieb nicht unbedingt erforderlich.

5.2.1 Leitungsschutz

Ein Leitungsschutz für Überlastung und Kurzschluss verhindert, das sich elektrische Leitungen nicht zu stark erwärmen, müssen deshalb geschützt werden. Dies geschieht durch Stromsicherungen. In der Belastungstabelle (VDE 0100) ist für jeden Normquerschnitt die höchstzulässige Absicherung vorgeschrieben.

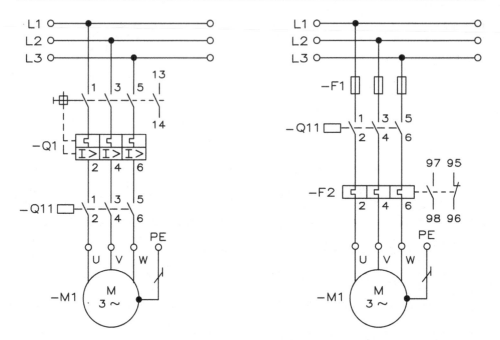

Abb. 5.28 Ansteuerung mittels eines dreipoligen Schützes. Die linke Schaltung ist sicherungslos, jedoch mit einem Kurzschlussschutz und Überlastungsschutz, rechts mit drei Sicherungen, Schütz und Motorschutzrelais

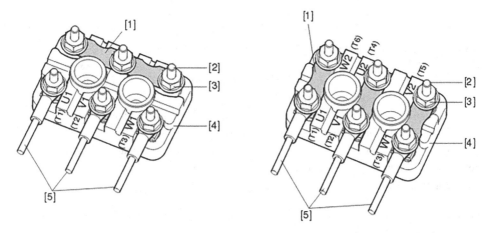

Abb. 5.29 Klemmbrett für eine Stern- (links) oder Dreieckschaltung (rechts) [1] Klemmbrücke [4] Klemmenplatte [2] Anschlussbolzen [5] Kabel- oder Drahtzuführung [3] Flanschmutter.

Bei der technischen Ausführung von Leitungsanlagen sind die VDE-Vorschriften 01 00/11. 58 maßgebend. Es sind ferner die Anschlussbedingungen der stromliefernden EVU (Elektrizitäts-Versorgungs-Unternehmen) zu berücksichtigen.

Die Bemessung des Querschnitts elektrischer Leitungen erfolgt

- auf zulässige Erwärmung
- auf zulässigen Spannungsverbrauch
- auf mechanische Festigkeit

Die Erwärmung einer Leitung ist abhängig von der Leiterbelastung in A/mm^2, von den Abkühlungsverhältnissen und von der Raumtemperatur. Um die Leitungen gegen Überlastung (zu große Ströme) zu schützen, sind den einzelnen Leitungsquerschnitten Stromsicherungen zugeordnet. Dabei unterscheiden wir drei Gruppen:

Gruppe 1: Einadrige, in Rohr verlegte Leitungen.

Gruppe 2: Mehraderleitungen, z. B. Mantelleitungen, Rohrdrähte, Stegleitungen und bewegliche Leitungen.

Gruppe 3: Einadrige Leitungen frei in Luft verlegt und einadrige Leitungen zum Anschluss ortsveränderlicher Stromverbraucher.

Tab. 5.3 zeigt den Querschnitt von Leitungen und die Absicherung für einen bestimmten Nennstrom bei Cu-Leitungen.

Bei höheren Raumtemperaturen ist der Tabellenwert (Nennstrom der Sicherung) mit einem Faktor zu vervielfachen, wie Tab. 5.4 zeigt.

Dabei ist die dem Rechnungswert nächst niedrigere Sicherung zu wählen.

Der zulässige Spannungsverbrauch in Verbraucher-Zuleitungen ist vom Elektrizitäts-Versorgungs-Unternehmen meist mit 2 % in Lichtanlagen und mit 5 % in Kraftanlagen vorgeschrieben. Unter Berücksichtigung der übertragenen Leistung P und der Über-

Tab. 5.3 Querschnitt von Leitungen und Nennstrom für die Sicherungen

Querschnitt der Leitung	Nennstrom der Sicherung für Cu-Leiter bei einer Raumtemperatur bis 25 °C		
	Gruppe 1	Gruppe 2	Gruppe 3
1	10	15	20
1,5	16	20	25
2,5	20	25	35
4	25	35	50
6	35	50	60
10	50	60	80
16	60	80	100
25	80	100	125
35	100	125	160
50	125	160	200
70	–	225	260
95	–	260	300

Tab. 5.4 Raumtemperaturen und der Tabellenwert

Raumtemperatur	30°	35°	40°	45°	50°	55°	60°
Faktor	0,92	0,85	0,75	0,65	0,53	0,38	0,3

tragungsentfernung l ergibt sich der Leitungsquerschnitt bei Gleichstrom auf folgendem Rechnungswege:

$$U_v = \frac{U \cdot p}{100}(V) \quad P_1 = \frac{P_2}{\eta}(W) \quad I_v = \frac{P_1}{U}(A) \quad R_L = \frac{U_v}{I}(\Omega) \quad A = \frac{2 \cdot l}{\chi \cdot R_L}(mm^2)$$

Setzt man in die Formel für die Berechnung des Spannungsverbrauches $U_v = I \cdot R_L$ statt R_L den Wert $A = \frac{2 \cdot l}{\chi \cdot A}$ ein, so ergibt sich:

$$U_v = \frac{2 \cdot l \cdot I}{\chi \cdot A}(V) \text{ und } A = \frac{2 \cdot l \cdot I}{\chi \cdot U_v}(mm^2) \qquad l = \text{Übertragungsstrecke}$$

$$2 \, l = \text{Länge von Hin- und Rückleitung}$$

In Wechsel- und Drehstromanlagen wird der Leitungsquerschnitt nicht nach dem Spannungsverbrauch, sondern nach dem Leistungsverbrauch (= Übertragungsverlust P_v meist mit 5 % zugelassen) berechnet. Dabei ist zu beachten, dass dieser Leistungsverbrauch bei Wechselstrom in Hin- und Rückleitung (2 · l), bei Drehstrom in den drei Außenleitern (3 · l) entsteht. Mithilfe der Leistungsformel ergibt sich bei Wechselstrom folgender Rechnungsgang für die Berechnung des Leitungsquerschnittes:

$$P_v = \frac{P \cdot p}{100}(W) \quad P_1 = \frac{P_2}{\eta}(W) \quad I = \frac{P_1}{U \cdot \cos\varphi}(A) \quad R_L = \frac{P_v}{I^2}(\Omega) \quad A = \frac{2 \cdot l}{\chi \cdot R_L}(mm^2)$$

Bei Drehstrom:

$$P_v = \frac{P \cdot p}{100}(W) \quad P_1 = \frac{P_2}{\eta}(W) \quad I = \frac{P_1}{\sqrt{3} \cdot U \cdot \cos\varphi}(A) \quad R_L = \frac{P_v}{I^2}(\Omega) \quad A = \frac{3 \cdot l}{\chi \cdot R_L}(mm^2)$$

Durch das Einziehen elektrischer Leitungen in Rohre, Abspannen von Freileitungen usw., tritt eine starke mechanische Beanspruchung der Leiter auf. Es sind infolgedessen Mindestquerschnitte vorgeschrieben und aus der Tab. 5.5 zu entnehmen.

Für die Ausführung der Leitungen ist der ermittelte Querschnittswert maßgebend, welcher die Bedingungen von Erwärmung, Spannungsverbrauch und mechanischer Festigkeit erfüllt.

Die meist verwendete Sicherung bei Anlagen unter 3 kW ist die genormte Diazed-Sicherung (Diametral-Zweiteilige-Edison-Sicherung).

Abb. 5.30 zeigt den Aufbau einer Diazed-Sicherung. Durch Verwendung entsprechender Passeinsätze wird eine fahrlässige oder irrtümliche Verwendung von Einsätzen für zu hohe Ströme verhindert. Bei trägen Sicherungspatronen erfolgt die

Tab. 5.5 Mindestquerschnitt für Leitungen

Mindestquerschnitt für Leitungen	
Verlegeart	Querschnitt
Leitungen an und in Beleuchtungskörpern	0,75 mm^2
Andere ortsveränderliche Leitungen	1 mm^2
Feste geschützte Verlegung	1,5 mm^2
Offene Verlegung, 1 m bis 20 m Abstand der	4 mm^2
Befestigungspunkte	6 mm^2
Abstand größer als 20 m bis 40 m	16 mm^2
Starkstromfreileitungen	

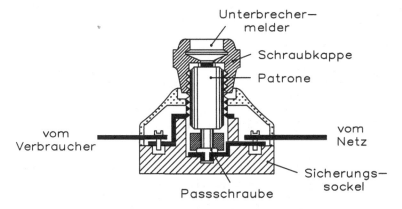

Abb. 5.30 Aufbau und Anschluss einer Diazed-Sicherung

Unterbrechung erst, wenn eine im Schmelzdraht vorhandene Lötstelle weich wird. Träge Sicherungen sind gegen kurzdauernde hohe Überlastung unempfindlich und können daher für Motoren mit großem Anlaufstrom und für die Hauptsicherung in Stromkreisen Anwendung finden. In der Zusammenstellung in Tab. 5.6 sind Nennstrom, Farbe für Schmelz- und Passeinsätze, sowie die Zuordnung der Sicherungsstärken zum entsprechenden Sockel angegeben.

Die Funktionsklassen lassen sich in zwei Bereiche unterteilen:

- Funktionsklasse g: Ganzbereichssicherungen, die Ströme bis wenigstens zu ihrem Nennstrom dauernd führen können und Ströme vom kleinsten Schmelzstrom bis zum Nennausschaltstrom ausschalten können.
- Funktionsklasse a: Teilbereichssicherungen, die Ströme bis zu ihrem Nennstrom dauernd führen können und Ströme oberhalb eines bestimmten Vielfachen ihres Nennstromes bis zum Nennausschaltstrom ausschalten können.

Für die Nennspannungen unterscheidet man zwischen Wechsel- und Gleichspannung, wie Tab. 5.7 zeigt. Fettgedruckte Werte werden in der Praxis bevorzugt eingesetzt.

Abb. 5.31 Diazed-Sicherungen und Niederspannungs-Hochleistungs-Sicherungen

Die Sicherungseinsätze der Kabel- und Leitungsschutzsicherungen verhalten sich selektiv, wenn ihre Nennströme im Verhältnis 1:1,6 stehen und das gilt nur für Nennströme $\geq$ 16 A. Für Nennströme gilt Tab. 5.8.

Niederspannungs-Hochleistungs-Sicherungen (NH-Sicherungen) verfügen infolge der druckfesten Abdichtung des aus Steatit hergestellten starkwandigen Sicherungskörpers über ein wesentlich größeres Schaltvermögen als Leitungsschutzsicherungen. Sie können daher in Schaltanlagen und Netzen mit hohen Kurzschlussströmen verwendet werden.

Der Schmelzleiter, das sog. Löschband, besteht aus einem U- oder L-förmigen, ungeteilten Kupferband, das in seiner Ansprechzone einen hochschmelzenden Metallauftrag und eine Anzahl von verlustarmen Querschnittsverengungen aufweist, die den

Tab. 5.6 Nennstrom, Farbe für Schmelz- und Passeinsätze für Schmelzsicherungen

Sockel	Schmelz- und Passeinsatz	Farbe
Normalgewinde	2 A	Rosa
E27	4 A	Braun
Unverwechselbar	6 A	Grün
Durch	10 A	Rot
Abstufen	16 A	Grau
	20 A	Blau
	25 A	Gelb
Großgewinde	35 A	Schwarz
E 33	50 A	Weiß
	63 A	Kupfer

Tab. 5.7 Nennspannungen bei Diazed-Sicherung

Wechselspannung in V	230 400 500 660 750 1000
Gleichspannung in V	230 440 500 600 750 1000 1500 2400 3000

Tab. 5.8 Nennströme für Kabel- und Leitungsschutzsicherungen

I in A	2	4	6	10	16	20	25	32	35
I in A	40	50	63	80	100	125	160	200	250
I in A	315	400	500	630	800	1000	1250		

Tab. 5.9 Strombelastung für NH-Sicherungen

Sicherungsunterteil	Für Sicherungen mit
für 200 A	60, 80, 100, 125, 160, 200 A
für 400 A	225, 260, 300, 350, 400 A
für 600 A	430, 500, 600 A

Schmelzvorgang und die Lichtbogenzündung an einer festgelegten Stelle des Schmelz-streifens, entfernt von den Endplatten, einleiten. Das Band ist mit den stark versilberten Kontakten verschweißt und in Quarzsand gebettet. Die Patronen verwenden Messer-, Steck- oder Schraubfahnen (Kontakte) und sind in „flinker" oder „kurzträger" Aus-führung lieferbar. Mit einem aufsteckbaren Handgriff kann die Patrone in das Unter-teil eingesetzt oder herausgenommen werden. Dies darf aber nicht unter Last erfolgen. Tab. 5.9 zeigt die Strombelastung für Niederspannungs-Hochleistungsgriffsicherungen (NH-Sicherung).

Die Hochspannungs-Hochleistungs-Sicherungen (HH-Sicherungen) werden für den Überstromschutz in Wechselstrom-Hochspannungsanlagen wie Verteilerstationen, Aus-läuferschaltstellen sowie in Zentralen kleinerer Leistungen (bis 400 MVA) anstelle von Leistungsschaltern verwendet. Häufig bringt man sie in Verbindung mit Leistungstrenn-schaltern.

Die HH-Sicherungspatrone besteht aus einem beiderseitig mit Kontaktklappen fest verschlossenen Porzellanrohr. In ihm befindet sich der Schmelzeinsatz aus parallel geschalteten Silberdrähten, die schraubenförmig auf einem keramischen Träger mit sternförmigem Querschnitt aufgewickelt und in festgeschütteten Quarzsand eingebettet sind. Parallel zum Schmelzleiter ist ein Abschmelzdraht geschaltet, der beim Abschalten den gespannten Federbolzen (Schlagstift) einer Anzeigevorrichtung freigibt. Dieser wird dabei nach außen gestoßen und macht so das Durchbrennen der Sicherung sichtbar. Der ausgestoßene Schlagstift kann über ein Isoliergestänge einen Hilfsschalter oder den Aus-lösemechanismus von Schaltern betätigen. Auch für eine akustische bzw. optische Fern-meldung der durchgeschmolzenen Sicherung eignet sich diese Anzeigevorrichtung.

5.2.2 Schutzschalter

Selbstschalter werden an Stelle von Sicherungen verwendet. Dadurch entfällt das Auswechseln durchgebrannter Patronen und ein „Flicken" der Sicherung ist unmöglich. Die Abschaltung erfolgt elektromagnetisch (Sofortauslösung bei Kurzschlüssen) und mit thermischer Verzögerung bei Überlastung. Man unterscheidet Schraubselbstschalter (in Stöpselform), Elementselbstschalter (für Schalt- und Verteilungstafeln) und Sockelselbstschalter. Sie alle müssen mit Freiauslösung versehen sein, d. h. solange die Ursache des Überstromes besteht, wird eine Einschaltung unmöglich gemacht.

Nach der Typenkennzeichnung unterscheidet man LS-, HLS- und GS-Schalter.

Die Kurzschlussschnellauslösung von Abb. 5.32 spricht bei Wechselstrom beim 4- bis 6-fachen Nennstrom, bei Gleichstrom etwa beim 8-fachen Nennstrom an.

Die Kurzschlussschnellauslösung spricht bei Wechselstrom beim 2,5- bis 3-fachen Nennstrom, bei Gleichstrom etwa beim 4-fachen Nennstrom an, während die thermische Auslösung genau so eingestellt ist wie bei LS-Schaltern. HLS-Schalter sind also besonders für Stromkreise geeignet, in denen Nullung oder Schutzerdung als Schutzmaßnahmen gegen gefährliche Berührungsspannung angewendet werden. Die für Hausinstallationen gebauten LS-Schalter haben einen Nennstrom von 6 A, 10 A, 15 A, 20 A und 25 A.

GS-Schalter (Geräteschutzschalter) sind zur Absicherung von Geräten und Stromkreisen aller Art geeignet. Selbstschalter zum Schutze von elektrischen Geräten müssen mit ihrem Nennstrom dem des Gerätes angepasst werden. Die Möglichkeit hierzu gibt die feine Abstufung der Nennstromstärken (0,5, 1, 1,6, 2, 3, 4, 6, 8, 10 A usw.). Die Kurzschlussschnellauslösung spricht bei Wechselstrom beim 8- bis 12-fachen, bei Gleichstrom etwa beim 14-fachen Nennstrom an. Auftretende Einschaltstromstöße führen also nicht zur Auslösung.

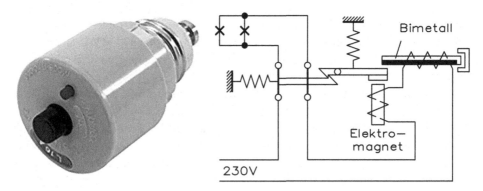

Abb. 5.32 Darstellung der Wirkungsweise eines Sicherungsautomaten

5.2.3 Leistungsschutzschalter

Leistungsschutzschalter schützen elektrische Betriebsmittel vor thermischer Überlastung und bei Kurzschluss. Sie decken den Nennstrombereich von 20 bis 1600 A ab. Je nach Ausführung besitzen sie zusätzliche Schutzfunktionen wie Fehlerstromschutz, Erdschlussschutz oder die Möglichkeit zum Energiemanagement durch Erkennen von Lastspitzen und gezieltem Lastabwurf.

Die einzelnen Leistungsschalter zeichnen sich durch ihre kompakte Bauform und ihre Eigenschaften aus. In den gleichen Baugrößen wie die Leistungsschalter gibt es Lasttrennschalter ohne Überlast- und Kurzschluss-Auslöseeinheiten, die je nach Ausführung zusätzlich mit Arbeitsstrom- oder Unterspannungsauslöser bestückt werden können.

Abhängig von der Art des zu schützenden Betriebsmittels ergeben sich Hauptanwendungsgebiete, die durch unterschiedliche Einstellungen der Auslöseelektroniken realisiert werden:

- Anlagenschutz
- Motorschutz
- Transformatorschutz
- Generatorschutz

Verschiedene Leistungsschalter bieten unterschiedliche Möglichkeiten vom einfachen Anlagenschutz mit Überlast- und Kurzschlussauslöser bis hin zum Digitalauslöser mit grafischem Display und der Möglichkeit zum Aufbau von zeitselektiven Netzen. Leistungsschalter sind anpassbar an universelle Anforderungen durch umfangreiches Einbauzubehör, wie Hilfsschalter, Ausgelöstmelder, Motorantriebe oder Spannungsauslöser, Schalter in Festeinbau oder Ausfahrtechnik. lassen einen vielfältigen Einsatz zu. Spezielle Leistungsschalter eröffnen durch ihre Kommunikationsfähigkeit neue Möglichkeiten in der Energieverteilung. Abb. 5.33 zeigt einen geöffneten Leistungsschalter in 1- oder 3-poliger Ausführung.

Grundlegende Auswahlkriterien eines Leistungsschalters sind unter anderem:

- max. Kurzschlussstrom I_{kmax}
- Nennstrom I_n
- Umgebungstemperatur
- Bauart 3- oder 4-polig
- Schutzfunktion
- minimaler Kurzschlussstrom

Der Nennbetriebs-, sowie der Kurzschluss- oder Überlaststrom fließen zwischen den oberen und unteren Anschlussklemmen des Leistungsschalters seriell durch die elektromagnetischen und die thermischen Auslöser sowie die Hauptkontakte.

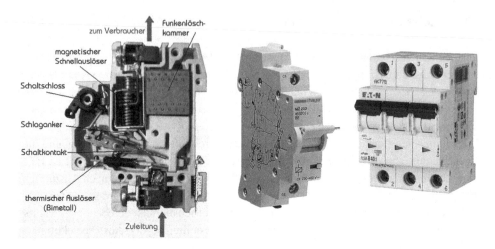

Abb. 5.33 Offener Leistungsschalter in 1- oder 3-poliger Ausführung

Jedes elektrische Bauteil wird vom selben Strom durchflossen. Unterschiedliche Ströme in Höhe und Dauer, bewirken in den einzelnen Auslösern unterschiedliche Reaktionen.

Betriebsmäßige Überlastungen führen nicht unverzögert zu gefährlichen Überbeanspruchungen. Der eingebaute Motorschutz mit thermisch verzögerten Bimetallauslösern eignet sich gut, um einfache Überlastschutzaufgaben zu erfüllen.

Abb. 5.34 zeigt die Funktion der Phasenausfallempfindlichkeit mithilfe einer Auslöse- und Differenzialbrücke.

Auch im Leistungsschalter fließt der Strom durch thermisch verzögerte Bimetallauslöser. Die Bimetallstreifen biegen sich in Funktion zu ihrer Temperatur und drücken auf eine Klinke im Schaltschloss. Die Höhe der Temperatur ist abhängig von der Heizleistung, hervorgerufen durch den Strom, welcher durch den Leistungsschalter fließt. Die Auslösegrenze, also der zurückzulegende Weg der Bimetallspitzen bis zum Ansprechen der Auslöseklinke, wird durch die Stromeinstellung am Skalenknopf eingestellt.

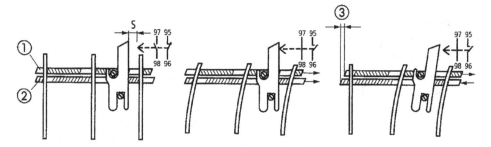

Abb. 5.34 Funktion der Phasenausfallempfindlichkeit mithilfe einer Auslöse- und Differenzialbrücke; 1) Auslösebrücke; 2) Differenzialbrücke; 3) Differenzweg

Ist die Auslöseklinke gedrückt, löst das Schaltschloss aus, die Hauptkontakte werden geöffnet, der Überstrom schaltet ab, bevor ein Schaden an Motorwicklung und den Leitungen entstehen kann.

Bei Leistungsschaltern mit Motorschutzcharakteristik regeln Überströme ab einem Bereich des 10…16-fachen des maximalen Skaleneinstellbereichs zeitlich praktisch unverzögert den elektromagnetischen Überstromauslöser aus. Der genaue Ansprechwert ist entweder einstellbar (Anpassung für Selektivität oder unterschiedliche Einschalt-stromspitzen bei Transformator- und Generatorschutz) oder ist konstruktiv fest gegeben. Bei Leistungsschaltern für Anlagen- und Leitungsschutz liegt der Auslösebereich tiefer.

Betriebsmäßige Überlastungen führen nicht unverzögert zu gefährlichen Überbean-spruchungen. Der eingebaute Motorschutz mit thermisch verzögerten Bimetallauslösern eignet sich gut, einfache Überlastschutzaufgaben zu erfüllen.

Auch im Leistungsschalter fließt der Strom durch thermisch verzögerte Bimetall-auslöser. Die Bimetallstreifen biegen sich in Funktion zu ihrer Temperatur und drücken auf eine Klinke im Schaltschloss. Die Höhe der Temperatur ist abhängig von der Heiz-leistung, hervorgerufen durch den Strom, welcher durch den Leistungsschalter fließt. Die Auslösegrenze, also der zurückzulegende Weg der Bimetallspitzen bis zum Ansprechen der Auslöseklinke, wird durch die Stromeinstellung am Skalenknopf eingestellt.

Ist die Auslöseklinke gedrückt, löst das Schaltschloss aus, die Hauptkontakte werden geöffnet, der Überstrom abgeschaltet bevor ein Schaden an Motorwicklung, Leitungen usw. entstehen kann.

Bei kleineren Leistungsschaltern (meist < 100 A) ist die Hauptstrombahn hier zu einer kleinen Spule geformt. Fließt ein hoher Überstrom durch diese Windungen, wirkt eine Kraft auf den von der Spule umschlossenen Anker. Dieser Anker entriegelt das gespannte Schaltschloss, die Hauptkontakte springen in Stellung AUS und der Überstrom ist abgeschaltet.

Der elektromagnetische Überstromauslöser seinerseits reagiert fast unverzögert (< 1 ms) auf den schnell ansteigenden Strom. Nur die dahinter geschaltete Auslöse-mechanik arbeitet träge. So wird diese einfach überbrückt, indem zusätzlich der nun als Schlaghammer ausgebildete Anker des Magnetauslösers bei strombegrenzendem Leistungsschalter direkt auf die Hauptkontakte wirkt. Die Kontakte werden bereits magnetisch geöffnet, bevor das Schaltschloss anspricht. Dieses muss nun lediglich die Kontakte am Zurückfallen hindern und in AUS-Stellung fixieren.

Erst das Öffnen der Kontakte, das Zünden eines Lichtbogens schließlich, bewirkt eine Reduktion des Stroms und ein Abschalten des Kurzschlusses. Realisiert werden Leistungsschalter mit Schlaganker in den unteren Strombereichen bis ca. 100 A. Das Prinzip des Schlagankers ist einfach, denn durch das starke Magnetfeld, erzeugt von einem hohen Stromfluss, werden die Hauptkontakte fast unverzögert geöffnet.

5.2.4   Schütz

Ein Schütz ist ein elektrisches Bauteil, das in vielerlei Hinsicht einem Relais ähnelt, allgemein jedoch einen wesentlich breiteren Anwendungsbereich aufweist und demzufolge über viele Funktionen und Eigenschaften verfügt, die ein herkömmliches Relais nicht vorweisen kann. In den meisten Fällen werden Schütze speziell für große elektrische Leistungen entwickelt.

Ein weiterer Unterschied zwischen Schützen und Relais liegt darin, dass Relais für gewöhnlich in einer von zwei möglichen Konfigurationen eingesetzt werden können: als Öffner oder Schließer. Die meisten Schütze hingegen sind darauf ausgelegt, nur in der offenen Position zu agieren. Natürlich gibt es Ausnahmen, aber das ist die Regel. Schutzschalter sind, anders als Schütze und Relais, normalerweise geschlossen, öffnen jedoch, wenn gefährliche Bedingungen an dem jeweiligen Schaltkreis auftreten.

Schütze sind größer als Relais, gemessen an ihren mechanischen Ausmaßen. Kleine Schütze sind normalerweise in etwa handflächengroß. Sie können jedoch auch wesentlich größer sein und erfordern manchmal sogar schweres Gerät, um sie an Ort und Stelle zu bringen und in Betrieb nehmen zu können. Abb. 5.35 zeigt die Ansicht eines Schützes.

Schütze sind im Grunde genommen Schalter, die ferngesteuert geschaltet werden können. Sie können sowohl auf Spannungen, ähnlich denen der Steuergeräte, die ihren Status regulieren, ausgelegt sein, als auch auf Spannungen im Bereich der Lasten, die sie steuern. Aufgrund ihres breiten Anwendungsbereichs in dieser Kapazität kann man

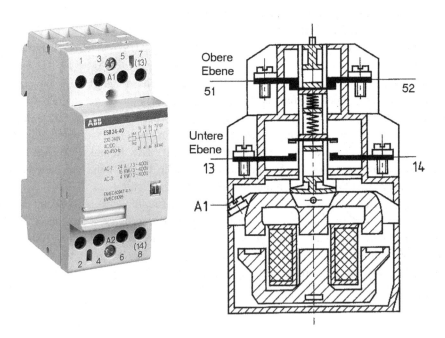

Abb. 5.35 Ansicht und Querschnitt eines Schützes

Schütze in der Praxis zu den Geräten für Industriezwecke zählen, die in Schaltungen eingesetzt werden, deren Spannung und Stromstärke die der meisten Haushaltsanwendungen für gewöhnlich um ein Vielfaches übersteigt.

Schütze bieten eine effektive Methode, besonders groß dimensionierte Maschinen ferngesteuert ein- und auszuschalten. Schütze werden normalerweise für Hochleistungsanwendungen im Industriebereich eingesetzt, was auch an ihren Einstufungssystemen zu erkennen ist. Es gibt sie in verschiedenen Klassifizierungen nach IEC 60947–4-1 und diese Klassifizierungen wird in AC-Nummern angegeben, von AC-1 bis AC-4. Parallel dazu findet man auch andere Einstufungssysteme.

Die Konfiguration der Kontakte gibt an, an wie viele Schaltkreise und in wie vielen verschiedenen Positionen das Schütz angeschlossen werden kann. Der einfachste Schalter verfügt über je einen sogenannten Öffner und Schließer mit denen der Ein-Aus-Status eines Schaltkreises gesteuert werden kann.

Ein Schütz hat in seiner Einschaltstellung keine mechanische Sperre und deshalb wird er auch als unverklinkter elektromagnetischer Schalter bezeichnet. Man unterscheidet zwischen Leistungsschütz und in Hilfs- oder Steuerschütze.

Leistungsschütze verwenden meist drei Hauptstromkontakte und zusätzlich mindestens einen oder mehrere Steuerkontakte. Die Hauptstromkontakte schalten die Außenleiter an den Verbraucher. Sie sind in getrennten Schaltkammern angeordnet und bei größerer Schaltleistung mit Lichtbogen-Löscheinrichtungen ausgestattet. Steuerkontakte darf man deshalb nicht als Hauptstromkontakte, sondern nur zum Steuern oder Melden verwenden. Hilfsschütze verwendet man vor allem für Steuer- und Regelungsaufgaben in Befehls-, Melde- und Verriegelungsstromkreisen.

Hauptstromkontakte bezeichnet man mit einstelligen Zahlen, wie Abb. 5.36 zeigt. An den Klemmen mit den ungeraden Zahlen ist das Netz, an den Klemmen mit geraden Zahlen der Verbraucher anzuschließen.

Steuerkontakte verwenden eine zweistellige Bezeichnung. An der ersten Stelle steht die Ordnungsziffer, z. B. eine 1 beim Kontakt 13 – 14. An zweiter Stelle folgen die Funktionsziffern, z. B. 1 – 2 für die Kennzeichnung des Öffnerkontaktes bzw. die Funktionsziffern 3 – 4 beim Schließer.

Die sogenannte Normal-Konfiguration eines Schützes beschreibt die Anordnung der Kontakte (Abb. 5.37), wenn keinerlei Strom angelegt ist. Die meisten Schütze sind in dieser Konfiguration offen und schließen, sobald Strom angelegt wird. Es gibt natürlich Ausnahmen, aber diese Konfiguration ist eines der Hauptmerkmale von Schützen und damit unterscheiden sie sich von herkömmlichen Relais.

Die Anwendung hiervon ist mit einem allgemeinen Beispiel einfach erklärt. Werden z. B. Starttasten von Maschinen gedrückt, kann ein Strom an Schützen angelegt werden, sodass diese geschlossen bleiben, solange der Strom angelegt ist.

Die Spulenspannung zählt zu den Einstufungskriterien von Schützen. An einem Schütz kann entweder Wechsel- oder Gleichspannung anliegen. Die Spulenspannung kann hilfreich sein, um Geräte mit niedriger bzw. höherer Spannung in den Schaltkreis einzugliedern, während an manchen Schützen die Spannung anliegt, die sie steuern.

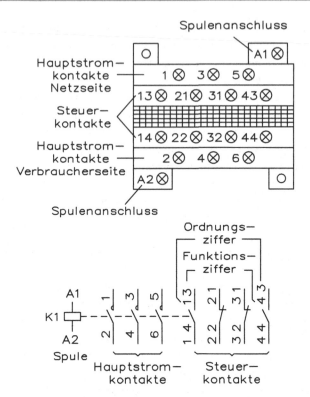

Abb. 5.36 Kontaktbezeichnungen an einem Schütz

Die Spulenspannung eines Schützes ist eines der Kriterien, anhand derer zu erkennen ist, ob es sich für eine bestimmte Anwendung eignet oder nicht. Bei der Wahl dieser Spannung muss der kontrollierte Schaltkreis und die Klassifizierung des Gerätes berücksichtigt werden, da bei deren Überschreitung Funktionsstörungen oder übermäßiger Verschleiß an dem Schütz auftreten können.

Die Nennstromstärke eines Schützes beschreibt die maximale Stärke des Stroms, der an den Kontakten anliegen kann, ohne dass Schäden auftreten. Diese Schäden können sowohl unmittelbar als auch zeitverzögert auftreten. Der Betrieb von Schützen mit einer Stromstärke, die über deren Nennwert liegt, kann die Lebensdauer des Gerätes erheblich verringern.

Abb. 5.37 Schütz mit den Kontakten (Öffner und Schließer)

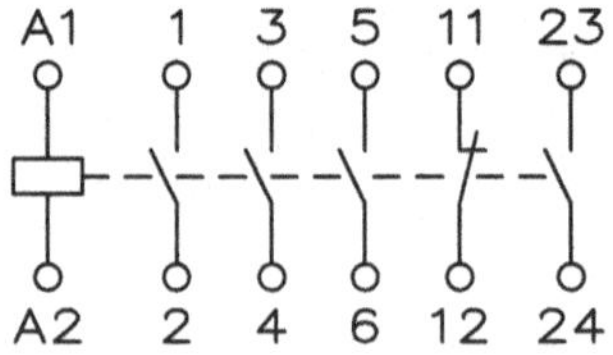

Strom verhält sich in verschiedenen Schaltungen unterschiedlich. Bei einem Schaltkreis mit Wechselstrom ist der Strom abwechselnd hoch und niedrig. Bei Schaltkreisen mit Gleichstrom kann dagegen der Strom dauerhaft sehr hoch sein. Dies hat einen erheblichen Einfluss auf die Bildung und die Kontrolle von Lichtbögen.

In Steuerstromkreisen kann es auch bei dem Einsatz hochwertiger Schaltgeräte gelegentlich zu Funktionsstörungen kommen. Diese Schwierigkeiten lassen sich durch eine problem-orientierte Projektierung vermeiden. Es sollen auf potentielle Störquellen hingewiesen und vorbeugend werden Lösungen für die Projektierung aufgezeigt. Es werden bekannte Gesetzmäßigkeiten der Zuverlässigkeit und der Sicherheit elektrischer Niederspannungs-Schaltanlagen nun erläutert.

Vier Aspekte beeinflussen das Qualitätsniveau der Kontakt- oder Fehlschaltungssicherheit elektromechanischer Schalt- und Schutzgeräte an der Schnittstelle zu Elektroniksystemen und in Stromkreisen mit sehr kleinen Strömen und Spannungen:

- konstruktive Merkmale des Kontaktelements
- zu schaltende Strom- und Spannungspegel
- Projektierungsgrundsätze bei der Verschaltung mehrerer Kontaktelemente
- Umgebungsbedingungen

Die Kontaktsicherheit oder Kontaktzuverlässigkeit ist keine konstante Größe, sondern sie wird von Schaltung zu Schaltung innerhalb gewisser Toleranzen schwanken. Die Toleranzen lassen sich über die vier erwähnten Aspekte beeinflussen.

Im Laufe der Jahre gab es unterschiedliche Lösungsansätze zur Optimierung der Kontaktsicherheit von Hilfskontakten, die als fertige Produkte nebeneinander auf dem Markt zur Verfügung stehen. Die einzelnen Lösungen beinhalten Vor- und Nachteile. Die wichtigsten Nachteile beziehen sich auf Einschränkungen bei den später erläuterten Beziehungen zwischen verschiedenartigen Kontakten für Sicherheitsschaltungen, auf Reduktionen bei der elektrischen Belastbarkeit und auf ihre oft eingeschränkten Einsatzmöglichkeiten oder den Verzicht auf eine galvanische Trennung.

Der Begriff „Hilfskontakt" klingt zunächst sehr simpel. Die Anforderungen an ihn sind aber sehr umfangreich und zum Teil physikalisch widersprüchlich. Die Art der Betätigung beeinflusst stark die erforderliche Kontaktkonstruktion und die Reaktionsmöglichkeiten auf Fehlschaltungen. Hilfskontakte sind häufig an der Lösung von Sicherheitsaufgaben, z. B. dem Personenschutz bei gefährlichen Maschinen und Anlagen beteiligt.

Eines der wichtigsten Merkmale der kontaktbehafteten Schaltgeräte ist weiterhin die galvanische Trennung durch die Kontakte, die ein hohes Sicherheitsniveau, z. B. für die Personensicherheit, sicherstellen und auf der ganze Sicherheitsphilosophien basieren. Die galvanische Trennung stellt sicher, dass die abgangsseitigen, getrennten Leitungen wirklich potentialfrei sind.

Die nach der EG-Maschinen-Richtlinie vorgeschriebenen Risiko-Betrachtungen für Maschinen und Anlagen werden meistens von Ingenieuren des Maschinenbaus erarbeitet. Deshalb sollen hier zunächst die den Elektroingenieuren bekannten, unterschiedlichen Kontaktarten und ihre Besonderheiten erläutert werden. Bei den Kontaktarten ist zunächst, im Sinne der Normung, zwischen Haupt- und Hilfskontakten zu unterscheiden. Hauptkontakte oder Leistungskontakte gehören zu Leistungsschaltgeräten (z. B. Schütze, Schutzschalter). Sie werden dimensioniert um unterschiedliche Lastarten (Motoren, Heizungen, Beleuchtung, Kondensatoren usw.) bei unterschiedlichen Leistungsdaten (Leistung, Strom, Spannung) mit ausreichend hoher Lebensdauer zu schalten. Die Anforderungen an Hauptkontakte ergeben sich aus den entsprechenden Produktnormen, zum Beispiel aus der Gruppe IEC/EN 60 947, aber auch aus Errichtungsnormen, wie der IEC/EN 60 204–1.

Hilfskontakte werden auch als Hilfsschaltglieder oder Steuerkontakte bezeichnet. Sie gehören zu Hilfs- oder Steuergeräten (z. B. Befehlsgeräte, Hilfsschütze, Relais). Man nutzt sie aber auch für Hilfsfunktionen an den beschriebenen Leistungsschaltgeräten. Sie werden hauptsächlich für die Signalisierung von Schalt- oder Störzuständen, für Verriegelungsschaltungen oder Folgesteuerungen mit niedrigen bis hohen Beanspruchungen eingesetzt.

Wer die Konstruktionsgrundsätze von Schalt- und Schutzgeräten nicht näher kennt, geht zunächst davon aus, dass die Hilfskontakte immer die gleiche Schaltstellung einnehmen wie die Hauptkontakte. So können z. B. die Hübe der Betätigungselemente der Haupt- und der Hilfskontakte unterschiedlich lang sein, sodass sich Vorlaufwege und Nachlaufwege ergeben, die auch zu unterschiedlichen Schaltzeitpunkten führen. Spätestens, seit die Schaltgeräte in Bausteinsystemen entwickelt, gebaut und kombiniert werden, werden Haupt- und Hilfskontakte nicht mehr von der gleichen Kontaktbrücke ein- und ausgeschaltet. Aber bereits früher haben sich bei den unveränderbaren Schaltgeräten die Kontaktwege von Hilfs- und Hauptkontakten mehr oder weniger deutlich unterschieden, weil unterschiedliche Spannungen, Ströme und Lastarten mit unterschiedlichen Lichtbogenbeanspruchungen beherrscht werden mussten, was zwangsläufig zu unterschiedlichen, notwendigen Kontaktabständen (Trennstrecken) und Kontaktkräften führte. Die Schaltwegunterschiede werden z. B. durch Federn verglichen, mit dem Effekt, dass Hilfs- und Hauptkontakte mit einem mehr oder weniger großen zeitlichen Versatz betätigt werden. Abb. 5.38 zeigt die Anordnung der Öffner und Schließer an einem Schütz.

Ein Grundprinzip der Sicherheitsschaltungen ist es, dass man aus dem Schaltzustand der Hilfskontakte sicher auf den Schaltzustand der Hauptkontakte schließen will. Eigentlich will man noch mehr. Wenn ein Hilfskontakt schließt und einen Leuchtmelder einschaltet, will man sicher darauf schließen können, dass sich der zugehörige Motor nun dreht. Beziehungsweise der Nichtfachmann glaubt, wenn der Leuchtmelder nicht leuchtet, kann er sicher sein, dass ein Motor, den er vielleicht nicht sieht, sich nicht dreht. Diese Schlussfolgerung ist nicht zulässig und auch gefährlich, weil eine Reihe

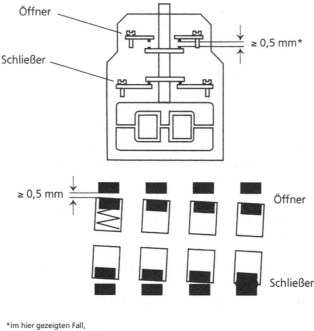

Öffner

Schließer

≥ 0,5 mm*

≥ 0,5 mm

Öffner

Schließer

*im hier gezeigten Fall,
bei einer Doppelunterbrechung,
kann die Strecke geteilt werden,
in 2 x 0,25 mm.

Abb. 5.38 Anordnung der Öffner und Schließer an einem Schütz

von Fehlern im Stromkreis möglich sind (z. B. Leitungsunterbrechungen, Leuchtmittel defekt, Hauptkontakte verschweißt usw.), die ebenfalls zu einem nicht leuchtenden Meldegerät führen. Bei besonderer Sicherheitsrelevanz müssen unter Umständen redundante Steuerstromkreise aufgebaut werden oder das Betriebsmittel wird mit zusätzlichen, direkt an den Betriebsmitteln selbst wirkenden Schutzsystemen überwacht (z. B. Stillstandswächter, Drehzahlwächter).

Als früher ausschließlich elektromechanische Schaltelemente zur Verfügung standen, hat man die geringen Unterschiede bei den Schaltzeitpunkten oder Schaltwegen bewusst schaltungstechnisch genutzt und von vor- oder nacheilenden Hilfskontakten, oder von Frühschließern und Spätöffnern, oder von überlappenden Kontakten gesprochen. Diese geringen Unterschiede, mit sehr großen Streuungen, nutzt man im Elektronikzeitalter nur noch sehr selten, sondern man arbeitet mit definierten, genauen Zeiten elektronischer Zeitrelais.

Mit den Frühschließern und Spätöffnern wurde die nächste Unterscheidung bei den Kontaktarten erwähnt. Es geht um die Art der Reaktion auf eine Betätigungsfunktion. Es gibt Schließerkontakte, die bei mechanischer oder elektromechanischer Betätigung eines Schalt- oder Schutzgerätes geschlossen werden. Sie sind im Ruhezustand des Grundgerätes offen. Im Gegensatz dazu ist der Öffner-Kontakt im Ruhezustand geschlossen und er wird durch die Betätigung des Grundgerätes geöffnet. Schließlich unterscheidet man nach der Dauer der Betätigung eines Kontaktes, zwischen Dauerkontakten und Impulskontakten, die schaltungstechnisch unterschiedlich verarbeitet werden. Im Sinne der betrachteten Kontaktsicherheit und der Auswirkungen einer Kontaktunsicherheit, ist es noch interessant, ob sich die Wirkung eines Kontaktfehlers durch ein Wiederholen des Schaltbefehls beseitigen lässt. Ein handbetätigtes Befehlsgerät lässt sich im Fehlerfall meistens einfach noch einmal betätigen. Andere Schaltbefehle erfolgen automatisiert, prozessabhängig oder von einer bestimmten Position einer Maschine abhängig. In diesen Fällen lässt sich die Kontaktgabe häufig nicht oder nur mit großem Aufwand wiederholen. Besonders unangenehm sind Kontaktfehler, die nur gelegentlich auftreten und die sich dadurch schwer lokalisieren lassen.

Für die Projektierung ist der Grundsatz wichtig, dass mit Ausnahme der Sonderausführung „überlappende Kontakte" der Hilfsschließer und der Hilfsöffner eines Gerätes nicht gleichzeitig geschlossen sein können (normale Forderung, sichergestellt bei zwangsgeführten Kontakten). Weiter gilt, dass ein Hilfsöffner bereits öffnet, bevor der Hilfsschließer schließt. Grundsätzlich sollte so projektiert werden, dass ein Ausschaltbefehl immer Vorrang vor einem gleichzeitigen Einschaltbefehl hat. Um dies sicherzustellen, werden Befehlsgeräte für das Ein- und Ausschalten gegeneinander elektrisch verriegelt.

Zwangsgeführte Kontaktelemente werden z. B. für die Selbstüberwachung in Maschinensteuerkreisen eingesetzt. Sie machen ausschließlich eine Aussage über das Verhältnis zwischen verschiedenartigen Hilfskontakten an ein und demselben Hilfsschütz (Geräte, bei denen die Betätigungskräfte intern erzeugt werden). Es muss über die gesamte Lebensdauer ausgeschlossen sein, dass Kombinationen aus n-Hilfsschließern und m-Hilfsöffnern am gleichen Gerät gleichzeitig geschlossen sein können.

Ein kritischer Aspekt ist dabei eine mögliche Schiefstellung der Kontaktbrücke, wenn ein außen liegender Kontakt verschweißt.

Ein Hilfsschütz kann gleichzeitig mehrere Gruppen von zwangsgeführten Kontakten besitzen. Eine Zwangsführung muss im Stromlaufplan durch eine parallele Doppellinie, die ausgefüllte Kreise auf jedem Symbol des zwangsgeführten Kontaktes verbindet, dargestellt wenden. Eine Herstellerangabe auf dem Gerät ist nicht ganz eindeutig, weil ein Gerät unter Umständen sowohl zwangsgeführte, wie auch nicht zwangsgeführte Kontaktelemente besitzen darf, daher werden Angaben zur Zwangsführung vorzugsweise im Katalog des Herstellers gemacht.

Schaltgeräte mit externer Betätigung (z. B. Drucktasten, Positionsschalter) können nach der Norm keine zwangsgeführten Kontakte sein, weil sie keine auf einen Höchstwert begrenzte Betätigungskraft besitzen. Mit einer großen Betätigungskraft könnte man wohl jeden Kontakt verbiegen und erreichen, dass Öffner und Schließer gleichzeitig geschlossen sind.

Zwangsgeführte Kontakte sind also hilfreich für eine sichere Verschaltung der Logikfunktionen innerhalb von Sicherheitsschaltungen, d. h. sichere Beziehung von Hilfskontakten untereinander. Sie erfüllen aber nicht die vorher beschriebene

Erwartungshaltung der Anwender, eine Aussage über den Schaltzustand oder eine Fehlfunktion der Hauptkontakte zu machen. Hier gab es, bedingt durch die unterschiedlichen Kräfteverhältnisse zwischen Haupt- und Hilfskontakten, über eine längere Zeit Diskussionen über die Definition einer „unvollständigen Zwangsführung" oder über eine „Zwangsführung nur in eine Richtung". Als Lösung wurde schließlich die Definition der Spiegelkontakte oder Mirror-Kontakte gefunden und genormt. Diese Kontaktdefinition macht erstmalig eine Aussage über das Verhältnis der Schaltstellung von Hauptkontakten und Hilfskontakten. Es kann aber auch hierbei nur eine Aussage in eine Richtung gemacht werden, nämlich über das Verhältnis von Hauptstromschließer zu Hilfsöffner.

Der Spiegelkontakt ist ein Öffner, der nicht gleichzeitig mit dem Schließer-Hauptkontakt geschlossen sein kann. Die Prüfung erfolgt an künstlich verschweißten Schützen. Der offene Zustand des Spiegelkontaktes wird mit einer Stoßspannungsprüfung nachgewiesen oder es muss ein Kontaktabstand von mehr als 0,5 mm gemessen werden. Ein Schütz darf mehrere Spiegelkontakte besitzen. Zurzeit sind Spiegelkontakte ausschließlich an Schützen bekannt und genormt. „Spiegelkontakte" sollten nicht mit „zwangsgeführten Kontakten" verwechselt werden. Spiegelkontakte können aber gleichzeitig die Anforderungen an „zwangsgeführte Kontakte" nach IEC/EN 60 947–5-1 erfüllen.

Ein Hilfsschalterbaustein ist, dass seine Kontakte untereinander und zu den Hilfskontakten im Grundgerät die beschriebenen Bedingungen der Zwangsführung erfüllen. Wird der Baustein mit den erwähnten Leistungsschützen kombiniert, erfüllt der Hilfsöffner im Schütz zusätzlich die Anforderungen eines Spiegel- oder Mirror-Kontaktes in Beziehung zu den Schließer-Hauptkontakten im Grundgerät. Grundgeräte und Hilfsschalterbausteine eignen sich durch diese Merkmale hervorragend für den Einsatz in Sicherheitssteuerungen, mit dem Zusatznutzen, dass die Kontakte des Hilfsschalterbausteins für das Schalten von kleinen Strömen und Spannungen optimiert wurden. Sie eignen sich also ebenfalls hervorragend um beispielsweise 1 mA bei lediglich 5 V (Signalströme) am Eingang einer Elektroniksteuerung, bei ungünstigen Umgebungsbedingungen, sicher zu schalten. Bei einer Kontaktbelastung mit $U = 17$ V und $I = 5,4$ mA (Steuerströme) ergibt sich eine Ausfallrate $\lambda < 10^{-8}$. Diese Angabe bedeutet, dass man statistisch lediglich noch mit einer Fehlschaltung auf 100 Millionen Schaltungen rechnen muss.

Nur bei Einrichtungen, bei denen durch eine selbsttätige Wiedereinschaltung nach einem Spannungsausfall keine Gefahr ausgeht, kann man direkt mit Dauerkontakten (Rastschalter) arbeiten. Derartige Betriebsmittel sind z. B. Kompressoren, Pumpen, Heizungen oder Beleuchtungen (fallweise die Gefährdung prüfen). Aber auch in Fällen, in denen aus Sicherheitsgründen keine Bedenken bestehen, mit Dauerkontakten zu arbeiten, ist zu beachten, dass nach einer Netzspannungswiederkehr sehr viele Verbraucher gleichzeitig einschalten. Dies kann über die Einschaltspitzenströme zu einem Ansprechen der stromabhängigen Auslöser führen und damit zur nächsten Störung.

Mit der zunehmenden Automation sind die Maschinen und ihre Steuerungen komplizierter geworden. Die Automation führte zu einer starken Zunahme der Dauerkontakte, die aber nicht immer eindeutig als Rastschalter auftreten. Vielfach wirken

Tastschalter wie Dauerkontakte, z. B. Positionstaster, die von Nocken- oder Kurven-scheiben betätigt werden. Man steht vor der Aufgabe, auch bei Dauerkontakten einen selbsttätigen Wiederanlauf von Maschinen und Einrichtungen zu verhindern. Das macht man, indem man hinter dem Steuerspannungstransformator die Steuerspannung über ein Hilfsschütz mit Impulseinschaltung und Selbsthaltung leitet. Bei einer Spannungsunter-brechung wird die gesamte Steuerung an dieser zentralen Stelle unterbrochen, es wird der selbsttätige Wiederanlauf verhindert und es werden undefinierte Schaltungszustände der Gesamtsteuerung vermieden.

5.2.5 Stern-Dreieck-Schaltung

Wird der Stern-Dreieck-Schalter betätigt, liegen bei der Ein-Funktion alle drei Phasen an dem Motor und es ergibt sich ein handbetätigter Motorschalter.

Abb. 5.39 zeigt einen Motorschalter für Stern-Dreieck-Schaltung. Durch den Schalter wird der Motor nach dem Einschaltung erst in Stern betrieben und nach etwa 10 s in Dreieck von Hand umgeschaltet.

Bei der Sternschaltung werden je zwei Strangspannungen U_{st} miteinander zur Leiter-spannung U verkettet. Es sind also zwei Spannungen, die Leiterspannung U und die Strangspannung U_{st} verfügbar. Es gilt:

$$U = 1{,}73 \cdot U_{st}$$

Der Strangstrom I_{st} und der Leiterstrom I sind dagegen gleichgroß.

$$I = I_{st}$$

Die Leistungen bei der Sternschaltung berechnet man für den Fall einer symmetrischen Belastung:

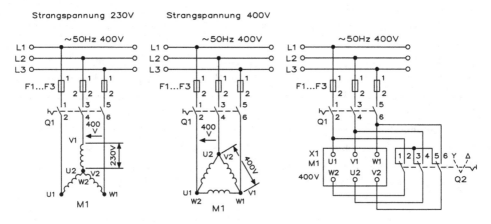

Abb. 5.39 Motorschalter für Stern-Dreieck-Schaltung

$S = 1,73 \cdot U \cdot I$ Scheinleistung S in VA.

$P = 1,73 \cdot U \cdot I \cdot \cos \varphi$ Wirkleistung P in W.

$Q = 1,73 \cdot U \cdot I \cdot \sin \varphi$ Blindleistung Q in var (Volt Ampere reaktiv)

$$Q = \sqrt{S^2 - P^2}$$

Bei einer unsymmetrischen Belastung muss man die Drehstromleistung aus der Summe der drei Strangleistungen berechnen.

Bei der Dreieckschaltung ist nur eine Spannung verfügbar und es gilt:

$$U = U_{st}$$

Bei der Dreieckschaltung werden je zwei Strangströme I_{st} miteinander zum Leiterstrom I verkettet.

$$I = 1{,}73 \cdot I_{st}$$

Tab. 5.10 zeigt den Zusammenhang bei symmetrischer Belastung.

Tab. 5.11 zeigt die Wirkleistung für die Stern- und Dreieckschaltung bei symmetrischer Belastung.

Die Leistungen bei der Dreieckschaltung berechnet man für den Fall einer symmetrischen Belastung wie bei der Sternschaltung. Bei einer unsymmetrischen Belastung muss man die Drehstromleistung aus der Summe der drei Strangleistungen berechnen.

Bei dem Drehstrommmotor von Abb. 5.40 liegt eine Netzspannung von 400 V an und der Motor nimmt 11,5 A auf. Der Leistungsfaktor beträgt $\cos \varphi = 0{,}86$. Welche Schein-, Wirk-, und Blindleistung nimmt der Motor auf?

$$S = 1{,}73 \cdot U \cdot I = 1{,}73 \cdot 400\,\text{V} \cdot 11{,}5\,\text{A} = 7{,}96\,\text{kVA}$$

$$P = 1{,}73 \cdot U \cdot I \cdot \cos \varphi = 1{,}73 \cdot 400\,\text{V} \cdot 11{,}5\,\text{A} \cdot 0{,}86 = 6{,}84\,\text{kW}$$

Tab. 5.10 Zusammenhang für die Stern- und Dreieckschaltung bei symmetrischer Belastung

Drehstromleitung bei symmetrischer Belastung	
Sternschaltung $I = I_{st} \qquad U_{st} = \frac{U}{\sqrt{3}}$ $S = 3 \cdot U_{st} \cdot I_{st} = 3 \cdot I \cdot \frac{U}{\sqrt{3}}$ $S = \sqrt{3} \cdot U \cdot I$	Dreieckschaltung $U = U_{st} \qquad I_{st} = \frac{I}{\sqrt{3}}$ $S = 3 \cdot U_{st} \cdot I_{st} = 3 \cdot U \cdot \frac{U}{\sqrt{3}}$ $S = \sqrt{3} \cdot U \cdot I$

Tab. 5.11 Wirkleistung für die Stern- und Dreieckschaltung bei symmetrischer Belastung

Sternschaltung Y	Dreieckschaltung Δ
I = 3,83 A	I = 11,5 A
$P = \sqrt{3} \cdot U \cdot I \cdot \cos \varphi$ $P = \sqrt{3} \cdot 400\,\text{V} \cdot 3{,}38\,\text{A} \cdot 0{,}86 = 2{,}28\,\text{kW}$	$P = \sqrt{3} \cdot U \cdot I \cdot \cos \varphi$ $P = \sqrt{3} \cdot 400\,\text{V} \cdot 11{,}5\,\text{A} \cdot 0{,}86 = 6{,}85\,\text{kW}$
$\frac{P_\Delta}{P_Y} = \frac{6{,}85\,\text{kW}}{2{,}28\,\text{kW}} = 3$	

$$Q = \sqrt{S^2 - P^2} = \sqrt{(7,96\,\text{kVA})^2 - (6,84\,\text{kW})^2} = 4\,k\text{var}$$

Der Drehstrommotor von Abb. 5.40 soll von cos $\varphi = 0,86$ auf cos $\varphi = 0,93$ kompensiert werden. Wie viel Kapazität ist für die drei Kondensatoren erforderlich?

$$S = \frac{P}{\cos\varphi} = \frac{6,84\,\text{kW}}{0,93} = 7,36\,\text{kVA}$$

$$Q = \sqrt{S^2 - P^2} = \sqrt{(7,36\,\text{kVA})^2 - (6,84\,\text{kW})^2} = 2,7\,k\text{var}$$

Die Blindleistung des Kompensationskondensators ist

$$Q_C = 4\,k\text{var} - 2,7\,k\text{var} = 1,3\,k\text{var}$$

Die Kapazität des Kompensationskondensators errechnet sich aus

$$Q = \frac{Q_c}{2 \cdot \pi \cdot f \cdot 1,73 \cdot U^2} = \frac{1,3\,k\text{var}}{2 \cdot 3,14 \cdot 50\,\text{Hz} \cdot 1,73 \cdot (400\,\text{V})^2} = 15\,\mu\text{F}$$

Es sind drei Kondensatoren mit je 15 µF erforderlich.

Wie groß ist das Drehmoment M_K für den Drehstrommotor?

$$M_K = \frac{9550 \cdot P_N}{n_N} = \frac{9550 \cdot 5,5\,\text{kW}}{1484\,\text{min}^{-1}} = 35,4\,\text{Nm}$$

Wie groß ist das Anzugsmoment M_A für den Drehstrommotor bei einer Stern-Dreieck-Schaltung, wenn in diesem Fall nach Herstellerangaben $M_A/M_N = 1,05$ ist?

$$M_A = M_K \cdot M_A/M_N = 35,4\,\text{Nm} \cdot 1,05 = 37,2\,\text{Nm}$$

Die Frequenz liegt im öffentlichen Netz mit f = 50 Hz fest. Die Drehzahländerung von Kurz-schlussläufermotoren erfolgt durch die Polumschaltung, wenn z. B. eine Drehzahländerung von 1500 Umdr./min^{-1} nach 750 Umdr./min^{-1} erforderlich ist. Wird die Polzahl der Stator-wicklung geändert, so ändert sich die Drehfelddrehzahl und mit ihr die Läuferdrehzahl.

Abb. 5.40 Typenschild eines Drehstrommotors

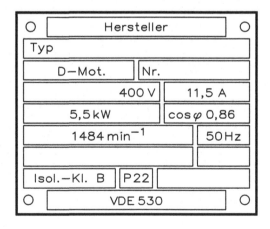

5.3   Starten von Kurzschlussläufermotoren

Kurzschlussläufermotoren sind wegen ihrer Einfachheit. Robustheit und der günstigen Kosten die industriell am häufigsten eingesetzten Motoren. Sie entwickeln beim direkten Einschalten Anlaufströme bis zum etwa 8-fachen des Nennstromes und damit verbunden hohe Anlaufmomente.

Die hohen Anlaufströme können im Netz oft unliebsame Spannungseinbrüche verursachen und die hohen Anlaufmomente beanspruchen auch die mechanischen Übertragungselemente stark. Deshalb setzen die EVUs Grenzwerte die Motoranlaufströme im Vergleich zu den Nennbetriebsströmen fest. Die zulässigen Werte variieren von Netz zu Netz, je nach Belastbarkeit. Mit Rücksicht auf die Mechanik sind Methoden erwünscht, die die Anlaufdrehmomente reduzieren.

Um die Ströme und Momente zu reduzieren, bieten sich verschiedene Anlassschaltungen und -methoden an:

- Stern-Dreieck-Anlauf
- Autotransformator-Anlauf
- Anlauf über Drosseln oder Widerstände
- Mehrstufen-Anlauf
- Anlauf mittels elektronischer Sanftanlasser
- Anlauf mittels Frequenzumrichter

Es wird auf die einzelnen in der Praxis wichtigsten Anlaufmethoden eingegangen. Man unterscheidet zunächst zwischen

- normaler Stern-Dreieck-Anlauf
- verstärkter Stern-Dreieck-Anlauf
- Stern-Dreieck-Anlauf mit unterbrechungsloser Umschaltung (closed transition)

5.3.1   Normaler Stern-Dreieck-Anlauf

Für den Anlauf werden die Motorwicklungen in Sternschaltung an die Netzspannung gelegt. Die Spannung an den einzelnen Motorwicklungen reduziert sich damit um den Faktor $1/\sqrt{3} = 0{,}58$. Das Anzugsdrehmoment beträgt bei dieser Schaltung ca. 30 % der Werte bei Dreieckschaltung. Der Einschaltstrom wird auf ein Drittel des Stromes bei Direkteinschaltung auf typisch $2 \ldots 2{,}5 \cdot I_e$ reduziert.

Wegen des reduzierten Anzugsmomentes eignet sich die Stern-Dreieck-Schaltung für Antriebe mit großer Schwungmasse aber auch für geringen oder erst mit der Drehzahl steigendem Widerstandsmoment. Die Schaltung wird bevorzugt dort eingesetzt, wo der Antrieb erst nach dem Hochlauf belastet wird. Abb. 5.41 zeigt den typischen Strom- und Momentenverlauf beim Stern-Dreieck-Anlauf.

Abb. 5.41 Typischer Strom-
und Momentenverlauf beim
Stern-Dreieck-Anlauf

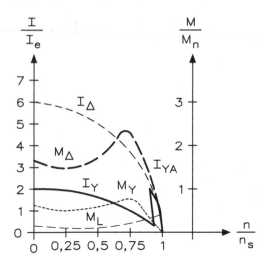

I Motorstrom	n_S Synchrondrehzahl
I_e Bemessungs-Betriebsstrom des Motors	M_L Lastmoment
M_D Drehmoment in Dreieckschaltung	I_Y Strom in Sternschaltung
M_E Bemessungs-Betriebsstrom des Motors	I Strom in Dreieckschaltung
n Drehzahl	I_Y Stromverlauf bei Stern-Dreieck-Anlauf

Nach dem Hochlauf des Motors steuert meist ein Zeitrelais automatisch die
Umschaltung von Stern auf Dreieck. Der Anlauf in Sternschaltung soll solange dauern,
bis der Motor annähernd die Betriebsdrehzahl erreicht hat, um nach dem Umschalten
auf Dreieck möglichst wenig Nachbeschleunigung leisten zu müssen. Die Nachbeschleunigung in Dreieckschaltung ist mit hohen Strömen wie bei Direktanlauf verbunden. Die zeitliche Dauer des Anlaufs in Sternschaltung ist abhängig von der Belastung
des Motors. In Dreieckschaltung liegt die volle Netzspannung an den Motorwicklungen.

Für die Umschaltung von Stern auf Dreieck sind die sechs Enden der Motorwicklung auf Klemmen geführt. Die Schütze eines Stern-Dreieck-Schalters schalten die
Wicklungen entsprechend um. Abb. 5.42 zeigt die Umschaltung von Stern auf Dreieck
mit Schützen.

Für den Anlauf in Stern schließt das Hauptschütz das Netz an die Wicklungsenden
U_1, V_1, W_1. Das Sternschütz verbindet die Wicklungsenden U_2, V_2, W_2. Nach erfolgtem
Hochlauf schaltet das Sternschütz ab und das Dreieck.

Dreieckschütz verbindet die Klemmen U_1/V_2, V_1/W_2, W_1/U_2.

Bei der Umschaltung von Stern auf Dreieck ist auf die richtige Phasenfolge, d. h. den
richtigen Anschluss der Leiter an Motor und Starter zu achten. Bei falscher Phasenfolge
können wegen des leichten Drehzahlabfalls während der stromlosen Umschaltpause

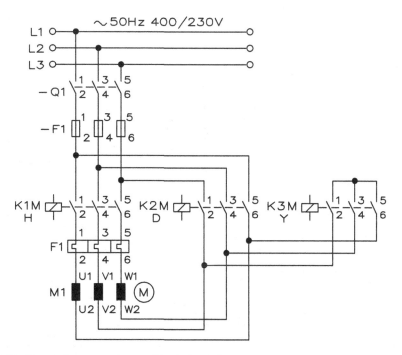

Abb. 5.42 Umschaltung von Stern auf Dreieck mit Schützen

beim Wiedereinschalten sehr hohe Stromspitzen entstehen, die die Motorwicklungen gefährden können und die Schaltgeräte unnötig beanspruchen. Dabei ist auf die Drehrichtung des Motors zu achten. Abb. 5.43 zeigt den richtigen Anschluss des Motors für Rechts- und Linkslauf.

Zwischen dem Abschalten des Sternschützes und dem Einschalten des Dreieckschützes muss eine genügend lange Pause liegen, um den Ausschaltlichtbogen im Sternschütz sicher zu löschen, bevor das Dreieckschütz einschaltet. Bei zu rascher Umschaltung kann über den Ausschaltlichtbogen ein Kurzschluss entstehen. Die Umschaltpause soll aber gerade so lang sein wie für die Lichtbogenlöschung nötig, damit die Drehzahl während der Umschaltpause möglichst wenig abfällt. Spezielle Zeitrelais für Stern-Dreieck-Umschaltung erfüllen diese Anforderungen.

Das Motorschutzrelais wird in den Wicklungsstrang, d. h. an den Hauptschütz, geschaltet. Der einzustellende Strom ist deshalb um den Faktor $1/\sqrt{3} = 0{,}58$ kleiner als der Nennstrom des Motors. Wegen der in den Motorwicklungen zirkulierenden Ströme der dritten Oberschwingung kann sich eine höhere Einstellung des Motorschutzrelais aufdrängen. Dies darf nur auf Basis einer Messung mit einem effektivwertrichtig messenden Messinstrument erfolgen. Die Leiterquerschnitte zum Motor und zurück sind thermisch gemäß dem Einstellstrom am Motorschutzrelais vorzunehmen.

Abb. 5.43 Anschluss
eines Motors im Stern- und
Dreieckschaltung für Rechts-
und Linkslauf

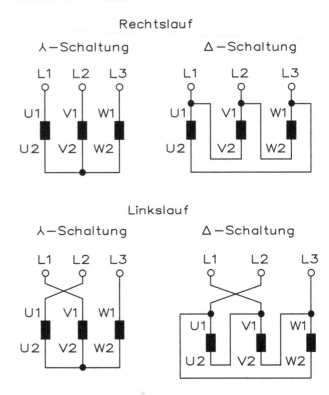

Bei Motorschutz mit Leistungsschaltern mit Motorschutzcharakteristik wird der Leistungsschalter in die Netzzuleitungen geschaltet, da er auch den Kurzschlussschutz von Starter und Leitungen übernimmt. Die Stromeinstellung erfolgt in diesem Fall auf den Motornennstrom. Eine Einstellungskorrektur wegen der dritten Oberschwingung ist hier nicht relevant. Die Leitungen sind thermisch nach der Einstellung am Leistungsschalter zu dimensionieren.

Die Schaltgeräte sind beim normalen Stern-Dreieck-Anlauf nach folgenden Strömen zu dimensionieren:

- Hauptschütz K1M $0{,}58 \cdot I_e$
- Dreieckschütz K2M $0{,}58 \cdot I_e$
- Sternschütz K3M $0{,}34 \cdot I_e$

Für längere Anlaufzeiten als etwa 15 s muss das Sternschütz größer gewählt werden. Wenn das Sternschütz gleich groß gewählt wird, wie das Hauptschütz, sind Anlaufzeiten bis etwa einer Minute zulässig.

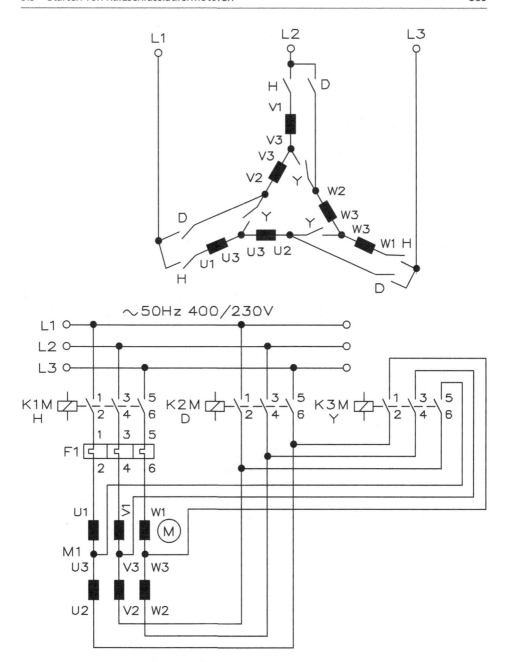

Abb. 5.44 Schaltung für einen gemischten Stern-Dreieck-Anlauf

5.3.2   Verstärkter Stern-Dreieck-Anlauf

Reicht das Drehmoment bei normalem Stern-Dreieck-Anlauf nicht aus, um den Antrieb in Sternschaltung auf annähernder Betriebsdrehzahl zu beschleunigen, kommt der verstärkte Stern-Dreieck-Anlauf zur Anwendung. Mit der Erhöhung des Drehmomentes erhöht sich allerdings auch die Stromaufnahme beim Anlauf. Man unterscheidet zwischen:

- gemischtem Stern-Dreieck-Anlauf
- Teilwicklungs-Stern-Dreieck-Anlauf

Für beide Arten sind Motoren mit entsprechenden Wicklungsanzapfungen erforderlich.

Für den Anschluss des Motors. die Ansteuerung der Schütze, den Motorschutz und die thermische Auslegung der Leiter gelten die gleichen Regeln wie für den normalen Stern-Dreieck-Anlauf.

Hier sind die Motorwicklungen meistens in zwei gleiche Hälften geteilt. Beim Anlauf werden je eine halbe Wicklung in Dreieck, die andere Hälfte vor diese in Stern geschaltet. Daher die Bezeichnung „gemischt". Der Stern-Einschaltstrom ist ca. $2...4 \cdot I_e$. Daraus resultiert ein entsprechend größeres Anlaufdrehmoment.

Dimensionierung der Schaltgeräte:

- Hauptschütz K1M $0{,}58 \cdot I_e$
- Dreieckschütz K2M $0{,}58 \cdot I_e$
- Sternschütz K3M $0{,}34 \cdot I_e$

Beim Teilwicklungs-Stern-Dreieck-Anlauf sind die Motorwicklungen ebenfalls unterteilt. In Sternschaltung wird nur die Hauptwicklung, ein Teil der gesamten Wicklung, benützt. Daher die Bezeichnung „Teilwicklung". Der Stern-Einschaltstrom ist je nach Anzapfung $2...4 \cdot I_e$, woraus auch hier ein höheres Anzugsmoment resultiert. Abb. 5.45 zeigt eine Schaltung für einen Teilwicklungs-Stern-Dreieck-Anlauf.

Dimensionierung der Schaltgeräte:

- Hauptschütz K1M $0{,}58 \cdot I_e$
- Dreieckschütz K2M $0{,}58 \cdot I_e$
- Sternschütz K3M $0{,}5 - 0{,}58 \cdot I_e$ (je nach Anzugsstrom)

Mit dem unterbrechungslosen Stern-Dreieck-Anlauf wird das Abfallen der Motordrehzahl während der Umschaltung von Stern auf Dreieck vermieden und damit die folgende Stromspitze klein gehalten. Bevor das Sternschütz öffnet, schließt ein viertes (Transitionsschütz) K4M den Motorstromkreis über Widerstände im Dreieck. Dadurch wird der Motorstrom während der Umschaltung nicht unterbrochen und die Motordrehzahl bleibt praktisch konstant. Das Dreieckschütz K2M stellt anschließend den endgültigen Schaltzustand her und wirft das Transitionsschütz K4M ab. Abb. 5.46 zeigt die Schaltung eines unterbrechungslosen Stern-Dreieck-Anlaufs.

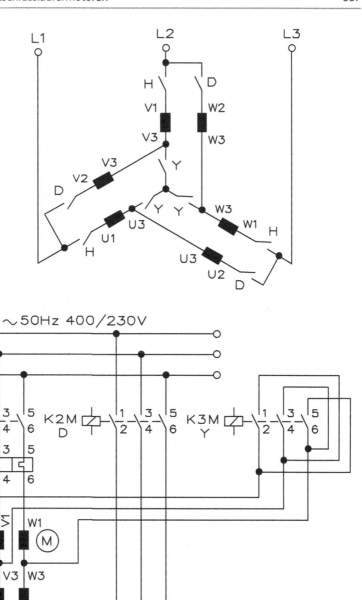

Abb. 5.45 Schaltung für einen Teilwicklungs-Stern-Dreieck-Anlauf

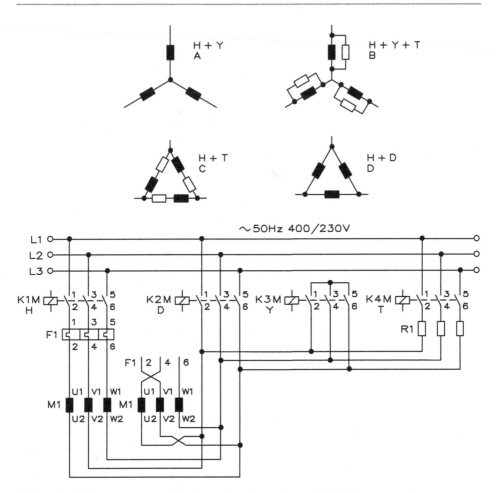

Abb. 5.46 Schaltung eines unterbrechungslosen Stern-Dreieck-Anlaufs

Dimensionierung der Schaltgeräte:

- Hauptschütz KIM $0{,}58 \cdot I_e$
- Dreieckschütz K2M $0{,}58 \cdot I_e$
- Sternschütz K3M $0{,}58 \cdot I_e$
- Transitionsschütz K4M typ. $0{,}27 \cdot I_e$ (je nach Transitionsstrom)
- Transitionswiderstände typ. $0{,}35...0{,}4 \cdot U_e/I_e$

Anders als bei der normalen Stern-Dreieck-Schaltung muss das Sternschütz gleich dimensioniert werden wie das Haupt- und Dreieckschütz, weil es den Sternstrom des Motors und die Transitionswiderstände abschalten muss. In den Widerstanden fließt ein Strom von ca. $1{,}5 \cdot I_e$. Daher ist eine entsprechend höhere Schaltleistung erforderlich.

Für den Anschluss des Motors, die Ansteuerung der Schütze (Schaltung unterschiedlich wegen Ansteuerung des Transitionsschützes), den Motorschutz und die thermische Auslegung der Leiter gelten die gleichen Regeln wie für den normalen Stern-Dreieck-Anlauf.

5.3.3 Autotransformator-Anlauf

Ein Autotransformator-Starter ermöglicht den Anlauf von Käfigläufermotoren mit reduziertem Anlaufstrom, indem die Spannung während des Anlaufs herabgesetzt wird. Im Gegensatz zur Stern-Dreieck-Schaltung werden nur drei Leitungen zum Motor und drei Motoranschlüsse benötigt.

Beim Anlauf liegt der Motor an den Anzapfungen des Autotransformators. Der Motor läuft also mit reduzierter Spannung und entsprechend kleinerem Strom an. Der Autotransformator reduziert den Strom in der Netzzuleitung zusätzlich entsprechend seinem Übersetzungsverhältnis. Wie die Stern-Dreieck-Schaltung weist der Autotransformator-Starter somit ein günstiges Verhältnis von Drehmoment zu Stromaufnahme auf.

Um die Motoranlauf-Charakteristik an den Drehmomentbedarf anpassen zu können, verwenden die Autotransformatoren meist drei wählbare Anzapfungen (z. B. 80 %, 65 %, 50 %).

Wenn der Motor nahezu seine Nenndrehzahl erreicht hat, wird am Transformator die Stern-Verbindung geöffnet. Jetzt wirken die Transformator-Teilwicklungen als Drosseln in Serie zu den Motorwicklungen und die Motordrehzahl fällt deswegen, wie beim unterbrechungslosen Stern-Dreieck-Anlauf während der Umschaltung nicht ab. Nach Zuschalten des Hauptschützes liegen die Motorwicklungen an der vollen Netzspannung. Zum Schluss wird der Transformator vorn Netz getrennt.

Der Einschaltstrom liegt je nach Anzapfung und Anlaufstromverhältnis des Motors bei $1 \ldots 5 \cdot I_e$. Das verfügbare Drehmoment reduziert sich etwa im Verhältnis zum Anlaufstrom. Abb. 5.47 zeigt die Schaltung mit Autotransformator-Starter zur unterbrechungslosen Umschaltung.

5.3.4 Anlauf über Drosseln oder Widerstände

Durch die vorgeschalteten Drosseln oder Widerstände wird die Spannung am Motor verringert und damit lässt sich der Anlaufstrom reduzieren. Das Anlaufdrehmoment reduziert sich mit dem Quadrat der Stromreduktion.

Bei Anlauf über Drosseln ist im Stillstand der Motorwiderstand klein. Ein Großteil der Netzspannung fällt an den vorgeschalteten Drosseln ab. Das Anzugsdrehmoment des Motors ist deshalb stark reduziert Mit steigender Drehzahl steigt die Spannung am Motor

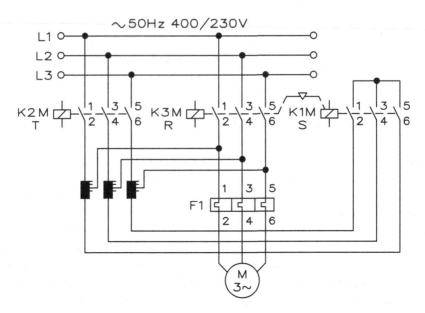

Abb. 5.47 Autotransformator-Starter mit unterbrechungsloser Umschaltung

wegen des Rückganges der Stromaufnahme und der vektoriellen Spannungsaufteilung zwischen dem Motor und dem vorgeschalteten Blindwiderstand. Damit steigt auch das Motormoment. Nach erfolgtem Hochlauf werden die Drosseln kurzgeschlossen.

Der Einschaltstrom reduziert sich je nach benötigtem Anlaufdrehmoment. Abb. 5.48 zeigt eine Schaltung mit Drosseln für ein Anlaufdrehmoment.

Abb. 5.48 Schaltung mit Drosseln für ein Anlaufdrehmoment

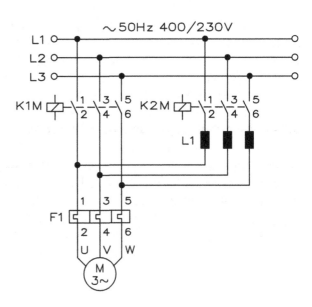

Anstelle der beschriebenen Drosseln lassen sich preiswertere Leistungswiderstände einsetzen. Mit dieser Methode kann der Anlaufstrom für den gleichen Drehmomentbedarf weniger reduziert werden, weil das Motormoment quadratisch mit der Spannung sinkt und die Spannung am Motor nur wegen der sinkenden Stromaufnahme des Motors bei steigender Drehzahl zunimmt.

Besser ist es, den Vorwiderstand während des Anlaufs stufenweise zu reduzieren. Der Aufwand an Schaltgeräten wird aber bedeutend größer.

Eine andere Möglichkeit sind gekapselte PTC-Widerstände. Bei diesen nimmt der ohmsche Widerstand mit der durch die Heizwirkung des Anlaufstroms zunehmenden Temperatur ab. Abb. 5.49 zeigt eine Schaltung mit Widerständen für ein Anlaufdrehmoment.

5.3.5   Mehrstufenmotoren

Die Anzahl der Pole bestimmt bei Asynchronmotoren die Drehzahl,

2 Pol 3000 min^{-1} (Synchrondrehzahl)

4 Pole 1500 min^{-1}

6 Pole 1000 min^{-1}

8 Pole 750 min^{-1}

Durch geeignete Umschaltung angezapfter Wicklungen oder durch getrennte Wicklungen pro Drehzahl im gleichen Motor lassen sich Motoren mit zwei oder mehr Drehzahlen bauen. Besonders wirtschaftlich ist die häufig angewandte Dahlanderschaltung, welche mit nur einer Wicklung zwei Drehzahlen im Verhältnis 1: 2 ermöglicht.

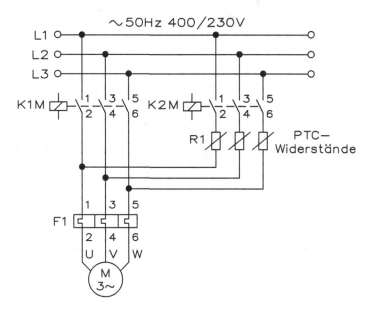

Abb. 5.49 Schaltung mit PTC-Widerständen für ein Anlaufdrehmoment

Mehrstufenmotoren können betriebsmäßig in beiden Drehzahlen gefahren werden und finden so z. B. bei Ventilatoren Anwendung, um die Förderleistung zu ändern.

Je nach Auslegung und Schaltung der Wicklungen gibt es Motoren mit annähernd gleicher Leistung oder mit annähernd gleichem Drehmoment bei den verschiedenen Drehzahlen. Bei gleichem Drehmoment ergeben sich kleinere Ströme bei kleinerer Drehzahl, wodurch Anläufe mit hohem Momentbedarf bei kleiner Stromaufnahme beherrscht werden können. Abb. 5.50 zeigt die Schaltung eines Mehrstufenmotors.

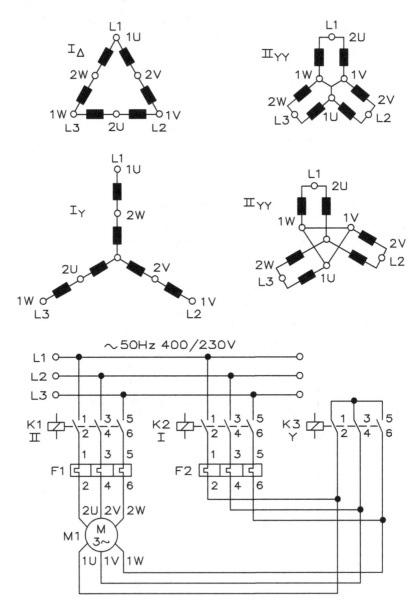

Abb. 5.50 Schaltung eines Mehrstufenmotors nach Dahlander

5.4 Elektronischer Softstarter für Drehstrommotoren

Abhängig von der Qualität des Netzes können schnelle Änderungen des Verbraucherstromes, wie dies bei einem Motoranlauf der Fall ist, Spannungseinbrüche verursachen, die im gleichen Netz angeschlossenen Geräte betreffen können:

- Helligkeitsschwankungen bei Beleuchtungen
- Beeinflussung von Computeranlagen, SPS-Systemen, CNC-Maschinen und digitale Steueranlagen
- Abfallen von Schützen und Relais

Durch die beim Starten entstehenden Drehmomentstöße werden die mechanischen Teile einer Maschine oder Anlage stark beansprucht.

Mit den traditionellen Lösungen wie

- Stern-Dreieck-Schaltung
- Autotransformator
- Drosseln oder Widerstände

kann die an den Motorklemmen liegende Spannung und somit der Strom nur stufenweise beeinflusst werden.

Der Softstarter (auch als Sanftanlasser bezeichnet) steuert die Spannung stufenlos von einem wählbaren Anfangswert bis 100 %. Dadurch erhöht sich das Drehmoment und der Strom ebenfalls kontinuierlich. Der Softstarter ermöglicht also ein stufenloses Anfahren von unter Last stehenden Motoren aus dem Stillstand. Abb. 5.51 zeigt einen Softstarter direkt vor dem Motor.

Wie die Kennlinien bei Direkt- und Stern-Dreieck-Start zeigen, treten Strom- bzw. Momentensprünge auf, die besonders bei mittleren und hohen Motorleistungen negative Einflüsse bedeuten. Gewünscht wird ein stoßfreier Drehmomentenanstieg und eine gezielte Stromreduzierung in der Startphase. Dies ermöglicht der elektronische Softstarter, denn er steuert stufenlos die Versorgungsspannung des Drehstrommotors in der Startphase. Dadurch wird der Drehstrommotor an das Lastverhalten der Arbeitsmaschine angepasst und schonend beschleunigt. Mechanische Schläge werden vermieden und Stromspitzen unterdrückt. Softstarter sind eine elektronische Alternative zum klassischen Stern-Dreieck-Starter.

5.4.1 Realisierung eine Sanftanlaufes

Anhand einer Motormomentkennlinie von Abb. 5.52 kann erklärt werden, wie sich ein langsames Starten eines Motors erreichen lässt.

Abb. 5.51 Softstarter direkt
vor dem Motor

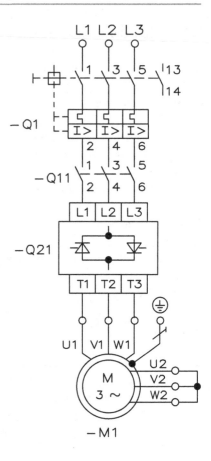

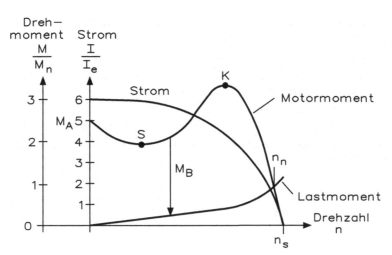

Abb. 5.52 Motormomentkennlinie für einen Sanftanlauf

Vergleicht man die Lastkennlinie mit der Motorkennlinie, wird ersichtlich, dass die Motormomentkennlinie bis zum Schnittpunkt mit der Lastmomentkennlinie immer oberhalb von dieser liegt. Bei diesem Arbeitspunkt wird bei Bemessungsbelastung die Bemessungsdrehzahl erreicht. Die Differenz zwischen der Lastmomentkennlinie und der Motormomentkennlinie ist das sogenannte Beschleunigungsmoment (M_B). Dieses Moment bringt die Energie auf, die dafür sorgt, dass der Antrieb zu drehen beginnt und hochläuft.

Das Verhältnis beider Kennlinien ist ein Maß für die Anlaufzeit oder Hochlaufzeit eines Antriebes. Ist das Motormoment viel größer als das Lastmoment, so ist die Beschleunigungsenergie groß und somit die Hochlaufzeit entsprechend kurz. Ist dagegen das Motormoment nur wenig größer als das benötigte Lastmoment, ergibt das nur eine geringere Beschleunigungsenergie und somit wird die Hochlaufzeit entsprechend länger.

Der Sanftanlauf wird also realisiert, indem man das Beschleunigungsmoment reduziert.

Die Momentkennlinien von Abb. 5.53 gelten nur dann, wenn die volle Netzspannung U_N zur Verfügung steht. Sobald eine kleinere Spannung anliegt, verringert sich das Moment quadratisch. Wird die effektive Motorspannung um 50 % reduziert, wird das Moment auf ein Viertel reduziert. Vergleicht man die Momentkennlinien miteinander, dann sieht man, dass die Differenz zwischen der Lastkennlinie und der Momentkennlinie bei Netzspannung viel größer ist als bei reduzierter Spannung. Das Motormoment und damit die Beschleunigungskraft lassen sich durch Anpassen der Motorspannung beeinflussen.

Die Motorspannung lässt sich am einfachsten mit einer Phasenanschnittsteuerung verändern, wie Abb. 5.54 zeigt. Mittels eines steuerbaren Halbleiters, einem Thyristor, ist es möglich, durch Anschneiden der Sinushalbwelle nur einen Teilbetrag der Spannung an den Motor weiterzuleiten. Der Zeitpunkt, von dem an der Thyristor die Sinushalbwelle leitet, bezeichnet man mit Zündwinkel α. Ist der Winkel α groß, so ist die effektive Motorspannung klein. Verschiebt man den Zündwinkel α allmählich nach links, wird die Motorspannung größer. Mit der entsprechenden Steuerung ist der Phasenanschnitt eine gute und einfache Methode, um die Motorspannung zu verändern.

Abb. 5.53 Momentkennlinien

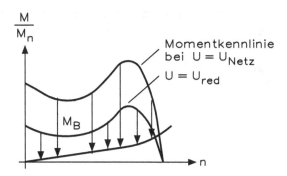

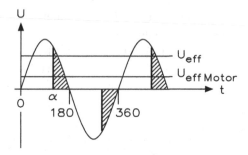

Abb. 5.54 Phasenanschnittsteuerung für eine Motorsteuerung

5.4.2 Anlaufarten

Grundsätzlich gibt es zwei Möglichkeiten, wie ein Motor mit einem Softstarter anlaufen kann. Dies sind der Anlauf mittels Spannungsrampe und der Anlauf mittels Strombegrenzung. Abb. 5.55 zeigt den Anlauf eines Motors mit Spannungsrampe.

Beim Anlauf mit Spannungsrampe werden die Anlauf- oder Hochlaufzeit und das Losbrechmoment eingestellt. Der Softstarter erhöht die Motorklemmenspannung linear von einem vorzugebenden Anfangswert (Anfangsspannung) bis zur vollen Netzspannung. Die niedrige Motorspannung zu Beginn des Startprozesses hat ein geringeres Motordrehmoment zur Folge und bewirkt somit einen sanften Beschleunigungsvorgang. Der einzustellende Anfangswert der Spannung wird bestimmt durch das Losbrechmoment = Startmoment des Motors. Bei einigen Anlaufsystemen besteht die Möglichkeit, zwischen zwei Softstartprofilen mit separat einstellbaren Rampenzeiten und Losbrechmomentwerten zu wählen.

Die Hochlaufzeit des Motors ergibt sich aus den Einstellungen der Hochlaufzeit und des Losbrechmoments. Wählt man das Losbrechmoment sehr groß oder die Hochlaufzeit sehr klein, befindet man sich nahe am Direktstart. In der Praxis wird man zuerst die Hochlaufzeit festlegen (bei Pumpen ca. 10 s) und dann das Losbrechmoment so einstellen, dass der gewünschte Softstart erreicht wird.

Die eingestellte Hochlaufzeit ist nicht die tatsächliche Hochlaufzeit des Antriebes, sie ist abhängig von der Last und der Einstellung des Losbrechmoments.

Bei einem Softstart mittels Spannungsrampe beginnt der Strom ab einer bestimmten Höhe, steigt dann bis zu einem Maximum und fällt beim Erreichen der Bemessungsdrehzahl des

Abb. 5.55 Anlauf eines
Motors mit Spannungsrampe

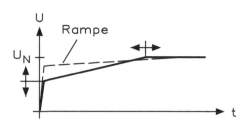

Motors auf I_N zurück. Der maximale Strom kann nicht im Voraus bestimmt werden und er wird sich je nach Motor einstellen. Soll aber ein gewisser Strom nicht überschritten werden, so lässt sich der Anlauf mittels Strombegrenzung auswählen.

Abb. 5.56 zeigt verschiedene Stromkurven beim Hochlauf eines Motors. Der Strom steigt nach einer bestimmten Rampe bis zum eingestellten Maximum an und fällt beim Erreichen der Bemessungsdrehzahl des Motors auf I_N zurück. Der Motor kann also nur einen bestimmten Anlaufstrom ziehen. Diese Anlaufmethode wird oft von den EWUs gefordert, falls ein großer Motor (Pumpen) ans öffentliche Netz angeschlossen werden soll.

In Abb. 5.57 sind die verschiedenen Motormomente beim Direktstart, beim Softstart mit Spannungsrampe und mit Strombegrenzung gezeigt.

5.4.3 Softstarter-Typen

Die Unterschiede der verschiedenen Softstarter-Typen liegen vor allem im Aufbau des Leistungsteils und der Steuerungscharakteristik.

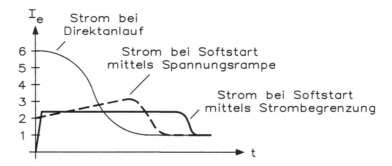

Abb. 5.56 Stromkurven beim Hochlauf eines Drehstrommotors

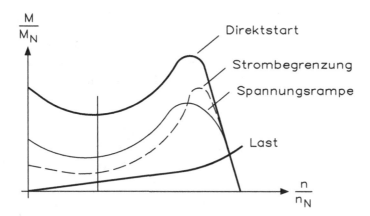

Abb. 5.57 Momentkurven eines Motors

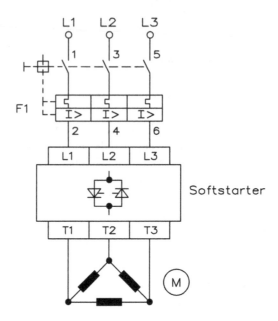

Abb. 5.58 Einphasenansteuerung eines Softstarters

Wie schon erwähnt, basiert der Softstarter auf dem Prinzip des Phasenanschnittes. Mittels Thyristoren ist es möglich, durch Anschneiden der Sinushalbwelle nur einen Teil der Netzspannung dem Motor zuzuführen.

Der Thyristor lässt den Stromfluss nur in einer Richtung zu. Daher ist ein zweiter, entgegengesetzt gepolter Thyristor nötig, welcher den negativen Strom leitet (antiparallelgeschaltete Halbleiter) und man hat die Funktionsweise eines TRIAC.

Man unterscheidet die Softstarter nach folgenden zwei Kriterien:

- Anzahl der gesteuerten Phasen: Eine Phase (einphasen-gesteuerter Softstarter), zwei Phasen (zweiphasen-gesteuerter Softstarter) oder drei Phasen (dreiphasen-gesteuerter Softstarter).
- Art des zweiten und entgegengesetzten gepolten Halbleiters. Wählt man eine Diode, dann spricht man von einem halbwellen-gesteuerten Softstarter und setzt man Thyristoren ein, spricht man von einem vollwellen-gesteuerten Softstarter.

Wie die verschiedenen Typen auf verschiedene Weise Motorspannung und Strom beeinflussen, lässt sich anhand der folgenden drei Prinzipschaltbilder erklären.

Beim einphasen-gesteuerten Softstarter wird in einer Phase mittels zwei antiparallelen Thyristoren der Phasenanschnitt verwirklicht (Phase L2). Die Phasen L1 und L3 sind direkt am Motor angeschlossen.

Beim Anlauf fließt in der Phase L1 und L3 immer noch ungefähr der 6-fache Bemessungsstrom des Motors. Nur in der gesteuerten Phase ist es möglich, den Strom bis auf den 3-fachen Bemessungsstrom zu reduzieren.

Vergleicht man diese Methode mit einem Direktstart, dann ist die Hochlaufzeit länger, aber der gesamte effektive Motorstrom wird nicht erheblich reduziert. Dies hat zur Folge, dass ungefähr der gleiche Strom wie beim Direktstart durch den Motor fließt und dadurch wird der Motor zusätzlich erwärmt. Weil nur eine Phase angeschnitten ist, wird das Netz während der Anlaufphase asymmetrisch belastet. Diese Methode entspricht der klassischen KUSA-Schaltung.

Ein- und zweiphasen-gesteuerte Softstarter werden meistens im Leistungsbereich bis max. 5,5 kW eingesetzt. Sie sind nur geeignet, um mechanische Schläge in einem System zu vermeiden. Der Anlaufstrom des Drehstrommotors wird mit dieser Methode nicht vermindert.

Beim dreiphasen-halbwellengesteuerten Softstarter ist der Phasenanschnitt in allen drei Phasen verwirklicht, wie Abb. 5.59 zeigt. Als Leistungshalbleiter wird ein Thyristor mit einer antiparallelen Diode verwendet. Dies hat zur Folge, dass der Phasenanschnitt nur in einer Halbwelle verwirklicht wird (halbwellen-gesteuert). Somit wird nur während der Halbwelle, wenn der Thyristor leitend ist, die Spannung reduziert. Bei der zweiten Halbwelle, wenn die Diode leitend ist, liegt die volle Netzspannung am Motor an.

In der ungesteuerten Halbwelle (Diode) sind die Stromspitzen größer als in der gesteuerten. Die damit verbundenen Oberschwingungen erzeugen im Motor eine zusätzliche Erwärmung.

Da die Stromspitzen in der nicht gesteuerten Halbwelle (Diode) und die damit verbundenen Oberwellen bei großen Leistungen kritisch werden, sind halbwellen-gesteuerte Softstarter nur bis ca. 45 kW sinnvoll einsetzbar.

Bei diesem Typ Softstarter wird in allen drei Phasen der Phasenanschnitt verwirklicht, wie Abb. 5.60 zeigt. Als Leistungshalbleiter verwendet man zwei antiparallele

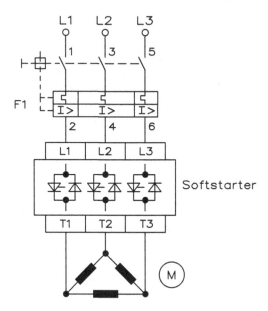

Abb. 5.59 Halbwellenansteuerung eines Softstarters

Abb. 5.60 Dreiphasen-
vollwellen-gesteuerter
Softstarter

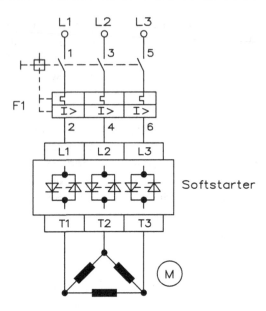

Thyristoren. Somit wird in beiden Halbwellen die Phasenspannung angeschnitten (voll-
wellen-gesteuert). Wegen den beim Phasenanschnitt entstehenden Oberwellen wird der
Motor beim Softstart trotzdem thermisch mehr belastet als beim Direktstart. Diese Softstarter werden bis ca. 630 kW eingesetzt.

5.4.4 Thermische Belastung beim Start

In Abb. 5.61 ist der Einfluss der verschiedenen Softstartertypen auf die zusätzliche
Motorerwärmung gegenüber einem Direktstart dargestellt.

Der Punkt 1/1 markiert die Erwärmung des Motors nach dem Direktstart. In der
X-Achse ist der Multiplikationsfaktor der Startzeit und in der Y-Achse der Multiplikationsfaktor der Motorerwärmung dargestellt. Verlängert man z. B. die Startzeit
gegenüber dem Direktstart auf das Doppelte, so wird

- beim einphasen-gesteuerten Softstarter die Motorerwärmung auf das 1,75-fache
  erhöht
- beim zweiphasen-gesteuerten Softstarter auf das 1,3-fache erhöht
- beim halbwellen-gesteuerten Softstarter auf das 1,1-fache erhöht
- beim vollwellen-gesteuerten Softstarter kann man praktisch keine zusätzliche
  Erwärmung feststellen

Für längere Hochlaufzeiten ist bei größeren Leistungen nur ein vollwellen-gesteuerter
Softstarter einsetzbar.

Abb. 5.61 Einfluss der verschiedenen Softstartertypen auf die zusätzliche Motorerwärmung

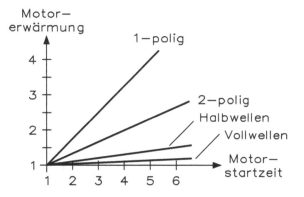

Abb. 5.62 Ansicht eines Softstarters

Die Vorteile eines Softstarters sind

- durch das langsame Starten schont der Softstarter den Motor und die gesamte Maschine
- der Anlaufstrom wird reduziert oder kann begrenzt werden
- das Drehmoment wird der entsprechenden Last angepasst
- bei Pumpen können Druckwellen beim Start und beim Stop verhindert werden
- ruck- und stoßartige Bewegungen, welche einen Prozess stören können, werden verhindert

- der Verschleiß an Riemen, Ketten, Getrieben und Lagern wird vermindert
- mit den verschiedenen Ansteuerungsmöglichkeiten ist eine vereinfachte Automatisierung möglich

5.5   Anwendungen von Schützschaltungen in der Praxis

Schaltungsunterlagen von Schützschaltungen erläutern die Funktion von Schaltungen und von Leitungsverbindungen. Sie geben Auskunft, wie elektrische Einrichtungen gefertigt, errichtet und gewartet werden. Lieferant und Betreiber müssen vereinbaren, in welcher Form die Schaltungsunterlagen erstellt werden: Papier, Film, Diskette, CD und DVD, USB-Stick, usw. Sie müssen sich auch auf die Sprache einigen, in der die Dokumentation erstellt wird. Bei Maschinen müssen nach EN 292–2 Benutzerinformationen in der Amtssprache des Einsatzlandes verfasst werden. Schaltungsunterlagen sind in zwei Gruppen unterteilt:

- Einteilung nach dem Zweck: Erläuterung der Arbeitsweise. der Verbindungen oder der räumlichen Lage von Betriebsmitteln. Dazu gehören:
  - erläuternde Schaltpläne
  - Übersichtsschaltpläne
  - Ersatzschaltpläne
  - erläuternde Tabellen oder Diagramme
  - Ablaufdiagramme, Ablauftabellen
  - Zeitablaufdiagramme, Zeitablauftabellen
  - Verdrahtungspläne
  - Geräteverdrahtungspläne
  - Verbindungspläne
  - Anschlusspläne
  - Anordnungspläne
- Einteilung nach Art der Darstellung:
  - vereinfacht oder ausführlich
  - ein- oder mehrpolige Darstellung
  - zusammenhängende, halbzusammenhängende oder aufgelöste Darstellung
  - lagerichtige Darstellung
- Schaltpläne: Die Schaltpläne (engl. Diagrams) zeigen den spannungs- oder stromlosen Zustand der elektrischen Einrichtung. Man unterscheidet zwischen:
  - Übersichtsschaltplan (block diagram): Vereinfachte Darstellung einer Schaltung mit ihren wesentlichen Teilen und zeigt die Arbeitsweise bzw. Gliederung einer elektrischen Einrichtung.
  - Stromlaufplan (circuit diagram): Ausführliche Darstellung einer Schaltung mit ihren Einzelheiten und zeigt die Arbeitsweise einer elektrischen Einrichtung.
  - Ersatzschaltplan (equivalent circuit diagram): Besondere Ausführung eines erläuternden Schaltplanes für Analyse und Berechnung von Stromkreiseigenschaften.

- Verdrahtungspläne: Die Verdrahtungspläne (wiring diagrams) zeigen die leitenden Verbindungen zwischen elektrischen Betriebsmitteln. Sie zeigen die inneren oder äußeren Verbindungen und geben im Allgemeinen keinen Aufschluss über die Wirkungsweise. Anstelle von Verdrahtungsplänen können auch Verdrahtungstabellen verwendet werden.
- Geräteverdrahtungsplan (unit wiring diagram): Darstellung aller Verbindungen innerhalb eines Gerätes oder einer Gerätekombination.
- Verbindungsplan (interconnection diagram): Darstellung der Verbindung zwischen den Geräten oder Gerätekombinationen einer Anlage.
- Anschlussplan (terminal diagram): Darstellung der Anschlusspunkte einer elektrischen Einrichtung und die daran angeschlossenen inneren und äußeren leitenden Verbindungen.
- Anordnungsplan (location diagram): Darstellung der räumlichen Lage der elektrischen Betriebsmittel und der Plan muss nicht maßstäblich sein.

5.5.1 Einspeisung und Schutzmaßnahmen von elektrischen Anlagen

Den Schutz gegen elektrischen Schlag unter Fehlerbedingungen schützen Menschen oder Nutztiere beim Versagen der Basisisolierung. Fällt an einem Gerät der Schutz gegen direktes Berühren infolge einer defekten Isolation aus und liegt die Betriebsspannung der Wechselspannung über 50 V, z. B. 230 V, kann bei einer Berührung die Gesundheit des Menschen gefährdet sein. Die fehlerhafte Anlage muss jetzt in sehr kurzer Zeit, z. B. 0,4 s, abgeschaltet werden. Abb. 5.63 zeigt die Möglichkeiten für einen sicheren Aufbau für den Schutz durch Abschalten.

Ist der Schutzleiter PE („Protection Earth", Schutzerde oder Schutzleiter) mit dem Gehäuse der elektrischen Betriebsmittel verbunden, bezeichnet man diese Schutzmaßnahme als systemabhängig und die Aderfarbe ist grüngelb. Arbeitet man mit einem PEN-Leiter (PE und Neutralleiter), hat man eine Verbindung mit Neutralleiter und Schutzleiter und die Aderfarbe ist hellblau.

Abb. 5.63 Schutz durch Abschalten von elektrischen Anlagen

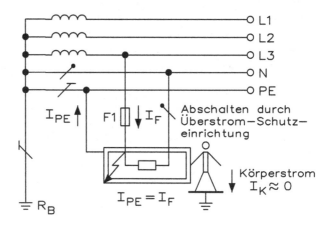

Bei den Niederspannungs-Drehstromnetzen unterscheidet man die Verteilungssysteme des EVU und der Verbraucheranlage. Die Bezeichnung der verschiedenen Verteilungssysteme erfolgt international durch Buchstaben, z. B. TN-, TT- und IT-System.

Beim TN-System kennt man drei Arten, TN-S-, TN-C- und TN-C-S-System. Im TN-S-System ist ein Punkt, z. B. der Sternpunkt, des Erzeugers direkt geerdet. Die Körper der angeschlossenen Verbraucher sind mit diesem Punkt des Transformators verbunden. Die Verbindung im TN-C-System erfolgt über den PEN-Leiter, d. h., Neutralleiter und Schutzleiter sind ein Leiter, oder im TN-S-System über einen getrennten Neutralleiter N und Schutzleiter PE. TN-C-System und TN-S-System lassen sich kombinieren in einer Verbraucheranlage nach TN-C-S. Tab. 5.12 zeigt die Beschreibung und Kurzzeichen der Netzsysteme.

Schutzmaßnahmen im TN-Netz müssen die Aufgabe übernehmen, einem satten Körperschluss oder einen Kurzschluss zuzulassen und die Überstromschutzeinrichtungen innerhalb der vorgeschriebenen Zeit zum Ansprechen zu bringen. Damit wird das Bestehenbleiben einer unzulässig hohen Berührungsspannung an den Körpern der Betriebsmittel verhindert.

Als Schutzeinrichtung sind Überstromschutzeinrichtungen und Fehlerstromschutzeinrichtungen zulässig.

Schutzmaßnahmen im TN-Netz erfordern einen unmittelbar geerdeten Leiter. In der Regel ist dies der Sternpunkt der Stromquelle. Alle Körper müssen mit diesem geerdeten Punkt des Stromversorgungsnetzes den Schutzleiter oder durch den PEN-Leiter verbunden sein. Schutzleiter oder PEN-Leiter müssen in Nähe des Generators oder Transformators geerdet werden. Eine zusätzliche Erdung an möglichst gleichmäßig verteilten Punkten, besonders an den Eintrittsstellen in Gebäude, z. B. durch Verbinden mit dem Fundamenterder, ist erforderlich, damit im Falle eines Fehlers das Potential des Schutzleiters bzw. PE-Leiters eine möglichst geringe Abweichung gegenüber dem Erdpotential aufweist.

Tab. 5.12 Beschreibung und Kurzzeichen der Netzsysteme

T	N	– C – S	System
1. Buchstabe: Erdungsverhältnisse der speisenden Stromquelle	2. Buchstabe: Erdungsverhältnisse der Körper der elektrischen Anlage	3. oder 3. und 4. Buchstabe: Anordnung des Neutralleiters und des Schutzleiters (TN-System)	
T: Direkte Erdung eines Punktes (Betriebserde des Transformators R_B). I: Entweder Isolierung aller aktiven Teile gegen Erde oder Verbindung eines Punktes mit der Erde über eine hochohmige Impedanz.	T: Körper direkt geerdet (Anlagenerder R_A). N: Körper direkt mit dem Betriebserder R_B der speisenden Stromquelle verbunden. In Wechselspannungsnetzsystemen ist der geerdete Punkt meist der Sternpunkt des Transformators.	C: Neutral- und Schutzleiterfunktion kombiniert in einem Leiter, dem PEN-Leiter (TN-C-System). S: Neutral- und Schutzleiterfunktion durch getrennte Leiter kombiniert in (TN-S-System). Kombination: Anwendung im TN-C-S-System.	

Der 1. Buchstabe beim TN-System bezeichnet die Erdungsart des Spannungs-
erzeugers. T (terre = Erde) ist eine direkte Verbindung mit der Erde eines Punktes
(Betriebserde). N (Neutral) gilt, wenn der Körper direkt mit dem Betriebserder verbunden wird. Auf diese Weise hat man das TN-System, wie Abb. 5.64 zeigt.

Beim TT-System bezeichnet der 1. Buchstabe eine direkte Verbindung mit der Erde
eines Punktes (Betriebserde). Beim 2. Buchstaben ist ebenfalls eine direkte Verbindung
mit der Betriebserde vorhanden, unabhängig von der Erdung der Stromquelle (Betriebserde), wie Abb. 5.65 zeigt.

Beim TN-S-System (S separated = getrennt) verwendet man einen separaten Neutralleiter und einen separaten Schutzleiter, wie Abb. 5.64 zeigt. Beim TN-C-System hat man
nur eine Leitung, bei dem der neutrale und der Schutzleiter zusammengefasst sind. Diese
klassische „Nullung" ist bei neuen Anlagen nicht erlaubt. Abb. 5.66 zeigt den Aufbau des
TN-C-Systems mit den Bezeichnungen der Leitungen.

Beim TN-S-System sind Neutralleiter- und Schutzleiterfunktion im gesamten Netz in
einem einzigen Leiter, dem PEN-Leiter zusammengefasst.

Abb. 5.64 Aufbau des
TN-Systems mit den
Bezeichnungen der Leitungen

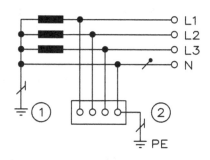

Abb. 5.65 Aufbau des
TT-Systems mit den
Bezeichnungen der Leitungen

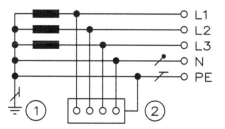

Abb. 5.66 Aufbau des
TN-C-Systems mit den
Bezeichnungen der Leitungen

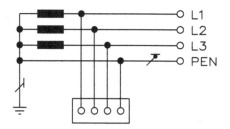

Beim TN-C-S-Netz sind Neutralleiter- und Schutzleiterfunktionen in einem Teil des Netzes in einem einzigen Leiter, dem PEN-Leiter dazusammengefasst. Abb. 5.67 zeigt den Aufbau des TN-C-S-Systems mit den Bezeichnungen der Leitungen.

5.5.2 Schützschaltung mit Selbsthaltung

Schütze wurden entwickelt, damit ein Verbraucher mit großer Leistungsaufnahme (z. B. Motor) aus der Ferne über einen handbetätigten Schalter mit kleiner Schaltleistung ein- oder ausgeschaltet werden kann. Schütze ermöglichen schnellere und sicherere Schaltvorgänge, als dies mit rein mechanischen oder handbetätigten Schaltkonstruktionen möglich ist. Die Leitungslänge der Lastkreise mit großem Leitungsquerschnitt lässt sich dadurch verringern.

Eine Selbsthaltung ist eine Kombination aus Reihen- und Parallelschaltung von Kontakten. Die Selbsthaltung wird durch den Kontakt realisiert.

Abb. 5.68 zeigt die Schaltung eines Schützes mit Selbsthaltung. Nach dem Betätigen des Tasters S2 bleibt die Steuerung so lange eingeschaltet, bis entweder S1 (Austaster) oder F4 (Steuersicherung) den Steuerkreis unterbricht.

Die Selbsthaltung wird durch den Kontakt S2 erzeugt, der parallel zu K1 liegt. Wenn S2 geschlossen wird, zieht der Schütz an und der Kontakt S2 wird geschlossen. Damit ist eine ODER-Bedingung erfüllt. Der Schütz fällt ab, wenn der Schalter F5 oder der Ausschalter S1 betätigt wird. Spricht die Sicherung an, führt dies ebenfalls zur Stromunterbrechung. Es ergibt sich eine UND-Bedingung mit drei Eingängen.

5.5.3 Einfache Schützschaltungen

Schützschaltungen lassen sich durch Tasten einfach Ein- oder Ausschalten.

Abb. 5.69 zeigt eine Schaltung mit zwei Schaltstellen. Eingeschaltet wird durch Betätigung von S3 oder S4 und ausgeschaltet wird durch Betätigung von S1 oder S2. Die parallel geschalteten Schließer bilden eine ODER-Verknüpfung und die in Reihe geschalteten Schließer eine UND-Verknüpfung.

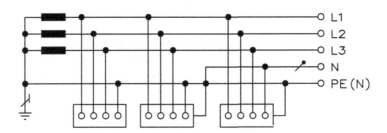

Abb. 5.67 Aufbau des TN-C-S-Systems mit den Bezeichnungen der Leitungen

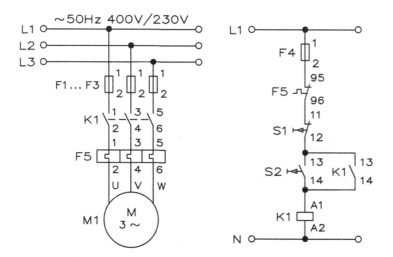

Abb. 5.68 Schaltung eines Schützes mit Selbsthaltung

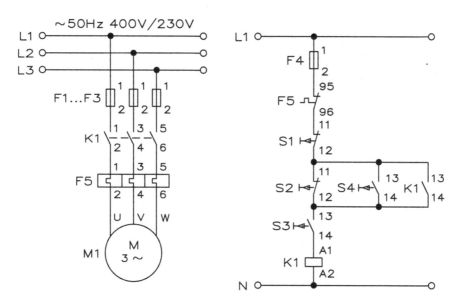

Abb. 5.69 Schalten von zwei Schaltstellen

Die Betätigungsspule von Schützschaltungen verursacht als induktiver Verbraucher beim Abschalten durch Selbstinduktion eine störende Spannungsspitze. Zur Schonung der Ansteuerelektronik und zur Vermeidung von Störemissionen kann daher im Steuerkreis eine Schutzbeschaltung gegen diese Abschaltüberspannung notwendig sein. Bei Wechselstromschützen besteht diese meist aus einer Reihenschaltung eines Widerstands mit einem Kondensator, die parallel zur Ankerspule angebracht werden. Bei Gleichstromschützen lässt sich eine Freilaufdiode einsetzen werden, um steuernde Kontakte oder die Ansteuerelektronik zu schützen.

Der Drehstrommotor von Abb. 5.70 lässt sich nur einschalten, wenn der Endschalter S3 geschlossen ist. Diese Schaltung findet man z. B. bei Waschmaschinen als Deckelverriegelung.

5.5.4 Automatischer Stern-Dreieck-Schalter

Um diese Anlaufstöße zu vermeiden, greift man zu dem Mittel, die Spannung am Motor beim Anlauf zu vermindern. Dadurch wird ein langsamer Anlauf mit kleinem Stromstoß ermöglicht. Diese Spannungsverminderung kann auf zwei Arten erreicht werden.

Bis 1990 schaltete man einen dreiphasigen und einstellbaren Widerstand in den Ständerkreis ein. Der Spannungsfall an dem Widerstand vermindert die Spannung am Motor. Diese Art des Anlassens vermeidet man nach Möglichkeit, da hierbei das Drehmoment, also die Anzugskraft beim Anfahren, gering ist. Der automatische Stern-Dreieck-Schalter ist anwendbar für anlaufende Motoren.

Das Leistungsschild gibt an, dass bei Sternschaltung die Spannung des Netzes $3 \cdot 400$ V sein kann. Außerdem besteht die Möglichkeit, den Motor in Dreieckschaltung laufen zu lassen. Eine Phase darf aber nur an 400 V/1,73 = 230 V angeschlossen werden, denn bei 400 V/Y hat ja jede Phase nur die Spannung von 230 V. Würde man bei der Dreieckschaltung an $3 \cdot 400$ V anschließen, hätte man eine Spannung pro Phase von 400 V. Damit tritt aber eine entsprechende Überlastung der Phasen auf.

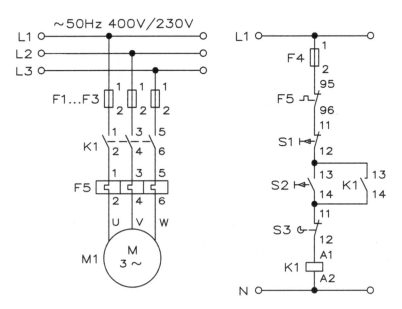

Abb. 5.70 Verriegelte Steuerung durch zwei Endschalter

Mechanische Stern-Dreieck-Schalter wurden bis etwa 1980 verwendet und einfache Geräte sind als mechanische Walzen- oder Nockenschalter aufgebaut, wie Abb. 5.71 zeigt. Hierbei sind auf einer mittels Hebel drehbaren Walze geometrische Kontaktstreifen aufgebracht, die bei der Drehung auf feststehenden Anschlusskontakten „schleifen" und auf diese Weise die Kontakte so verbinden, dass in einer Stellung die Sternschaltung und in der zweiten Stellung die Dreieckschaltung der Motorwicklungen erreicht wird. Die Kontaktreihe I steht fest, während die Reihen Y und Δ, die sich auf der Walze befinden und verschiebbar sind. Im Ruhezustand befinden sich die Reihen Y und Δ in der Stellung 0. Bewegt man die Kontaktreihe, wird zuerst die Stellung Y erreicht und die drei Enden der Wicklungen sind miteinander verbunden. In der Stellung III sind die Wicklungen so verbunden, dass sich eine Dreieckschaltung Δ ergibt.

Der Stern-Dreieck-Schalter hat zur Folge, dass die aufgenommene Leistung bei Sternschaltung nur etwa einem Drittel der Nennleistung des Motors entspricht. Dementsprechend ist auch der Strom in der Sternschaltung geringer als bei Direkteinschaltung in Dreieck. Wenn man aber den Läufer nicht nur mit kurzgeschlossenen Kupfer- oder Aluminiumstäben, sondern mit Wicklungen ähnlich den Wicklungen des Ständers versieht, ergibt sich eine weitere Möglichkeit eines besseren Anlaufbetriebs. Abb. 5.72 zeigt einen automatischen Stern-Dreieck-Schalter mit Relais.

Für den automatischen Stern-Dreieck-Schalter mit Relais sind drei Schütze und ein Zeitrelais K1 erforderlich.

Tab. 5.13 zeigt die Anordnung und Dimensionierung der Schutzeinrichtungen.

Dimensionierung der Schaltgeräte

$$Q11, Q15 = 0{,}58 \cdot I_e$$
$$Q13 = 0{,}33 \cdot I_e$$

Mit dem Zeitrelais können die normalerweise potentialfreien Kontakte beim Schalten von 230 V Wechselspannung mit einer Frequenz von f = 50 Hz trotzdem im Nulldurchgang schalten und damit den Verschleiß drastisch reduzieren, Hierzu einfach den

Abb. 5.71 Aufbau eines mechanischen Stern-Dreieck-Schalters

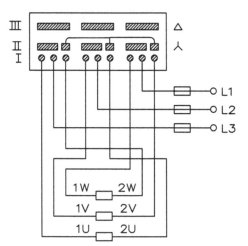

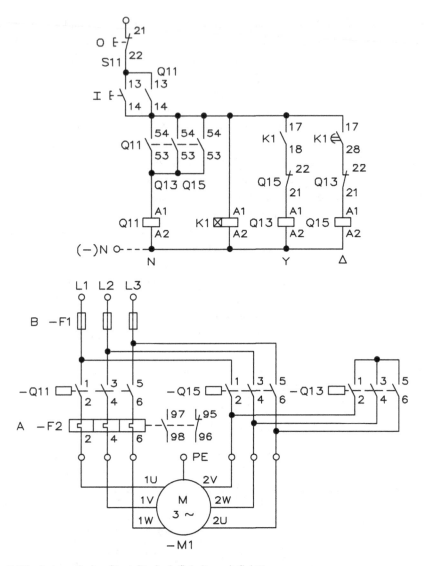

Abb. 5.72 Automatischer Stern-Dreieck-Schalter mit Schützen

Tab. 5.13 Anordnung und Dimensionierung der Schutzeinrichtungen

Position A	Position B
$F20 = 0{,}58 \times I_e$ mit F1 in Position B $t_a \leq 15$ s	$Q1 = I_e$ $t_a > 15 - 40$ s
Motorschutz in Y- und $\triangle$-Stellung	Motorschutz in Y- Stellung nur bedingt

N-Leiter an die Klemme (N) und L an (L) und/oder 3(L) anschließen. Dadurch ergibt sich bei 1(L) 2 ein zusätzlicher Stand-by-Verlust von nur 0,1 W. Durch die Verwendung bistabiler Relais gibt es auch im eingeschalteten Zustand keine Spulenverlustleistung und keine Erwärmung hierdurch. Abb. 5.73 zeigt eine 2-Kanal-Schaltuhr für den Stern-Dreieck-Schalter mit Anschlussschema.

Bis zu 60 Schaltuhr-Speicherplätze werden frei auf die Kanäle verteilt. Die Gangreserve ohne Batterie beträgt ca. 7 Tage. Jeder Speicherplatz kann entweder mit der Astrofunktion (automatisches Schalten nach Sonnenaufgang bzw. -Untergang), der Einschalt- und Ausschaltzeit oder einer Impulsschaltzeit (bei welcher ein Impuls von zwei Sekunden ausgelöst wird) belegt werden. Die Ein- bzw. Ausschaltzeit lässt sich um ± 2 h verschieben.

Der Steuereingang (+A1) für eine Zentralsteuerung EIN oder AUS ist ausgestattet mit einer Priorität-Funktion.

Versorgungs- und Steuerspannung für die Zentralsteuerung beträgt 8…230 V.

Die Einstellung der Schaltuhr erfolgt mit den Tasten MODE und SET, und es ist eine Tastensperre vorhanden.

- Sprache einstellen: Nach jedem Anlegen der Versorgungsspannung kann innerhalb von zehn Sekunden mit SET die Sprache gewählt und mit MODE bestätigt werden. D = Deutsch, GB = Englisch, F = Französisch, IT = Italienisch und ES = Spanisch. Anschließend erscheint die Normalanzeige: Wochentag, Uhrzeit, Tag und Monat.
- Schnelllauf: Bei den nachfolgenden Einstellungen laufen die Zahlen schnell hoch, wenn die Eingabetaste länger gedrückt wird. Loslassen und erneut längeres Drücken ändert die Richtung für den Schnelllauf.
- Uhrzeit einstellen: MODE drücken und danach bei PRG (Programm) mit SET die Funktion UHR suchen und mit MODE auswählen. Bei S mit SET die Stunde wählen und mit MODE bestätigen. Ebenso bei M wie Minute verfahren.
- Datum einstellen: MODE drücken und danach bei PRG mit SET die Funktion DAT suchen und mit MODE auswählen. Bei J mit SET das Jahr wählen und mit MODE bestätigen. Ebenso bei M wie Monat und T wie Tag verfahren. Als letzte Einstellung in der Reihenfolge blinkt MO (Wochentag). Dieser kann mit SET eingestellt und mit MODE bestätigt werden.
- Standort einstellen (sofern die Astro-Funktion gewünscht wird): Eine Liste deutscher Städte finden man am Ende der Bedienungsanleitung. MODE drücken und danach bei PRG mit SET die Funktion POS suchen und mit MODE auswählen. Bei BRT mit SET den Breitengrad wählen und mit MODE bestätigen. Ebenso bei LAE den Längengrad wählen und mit MODE betätigen.
- Handschaltung EIN oder AUS mit Priorität: MODE drücken und danach bei PRG mit SET die Funktion INT suchen und mit MODE auswählen. Bei KNL mit SET den Kanal 1 oder 2 wählen und mit MODE bestätigen. Nun kann mit SET zwischen AUT (Automatik), EIN oder AUS gewechselt werden. Nach der Bestätigung mit MODE wechselt ggf. die Schaltstellung des gewählten Kanals. Soll der Schaltzustand wieder

Abb. 5.73 Universelle programmierte 2-Kanal-Schaltuhr für den Stern-Dreieck-Schalter mit Anschlussschema

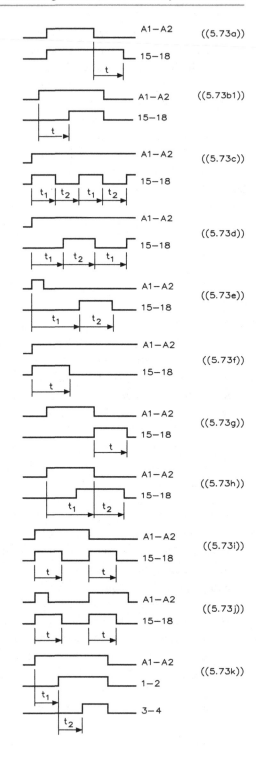

automatisch wechseln, wenn ein Zeitprogramm aktiv wird, muss anschließend wieder AUT (Automatik) gewählt werden. Wird MODE bei einer der Bestätigungen länger als zwei Sekunden gedrückt, wird die Änderung gespeichert und es erscheint die Normalanzeige.

Es sind folgende Schaltmöglichkeiten vorhanden:

- RV = Ausfallverzögerung (Ausfallverzögerung)
  Beim Anlegen der Steuerspannung wechselt der Arbeitskontakt nach 15–18. Mit Unterbrechung der Steuerspannung beginnt der Zeitablauf, an dessen Ende der Arbeitskontakt in die Ruhelage zurückkehrt. Nachschaltbar während des Zeitablaufs.
- AV = Ansprechverzögerung (Einschaltverzögerung)
  Mit dem Anlegen der Steuerspannung beginnt der Zeitablauf, an dessen Ende der Arbeitskontakt nach 15–18 wechselt. Nach einer Unterbrechung beginnt der Zeitablauf erneut.
- TI = Taktgeber mit Impuls beginnend (Blinkrelais)
  Solange die Steuerspannung anliegt, schließt und öffnet der Arbeitskontakt. Beim Anlegen der Steuerspannung wechselt der Arbeitskontakt sofort nach 15–18.
- TP = Taktgeber mit Pause beginnend (Blinkrelais)
  Funktionsbeschreibungen wie TI, beim Anlegen der Steuerspannung wechselt der Kontakt jedoch nicht nach 15–18, sondern bleibt zunächst bei 15–16 bzw. offen.
- IA = Impulsgesteuerte Ansprechverzögerung und Impulsformer
  Mit dem Beginn eines Steuerimpulses ab 50 ms beginnt der Zeitablauf t_1, an dessen Ende der Arbeitskontakt für die Zeit t_2. Wird t_1 auf die kürzeste Zeit 0,1 s gestellt, arbeitet IA als Impulsformer, bei welchem t_2 abläuft, unabhängig von der Länge des Steuersignales (mind. 150 ms).
- EW = Einschaltwischrelais
  Mit dem Anlegen der Steuerspannung wechselt der Arbeitskontakt nach 15–18 und kehrt nach Ablauf der Wischzeit zurück. Bei Wegnahme der Steuerspannung, während der Wischzeit, kehrt der Arbeitskontakt sofort in die Ruhelage zurück, und die Restzeit wird gelöscht.
- AW = Ausschaltwischrelais
  Bei Unterbrechung der Steuerspannung wechselt der Arbeitskontakt nach 15–18 und kehrt nach Ablauf der Wischzeit zurück. Beim Anlegen der Steuerspannung, während der Wischzeit, kehrt der Arbeitskontakt sofort in die Ruhelage zurück, und die Restzeit wird gelöscht.
- ARV = Ansprech- und Rückfallverzögerung
  Mit dem Anlegen der Steuerspannung beginnt der Zeitablauf, an dessen Ende der Arbeitskontakt nach 15–18 wechselt. Wird danach die Steuerspannung unterbrochen, beginnt ein weiterer Zeitablauf, an dessen Ende der Arbeitskontakt in die Ruhelage

zurückkehrt. Nach einer Unterbrechung der Ansprechverzögerung beginnt der Zeitablauf erneut.

- ER = Relais
  Solange der Steuerkontakt geschlossen ist, schaltet der Arbeitskontakt von 15–16 nach 15–18.
- EAW = Einschalt- und Ausschaltwischrelais
  Mit dem Anlegen und Unterbrechen der Steuerspannung wechselt der Arbeitskontakt nach 15–18 und kehrt nach Ablauf der eingestellten Wischzeit zurück.
- ES = Stromstoßschalter
  Mit Steuerimpulsen ab 50 ms schaltet der Arbeitskontakt hin und her.
- IF = Impulsformer
  Mit dem Anlegen der Steuerspannung wechselt der Arbeitskontakt für die eingestellte Zeit nach 15–18. Weitere Ansteuerungen werden erst nach dem Ablauf der eingestellten Zeit ausgewertet.
- ARV + = Additive Ansprech- und Rückfallverzögerung
  Funktion wie ARV, nach einer Unterbrechung der Ansprechverzögerung bleibt jedoch die bereits abgelaufene Zeit gespeichert.
- ESV = Stromstoßschalter mit Rückfallverzögerung und Ausschaltvorwarnung
  Funktion wie SRV. Zusätzlich mit Ausschaltvorwarnung: ca. 30 Sekunden vor Zeitablauf beginnend flackert die Beleuchtung 3-mal in kürzer werdenden Zeitabständen.
- AV + = Additive Ansprechverzögerung
  Funktion wie AV, nach einer Unterbrechung bleibt jedoch die bereits abgelaufene Zeit gespeichert.
- SRV = Stromstoßschalter mit Rückfallverzögerung
  Mit Steuerimpulsen ab 50 ms schaltet der Arbeitskontakt hin und her. In der Kontaktstellung 15–18 schaltet das Gerät nach Ablauf der Verzögerungszeit selbsttätig in die Ruhestellung 15–16 zurück.
- A2 = 2-Stufen-Ansprechverzögerung
  Mit dem Anlegen der Steuerspannung beginnt der Zeitablauf t_1 zwischen 0 und 60 Sekunden. An dessen Ende schließt der Kontakt 1–2 und es beginnt der Zeitablauf t_2 zwischen 0 und 60 s. An dessen Ende schließt der Kontakt 3–4. Nach einer Unterbrechung beginnt der Zeitablauf erneut mit t_1.

Die Schaltung von Abb. 5.72 zeigt einen automatischen Stern-Dreieck-Schalter. Die Schaltung besteht aus einem

K1	Zeitrelais
Q11	Netzschütz
Q13	Sternschütz
Q15	Dreieckschütz

Mit dem Taster I betätigt man das Zeitrelais K1 und dessen als Sofortkontakt ausgebildeter Schließer K1/17–18 gibt Spannung an den Sternschütz Q13. Q13 zieht an und legt über Schließer Q13/14–13 Spannungen an den Netzschütz. Q11 und Q13 gehen über die Schließer Q11/14–13 und Q11/44–43 in Selbsthaltung. Q11 bringt den Motor M1 in Sternschaltung an die Netzspannung.

Stern-Dreieck-Schalter mit Motorschutzrelais, also mit thermisch verzögertem Überstromrelais, verwenden in der normalen Schaltung das Motorschutzrelais in den Ableitungen zu den Motorklemmen U1, V1, W1 oder V2, W2, U2. Das Motorschutzrelais wirkt auch in der Sternschaltung, denn sie liegen in Reihe mit der Motorwicklung und werden vom Relaisbemessungsstrom = Motorbemessungsstrom · 0,58 durchflossen. Abb. 5.72 zeigt diese Schaltung, wie sie in der Praxis meist verwendet wird.

Man kann auch das Motorschutzrelais in der Netzzuleitung legen. Für Antriebe, bei denen während des Anlaufs in der Sternschaltung des Motors das Relais F2 bereits auslöst, kann das für den Motorbemessungsstrom für die Relais F2 in die Netzzuleitung geschaltet werden. Die Auslösezeit verlängert sich dann etwa auf das 4- bis 6-fache. In der Sternschaltung wird zwar auch das Relais vom Strom durchflossen, bietet aber in dieser Schaltung keinen vollwertigen Schutz, da sein Strom auf den 1,73-fachen Phasenstrom verschoben ist. Es bietet aber Schutz gegen Wiederanlauf.

Abweichend von der Anordnung in Motorleitung oder Netzzuleitung kann das Motorschutzrelais in der Dreieck-Schaltung liegen. Bei sehr schweren, langandauernden Anläufen (z. B. in Zentrifugen) kann das für den Relaisbemessungsstrom = Motorbemessungsstrom · 0,58 bemessene Relais F2 auch in die Verbindungsleitungen Dreieckschütz Q15 – Sternschütz Q13 geschaltet werden. In der Sternschaltung wird dann das Relais F2 nicht vom Strom durchflossen und beim Anlauf ist also kein Motorschutz vorhanden. Diese Schaltung wird immer dann angewendet, wenn ausgesprochener Schwer- oder Langzeitanlauf vorliegt und wenn Sättigungswandler-Relais noch zu schnell ansprechen.

5.5.5 Automatischer Wende-Stern-Dreieck-Schalter

Zur Umkehr der Drehrichtung von Drehstrommotoren sind zwei Schütze notwendig, die im Schaltstromkreis zwei Außenleiter vertauschen. Der gleichzeitige Betrieb beider Schütze hätte einen Kurzschluss zur Folge. Festgebrannte Kontakte oder ein mechanischer Defekt können dazu führen, dass ein Schütz nicht abschaltet. Deshalb ist bei der Wende-Schützschaltung die einfache Schützverriegelung nicht ausreichend. Wende-Schützsteuerungen werden mit Schützverriegelung und Tasterverriegelung ausgeführt. Diese doppelte Verriegelung bietet erhöhte Sicherheit.

Bei der Steuerung über die Schaltstellung „Aus" überbrückt der Selbsthaltekontakt K2 die Taster S2 und S3. Bei dieser Schaltung kann der Motor erst dann in die andere Drehrichtung geschaltet werden, wenn er zuvor abgeschaltet wurde.

Bei der direkten Umsteuerung überbrückt der Selbsthaltekontakt nur die Taster „Ein". Durch Betätigung von Taster S2 oder S3 kann der Motor direkt von Linkslauf auf Rechtslauf umgeschaltet werden und umgekehrt. Taster S1 schaltet den Motor ab.

Bei Hebeeinrichtungen sind auch Wende-Schützschaltungen ohne Selbsthaltung (Tipp-Betrieb) möglich. Die maximale Hubhöhe wird dabei durch Endschalter begrenzt.

Abb. 5.74 zeigt einen automatischen Wende-Stern-Dreieck-Schalter und es wurde die übliche Stern-Dreieck-Schaltung mit Motorschutzrelais verwendet. Wie misst man den Stillstand des Motors und was ist das Problem bei dieser Schaltung?

Eine Möglichkeit bieten stillstandsabhängige Entriegelungseinrichtungen. Diese Methode kann als eine der sichersten und zeitsparendsten angesehen werden. Die gefährliche Bewegung des Motors wird erkannt und dient als Maß für die Dauer der Zuhaltung. Es gibt keine unnötigen Wartezeiten bei geringeren Drehzahlen oder Schwungmassen. Auch hier ist, wie bei der zeitabhängigen Freigabe und der Einsatz einer programmierbaren Steuerung nicht zulässig, da zu befürchten ist, dass bei Ausfall der betreffenden Eingangsstromkreise die Sicherheit der Maschine nicht mehr gegeben ist. Auch muss davon ausgegangen werden, dass Software niemals fehlerfrei ist und jederzeit geändert werden kann. Deshalb sollten auch einkanalige Stillstandswächter, wie sie leichtsinnigerweise heute noch vielfach zum Einsatz kommen, nicht mehr verwendet werden.

Für Stillstandswächter kommen zwei Grundprinzipien zum Einsatz:

Das erste Prinzip ist das Erfassen der Spannung am Klemmbrett des Motors. Ist der Motor in Betrieb, so kann man hier meist die Wechselspannung 230 V oder 400 V messen. Wird der Motor abgeschaltet, wirkt dieser während der Auslaufphase wie ein Generator und gibt Spannung ab, sodass der Motor erst bei Stillstand tatsächlich spannungsfrei ist.

Das zweite Prinzip ist direktes Erkennen der Bewegung. Mittels zweier um 90° versetzter Grenztaster wird die Bewegung einer Nockenscheibe erkannt und von dem Drehzahlwächter als Drehzahl interpretiert. Findet keine Veränderung an diesen Grenztastern mehr statt und sind deren Zustände logisch, meldet der Stillstandswächter den Stillstand und die Schutztüre kann geöffnet werden.

Eine weitere Möglichkeit ist, nicht die Zugriffszeit zu verlängern, sondern die Anhaltezeit zu verkürzen. Das ist technisch relativ einfach zu realisieren, denn es wird lediglich ein Bremsgerät benötigt. Ist dieses Bremsgerät jedoch elektrisch aufgebaut (z. B. ein Gleichstrombremsgerät), erfolgt mit einem NOT-AUS keine Notbremsung.

Um 1990 kamen die elektronischen Drehzahlwächter auf den Markt und diese werden in Verbindung mit einem die Drehzahl erfassenden Impulsgeber zur Drehzahl- bzw. Stillstandsüberwachung von Antrieben eingesetzt.

Als Impulsgeber können die Drehzahl- bzw. Stillstandsüberwachung eingesetzt werden:

- Induktiv arbeitende Impulsgeber nach NAMUR
- 3-Leiter-Impulsgeber (NPN), minusschaltend
- 3-Leiter-Impulsgeber (PNP), plusschaltend

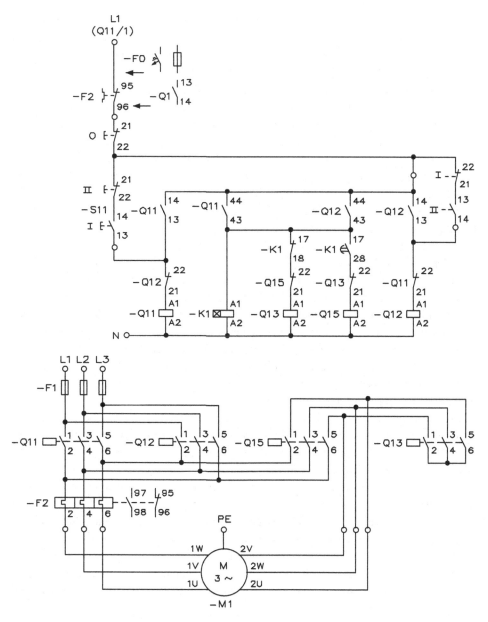

Abb. 5.74 Automatischer Wende-Stern-Dreieck-Schalter und die Drehrichtungsänderung erfolgt nach Betätigen des 0-Tasters

Die Impulse des Gebers werden vom Drehzahlwächter so ausgewertet, dass beim Unter- oder Überschreiten einer vorgegebenen Solldrehzahl ein Signal gegeben wird. Ein fünf Lagenkontakt erlaubt den Einsatz für alle Schaltlasten bis 5 A und bei Gleich- oder Wechselspannung bis 250 V.

In der Betriebsart „Unterdrehzahl/Stillstandsüberwachung" mit Hochlaufüber-brückung bleibt der elektronische Drehzahlwächter ständig an Netzspannung.

Die Überwachungsfunktion wird über einen separaten Starteingang an Klemme E1 freigegeben. Dies ist besonders bei automatischen Anlass-/Folgeschaltungen von Vorteil, da die sonst erforderlichen Zeitrelais zur Störmeldeunterdrückung entfallen können.

Der Schaltzustand kann über eine Leuchtdiode beobachtet werden. Diese Ausführung wird häufig bevorzugt, um die Drehzahlüberwachung in unmittelbarer Nähe des Antriebs zu installieren und das Ausgangssignal des Drehzahlwächters über nicht abgeschirmte Leitungen zur Schaltwarte zu übertragen.

Die Schaltung eines elektronischen Drehzahlwächters ist so aufgebaut, dass die Vor-teile der digitalen Impulseingabe genutzt werden. Zeitverzögerungen, wie sie bei ana-loger Auswertung durch die Mittelwertbildung der Impulsfolgen bedingt auftreten, entstehen nicht. Der Drehzahlwächter vergleicht den Abstand zweier aufeinander-folgender Impulse mit einer vorgegebenen Zeitbasis und schaltet bei entsprechender Abweichung sofort ab. An einen Impulsgeber können beliebig viele Drehzahlwächter angeschlossen werden und die jeweiligen Schaltpunkte können dabei verschieden sein.

Die Hochlaufzeit, also die Zeit, die ein Antrieb benötigt, um die Nenndrehzahl zu erreichen, kann zwischen 0 s und $\leq$ 40 s eingestellt werden. Während der Hochlaufzeit bleibt das Ausgangsrelais angezogen.

Mit dem elektronischen Drehzahlwächter kann der gewünschte Schaltpunkt im Bereich zwischen 6 und 6000 Impulsen pro Minute eingestellt werden. Dieser Impuls-bereich wird zwecks einfacher Einstellung durch einen Kippschalter in drei Über-wachungsbereiche unterteilt wie Tab. 5.14 zeigt.

Die maximale Betriebsfrequenz beträgt unabhängig vom Einstellbereich 12.000 Impulse/Minute.

Wichtiger Hinweis: Der elektronische Drehzahlwächter verarbeitet Impulse pro Minute und nicht Umdrehungen pro Minute. Die Antriebsdrehzahl muss daher mit der Anzahl der Bedämpfungselemente des Gebers pro Umdrehung multipliziert werden.

Mit dem Taster kann während der Einstellung des Schaltpunktes das Ausgangsrelais über-brückt werden, d. h. der Antrieb wird nicht durch den Einstellvorgang des Drehzahlwächters

Tab. 5.14 Überwachungsbereiche eines elektronischen Drehzahlwächters

Impulse/min	Schalterstellung	Ausschaltverzögerung in s ohne Relaisabfallzeit
6...60	1 Imp./min	10...1
60...600	10 Imp./min	1...0,1
600...6000	100 Imp./min	0,1...0,01

abgeschaltet. Innerhalb des jeweiligen Überwachungsbereichs wird der Schaltpunkt mit dem Sollwertpotentiometer eingestellt. Abb. 5.75 zeigt den Schaltungsablauf eines elektronischen Drehzahlwächters.

Die Betriebsart des elektronischen Drehzahlwächters ist die Unterdrehzahlüberwachung mit oder ohne Hochlaufüberbrückung. In dieser Betriebsart liegt der Drehzahlwächter (Unterdrehzahlüberwachung mit Hochlaufüberbrückung) ständig an der Netzspannung. Über einen separaten Starteingang an Klemme E1 wird die Überwachungsfunktion freigegeben. Liegt die Antriebsdrehzahl nach Ablauf der eingestellten Hochlaufüberbrückung unter der Solldrehzahl, so fällt das Ausgangsrelais ab (Kontakt 15 – 16 geschlossen), ebenso bei Netzausfall oder Impulsgeberstörung.

Das Potentiometer für die Hochlaufüberbrückung muss auf Null gestellt werden und Klemme E1 bleibt unbeschaltet. Der interne Betriebsartenschalter wird in Stellung „Drehzahlüberwachung" geschaltet. Das Ausgangsrelais fällt ab, sobald die eingestellte Abschaltdrehzahl überschritten wird oder bei Netzausfall. Eine Impulsgeberstörung wird nicht signalisiert.

Abb. 5.76 zeigt die Schaltung eines elektronischen Drehzahlwächters mit Unterdrehzahlüberwachung (Hochlaufüberbrückung).

Beim automatischen Wende-Stern-Dreieck-Schalter betätigt der Drucktaster den Schütz Q11 (z. B. Rechtslauf). Der Drucktaster II betätigt Schütz Q12 (z. B. Linkslauf). Das zuerst eingeschaltete Schütz legt die Motorwicklung an Spannung und hält sich selbst über den eigenen Hilfsschalter 14–13 und Drucktaster 0 an Spannung. Der jedem Netzschütz zugeordnete Schließer 44–43 gibt die Spannung an Sternschütz Q13. Q13 zieht an und schaltet den Motor M1 in Sternschaltung ein. Gleichzeitig spricht auch Zeitrelais K1 an. Entsprechend der eingestellten Umschaltzeit öffnet Kl/17–18 den Stromkreis Q13 und Q13 fällt ab. K1/17–28 schließt den Stromkreis von Q15.

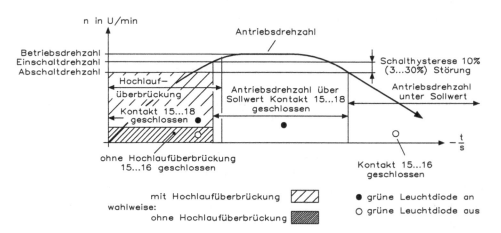

Abb. 5.75 Schaltungsablauf eines elektronischen Drehzahlwächters für eine Unterdrehzahlüberwachung

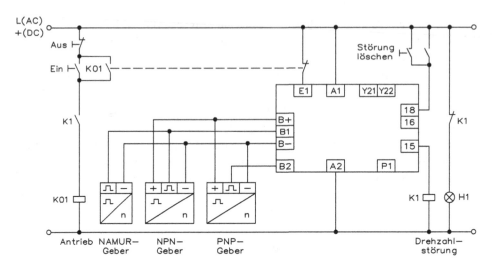

Abb. 5.76 Elektronischer Drehzahlwächter (Unterdrehzahlüberwachung mit Hochlaufüberbrückung)

Dreieckschütz Q15 zieht an und schaltet Motor M1 auf Dreieck um, also an volle Netzspannung. Gleichzeitig unterbricht Öffner Q15/22–21 den Stromkreis Q13 und verriegelt damit gegen erneutes Einschalten während des Betriebszustandes. Zum Umschalten zwischen Rechts- und Linkslauf muss je nach Schaltung vorher der Drucktaster 0 oder direkt der Drucktaster für die Gegenrichtung betätigt werden. Bei Überlast schaltet Öffner 95–96 am Motorschutzrelais F2 aus. Abb. 5.74 zeigt eine praxisgerechte Schaltung.

Soll die Schaltung für einen länger dauernden Anlauf dimensioniert werden, liegt das Überstromrelais F2 in der Zuleitung. Das Überstromrelais wird auf den Nennstrom eingestellt. Im Sternbetrieb ist der Motor nicht gegen Überlast geschützt.

5.5.6 Drehstrommotor mit zwei Geschwindigkeiten

Das Umschalten auf eine andere Polzahl lässt sich bei Drehstromotoren eine andere Drehzahl erreichen. Bei den polumschaltbaren Motoren handelt es meist um Käfigläufermotoren.

Zwei getrennte Ständerwicklungen mit verschiedenen Polzahlen ermöglichen zwei Drehzahlen, die in einem beliebigen Verhältnis zueinander stehen. Meist ist das Nenndrehmoment bei beiden Drehzahlen etwa gleich. Die Nennleistungen des Motors sich dann etwa wie die Drehzahlen. Abb. 5.77 zeigt das Drehzahlverhältnis bei der Dahlanderschaltung.

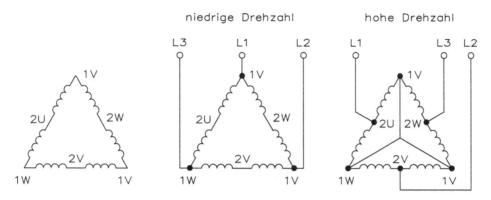

Abb. 5.77 Drehzahlverhältnis bei der Dahlanderschaltung

Bei polumschaltbaren Motoren mit einer Wicklung ändert sich die Polzahl durch einen anderen Anschluss der Wicklung. Am häufigsten wird das Prinzip nach Dahlander verwendet. Für die große Polzahl ist die Ständerwicklung meist in Dreieck geschaltet, für die kleine Polzahl in Doppelstern. Die Strangspannung ändert sich dadurch nur wenig. Die Dahlanderschaltung lässt sich nur für das Polverhältnis 1 : 2 herstellen. Motoren mit Dahlanderschaltung sind leichter als Motoren mit zwei getrennten Wicklungen.

Drehstrommotoren in Dahlanderschaltung verwenden meist sechs Klemmen im Anschlusskasten und sind nur für eine Spannung ausgelegt.

Die Wicklungsstränge der Dahlanderwicklung haben eigentlich die Kennzeichnung U1U2 – U5U6, V1V2 – V5V6 und W1W2 – W5W6. Vom Hersteller werden aber am Klemmbrett für die niedrige Drehzahl U1 und W1 vertauscht und mit 1W und 1U bezeichnet, damit bei gleichartigem Anschluss der gleiche Drehsinn vorliegt.

Drehstrommotoren in Dahlanderschaltung verwenden je nach Drehzahl verschiedene Leistungen. Das Verhältnis der Leistungen ist je nach Wicklungsausführung 1 : 1,5 bis 1 : 1,8. Bei Motoren mit zweiten Wicklungen sind bis zu vier Drehzahlen möglich. Es gibt auch polumschaltbare Wicklungen für den Stern-Dreieck-Anlauf. Abb. 5.78 zeigt einen mechanischen Schalter für Drehstrommotoren von 1420/2800 min^{-1}.

Polumschaltbare Motoren werden zum Antrieb von Werkzeugmaschinen und Hebezeugen verwendet.

Bei Asynchronmotoren bestimmt die Polzahl die Drehzahl und es lassen sich mehrere Drehzahlen erreichen. Praktische Ausführungsformen sind:

- zwei Drehzahlen 1 : 2: Eine umschaltbare Wicklung in Dahlanderschaltung
- zwei Drehzahlen beliebig: Zwei getrennte Wicklungen
- drei Drehzahlen: Eine umschaltbare Wicklung 1 : 2, eine getrennte Wicklung
- vier Drehzahlen: Zwei umschaltbare Wicklungen 1 : 2
- zwei Drehzahlen: Dahlanderschaltung

Abb. 5.78 Mechanischer
Polumschalter für
Drehstrommotoren
1420/2800 min^{-1}

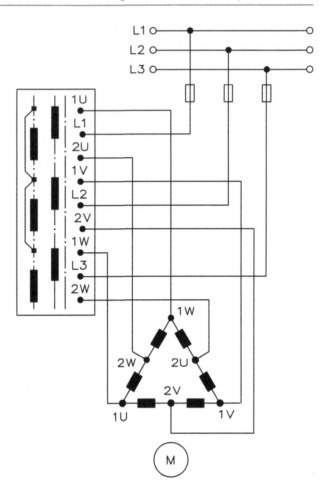

Die verschiedenen Möglichkeiten der Dahlanderschaltung ergeben unterschiedliche Leistungsverhältnisse für die beiden Drehzahlen:

Schaltungsart	Δ/YY	Y/YY
Leistungsverhältnis	1/1,5 bis 1,8	0,3/1

Die Δ/YY-Schaltung kommt der meistens gewünschten Forderung nach konstantem Drehmoment am nächsten. Sie hat außerdem den Vorteil, dass der Motor zum Sanftanlauf oder zur Reduzierung des Einschaltstroms für die niedrige Drehzahl in Y/Δ-Schaltung angelassen werden kann, wenn neun Klemmen vorhanden sind.

Die Y/YY-Schaltung eignet sich am besten für die Anpassung des Motors an Maschinen mit quadratisch zunehmendem Drehmoment (Pumpen, Lüfter, Kreiselverdichter). Die meisten Polumschalter eignen sich für beide Schaltungsarten.

Motoren mit getrennten Wicklungen erlauben theoretisch jede Drehzahlkombination und jedes Leistungsverhältnis. Die beiden Wicklungen sind im Y (Stern) geschaltet und völlig unabhängig.

Bevorzugte Drehzahlkombinationen sind in Tab. 5.15 gezeigt.

Die Kennziffern werden im Sinne steigender Drehzahlen den Kennbuchstaben vorangestellt. Beispiel: 1U, 1 V, 1 W, 2U, 2 V, 2 W.

Abb. 5.79 zeigt die Motorwicklungen für eine Dahlanderschaltung mit zwei Drehzahlen.

Abb. 5.80 zeigt die Motorwicklungen für eine Dahlanderschaltung mit drei Drehzahlen.

Mit Rücksicht auf die Eigenart eines Antriebes können gewisse Schaltfolgen bei polumschaltbaren Motoren notwendig oder unerwünscht sein. Soll z. B. die Anlaufwärme herabgesetzt oder eine große Schwungmasse beschleunigt werden, ist es ratsam, die höhere Drehzahl nur über die niedrigere Drehzahl zu erreichen.

Zur Vermeidung der übersynchronen Bremsung kann eine Verhinderung des Rückschaltens von der hohen auf die niedere Drehzahl erforderlich sein. In anderen Fällen

Tab. 5.15 Bevorzugte Drehzahlkombinationen in einer Dahlanderschaltung

Motoren mit Dahlanderschaltung	1500/3000	–	750/1500	500/1000
Motoren mit getrennten Wicklungen	–	1000/1500	–	–
Polzahlen	4/2	6/4	8/4	12/6
Kennziffer niedrig/hoch	1/2	1/2	1/2	1/2

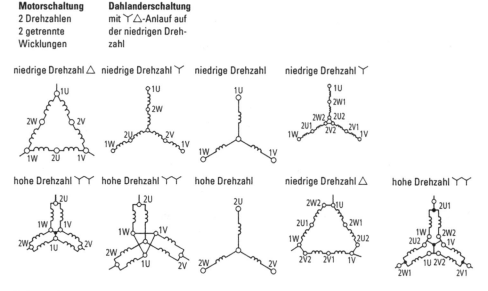

Abb. 5.79 Motorwicklungen für eine Dahlanderschaltung mit zwei Drehzahlen

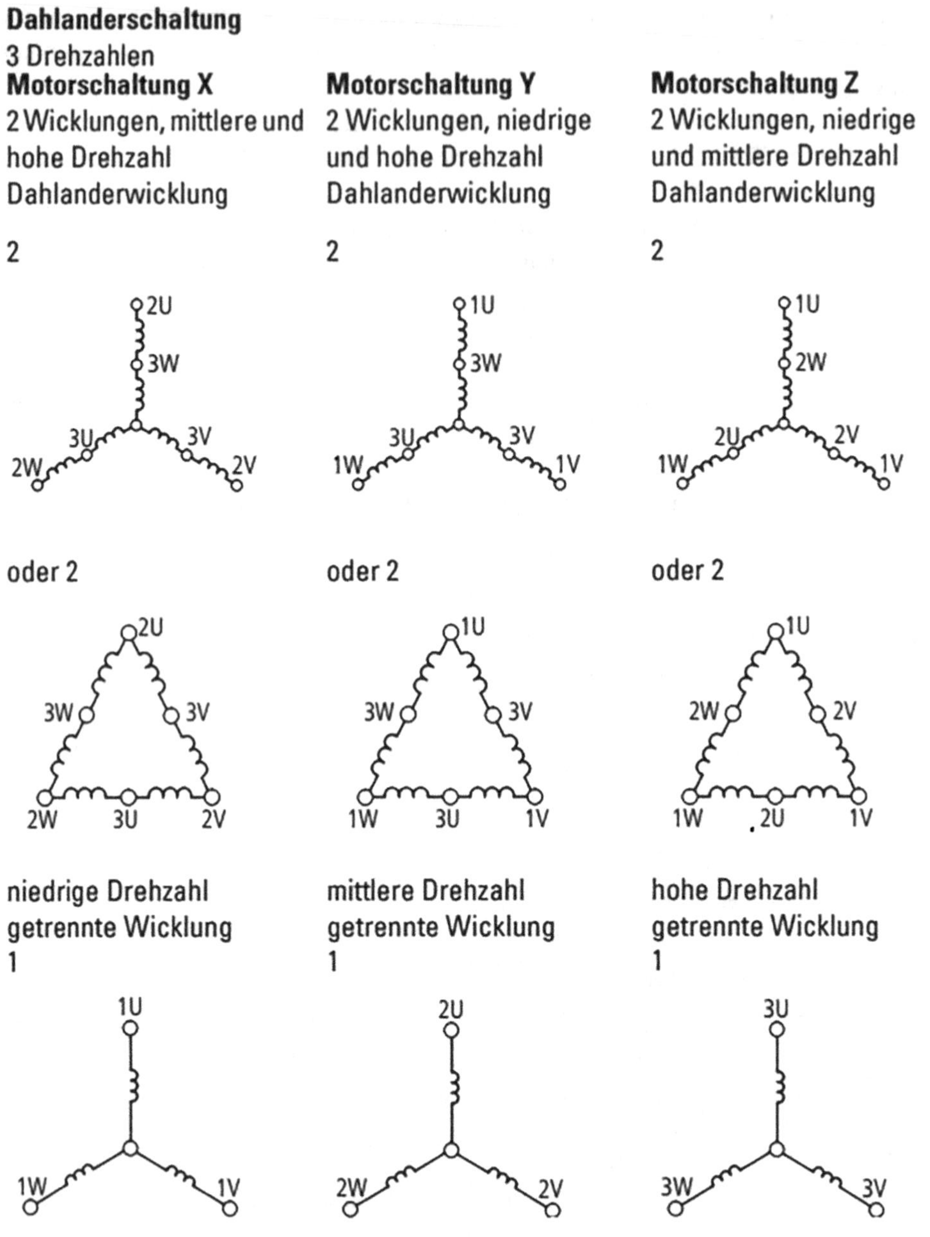

Dahlanderschaltung

3 Drehzahlen

Motorschaltung X	**Motorschaltung Y**	**Motorschaltung Z**
2 Wicklungen, mittlere und hohe Drehzahl Dahlanderwicklung	2 Wicklungen, niedrige und hohe Drehzahl Dahlanderwicklung	2 Wicklungen, niedrige und mittlere Drehzahl Dahlanderwicklung

2   2   2

oder 2   oder 2   oder 2

niedrige Drehzahl   mittlere Drehzahl   hohe Drehzahl
getrennte Wicklung   getrennte Wicklung   getrennte Wicklung
1   1   1

Abb. 5.80 Motorwicklungen für eine Dahlanderschaltung mit drei Drehzahlen

wiederum soll das direkte Ein- und Ausschalten jeder Drehzahl möglich sein. Nockenschalter bieten dazu Möglichkeiten über Schaltstellungsfolge und Rastung. Schütz-
Polumschalter können solche Schaltungen durch Verriegelung im Zusammenwirken mit
geeigneten Befehlsgeräten erzielen.

Wenn die gemeinsame Sicherung in der Zuleitung größer ist als die auf dem Typenschild eines Motorschutzrelais angegebene Vorsicherung, muss jedes Motorschutzrelais
mit seiner größtmöglichen Vorsicherung abgesichert werden.

Polumschaltbare Motoren lassen sich gegen Kurzschluss und Überlast durch Motorschutzschalter oder Leistungsschalter schützen. Diese Schalter bieten alle Vorteile
des sicherungslosen Aufbaus. Als Vorsicherung zum Schutz gegen Verschweißen der
Schalter dient im Normalfall die Sicherung in der Zuleitung.

Abb. 5.81 zeigt einen Polumschalter für Drehstrommotoren. Die Schaltung ist
sicherungslos, also ohne Motorschutzrelais mit Motorschutzschalter oder Leistungsschalter.

Taster I betätigt Netzschütz Q17 (niedrige Drehzahl). Q17 hält sich selbst über
Schließer 13–14. Taster II betätigt Sternschütz Q23 und über dessen Schließer 13–14
Netzschütz Q21. Q21 und Q23 halten sich selbst über Schließer 13–14 von Q21.

Zum Umschalten von einer Drehzahl auf die andere muss je nach Schaltung vorher
der Taster 0 (Schaltung A) oder direkt der Taster für die andere Drehzahl (Schaltung C)
betätigt werden. Außer mit Taster 0 kann auch bei Überlast durch die Schließer 13–14
des Motorschalters oder des Leistungsschalters abgeschaltet werden. Tab. 5.16 zeigt
Möglichkeiten von Polumschaltungen bei Drehstrommotoren.

Dimensionierung der Schaltgeräte:

Q2, Q17 : I_1 (niedrige Drehzahl)
Q1, Q21 : I_2 (hohe Drehzahl)
Q23: $0,5 \cdot I_2$

5.5.7 Drehstrommotor mit drei Geschwindigkeiten

Der Drehstrommotor besitzt zwei getrennte Wicklungen, eine normale Wicklung für die
mittlere Drehzahl und eine Dahlanderwicklung für die niedrige und die hohe Drehzahl,
z. B.

$$750\,\text{U/min}$$
$$1000\,\text{U/min}$$
$$1500\,\text{U/min}$$

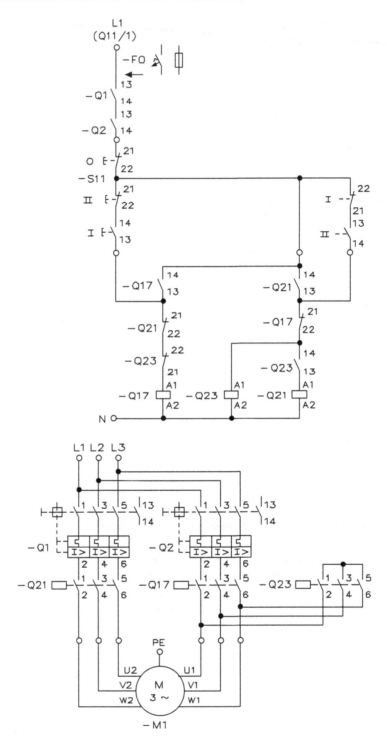

Abb. 5.81 Polumschalter für Drehstrommotoren

Tab. 5.16 Polumschaltungen bei Drehstrommotoren

Motorklemmen	1U, 1 V, 1 W	2U, 2 V, 2 W
Polzahl	12	6
U/min	500	1000
Polzahl	8	4
U/min	750	1500
Polzahl	4	2
U/min	1500	3000
Schütze	Q17	Q21, Q23

Abb. 5.82 zeigt die Motorwicklung für eine Dahlanderschaltung mit drei Drehzahlen. Es gilt.

Q11: niedrige Drehzahl Wicklung 1
Q17: mittlere Drehzahl Wicklung 2
Q23: hohe Drehzahl Wicklung 2
Q21: hohe Drehzahl Wicklung 3

Taster I betätigt Netzschütz Q11 (niedrige Drehzahl), Taster II Netzschütz Q17 (mittlere Drehzahl), Taster III Sternschütz Q23 und über dessen Schließer Q23/14–13 und Netzschütz Q21 (hohe Drehzahl). Alle Schütze halten sich selbst mit ihren Hilfsschaltern 13–14 an Spannung. Die Reihenfolge der Drehzahl von niedriger auf hohe Drehzahl ist beliebig. Stufenweise Rückschaltung von hoher auf mittlere oder niedrige Drehzahl ist nicht möglich. Ausschalten jeweils mit Taster 0. Bei Überlast kann außerdem der Schließer 13–14 von Motorschutzschalter oder Leistungsschalter ausschalten.

Für die Steuerung ist ein Vierfachtaster notwendig.

0:    Halt
I: niedrige Drehzahl (Q11)
II: mittlere Drehzahl (Q17)
III: hohe Drehzahl (Q21 + Q23)

Für die synchronen Drehzahlen gilt Tab. 5.17.

Dimensionierung der Schaltgeräte

Q2, Q11 : I_1 (niedrige Drehzahl)
Q1, Q17 : I_2 (mittlere Drehzahl)
Q3, Q21 : I_3 (hohe Drehzahl)
Q23: $0{,}5 \cdot I_3$

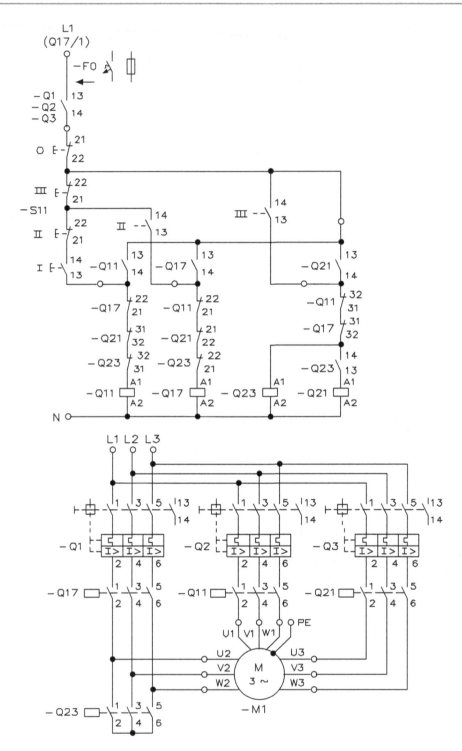

Abb. 5.82 Motorwicklung für eine Dahlanderschaltung mit drei Drehzahlen

Tab. 5.17 Synchrone Drehzahlen für eine Dahlanderschaltung

Wicklung	1	2	2
Motorklemmen	1U, 1 V, 1 W	2U, 2 V, 2 W	3U, 3 V, 3 W
Polzahl	12	8	4
U/min	500	750	1500
Polzahl	8	4	2
U/min	750	1500	3000
Polzahl	6	4	2
U/min	1000	1500	3000
Schütze	Q11	Q17	Q21, Q23

Tab. 5.18 Belastungsart von Verstellgetrieben

Belastungsart	f_B	Erläuterungen	Beispiele
I	1,0	gleichförmiger, stoßfreier Betrieb	Lüfter, leichte Transportbänder, Abfüllmaschinen
II	1,25	ungleichförmiger Betrieb mit mittleren Stößen	Lastaufzüge, Auswuchtmaschinen, Kranfahrwerke
III	1,5	stark ungleichförmiger Betrieb mit heftigen Stößen	schwere Mischer, Rollgänge, Stanzen, Steinbrecher

5.6 Drehstrommotoren mit Getriebe

In der Praxis findet man zwei Getriebe:

- Drehstromantriebe mit mechanischen Verstellgetrieben
- Standardgetriebe für Getriebemotoren

Viele Bewegungsabläufe erfordern Antriebe mit verstellbarer Drehzahl in kleinem Verstellbereich ohne besondere Anforderungen an die Drehzahlkonstanz, z. B. Transportbänder, Rührer, Mischer usw. Hier wird mit Hilfe von Verstellgetrieben lediglich die Drehzahl der einzelnen Maschinen auf einen günstigen Wert eingestellt.

Der Getriebemotor besteht aus einem der vorgenannten Elektromotoren mit einem Untersetzungsgetriebe und bildet eine konstruktive Einheit. Kriterien für die Auswahl der geeigneten Getriebeart sind unter anderem Platzverhältnisse, Befestigungsmöglichkeiten und Verbindung mit der Arbeitsmaschine. Es stehen Stirnradgetriebe, Flachgetriebe, Kegelradgetriebe in normaler und spielreduzierter Ausführung, sowie Schneckengetriebe, Planetengetriebe und spielarme Planetengetriebe zur Auswahl.

5.6.1   Drehstromantriebe mit mechanischen Verstellgetrieben

Die mechanischen Verstellgetriebe werden oft mit einem nachgeschalteten Untersetzungsgetriebe kombiniert. Angetrieben werden die Verstellgetriebe durch Drehstrom-
kurzschlussläufermotoren.
Sehr verbreitet sind:

- Reibradverstellgetriebe mit eingeschränktem Stellbereich bis ca. 1 : 5.
- Breitkeilriemenverstellgetriebe mit eingeschränktem Stellbereich bis ca. 1 : 8. Die
  Stellbereiche können durch Einsatz polumschaltbarer Motoren (z. B. 4/8-polig)
  vergrößert werden.

Durch relativ lange Verstellzeiten, je nach Stellbereich 20...40 s, ist eine Regelung mit
diesen mechanischen Verstellgetrieben sehr träge. Deshalb werden diese Antriebe nur als
Stellantriebe eingesetzt.
Abb. 5.83 zeigt einen Reibrad-Verstellgetriebemotor mit Flachgetriebe und Breitkeil-
riemen-Verstellgetriebemotor mit Kegelradgetriebe. Um die Verstellantriebe dimensionieren
zu können, müssen neben der benötigten Leistung und dem Drehzahlstellbereich die
Umgebungstemperatur, die Aufstellhöhe und die Betriebsart bekannt sein.
Da mechanische Verstellgetriebe nicht nur Drehzahl-, sondern auch Drehmoment-
wandler sind, müssen sie nach verschiedenen Kriterien dimensioniert werden:

- nach konstantem Drehmoment
- nach konstanter Leistung
- nach konstantem Drehmoment und konstanter Leistung (jeweils in Teildrehzahl-
  bereichen)

Abb. 5.83 Reibrad-Verstellgetriebemotor mit Flachgetriebe und Breitkeilriemen-Verstellgetriebe-
motor mit Kegelradgetriebe

$$i_0 = \frac{n_{a0}}{n_{e0}}$$

$n_{a0} =$ Abtriebsdrehzahl ohne Belastung
$n_{e0} =$ Antriebsdrehzahl ohne Belastung
$P_a =$ Abtriebsleistung
$\eta =$ Wirkungsgrad
$s =$ Schlupf
$i_0 =$ Übersetzung des Verstellgetriebes

Abb. 5.84 zeigt den Verlauf von Abtriebsleistung (P_a), Schlupf (s) und Wirkungsgrad (η) entsprechend den Messungen an belasteten Verstellgetrieben. Das Diagramm zeigt einen engen Zusammenhang zwischen Wirkungsgrad und Schlupf zur eingestellten Übersetzung. Aus mechanischen Gründen, wie maximale Reibung zwischen Riemen (Reibscheibe) und maximaler Umfangsgeschwindigkeit sowie geschwindigkeitsabhängigen Reibwerten, gibt es hier keine linearen Zusammenhänge. Um ein Verstellgetriebe optimal einsetzen zu können, ist daher eine differenzierte Betrachtung der Einsatzfälle notwendig.

Die meisten Antriebsfälle benötigen im Verstellbereich ein weitgehend konstantes Abtriebsdrehmoment. Hierfür ausgelegte Verstellantriebe können mit einem Drehmoment belastet werden, das sich mit der Formel errechnen lässt:

$$M_a = \frac{P_{a\max} \cdot 9550}{n_{a\max}} = konst \quad [Nm]$$

$M_a =$ Abtriebsdrehmoment [Nm]
$P_{a\max} =$ Maximale Abtriebsleistung [kW]
$n_{a\max} =$ Maximale Abtriebsdrehzahl [$\min^{-1}$]

Bei dieser Auslegung bzw. Betriebsart wird das nachgeschaltete Untersetzungsgetriebe im gesamten Stellbereich gleichmäßig belastet. Die volle Auslastung des Verstellgetriebes wird nur bei maximaler Drehzahl erreicht. Bei niedrigen Drehzahlen ist die

Abb. 5.84 Kennwerte für Verstellgetriebe

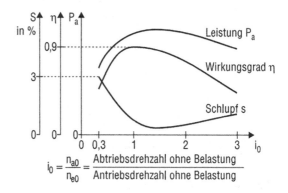

erforderliche Leistung kleiner als die zulässige Leistung. Mit der Gleichung wird die kleinste Leistung bei niedrigster Drehzahl des Verstellbereiches berechnet:

$$P_{a\min} = \frac{1}{R} \cdot P_{a\max} \quad [kW]$$

$P_{a\min}$ = Minimale Abtriebsleistung [kW]
R   = Drehzahlstellbereich

Die Abtriebsleistung P_a kann innerhalb des gesamten Verstellbereiches abgenommen und mit der Formel berechnet werden:

$$P_a = \frac{M_{a\max} \cdot n_{a\max}}{9550} = konst \quad [kW]$$

Das Verstellgetriebe wird nur bei der niedrigsten Abtriebsdrehzahl ausgelastet. Das nachgeschaltete Untersetzungsgetriebe muss zur Übertragung der dabei entstehenden Drehmomente geeignet sein. Diese Drehmomente können um 200...600 % höher liegen als bei der Auslegung für konstantes Drehmoment Abb. 5.86 zeigt die Kennlinien.

$P_{a\max}$ (n) = Maximale Leistung laut Versuch für das Definitionsmoment
M_a = Grenzmoment
$M_{a\max}$ = maximales Untersetzungsgetriebe.

Das Verstellgetriebe wird nur bei der niedrigsten Abtriebsdrehzahl ausgelastet. Das nachgeschaltete Untersetzungsgetriebe muss zur Übertragung der dabei entstehenden Drehmomente geeignet sein. Diese Drehmomente können um 200...600 % höher liegen als bei der Auslegung für konstantes Drehmoment. Abb. 5.85 zeigt die Kennwerte der Verstellgetriebe bei konstanter Leistung.

$P_{\max}$ (n) = Maximale Leistung laut Versuch für das Definitionsmoment
M_a = Grenzmoment
$M_{a\max}$ = maximales Untersetzungsgetriebe

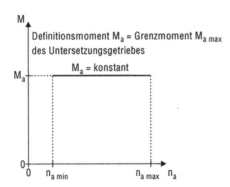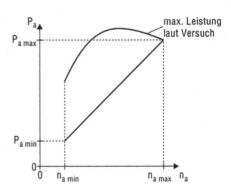

Abb. 5.85 Kennwerte der Verstellgetriebe bei konstantem Drehmoment

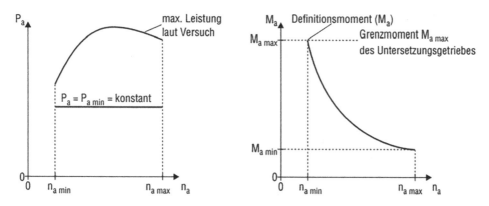

Abb. 5.86 Kennwerte der Verstellgetriebe bei konstanter Leistung

Bei dieser Belastung wird das Verstellgetriebe optimal ausgelastet. Das Untersetzungs-getriebe ist so auszulegen, dass die maximal auftretenden Abtriebsmomente übertragen werden können. Im Bereich $n_a'\dots n_{amax}$ bleibt die Leistung konstant und im Bereich $n_{amin}\dots n_a'$ bleibt das Drehmoment weitgehend konstant.

Möchte man den verfügbaren Verstellbereich des Verstellgetriebes nicht voll nutzen, ist es zweckmäßig, wegen des Wirkungsgrades den zu nutzenden Drehzahlbereich bei den höheren Drehzahlen anzusiedeln. Im oberen Drehzahlbereich ist der Schlupf des Verstellgetriebes am geringsten und die übertragbare Leistung am größten. Abb. 5.87 zeigt die Kennwerte der Verstellgetriebe bei konstantem Drehmoment und konstanter Leistung.

$P_{max\,(n)}$ = maximale Leistung laut Versuch für das Definitionsmoment
M_a = Grenzmoment
M_{amax} = maximales Untersetzungsgetriebe
$M(t)$ = zulässiger Drehmomentverlauf

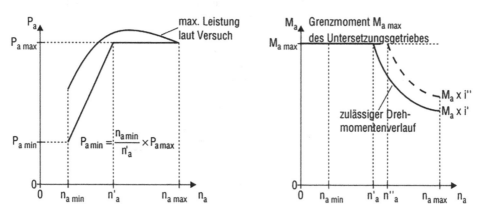

Abb. 5.87 Kennwerte der Verstellgetriebe bei konstantem Drehmoment und konstanter Leistung

Die Abtriebsleistung berechnet sich aus

$$P_{amin} = \frac{n_{amin}}{n_a} \cdot P_{amax}$$

Für die Auswahl der Verstellgetriebe anhand der Auswahltabelle 5.18 gelten folgende Betriebsfaktoren:

- f_B = Betriebsfaktor für Belastungsart
- f_1 = Betriebsfaktor für den Einfluss der Umgebungstemperatur (Abb. 5.88)

Der Gesamtbetriebsfaktor ergibt sich aus $f_B \cdot f_T$.

Abb. 5.88 zeigt die Betriebsfaktoren f_T. Der vorhandene Motorschutz, gleichgültig welcher Art, Getriebe schützt nicht die nachfolgenden Getriebe.

Um bei mechanischen Verstellgetrieben nachfolgende Getriebestufen gegen Überlastung zu schützen, kann eine elektronische Überwachung eingesetzt werden. Bei dem elektronischen Überlastungsschutz werden. Motorleistung und Abtriebsdrehzahl des Verstellgetriebes gemessen. Bei konstantem Drehmoment ändert sich die Leistung linear mit der Drehzahl, d. h. bei abnehmender Drehzahl muss sich ebenfalls die Motorleistung verringern. Ist dies nicht der Fall, liegt eine Überlastung vor und der Antrieb wird abgeschaltet. Dieser Überlastschutz eignet sich nicht als Blockierschutz.

Dagegen sind überlastbegrenzende Kupplungen auch als Blockierschutz geeignet.

Die Auslegung von Verstellgetrieben ist von verschiedenen Parametern abhängig. In Tab. 5.19 sind die wichtigsten Projektierungshinweise zusammengefasst.

5.6.2 Standardgetriebe

Der Getriebemotor besteht aus einem Elektromotor mit einem nachfolgenden Untersetzungsgetriebe und bildet in der Praxis eine konstruktive Einheit. Kriterien für die Auswahl der geeigneten Getriebeart sind unter anderem Platzverhältnisse, Befestigungsmöglichkeiten und Verbindung mit der Arbeitsmaschine. Es stehen Stirnradgetriebe,

Abb. 5.88 Betriebsfaktoren f_T für mechanische Verstellgetriebe

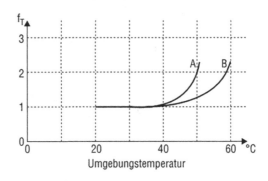

Tab. 5.19 Auslegung von Verstellgetrieben

Kriterium	Riemengetriebe	Reibscheibe
Leistungs-bereich	0,25 … 45 kW	0,25 … 11 kW
Stellbereich	1:3, 1:4, 1:5, 1:6, 1:7, 1:8 je nach Polzahl des Antriebsmotors und der eintreibenden Leistung.	1:4, 1:5 je nach Polzahl des Antriebsmotors und der eintreibenden Leistung.
Verstellung im Stillstand	Verstellung im Stillstand ist nicht zulässig, da die Riemenspannung nur bei laufendem Antrieb automatisch nachgestellt wird.	Verstellung im Stillstand ist möglich, sollte jedoch betriebsmäßig nicht zu häufig angewendet werden.
Belastungsart	Geeignet auch für wechselnde Belastung (Stöße durch Material-zufuhr etc.), Dämpfung durch den Riemen.	Geeignet nur für gleichförmige Belastung (z. B. Förderbänder), bei Belastungsstößen kann die Reibscheibe durchrutschen und dadurch die Oberfläche beschädigt werden.
Ex-Schutz	Zur Definition vom Explosions-schutz für mechanische Verstellgetriebe. Alle Treibriemen sind elektrisch leitfähig und verhindern eine statische Aufladung durch drehende Teile. Zur Überwachung der Minimaldrehzahl werden Istwertgeber mit Auswertung und Abschaltung bei Unterschreiten der Minimaldrehzahl eingesetzt. In explosionsgefährdeter Umgebung vorzugsweise Umrichterantriebe einsetzen.	Zur Definition vom Explosionsschutz für mechanische Verstellgetriebe. Der Reib-ring ist elektrisch leitfähig und verhindert eine statische Aufladung durch drehende Teile. Zur Überwachung der Minimaldrehzahl werden Istwertgeber mit Auswertung und Abschaltung bei Unterschreiten der Minimaldrehzahl eingesetzt. In explosions-gefährdeter Umgebung vorzugsweise Umrichterantriebe einsetzen.
Verschleiß	Der Riemen ist ein Verschleißteil, das nach ca. 6000 h unter Bemessungslast gewechselt werden muss. Bei geringerer Belastung ergibt sich eine erheb-lich längere Lebensdauer.	Verschleißarm, konkrete Angaben über Wechselintervalle nicht möglich.
Verstell-möglichkeiten	Handrad oder Kettenrad, elektrische oder hydraulische Fern-verstellung.	Handrad, elektrische Fernverstellung.
Anzeigegeräte	Analoge oder digitale Anzeige-geräte, analoge Anzeige mit Sonderskala ist üblich.	Analoge oder digitale Anzeigegeräte, analoge Anzeige mit Sonderskala ist üblich, Anzeige mit Stellungsanzeige am Gehäuse.

Flachgetriebe, Kegelradgetriebe in normaler und spielreduzierter Ausführung, sowie Schneckengetriebe, Planetengetriebe und spielarme Planetengetriebe zur Auswahl. Abb. 5.89 zeigt die Ansichten von Bauformen des Standardgetriebes.

R   Stirnradgetriebemotor
K   Kegelradgetriebemotor
P   Planetengetriebemotor
F   Flachgetriebemotor
S   Schneckengetriebemotor
W   Getriebemotor

Eine Besonderheit stellt das Stirnradgetriebe mit einer verlängerten Lagernabe dar. Es wird mit RM bezeichnet und hauptsächlich für Rührwerksanwendungen eingesetzt. RM-Getriebe sind für besonders hohe Quer- und Axialkräfte sowie Biegemomente ausgelegt. Die übrigen Daten entsprechen den Standard-Stirnradgetrieben.

Für besonders niedrige Abtriebsdrehzahlen lassen sich auch Doppelgetriebe durch antriebsseitigen Anbau eines passenden Stirnradgetriebes im Baukastensystem erzeugen.

Die Getriebegröße richtet sich nach dem Abtriebsdrehmoment. Dieses Abtriebsdrehmoment M_a errechnet sich aus der Motorbemessungsleistung P_N und der Getriebeabtriebsdrehzahl n_a.

$$M_a = P_N \cdot \eta \cdot \frac{9550}{n_a} \quad [\text{Nm}]$$

$P_N =$ Bemessungsleistung des Motors [kW]

$n_a =$ btreibsdrehzahl des Getriebes [min^{-1}]

$\eta =$ Getriebewirkungsgrad Die im Katalog angebotenen Getriebemotoren werden entweder durch die abgegebene Leistung oder das abgegebene Drehmoment bei gegebener Abtriebsdrehzahl beschrieben. Ein weiterer Parameter ist dabei der Betriebsfaktor.

Typische Verluste in Untersetzungsgetrieben sind Reibungsverluste am Zahneingriff, in den Lagern und an den Wellendichtringen sowie Planschverluste der Öltauchschmierung. Erhöhte Verluste treten bei Schneckengetrieben auf.

Je größer die eintreibende Drehzahl des Getriebes ist, desto größer werden auch die Verluste.

Bei Stirnrad-, Flach-, Kegelrad- und Planetengetrieben liegt der Verzahnungswirkungsgrad je Getriebestufe bei 97 % bis 98 %. Bei Schneckengetrieben liegt der Verzahnungs-Wirkungsgrad je nach Ausführung zwischen 30 % und 90 %. Während der Einlaufphase kann der Wirkungsgrad bei Schneckengetrieben noch bis zu 15 % geringer sein. Liegt der Wirkungsgrad unter 50 %,ist das Getriebe statisch selbsthemmend. Solche Antriebe dürfen nur dann eingesetzt werden, wenn keine rücktreibenden Drehmomente auftreten oder diese so gering sind, dass das Getriebe nicht beschädigt wird.

Abb. 5.89 Ansichten von Bauformen des Standardgetriebes

Bei bestimmten Bauformen taucht die erste Getriebestufe voll in den Schmierstoff ein. Bei größeren Getrieben und hoher Umfangsgeschwindigkeit der eintreibenden Seite entstehen Planschverluste in einer Größenordnung, die nicht vernachlässigt werden kann.

Man verwendet nach Möglichkeit für die Kegelradgetriebe, Flachgetriebe, Stirnradgetriebe und Schneckengetriebe die Grundbauform M1, um die entstehenden Planschverluste gering zu halten.

Je nach Einsatzbedingungen (Aufstellungsort, Einschaltdauer, Umgebungstemperatur usw.) müssen Getriebe mit kritischer Bauform und hoher Eintriebsdrehzahl auf ihre zulässige anbaubare mechanische Leistung hin geprüft werden.

Die Getriebe sind für gleichförmige Belastung und wenige Einschaltungen ausgelegt. Bei Abweichungen von diesen Bedingungen ist es notwendig, das errechnete theoretische Abtriebsdrehmoment oder die Abtriebsleistung mit einem Betriebsfaktor zu multiplizieren. Dieser Betriebsfaktor wird wesentlich durch die Schalthäufigkeit, den Massenbeschleunigungsfaktor und die tägliche Betriebszeit bestimmt. In erster Näherung können die Diagramme ausgenutzt werden.

Höhere Betriebsfaktoren ergeben sich bei anwendungsspezifischen Besonderheiten durch entsprechende Erfahrungswerte. Mit dem daraus errechneten Abtriebsdrehmoment kann das Getriebe festgelegt werden. Das zulässige Getriebeabtriebsdrehmoment muss größer oder gleich dem errechneten sein. Abb. 5.90 zeigt den erforderlichen Betriebsfaktor f_B für Standardgetriebe.

$t_B =$ Laufzeit in Stunden/Tag [h/d]
$c/h =$ Schaltungen pro Stunde

Abb. 5.91 zeigt den notwendigen Betriebsfaktor f_B für Planetengetriebe (P-Getriebe).

Zu den Schaltungen zählen alle Anlauf- und Bremsvorgänge sowie Umschaltungen von niedrigen auf hohe Drehzahlen und umgekehrt.

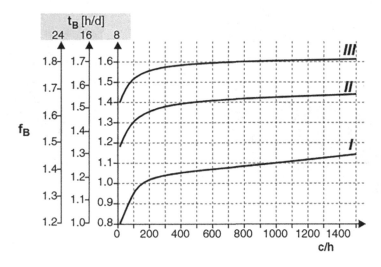

Abb. 5.90 Notwendiger Betriebsfaktor f_B für Standardgetriebe

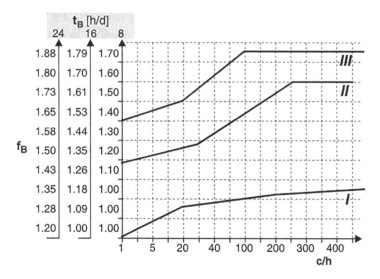

Abb. 5.91 Notwendiger Betriebsfaktor f_B für P-Getriebe (Planetengetriebe)

Der Stoßgrad hängt vom Massenbeschleunigungsfaktor ab wie Tab. 5.20 zeigt.

$$f_a = \frac{J_X}{J_M}$$

$f_a =$ Massenbeschleunigungsfaktor
$J_X =$ alle externen Massenträgheitsmomente.
$J_M =$ Massenträgheitsmoment auf der Motorseite.

Beispiel: Stoßgrad I bei 200 Schaltungen/Stunde und Laufzeit 24h/Tag ergibt $f_B = 1{,}35$.

Bei einigen Applikationen können jedoch auch Betriebsfaktoren > 1,8 auftreten. Diese werden z. B. durch Massenbeschleunigungsfaktoren > 10, durch großes Spiel in den Übertragungselementen der Arbeitsmaschine oder durch große auftretende Querkräfte hervorgerufen.

Tab. 5.20 Stoßgrad und Massenbeschleunigungsfaktor

Stoßgrad	Massenbeschleunigungsfaktor	Faktor
I	gleichförmig, zulässiger Massenbeschleunigungsfaktor	$\leq 0{,}2$
II	ungleichförmig, zulässiger Massenbeschleunigungsfaktor	≤ 3
III	stark ungleichförmig, zulässiger Massenbeschleunigungsfaktor	≤ 10

Die Stoßgrade I bis III werden anhand der ungünstigsten Werte der Massenträgheitsmomente, sowohl extern als auch auf der Motorseite, gewählt. Es kann zwischen den Kurven I bis III interpoliert werden.

In den Katalogen der Hersteller wird zu jedem Getriebemotor der Betriebsfaktor angegeben. Der Betriebsfaktor stellt das Verhältnis der Getriebebemessungsleistung zur Motorbemessungsleistung dar. Die Bestimmung von Betriebsfaktoren ist nicht genormt. Deshalb sind die Angaben über Betriebsfaktoren herstellerabhängig und nicht vergleichbar.

Bei Schneckengetrieben muss zusätzlich noch der Einfluss der Umgebungstemperatur und der Einschaltdauer bei der Getriebefestlegung berücksichtigt werden. Abb. 5.92 zeigt die zusätzlichen Betriebsfaktoren für Schneckengetriebe.

$$ED[\%] = \frac{t_B}{60} \cdot 100$$

ED =   Einschaltdauer

t_B =   Belastungszeit in min/h

Der Gesamtbetriebsfaktor f_{BT} für Schneckengetriebe errechnet sich dann zu:

$$f_{BT} = t_B \cdot t_{B1} \cdot t_{B2}$$

f_B =   Betriebsfaktor aus Abb. 5.92 für den notwendigen Betriebsfaktor t_B

f_{B1} =   Betriebsfaktor aus Umgebungstemperatur

f_{B2} =   Betriebsfaktor für Kurzzeitbetrieb

Servogetriebemotorensh bestehen aus synchronen oder asynchronen Servomotoren in Verbindung mit:

- Standardgetrieben: Stirnradgetriebe R, Flachgetriebe F, Kegelradgetriebe K, Schneckengetriebe S
- spielreduzierten Getrieben: Stirnradgetriebe R, Flachgetriebe F, Kegelradgetriebe K
- spielarmen Planetengetrieben PS

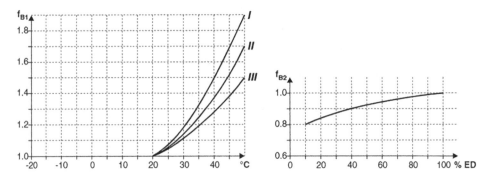

Abb. 5.92 Zusatzbetriebsfaktoren f_{B1} und f_{B2} für Schneckengetriebe

Spielarme Planetengetriebemotoren sind

- Spielarme Planetengetriebemotoren der Baureihe PSF: Diese wird in den Getriebegrößen 211/212 bis 901/902 angeboten. Sie zeichnet sich durch einen B5-Quadratflansch mit Abtriebsvollwelle aus.
- Spielarme Planetengetriebemotoren Baureihe PSB: Diese wird in den Getriebegrößen 311/312 bis 611/612 angeboten. Die spezifische Abtriebsflanschwelle entspricht der Norm EN 180 9409. Diese Norm behandelt die Anforderungen an Industrieroboter. Die Baureihe PSB kommt verstärkt in Industrieanwendungen zum Einsatz, bei denen hohe Querkräfte und hohe Kippsteifigkeiten verlangt werden.
- Spielarme Planetengetriebemotoren Baureihe PSE: Die Baureihe PSE wird in den Getriebegrößen 211/212 bis 61 1/612 angeboten. Sie zeichnet sich durch einen runden B14-Flansch mit Abtriebsvollwelle aus. Die PSE-Getriebebaureihe unterscheidet sich von der bestehenden PSF-Baureihe durch eine kostengünstigere Konstruktion. Die technischen Daten wie Verdrehspiel, Drehmoment und Untersetzungen sind mit denen der PSF/PSB-Getriebe vergleichbar.

Für die Dimensionierung von Servogetriebemotoren werden folgende Angaben benötigt:

- Abtriebsdrehmoment M_{amax}
- Abtriebsdrehzahl n_{amax}
- Querkraft/Axialkraft F_{Ra}/F_{Aa}
- Verdrehwinkel $\alpha < 1', 3', 5', 6', 10', > 10'$
- Bauform M1…M6
- Umgebungstemperatur ϑ_U
- Genaues Belastungsspiel, d. h. Angabe aller erforderlichen Drehmomente bzw. Aktionszeiten und der zu beschleunigenden und abzubremsenden externen Massenträgheitsmomente.

PS-Getriebe werden wahlweise mit Getriebespiel N (normal) oder R (reduziert) ausgeführt, wie Tab. 5.21 zeigt.

Verdrehwinkel < 1, auf Anfrage.

Werden große Motoren an PS-Getriebe angebaut, so ist eine Motorabstützung ab folgenden Massenverhältnissen erforderlich:

PS einstufig: $m_M/P_S > 4$
PS zweistufig: $m_M/P_S > 2,5$

Tab. 5.21 Getriebespiel für PS-Getriebe

Getriebe	N	R
PS.211…901	$\alpha < 6'$	$\alpha < 3'$
PS.212…902	$\alpha < 10'$	$\alpha < 5'$

Spielreduzierte Kegelrad-, Flach- und Stirnradgetriebemotoren mit synchronen oder asynchronen Servomotoren ergänzen im Drehmomentbereich von $M_{amax} = 200...3000$ Nm das Programm der spielarmen Planetengetriebemotoren mit einem eingeschränkten Verdrehspiel.

Die spielreduzierten Ausführungen gibt es für die Getriebegrößen:

* R37...R97
* F37...F87
* K37...K87

Die Verdrehspiele werden in Abhängigkeit der Getriebegröße in den entsprechenden Katalogen angegeben.

Zusätzliche Kriterien für die Wahl der Getriebegröße sind zu erwartende Quer- und Axialkräfte. Bestimmend für die zulässigen Querkräfte sind die Wellenfestigkeit und die Lagertragfähigkeit. Die im Katalog angegebenen, maximal zulässigen Werte beziehen sich immer auf Kraftangriffspunkt Wellenendmitte bei ungünstiger Kraftangriffsrichtung.

Bei außermittigem Kraftangriffspunkt ergeben sich größere oder kleinere zulässige Querkräfte. Je näher zum Wellenbund die Kraft angreift, desto höher können die zulässigen Querkräfte angesetzt werden und umgekehrt. Die Größe der zulässigen Axialkraft kann nur bei bekannter Querkraftbelastung exakt ermittelt werden.

Die Querkraft am Wellenende bei Übertragung des Abtriebsdrehmomentes mittels Kettenrad oder Zahnrad ergibt sich aus Abtriebsdrehmoment und Ketten- oder Zahnradradius.

$$F = \frac{M}{r} \quad [N]$$

F =   Querkraft [N]
M =   Abtriebsdrehmoment [Nm]
r =   Radius [m]

Bei der Querkraftermittlung muss mit Zuschlagsfaktoren f_Z gerechnet werden. Diese sind abhängig von den eingesetzten Übertragungsmitteln wie Zahnräder, Ketten, Keil-, Flach- oder Zahnriemen. Bei Riemenscheiben kommt der Einfluss der Riemenvorspannung hinzu. Die mit dem Zuschlagfaktor errechneten Querkräfte dürfen nicht größer sein als die für das Getriebe zulässige Querkraft, wie Tab. 5.22 zeigt.

Mit der Gleichung lässt sich die Querkraft berechnen

$$F_R = \frac{M_d \cdot 2000}{d_0} \cdot t_Z$$

F_R =   Querkraft [N]
M_d =   Abtriebsdrehmoment [Nm]
d_0 =   mittlerer Durchmesser [mm] = Zuschlagsfaktor
t_Z =   Zuschlagsfaktor

Tab. 5.22 Für Übertragungselement gilt der Zuschlagsfaktor und die errechneten Querkräfte dürfen nicht größer sein als die für das Getriebe zulässige Querkraft

Übertragungselement	Zuschlagsfaktor f_z	Bemerkungen
Direktantrieb	1,0	-
Zahnräder	1,0	≥ 17 Zähne
Zahnräder	1,15	< 17 Zähne
Kettenräder	1,0	≥ 20 Zähne
Kettenräder	1,25	< 20 Zähne
Schmalkeilriemen	1,75	Einfluss der Vorspannkraft
Flachriemen	2,50	Einfluss der Vorspannkraft
Zahnriemen	1,50	Einfluss der Vorspannkraft
Zahnstange	1,16	< 17 Zähne (Ritzel)

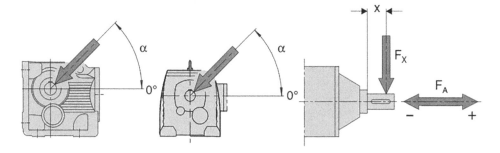

Abb. 5.93 Definition des Kraftangriffs

Der Kraftangriff wird gemäß Abb. 5.93 definiert:

$F_x =$ zulässige Querkraft an der Stelle X [N]

$F_A =$ zulässige Axialkraft [N]

Drehstrommotoren am Frequenzumrichter

6

Frequenzumrichter zählen heutzutage zu industriellen Standardausrüstungen in der Antriebstechnik und sie werden überall dort eingesetzt, wo vom Antrieb folgende Merkmale gefordert werden:

- Variable Drehzahlen zur Anpassung an die Produktionsgeschwindigkeit
- Fernsteuerung der Drehzahl und Drehrichtung (z. B. durch Leitantriebe oder eine SPS)
- Höhere Positioniergenauigkeit als bei polumschaltbaren Bremsmotoren möglich
- Höhere Schalthäufigkeit (= thermisch zulässige Anläufe pro Stunde) als am Netz möglich
- Last-Begrenzung des Antriebes.

Diese Kapitel befassen sich ausdrücklich nur mit Frequenzumrichtern, die einen Gleichspannungszwischenkreis (U-Umrichter oder Pulsumrichter) verwenden. Diese Gruppe von Frequenzumrichtern ist die bedeutendste insgesamt und dominant für den Leistungsbereich ab 0,5 kW bis mehrere 100 kW. Die Gleichstromzwischenkreisumrichter (I-Umrichter) sind wirtschaftlich erst oberhalb 20 kW und in aller Regel nur als Einzelantrieb einzusetzen. Abb. 6.1 zeigt einen Frequenzumrichter, der sich auf einem Drehstrommotor befindet.

Das Leistungsteil eines Frequenzumrichters gliedert sich in drei Hauptteile:

- Ungesteuerter Gleichrichter, ergänzt um eine Eingangsschutzschaltung gegen Überspannung und ggf. eine Ladeschaltung
- Gleichspannungszwischenkreis, bestehend aus einem Kondensator
- 3-phasiger Transistor-Wechselrichter

© Springer Fachmedien Wiesbaden GmbH, ein Teil von Springer Nature 2021
H. Bernstein, *Angewandte Leistungselektronik,*
https://doi.org/10.1007/978-3-658-29614-8_6

Abb. 6.1 Frequenzumrichter
auf einem Drehstrommotor
montiert

Wie in der Einleitung beschrieben, besteht die Hauptfunktion eines Frequenzumrichters
darin, eine variable Spannung (beispielsweise 0 bis 400 V/0 bis 50 Hz) aus „festen"
Parametern (beispielsweise 400 V und 50 Hz) zu erzeugen. Für diese Umwandlung
gibt es zwei Möglichkeiten, wodurch sich zwei Arten von Frequenzumrichtern ergeben.
Tab. 6.1 zeigt eine Übersicht der Frequenzumrichtertypen.

Tab. 6.1   Übersicht der einzelnen Frequenzumrichter

Frequenzumrichter		
Direktumrichter	Umrichter mit Zwischenkreis	
Variabel	Konstant	
Gleichstromzwischenkreis CSI	Gleichspannungszwischenkreis PWM	Gleichspannungszwischenkreis PWM
Stromgeführter Frequenzumrichter	Spannungsgeführter Frequenzumrichter	
I-Umrichter	U-Umrichter	

CSI: Stromzwischenkreisumrichter
PAM: Pulsamplitudenmodulation
PWM: Pulsweitenmodulation

6.1 Direkter Frequenzumrichter

Ein Direktumrichter wandelt ohne Zwischenkreis die Spannungen und Ströme um. Der Direktumrichter kommt normalerweise nur in Hochleistungsanwendungen (im MW-Bereich) zum Einsatz. Dieses Fachbuch beschäftigt sich nicht mit dieser Art des Umrichters im Detail, trotzdem sind einige typische Merkmale erwähnenswert.

Direktumrichter zeichnen sich durch Folgendes aus:

- Reduzierter Frequenzreglungsbereich (ca. 25 bis 30 Hz) bei einer Netzfrequenz von 50 Hz
- Häufig im Einsatz zusammen mit Synchronmotoren
- Geeignet für Anwendungen mit hohen Anforderungen an die dynamische Leistung

6.1.1 Umrichter mit Zwischenkreis

In den meisten Fällen verfügt der Frequenzumrichter über einen Zwischenkreis und dieser Zwischenkreis wird auch als DC-Bus bezeichnet. Bei den Umrichtern mit Zwischenkreis gibt es zwei unterschiedliche Verfahren:

- konstanter Zwischenkreis
- variabler Zwischenkreis

Frequenzumrichter mit Zwischenkreis bestehen aus vier Hauptbestandteilen, wie Abb. 6.2 zeigt.

Der Gleichrichter wird an ein Einphasen- oder Dreiphasen-Versorgungsnetz angeschlossen und erzeugt eine pulsierende Gleichspannung. Es gibt vier Grundtypen von Gleichrichtern:

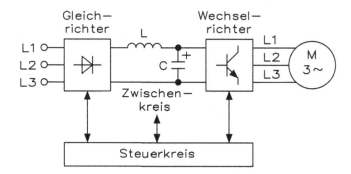

Abb. 6.2 Blockschaltbild eines Frequenzumrichters mit Zwischenkreis

- Gesteuert
- Halbgesteuert
- Ungesteuert
- Aktives Front-End

Die vier Grundtypen von Gleichrichtern sind in Abb. 6.3 gezeigt.

Beim Zwischenkreis kennt man zwei unterschiedliche Funktionsweisen:

- Umwandlung der Gleichrichterspannung in Gleichspannung
- Stabilisierung oder Glättung der pulsierenden Gleichspannung, um sie dem Wechselrichter zur Verfügung zu stellen

Der Wechselrichter übernimmt die Umwandlung der konstanten Gleichspannung des Gleichrichters in eine variable Wechselspannung und dieser generiert zudem die Frequenz der Motorspannung. Alternativ können manche Wechselrichter auch zusätzlich die konstante Gleichspannung in eine variable Wechselspannung umwandeln.

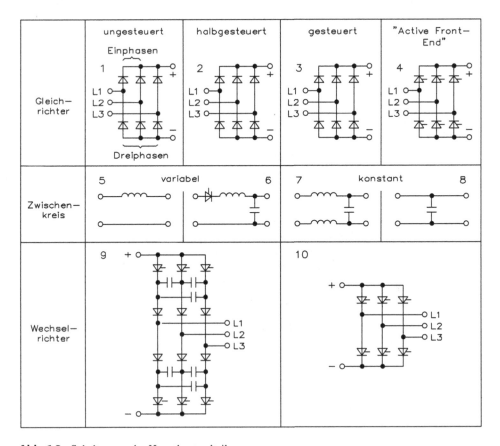

Abb. 6.3 Schaltungen der Hauptbestandteile

Der Steuerkreis überträgt Signale an den Gleichrichter, den Zwischenkreis und den Wechselrichter und empfängt Signale von diesen. Die Auslegung des einzelnen Frequenzumrichters bestimmt, welche Teile gesteuert werden.

Bei der Konfiguration des Frequenzumrichters lassen sich die verschiedenen Hauptbestandteile kombinieren. Tab. 6.2 zeigt Beispiele für Konfigurationen von Frequenzumrichtern.

Gemeinsam ist allen Frequenzumrichtern, dass der Steuerkreis Signale nutzt, um die Halbleiter des Wechselrichters zu aktivieren und zu deaktivieren. Dieses Schaltmuster basiert auf verschiedenen Grundlagen. Je nach Schaltmuster, das die Versorgungsspannung zum Motor regelt, lassen sich die Frequenzumrichter in weitere Typen unterteilen.

6.1.2   Gleichrichter

Die Spannungsversorgung erfolgt entweder als Dreiphasen- oder Einphasen-Wechselspannung mit fester Frequenz.

$$\text{Beispiel}: \quad \text{Dreiphasen} - \text{Wechselspannung}: 3 \times 400\text{V}/50\text{Hz}$$
$$\text{Einphasen} - \text{Wechselspannung}: \ 1 \times 240\text{V}/50\text{Hz}$$

Der Gleichrichter eines Frequenzumrichters besteht aus Dioden oder Thyristoren, einer Kombination aus beidem oder bipolaren Transistoren (IGBT).

Abb. 6.3 zeigt die vier heute verfügbaren Gleichrichtervarianten. In Anwendungen mit kleinen Leistungen bis 30 kW. Je nach Hersteller kommen normalerweise B6-Brückengleichrichter zum Einsatz. Halbgesteuerte Gleichrichter werden im Leistungsbereich ab 37 kW eingesetzt.

Die beschriebenen Gleichrichterschaltungen ermöglichen einen Energiefluss in eine Richtung von der Netzversorgung zum Zwischenkreis. Abb. 6.4 zeigt einen ungesteuerten Gleichrichter, der nur aus Dioden besteht.

Eine Diode erlaubt einen Stromfluss in nur eine Richtung: von der Anode (A) zur Kathode (K). Der umgekehrte Fluss von Katode zu Anode wird blockiert. Im Gegensatz zu einigen anderen Halbleitergeräten ist es nicht möglich, die Stromstärke zu steuern. Eine Wechselspannung über eine Diode wird in eine pulsierende Gleichspannung

Tab. 6.2 Konfigurationen von Frequenzumrichtern in Abb. 6.3

Konfiguration	Abkürzung	Konfiguration
Pulsamplitudenmodulierter Umrichter	PAM	1 oder 2 oder 3 und 6 und 9 oder 10
Pulsweitenmodulierter Umrichter	PWM	1 oder 2 oder 3 oder 4 und 7 oder 8 und 9 oder 10
Stromgeführter Umrichter	CSI	3, 5 und 9

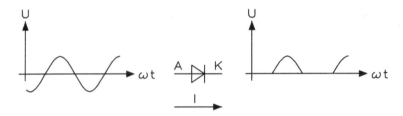

Abb. 6.4 Funktionsweise der Dioden

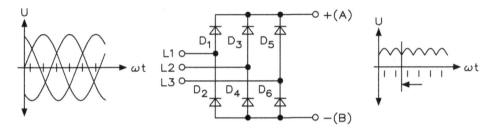

Abb. 6.5 Ungesteuerter Gleichrichter (B6-Diodenbrücke)

umgewandelt. Wenn ein ungesteuerter Dreiphasen-Gleichrichter mit Dreiphasen-Wechselspannung versorgt wird, pulsiert die Gleichspannung kontinuierlich.

Abb. 6.5 zeigt einen ungesteuerten Dreiphasen-Gleichrichter, der aus zwei Gruppen von Dioden besteht. Eine Gruppe mit den Dioden D_1, D_3 und D_5. Die andere Gruppe mit den Dioden D_4, D_6 und D_2. Jede Diode leitet während eines Drittels des Zeitraums von $t = 120°$.

In beiden Gruppen leiten die Dioden in Reihe. Phasen, in denen beide Gruppen leiten, sind um ein Sechstel des Zeitraums von $t = 60°$ versetzt. Die Diodengruppe $D_{1,3,5}$ leitet die positive Spannung. Wenn die Spannung der Phase L_1 den positiven Spitzenwert erreicht, wird der Wert der Phase L_1 an Anschluss (A) eingestellt. An den anderen beiden Dioden bestehen Gegenspannungen mit den Größen U_{L1-2} und U_{L1-3}.

Das gleiche Prinzip gilt für Diodengruppe $D_{4,\,6,\,2}$. Hier wird die negative Phasenspannung an Anschluss (B) eingestellt. Wenn L_3 zu einer bestimmten Zeit den negativen Schwellenwert erreicht, leitet Diode D_6. An den anderen beiden Dioden bestehen Gegenspannungen mit den Größen U_{L3-1} und U_{L3-2}.

Die Ausgangswechselspannung des ungesteuerten Gleichrichters ist konstant. Sie stellt die Differenz der Spannungen der beiden Diodengruppen dar. Der durchschnittliche Wert der pulsierenden Gleichspannung entspricht etwa dem 1,31- bis 1,41-fachen der Netzspannung bei Dreiphasenversorgung bzw. etwa dem 0,9- bis 1,2-fachen der Wechselspannung bei Einphasenversorgung.

Der Stromverbrauch der Dioden ist nicht sinusförmig. Infolgedessen erzeugen ungesteuerte Gleichrichter Netzstörungen. Um diese zu eliminieren, werden in zunehmendem Maße Frequenzumrichter mit B12- und B18-Gleichrichtern eingesetzt. B12- und B18-Gleichrichter verfügen über 12 bzw. 18 Dioden in 6er-Gruppen.

Bei halbgesteuerten Gleichrichtern ersetzt eine Thyristorgruppe eine Diodengruppe (beispielsweise $D_{4,6,2}$. Die Thyristoren werden auch als SCR (Silicon Controlled Rectifier) bezeichnet.

Durch Steuern der Schaltzeiten der Thyristoren ist es möglich, die Einschaltströme der Einheiten zu begrenzen und eine sanfte Aufladung der Kondensatoren im Zwischenkreis zu erreichen, Die Ausgangsspannung dieser Gleichrichter ist dieselbe wie die von ungesteuerten Gleichrichtern erzeugte Spannung. Typischerweise findet man halbgesteuerte Gleichrichter in Frequenzumrichtern mit Leistungsgrößen ab 37 kW.

In Bezug auf Abb. 6.6 ist die Funktionsweise der Thyristoren gezeigt. Wenn die Phasenverzögerung α zwischen 0° und 90° liegt, wird der Thyristorkreis als Gleichrichter genutzt. Wenn die Phasenverzögerung α zwischen 90° und 300° liegt, wird der Thyristorkreis als Wechselrichter verwendet.

Für vollständig gesteuerte Gleichrichter sind Thyristoren erforderlich. Wie bei einer Diode erlaubt der Thyristor nur einen Stromfluss von Anode A zu Katode K. Der Unterschied besteht jedoch darin, dass der Thyristor über einen dritten Anschluss, das sogenannte Gate G, verfügt. Aktiviert ein Signal das Gate, leitet der Thyristor Strom, und zwar so lange, bis der Strom auf unter Null fällt. Der Stromfluss kann aber nicht durch das Senden eines Spannungssignals an das Gate unterbrochen werden.

Thyristoren werden in Gleichrichtern eingesetzt. Das an das Gate gesendete Signal ist das Steuersignal α des Thyristors und dabei ist die Phasenverzögerung α eine Zeitverzögerung, ausgedrückt in Grad. Die Gradzahl definiert die Verzögerung zwischen dem Nulldurchlauf der Spannung und dem Zeitpunkt, an dem der Thyristor eingeschaltet wird.

Gesteuerte Dreiphasen-Gleichrichter lassen sich in zwei Thyristorgruppen unterteilen: T_1, T_3 und T_5 sowie T_4, T_6 und T_2, wie Abb. 6.7 zeigt. Bei ihnen wird α ab dem Zeitpunkt berechnet, zu dem die entsprechende Diode in einem ungesteuerten Gleichrichter normalerweise mit dem Leiten beginnen würde, d. h. 30° nach dem Nulldurchgang der Spannung. Ansonsten unterscheiden sich die Funktionsweisen von gesteuerten und ungesteuerten Gleichrichtern nicht.

Die Amplitude der gleichgerichteten Spannung lässt sich durch das Regeln von α variieren. Gesteuerte Gleichrichter liefern eine Gleichspannung mit einem durchschnittlichen Wert U und dabei gilt:

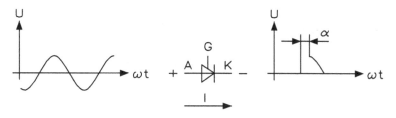

Abb. 6.6 Funktionsweise von Thyristoren

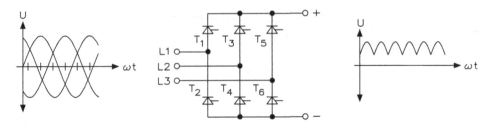

Abb. 6.7 Vollgesteuerter Dreiphasen-Gleichrichter

$$U = 1,35 \cdot \text{Netzspannung} \cdot \cos\alpha$$

Verglichen mit dem ungesteuerten Gleichrichter verursacht der vollständig gesteuerte Gleichrichter größere Verluste und Störungen im Versorgungsnetz, weil diese Gleichrichter einen großen Blindstrom aufnehmen, wenn die Thyristoren für kurze Zeiten leiten. Das ist einer der Gründe, warum Thyristoren hauptsächlich im Wechselrichterbereich der Frequenzumrichter eingesetzt werden. Der Vorteil vollständig gesteuerter Gleichrichter ist jedoch, dass sie generatorische Bremsleistung im Zwischenkreis in das Versorgungsnetz zurückspeisen können.

Bei einigen Frequenzumrichteranwendungen arbeitet der Motor in manchen Betriebszuständen als Generator. In diesem Fall können Anwender die Energiebilanz durch Zurückspeisen von Energie ins Versorgungsnetz verbessern.

Diese Frequenzumrichter benötigen einen gesteuerten (aktiven) Gleichrichter, sodass die Energie rückwärts fließen kann. Aus diesem Grund bezeichnet man diese Geräte als „Active Front-End" AFE oder „Active Infeed Converter" AIC. Um Energie ins Versorgungsnetz rückspeisen zu können, muss das Spannungsniveau im Zwischenkreis höher sein als die Netzspannung. Diese höhere Spannung muss unter allen Betriebsbedingungen vorliegen. Mithilfe verschiedener Strategien lassen sich Verluste im Standby und Motorbetrieb verringern, aber vollständig verhindern lassen sie sich jedoch nicht. Zudem ist eine zusätzliche Filterung im generatorischen Betrieb erforderlich, da die erzeugte Spannung ohne Filterung nicht zur Sinuskurvenform des Versorgungsnetzes passt.

6.1.3 Funktionen des Zwischenkreises

Je nach Auslegung hat der Zwischenkreis folgende Funktionen:

- Energiepuffer, sodass der Motor Energie über den Wechselrichter vom Versorgungsnetz beziehen bzw. in dieses zurückspeisen kann, um Überlaststöße abzufangen
- Trennung des Gleichrichters vom Wechselrichter
- Verringerung von Netzstörungen

Der Zwischenkreis basiert auf einem von vier verschiedenen Grundkreisen. Die Art des Zwischenkreises hängt von der Art des Gleichrichters oder Wechselrichters ab, mit dem er kombiniert wird.

Die grundlegenden Unterschiede zwischen den verschiedenen Arten von Zwischenkreisen werden erklärt. Abb. 6.8 zeigt den variablen Gleichstromzwischenkreis.

Bei dieser Art des Zwischenkreises muss eine sehr große Spule vorhanden sein, die man in der Praxis als „Drossel" bezeichnet, und diese wird zu einem vollständig gesteuerten Gleichrichter kombiniert.

Die Spule wandelt die variable Spannung des gesteuerten Gleichrichters in einen variablen Gleichstrom um. Die Last bestimmt die Höhe der Motorspannung. Der Vorteil dieser Art des Zwischenkreises besteht darin, dass die Bremsleistung vom Motor ohne zusätzliche Komponenten zurück in das Versorgungsnetz gespeist werden kann. Die Spule wird in Stromzwischenkreisumrichtern (I-Umrichter) verwendet.

Vor dem Filter kann ein Chopper eingebaut werden. Abb. 6.9 zeigt das Prinzip des variablen Gleichspannungszwischenkreises. Der Chopper enthält einen Transistor, der als Schalter für das An- und Ausschalten der gleichgerichteten Spannung dient. Der Steuerkreis regelt den Chopper durch das Vergleichen der variablen Spannung U_V nach dem Filter mit dem Eingangssignal.

Wenn diese Werte sich unterscheiden, wird das Verhältnis zwischen der Zeit t_{on}, wenn der Transistor im leitenden Zustand, und der Zeit t_{off}, wenn der Transistor sperrt, angepasst. Auf diese Weise variiert der Effektivwert der Gleichspannung, abhängig von der Zeit, während der Transistor leitet. Die Spannung U_V nach dem Filter wird mit der Gleichung berechnet:

$$U_V = U \cdot \frac{t_{on}}{t_{on} + t_{off}}$$

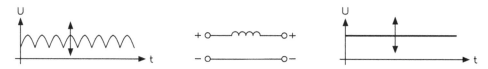

Abb. 6.8 Variabler Gleichstromzwischenkreis

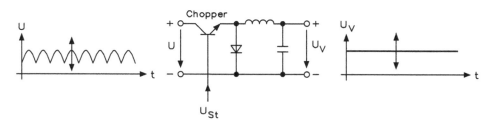

Abb. 6.9 Variabler Gleichspannungszwischenkreis mit Chopper

Unterbricht der Chopper-Transistor den Strom, versucht die Filterspule bzw. Drossel eine unendlich hohe Spannung über den Transistor zu erzeugen. Um dies zu verhindern, schützt eine Freilaufdiode den Chopper. Abb. 6.10 zeigt den Chopper-Transistor, der die Zwischenkreisspannung regelt.

Der Filter im Zwischenkreis glättet die Rechteckspannung nach dem Chopper und hält die Spannung konstant bei einer gegebenen Frequenz. Die zur Spannung gehörende Frequenz erzeugt der Wechselrichter. Abb. 6.11 zeigt die Arbeitsweise des konstanten Gleichspannungszwischenkreises.

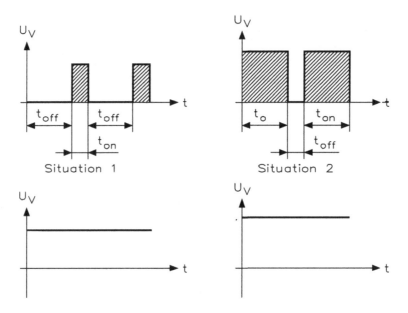

Abb. 6.10 Chopper-Transistor regelt die Rechteckspannung der Zwischenkreisspannung

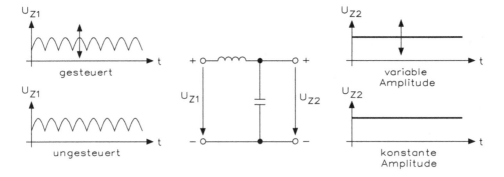

Abb. 6.11 Konstanter Gleichspannungszwischenkreis

Der Zwischenkreis kann aus einem Filter bestehen, der einen Kondensator und/oder eine Spule bzw. Drossel enthält. Normalerweise werden aufgrund ihrer hohen Energiedichte Elektrolytkondensatoren verwendet. Auch wenn Kondensatoren eine begrenzte Lebensdauer aufweisen, bieten sie folgende Vorteile:

- Glätten der pulsierenden Gleichspannung (U_{Z1})
- Energiereserve bei Aus- und Abfall der Versorgungsspannung
- Energiespeicher für Laststöße und generatorischen Betrieb des Motors

DC-Spulen bieten folgende Vorteile:

- Der Frequenzumrichter ist gegenüber Netztransienten geschützt
- Glätten der Stromwelligkeit, was wiederum die Lebensdauer der Komponenten des Zwischenkreises, insbesondere der Kondensatoren, erhöht
- Verringern der Netzstörung und optional kleinere Versorgungsleiterquerschnitte. Diese Funktion lässt sich auch durch dem Frequenzumrichter vorgeschaltete Leitungsdrosseln erreichen

Beim Planen und bei der Installation ist zu beachten, dass Spulen schwer sind und heiß werden können. Dadurch steigt im Gerät die Temperatur an und es muss für eine ausreichende Kühlung gesorgt werden.

Diese Art des Zwischenkreises kann mit verschiedenen Gleichrichtertypen kombiniert werden. Bei vollständig gesteuerten Gleichrichtern wird die Spannung bei einer bestimmten Frequenz konstant gehalten. Deshalb ist die dem Wechselrichter zugeführte Spannung eine reine Gleichspannung U_{Z2} mit variabler Amplitude.

Bei halbgesteuerten und ungesteuerten Gleichrichtern ist die Spannung am Wechselrichtereingang eine Gleichspannung mit konstanter Amplitude, etwa das $\sqrt{2}$-fache der Netzspannung. Die erwartete Spannung und Frequenz werden beide im Wechselrichter erzeugt.

Ein Schaltungsentwurf für den Frequenzumrichter sind reduzierte Kondensatorkapazitäten im Zwischenkreis. Diese Schaltungen sind unter der Bezeichnung „schlanker" Zwischenkreis bekannt und setzen häufig auf günstige Folienkondensatoren. Diese schlanken Zwischenkreise führen zu folgenden Effekten:

- Senkung der Konstruktionskosten
- Kompaktere Bauweise, geringeres Gewicht
- Reduzierte Netzrückwirkung (40 % der fünften Oberschwingung)
- Anfällig bei Netzspannungseinbrüchen, d. h. dass der Frequenzumrichter bei Spannungseinbrüchen aufgrund von Transienten im Versorgungssystem deutlich schneller abschaltet
- Netzrückwirkungen können im Hochfrequenzbereich auftreten

- Die hohe Welligkeit im Zusammenhang mit dem Zwischenkreis reduziert die Aus-
  gangsspannung um ca. 10 % und führt zu höherer Motorleistungsaufnahme
- Die Neustartzeit beim Betrieb kann länger sein, da die folgenden drei Prozesse ablaufen:
  - Initialisierung des Frequenzumrichters
  - Magnetisierung des Motors
  - Hochfahren (Rampe auf) bis zum erforderlichen Sollwert für die Anwendung

6.1.4　Wechselrichter im Frequenzumrichter

Der Wechselrichter ist das letzte Glied der Hauptbestandteile eines Frequenzumrichters. Die Wechselrichterprozesse bilden beim Erzeugen der Ausgangsspannung und Frequenz die letzte Stufe. Wenn der Motor direkt ans Netz angeschlossen ist, liegen die idealen Betriebsbedingungen beim Nennbetriebspunkt vor.

Der Frequenzumrichter garantiert gute Betriebsbedingungen über den gesamten Drehzahlbereich hinweg, indem er die Ausgangsspannung an die Lastbedingungen anpasst. So ist es möglich, die Magnetisierung des Motors auf einem optimalen Wert zu halten.

Aus dem Zwischenkreis erhält der Wechselrichter eine der folgenden Ausgangsgrößen:

- Variablen Gleichstrom
- Variable Gleichspannung
- Konstante Gleichspannung.

Auf jeden Fall muss der Wechselrichter sicherstellen, dass am Motor eine Wechselspannung anliegt, d. h. er muss die Frequenz für die Motorspannung erzeugen. Die Steuermethode des Wechselrichters hängt davon ab, ob er einen variablen oder konstanten Wert erhält. Mit variablem Strom oder variabler Spannung muss der Wechselrichter nur die entsprechende Frequenz erzeugen. Bei konstanter Spannung erzeugt er eine Frequenz und eine Amplitude der Spannung.

6.2　Frequenzumrichter in der Praxis

Das Grundprinzip der Wechselrichter ist immer gleich, auch wenn sich ihre Funktionsweise unterscheidet. Die Hauptbestandteile sind gesteuerte Halbleiter in Paaren in drei Verzweigungen.

Transistoren ersetzen zunehmend Thyristoren in den Wechselrichterbaugruppen des Frequenzumrichters, und das hat gute Gründe. Erstens gibt es jetzt Transistoren für hohe Ströme, hohe Spannungen und hohe Schaltfrequenzen. Außerdem beeinflusst der Nulldurchgang das Verhalten des Stroms. Transistoren können jederzeit in den leitenden oder blockierenden Zustand wechseln, indem man einfach die Polarität an den Steuerklemmen anliegenden Spannung ändert. Dadurch lassen sich magnetische

Störungen durch Pulsmagnetisierung innerhalb des Motors vermeiden. Ein weiterer Vorteil der hohen Taktfrequenz ist eine variable Modulation der Frequenzumrichter-Ausgangsspannung. Damit lässt sich ein sinusförmiger Motorstrom erreichen. Abb. 6.12 zeigt die Auswirkungen der Taktfrequenz auf den Motorstrom. Der Steuerkreis des Frequenzumrichters muss die Wechselrichtertransistoren lediglich mit einem passenden Muster aktivieren und deaktivieren.

Die Wahl der Wechselrichter-Taktfrequenz ist ein Kompromiss aus Verlusten im Motor (Sinusform des Motorstroms) und Verlusten im Wechselrichter. Mit steigender Taktfrequenz steigen die Verluste im Wechselrichter in Abhängigkeit der Anzahl der Halbleiterkreise,

Hochfrequenztransistoren können in drei Haupttypen unterteilt werden:

- Bipolar (LTR)
- Unipolar (MOSFET)
- Insulated Gate Bipolar (IGBT)

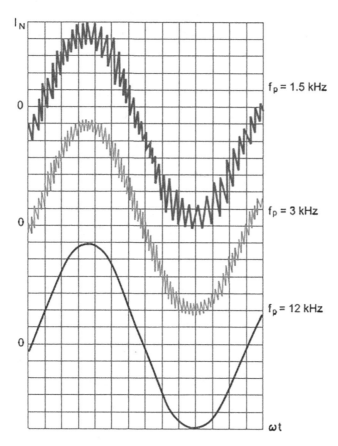

Abb. 6.12 Auswirkungen der Taktfrequenz auf den Motorstrom

Tab. 6.3 zeigt den Vergleich der Leistungstransistormerkmale.

IGBT-Transistoren sind eine gute Wahl für Frequenzumrichter hinsichtlich Leistungsbereich, hoher Leitfähigkeit, hoher Taktfrequenz und einfacher Steuerung. Sie
kombinieren die Merkmale von MOSFET-Transistoren mit den Ausgangsmerkmalen
bipolarer Transistoren. Die tatsächlichen Schaltkomponenten und die Wechselrichter-
steuerung sind normalerweise kombiniert, um ein einziges Modul, ein IPM (Intelligent
Power Module), also intelligente Leistungselektronik, zu schaffen.

Eine Freilaufdiode ist zu jedem Transistor parallel geschaltet, weil über die induktive
Ausgangslast hohe Induktionsspannungen auftreten können. Die Dioden zwingen die
Motorströme, weiter in ihre Richtung zu fließen, und schützen die Schaltkomponenten
gegen eingeprägte Spannungen. Auch die vom Motor geforderte Reaktanzleistung
können die Freilaufdioden ohne Probleme bewältigen.

6.2.1 Modulationsverfahren

Die Halbleiter im Wechselrichter leiten oder blockieren – je nachdem, welche Signale
der Steuerkreis erzeugt. Zwei Grundprinzipien (Modulationsarten) erzeugen die
variablen Spannungen und Frequenzen:

Tab. 6.3 Hauptunterschiede zwischen MOSFET-, IGBT- und LTR-Transistoren

Eigenschaften	Halbleiter		
	MOSFET	IGBT	LTR
Symbol			
Design			
Leitfähigkeit Stromleitfähigkeit Verluste	Niedrig Hoch	Hoch Vernachlässigbar	Hoch Vernachlässigbar
Blockierbedingungen Obere Grenze	Niedrig	Hoch	Mittel
Schaltbedingungen Anschaltzeit Abschaltzeit Verluste	Kurz Kurz Vernachlässigbar	Mittel Mittel Mittel	Mittel Niedrig Hoch
Steuerbedingungen Leistung Treiber	Mittel Spannung	Mittel Spannung	Hoch Strom

- Pulsamplitudenmodulation (PAM)
- Pulsweitenmodulation (PWM)

Abb. 6.13 zeigt die Modulation von Amplitude und Pulsbreite. Die Pulsamplituden-modulation kommt in Frequenzumrichtern mit variabler Zwischenkreisspannung oder variablem Zwischenkreisstrom zum Einsatz. In Frequenzumrichtern mit ungesteuerten oder halbgesteuerten Gleichrichtern erzeugt der Zwischenkreis-Chopper die Amplitude der Ausgangsspannung. Ist der Gleichrichter vollständig gesteuert, wird die Amplitude direkt erzeugt, d. h. dass die Ausgangsspannung für den Motor im Zwischenkreis zur Verfügung gestellt wird.

Die Intervalle, während denen die individuellen Halbleiter leiten oder sperren, werden in einem bestimmten Muster in dem Steuergerät gespeichert. Dieses Muster wird abhängig von der gewünschten Ausgangsfrequenz ausgelesen.

Dieser Halbleiter-Schaltmodus steuert die Höhe der variablen Spannung oder des variablen Stroms im Zwischenkreis. Kommt ein spannungsgesteuerter Oszillator zum Einsatz, folgt die Frequenz immer der Amplitude der Spannung.

Die Pulsamplitudenmodulation kann in bestimmten Anwendungen wie Hoch-geschwindigkeitsmotoren (10.000 bis 100.000 U/min) zu verringerten Motorgeräuschen und geringfügigen Effizienzvorteilen führen. Allerdings eliminiert dies nicht die Nach-teile, wie höhere Kosten für höherwertige Hardware und Steuerprobleme, z. B. höheres Drehmomentbrummen bei niedrigen Geschwindigkeiten.

Die Frequenzumrichter mit konstanter Zwischenkreisspannung nutzen die Puls-weitenmodulation und ist die am weitesten verbreitete und bestentwickelte Methode. Im Vergleich zur Pulsamplitudenmodulation sind die Hardwareanforderungen für diese Modulation geringer, bei niedrigen Geschwindigkeiten funktioniert die Steuerleistung besser und der Bremswiderstandbetrieb ist jederzeit möglich. Einige Hersteller ver-zichten auf Elektrolytkondensatoren und Spulen, bzw. Drosseln.

Die Motorspannung lässt sich durch das Aufschalten der Zwischenkreisspannung (DC) an die Motorwicklungen für eine bestimmte Dauer variieren. Ebenso variiert die Frequenz durch das Verschieben der positiven und negativen Spannungspulse während der zwei Halbperioden entlang der Zeitachse.

Da diese Technologie die Weite der Spannungspulse verändert, bezeichnet man dieses Verfahren als Pulsweitenmodulation oder PWM. Bei herkömmlichen PWM-Techniken

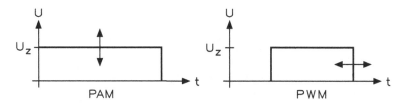

Abb. 6.13 Modulation von Amplitude (links) und Pulsbreite (rechts)

bestimmt der Steuerkreis die Aktivierung und Deaktivierung der Halbleiter so, dass der Motorspannungsverlauf so sinusförmig wie möglich ist. Auf diese Weise lassen sich die Verluste in den Motorwicklungen reduzieren und ein sanfter Motorbetrieb lässt sich sogar bei niedrigen Drehzahlen erreichen.

Die Ausgangsfrequenz passt das System durch das Anschließen des Motors an die Hälfte der Zwischenkreisspannung während einer bestimmten Zeit an. Die Ausgangsspannung lässt sich anpassen, indem man die Spannungspulse der Ausgangsklemmen des Frequenzumrichters in eine Reihe engerer individueller Pulse mit Unterbrechungen dazwischen unterteilt. Das Verhältnis von Puls zu Unterbrechung kann abhängig vom erforderlichen Spannungsniveau variiert werden, d. h. dass die Amplitude der negativen und positiven Spannungspulse immer der halben Zwischenkreisspannung entspricht. Abb. 6.14 zeigt die Ausgangsspannung der Pulsweitenmodulation.

Niedrige Statorfrequenzen haben längere Perioden zur Folge. Dabei können diese so lang werden, dass es nicht länger möglich ist, die Dreieckfrequenz beizubehalten.

Werden allerdings die spannungsfreien Zeiträume zu lang, läuft der Motor unregelmäßig. Vermeiden lässt sich dies durch die Verdoppelung der Frequenz der Dreieckskurve bei niedrigen Frequenzen.

Die niedrigen Taktfrequenzen führen zu lauteren Motorgeräuschen. Um die Geräuschentwicklung zu minimieren, lässt sich eine höhere Taktfrequenz einstellen. Dies ist durch Fortschritte bei der Halbleitertechnologie möglich, die heute die Modulation einer etwa sinusförmigen Ausgangsspannung und die Erzeugung eines etwa sinusförmigen Stroms erlaubt. Ein PWM-Frequenzumrichter, der ausschließlich auf sinusförmiger Referenzmodulation basiert, kann bis zu 86,6 % der Nennspannung erzielen.

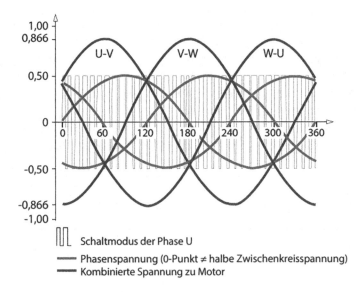

Abb. 6.14 Ausgangsspannung oder Pulsweitenmodulation PWM

Die Phasenspannung an den Ausgangsklemmen des Frequenzumrichters entspricht der halben Zwischenkreisspannung dividiert durch $\sqrt{2}$, d. h. der halben Versorgungsspannung. Die Netzspannung der Ausgangsklemmen entspricht dem $\sqrt{2}$-fachen der Phasenspannung, d. h. dem 0,866-fachen der Netzversorgungsspannung.

Die Ausgangsspannung des Frequenzumrichters kann die Motorspannung nicht erreichen, wenn die volle sinusförmige Kurvenform benötigt wird. Die Ausgangsspannung liegt dann um ca. 13 % unter der Motorspannung. Die zusätzlich benötigte Spannung kann jedoch erzielt werden, indem man die Anzahl der Pulse ändert, wenn die Frequenz etwa 45 Hz übersteigt. Nachteilig an dieser Methode ist, dass sich die Spannung sprunghaft ändert und der Motorstrom so instabil wird. Verringert man die Anzahl der Pulse, steigt zudem der Oberschwingungsanteil an den Frequenzumrichterausgängen und dies führt zu höheren Verlusten im Motor.

Alternativ können zur Behebung dieses Problems andere Referenzspannungen anstelle der drei Sinuskurven verwendet werden. Diese Spannungen könnten jede Kurvenform haben, z. B. trapez- oder stufenförmig.

Beispielsweise nutzt man die dritte Oberschwingung der Sinuskurve der gemeinsamen Referenzspannung. Erhöht man die Amplitude der Sinuskurve um 15,5 % und Hinzufügen der dritten Oberschwingung, erzeugt ein Schaltmodus für die Halbleiter des Wechselrichters, und die Ausgangsspannung des Frequenzumrichters vergrößert sich. Die Steuerkarte überträgt alle Steuerwerte des Wechselrichters. Die verschiedenen Sollwertsignale zum Festlegen der Schaltzeiten sind in einer Tabelle im Speicher der Steuerkarte hinterlegt und werden dann entsprechend dem Sollwert ausgelesen und verarbeitet.

Es gibt weitere Möglichkeiten, die Aktivierungs- und Deaktivierungszeiten der Halbleiter zu bestimmen und zu optimieren. Die Steuerverfahren basieren auf Berechnungen eines Mikroprozessors bzw. Mikrocontrollers, die die optimalen Schaltzeiten für die Halbleiter der Wechselrichter bestimmen,

Wenn strengere Anforderungen für Drehzahleinstellbereich und sanfte Laufeigenschaften gelten, müssen die PWM-Schaltzeiten durch einen zusätzlichen digitalen Baustein bestimmt werden, und nicht durch den Mikroprozessor oder Mikrocontroller, z. B. die PWM-Schaltzeiten durch einen ASIC (Application Specific Integrated Circuit). Dieses Bauteil enthält das Wissen des Herstellers. Inzwischen sind Mikroprozessoren und Mikrocontroller auch für andere Steuerungsaufgaben verantwortlich.

6.2.2 SFAVM und 60°-AVM

Die folgenden zwei Abschnitte beschreiben zwei asynchrone PWM-Methoden:

- SFAVM (Statorfluss-orientierte asynchrone Vektormodulation)
- 60°-AVM (asynchrone Vektormodulation).

Beide Verfahren können Amplitude und Winkel der Wechselrichterspannung stufenweise ändern.

SFAVM ist ein Raumvektor-Modulationsverfahren, das die Wechselrichterspannung nach Belieben stufenweise innerhalb der Schaltzeit, d. h. asynchron, verändern kann. Die Hauptaufgabe dieser Modulation besteht darin, den Statorfluss über den ganzen Statorspannungsbereich auf optimalem Niveau zu halten, um so Drehmomentbrummen zu verhindern. Verglichen mit der Netzversorgung führt eine „Standard"-PWM-Versorgung zu Veränderungen bei der Stator-Flux-Vektor-Amplitude und dem Flux-Winkel. Diese Veränderungen beeinträchtigen das Drehfeld (Drehmoment) im Motorluftspalt und führen zu Drehmomentbrummen. Die Auswirkungen durch Abweichung der Amplitude sind vernachlässigbar und lassen sich durch Erhöhen der Taktfrequenz verringern. Die Abweichung beim Winkel hängt von der Schaltsequenz ab und kann zu höherem Drehmomentbrummen führen. Infolgedessen muss das System die Schaltsequenz so berechnen, dass die Abweichung beim Vektorwinkel minimal ist.

Jeder Wechselrichterzweig eines Dreiphasen-PWM-Wechselrichters kann zwei Zustände einnehmen, ein oder aus. Die drei Schalter ergeben acht mögliche Schaltkombinationen. Daraus resultieren wiederum acht diskrete Spannungsvektoren am Wechselrichterausgang oder der Statorwicklung des angeschlossenen Motors. Wie in Abb. 6.15 dargestellt, bilden diese Vektoren (100,110, 010, 011, 001, 101) die Eckpunkte eines Hexagons, wobei 000 und 111 Nullvektoren sind. Abb. 6.15 zeigt die Wechselrichterschaltzustände in Abhängigkeit der möglichen Schaltkombinationen.

Mit den Schalterkombinationen 000 und 111 ergibt sich dasselbe Potential an allen drei Ausgangsklemmen des Wechselrichters. Dieses ist entweder das positive oder negative Potential vom Zwischenkreis. Für den Motor ist das gleichbedeutend mit einem Kurzschluss an der Klemme, sodass eine Spannung von 0 V an den Motorwicklungen liegt.

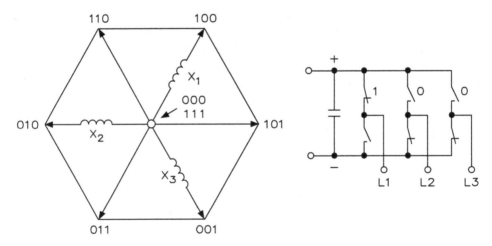

Abb. 6.15 Wechselrichterschaltzustände mit möglichen Schaltkombinationen

Der stationäre Zustand beinhaltet das Steuern des Maschinenspannungsvektors U$_{\omega t}$ auf einem kreisförmigen Pfad. Die Länge des Spannungsvektors ergibt sich aus der Motorspannung und der Drehzahl, was der Betriebsfrequenz zu einem bestimmten Zeitpunkt entspricht. Die Motorspannung wird durch kurzes Pulsieren benachbarter Vektoren generiert, um einen Mittelwert zu erzeugen.

Einige Merkmale der SFAVM-Methode sind:

- Amplitude und Winkel des Spannungsvektors können in Abhängigkeit des Festsollwerts gesteuert werden, ohne dass es zu Abweichungen kommt.
- Der Startpunkt für eine Schaltsequenz ist immer 000 oder 111 und dadurch kann jeder Spannungsvektor drei Schaltzustände einnehmen.
- Der Spannungsvektor wird als Mittelwert kurzer Pulse benachbarter Vektoren sowie der Nullvektoren 000 und 111 erzeugt.

Abb. 6.16 zeigt die Kurvenform eines synchronen 60°-PWM und es wird die volle Ausgangsspannung direkt erzeugt.

SFAVM bietet eine Verbindung zwischen Steuerungssystem und Stromkreis des Wechselrichters. Die Modulation ist synchron zur Steuerfrequenz des Reglers und asynchron zur Grundfrequenz der Motorspannung. Die Synchronisierung zwischen Steuerung und Modulation ist ein Vorteil für Hochleistungsregelungen (z. B. Spannungsvektor oder Flux-Vektor), da das Steuerungssystem den Spannungsvektor direkt und ohne Einschränkungen steuern kann. Amplitude, Winkel und Winkelgeschwindigkeit sind ebenfalls steuerbar.

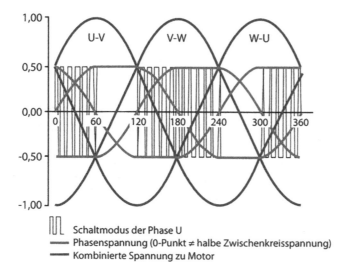

Abb. 6.16 Synchroner 60°-PWM erzeugt direkt die volle Ausgangsspannung

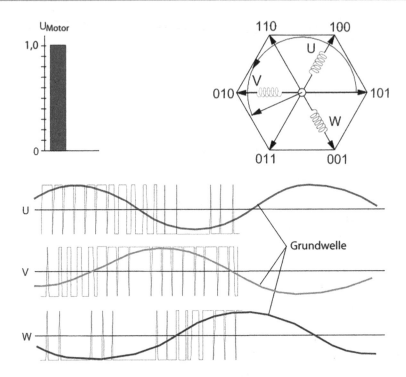

Abb. 6.17 Ausgangsspannung der Motor-Phase-Phase

Um die Online-Berechnungszeit deutlich zu verringern, sind Spannungswerte für verschiedene Winkel in einer Tabelle im Steuergerät gespeichert. Abb. 6.17 zeigt die Ausgangsspannung zwischen Motor-Phase-Phase und zeigt die Motorspannung bei voller Drehzahl.

Die 60°-AVM (asynchrone Vektormodulation) bestimmt die Spannungsvektoren – im Gegensatz zur SFAVM – wie folgt:

- In einer Schaltperiode wird nur ein Nullvektor (000 oder 111) verwendet
- Ein Nullvektor (000 oder 111) wird nicht immer als Startpunkt für eine Schaltsequenz genutzt
- Eine Phase des Wechselrichters wird für 1/6 der Zeitspanne (60°) konstant gehalten und der Schaltzustand (0 oder 1) bleibt während dieser Zeit konstant. In den beiden anderen Phasen erfolgt das Schalten.

Abb. 6.18 zeigt die Schaltsequenz der Methoden 60°-AVM und SFAVM für verschiedene 60°-Intervalle und Abb. 6.19 die Schaltsequenz der Methoden 60°-AVM und SFAVM, die über für mehrere Perioden verglichen werden.

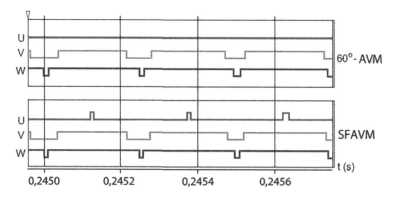

Abb. 6.18   Schaltsequenz der Methoden 60°-AVM und SFAVM für verschiedene 60°-Intervalle

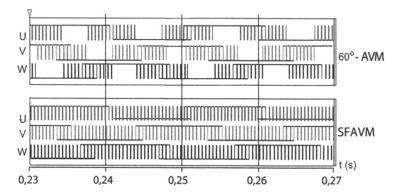

Abb. 6.19   Schaltsequenz der Methoden 60°-AVM und SFAVM über mehrere Perioden

6.2.3   Steuerkreis des Frequenzumrichters

Der Steuerkreis (oder die Steuerkarte) ist das vierte Hauptelement des Frequenzumrichters. Die drei bisher besprochenen Hardwarekomponenten (Gleichrichter,
Zwischenkreis und Wechselrichter) basieren unabhängig vom Hersteller fast immer auf
den gleichen Grundlagen und Komponenten. In den meisten Fällen handelt es sich dabei
um Standardkomponenten, die fast immer ein externer Hersteller liefert. Im Gegensatz
dazu ist der Steuerkreis die Komponente, in die der Hersteller von Frequenzumrichtern
sein gesamtes Wissen einbringt.

Generell hat der Steuerkreis vier Hauptaufgaben:

- Steuern der Halbleiter im Frequenzumrichter und die Halbleiter bestimmen die anti-
  zipierte dynamische Kennlinie oder Genauigkeit
- Austausch der Daten zwischen Frequenzumrichter und Peripherie (SPS, Geber und
  andere Peripheriesysteme)

- Messen, Erkennen und Anzeige von Fehlern, Bedingungen und Warnungen
- Schutzfunktion für Frequenzumrichter und Motor

Die Mikroprozessortechnologie mit Single-, Dual-, Quad- oder Oktalprozessoren erlaubt es, die Steuerkreisgeschwindigkeiten mithilfe von festen, im Speicher gespeicherte Pulsmuster zu steigern. Infolgedessen reduziert sich die Zahl der erforderlichen Berechnungen erheblich. Bei dieser Art von Steuerung ist der Prozessor in den Frequenzumrichter integriert und kann immer das optimale Pulsmuster für jede Betriebsphase bestimmen. Es gibt verschiedene Steuermethoden zur Bestimmung der dynamischen Kennlinie und Antwortzeit bei Veränderungen des Sollwerts oder Drehmoments sowie Positioniergenauigkeit der Motorwelle.

Die Grundfunktionen eines Frequenzumrichters lassen sich wie folgt zusammenfassen:

- Drehen und Positionieren des Rotors
- Drehzahlregelung mit oder ohne Rückführung vom Drehstrommotor
- Drehmomentregelung mit oder ohne Rückführung vom Drehstrommotor
- Überwachung und Signalisierung von Betriebszuständen.

Bei der Einteilung der verschiedenen Spannungszwischenkreis-Umrichter auf dem Markt (nach Steuerart) lassen sich mindestens sechs verschiedene Typen unterscheiden:

- Einfach (skalar) ohne Kompensationssteuerung
- Skalar mit Kompensationssteuerung
- Raumvektormodulation
- Flux-Regelung (feldbezogen) ohne Rückführung
- Flux-Regelung (feldbezogen) mit Rückführung
- Servo-gesteuerte Systeme

Abb. 6.20 zeigt die Drehzahlregelung und Abb. 6.21 die Drehmomentregelung der Leistungsklassifizierung. Hier bezieht sich die Antwortzeit darauf, wie lange der Frequenzumrichter benötigt, um einen entsprechenden Signalwechsel an seinem Ausgang zu berechnen, wenn es einen Signalwechsel am Eingang gibt. Die Motorkennlinie bestimmt, wie lange es dauert, bis eine Antwort an der Motorwelle registriert wird, wenn ein Signal am Eingang des Frequenzumrichters anliegt.

Die Motornenndrehzahl ist die Basis für die Festlegung der Drehzahlgenauigkeit. In den meisten Ländern beträgt die Motornenndrehzahl 50 Hz, in den USA 60 Hz.

Frequenzumrichter lassen sich nach ihrem Preis-/Leistungsverhältnis einstufen, d. h. dass ein Frequenzumrichter mit einer einfachen Steuermethode für eine einfache Aufgabe ein besseres Preis-/Leistungsverhältnis bietet, als ein Frequenzumrichter mit feldbezogener Regelung für diese einfache Aufgabe.

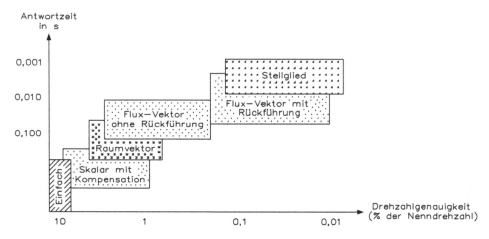

Abb. 6.20 Leistungsklassifizierung bei der Drehzahlregelung

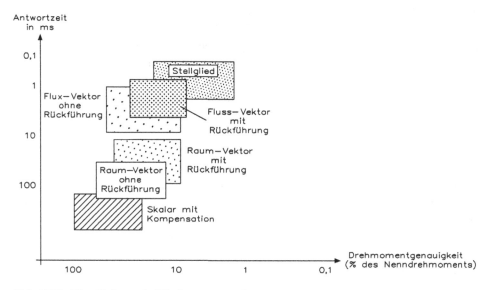

Abb. 6.21 Klassifizierung bei Drehmomentregelung

Die zu den einzelnen Frequenzumrichtertypen gehörenden Drehzahleinstellbereiche sind etwa wie folgt:

- Einfach (skalar) ohne Kompensation 1:15
- Skalar mit Kompensation 1:25
- Raumvektor 1:100…1000
- Flux (feldbezogen) ohne Rückführung 1:1000
- Flux (feldbezogen) mit Rückführung 1:10.000
- Servoregler 1:10.000

Somit ist folgende Einteilung der Drehmomentregelung möglich:

- Die Reaktionszeit lässt sich auf dieselbe Weise wie für die Drehzahlregelung definieren
- Die Genauigkeit wird in Abhängigkeit des Nenndrehmoments des Motors bestimmt

Man beachte, dass Frequenzumrichter mit einfacher Steuermethode nicht für die Steuerung des Motordrehmoments mit oder ohne Rückführung geeignet oder anwendbar sind.

Die einfache Steuerung wird heutzutage nur noch selten eingesetzt. Generell besteht die Steuerung aus einem festen Verhältnis zwischen gewünschter Motordrehzahl und Motorspannung. Auch wenn sich das Modell mehr oder weniger verfeinern lässt, bietet es jedoch wesentliche Nachteile:

- Instabile Motordrehzahl
- Schwieriger Motorstart
- Kein Motorschutz

Der einzige Vorteil einer einfachen Steuerung könnte der niedrige Preis sein. Da jedoch die Basiskomponenten für eine Motorüberwachung relativ kostengünstig sind, nutzen nur noch sehr wenige Hersteller diese Methode.

Im Vergleich zu einer einfachen Steuerung verfügt der Frequenzumrichter mit Kompensation über drei neue Steuerfunktionsblöcke. Abb. 6.22 zeigt einen skalaren Frequenzumrichter mit Kompensation.

Der Lastkompensator nutzt die Strommessung. um die zusätzliche Spannung (ΔU) zu berechnen, die zur Kompensation der Last an der Motorwelle erforderlich ist.

Der Strom wird normalerweise mithilfe eines Widerstands (Shunt) im Zwischenkreis gemessen. Dies basiert auf der Annahme, dass die Leistung im Zwischenkreis der vom Motor aufgenommenen Leistung entspricht. Bei Kombination mehrerer aktiver Schaltpositionen können diese dazu dienen, die gesamte Phasenstrominformation zu rekonstruieren.

Für die Basisfunktionen gelten:

- Spannung/Frequenz U/f-Steuerung mit Last- und Schlupfausgleich
- Regelung von Spannungsamplitude und -frequenz

Für die typische Wellenleistung gilt:

- Drehzahleinstellbereich 1:25
- Drehzahlgenauigkeit ± 1 % der Nennfrequenz
- Beschleunigungsmoment 40...90 % des Nenndrehmoments
- Antwortzeit Drehzahländerung 200...500 ms
- Antwortzeit Drehmomentregelung nicht verfügbar

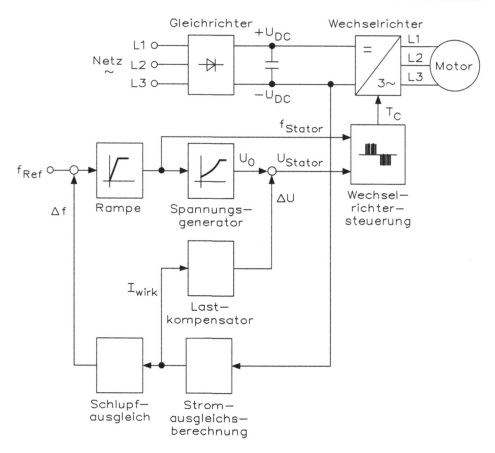

Abb. 6.22 Skalarer Frequenzumrichter mit Kompensation

Die typischen Funktionen sind:

- Verbesserte Steuereigenschaften im Vergleich zu einfacher Skalarsteuerung
- Ausgelegt für plötzliche Lastveränderungen
- Kein externes Istwertsignal erforderlich
- Resonanzprobleme können nicht gelöst werden
- Keine Drehmomentregelung
- Probleme bei der Steuerung von Hochleistungsmotoren
- Probleme bei Laständerungen im unteren Drehzahlbereich

6.2.4 Raum- und Spannungsvektor

Die Raumvektormethode ist mit und ohne externe Motordrehzahlrückführung verfügbar. Wie gezeigt wird, erhielt die Steuerung eine Funktion zur Polartransformation des Motorstroms hinzu, d. h. in den für Magnetisierung und Drehmoment-erzeugenden Strom zuständigen Komponenten. Der Spannungswinkel (θ) wird zusätzlich zu Spannung (U) und Frequenz (f) reguliert.

Für die Basisfunktion gilt:

• Spannungsvektorsteuerung in Bezug auf Kennwerte im stationären Zustand (statisch)

Die typischen Funktionen sind:

• Verbesserte dynamische Leistung im Vergleich zur Skalarsteuerung
• Sehr gute Stabilität bei plötzlichen Laständerungen (verglichen mit Skalar plus Kompensation)
• Betrieb an der Stromgrenze
• Möglichkeit aktiver Resonanzdämpfung
• Möglichkeit der Drehmomentregelung mit und ohne Rückführung
• Hohes Anlauf- und Haltemomemt
• Probleme während schneller Reversierung verglichen mit Flux-Vektor
• Keine „schnelle" Stromregelung

Bei Einsatz eines Raumvektors ohne externe Rückführung berechnet die Steuersoftware die Drehzahl und die Position basierend auf den Informationen des gemessenen Motorstroms und -frequenz.

Für die Basisfunktionen gelten:

• Spannungsvektorsteuerung in Bezug auf Kennwerte im stationären Zustand (statisch)

Die typische Wellenleistung ist:

• Drehzahleinstellbereich 1:100
• Drehzahlgenauigkeit (stationärer Zustand) $\pm 0,5$ % der Nennfrequenz
• Beschleunigungsmoment 80…130 % des Nenndrehmoments
• Antwortzeit Drehzahländerung 50…300 ms
• Antwortzeit Drehmomentänderung 20…50 ms

Bei der Raumvektormethode mit Rückführung ist ein Drehgeber oder anderer Sensor zum Erkennen der Motordrehzahl oder -position erforderlich. Die Steuerungssoftware, die Auflösung der Rückführung und die Drehgeberauflösung bestimmen die Genauigkeit der Motorsteuerung.

Die typische Wellenleistung ist:

• Drehzahleinstellbereich 1 : 1000 bis 10.000
• Drehzahlgenauigkeit (stationärer Zustand) Abhängig von der Auflösung der verwendeten Rückführung

- Beschleunigungsmoment 80…130 % des Nenndrehmoments
- Antwortzeit Drehzahländerung 50…300 ms
- Antwortzeit Drehmomentänderung 20…50 ms

Die Flux-Vektor-Regelung wird oft auch als feldbezogene Regelung bezeichnet. Die bereits erwähnten Regelmethoden steuern den Magnetfluss des Motors über den Stator. Bei der feldbezogenen Regelung wird der Rotorfluss direkt gesteuert. In diesem Kontext erfolgt die Steuerung der folgenden Motorvariablen:

- Drehzahl
- Drehmoment

Nach Eingabe der Nennwerte für den Motor lassen sich die erforderliche Spannung und der Winkel zum Sicherstellen der optimalen Motormagnetisierung mithilfe eines Magnetflussmodells bestimmen. Der gemessene Motorstrom wird in einen aus dem Drehmoment erzeugten Strom und einen Magnetisierungsstrom umgewandelt. Ein interner PID-Regler regelt die Drehzahl, wobei der Istwert auf Basis des gemessenen Motorstroms geschätzt wird.

Die Flux-Regelung erfordert genaue Informationen über den Zustand, die Temperatur und die Rotorposition des Motors. Eine Regelung ohne Rückführung ist eine Herausforderung, wenn der Motorzustand simuliert wird. Das Erreichen der optimalen Leistung kann schwierig sein, vor allem bei niedrigen Motordrehzahlen.

Für die typische Wellenleistung gilt:

- Drehzahleinstellbereich 1 : 50
- Drehzahlgenauigkeit (stationärer Zustand) $\pm 0{,}5$ % der Nennfrequenz
- Beschleunigungsmoment 100…150 % des Nenndrehmoments
- Antwortzeit Drehzahländerung 50…200 ms
- Antwortzeit Drehmomentänderung 0,5…5 ms

Die Flux-Vektor-Methode mit Rückführung erfordert einen Drehgeber oder anderen Sensor an der Motorwelle. Die Steuerungssoftware und die Auflösung der Rückführung bestimmen die Genauigkeit der Motorsteuerung.

Die Steuerung funktioniert genauso wie bei der Regelung ohne Rückführung. in diesem Fall wird die Drehzahl jedoch aus den Drehgebersignalen berechnet und nicht geschätzt. Abb. 6.23 zeigt eine Flux-Vektor-Regelung mit Rückführung.

Typische Wellenleistung:

- Drehzahleinstellbereich 1 : 1000 bis 10.000
- Drehzahlgenauigkeit (stationärer Zustand) Abhängig vorm verwendeten Istwertsignal (Drehgeber)
- Beschleunigungsmoment 100…50 % des Nenndrehmoments

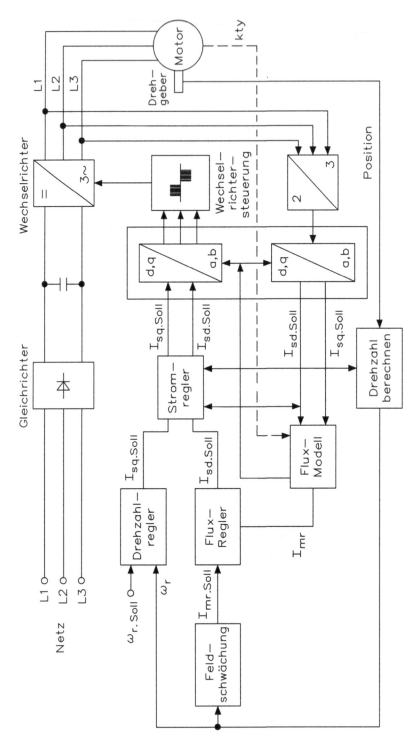

Abb. 6.23 Flux-Vektor-Regelung mit Rückführung

- Antwortzeit Drehzahlregelung 5,00...50 ms
- Antwortzeit Drehmomentregelung 0,50...5 ms

Die Regelmethode mit Servoumrichtern wird hier nicht im Detail behandelt, denn die Flux-Regelung mit Rückführung ist ähnlich aufgebaut. Um aber eine hochdynamische Antwort sicherzustellen, können die Leistungskomponenten und Hardware ausgebaut werden, sodass diese zwei-, drei- oder viermal innerhalb des Frequenzumrichters zu finden sind, um den verfügbaren Strom und das Drehmoment sicherzustellen.

Alle Steuermethoden laufen hauptsächlich in der Software ab. Je dynamischer die Motorsteuerung sein muss, desto komplexer ist der erforderliche Steueralgorithmus.

Ein ähnliches Prinzip gilt für die anfängliche Verwendung eines Frequenzumrichters. Die anfängliche Verwendung eines einfachen Frequenzumrichters erfordert kein großes Maß an Programmierung. In den meisten Fällen reicht lediglich die Eingabe der Motordaten. Dagegen ist bei Anwendungen, die eine Flux-Vektor-Regelung erfordern oder bei kritischen Anwendungen wie Hubanwendungen, gleich von Beginn an eine komplexere Programmierung erforderlich.

Da die Steuerung hauptsächlich Aufgabe der Software ist, verwenden viele Hersteller verschiedene Steuermethoden in ihre Geräte, z. B. U/f, Raumvektor oder feldbezogene Regelung. Die Parameter müssen von einer zur anderen Steuermethode wechseln, z. B. von der Raumvektorsteuerung zur Flux-Vektor-Methode. Mithilfe von Pop-up-Menüs können die Bediener die für die jeweilige Steuermethode erforderlichen Parameter einstellen, um so die Anforderungen der Anwendung zu erfüllen.

Abb. 6.24 zeigt die Grundprinzipien der aktuellen Standard-Frequenzumrichter und eine allgemeine Übersicht der Standardstromsteuerverfahren für die Frequenzumrichter.

Die Berechnung der PWM-Schaltmodi erfolgt für den Wechselrichter mithilfe ausgewählter Steueralgorithmen. Eine U/f-Steuerung eignet sich für Anwendungen mit

- Sondermotoren (z. B. Verschiebeankermotor)
- Parallel geschalteten Motoren.

Bei beiden erwähnten Anwendungen ist keine Kompensation des Motors erforderlich. Das Steuerverfahren VVC steuert Amplitude und Winkel des Spannungsvektors ebenso wie die Frequenz direkt. Das Herzstück dieser Methode ist ein einfaches, aber dennoch robustes Motormodell. Die entsprechende Steuermethode heißt „Voltage Vector Control" (VVC).

Einige der integrierten Funktionen sind:

- Verbesserte dynamische Eigenschaften im Niedrigdrehzahlbereich (0...10 Hz)
- Verbesserte Motormagnetisierung
- Drehzahlregelbereich von 1 : 100 ohne Rückführung
- Drehzahlgenauigkeit von ± 0,5 % der Nenndrehzahl ohne Rückführung

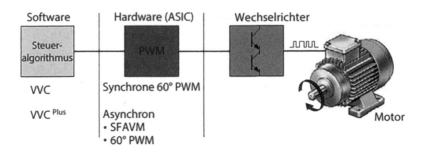

Abb. 6.24 Grundprinzipien eines Standard-Frequenzumrichters

- Aktive Resonanzdämpfung
- Drehmomentregelung
- Betrieb an der Motorstromgrenze.

Das Steuerverfahren nach VVC nutzt eine Vektormodulationsmethode für konstante Spannungszwischenkreis-PWM-Wechselrichter. Abhängig vorn Steuerungsbedarf der Anwendung nutzt es dafür ein vereinfachtes Motorersatzschaltbild (d. h. ohne Berücksichtigung der Eisen-, Kupfer- und Luftströmungsverluste) oder das vollständige und komplexe Ersatzschaltbild.

Beispiel: Für die Steuerung einer einfachen Lüfter- oder Pumpenanwendung kommt ein vereinfachtes Motordiagramm zum Einsatz. Eine dynamische Hubanwendung mit Flux-Vektor-Regelung erfordert jedoch ein komplexes Motorersatzschaltbild, das alle Verluste im Steueralgorithmus berücksichtigt.

Die Berechnung des Wechselrichter-Schaltmodus erfolgt entweder mit dem Verfahren SFAVM oder 60°-AVM, um das pulsierende Drehmoment im Luftspalt möglichst klein zu halten. Der Anwender kann das bevorzugte Betriebsverfahren auswählen, alternativ wählt die Steuerung automatisch ein Verfahren anhand der Kühlkörpertemperatur. Wenn die Temperatur unter 75 °C liegt, kommt das SFAVM-Verfahren zur Steuerung zum Einsatz und bei Temperaturen über 75 °C das 60°-AVM-Verfahren.

Der Steueralgorithmus berücksichtigt zwei Betriebsbedingungen:

- Keine Last (Leerlauf): Abb. 6.25 zeigt ein Motor-Ersatzschaltbild ohne Last und im Leerlauf wirkt keine Last auf die Motorwelle. Bei Fördereinrichtungen bedeutet ebenfalls keine Last, dass sie keine Werkstücke transportieren. Es wird einfach angenommen, dass der vom Motor aufgenommene Strom nur für Magnetisierung und Ausgleich der Verluste benötigt wird. Der Wirkstrom wird nahe Null angenommen und die Spannung ohne Last (U_L) anhand der Motordaten (Nennspannung, Strom, Frequenz, Drehzahl) bestimmt.
- Lastzustand: Die Motorwelle steht unter Last, d. h. bei der Anwendung werden Werkstücke transportiert.

Abb. 6.25 Motor-Ersatzschaltbild ohne Last (oben) und unter Last (unten)

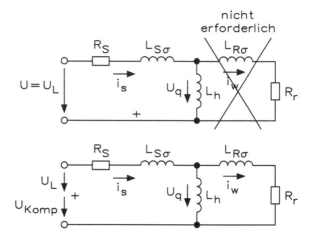

Der Motor nimmt mehr Strom auf, wenn er unter Last ist. Um das erforderlich Drehmoment zu erzeugen, benötigt er den Wirkstrom (I_W). Verluste im Motor (hauptsächlich im Niedrigdrehzahlbereich) sind auszugleichen und der Motor erhält eine lastabhängige Zusatzspannung U_{Komp}.

Die zusätzliche Spannung U_{Komp} wird mithilfe der Ströme, die unter den zwei oben genannten Bedingungen (mit und ohne Last) auftreten, sowie des Drehzahlbereichs bestimmt, d. h. niedrige oder hohe Drehzahl. Die Bestimmung von Spannungswert und Drehzahlbereich erfolgt dann anhand der Nennmotordaten. Abb. 6.26 zeigt das Verfahren für die VVC-Steuerung.

Wie Abb. 6.26 zeigt, berechnet das Motormodell die lastlosen Sollwerte (Ströme und Winkel) für den Lastkompensator I_{SX}, I_{SY} und den Spannungsvektorgenerator I_0, θ_0.

Der Spannungsvektorgenerator berechnet die lastlose Spannung U_L und den Winkel θ_L des Spannungsvektors anhand des lastlosen Stroms, des Statorwiderstands und der Statorinduktivität. Anhand der gemessenen Motorströme I_U, I_V und I_W erfolgt die Berechnung der Komponenten mit Blindstrom I_{SX} und Wirkstrom I_{SY}.

Basierend auf den gemessenen Strömen I_{SX0}, I_{SY0}, I_{SX}, I_{SY} und den aktuellen Werten des Spannungsvektors schätzt der Lastkompensator das Luftspaltdrehmoment und berechnet, wie viel zusätzliche Spannung U_{Komp} erforderlich ist, um die Magnetfeldstärke auf dem Sollwert zu halten. Er korrigiert dann die Winkelabweichung $\Delta\theta$, die er aufgrund der Last an der Motorwelle erwartet. Der Ausgangsspannungsvektor wird in polarer Form p dargestellt. Dadurch ist eine direkte Übermodulation und Anbindung an den PWM-ASIC möglich.

Eine Spannungsvektorsteuerung ist besonders bei niedrigen Drehzahlen sinnvoll. Diese kann hier die dynamische Leistung des Antriebs durch eine entsprechende Steuerung des Spannungsvektorwinkels deutlich verbessern (verglichen mit einer U/f-Steuerung). Außerdem verbessert sich das Verhalten im stationären Zustand, da das Steuerungssystem das Lastdrehmoment anhand der Vektorwerte für Spannung und Strom

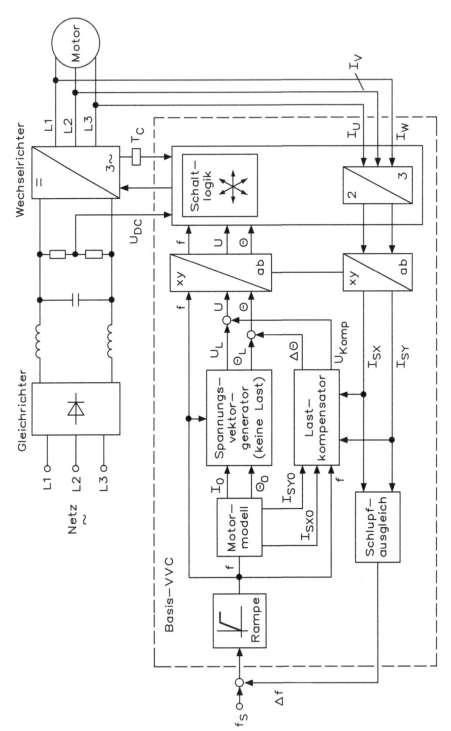

Abb. 6.26 Grundprinzipien der VVC-Steuerung

besser abschätzen kann, als es anhand der Skalarsignale (Amplitudenwerte) möglich wäre. Tab. 6.4 zeigt die Funktionen der verwendeten Werte.

Das Prinzip der Flux-Vektor-Regelung geht davon aus, dass ein vollständiges Ersatzschaltbild verfügbar ist. Dieser Ansatz berücksichtigt alle relevanten Motorparameter durch den Steueralgorithmus. Dies erfordert die Angabe von wesentlich mehr Motordaten als bei der einfachen VVC-Steuerung.

Das Ändern eines einzigen Parameters während der Inbetriebnahme ändert den Steueralgorithmus von VVC-Regelung auf Flux-Vektor-Regelung. Hier müssen Anwender für eine sanfte Steuerung des Motors weitere Informationen im Frequenzumrichter angeben. Eine Flux-Datenbank ist im Frequenzumrichter gespeichert. Die in allen drei Phasen gemessenen Ströme werden in Polarkoordinaten (xy) umgerechnet. Abb. 6.27 zeigt das grundlegende Prinzip der Flux-Vektor-Regelung.

Tab. 6.4 Funktionen der verwendeten Werte

f	Interne Frequenz
f_S	Eingestellter Frequenzsollwert
Δf	Berechnete Schlupffrequenz
I_{SX}	Blindstrom (berechnet)
I_{SY}	Wirkstrom (berechnet)
I_{SX0}, I_{SY0}	Leerlaufstrom der x/y-Achse (berechnet)
I_U, I_V, I_W	Gemessener Phasenstrom (U, V, W)
R_S	Statorwiderstand
R_r	Rotorwiderstand
θ	Winkel des Spannungsvektors
θ_0	Thetawert-Leerlauf
$\Delta\theta$	Lastabhängiger Winkelausgleich (Kompensation)
T_C	Kühlkörpertemperatur (gemessen)
U_{DC}	Zwischenkreisspannung
U_L	Leerlaufspannungsvektor
U_S	Statorspannungsvektor
U_{Komp}	Lastabhängiger Spannungsausgleich
U	Motorversorgungsspannung
X_h	Reaktanz
X_1	Statorstreureaktanz
X_2	Rotorstreureaktanz
ω_S	Statorfrequenz
L_S	Statorinduktivität
L_{Ss}	Statorstreuinduktivität
L_{Rs}	Rotorstreuinduktivität

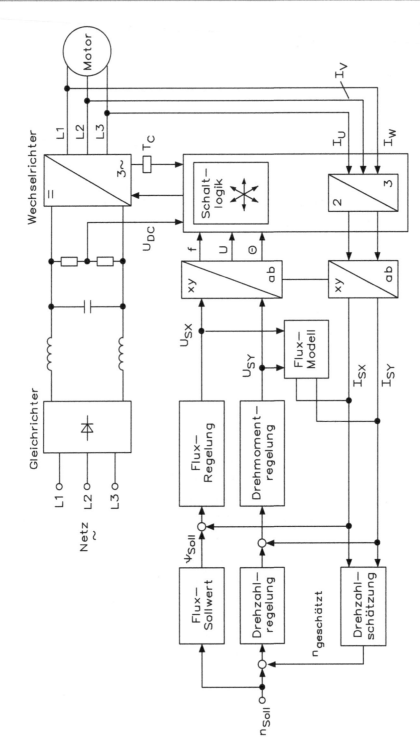

Abb. 6.27 Prinzipien der Flux-Vektor-Regelung

6.3 Frequenzumrichter und Motoren

Bei den vorangegangenen Kapiteln wurden der Motor und der Frequenzumrichter separat betrachtet. Die technischen Hauptmerkmale eines Motors stehen auf seinem Typenschild. Diese Informationen sind sehr wichtig für den Praktiker, da die Werte für Spannung, Frequenz und Volllaststrom angegeben sind.

Diese Informationen für die mechanische Auslegung sind u. a. Daten zum Starten des Motors und zum intermittierenden Betrieb sowie das verfügbare Drehmoment an der Motorwelle. Das Drehmoment an der Welle kann ganz einfach aus den Typenschilddaten berechnet werden. Bei gegebener Last gilt:

$$M = \frac{P \cdot 9550}{n} = \frac{\sqrt{3} \cdot U \cdot I \cdot \cos\varphi \cdot \eta \cdot 9550}{f \cdot \frac{60}{p}} = \frac{k \cdot U \cdot I}{f}$$

Daraus ergibt sich die folgende Beziehung:

$$M \approx \frac{U}{f} \cdot I$$

Diese Beziehung nutzen Spannungszwischenkreis-Umrichter, die ein festes Verhältnis zwischen Spannung U und Frequenz f halten. Das konstante Verhältnis von U/f bestimmt die magnetische Flussdichte Φ des Motors und ergibt sich aus den Motortypenschild-daten, z. B. 400 V/50 Hz = 8 V/Hz. Die konstante Flussdichte garantiert ein optimales Drehmoment des Motors. Idealerweise bedeutet das Verhältnis 8 V/Hz, dass bei jeder Veränderung der Ausgangsfrequenz um 1 Hz eine Veränderung von 8 V in der Ausgangs-spannung auftritt. Diese Steuerung der Ausgangswerte des Frequenzumrichters heißt U/f-Steuerung.

6.3.1 U/f-Kennlinie und Drehmoment

Abb. 6.28 zeigt die U/f-Kennlinie und das Drehmoment als ideale Kurve der U/f-Kenn-linie für einen 50-Hz-Motor mit Sternschaltung. Bis 50 Hz legt der Frequenzumrichter ein konstantes U/f-Verhältnis an den Motor an, was ein konstantes Drehmoment beim Motor hervorruft.

Bei einem Motorbetrieb mit 100 Hz sollte die Ausgangsspannung für ein konstantes U/f-Verhältnis idealerweise auf 800 V erhöht werden. Da diese hohe Spannung jedoch kritisch für die Motorisolierung ist, kommt diese Strategie im Allgemeinen nicht zur Anwendung. Typischerweise ist die Ausgangsspannung des Frequenzumrichters auf den Wert des Eingangs, z. B. 400 V ± 10 %, beschränkt, d. h. dass der Frequenzumrichter nur bis zu einer bestimmten Frequenz ein konstantes U/f-Verhältnis beibehalten kann. Oberhalb dieser Frequenz kann er die Frequenz, aber nicht die Spannung weiter auf-

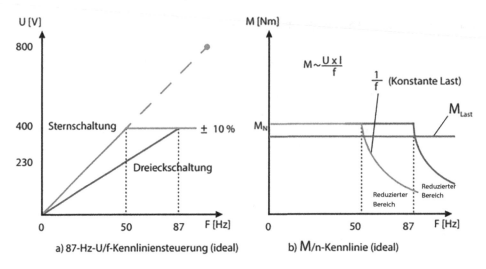

Abb. 6.28 U/f-Kennlinie und Drehmoment

rechthalten. Da dies das U/f-Verhältnis beeinflusst, sinkt die magnetische Flussdichte und deswegen bezeichnet man diesen Drehzahlbereich auch als Feldschwächung. Das abgeschwächte Magnetfeld führt zu einem geringeren maximalen Drehmoment. Das Nenndrehmoment sinkt um $1/f$, das Stillstandsdrehmoment um $1/f^2$. Man beachte, dass es sich bei den abgebildeten Kurven um Idealwerte handelt, die eine gewisse Kompensation erfordern.

Typischerweise werden Asynchronmotoren, die mit Frequenzumrichtern arbeiten, auf die Nennspannung des Netzes hin konfiguriert, d. h. dass ein 400 V/230 V-Motor in Sternschaltung angeschlossen ist, wenn er von einem 400 V-Frequenzumrichter betrieben wird. Wie im vorherigen Abschnitt beschrieben, entsteht bei einem 50 Hz-Motor eine Feldschwächung, wenn eine weitere Spannungserhöhung nicht mehr möglich ist. Um den Drehzahlbereich zu erweitern, ist eine Motorkonfiguration mit Dreieckschaltung möglich.

Beispiel: Motor mit den Daten 15 kW, 400 V/230 V, Y/Δ, 27,5 A/48,7 A, 50 Hz.

Bei 50 Hz beträgt die Leistung in Stern- und Dreieckschaltung aufgrund der unterschiedlichen Netzspannung von U = 15 kW, da diese zu unterschiedlichen Motorströmen führt.

$$P_Y(50Hz) = \sqrt{3} \cdot 400V \cdot 27{,}5A \cdot \cos\varphi \cdot \eta = 14{,}9kW$$

$$P_\Delta(50Hz) = \sqrt{3} \cdot 230V \cdot 48{,}7A \cdot \cos\varphi \cdot \eta = 15{,}19kW$$

Die 87-Hz-Kennlinie von Abb. 6.29 zeigt, dass der Motor mit Dreieckschaltung im Gegensatz zur Startkonfiguration mit einem konstanten U/f-Verhältnis bis 230 V läuft. Wenn der Frequenzumrichter jedoch von einer 400 V-Quelle gespeist wird, kann er das konstante U/f-Verhältnis und den hohen Strom tatsächlich bis 400 V halten.

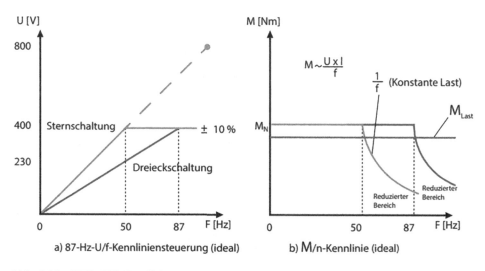

Abb. 6.29 87-Hz-U/f-Kennliniensteuerung (ideal) und eine M/n-Kennlinie (ideal)

$$P_\Delta(87Hz) = \sqrt{3} \cdot 400V \cdot 48{,}7A \cdot \cos\varphi \cdot \eta = 26{,}42kW$$

Hier liegt also die Nennflussdichte Φ bis 400 V vor, sogar wenn der Motor für 230 V ausgelegt ist. Mit dieser höheren Spannung lässt sich die maximale Frequenz mit einem Nennfluss auf 87 Hz erhöhen. Folgendes muss beachtet werden:

- Der gewählte Frequenzumrichter muss in der Lage sein, den höheren Dreiecksstrom (48,70 A) problemlos zu bewältigen.
- Der Motor muss so gewickelt sein, dass er die erforderliche, vom Frequenzumrichter gelieferte Betriebsspannung (normalerweise höher bei Dreieckschaltung) aushält, d. h., bei 690 V-Versorgungsspannung und 690 V-Frequenzumrichter ist diese Anwendung nur mit einer Motorwicklung für 690 V/400 V in Y/Δ möglich.
- Das Drehmoment an der Motorwelle bleibt für beide Konfigurationen bis zu 50 Hz gleich. Über 50 Hz beginnt für einen Motor mit Sternschaltung der Bereich der Feldschwächung. Bei Dreieckschaltung beginnt dieser Bereich erst bei ca. 90 Hz. Unter Berücksichtigung der Frequenzumrichter-Toleranz von $\pm 10\,\%$ beginnt der Bereich der Feldschwächung bei 55 Hz bzw. 95 Hz. Das Drehmoment nimmt ab, weil die Motorspannung nicht weiter steigt.

Diese höhere Motorleistungsnutzung bietet folgende Vorteile:

- Ein bestehender Frequenzumrichter kann mit einem größeren Drehzahlregelbereich betrieben werden. Der Einsatz eines Motors mit geringerer Nennleistung ist möglich. Dieser Motor kann ein niedrigeres Trägheitsmoment verwenden, was eine höhere Dynamik erlaubt. Dies verbessert die dynamischen Eigenschaften des Systems.

Man beachte, dass der Betrieb eines 400 V/230 V Y/Δ-Motors in Dreieckschaltung bei 400 V mit einem Frequenzumrichter nur aufgrund der höheren Betriebfrequenz von $f_B = 87$ Hz möglich ist. Ein Betrieb direkt am 400 V/50 Hz-Netz zerstört den Motor!

Wie bereits erläutert, zeigt die Beziehung zwischen Drehmoment an der Motorwelle und Motorstrom, dass das Drehmoment unter Kontrolle ist, wenn der Motorstrom geregelt werden kann. Wenn eine Anwendung zeitweise ein maximales Drehmoment benötigt, ist es wesentlich, dass der Frequenzumrichter für einen kontinuierlichen Betriebsstrom bis zur Stromgrenze ausgelegt ist, und dass diese nicht überschritten wird bzw. der Frequenzumrichter abschaltet.

Es gibt verschiedene Strategien, um den Betrieb des Frequenzumrichters an der Stromgrenze zu ermöglichen. Die am häufigsten verwendete Strategie ist die Verringerung des Drehmoments bei Reduzierung der Drehzahl. Wie nachfolgende Erläuterungen zeigen werden, kann es jedoch Anwendungen geben, bei denen diese Strategie nicht anwendbar ist oder sogar zu größeren Problemen führt.

6.3.2 Startspannung, Startausgleich und Schlupfausgleich

Bisher war es schwierig, einen Frequenzumrichter auf einen Motor abzustimmen, da einige Ausgleichsfunktionen wie Startspannung, Startausgleich und Schlupfausgleich in der Praxis schwer umzusetzen sind.

Dieser Ausgleich ist erforderlich, da die Motorkennlinien nicht linear sind. Ein Asynchronmotor erfordert beispielsweise einen höheren Strom bei niedriger Drehzahl, um Magnetisierungsstrom und Drehmoment erzeugenden Strom für den Motor bereitzustellen. Die integrierten Kompensationsparameter garantieren eine optimale Magnetisierung und dadurch ein maximales Drehmoment:

- Während des Anlaufens
- Bei niedrigen Drehzahlen
- Im Bereich bis zur Nenndrehzahl des Motors

In den neuen Frequenzumrichtern (ab 2015) stellt das Gerät automatisch die erforderlichen Kompensationsparameter ein, sobald die Programmierung der Nennwerte des Motors im Frequenzumrichter abgeschlossen ist. Dazu gehören Spannung, Frequenz, Strom und Drehzahl. Dies gilt für ca. 80 % der Standardanwendungen wie Fördereinrichtungen und Zentrifugalpumpen. Normalerweise lassen sich diese Kompensationseinstellungen zur Feinabstimmung manuell ändern, wenn dies für Anwendungen wie Hubeinrichtungen oder Verdrängungspumpen erforderlich ist.

Eine Möglichkeit ist die Erhöhung der Ausgangsspannung im niedrigen Drehzahlbereich durch das manuelle Einstellen einer zusätzlichen Spannung, wird auch als Startspannung bezeichnet.

Beispiel: Ein Motor, der viel kleiner als die empfohlene Motorgröße für einen Frequenz-umrichter ist, erfordet ggf. eine zusätzliche, manuell einstellbare Spanungsanhebung, um die statische Reibung zu überwinden oder eine optimale Magnetisierung im niedrigen Drehzahlbereich zu garantieren.

Wenn verschiedene Motoren nur von einem Frequenzumrichter (Parallel-betrieb) gesteuert werden, ist es empfehlenswert den lastunabhängigen Ausgleich zu deaktivieren. Die lastunabhängige Ergänzung (Startspannung) garantiert ein optimales Drehmoment während des Startens.

Die lastabhängige Spannungsergänzung (Start- und Schlupfausgleich) wird über eine Strommessung (Wirkstrom) bestimmt. Dieser Ausgleich heißt normalerweis I · R-Aus-gleich, Boost, Drehmomentanhebung oder Startausgleich.

Diese Regelung erreicht ihre Grenzen, wenn Störungen schlecht zu messen sind und die Last sehr variabel ist, z. B. bei Motoren mit Veränderungen im Betrieb beim Wicklungswiderstand von bis zu 25 % zwischen heiß und kalt.

Die Spannungserhöhung kann zu verschiedenen Ergebnissen führen und ohne Liste kann es zur Sättigung des Motorflusses kommen. Bei Sättigung fließt ein höherer Blind-strom, der zur Erwärmung des Motors führt. Wenn der Motor unter Last betrieben wird, entwickelt er aufgrund des schwachen Hauptflusses weniger Drehmoment und stoppt den Motor eventuell.

Im Allgemeinen entsprechen die echten U/f- und M/n-Kennlinien der Darstellung von Abb. 6.30. Wie Abb. 6.30 zeigt, unterscheidet man zwischen „echte" U/f- und M/n-Kennlinien" und wie der Motor bei niedrigen Drehzahlen als Ausgleich zusätzliche Spannung erhält.

Abb. 6.30 „Echte" U/f- und M/n-Kennlinien

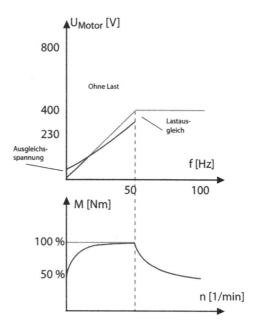

Das System passt die Motorspannung unter Last an, wobei sich die Last aus dem gemessenen Motorstrom bestimmen lässt.

Die Ausgangsspannung erfährt eine Spannungsanhebung, die den Einfluss des DC-Widerstands der Motorwicklungen bei niedrigen Frequenzen und während des Starts effektiv kompensiert. Ein Anstieg der Ausgangsspannung führt zu einer Über-magnetisierung des Motors. Das erhöht die thermische Belastung des Motors, sodass eine Verringerung des Drehmoments zu erwarten ist. Die Motorspannung wird im Leer-lauf verringert.

Der Schlupf eines Asynchronmotors ist lastabhängig und entspricht typischerweise etwa 5 % der Nenndrehzahl. Bei einem zweipoligen Motor liegt der Schlupf bei etwa 150 U/min.

Der Schlupf liegt jedoch bei ca. 50 % der erforderlichen Drehzahl, wenn der Frequenzumrichter einen Motor bei 300 U/min steuert (10 % der Nennsynchrondrehzahl von 3000 U/min).

Muss der Frequenzumrichter den Motor auf 5 % der Nenndrehzahl herunter regeln, wird der Motor unter Last stehen bleiben, aber diese Lastabhängigkeit ist nicht erwünscht. Der Frequenzumrichter kann diesen Schlupf vollständig ausgleichen, indem er eine effektive Messung des Wirkstroms zum Motor durchführt. Der Frequenzumrichter gleicht dann den Schlupf aus, indem er die Frequenz gemäß dem tatsächlich gemessenem Strom erhöht. Bei dieser Funktion spricht man vom aktiven Schlupfausgleich.

Der Frequenzumrichter berechnet die Schlupffrequenz ($f_{schlupf}$) und den Magnetisierungs- oder Leerlaufstrom I_{φ} aus den Motordaten. Die Schlupffrequenz wird linear in Bezug auf den Wirkstrom also die Differenz zwischen Leerlauf- und Iststrom skaliert.

Beispiel: Ein 4-poliger-Motor mit einer Nenndrehzahl von 1455 U/min hat eine Schlupffrequenz von 1,5 Hz und einen Magnetisierungsstrom von ca. 12 A.

Mit einem Laststrom von 27,5 A und 50 Hz erzeugt der Frequenzumrichter eine Frequenz von ca. 51,5 Hz. Mit einem Laststrom zwischen I_{ϕ} (12 A) und I_N (27,5 A) wird die Frequenz entsprechend zwischen 0 und 1,5 Hz eingestellt.

Wie das Beispiel zeigt, wird die Werkseinstellung des Schlupfausgleichs häufig so skaliert, dass der Motor bei theoretischer Synchrondrehzahl läuft. In diesem Fall: 51,5 Hz − 1,5 Hz = 50 Hz.

Bei Permanentmagnetmotoren sind Start- und Schlupfausgleich irrelevant, andere Parameter dagegen wesentlich besser.

Das Magnetisierungsprofil unterscheidet sich natürlich vom Asynchronmotor, aber zusätzlich gibt es noch andere wichtige Daten und Kompensationen:

- Motornenndrehzahl und -frequenz
- Gegen-EMK
- Max. Drehzahl, bevor die Gegen-EMK den Frequenzumrichter schädigt
- Feldschwächung
- Für die Steuerung relevante dynamische Details

Für SynRM-Motoren sind wieder andere Parameter wesentlich, z. B.:

- Statorwiderstand
- d- und q-Achsen-Induktivitäten
- Sättigungsinduktivitäten und Sättigungsgrenze

6.3.3 Automatische Motoranpassung (AMA)

Motordaten auf dem Motortypenschild oder im Datenblatt des Motorherstellers enthaltenen Angaben für einen bestimmten Motorenbereich oder eine bestimmte Auslegung, aber diese Werte beziehen sich nur selten auf einen einzelnen Motor. Aufgrund von Abweichungen bei Motorherstellung und Einbau sind diese Motordaten nicht immer genau genug, um einen optimalen Betrieb sicherzustellen.

Wie bereits geschildert, gibt es auch hier verschiedene Ausgleichswerte, die einzustellen sind. Bei modernen Frequenzumrichtern kann diese Feinabstimmung auf den vorliegenden Motor und die Installation kompliziert und zeitaufwendig sein.

Um Installation und Inbetriebnahme zu erleichtern, setzen sich automatische Konfigurationsfunktionen wie die AMA (Automatische Motor Anpassung) zunehmend durch. Diese Funktionen messen beispielsweise Statorwiderstand und Induktivität. Zudem berücksichtigen sie Auswirkungen der Kabellänge zwischen Frequenzumrichter und Motor.

Die für verschiedene Motortypen erforderlichen Parameter unterscheiden sich bei wichtigen Details. Die Gegen-EMK ist beispielsweise wesentlich für PM-Motoren, dagegen ist der Sättigungspunkt für SynRM-Motoren wichtig. Aus diesem Grund sind verschiedene AMA-Funktionen erforderlich. Man beachte, dass nicht alle Frequenzumrichter die AMA-Funktion für alle Motortypen unterstützen.

Generell kommen zwei verschiedene AMA-Funktionen zum Einsatz:

- Dynamisch: Die Funktion beschleunigt den Motor auf eine bestimmte Drehzahl, um Messungen durchzuführen. Für den „Identifikationsbetrieb" muss der Motor normalerweise von der Last/Maschine abgekoppelt sein.
- Statisch: Die Motormessung erfolgt im Stillstand, d. h. dass es in diesem Fall nicht notwendig ist, den Motor von der Maschine zu trennen. Es ist jedoch wichtig, dass die Motorwelle während der Messung nicht durch externe Einflüsse rotiert.

Die Ausgangsfrequenz des Frequenzumrichters – und damit die Motordrehzahl – steuern ein oder mehrere Signale, 0…10 V, 4…20 mA oder Spannungspulse, als Drehzahlsollwert. Wenn der Drehzahlsollwert steigt, steigt die Motordrehzahl, und der vertikale Teil der Drehmomentkennlinie verschiebt sich nach rechts. Abb. 6.31 zeigt die Beziehung zwischen Sollwertsignal und Motordrehzahl.

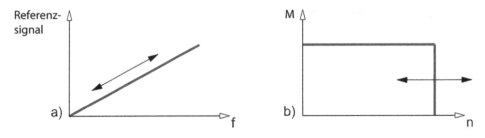

Abb. 6.31 Beziehung zwischen Sollwertsignal und Drehmoment des Motors

Wenn das Lastdrehmoment unter dem Motordrehmoment liegt, erreicht die Drehzahl den erforderlichen Wert. Wie Abb. 6.32 zeigt, schneidet die Last-Drehmoment-Kurve die Motordrehmoment-Kurve im vertikalen Teil (bei Punkt A). Wenn sich der Schnitt im horizontalen Teil (Punkt B) befindet, kann die Motordrehzahl den entsprechenden Wert nicht kontinuierlich überschreiten. Der Frequenzumrichter erlaubt ein kurzes Überschreiten der Stromgrenze ohne Abschaltung (Punkt C), aber die Zeitspanne dieses Überschreitens muss begrenzt werden.

Die Phasenfolge der Versorgungsspannung bestimmt die Drehrichtung der Asynchron- und Synchronmotoren. Sind zwei der Phasen vertauscht, ändert sich die Drehrichtung des Motors, entweder im Uhrzeigersinn oder Gegenuhrzeigersinn, wie Abb. 6.33 zeigt.

Ein Frequenzumrichter kann den Motor durch elektronische Änderung der Phasenfolge reversieren. Reversierung wird entweder durch einen negativen Drehzahlsollwert oder ein digitales Eingangssignal erreicht. Wenn der Motor eine bestimmte Drehrichtung für die Erstinbetriebnahme benötigt, ist es wichtig, die Werkseinstellungen des Frequenzumrichters zu kennen,

Da ein Frequenzumrichter den Motorstrom auf den Nennwert begrenzt, lässt sich ein von einem Frequenzumrichter gesteuerter Motor häufiger reversieren als ein Motor mit direktem Anschluss ans Netz wie Abb. 6.34 zeigt.

Abb. 6.32 Beziehung zwischen Stromgrenze und Überstromgrenze

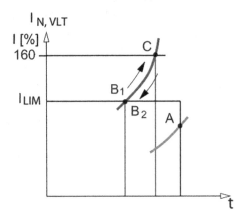

Abb. 6.33 Bei vertauschten Phasenfolgen ändert sich die Drehrichtung des Motors

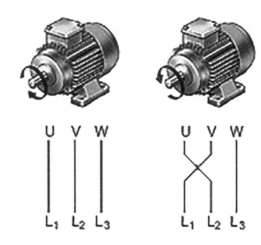

Abb. 6.34 Bremsmoment des Frequenzumrichters während der Reversierung

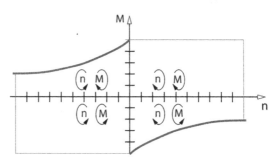

Bei vielen Anwendungen darf die Änderung der Drehzahl aus verschiedenen Gründen nicht zu schnell erfolgen, sondern eher langsam oder mit sanften Übergängen. Dafür verfügen moderne Frequenzumrichter über Rampenfunktionen. Diese Rampen lassen sich je nach Anforderung anpassen und stellen sicher, dass der Drehzahlsollwert nur in festgelegten Grenzen steigen oder sinken kann.

Die Beschleunigungsrampe (Rampe-auf) zeigt, wie schnell die Drehzahl steigt. Sie wird als Beschleunigungszeit t_{Bes} angegeben und legt fest, wie schnell der Motor die neue Drehzahl erreichen soll. Diese Rampen beziehen sich meist auf die Motornennfrequenz. Eine Beschleunigungsrampe von fünf Sekunden bedeutet beispielsweise, dass ein Frequenzumrichter fünf Sekunden vom Stillstand bis zur Motornennfrequenz von $f_n = 0$ Hz benötigt.

Alternativ beziehen einige Hersteller die Beschleunigung und Verzögerung auf Werte zwischen minimaler und maximaler Frequenz. Abb. 6.35 zeigt die Beschleunigungs- und Verzögerungszeiten.

Die Verzögerungsrampe (Rampe-ab) zeigt, wie schnell die Drehzahl sinkt. Sie wird als Verzögerungszeit t_{Verz} angegeben und legt fest, wie schnell der Motor die neue verringerte Drehzahl erreichen soll.

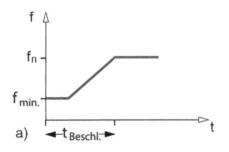 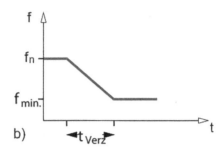

Abb. 6.35 Beschleunigungs- und Verzögerungszeiten

Im Betrieb lässt sich direkt von Beschleunigung auf Verzögerung umschalten, weil der Motor immer der Ausgangsfrequenz des Wechselrichters folgt.

Für Rampenzeiten können so niedrige Werte eingestellt sein, dass der Motor der vorgegebenen Drehzahl manchmal nicht folgen kann. Dies führt zu einem Anstieg des Motorstroms, bis die Stromgrenze erreicht ist. Bei kurzen Rampe-ab-Zeiten kann die Spannung im Zwischenkreis so stark steigen, dass der Schutzkreis den Frequenzumrichter stoppt.

Ist die Trägheit von Motorwelle und Last bekannt, lassen sich optimale Beschleunigungs- und Verzögerungszeiten berechnen.

$$t_{Bes} = J \cdot \frac{n_2 - n_1}{(M_{Bes} - M_{Reib}) \cdot 9,55}$$

$$t_{Verz} = J \cdot \frac{n_2 - n_1}{(M_{Bes} - M_{Verz}) \cdot 9,55}$$

J   ist das Trägheitsmoment von Motorwelle und Last in kgm^2
M_{Reib} ist das Reibungsmoment des Systems in Nm
M_{Bes} ist das Überschussmoment für die Beschleunigung in s
M_{Verz} ist das Bremsmoment, das beim Verringern des Drehzahlsollwerts auftritt in s
n_1, n_2 sind die Drehzahlen bei den Frequenzen f_1 und f_2 in min^{-1}

Wenn der Frequenzumrichter kurzzeitig ein Überlastmoment zulässt, wird für Beschleunigungs- und Verzögerungsdrehmoment das Motornenndrehmoment M eingestellt. In der Praxis sind Beschleunigungs- und Verzögerungszeit normalerweise gleich.

$$J = 0,042 \, kg \, m^2$$
$$n_1 = 500 \, min^{-1}$$
Für eine Maschine gilt: $M_{Bes} = 27 \, Nm$
$$n_2 = 1000 \, min^{-1}$$
$$M_{Reib} = 0,05 \times M_N$$

Theoretische Beschleunigungszeiten lassen sich wie folgt berechnen:

$$t_{Bes} = J \cdot \frac{n_2 - n_1}{(M_{Bes} - M_{Reib}) \cdot 9{,}55} = 0{,}042\,\text{kgm}^2 \cdot \frac{1000\,\text{min}^{-1} - 500\,\text{min}^{-1}}{(27\,\text{Nm} - 0{,}05 \cdot 27\,\text{Nm}) \cdot 9{,}55} = 1{,}488\,\text{s}$$

Die Rampenfunktionen stellen sicher, dass es keine abrupte Änderung der Drehzahl gibt, vorausgesetzt, die berechnete Beschleunigung ist beim Frequenzumrichter eingestellt. Das ist wesentlich für viele Anwendungen, u. a.

- um sicherzustellen, dass Flaschen auf einem Flaschenförderer nicht umfallen
- zum Vermeiden von Wasserschlag in Pumpenanlagen
- für Komfort auf Rolltreppen oder in Aufzügen

In den meisten Fällen kommen lineare Rampen zum Einsatz. Für verschiedene Anwendungen sind jedoch unterschiedliche Kennlinien möglich, beispielsweise eine „S"- oder „S²"-Rampe. Mit der „S"-Rampe sind die Übergänge zum Stillstand besonders sanft.

6.3.4 Motordrehmomentregelung

Das Motordrehmoment ist ein weiterer Parameter, der wichtig für die Anwendung ist. Abb. 6.36 zeigt, dass sich die Stromgrenze des Motors kurzzeitig überschreiten lässt.

Abb. 6.36 zeigt den Unterschied zwischen linearer Rampe und S-Rampe.

Das Drehmoment ist die Basis für die Rotation oder zur Bewegung der Last. Gründe für eine Regelung des Drehmoments sind u. a.

- Begrenzung des Drehmoments, um Schäden an der Maschine zu verhindern
- Regelung des Drehmoments, um die Last auf mehrere Motoren zu verteilen

Ist eine Anwendung plötzlich überlastet und der Frequenzumrichter für Überlast ausgelegt, kann die Maschine eine bestimmte Zeit lang im Überlastmodus arbeiten. Dieses

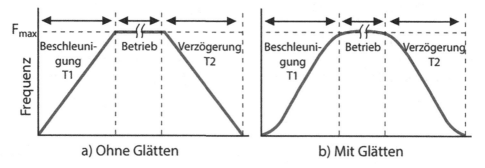

Abb. 6.36 Lineare Rampe (links) und S-Rampe (rechts)

exzessive Drehmoment kann jedoch die Lebensdauer der Maschine reduzieren oder sogar ihren Ausfall bedeuten. Aus diesem Grund lassen sich viele Frequenzumrichter so programmieren, dass sie bei Überlast eine Warnung ausgeben und das Drehmoment unter bestimmten Bedingungen beschränken.

Wie bereits gezeigt wurde, gibt es eine Beziehung zwischen Strom und Drehmoment. Dies ist keine direkte Beziehung, sondern ist abhängig vom Schlupf, Cosinus φ und der Motortemperatur. Die Begrenzung, basierend auf den Strommessungen ist nicht sehr genau. Bei Frequenzumrichtern vom Typ Raumvektor oder Flux erfolgt die Strommessung in allen drei Motorphasen vektoriell. Die Verteilung der Stromkomponenten ist einfach. Mit dieser Information kann der Frequenzumrichter das Drehmoment genau genug berechnen, sodass der Schutz der Maschine gewährleistet ist.

Wenn mehrere Motoren in ein gemeinsames mechanisches System eingebunden sind, ist es wichtig, dass die Motoren die Last gleichmäßig verteilen. Wird der Schlupfausgleichsfaktor reduziert, gleichen die Motoren automatisch ihr Drehmoment aus, aber es ergibt sich nicht unbedingt die gewünschte Drehzahl.

Eine weitere Funktion in einigen Frequenzumrichtern dient der Drehmomentverteilung. Drehmomentverteilung bedeutet, dass ein Motor die Drehzahl vorgibt und weitere Frequenzumrichter mit derselben Drehzahl arbeiten und automatisch das Drehmoment gleichmäßig auf die Motoren verteilen.

Beispiel: Bei einem 100 m langen Förderband benötigt man mehrere Antriebe, die über die gesamte Länge verteilt sind. Wenn einer der Motoren etwas schneller läuft als die anderen, muss dieser Motor ein höheres Drehmoment zur Verfügung stellen. Das kann zu Folgendem führen:

- Der Motor wird überlastet und überhitzt
- Das Band kann aufgrund des höheren Drehmoments in einem Teilbereich beschädigt werden
- Bei Rollen und Antriebstrommeln tritt Schlupf auf, was zu übermäßiger Abnutzung führt
- In diesen Situationen ist die Drehmomentverteilung wichtig.

6.3.5 Überwachungseinheit mit Watchdog

Frequenzumrichter können den gesteuerten Prozess überwachen und bei Störungen im laufenden Betrieb einschreiten. Diese Überwachung lässt sich in drei Bereiche unterteilen: Maschine, Motor und Frequenzumrichter. Die Maschine wird überwacht durch Auswertung von

- Ausgangsfrequenz
- Ausgangsstrom
- Motordrehmoment

Anhand dieser Werte lassen sich verschiedene Grenzwerte einstellen, die bei ihrer Überschreitung in die Regelung eingreifen. Mögliche Grenzwerte könnten sein: niedrigste zulässige Motordrehzahl (Mindestfrequenz), höchster zulässiger Motorstrom (Stromgrenze) oder höchstes zulässiges Motordrehmoment (Drehmomentgrenze). Wenn die Grenzwerte überschritten werden, kann durch die entsprechende Programmierung der Frequenzumrichter z. B.

- ein Warnsignal ausgeben
- die Motordrehzahl verringern
- den Motor so schnell wie möglich stoppen

Beispiel: In einer Installation mit Keilriemen als Verbindung zwischen Motor und der übrigen Anlage kann der Frequenzumrichter den Keilriemen überwachen.

Wie erwartet steigt die Ausgangsfrequenz schneller als die eingestellte Rampe. Wenn der Keilriemen reißt, kann der Umrichter über die überwachte Frequenz entweder eine Warnung ausgeben oder den Motor stoppen.

6.3.6 Dynamischer Bremsbetrieb

Maschinen können potentielle oder kinetische Energie erzeugen, die aus Prozessgründen aus dem System abzuführen ist. Potentielle Energie entsteht durch Einwirkung der Schwerkraft, wenn beispielsweise eine Last gehoben oder in einer Position gehalten wird. Kinetische Energie entsteht durch Bewegung, wenn z. B. eine Zentrifuge mit einer bestimmten Drehzahl läuft und diese verringert oder ein Wagen gestoppt werden soll.

Die dynamischen Eigenschaften einiger Lasten erfordern einen 4-Quadranten-Betrieb. Durch eine Verringerung der Statorfrequenz und -spannung durch den Frequenzumrichter kann der Motor als Generator arbeiten und mechanische Energie in elektrische Energie umwandeln. Abb. 6.37 zeigt einen Vier-Quadranten-Betrieb für den Rechtslauf (R) und Linkslauf (L).

Direkt ans Netz angeschlossene Motoren liefern die Bremsleistung direkt zurück an das Netz.

Erfolgt die Motorsteuerung durch einen Frequenzumrichter, speichert der Zwischenkreis des Frequenzumrichters die Bremsleistung. Wenn die Bremsleistung die Verlustleistung des Frequenzumrichters überschreitet, steigt die Spannung im Zwischenkreis stark an (in einigen Fällen auf über $1000\,V_{DC}$).

Übersteigt schließlich die Spannung die interne Spannungsgrenze, schaltet der Frequenzumrichter zum Schutz ab und gibt normalerweise eine Alarmmeldung oder den Fehlercode „Überspannung" aus. Daher sind Maßnahmen vorzusehen, um eine Abschaltung des Frequenzumrichters zu verhindern, wenn der Motor eine zu hohe Bremsleistung zurückspeist.

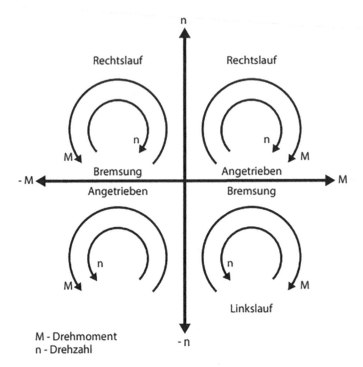

Abb. 6.37 Vier-Quadranten-Betrieb für den Rechtslauf (R) und Linkslauf (L)

Normalerweise sind dies folgende Maßnahmen:

- Energieabbau im Motor, d. h. der Motor dient als Bremswiderstand
- Der Frequenzumrichter erhält einen elektronischen Bremschopper-Kreis und passende Bremswiderstände
- Einsatz einer generatorischen Bremseinheit zum Zurückspeisen der Energie ins Netz
- Einsatz von Frequenzumrichtern mit aktivem Gleichrichter zum Zurückspeisen der Energie ins Netz

Die ersten beiden Maßnahmen erfordern keine zusätzliche Hardware. Alle anderen Maßnahmen benötigen zusätzliche Komponenten und sind bereits bei der Auslegung der Maschine zu berücksichtigen.

Der Bediener kann durch Ändern der entsprechenden Parametereinstellung die Rampenzeit der Verzögerung verlängern, muss dann aber die Lastverhältnisse selbst beurteilen.

Beispiel: Ein Versuch, einen durch einen Frequenzumrichter betriebenen 22-kW-Motor innerhalb von einer Sekunde von 50 Hz auf 10 Hz abzubremsen, führt zur Abschaltung des Frequenzumrichters, weil der als Generator arbeitende Motor zu viel

Energie zurückspeist. Der Anwender kann die Abschaltung des Frequenzumrichters verhindern, indem er die Rampe-ab-Zeit ändert, z. B. auf 10 s.

Alternativ verwenden Frequenzumrichter unterschiedliche Steuerfunktionen wie Überspannungssteuerung (OVC), die – einmal aktiviert – dazu dienen, eine Abschaltung des Frequenzumrichters zu verhindern oder automatisch die Rampen zu verlängern. Dann bestimmt der Frequenzumrichter die geeignete Rampenzeit. Diese Rampenverlängerung berücksichtigt normalerweise sich verändernde Lastträgheitsmomente. Vorsicht ist geboten, diese Funktion bei Maschinen mit vertikaler oder horizontaler Bewegung (wie Hubvorrichtungen, Aufzügen oder Portalkränen) einzusetzen, da eine Verlängerung der Rampenzeit auch eine Verlängerung des Fahrwegs bedeutet.

Hersteller nutzen verschiedene Methoden, um einen Motor als Bremswiderstand einzusetzen. Das Grundprinzip basiert auf einer Ummagnetisierung des Motors. Die Bezeichnung dieser Methode ist herstellerabhängig, so gibt es z. B. AC-Bremse, Flux-Bremse oder Compound-Bremse. Diese Bremsung wird für hochdynamische Anwendungen, wie Hubanwendungen oder Aufzüge, nicht empfohlen, da durch die häufigere Bremsung der Motor aufheizt und infolgedessen sein Ausfall zu erwarten ist.

Der Bremschopper-Kreis besteht im Wesentlichen aus einem Transistor (z. B. IGBT), der die zu hohe Spannung „zerhackt" und zu einem angeschlossenen Widerstand weiterleitet. Während der Inbetriebnahme erhält der Steuerkreis die Information, dass ein Bremswiderstand angeschlossen ist. So kann er auch prüfen, ob der Widerstand noch betriebsbereit ist. Normalerweise muss der Bremschopper schon ab Werk im Frequenzumrichter vorgesehen sein.

Oberhalb einer bestimmten Leistung führt die Verwendung eines Bremsmoduls und Bremswiderstands zu Wärmeentwicklung, Platz- und Gewichtsproblemen. Abb. 6.38 zeigt einen Bremschopper und Bremswiderstand.

Wenn die Last häufig viel generatorische Energie produziert, kann es sinnvoll sein, eine rückspeisefähige Bremseinheit einzusetzen.

Steigt dabei die Spannung im Zwischenkreis auf einen bestimmten Wert, speist ein Wechselrichter die Gleichspannung im Zwischenkreis ins Netz zurück, d. h. synchron in Amplitude und Phase.

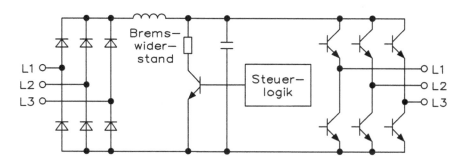

Abb. 6.38 Bremschopper und Bremswiderstand

Dieses Zurückspeisen der Energie lässt sich wie folgt erreichen:

- Frequenzumrichter mit aktivem Gleichrichter. Bei diesem Frequenzumrichtertyp kann der Gleichrichter Energie vom Gleichspannungszwischenkreis zur Spannungsversorgung übertragen.
- Externe rückspeisefähige Bremseinheiten, die vollständig an den Zwischenkreis eines oder mehrerer Frequenzumrichter angeschlossen sind, überwachen die Spannung im Zwischenkreis.

Abb. 6.39 zeigt eine rückspeisefähige Bremseinheit eine vereinfachte Version des Funktionsprinzips.

6.3.7 Statischer Bremsbetrieb

Der Frequenzumrichter hat verschiedene Funktionen für das Blockieren und das Auslaufen der Motorwelle:

- Motorfreilaufstopp
- DC-Bremse
- DC-Halten
- Elektromechanische Bremse

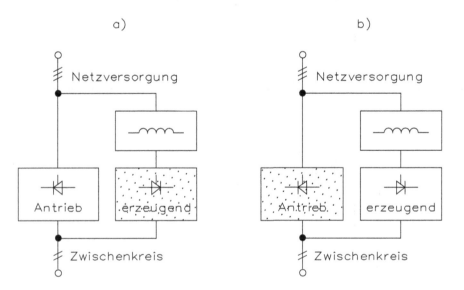

Abb. 6.39 Rückspeisefähige Bremseinheit mit Motorphasensteuerung „an" (links) und Motorphasensteuerung „aus" (rechts)

Die letzten drei dieser Funktionen lassen sich normalerweise nur nach einem Stoppbefehl ausführen. Dies ist in der Praxis ein häufiges Missverständnis und es ist wichtig zu beachten, dass ein Sollwert von 0 Hz nicht als Stoppbefehl funktioniert. Man verwendet diese Funktionen grundsätzlich nicht bei reversierter Drehrichtung.

Motorfreilauf unterbricht Spannung und Frequenz sofort (0 V/0 Hz) und der Motor läuft frei. Wenn der Motor nicht mehr mit Energie versorgt wird, dreht er normalerweise weiter, bis die Nullgeschwindigkeit erreicht ist. Abhängig von der Drehzahl und dem Trägheitsmoment der Last kann dies Sekunden, Minuten und sogar Stunden dauern, z. B. wie dies bei riesigen Separatoren der Fall ist.

Eine Gleichspannung über zwei beliebige der drei Motorphasen erzeugt ein stationäres Magnetfeld im Stator. Dieses Feld kann kein hohes Bremsmoment bei Nennfrequenz erzeugen. Die Bremsleistung bleibt im Motor und kann zu Überhitzung führen. Drei Parameter sind für die DC-Bremsung erforderlich:

- Die Frequenz, bei der die Bremse aktiviert werden soll und ein Frequenzwert unter 10 Hz wird empfohlen. Man nutzt die Motorschlupffrequenz als Referenz. Eine Frequenz von 0 Hz bedeutet, dass die Funktion deaktiviert ist.
- Der Bremsstrom zum Halten der Motorwelle. Es wird empfohlen, den Nennstrom des Motors nicht zu überschreiten, um eine thermische Überlast zu verhindern.
- Die Dauer der DC-Bremsung und diese Einstellung sind abhängig von der Anwendung.

Im Gegensatz zur DC-Bremse gibt es beim DC-Halten keine zeitliche Beschränkung. Ansonsten gelten die gleichen Empfehlungen wie für die DC-Bremse. Diese Funktion lässt sich auch einsetzen, wenn Motoren in sehr kalten Umgebungen eine „zusätzliche Heizung" bereitstellt. Man soll den Motornennstrom nicht überschreiten, da der Dauerstrom durch den Motor fließt. Dies minimiert die thermische Belastung des Motors.

Die elektromechanische Bremse ist ein Hilfsmittel, um die Motorwelle zum Stillstand zu bringen. Dies kann der Frequenzumrichter über ein Relais steuern. Es stehen zudem verschiedene Steueroptionen bereit. Es ist wichtig festzulegen, wann die Bremse zu lösen und wann die Motorwelle zu halten ist. Folgende Punkte sind dabei u. a. zu berücksichtigen:

- Motorvormagnetisierung, d. h. ein Mindeststrom ist erforderlich
- Frequenz für Aktivierung oder Deaktivierung
- Reaktionszeiten (Verzögerungszeiten) der Relaisspulen

Bei kritischen Anwendungen, wie Hubanwendungen oder Aufzügen, darf die Bremse nach Abgeben des Startbefehls nur gelöst werden, wenn eine optimale Vormagnetisierung des Motors gewährleistet ist, andernfalls könnte die Last herunterfallen. Ein Mindeststrom, üblicherweise der Magnetisierungsstrom, sollte zunächst fließen, um sicherzustellen, dass der Motor die Last nicht fallen lässt.

Energie, die während des Betriebs in Motoren verlorengeht, heizt den Motor auf. Bei starker Belastung des Motors ist daher eine Kühlung erforderlich. Abhängig vom System lassen sich Motoren auf verschiedene Weisen kühlen:

- Selbstbelüftung
- Zwangskühlung
- Flüssigkeitskühlung

Um die Lebensdauer des Motors nicht zu verkürzen, sollte man den Motor im spezifizierten Temperaturbereich betreiben. Die häufigste Kühlmethode ist Selbstbelüftung, wobei die Kühlung des Motors durch einen auf der Welle montierten Lüfter erfolgt.

Die Temperaturbedingungen des Motors hängen von zwei Einflüssen ab:

- Sinkt die Drehzahl, sinkt auch das Kühlvolumen
- Ein nicht sinusförmiger betriebener Motorstrom erzeugt mehr Wärme im Motor

Bei niedrigen Drehzahlen kann der Motorlüfter nicht ausreichend Luft zum Kühlen liefern. Dieses Problem tritt auf, wenn das Lastdrehmoment im gesamten Steuerbereich konstant ist. Diese verringerte Kühlluftmenge bestimmt das zulässige Drehmoment im Dauerbetrieb.

Wenn der Motor kontinuierlich bei 100 % Nenndrehmoment und einer Drehzahl läuft, die unter der halben Nenndrehzahl liegt, benötigt der Motor zusätzliche Luft zum Kühlen. Abb. 6.40 zeigt die M/n-Kennlinien mit und ohne externe Kühlung. Diese zusätzliche Luft zur Kühlung ist in den schattierten Bereichen gezeigt.

Anstelle einer Zusatzkühlung lässt sich auch die Motorbelastung reduzieren. Dies kann durch die Verwendung eines größeren Motors erfolgen. Die Frequenzumrichterauslegung bringt jedoch eine Begrenzung der Größe der anschließbaren Motoren mit sich.

Abb. 6.40 M/n-Kennlinien
mit und ohne externe Kühlung

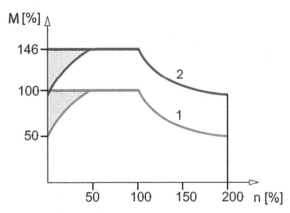

Diagramm 1: Motor mit Nenngröße, z. B. 15 kW
Diagramm 2: Motor mit Übergröße, z. B. 22 kW

Wenn der Motorstrom nicht sinusförmig ist, erhält der Motor Oberschwingungsströme, die die Motortemperatur erhöhen. Abb. 6.41 zeigt die Beziehung zwischen maximalem Dauerdrehmoment und Stromform. Je größer die Oberschwingungsströme, desto stärker der Wärmeanstieg. Aus diesem Grund sollte man den Motor nicht dauerhaft bei 100 % Last betreiben, wenn der Strom nicht sinusförmig ist.

Wenn die Anwendung vorzugsweise niedrige Drehzahlen erfordert, empfiehlt sich ein zusätzlicher Lüfter zum Kühlen des Motors, damit das volle Drehmoment garantiert ist. Der Lüfter sollte jedoch über eine eigene Stromversorgung verfügen und nicht an den Ausgang des Frequenzumrichters angeschlossen sein.

Alternativ kann auch eine Flüssigkühlung beim Motor zum Einsatz kommen. Flüssigkeitskühlung ist normalerweise bei Sondermotoren eingebaut. Zum Schutz des Motors verfügt der Frequenzumrichter über zwei Temperaturüberwachungsmethoden.

6.3.8 Funktionale Sicherheit

Funktionale Sicherheit definiert den Schutz gegen Gefahren durch falsche Funktionsweise von Systemkomponenten. In Europa definiert die Maschinenrichtlinie 2006/42/EG die funktionale Sicherheit. Sie beschreibt den Zweck der funktionalen Sicherheit folgendermaßen:

Die Maschine ist so zu konstruieren und zu bauen, dass sie ihrer Funktion gerecht wird und unter den vorgesehenen Bedingungen – aber auch unter Berücksichtigung einer vernünftigerweise vorhersehbaren Fehlanwendung der Maschine – Betrieb, Einrichten und Wartung erfolgen kann, ohne dass Personen einer Gefährdung ausgesetzt sind.

Normalerweise werden in den verschiedenen Gesetzestexten und Normen Abkürzungen zur Beschreibung der Sicherheitsfunktion und Sicherheitsstufe verwendet. Abb. 6.42 zeigt die allgemeinen Sicherheitsfunktionen des Frequenzumrichters und ihre Funktionsweise.

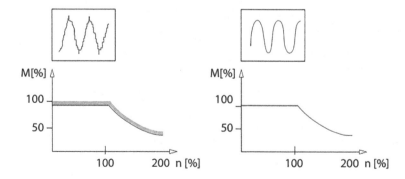

Abb. 6.41 Beziehung zwischen maximalem Dauerdrehmoment und in Abhängigkeit der Stromform

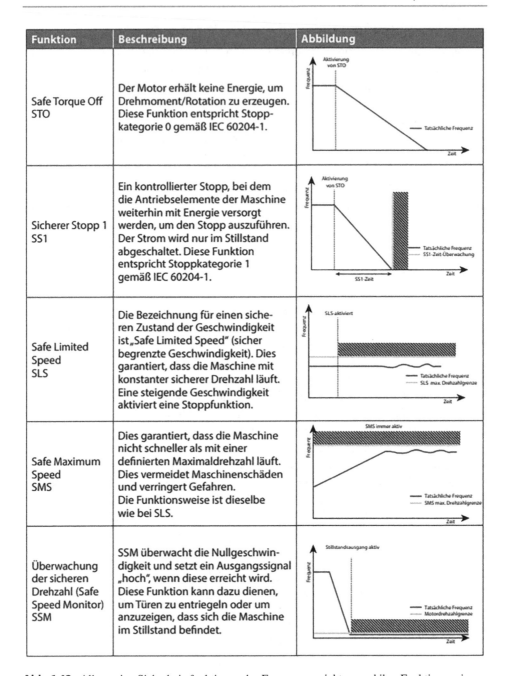

Funktion	Beschreibung	Abbildung
Safe Torque Off STO	Der Motor erhält keine Energie, um Drehmoment/Rotation zu erzeugen. Diese Funktion entspricht Stoppkategorie 0 gemäß IEC 60204-1.	
Sicherer Stopp 1 SS1	Ein kontrollierter Stopp, bei dem die Antriebselemente der Maschine weiterhin mit Energie versorgt werden, um den Stopp auszuführen. Der Strom wird nur im Stillstand abgeschaltet. Diese Funktion entspricht Stoppkategorie 1 gemäß IEC 60204-1.	
Safe Limited Speed SLS	Die Bezeichnung für einen sicheren Zustand der Geschwindigkeit ist „Safe Limited Speed" (sicher begrenzte Geschwindigkeit). Dies garantiert, dass die Maschine mit konstanter sicherer Drehzahl läuft. Eine steigende Geschwindigkeit aktiviert eine Stoppfunktion.	
Safe Maximum Speed SMS	Dies garantiert, dass die Maschine nicht schneller als mit einer definierten Maximaldrehzahl läuft. Dies vermeidet Maschinenschäden und verringert Gefahren. Die Funktionsweise ist dieselbe wie bei SLS.	
Überwachung der sicheren Drehzahl (Safe Speed Monitor) SSM	SSM überwacht die Nullgeschwindigkeit und setzt ein Ausgangssignal „hoch", wenn diese erreicht wird. Diese Funktion kann dazu dienen, um Türen zu entriegeln oder um anzuzeigen, dass sich die Maschine im Stillstand befindet.	

Abb. 6.42 Allgemeine Sicherheitsfunktionen des Frequenzumrichters und ihre Funktionsweise

Der Frequenzumrichter verfügt über einige zusätzliche Funktionen für funktionale Sicherheit:

- SOS Sicherer Betriebsstopp
- SS2 Sicherer Stopp 2
- SDI Sichere Richtung
- SBC Sichere Bremsansteuerung
- SAM Überwachung der sicheren Beschleunigung
- SLP Sichere Grenzposition
- SCA Sichere Nocke
- SLI Sicherer Stufenanstieg
- SSR Sicherer Drehzahlbereich
- SBT Sicherer Bremstest

6.4 Berechnungsbeispiele

Es sollen praxisnahe Anwendungen in diesem Kapitel gezeigt werden:

6.4.1 Fahrantrieb mit Frequenzumrichter

Ein Wagen mit einem Leergewicht von $m_0 = 500$ kg soll eine Zuladung von $m_L = 5$ t über eine Strecke von $s_T = 10$ m in $t_1 = 15$ s befördern. Auf dem Rückweg fährt der Wagen unbeladen und soll daher leer mit doppelter Geschwindigkeit fahren. Abb. 6.43 zeigt den Aufbau eines Fahrantriebs, wobei zwei Räder angetrieben werden. Die Räder dürfen beim Anfahren nicht durchrutschen.

Für die Beschleunigung werden $a = 0,5$ m/s² festgelegt. Zusätzlich müssen nach der Verzögerungsrampe zur Verbesserung der Haltegenauigkeit 0,5 s Positionierfahrt eingeplant werden. Abb. 6.44 zeigt ein Diagramm für den Fahrantrieb.

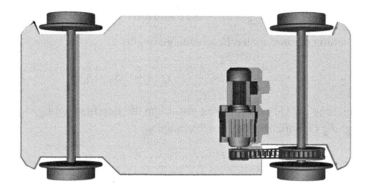

Abb. 6.43 Aufbau eines Fahrantriebs, wobei zwei Räder angetrieben werden

Abb. 6.44 Diagramm für
einen Fahrantrieb

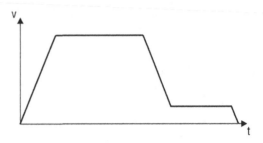

Abb. 6.45 Optimierung auf
Beschleunigung

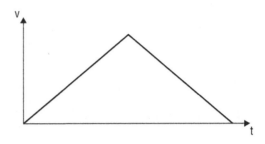

Raddurchmesser:	$D = 315$ mm
Zapfendurchmesser:	$d = 60$ mm
Reibpaarung:	Stahl/Stahl
Hebelarm der Rollreibung:	Stahl auf Stahl $f = 0,5$ mm
Spurkranz- und Seitenreibungsbeiwert:	für Wälzlager $c = 0,003$
Lagerreibwert:	für Wälzlager $\mu_L = 0,005$
Vorgelege:	Kettenvorgelege, $i_V = 27/17 = 1,588$
Kettenraddurchmesser (getrieben):	$d_0 = 215$ mm
Lastwirkungsgrad:	$\eta_L = 0,90$
Getriebewirkungsgrad:	$\eta_G = 0,95$
Einschaltdauer:	60 % ED
Querkraftzuschlagsfaktor:	$f_Z = 1,25$
Stellbereich:	1:10
Schalthäufigkeit:	50 Fahrten/h

Für die Optimierung der minimalen Beschleunigung gilt:

$$a = \frac{4 \cdot s}{t^2} \quad v = \frac{2 \cdot s}{t} \quad t_A = \frac{t}{2} \quad S_A = \frac{s}{2}$$

Für die Optimierung auf Geschwindigkeit gilt, wenn die Beschleunigung vorgegeben ist:
Abb. 6.45 zeigt die Optimierung auf Beschleunigung:

$$v = \frac{a \cdot t - \sqrt{(a \cdot t)^2 - 4 \cdot a \cdot s}}{2}$$

Abb. 6.46 zeigt ein Diagramm für Optimierung auf Geschwindigkeit.

Obwohl die Positionierzeit vernachlässigt wird, ist das Ergebnis hinreichend genau.

Für die Geschwindigkeit gilt:

$$\underline{v} = \frac{a \cdot t_T - \sqrt{(a \cdot t_T)^2 - 4 \cdot a \cdot s_T}}{2} = \frac{0,5\frac{m}{s^2} \cdot 14,5\,s - \sqrt{\left(0,5\frac{m}{s^2} \cdot 14,5\,s\right)^2 - 4 \cdot 0,5\frac{m}{s^2} \cdot 10\,m}}{2} = 0,77\frac{m}{s}$$

Hochlaufzeit: $t_A = \frac{v}{a} = \frac{0,77\frac{m}{s}}{0,5\frac{m}{s^2}} = 1,54\,s$

Hochlaufweg: $s_A = \frac{1}{2} \cdot v \cdot t_A = \frac{1}{2} \cdot 0,77\frac{m}{s} \cdot 1,54\,s = 0,593\,m$

Umschaltzeit: $t_U = \frac{\Delta v}{a} = \frac{(0,77 - 0,077)}{0,5\frac{m}{s^2}} = 1,39\,s$

Umschaltweg: $s_U = t_U \cdot \left(\frac{\Delta v}{a} + v_1\right) = 1,39\,s \cdot \left(\frac{(0,77-0,077)\frac{m}{s}}{2} + 0,077\frac{m}{s}\right) = 0,588\,m$

Positionierweg: $s_P = v \cdot t = 0,077\frac{m}{2} \cdot 0,5\,s = 0,0385\,m$

Fahrweg: $s_F = s_T - s_A - s_U - s_1 = 8,78\,m$

Fahrzeit: $t_F = \frac{s}{v} = \frac{8,78\,m}{0,77\frac{m}{s}} = 11,4\,s$

Gesamtzeit: $t_T = t_A + t_F + t_U + t_1 = 14,8\,s$

Der Fahrzyklus ist somit berechnet. Nun folgt die Leistungsberechnung.

Fahrwiderstand:
$$F_F = m \cdot g \cdot \left[\frac{2}{D_2}\left(\mu_L \cdot \frac{d}{2} + f\right) + c\right] = 5500\,kg \cdot 9,81\frac{m}{s^2}\left[\frac{2}{315} \cdot \left(0,005 \cdot \frac{60\,mm}{2} + 0,5\,mm\right) + 0,003\right] = 385\,N$$

statische Leistung: $P_S = \frac{F_F \cdot v}{1000 \cdot \eta} = \frac{385\,N \cdot 0,77\frac{m}{s}}{1000 \cdot 0,85} = 0,35\,kW$

M_L ist eine reine Rechengröße ohne Wirkungsgrad.

Lastmoment: $M_L = \frac{F_F \cdot v \cdot 9,55}{n_M} = \frac{385\,N \cdot 0,77\frac{m}{s} \cdot 9,55}{1400\,min^{-1}} = 2,02\,Nm$

Dynamische Leistung ohne Motormassenträgheitsmoment zum Abschätzen der Motorleistung.

Abb. 6.46 Optimierung auf Geschwindigkeit

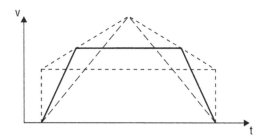

dynamische Leistung: $P_{DL} = \frac{m \cdot a \cdot v}{1000 \cdot \eta} = \frac{5500 \, \text{kg} \cdot 0{,}5 \frac{m}{s^2} \cdot 0{,}77 \frac{m}{s}}{1000 \cdot 0{,}85} = 2{,}49 \, \text{kW}$

Gesamtleistung ohne Beschleunigungsleistung der Motormasse, die noch nicht feststeht.

Gesamtleistung: $P_T = P_S + P_{DL} = 0{,}35 \, \text{kW} + 2{,}49 \, \text{kW} = 2{,}84 \, \text{kW}$

Da zum Beschleunigen vom Frequenzumrichter 150 % Bemessungsstrom zur Verfügung gestellt werden kann, wählt man einen 2,2 kW Motor.

$$P_N = 2{,}2 \, \text{kW}$$

gewählter Motor: $n_M = 1410 \, \text{min}^{-1}$

$$J_M = 59 \cdot 10 \cdot 10^{-4} \, \text{kg m}^2 \text{(inkl Bremse)}$$

Für die Leistungsberechnung des gewählten Motors gilt:

Hochlaufmoment: $M_H = \frac{\left(J_M + \frac{1}{\eta} \cdot J_X\right) \cdot n_M}{9{,}55 \cdot t_A} + \frac{M_L}{\eta}$

Externes Massenträgheitsmoment:

$J_X = 91{,}2 \cdot m \cdot \left(\frac{v}{n_M}\right)^2 = 91{,}2 \cdot (2000 + 300) \, \text{kg} \cdot \left(\frac{0{,}3 \frac{m}{s}}{1930 \, \text{min}^{-1}}\right)^2 = 0{,}001 \, \text{kg m}^2$

Hochlaufmoment:

$M_H = \frac{\left(0{,}00481 \, \text{kg m}^2 = \frac{1}{0{,}85} \cdot 0{,}1517 \, \text{kg m}^2\right) \cdot 1410 \, \text{min}^{-1} \, 9{,}55 \cdot 1{,}54 \, \text{s}}{9{,}55 \cdot 1{,}54} + \frac{2{,}02 \, \text{Nm}}{0{,}85} = 19{,}8 \, \text{Nm}$

Bemessungsmoment: $M_N = \frac{2{,}2 \, \text{kW} \cdot 9550}{1410 \, \text{min}^{-1}} = 15 \, \text{Nm}$

$M_H / M_N: \frac{M_H}{M_N} = \frac{19{,}8 \, \text{Nm}}{15 \, \text{Nm}} = 132 \, \%$

Da im unteren Drehzahlbereich ($< 25 \%$ der Bemessungsdrehzahl) das am Motor abnehmbare Drehmoment nicht proportional dem Motorstrom ist, wird bei 150 % Motorstrom (angepasster Umrichter) mit einem Motordrehmoment von 130 % M_N gerechnet. In dem Berechnungsbeispiel wird 132 % M_N benötigt, ist also gerade noch zulässig.

Feldschwächbereich: Wird der Motor oberhalb der Eckfrequenz f_1 (im Feldschwächbereich) betrieben, muss darauf geachtet werden, dass sowohl das reziprok fallende Bemessungsmoment als auch das quadratisch fallende Kippmoment höher sind als das erforderliche Lastmoment. Abb. 6.47 zeigt den Feldschwächbereich.

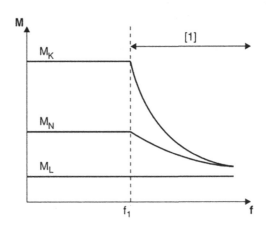

Abb. 6.47 Feldschwächbereich

[1] = Feldschwächbereich.

f_1 = Eckfrequenz.

Motoren mit Eigenkühlung können beim Betrieb mit reduzierter Drehzahl durch die verminderte Lüfterdrehzahl die entstehende Wärme nicht in vollem Maße abführen. Entscheidend für die richtige Dimensionierung ist hier die genaue Kenntnis der maximalen Einschaltdauer und der Drehmomentenbelastung in diesem Bereich. Oft muss eine Fremdbelüftung oder ein größerer Motor eingesetzt werden, der durch die größere Oberfläche mehr Wärme abführen kann.

Dimensionierungsrichtlinien im Stellbereich:

- mindestens Wärmeklasse F
- Temperaturfühler (TF) oder Bimetall-Auslöser (TH) im Motor vorsehen
- wegen Drehzahlbereich, Wirkungsgrad η, und cos φ soll ein 4-poliger Motor verwendet werden.

Da die Last bei der schnellen Rückfahrt sehr gering ist, wird der Motor im Feldschwächbereich mit 100 Hz betrieben. Dies macht eine Drehmomentüberprüfung notwendig.

- Motorbemessungsmoment bei Eckfrequenz: $M_N = 15$ Nm
- Kippmoment bei Eckfrequenz: $M_K = 35$ Nm

Für den 100 Hz-Betrieb gilt.

Bemessungsmoment: $M_{N(100\,Hz)} = 15\,Nm \cdot \frac{50\,Hz}{100\,Hz} = 7,5\,Nm$

Kippmoment: $M_{K(100\,Hz)} = 35\,Nm \cdot \left(\frac{50\,Hz}{100\,Hz}\right)^2 = 8,75Nm$

Das Lastmoment beträgt bei $m_0 = 500$ kg (Leerfahrt) einschließlich dem Beschleunigungsanteil und Wirkungsgrad 0,22 Nm + 1,5 Nm = 1,72 Nm. Somit ist der Betrieb im Feldschwächbereich zulässig.

Bei Verwendung der 87 Hz-Kennlinie kann für das vorangegangene Beispiel ein Motor gewählt werden, der einen Typensprung kleiner ist.

Gewählter Motor: $P_N = 1,5$ kW bei $n_N = 1410$ min^{-1}.

$P_N = 2,2$ kW bei $n_N = 2440$ min^{-1}.

$J_M = 39,4 \cdot 10^{-4}$ kgm^2 (inkl. Bremse).

Dieser Motor kann bei Verwendung der 87 Hz-Kennlinie in Verbindung mit einem 2,2 kW-Umrichter im Dauerbetrieb eine Leistung von 2,2 kW abgeben.

Das Lastmoment beträgt, bezogen auf die neue Bemessungsdrehzahl $n_N = 2440$ min^{-1}, $M_L = 1,16$ Nm.

Das neue Motorbemessungsmoment beträgt, bezogen auf $n_N = 2440$ min^{-1} und $P_N = 2,2$ kW, $M_N = 8,6$ Nm.

Externes Massenträgheitsmoment:

$$J_M = 91,2 \cdot m \cdot \left(\frac{v}{n_N}\right)^2 = 91,2 \cdot 5500\,kg \cdot \left(\frac{0,77\frac{m}{s}}{2440\,min^{-1}}\right)^2 = 0,0497\,kg\,m^2$$

Hochlaufmoment: $M_H = \frac{\left(J_M + \frac{J_X}{\eta}\right) \cdot n_N}{9,55 \cdot t_a} + \frac{M_L}{\eta} = 11,72\,Nm$

M_H/M_N: $\frac{M_H}{M_N} = \frac{11{,}72\,\text{Nm}}{8{,}6\,\text{Nm}} = 136\,\%$

Die 87 Hz-Kennlinie ist zulässig.

Die Eigenschaften des Drehstrommotors am Frequenzumrichter werden durch die Option „Drehzahlregelung" verbessert.

Folgende Komponenten werden zusätzlich benötigt:

- am Motor angebauter Drehimpulsgeber
- im Umrichter integrierter Drehzahlregler

Folgende antriebstechnische Eigenschaften werden durch eine Drehzahlregelung erreicht:

- Stellbereich der Drehzahl bis 1 : 100 bei $f_{max} = 50$ Hz
- Lastabhängigkeit der Drehzahl $< 0{,}3$ % bezogen auf n_N und Lastsprung $\Delta M = 80$ %
- Ausregelzeit bei Laständerung wird auf ca. $0{,}3 \ldots 0{,}6$ s verkleinert

Bei entsprechender Umrichterzuordnung kann der Motor sogar Kurzzeit-Drehmomente erzeugen, die sein Kippmoment bei Netzbetrieb übersteigen. Maximale Beschleunigungswerte werden erreicht, wenn der Antrieb auf $f_{max} < 40$ Hz projektiert wird und die Eckfrequenz auf 50 Hz eingestellt ist.

Mit der Funktion „Synchronlauf" kann eine Gruppe von Asynchronmotoren winkelsynchron zueinander oder in einem einstellbaren Proportionalverhältnis betrieben werden.

Folgende Komponenten werden zusätzlich benötigt:

- am Motor angebauter Drehimpulsgeber
- im Umrichter integrierter Synchronlaufregler/Drehzahlregler

Folgende Aufgaben sind lösbar:

- Winkelsynchroner Lauf von 2 bis 10 Antrieben („elektrische Welle")
- Proportionaler Lauf mit einstellbarem Synchron-Übersetzungsverhältnis
- Zeitweiser Synchronlauf mit interner Erfassung der Winkeldifferenz während des Freilaufs
- Synchroner Lauf mit Versatz ohne neuen Bezugspunkt wie Torsionsprüfstände, Erzeugen von Unwucht in Rüttlern
- Synchroner Lauf mit Versatz und mit neuem Bezugspunkt z. B. Übergabebänder

6.4.2 Hubantrieb mit Frequenzumrichter

Der Hubantrieb soll mit einem frequenzgesteuerten Antrieb ausgestattet werden.

Masse des Hubrahmens:	$m_0 = 200$ kg
Masse der Last:	$m_L = 300$ kg
Hubgeschwindigkeit:	$v = 0,3$ m/s
Kettenraddurchmesser:	$D = 250$ mm
Eckfrequenz:	$f_1 = 50$ Hz
maximale Frequenz:	$f_{max} = 70$ Hz
Beschleunigung/Vorsteuerung:	$a = 0,3$ m/s^2
Stellbereich:	$1 : 10$
Lastwirkungsgrad:	$n_L = 0,90$
Getriebewirkungsgrad:	$n_G = 0,92$
Gesamtwirkungsgrad:	$\eta = \eta_L \cdot \eta_G = 0,83$
Einschaltdauer:	50 % ED
Getriebe:	Kegelradgetriebe ohne Vorgelege

Die gewählte Motorleistung sollte größer als die errechnete statische (quasistationäre) Leistung sein.

$$P_S = \frac{m \cdot g \cdot v}{1000 \cdot \eta} = \frac{500\,\text{kg} \cdot 9,81\frac{m}{s^2} \cdot 0,3\frac{m}{s}}{1000 \cdot 0,83} = 1,77\,\text{kW}$$

Grundsätzlich sollten Hubwerke am Frequenzumrichter auf eine maximale Frequenz von 70 Hz ausgelegt werden. Erreicht der Antrieb die maximale Geschwindigkeit bei 70 Hz anstatt bei 50 Hz, werden die Getriebeübersetzung und damit auch die Drehmomentenübersetzung um Faktor 1,4 (70/50) höher. Stellt man nun die Eckfrequenz auf 50 Hz, so erhöht sich das Abtriebsdrehmoment durch diese Maßnahme bis zur Eckfrequenz um Faktor 1,4 und fällt dann bis 70 Hz auf den Faktor 1,0. Durch diese Einstellung wird eine Drehmomentreserve von 40 % bis zur Eckfrequenz projektiert. Dies erlaubt ein erhöhtes Startmoment und mehr Sicherheit für Hubwerke.

Unter der Annahme, dass die dynamische Leistung bei Hubwerken ohne Gegengewicht des Motors relativ gering (<20 % der statischen Leistung) ist, kann der Motor durch die Ermittlung von P_S bestimmt werden.

$$P_S = 1,77\,\text{kW}$$

Statische Leistung: gewählter Motor $P_N = 2,2\,\text{kW}$

Umrichter $P_N = 2,2\,\text{kW}$

Aus thermischen Gründen und auch aufgrund der besseren Magnetisierung wird empfohlen, den Motor bei Hubwerken einen Typensprung größer zu wählen. Dies trifft speziell dann zu, wenn die statische Leistung nahe der Bemessungsleistung des Motors ist. In diesem Beispiel ist der Abstand groß genug, sodass eine Überdimensionierung des Motors nicht notwendig ist.

$$P_N = 2,2\,\text{kW}$$

Es ergibt sich ein Motor: $n_M = 1400\,\text{min}^{-1}$ bei 50 Hz und $1960\,\text{min}^{-1}$ bei 70 Hz

$$J_M = 59 \cdot 10^{-4}\,\text{kg m}^2$$

$$M_B = 40\,\text{Nm}$$

Externes Massenträgheitsmoment:

$$J_X = 91{,}2 \cdot m \cdot \left(\frac{v}{n_M}\right)^2 = 91{,}2 \cdot 500\,\text{kg} \cdot \left(\frac{0{,}3\frac{m}{s}}{1960\,\text{min}^{-1}}\right)^2 = 0{,}001\,\text{kg m}^2$$

$$\text{Lastmoment:}\ M_L = \frac{M \cdot g \cdot v \cdot 9{,}55}{n_M} = \frac{500\,\text{kg} \cdot 9{,}81\frac{m}{s^2} \cdot 0{,}3\frac{m}{s} \cdot 9{,}55}{1960\,\text{min}^{-1}} = 7{,}2\,\text{Nm}$$

$$\text{Hochlaufmoment:}\ M_H = \frac{\left(J_M + \frac{J_X}{\eta}\right) \cdot n_M}{9{,}55 \cdot t_A} + \frac{M_L}{\eta}$$

Mit einer angenommenen Beschleunigung von 0,3 m/s^2 wird die Anlaufzeit $t_A = 1$ s.

$$M_H = \frac{\left(J_M + \frac{J_X}{\eta}\right) \cdot n_M}{9{,}55 \cdot t_A} + \frac{M_L}{\eta} = \frac{\left(0{,}00481 + \frac{0{,}001}{0{,}83}\right)\text{kg m}^2 \cdot 1960\,\text{min}^{-1}}{9{,}55 \cdot 1\,\text{s}} + \frac{7{,}2\,\text{Nm}}{0{,}83} = 9{,}8\,\text{Nm}$$

Man sieht, dass bei Hubwerken das Beschleunigungsmoment nur einen geringen Anteil gegenüber dem statischen Lastmoment einnimmt.

Wie bereits erwähnt, muss das Hochlaufmoment kleiner sein als 130 % des vom Umrichter zur Verfügung gestellten Bemessungsmomentes, umgerechnet aus der Bemessungsleistung.

Bemessungsdrehmoment: $M_N = \frac{P_N \cdot 9550}{n_M} = \frac{2{,}2\,\text{kW} \cdot 9550}{1960\,\text{min}^{-1}} = 10{,}7\,\text{Nm}$

M_H/M_N: $\frac{M_H}{M_N} = \frac{9{,}8\,\text{Nm}}{10{,}7\,\text{Nm}} = 92\,\% < 130\,\%$

Leistung beim Hochlauf: $P = \frac{M_H \cdot n_M}{9550} = \frac{9{,}8\,\text{Nm} \cdot 1960\,\text{min}^{-1}}{9550} = 2{,}02\,\text{kW}$

Leistungen der Betriebszustände: Auf dieselbe Art werden nun die Leistungen aller Betriebszustände gerechnet. Dabei ist auf die Wirkrichtung des Wirkungsgrades und auf die Fahrtrichtung (auf/ab) zu achten!

Tab. 6.5 zeigt die Wirkrichtung des Wirkungsgrades und auf die Fahrtrichtung.

Um eine Aussage über die benötigte Bremsleistung des Bremswiderstands treffen zu können, muss der Fahrzyklus genauer betrachtet werden. Der angenommene Fahrzyklus von zweimal pro Minute entspricht vier Bremsphasen pro 120 s.

Die schraffierten Flächen in Abb. 6.48 entsprechen der generatorischen Bremsarbeit. Die Einschaltdauer eines Bremswiderstands bezieht sich auf eine Arbeitsdauer von 120 s. In diesem Fall ist der Bremswiderstand 7 s pro Arbeitsdauer im Betrieb und damit 28 s pro Bezugszeit. Die Einschaltdauer beträgt damit 23 % und die mittlere Bremsleistung berechnet sich aus den Einzelleistungen:

Tab. 6.5 Wirkrichtung des Wirkungsgrades und auf die Fahrtrichtung

Leistungsart	ohne Last auf	mit Last auf	ohne Last ab	mit Last ab
statische Leistung	0,71 kW	1,77 kW	−0,48 kW	−1,20 kW
statische und dynamische Leistung	0,94 kW	2,02 kW	−0,25 kW	−0,95 kW
statische und dynamische Bremsleistung	0,48 kW	1,52 kW	−0,71 kW	−1,45 kW

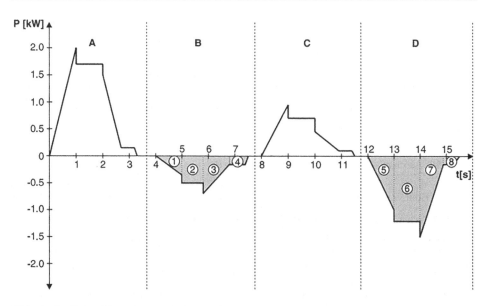

Abb. 6.48 Fahrzyklus mit A = mit Last auf, B = mit Last ab, C = ohne Last auf und D = mit Last ab

$$P_B = \frac{|P_1| \cdot t_1 + |P_2| \cdot t_2 + \ldots + |P_n| \cdot t_n}{t_1 + t_2 + \ldots + t_n}$$

Die Zwischenrechnung entspricht der Flächenberechnung von Abb. 6.49.

$$|P_1| \cdot t_1 = \frac{0{,}25}{2} \, \text{kW} \cdot 1s = 0{,}125 \, \text{kWs}$$

$$|P_2| \cdot t_2 = 0{,}48 \, \text{kW} \cdot 1 \, \text{s} = 0{,}48 \, \text{kWs}$$

$$|P_3| \cdot t_3 = \left(0{,}045 + \frac{0{,}71 - 0{,}045}{2}\right) \text{kW} \cdot 0{,}9 \, \text{s} = 0{,}34 \, \text{kWs}$$

$$|P_4| \cdot t_4 = 0{,}048 \, \text{kW} \cdot 0{,}5 \, \text{s} = 0{,}024 \, \text{kWs}$$

$$|P_5| \cdot t_5 = \frac{0{,}95}{2} \, \text{kW} \cdot 1 \, \text{s} = 0{,}475 \, \text{kWs}$$

$$|P_6| \cdot t_6 = 1{,}2 \, \text{kW} \cdot 1 \, \text{s} = 1{,}2 \, \text{kWs}$$

$$|P_7| \cdot t_7 = \left(0{,}12 + \frac{1{,}45 - 0{,}12}{2}\right) \text{kW} \cdot 0{,}9 \, \text{s} = 0{,}707 \, \text{kWs}$$

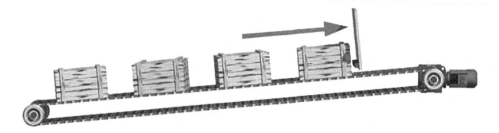

Abb. 6.49 Mechanischer Aufbau eines Kettenförderers

Tab. 6.6 Bremswiderstände aus einer Herstellertabelle

Bremswiderstand	BW100-002	BW100-006	BW068-002	BW068-004
Belastbarkeit bei 100% ED[a]	0,2 kW	0,6 kW	0,2 kW	0,4 kW
50 % ED	0,4 kW	1,1 kW	0,4 kW	0,7 kW
25 % ED	0,6 kW	1,9 kW	0,6 kW	1,2 kW
12 % ED	1,2 kW	3,5 kW	1,2 kW	2,4 kW
6 % ED	1,9 kW	5,7 kW	1,9 kW	3,8 kW
Widerstandswert	$100\,\Omega \pm 10\,\%$		$68\,\Omega \pm 10\,\%$	
Auslösestrom	$0,72\,A_{AC}$	$1,8\,A_{AC}$	$0,8\,A_{AC}$	$1,4\,A_{AC}$
Bauart	Drahtwiderstand auf Keramikrohr			
Elektrische Anschlüsse	Keramikklemmen für 2.5 mm² (AWG 14)			
Schutzart	IP 20 (montierter Zustand)			
Umgebungstemperatur	$-20\ldots+45\,°C$			
Kühlungsart	KS = Selbstkühlung			

[a] Einschaltdauer des Bremswiderstands, bezogen auf eine Spieldauer $T_D \leq 120$ s

$$|P_8| \cdot t_8 = 0,12\,kW \cdot 0,5\,s = 0,06\,kWs$$

Die mittlere Bremsleistung beträgt somit: $P_B = \frac{3,41\,kWs}{6,8\,s} = 0,5\,kW$

Die maximale Bremsleistung beträgt $P_{max} = 1,5$ kW. Dieser Wert darf den Tabellenwert des ausgewählten Bremswiderstands bei 6 % ED nicht überschreiten.

Für einen Frequenzumrichter für den Betrieb eines Motors mit 2,2 kW hat man die Auswahl Tab. 6.6 für Bremswiderstände.

In der Zeile 25 % ED findet man mit 0,6 kW Effektivleistung bei den Herstellern den passenden Bremswiderstand.

Vergleicht man den frequenzgesteuerten Antrieb mit dem polumschaltbaren Motor, so können folgende Vorteile für den Frequenzumrichter-Betrieb genannt werden:

- Schalthäufigkeit sehr hoch
- Haltegenauigkeit wird entsprechend der niedrigeren Positioniergeschwindigkeit besser
- Fahrverhalten (Beschleunigung und Verzögerung) wird wesentlich verbessert und einstellbar.

6.4.3 Kettenförderer mit Frequenzumrichter

Ein Kettenförderer soll Holzkisten mit einer Geschwindigkeit von 0,5 m/s eine Steigung von $\alpha = 5°$ hochtransportieren. Es sind maximal vier Kisten mit je 500 kg auf dem Band. Die Kette selbst hat eine Masse von 300 kg. Der Reibwert zwischen Kette und Unterlage ist mit $\mu = 0,2$ angegeben. Am Ende des Kettenförderers ist ein mechanischer Anschlag angebracht, der die Aufgabe hat, die Kisten vor dem Abschieben auf ein zweites Band gerade zu richten. Bei diesem Vorgang rutscht die Holzkiste auf der Kette mit einem Reibwert von $\mu = 0,7$.

Es soll ein Schneckengetriebe, frequenzgeregelt bis ca. 50 Hz, eingesetzt werden.

Geschwindigkeit: $v = 0,5$ m/s

Steigung: $\alpha = 5°$

Masse des Transportgutes: $m_L = 2000$ kg

Masse der Kette:	$m_D = 300$ kg
Reibwert zwischen Kette und Unterlage:	$\mu_1 = 0,2$
Reibwert zwischen Kiste und Kette:	$\mu_2 = 0,7$
gewünschte Beschleunigung:	$a = 0,25$ m/s^2.
Kettenraddurchmesser:	$D = 250$ mm
Schalthäufigkeit:	10 Schaltungen/h und 16 h/Tag

Abb. 6.49 zeigt den mechanischen Aufbau eines Kettenförderers mit Frequenzumrichter.

Bei den Berechnungen der Widerstandskräfte hat man eine Steigung mit Reibung bei einer Kraftrichtung nach oben! Die Gewichtskraft beinhaltet das Gewicht der vier Kisten und das halbe Kettengewicht.

$$F_S = F_G \cdot \frac{\sin(\alpha - \rho)}{\cos \rho} \qquad \mu = \frac{\tan \rho}{\rho} = \arctan 0,2$$

$$F_S = (2000 + 150)\,\text{kg} \cdot 9,81\frac{\text{m}}{\text{s}^2} \cdot \frac{\sin(5° + 11,3°)}{\cos 11,3°} = 6040\,\text{N}$$

Beim Ausrichten der Ladung hat man eine Rutschreibung (Kiste-Kette) an der schiefen Ebene und eine Kraftrichtung nach unten!

$$F_S = F_G \cdot \frac{\sin(\rho - \alpha)}{\cos \rho} = 4900\,\text{N} \cdot \frac{\sin(35° - 5°)}{\cos 35°} = 2990N \qquad \rho = \arctan 0,7$$

Wirkungsgrad und Schneckengetriebe: Je nach Übersetzung ist der Wirkungsgrad eines Schneckengetriebes sehr unterschiedlich. Es empfiehlt sich daher an dieser Stelle, wo erforderliches Drehmoment und Übersetzung noch nicht errechnet sind, und es wird mit einem vorläufig angenommenen Wirkungsgrad von 70 % gerechnet. Dies erfordert jedoch eine Nachrechnung. Der Wirkungsgrad der Kette ist nach den Herstellerunterlagen mit 0,9 angegeben.

Statische Leistung: $P_S = \frac{F \cdot v}{\eta} \cdot \frac{9030\,\text{N} \cdot 0{,}5\frac{\text{m}}{\text{s}}}{0{,}7 \cdot 0{,}9 \cdot 1000} = 7{,}17\,\text{kW}$

Da der Kettenförderer im Dauerbetrieb „durchläuft", wird ein Motor gewählt, dessen Bemessungsleistung größer ist als die maximale statische Leistung. Im Kurzzeitbetrieb lässt sich hier oftmals ein kleinerer Motor einsetzen.

Motorauswahl: $\begin{aligned} &P_N = 7{,}5\,\text{kW} \\ &n_M = 1430\,\text{min}^{-1} \\ &J_M = 0{,}03237\,\text{kg m}^2 \end{aligned}$

$M_B = 100\,\text{Nm}$

Externes Massenträgheitsmoment:

$$J_X = 91{,}2 \cdot \text{m} \cdot \left(\frac{v}{n_M}\right)^2 = 91{,}2 \cdot (2000 + 300)\,\text{kg} \cdot \left(\frac{0{,}5\frac{\text{m}}{\text{s}}}{1430\,\text{min}^{-1}}\right)^2 = 0{,}026\,\text{kg m}^2$$

Lastmoment: $M_L = \frac{F \cdot v \cdot 9550}{n_M} = \frac{9030\,\text{N} \cdot 0{,}5 \cdot 9{,}55}{1430\,\text{min}^{-1}} = 30{,}2\,\text{Nm}$

Hochlaufmoment: $M_H = \frac{\left(J_M + \frac{J_X}{\eta}\right) \cdot n_M}{9{,}55 \cdot t_A} + \frac{M_L}{\eta}$

Mit einer angenommenen Beschleunigung von 0,25 m/s² wird die Anlaufzeit $t_A = 2$ s nach Herstellerstellerangaben errechnet.

$$M_H = \frac{\left(0{,}03237 + \frac{0{,}026}{0{,}63}\right)\,\text{kg m}^2 \cdot 1430\,\text{min}^{-1}}{9{,}55 \cdot 2\,\text{s}} + \frac{30{,}2\,\text{Nm}}{0{,}9 \cdot 0{,}7} = 53{,}4\,\text{Nm}$$

Das Hochlaufmoment ist hier bezogen auf den „worst case" (ungünstigster Fall), d. h. wenn vier Kisten auf der Kette liegen und eine davon sich am Anschlag befindet.

Wie bereits erwähnt, muss das Hochlaufmoment kleiner sein als 130 % des vom Umrichter zur Verfügung gestellten Bemessungsmomentes, umgerechnet aus der Bemessungsleistung:

$$M_N = \frac{P_N \cdot 9550}{n_M} = \frac{7{,}5\,\text{kW} \cdot 9{,}55}{1430\,\text{min}^{-1}} = 50{,}1\,\text{Nm}$$

Das Verhältnis M_H/M_N beträgt: $\frac{M_H}{M_N} = \frac{53{,}4\,\text{Nm}}{50{,}1\,\text{Nm}} = 107\,\% \quad < \quad 130\,\%$

Jetzt kann der Frequenzumrichter bestimmt werden.

Die Abtriebsdrehzahl für die Getriebeauslegung lässt sich berechnen:

$$n_a = 19{,}1 \cdot 10^3 \cdot \frac{v}{D} \cdot i_V = 19{,}1 \cdot 10^3 \cdot \frac{0{,}5\frac{\text{m}}{\text{s}}}{250\,\text{mm}} \cdot 1 = 38{,}2\,\text{min}^{-1}$$

Getriebeübersetzung: $i = \frac{n_M}{n_a} = \frac{1430\,\text{min}^{-1}}{38{,}2\,\text{min}^{-1}} = 37{,}4$

Der Betriebsfaktor lässt sich für 16 h Betrieb/Tag und 10 Schaltungen/Stunde durch den Massenbeschleunigungsfaktor f_M ermitteln.

$$f_M = \frac{J_X}{J_M} = \frac{0{,}026\,\text{kg m}^2}{0{,}032\,\text{kg m}^2} = 0{,}8$$

Mit einem Massenbeschleunigungsfaktor $f_M = 0{,}8$ ergibt sich Stoßgrad II und der Betriebsfaktor f_B ist 1,2.

Hier kann ein Getriebe aus den Herstellerangaben mit $n_a = 39 \, \text{min}^{-1}$, $M_{amax} = 3300$ Nm bei einem Betriebsfaktor $f_B = 2{,}0$ ausgewählt werden.

Im Getriebemotorenkatalog ist für dieses Getriebe ein Wirkungsgrad von 86 % angegeben. Da anfangs ein Wirkungsgrad von 70 % angenommen wurde, kann nun überprüft werden, ob ein kleinerer Antrieb ausreichend wäre. Die statische Leistung für den Kettenförderer beträgt

$$P_S = \frac{9030 \, \text{N} \cdot 0{,}5 \frac{m}{s}}{0{,}86 \cdot 0{,}9 \cdot 1000} = 5{,}83 \, \text{kW}$$

Der nächst kleinerem Motor ist mit 5,5 kW Bemessungsleistung zu klein.

6.4.4 Rollenbahn mit Frequenzumrichter

Stahlplatten sollen mittels Rollenbahnantrieben befördert werden. Eine Stahlplatte hat die Maße 3000 · 1000 · 100 mm. Pro Bahn sind acht Stahlrollen mit einem Durchmesser von 89 mm und einer Länge von 1500 mm angeordnet. Je drei Bahnen werden von einem Frequenzumrichter gespeist. Die Kettenräder haben 13 Zähne und ein Modul von 5. Der Lagerzapfendurchmesser der Rollen beträgt $d = 20$ mm. Es kann sich immer nur eine Platte auf einer Bahn befinden.

Maximale Geschwindigkeit 0,5 m/s, maximal zulässige Beschleunigung 0,5 m/s².

Geschwindigkeit:	$v = 0{,}5$ m/s
gewünschte Beschleunigung:	$a = 0{,}5$ m/s²
Rollen-Außendurchmesser:	$D_2 = 89$ mm
Rollen-Innendurchmesser:	$D_1 = 40$ mm
Kettenrad-Durchmesser:	$D_K = 65$ mm
Masse der Stahlplatte:	$m = 2370$ kg

Abb. 6.50 zeigt die Rollenbahn mit Mehrmotorenantrieb und Abb. 6.51 die Kettenanordnung.

Abb. 6.50 Rollenbahn mit Mehrmotorenantrieb

Abb. 6.51 Kettenanordnung

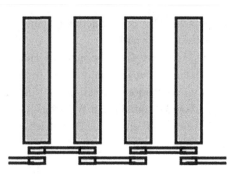

Fahrwiderstand: Die Masse der Platte ist m = 2370 kg bei einer Dichte von 7,9 kg/dm^3 (Stahl) und einem Volumen von 300 dm^3. Der Fahrwiderstand wird berechnet wie beim Fahrantrieb. Die Werte für c und f sind aus einer Herstellertabelle entnommen worden.

$$F_F = m \cdot g \cdot \left[\frac{2}{D_2} \left(\mu_L \cdot \frac{1}{2} \cdot d + f \right) + c \right] = 2370\,\text{kg} \cdot 9{,}81\frac{\text{m}}{\text{s}^2} \left[\frac{2}{89\,\text{mm}} \left(0{,}005 \cdot \frac{1}{2} \cdot 20\,\text{mm} + 0{,}5\,\text{mm} \right) + 0 \right]$$

$$= 287\,\text{N}$$

Laut Tabelle der Hersteller ist der Wirkungsgrad von Ketten $\eta_1 = 0{,}9$ je vollständige Umschlingung. Betrachtet man die Kettenanordnung, liegen in unserem Fall 7 vollständige Kettenumschlingungen vor.

Der Gesamtwirkungsgrad der Kette η_2 berechnet sich mit x = Anzahl der Umschlingungen = 7 und somit zu:

Kettenwirkungsgrad: $\eta_2 = \eta_1^x = 0{,}9^7 = 0{,}48$

Damit ist die erforderliche statische Motorleistung bei einem Getriebewirkungsgrad von $\eta = 0{,}95$:

statische Leistung: $P_S = \frac{F_F \cdot v}{\eta_G \cdot \eta_2} \cdot \frac{287\,\text{N} \cdot 0{,}5\frac{\text{m}}{\text{s}}}{0{,}9 \cdot 0{,}48 \cdot 1000} = 0{,}31\,\text{kW}$

Das externe Massenträgheitsmoment teilt sich in diesem Fall in das Massenträgheitsmoment der Platte und das Massenträgkeitsmoment der Rollen. Das Massenträgheitsmoment der Ketten kann bei diesen Verhältnissen vernachlässigt werden.

Massenträgheitsmoment:

$$J_X = 91{,}2 \cdot m \cdot \left(\frac{v}{n_M} \right)^2 = 91{,}2 \cdot 2370\,\text{kg} \cdot \left(\frac{0{,}5\frac{\text{m}}{\text{s}}}{1400\,\text{min}^{-1}} \right)^2 = 0{,}0276\,\text{kg}\,\text{m}^2$$

Volumen der Rolle:

$$V = \left(\frac{\pi}{4} \cdot D_2^2 \cdot l \right) - \left(\frac{\pi}{4} \cdot D_1^2 \cdot l \right) = \left(\frac{3{,}14}{4} \cdot 89^2\,\text{mm}^2 \cdot 1500\,\text{mm} \right) - \left(\frac{3{,}14}{4} \cdot 40^2\,\text{mm}^2 \cdot 1500\,\text{mm} \right)$$

$$= 7.446.752\,\text{mm}^3 = 7{,}45\,\text{dm}^3$$

Masse der Rolle: $m = V \cdot \rho = 7{,}45\,\text{dm}^3 \cdot 7{,}9\frac{\text{kg}}{\text{dm}^3} = 58{,}9\,\text{kg}$

Massenträgheitsmoment der Rolle:

$$J = \frac{1}{2} \cdot m \cdot \left(r_2^2 + r_1^2 \right) = \frac{1}{2} \cdot 58{,}9\,\text{kg} \cdot \left(0{,}0445^2 + 0{,}020^2 \right)\text{m}^2 = 0{,}07\,\text{kg}\,\text{m}^2$$

Um einen gemeinsamen Bezugspunkt von Motormassenträgheitsmoment und externem Massenträgheitsmoment zu haben, muss das externe Massenträgheitsmoment um die Getriebeübersetzung reduziert werden.

externes Massenträgheitsmoment: $J_X = J \cdot \left(\frac{n_a}{n_M}\right)^2$

Die Abtriebsdrehzahl berechnet sich aus der Plattengeschwindigkeit und dem Rollendurchmesser.

Abtriebsdrehzahl: $n_a = \frac{v \cdot 1000 \cdot 60}{\pi \cdot D_2} = \frac{0,5\frac{m}{s} \cdot 1000 \cdot 60}{\pi \cdot 89\,\text{mm}} = 107,3\,\text{mm}^{-1}$

Damit lässt sich das auf die Motorwelle reduzierte Massenträgheitsmoment für eine Rolle berechnen.

Reduziertes Massenträgheitsmoment:

$J_X = 0,07\,\text{kg m}^2 \cdot \left(\frac{107,3\,\text{min}^{-1}}{1400\,\text{min}^{-1}}\right)^2 = 0,00041\,\text{kg m}^2$

Das gesamte externe Massenträgheitsmoment ist dann:

$$J_{XT} = J_{XP} + J_{XR} = 0,0276\,\text{kg m}^2 + 7 \cdot 0,00041\,\text{kg m}^2 = 0,03047\,\text{kg m}^2$$

Das dynamisch benötigte Hochlaufmoment zum Beschleunigen der Last (ohne Motor) an der Getriebeeintriebsseite ist zum Abschätzen der Motorleistung erforderlich.

Dynamisches Moment: $M_{DL} = \frac{\frac{J_X}{v} \cdot n_M}{9500 \cdot t_A} = \frac{\frac{0,03047\,\text{kgm}^2}{0,95 \cdot 0,48} \cdot 1400\,\text{min}^{-1}}{9550 \cdot 1\,\text{s}} = 9,8\,\text{Nm}$

Dynamische Leistung: $P_{DL} = \frac{M_{DL} \cdot n_M}{9550} = \frac{9,8\,\text{Nm} \cdot 1400\,\text{min}^{-1}}{9550} = 1,44\,\text{kW}$

Die aufzuwendende Gesamtleistung (ohne Beschleunigungsleistung der Motormasse, die noch nicht feststeht) liegt bei:

Gesamtleistung: $P_T = P_S + P_{DL} = 0,31\,\text{kW} + 1,44\,\text{kW} = 1,75\,\text{kW}$

Motorauswahl:

$$P_N = 2,2\,\text{kW}$$

$$n_N = 1410\,\text{min}^{-1}$$

$$J_M = 59,1 \cdot 10^{-10}\,\text{kg m}^2$$

Hochlaufmoment: $M_H = \frac{\left(0,0059 + \frac{0,03047}{0,95 \cdot 0,48}\right)\text{kg m}^2 \cdot 1410\,\text{min}^{-1}}{9,55 \cdot 1\,\text{s}} + 2,09\,\text{Nm} = 12,8\,\text{Nm}$

Bemessungsmoment: $M_N = \frac{P_N \cdot 9550}{n_N} = \frac{2,2\,\text{kW} \cdot 9550}{1410\,\text{min}^{-1}} = 15\,\text{Nm}$

M_H/M_N: $\frac{M_H}{M_N} = \frac{12,8\,\text{Nm}}{15\,\text{Nm}} = 85\,\% \quad < \quad 130\,\%$

Bei Mehrmotorenantrieben ist Folgendes zu beachten:

• Zur Kompensation der Kabelkapazitäten wird bei Gruppenantrieben ein Ausgangsfilter empfohlen.

• Der Frequenzumrichter wird nach der Summe der Motorströme gewählt.

Laut Herstellerkatalog ist der Bemessungsstrom des gewählten Motors 4,9 A. Es wird also ein Frequenzumrichter mit einem Ausgangsbemessungsstrom von $3 \cdot 4,9\,A = 14,7\,A$ oder mehr benötigt.

Die Getriebeauswahl erfolgt gemäß dem vorangegebenen Beispiel und führt zu folgendem Antrieb mit den Daten:

Getriebeauswahl: $v = 13,85$

$$P_N = 2,2\,kW$$

$$M_a = 205\,Nm$$

$$F_B = 1,75$$

$$M_B = 40\,Nm$$

6.4.5 Drehtischantrieb mit Frequenzumrichter

Zur Bearbeitung sollen vier Werkstücke alle 30 s um 90° Grad gedreht werden. Der Bewegungsvorgang soll in fünf Sekunden abgeschlossen sein und die maximale Beschleunigung darf 0,5 m/s² nicht überschreiten. Die zulässige Positionstoleranz liegt bei ± 2 mm, bezogen auf den Außendurchmesser des Tisches.

Tischdurchmesser:	2000 mm
Masse des Tisches:	400 kg
Masse des Werkstücks:	70 kg (Abstand Schwerpunkt zu Drehachse: $I_S = 850$ mm)
Vorgelegeübersetzung über Zahnkranz:	$i_V = 4,4$
Durchmesser der Stahl/Stahl-Lagerung:	900 mm
Rollreibungsfaktor μ_L:	0,01
Positionieren über Eilgang/Schleichgang:	R 1:10

Abb. 6.52 zeigt den mechanischen Aufbau eines Drehtischantriebes.

Massenträgheitsmoment: Tisch: $J_T = \frac{1}{2} \cdot m \cdot r^2 = \frac{1}{2} \cdot 400\,kg \cdot I^2\,m^2 = 200\,kg\,m^2$

Werkstück: $J_W = 4 \cdot J_S + m \cdot I_S^2 J_S =$ Anteil nach Steiner für das Werkzeug

$I_S =$ Abstand Werkstückschwerpunkt – Drehpunkt

Da die Werkstücke symmetrisch um den Drehpunkt verteilt sind, kann vereinfacht mit folgender Formel gerechnet werden:

Werkstück: $J_W = 4 \cdot m \cdot r^2 = 4 \cdot 70\,kg \cdot 0,85\,m^2 = 202,3\,kgm^2$

Das Massenträgheitsmoment des Zahnkranzes soll in diesem Fall vernachlässigt werden. Damit ist das externe Gesamt-Massenträgheitsmoment:

Gesamtes Massenträgheitsmoment:

$$J_X = J_T + J_W = 200\,kg\,m^2 \cdot 202,3\,kg\,m^2 = 402,3\,kg\,m^2$$

Für die Berechnung ist eine Drehzahl und eine Anlaufzeit bei der Vorgabe der Beschleunigung a = 0,5 m/s²:

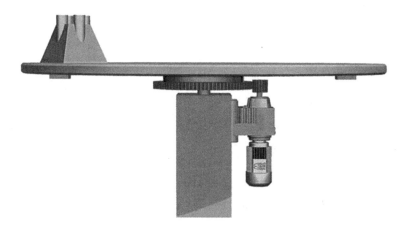

Abb. 6.52 Mechanischer Aufbau eines Drehtischantriebes

Geschwindigkeit: $v = \frac{a \cdot t - \sqrt{(a \cdot t)^2 - 4 \cdot a \cdot s}}{2}$

Strecke: $s = \frac{U_T}{4} = \frac{6{,}283\,\mathrm{m}}{4} = 1{,}57\,\mathrm{m}$

Geschwindigkeit: $v = \frac{0{,}5\frac{m}{s^2} \cdot 4{,}5s - \sqrt{(0{,}5\frac{m}{s^2} \cdot 4{,}5s)^2 - 4 \cdot 0{,}5\frac{m}{s^2} \cdot 1{,}57m}}{2} = 0{,}43\frac{m}{s}$

Drehzahl: $n = \frac{v \cdot 60}{U_T} = \frac{0{,}43\frac{m}{s} \cdot 60}{6{,}283\,\mathrm{m}} = 4{,}1\,\mathrm{min}^{-1}$

Anlaufzeit: $t_A = \frac{v}{a} = \frac{0{,}43\frac{m}{s}}{0{,}5\frac{m}{s^2}} = 0{,}86\,\mathrm{s}$

Da das externe Massenträgheitsmoment des Drehtisches im Normalfall wesentlich höher ist als das Motormassenträgheitsmoment, kann die Anlaufleistung hier schon hinreichend genau mit der Anlaufleistung für das externe Massenträgheitsmoment berechnet werden.

Gesamtleistung: $P_T = P_{DL} + P_S$

dynamische Leistung : $P_{DL} = \frac{J_X \cdot n_T^2}{91200 \cdot t_A \cdot \eta} = \frac{402{,}3\,\mathrm{kg\,m^2} \cdot 4{,}1\,\mathrm{min}^{-1}}{91200 \cdot 0{,}86\,\mathrm{s} \cdot 0{,}9} = 0{,}096\,\mathrm{kW}$

statische Leistung: $P_S = \frac{\Sigma m \cdot g \cdot \mu_L \cdot d \cdot n_T}{2 \cdot 1000 \cdot 9550 \cdot \eta} = \frac{680\,\mathrm{kg} \cdot 9{,}81\frac{m}{s^2} \cdot 0{,}01 \cdot 900\,\mathrm{mm} \cdot 4{,}1min^{-1}}{2 \cdot 1000 \cdot 9550 \cdot 0{,}9} = 0{,}014\,\mathrm{kW}$

Gesamtleistung: $P_T = P_{DL} + P_S = 0{,}096\,\mathrm{kW} + 0{,}014\,\mathrm{kW} = 0{,}11\,\mathrm{kW}$

$P_N = 0{,}12\,\mathrm{kW}$

Ausgewählter Motor: $n_M = 1380\,\mathrm{min}^{-1}$

$J_M = 0{,}00048\,\mathrm{kgm^2}$

$M_B = 2{,}4\,\mathrm{Nm}$

externes Massenträgheitsmoment:

$J_X = 91{,}2 \cdot \mathrm{m} \cdot \left(\frac{n}{n_M}\right)^2 = 4023\,\mathrm{kg\,m^2} \left(\frac{4{,}1\,\mathrm{min}^{-1}}{1380\,\mathrm{min}^{-1}}\right)^2 = 0{,}00355\,\mathrm{kg\,m^2}$

statisches Drehmoment: $M_S = \frac{P_S \cdot 9550 \cdot \eta}{n_M} = 0,09\,\text{Nm}$

Hochlaufmoment:

$$M_H = \frac{\left(J_M + \frac{J_X}{\eta}\right) \cdot n_M}{9,55 \cdot t_A} + M_s \frac{\left(0,00048 + \frac{0,00355}{0,9}\right)\text{kg m}^2 \cdot 1380\,\text{min}^{-1}}{9,55 \cdot 0,86\,\text{s}} + \frac{0,09\,\text{Nm}}{0,1} = 0,84\,\text{Nm}$$

Bemessungsdrehmoment: $M_N = \frac{0,12\,\text{kW} \cdot 9550}{1380\,\text{min}^{-1}} = 0,83\,\text{Nm}$

Damit ist sicherer Hochlauf gewährleistet.

Überprüfen der Haltegenauigkeit: Der Motor soll aus einer Drehzahl entsprechend 5 Hz (R = 1:10) mechanisch gebremst werden. Gebremst wird aus der minimalen Geschwindigkeit v = 0,043 m/s $\Rightarrow$ $n_M = 138\,\text{min}^{-1}$.

Bremsverzögerung.

Bremszeit: $t_B = \frac{(J_M + J_X \cdot \eta) \cdot n_M}{9,55 \cdot (M_B + M_S \cdot \eta)} = \frac{(0,00048 + 0,00355 \cdot 0,9)\,\text{kg m}^2 \cdot 138\,\text{min}^{-1}}{9,55 \cdot (2,4 + 0,09 \cdot 0,9\,\text{Nm})} = 0,021\,\text{s}$

Bremsverzögerung: $a_B = \frac{v}{t_b} = \frac{0,043\,\frac{m}{s}}{0,021\,\text{s}} = 2,0\,\frac{m}{S^2}$

Anhalteweg:

$$s_B = v \cdot 1000 \cdot \left(t_2 + \frac{1}{2} \cdot t_B\right) = 0,043\,\frac{m}{s} \cdot 1000 \cdot \left(0,003\,\text{s} + \frac{1}{2} \cdot 0,021\,\text{s}\right) = 0,6\,\text{mm}$$

Haltegenauigkeit: $X_B \approx \pm 0,12 \cdot s_B = \pm 0,12 \cdot 0,6\,\text{mm} = \pm 0,072\,\text{mm}$

Dieser Wert beinhaltet die Bremseneinfallzeit, jedoch keine externen Einflüsse auf Zeitverzögerung (z. B. SPS-Rechenzeiten).

Getriebeauslegung:

Übersetzung: $i = \frac{n_M}{n_s \cdot i_V} = \frac{1380\,\text{min}^{-1}}{4,4\,\text{min}^{-1} \cdot 4,4} = 76,5$

Abtriebsmoment: Betrieb mit 16 h/Tag und Z = 120 c/h (wobei durch Anlauf, Umschalten auf langsame Geschwindigkeit und Bremsen 360 Lastwechsel pro Stunde entstehen).

Drehmomentverhältnis: $\frac{J_X}{J_M} = \frac{0,00355\,\text{kg m}^2}{0,00048\,\text{kg m}^2} = 7,4$

Damit erhält man einen Stoßgrad III und einen erforderlichen Betriebsfaktor von $f_B = 1,6$.

Abtriebsmoment: $M_a = \frac{P_N \cdot 9550}{n_a} \cdot f_B = \frac{0,12\,\text{kW} \cdot 9550}{4,1\,\text{min}^{-1} \cdot 4,4} \cdot 1,6 = 102\,\text{Nm}$

Gewählter Antrieb: $i = 74,11$

$$f_B = 2,1$$

$$M_a = 62\,\text{Nm}$$

Getriebespiel: Das abtriebsseitige Getriebespiel beträgt bei diesem Getriebe 0,21°. Umgerechnet auf den Drehtischumfang entspricht dies einem Weg von 0,85 mm, d. h. dass der bei weitem größte Anteil des Anlagenspiels aus der Vorgelegeübersetzung kommt.

Literaturverzeichnis

Bernstein. H.: Soft-SPS für PC und IPC, VDE, Berlin [2000]

Bernstein. H.: SPS-Werkbuch, Franzis, München [2005]

Bernstein. H.: Elektrotechnik/Elektronik für Maschinenbauer, Springer, Wiesbaden [2019]

Bernstein. H.: Formelsammlung, Springer, Wiesbaden [2019]

Bernstein. H.: PC-Labor für Leistungselektronik und elektrische Antriebstechnik, Franzis, Haar/München [2005]

Bernstein. H.: Sicherheits- und Antriebstechnik, Springer, Wiesbaden [2016]

Krätzig: Speicherprogrammierbare Steuerungen, Hanser, München Wien [2012]

Meister Ludwig: Datenblätter und praktische Hinweise, www.ludwigmeister.de [2015]

Schaltungsbuch: Automatisieren und Energie verteilen, Moeller, Bonn, möller-schaltungsbuch [2008]

SEW-EURODRIVE, Praxis der Antriebstechnik Band 1 bis Band 12, Bruchsal, praxis-der-antriebstechnik [1998]

Wissenswertes über Frequenzumrichter, Danfoss, Offenbach, wissenwertes-über-frequenzrichter [2008]

© Springer Fachmedien Wiesbaden GmbH, ein Teil von Springer Nature 2020   517
H. Bernstein, *Angewandte Leistungselektronik,*
https://doi.org/10.1007/978-3-658-29614-8

Stichwortverzeichnis

© Springer Fachmedien Wiesbaden GmbH, ein Teil von Springer Nature 2020
H. Bernstein, *Angewandte Leistungselektronik,*
https://doi.org/10.1007/978-3-658-29614-8